近海海域生源要素生物地球化学

高学鲁　赵建民　谢　磊　杨　波等　著

科 学 出 版 社

北　京

内 容 简 介

本书为中国科学院战略性先导科技专项（A 类）子课题“海洋生态环境灾害综合防控技术与示范”（XDA23050303）的研究成果之一。书中基于大量现场调查资料，并结合有针对性的实验室培养所得数据，阐述了养马岛附近海域溶解无机营养盐、溶解氧和有机碳的生物地球化学特征，探讨了该海域夏季底层海水低氧、酸化形成机制，评估了大规模海湾扇贝养殖对海洋环境的影响。本书丰富了人们对人类活动影响下近海海域生源要素生物地球化学过程的认知。

本书可供海洋环境科学、海洋生物地球化学、海洋生态学领域的科研、教学人员以及本科生、研究生阅读参考。

图书在版编目（CIP）数据

近海海域生源要素生物地球化学 / 高学鲁等著. —北京：科学出版社，2024.6

ISBN 978-7-03-077341-8

Ⅰ.①近… Ⅱ.①高… Ⅲ.①近海–生物地球化学 Ⅳ.①P72 ②P593

中国国家版本馆 CIP 数据核字（2023）第 252626 号

责任编辑：朱 瑾 习慧丽 / 责任校对：杨 赛

责任印制：吴兆东 / 封面设计：无极书装

科学出版社 出版

北京东黄城根北街16号

邮政编码：100717

http://www.sciencep.com

涿州市般润文化传播有限公司印刷

科学出版社发行 各地新华书店经销

*

2024年6月第 一 版 开本：787×1092 1/16

2025年3月第二次印刷 印张：19

字数：456 000

定价：198.00元

（如有印装质量问题，我社负责调换）

前　言

近海海域的生物群落及其生存环境通过无机和有机营养物质的迁移转化相互紧密联系，形成了具有极高初级生产力的生态系统复合体。近海是开展海水增养殖最主要的海域，比海洋的其他部分都更直接地受到人类活动的影响。同时，近海是最容易遭受自然灾害的海域，大量证据表明，气候影响驱动因子的变化已经对近海生态系统造成了广泛而深远的影响。生源要素碳、氮、磷、硅和氧是海洋中物质循环和能量流动的基本要素，在海洋生态系统中发挥着重要作用。我国作为世界海洋经济大国，多年来海水养殖的规模和产量均位居世界首位。扇贝作为重要的海洋养殖经济贝类，在我国的渔业养殖中占有重要地位。

本书以养马岛附近海域作为近海海域生源要素生物地球化学研究的代表性区域。养马岛附近海域是我国北方典型的海湾扇贝养殖区。近年来，随着气候变化和海水养殖等人类活动影响的加剧，养马岛附近海域出现了一系列环境问题，如水体缺氧酸化、赤潮频发等，对生态系统健康构成严重威胁，给海洋经济带来巨大损失。如何保证这个“蓝色粮仓”的可持续产出，已引起人们的极大关注。研究该海域生源要素的地球化学循环及其主控因素，对于了解区域物质循环过程和生态状况、有针对性地制定环境保护措施具有重要的科学和现实意义。本书基于大量现场调查资料，并结合有针对性的实验室培养所得数据，阐述了养马岛附近海域溶解无机营养盐、溶解氧（DO）和有机碳的生物地球化学特征，探讨了该海域夏季底层海水低氧、酸化形成机制，评估了大规模海湾扇贝养殖对海洋环境的影响。本书丰富了人们对人类活动影响下近海海域生源要素生物地球化学过程的认知。

养马岛附近海域海水中溶解无机营养盐的浓度相对较低，其中溶解无机氮（DIN）和溶解无机磷（DIP）的浓度总体上符合第一类海水水质标准。受复杂水文和生物地球化学条件的影响，营养盐浓度的时空变化规律不显著。DIN 以硝酸盐（NO_3^-）为主，占 DIN 浓度的 28%～74%，平均值为 58%；其次是铵盐（NH_4^+），占 DIN 浓度的 21%～64%，平均值为 38%。潜在富营养化评价模型和富营养化状态指数法评价结果显示，该海域水体处于潜在贫营养（级别Ⅰ）水平和中等营养化状态。

与营养盐不同，养马岛附近海域海水中 DO、溶解无机碳（DIC）、溶解有机碳（DOC）、有色溶解有机物（CDOM）以及表层沉积物有机质（SOM）的浓度表现出明显的时空变化特征。在 5～11 月，海水中 DO 浓度呈现先降低、后升高的季节变化特征，其最低值出现在 8 月底层海水中，部分水体的 DO 浓度低于 94μmol/L，呈低氧状态，其生消特征为：在 6～7 月开始萌生，至 8 月出现大面积低氧区，9 月低氧现象消失。与 DO 浓度相似，表层海水 DIC 浓度也随季节呈现先降低、后升高的变化趋势，其最低值出现在 8 月，而底层海水 DIC 浓度的季节变化特征与之相反。就空间分布而言，除 3 月外，海水 DIC 浓度总体上呈现近岸高于远岸的分布特征。5～11 月该海域整体上是大气 CO_2 的净源，其向大气释放 CO_2 的通量为（3.58±3.56）～（27.94±21.21）mmol C/（m^2·d），最小值和最大值分别出现在 6 月和 9 月；而 3 月该海域则是大气 CO_2 的净汇，从大气中吸收 CO_2 的通量为（3.25±6.04）mmol C/（m^2·d）。海水中 DOC、CDOM 以及 SOM 的浓度最高值均出现在 8 月，夏季 CDOM 浓度及秋季 SOM 浓度呈现近岸高、远岸低的分布特征，而春季和夏季 SOM 浓度呈现远岸高于近岸的分布特征。

海湾扇贝的排泄过程是水体营养盐的主要来源之一，分别约占 DIN 和 DIP 总输入量的 35%和 75%。养马岛附近海域夏季呈现底层海水低氧现象，温度影响下的生化过程和水体层化作用是导致低氧发生的主要因素；尽管扇贝呼吸作用对水体 DO 支出的贡献很小，但其排泄作用产生的大量有机质和筏式养殖造成的水动力条件减弱会加速局部水体 DO 的消耗，促进夏季底层海水低氧的发生。

海湾扇贝养殖会显著降低海水总碱度（TAlk），在海湾扇贝的一个养殖周期（6～11 月），表层海水 TAlk 将降低 75.7μmol/kg，如果水体该部分 TAlk 不能得到及时补充，就会加速海水酸化的进程。海湾扇贝养殖过程中扇贝会排泄大量的溶解有机物（DOM），在海湾扇贝的一个养殖周期，扇贝的排泄过程可使养殖区海水 DOC 浓度增加 19.7μmol/L；扇贝排泄的这部分 DOM 具有较高的生物可利用性，其转化过程对沿海生态环境可能带来潜在的风险。

夏季底层海水低氧和海湾扇贝养殖活动对该海域沉积物磷的循环有重要影响。低氧能够促进沉积物中铁结合态磷（Fe-P）的还原，是沉积物磷转化的主要活性组分。在夏季低氧条件下，沉积物中约 0.92μmol/g 的 Fe-P 被转化为 DIP 并释放到上覆水体中；而在秋季富氧条件下，水体中约 0.28μmol/g 的 DIP 与沉积物氧化铁结合。此外，扇贝的生物沉积过程促进了沉积物有机磷（OP）的存储，在 8 月和 11 月，OP 的生物沉积通量分别约占总埋藏通量的 44%和 50%。

夏季养马岛附近海域沉积物总体上表现为 NO_2^-、NH_4^+、DIP 和溶解性硅酸盐（DSi）的源，以及 NO_3^-的汇；秋季该海域沉积物总体上表现为 NO_3^-、NO_2^-、NH_4^+和 DIP 的汇，以及 DSi 的源。从交换通量的绝对值来看，DSi 的交换通量最大，其次为 DIN 的交换通量，DIN 的迁移以 NO_3^- 和 NH_4^+ 为主，DIP 的交换通量小于 NO_3^- 和 NH_4^+ 的交换通量。夏季该海域沉积物-海水界面 DIN 的交换通量仅可提供上覆水体初级生产力需求的 0.1%～1.0%，平均值为（0.4±0.3）%；DIP 可提供上覆水体初级生产力需求的 3.3%～15.6%，平均值为（9.5±4.2）%；DSi 可提供上覆水体初级生产力需求的 9.2%～14.4%，平均值为（11.5±1.8）%。秋季 DIN 和 DIP 由水体向沉积物迁移，故对初级生产力无贡献，仅沉积物释放的 DSi 可提供上覆水体初级生产力需求的 11.6%～17.7%，平均值为（14.9±2.1）%。

养马岛附近海域大气总悬浮颗粒物（TSP）中含 N 营养盐及有机碳（OC）的含量在冬季较高，主要与煤炭燃烧、生物质燃烧等人为活动的加强有关，而含 P 营养盐和含 Si 营养盐的含量在春季较高，主要与春季频繁的沙尘现象有关；降水中营养盐及有机质的含量在秋冬季较高，在春夏季较低，主要受到以下两个因素的影响，一方面秋冬季人为活动增强会导致大气中污染物的浓度增加，另一方面春夏季降水量较高，降水的稀释效应导致其中营养盐及有机质的含量降低。大气 TSP 中总有机碳（TOC）主要来源于 C3 植物释放及燃烧和液体化石燃料燃烧，其次为煤炭燃烧、海洋生物活动释放和 C4 植物释放及燃烧，在冬季集中供暖的影响下，煤炭燃烧对 TOC 的贡献有所增加；大气 TSP 中总氮（TN）主要来自 C4 植物和 C3 植物的释放及燃烧，其次为煤炭燃烧、海洋生物活动释放和液体化石燃料燃烧，C4 植物对于该区域 TSP 中的 TN 具有较高的贡献，可能与玉米秸秆和玉米芯的燃烧有关。

大气干湿沉降向养马岛附近海域海水中输入的 DIN、DIP 和硅酸盐（DSi）的通量分别为 91.1mmol/（m^2·a）、0.23mmol/（m^2·a）和 0.82mmol/（m^2·a），占水体中 DIN、DIP 和 DSi 所有外源输入通量的比例分别为 45.3%、1.62%和 0.18%，表明大气沉降是水体中 DIN 的重要来源之一，而对于水体中 DIP 和 DSi 的贡献相对较低。DIN 和 DIP 的干沉降通量的化学计量比以及二者的湿沉降通量之比均显著大于海水中二者的比例以及雷德菲尔德（Redfield）比值，可能会引发水体氮磷失衡或加剧其失衡程度，并促进浮游植物优势群落由硅藻向甲藻转变，不利于养殖海湾扇贝的生长。大气沉降每年向该海域水体中输入的 DOC 通量为 6.31×10^8g C/a，占整个区域水体 DOC 储量的比例为 5.2%，表明大气沉降是水体中 DOC 的重要来源之一；大气沉降在秋季、春季和夏季对于表层水体中颗粒有机碳（POC）的贡献分别为（25.5±7.9）%、（35.2±3.5）%和（19.2±7.4）%，表明大气沉降也是水体中 POC 的重要来源。

作为养马岛附近海域水体中重要的外来 N 源，大气沉降向水体输入的活性 N 组分可支持的平均新生产力为 25.2mg C/（m^2·d），占水体新生产力的比例为 14.9%，表明大气沉降可以通过影响浮游植物初级生产过程间接影响近海碳循环过程；单次降水事件可使表层 2m 的海水中生物可降解溶解有机碳（BDOC）的浓度提高（0.57±0.54）μmol/L，占异养细菌每日次级生产所需 OC 的比例为（12.1±11.4）%，表明大气湿沉降过程在一定程度上可以促进水体的次级生产，进而影响近海碳循环过程。大气沉降向该海域水体直接输入的 OC 通量和间接输入的 OC 通量（输入的活性 N 可支持的新生产力）之和为 11.95g C/（m^2·a），春季、夏季、秋季和冬季输入的 OC 总通量分别为 3.49g C/m^2、4.28g C/m^2、1.89g C/m^2 和 2.29g C/m^2，表明在春季和夏季，大气沉降对近海有机碳循环过程具有重要的影响。假设大气沉降向水体输入的 OC 可以平均分布在整个水层，则在夏季由大气沉降所引发的 DO 浓度下降速率≤0.52μmol/（L·d），意味着大气沉降对水体 DO 亏损的贡献≤5.2%，表明大气沉降对该海域夏季海水低氧的贡献相对较低。

本书为中国科学院战略性先导科技专项（A 类）子课题“海洋生态环境灾害综合防控技术与示范”（XDA23050303）的研究成果之一。全书由高学鲁、赵建民、谢磊、杨波、高天赐等共同撰写，第 1 章至第 7 章主要由高学鲁、杨波、赵建民完成，第 8 章主要由高学鲁、高天赐完成，第 9 章至第 11 章主要由高学鲁、谢磊、赵建民完成；全书的框架结构由高学鲁、赵建民完成，并由高学鲁统稿。

本书的完成是团队合作成果的体现，受限于作者学识和撰写水平，书中存在的疏漏、不当之处，敬请读者批评指正。

高学鲁

2024 年 5 月于中国科学院烟台海岸带研究所

目　录

第 1 章　海水中溶解无机营养盐分布特征及其主要影响因素

海洋通过与陆地、大气等进行物质和能量交换维持物种繁衍和自身生态系统稳定。面对当今人类活动加剧、经济发展和环境变化的多重压力，海洋在全球可持续发展中扮演的角色比任何时候更为突出和重要。陆架边缘海作为全球海洋生态系统的重要组成之一，为人类提供了大量的水产和矿产资源。沿海地区是人类活动最集中的区域，近几十年来，在自然资源过度开发、海水养殖业迅速发展、环境污染日益严重、全球气候变暖等多重压力胁迫下，近海营养盐的浓度、组成及生态系统发生了巨大的改变，一系列海洋生态环境问题接踵而至，如海水酸化、缺氧、赤潮等（Laurent et al.，2018，2017；Hu et al.，2017；Wang et al.，2016a；Val and David，2009；Rabouille et al.，2008）。研究人类活动对海洋中生源要素生物地球化学循环的影响对于海洋环境保护与治理具有重要意义。

溶解无机营养盐是海洋初级生产的必需物质，与海洋生态系统的稳定程度密切相关。了解并掌握近岸海域溶解无机营养盐的来源及迁移转化过程是准确预测及有效控制海洋生态环境问题的关键环节。本章通过对 2016～2017 年在养马岛附近海域开展的连续两年共 14 个航次的调查所获取的相关数据进行分析，从年的尺度上探讨海水中溶解无机营养盐分布特征及其影响因素，并估算营养盐的收支状况。

1.1　材料与方法

1.1.1　样品采集与分析

2016 年 3 月至 2017 年 11 月，对养马岛附近海域进行了 14 个航次的现场调查，共布设 37 个站位（表 1-1），调查的内容有海水温度、盐度以及溶解氧（DO）、叶绿素 a（Chl a）和溶解无机营养盐的浓度，其中溶解无机营养盐包括硝酸盐（NO_3^-）、亚硝酸盐（NO_2^-）、铵盐（NH_4^+）、溶解无机磷（DIP）和溶解硅酸盐（DSi）。

表 1-1　2016 年 3 月至 2017 年 11 月海水采样站位经纬度

站位	经度（°E）	纬度（°N）	站位	经度（°E）	纬度（°N）
X-1	121.55	37.46	H-1	121.78	37.46
X-2	121.53	37.48	H-2	121.78	37.48
X-3	121.54	37.50	H-3	121.78	37.50
X-4	121.55	37.52	H-4	121.78	37.53
X-5	121.57	37.56	H-5	121.78	37.56
X-6	121.58	37.60	H-6	121.79	37.61

续表

站位	经度（°E）	纬度（°N）	站位	经度（°E）	纬度（°N）
Y-1	121.62	37.48	N-1	121.86	37.47
Y-2	121.62	37.50	N-2	121.86	37.48
Y-3	121.63	37.52	N-3	121.86	37.51
Y-4	121.63	37.55	N-4	121.85	37.53
Y-5	121.64	37.58	N-5	121.85	37.58
Y-6	121.65	37.63	N-6	121.86	37.62
Q-1	121.69	37.46	S-1	121.95	37.48
Q-2	121.69	37.48	S-2	121.94	37.52
Q-3	121.70	37.51	S-3	121.92	37.58
Q-4	121.70	37.53	S-4	121.92	37.63
Q-5	121.71	37.57	L-1	122.03	37.55
Q-6	121.72	37.61	L-2	122.02	37.60
C-1	121.51	37.51			

采用多参数水质分析仪（美国 YSI EXO2）确定水深，并现场测定温度、盐度、DO浓度及 Chl a 浓度，4 种参数的精确度分别为±0.05℃（温度）、±0.01（盐度）、±0.01mg/L（DO 浓度）和±0.01μg/L（Chl a 浓度）。使用尼斯金（Niskin）采水器分别采集海水表层（0.5m）、中层和底层（离海底 1m）海水样品，然后将采集样品通过直径为 47mm、孔径为 0.7μm 的 Whatman GF/F 滤膜（预先在 500℃灼烧 5h），将滤液分装于聚乙烯样品瓶中（预先在 5%稀盐酸中浸泡 48h 以上，用超纯水清洗 3～5 遍），冷冻保存，用于营养盐的测定。

海水营养盐采用营养盐自动分析仪（SEAL 公司，QuAAtro 型）进行测定，NO_3^-、NO_2^-、NH_4^+和 DSi 的检出限为 0.02μmol/L，DIP 的检出限为 0.01μmol/L。样品测试期间，采用国家海洋局第二海洋研究所提供的人工海水营养盐标准溶液进行质量控制，平行样品间的相对标准偏差（RSD）小于 5%。

1.1.2 海水营养状况评价标准

1.1.2.1 海水营养盐污染状况评价标准

海水营养盐污染状况参照《海水水质标准》（GB 3097—1997）进行评价（表 1-2）。

表 1-2 海水水质评价标准 （单位：mg/L）

标准	第一类	第二类	第三类	第四类
无机氮	≤0.20	≤0.30	≤0.40	≤0.50
活性磷酸盐	≤0.015	≤0.030	≤0.030	≤0.045

1.1.2.2 海水富营养化状况评价标准

采用潜在富营养化评价模型（郭卫东等，1998）对海水潜在富营养化状况进行评价，营养级划分原则见表 1-3。

表 1-3　营养级划分原则

级别	营养级	DIN/（μmol/L）	DIP/（μmol/L）	DIN/DIP
Ⅰ	贫营养	＜14.28	＜0.97	8～30
Ⅱ	中度营养	14.28～21.41	0.97～1.45	8～30
Ⅲ	富营养	＞21.41	＞1.45	8～30
$Ⅳ_P$	磷限制中度营养	14.28～21.41	/	＞30
$Ⅴ_P$	磷中等限制潜在富营养	＞21.41	/	30～60
$Ⅵ_P$	磷限制潜在富营养	＞21.41	/	＞60
$Ⅳ_N$	氮限制中度营养	/	0.97～1.45	＜8
$Ⅴ_N$	氮限制潜在富营养	/	＞1.45	4～8
$Ⅵ_N$	氮中等限制潜在富营养	/	＞1.45	＜4

采用富营养化状态指数法（TRIX）（Vollenweider et al.，1998）对水体富营养化状态进行评价，该方法通过以下公式计算（Primpas and Karydis，2011；Vollenweider et al.，1998）：

$$\text{TRIX}=[\lg(\text{DIN}\times\text{DIP}\times\text{Chl a}\times\text{D\%O}_2)+a]/b \tag{1-1}$$

式中，$D\%O_2$ 为水体中 DO 绝对饱和标准偏差；DIN 为水体中溶解无机氮的浓度（μg/L），DIN= NO_2^-+NO_3^- +NH_4^+；DIP 为水体中活性磷酸盐的浓度（μg/L）；Chl a 为水体中叶绿素 a 的浓度（μg/L）；a=1.5，b=1.2。富营养化状态指数法的评价标准（Vollenweider et al.，1998）见表 1-4。

表 1-4　富营养化状态指数法的评价标准

级别	TRIX	营养状态	条件
Ⅰ	0～4	贫营养	低生产力
Ⅱ	4～5	中等营养化	中生产力
Ⅲ	5～6	中等-富营养化	中生产力-高生产力
Ⅳ	6～10	富营养化	高生产力

1.1.3　营养盐收支计算

应用海岸带陆海相互作用研究计划（Land-Ocean Interactions in the Coastal Zone，LOICZ）推荐的箱式模型（Gordon et al.，1996），对养马岛附近海域营养盐的收支进行计算。在该模型中，假设海水在水平和垂直方向上都混合均匀并且处于稳定状态。计算中，首先对水量收支进行计算，然后计算营养盐收支。养马岛附近海域水量和营养盐的收支主要包括：河流输入、与渤海和南黄海的水体交换、大气沉降以及非保守的内部循环（如浮游植物吸收、沉积物释放/吸收、养殖贝类排泄/收获移除、有机质分解释放等），其收支方程如下：

$$Q_R+Q_P-Q_E+Q_{in}-Q_{out}+\Delta Q=0 \tag{1-2}$$

$$Q_R C_R(i)+Q_P C_P(i)+Q_{in} C_{in}(i)-Q_{out} C_{out}(i)+\Delta M(i)=0 \tag{1-3}$$

式中，Q 表示水体输入（+）和流出（–）的通量；ΔQ 和ΔM 分别表示水体和营养盐交换的净通量；C 表示水团中营养盐的浓度；式中下标 R、P、E、in 和 out 分别表示河流、大气沉降、蒸发、输入和输出养马岛附近海域的水通量，i 表示营养盐的种类（DIN、DIP 和 DSi）。

1.2 水体中温度、盐度、Chl a 和 DO 的分布特征

1.2.1 季节变化特征

表层和底层海水温度、盐度、Chl a 和 DO 的月平均值如图 1-1 所示。海水盐度总体上相对稳定，其月平均变化范围为（31.21±0.21）～（32.24±0.02），而温度变化较大，其月平均变化范围为（3.1±0.4）～（27.5±0.7）℃。表层、底层海水中 DO 的平均浓度范围分别为（191.3±19.4）～（264.2±18.0）μmol/L 和（96.2±38.0）～（246.5±26.4）μmol/L，浓度最高值出现在 2017 年 5 月的表层，浓度最低值出现在 2016 年 8 月的底层。由于仪器原因，部分月份 Chl a 浓度数据未获得，由获得的结果来看，

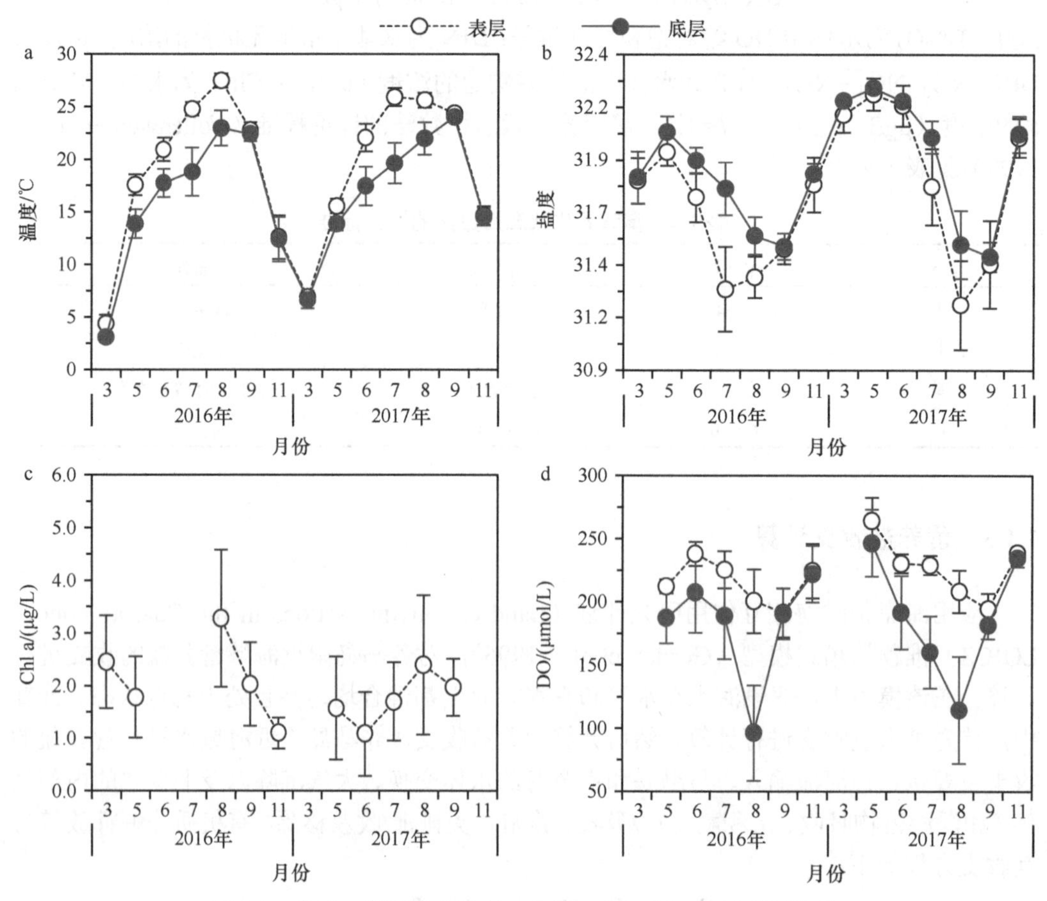

图 1-1 表层、底层海水温度、盐度、Chl a 和 DO 的月平均值

表层 Chl a 浓度范围为（1.08±0.80）～（3.28±1.83）μg/L，浓度最高值出现在 2016 年 8 月，而浓度最低值出现在 2017 年 6 月，这与 Zhai 等（2014b）在北黄海海域的 Chl a 浓度调查结果大致相符。

1.2.2　水平分布特征

图 1-2～图 1-4 显示的是 2016～2017 年春季（5 月）、夏季（8 月）和秋季（11 月）表层、底层海水温度、盐度、Chl a 和 DO 的水平分布。受到河流输入、沿岸环流等因素的影响，海水温度、盐度在大部分季节表现出明显的空间变化特征。在春季（图 1-2a、d、g、j）和夏季（图 1-2b、e、h、k），海水温度呈现近岸高、远岸低的分布特征；而在秋季（图 1-2c、f、i、l），海水温度呈现西部低、东部高的分布特征。调查海域海水盐度总体上呈现近岸低、远岸高的分布特征，特别是在夏季的表层（图 1-3b、h），说明存在明显的径流输入影响。春季（图 1-4a、d）和夏季（图 1-4b、e）表层海水中的 Chl a 浓度呈现近岸高、远岸低的水平分布特征，这与海水盐度的分布规律相反，反映近岸河流输入/人类活动对浮游植物的生长繁殖具有重要影响（Yamashita et al.，2008）。

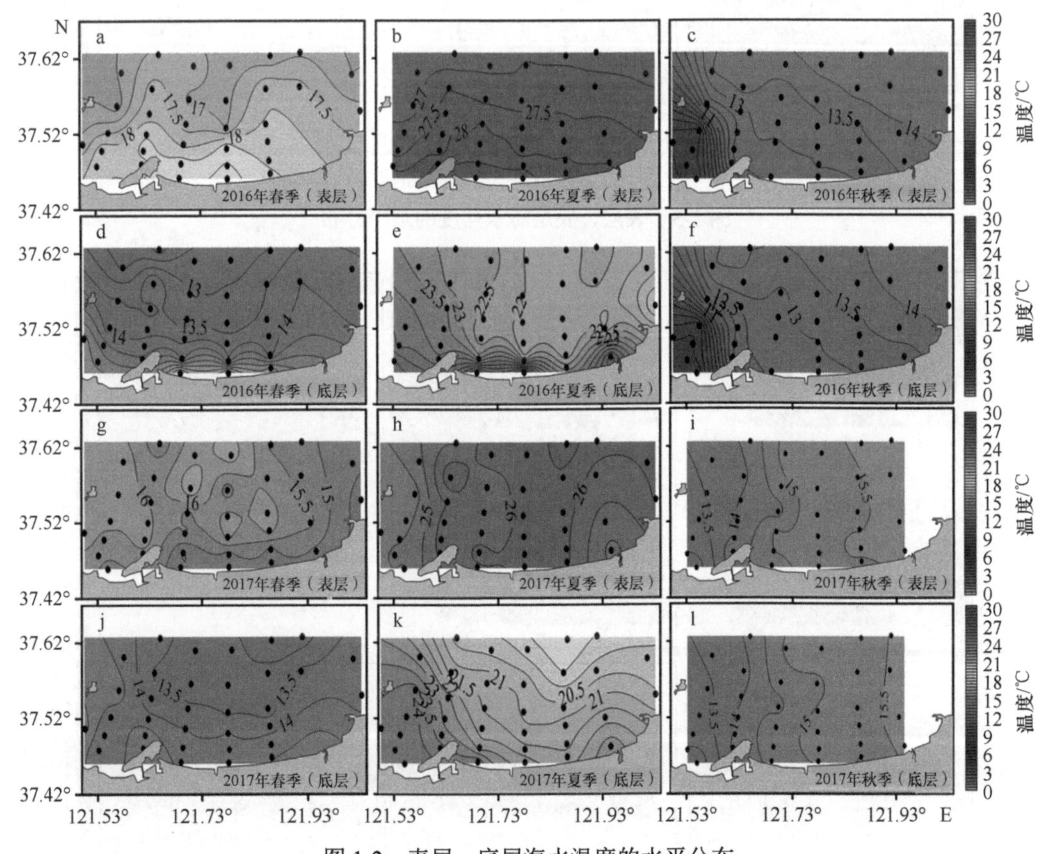

图 1-2　表层、底层海水温度的水平分布

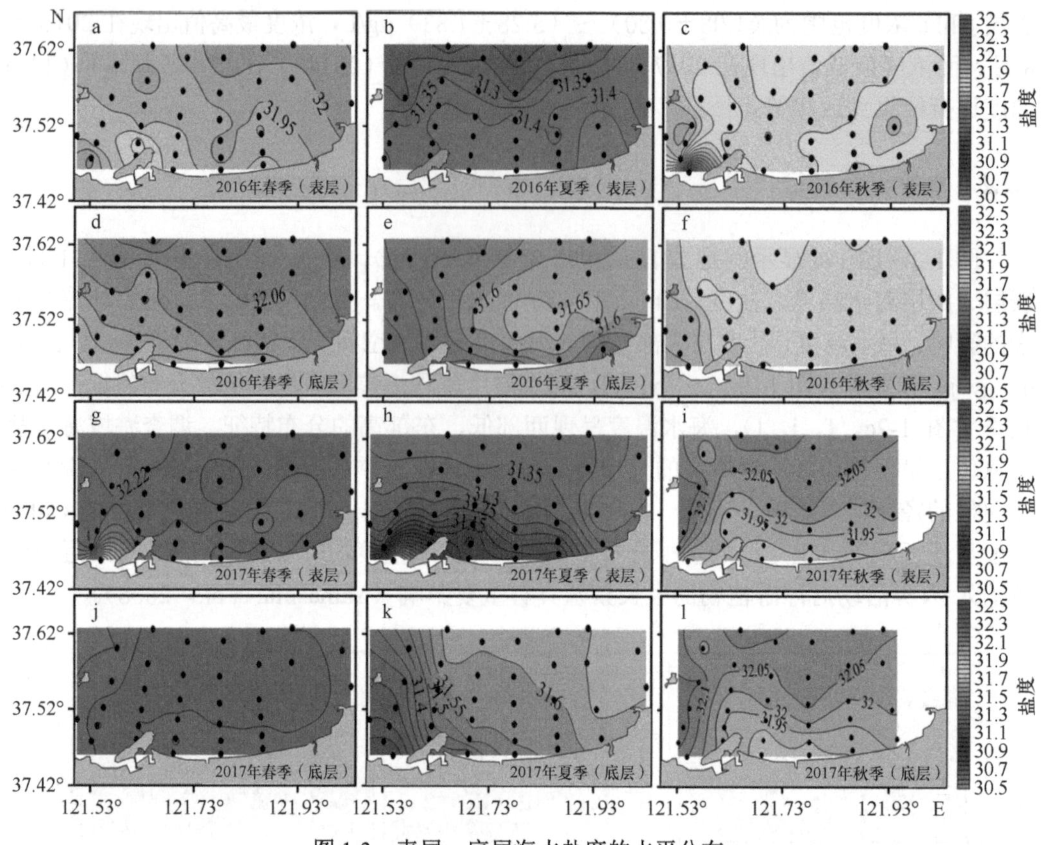

图 1-3　表层、底层海水盐度的水平分布

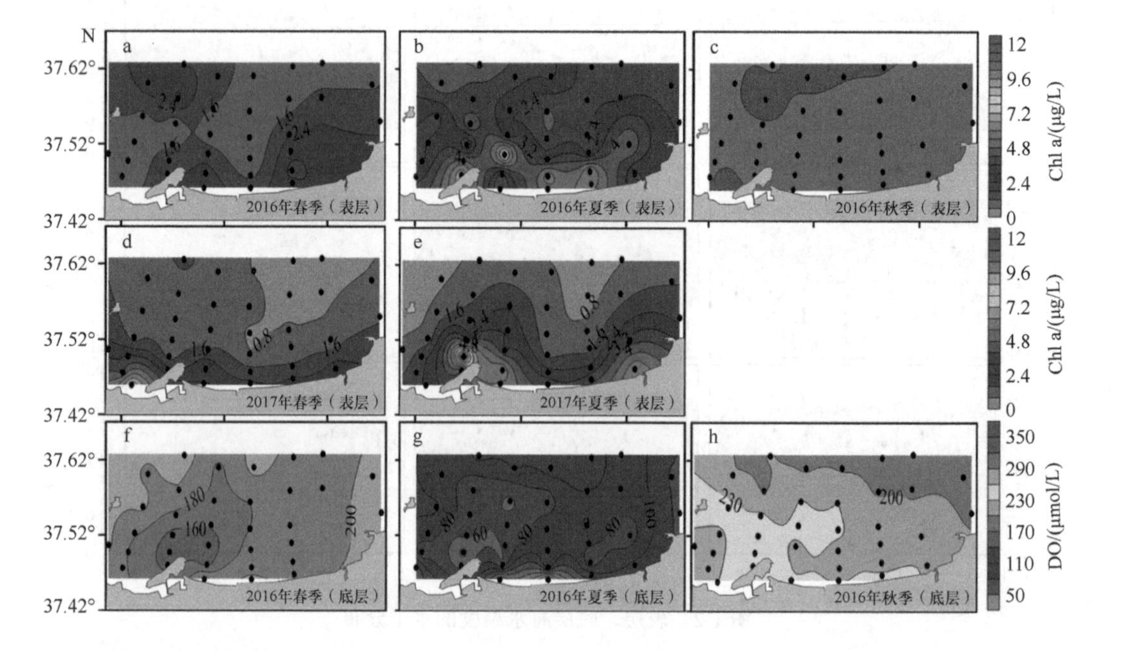

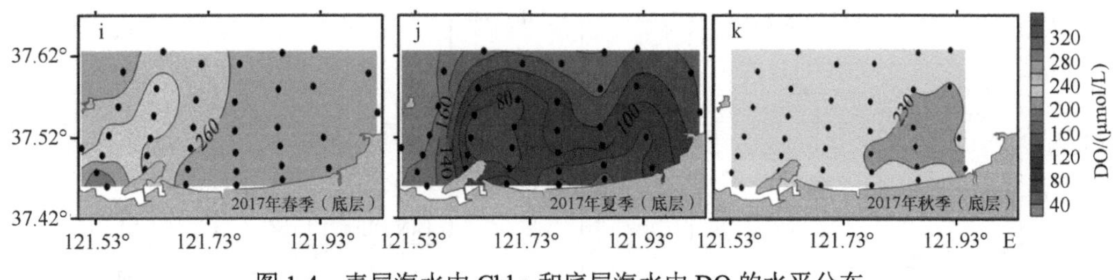

图 1-4　表层海水中 Chl a 和底层海水中 DO 的水平分布

底层海水中 DO 的水平分布显示，在 2016 年夏季（图 1-4g）和 2017 年夏季（图 1-4j），研究海域出现底层海水低氧现象（DO＜94μmol/L），其最低值出现在 2017 年夏季站位 H-1，DO 浓度为 55.0μmol/L；而到了秋季（图 1-4h、k），低氧现象消失，DO 浓度在水平空间上总体上呈现西部高、东部低的分布特征。通过对比可以发现，夏季底层海水低氧区所对应的表层海水具有较高的 Chl a 浓度（图 1-4b、e），这在一定程度上说明浮游植物生长繁殖可能是底层低氧产生的重要原因之一。

1.3 水体中溶解无机营养盐分布特征

1.3.1 季节变化特征

表层、底层海水中 DIN、DIP、DSi 的平均浓度随季节变化较大（图 1-5a～c）。其中，表层海水中 DIN（DIN=NO_2^-+NO_3^-+NH_4^+）、DIP 和 DSi 的平均浓度范围分别为（3.08±1.90）～（11.52±3.20）μmol/L、（0.24±0.10）～（0.67±0.15）μmol/L 和（0.71±1.24）～（6.82±2.77）μmol/L；DIN、DIP 和 DSi 的浓度最高值分别出现在 2016 年 7 月、2016 年 11 月和 2017 年 11 月，最低值分别出现在 2017 年 9 月、2016 年 6 月和 2016 年 5 月。底层海水中 DIN、DIP 和 DSi 的平均浓度范围分别为（3.63±2.11）～（12.06±3.62）μmol/L、（0.25±0.08）～（0.72±0.25）μmol/L 和（1.11±1.66）～（6.58±2.32）μmol/L。海水 DIN/DIP、DSi/DIN 和 DSi/DIP 比值范围分别为（6.23±3.28）～（34.55±16.57）、（0.11±0.12）～（2.15±0.80）和（2.32±3.18）～（19.42±7.00）；随着季节变化，其

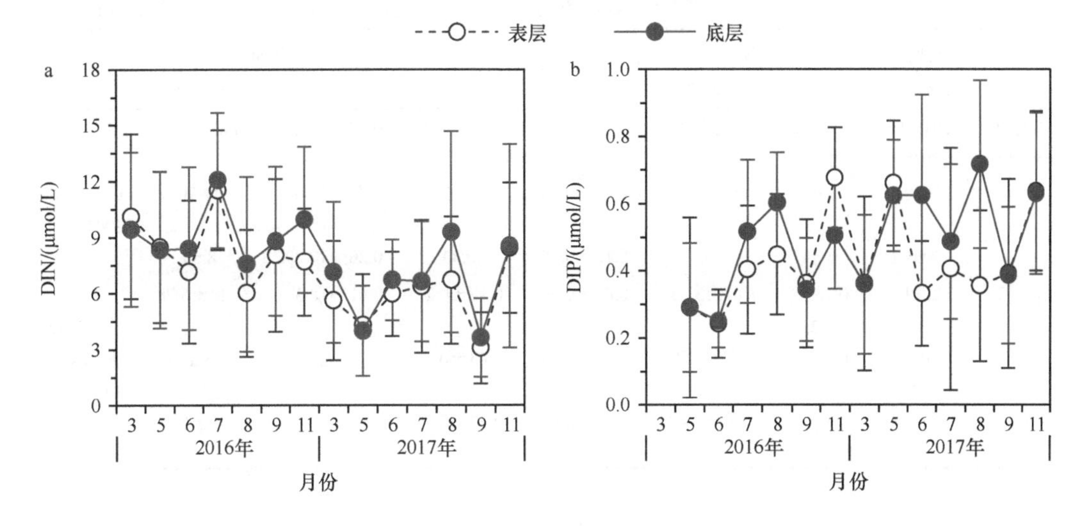

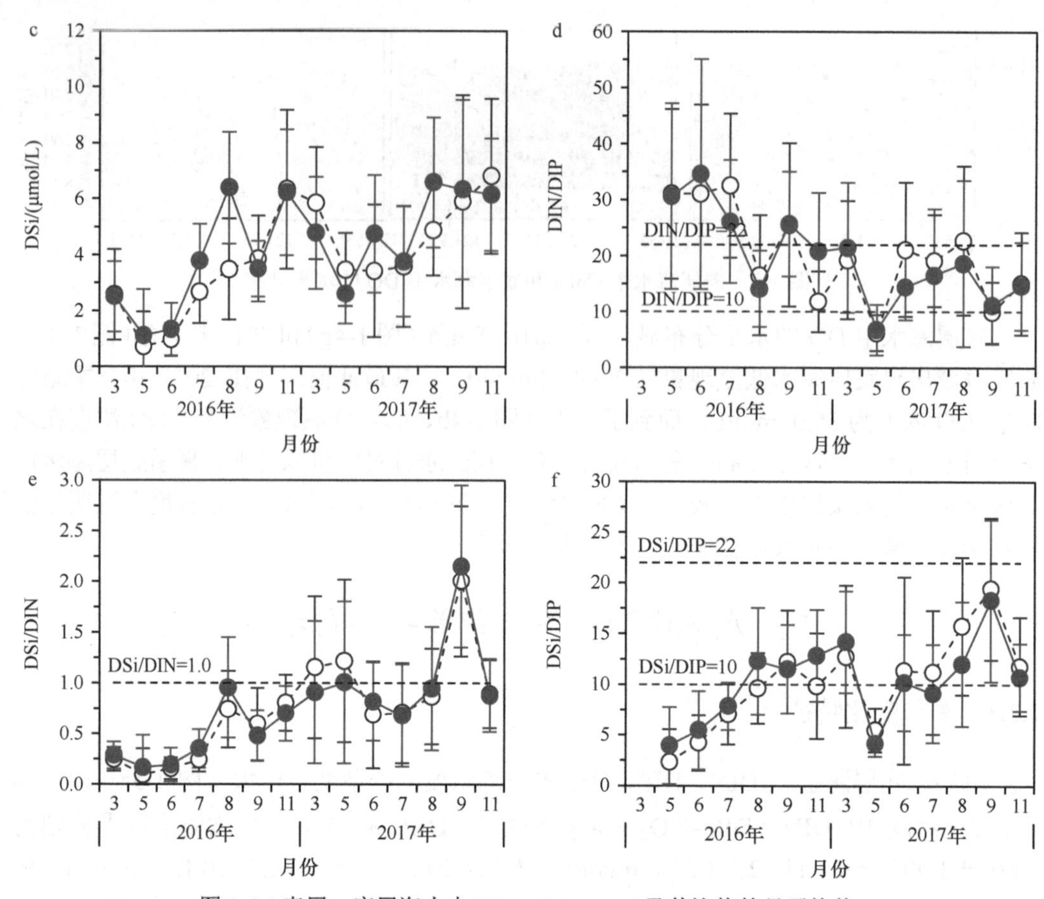

图 1-5 表层、底层海水中 DIN、DIP、DSi 及其比值的月平均值

比值未表现出明显的变化规律。与我国部分近海的营养盐浓度（表 1-5）相比，调查海域海水中 DIN 和 DIP 的浓度与黄海、渤海和东海不同时间的调查结果相当，而 DSi 的浓度低于渤海和东海海水中 DSi 的浓度。依据海水水质 DIN 和 DIP 的评价标准(表 1-2)，调查海域水体总体上符合第一类海水水质标准。

表 1-5 我国部分近海的营养盐浓度 （单位：μmol/L）

海区	调查时间	DIN		DIP		DSi		参考文献
		范围	平均值	范围	平均值	范围	平均值	
养马岛附近海域	2016.3～2017.11	0.61～20.77	7.07±3.94	0.01～2.67	0.43±0.27	0.15～23.22	3.88±2.96	本书
黄海	2000.8	n.d.	n.d.	0.11～0.60	0.47	2.75～12.00	11.90	Liu et al.，2003
	2001.1	n.d.	n.d.	0.15～0.78	0.43	0.20～17.80	8.50	
	2013.6	0.13～13.25	3.87±3.25	0.01～0.99	0.17±0.22	0.01～18.33	4.32±5.78	王丽莎等，2015
	2013.11	0.82～17.18	7.41±3.58	0.02～1.25	0.43±0.28	n.d.	n.d.	唐永等，2017
南黄海	2013.6	0.32～15.62	5.56±3.43	0.02～0.99	0.27±0.27	0.02～18.33	8.40±6.24	宋健伟等，2016

续表

海区	调查时间	DIN		DIP		DSi		参考文献
		范围	平均值	范围	平均值	范围	平均值	
南黄海	2013.11	0.82～17.19	7.28±4.09	0.02～1.26	0.44±0.32	1.98～40.08	17.60±9.36	
	2011.7	n.d.	3.14	n.d.	0.22	n.d.	4.98	李延伟等，2013
北黄海	2007.1	0.84～11.10	7.00	0.048～0.784	0.480	0.96～15.10	10.70	Li et al.，2015
	2012.9	0.77～9.91	4.50	0.01～0.67	0.19	n.d.	n.d.	Duan et al.，2016
渤海	2000.8	n.d.	3.72±2.02	n.d.	0.33±0.21	n.d.	7.20±4.98	Li et al.，2003
	2001.1	n.d.	6.53±2.12	n.d.	0.66±0.21	n.d.	7.86±3.65	
	2013.6	1.28～24.68	10.22±7.19	0.02～0.20	0.05±0.03	0.01～17.69	3.91±3.24	王丽莎等，2015
	2013.11	2.13～30.38	16.74±6.56	0.16～0.98	0.55±0.20	n.d.	n.d.	唐永等，2017
东海	2015.5	n.d.	9.45～14.00	n.d.	0.20～0.60	n.d.	9.61～14.68	叶林安等，2017
	2015.8	n.d.	9.36～16.02	n.d.	0.29～0.84	n.d.	19.43～30.19	
	2015.11	n.d.	9.17～12.40	n.d.	0.36～0.69	n.d.	10.48～20.06	

注：“n.d.” 表示未获得数据

海水中营养盐浓度与结构的变化对浮游植物的生长繁殖具有重要影响。当海水中某种营养盐（DIN、DIP 和 DSi）的浓度低于浮游植物生长所需的最低浓度时，浮游植物生长将受限。根据 Nelson 和 Brzezinski（1990）的报道，影响浮游植物生长的海水 DIN、DIP 和 DSi 最低浓度分别为 1.0μmol/L、0.1μmol/L 和 2.0μmol/L。基于此，在 2016 年 5 月和 6 月，养马岛附近海域海水 DSi 可能限制浮游植物的生长。此外，根据营养盐的结构可以推断浮游植物生长的潜在营养盐限制，营养盐组成的变化能够改变浮游植物的群落结构（Fan et al.，2014；Wang et al.，2014；Santos et al.，2013a），这对预测海洋生态系统稳定性至关重要。当海水中 DIP 和 DIN 充足而 DSi 缺乏时，硅藻的繁殖会受到限制，进而改变水生系统中食物网的结构（Conley et al.，1997）。当海水 DIP 缺乏而 DIN 充足时，浮游植物群落的优势种容易从硅藻变为甲藻（Richardson，1997）。基于以往的研究（Dortch and Whitledge，1992；Nelson and Brzezinski，1990；Hu and Yang，1990），Justić 等（1995）总结并提出了以下评估营养盐潜在限制的标准：①当 DSi/DIP＞22 且 DIN/DIP＞22 时，DIP 是影响浮游植物生长繁殖的潜在限制性因子；②当 DSi/DIN＞1 且 DIN/DIP＜10 时，DIN 是潜在限制性因子；③当 DSi/DIN＜1 且 DSi/DIP＜10 时，DSi 是潜在限制性因子。根据调查结果（图 1-5d～f），养马岛附近海域浮游植物的生长繁殖在 2016 年 5～6 月可能受到海水中 DIP 和 DSi 的潜在限制，2016 年 9 月浮游植物的生长繁殖可能受到 DIP 的潜在限制，而 2017 年 5 月海水中 DIN 能够明显刺激浮游植物的生长繁殖。

图 1-6 反映了表层、底层海水中 DIN（NH_4^+、NO_3^-和 NO_2^-）的组成变化。整体而言，DIN 以 NO_3^-为主，其浓度占 DIN 浓度的 28%～74%（平均值为 58%），其次是 NH_4^+，其浓度占 DIN 浓度的 21%～64%（平均值为 38%）。随着季节的变化，海水中 DIN 的组成发生改变：从 3 月至 11 月，NO_3^-浓度所占比例呈先下降、后升高的变化特征，在每年 8～9 月出现最低值，分别占 DIN 浓度的 34%（2016 年 8 月的底层）和 28%（2017 年 9 月的底层）；而 NH_4^+浓度在每年 8～9 月出现最高值，分别占 DIN 浓度的 60%（2016 年 8 月的底层）和 64%（2017 年 9 月的底层）。

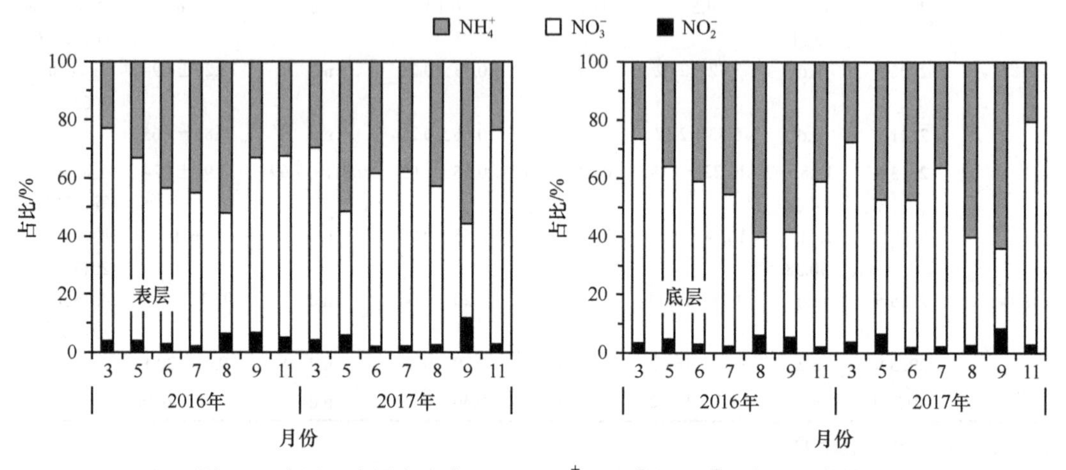

图 1-6　表层、底层海水中 DIN（NH_4^+、NO_3^-和 NO_2^-）的组成变化

1.3.2　水平分布特征

图 1-7～图 1-11 显示的是 2016 年和 2017 年春季（5 月）、夏季（8 月）和秋季（11 月）表层、底层海水中 DIN、NO_3^-、NH_4^+、DSi 和 DIP 的水平分布。除了 2016 年夏季（图 1-7b、e）和 2017 年春季（图 1-7g、j），DIN 浓度总体上呈现近岸高、远岸低的水平分布特征（图 1-7），其最高值出现在 2017 年夏季站位 S-1 的底层（26.7μmol/L），表明沿岸陆源输入对 DIN 浓度的空间分布具有重要影响。而在 2016 年夏季（图 1-7b、e），DIN 浓度的高值区主要分布在研究海域的西北外部边缘区域，其最高值为 20.5μmol/L（站位 X-6 底层），可能是受到沿岸流的影响，使外部海域的高营养盐海水进入调查海区。在 2016 年春季（图 1-8a、d）、秋季（图 1-8c、f）和 2017 年秋季（图 1-8i、l），海水中 NO_3^- 浓度呈现近岸高、远岸低的水平分布特征，这与 DIN 浓度的分布相似，而夏季海水中 NO_3^- 浓度未呈现明显的分布规律（图 1-8b、e、h、k）。对于海水中 NH_4^+ 浓度，在 2016 年春季（图 1-9a、d）和 2017 年夏季（图 1-9h、k），其总体上呈现近岸高于远岸的水平分布特征；而在 2016 年夏季（图 1-9b、e）和 2017 年秋季（图 1-9i、l），其高值主要出现在研究海域的西部边缘区。

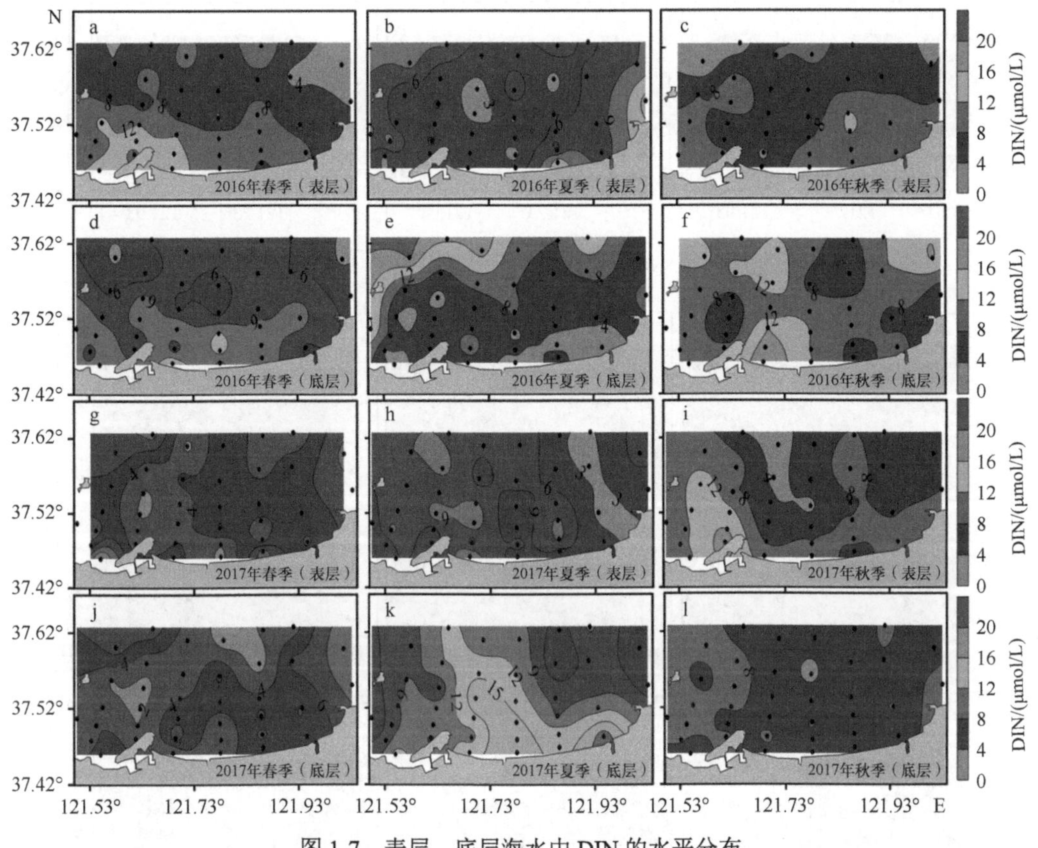

图 1-7 表层、底层海水中 DIN 的水平分布

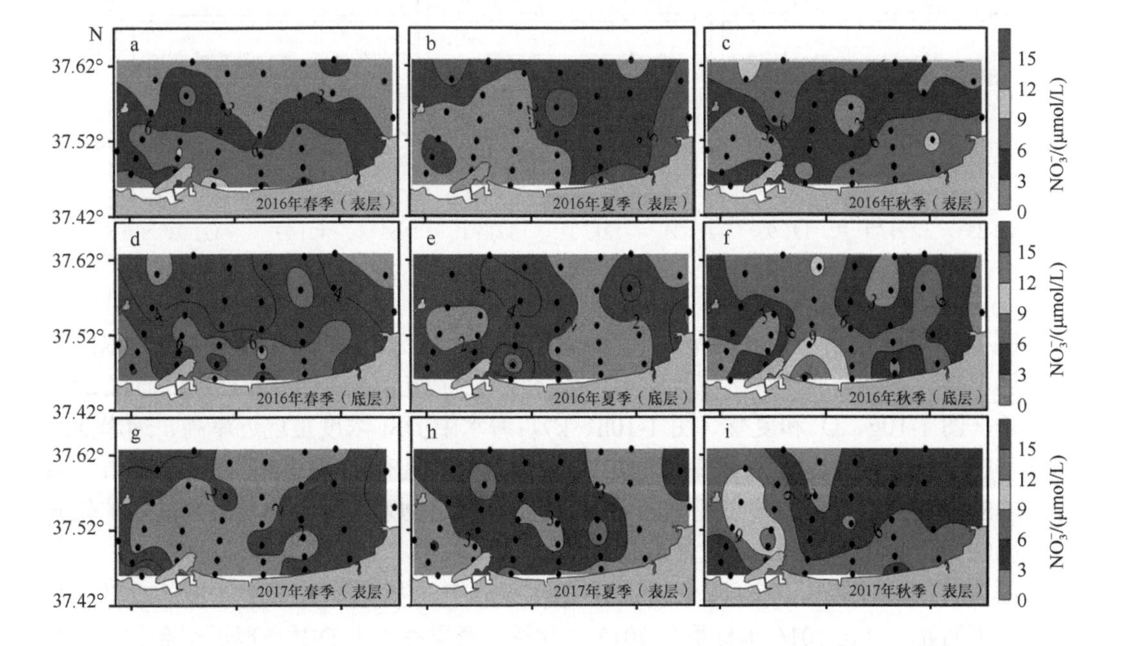

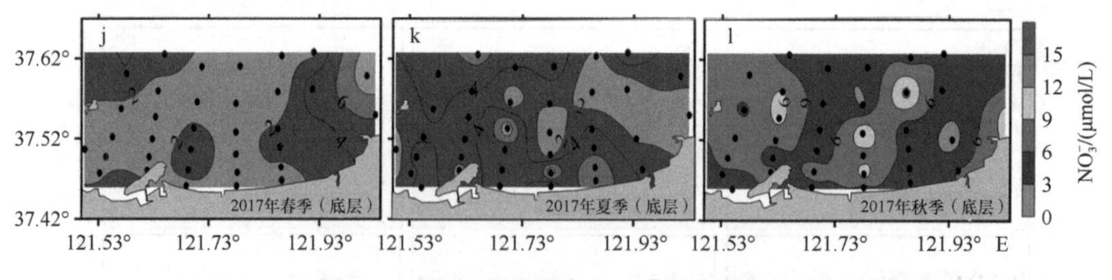

图 1-8 表层、底层海水中 NO_3^- 的水平分布

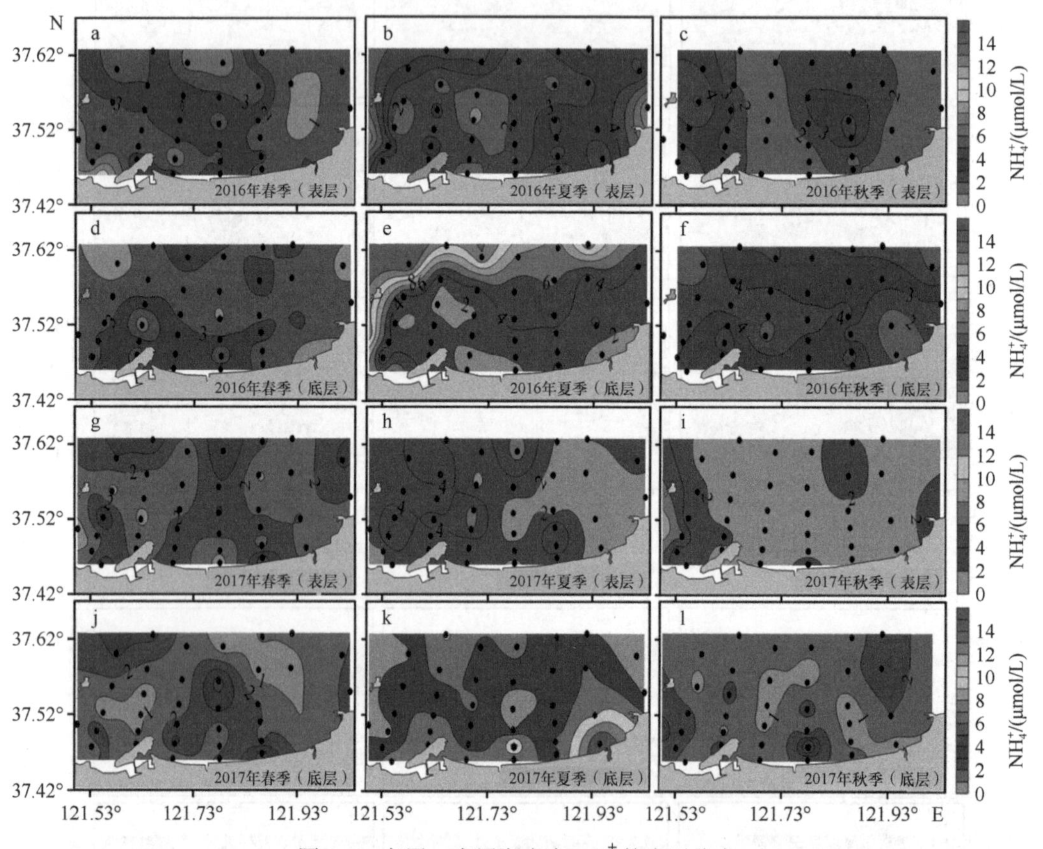

图 1-9 表层、底层海水中 NH_4^+ 的水平分布

图 1-10 显示了表层、底层海水中 DSi 的水平分布。2016 年夏季海水中 DSi 浓度的高值区主要分布在外部边缘区域（图 1-10b、e），这与 DIN 浓度的分布一致；而在 2017 年春季（图 1-10g、j）和夏季（图 1-10h、k），海水中 DSi 浓度呈现近岸高、远岸低的分布特征，表明人类活动/陆源输入对 DSi 浓度的分布具有重要影响。在其他季节，海水中 DSi 浓度未见明显的分布规律，可能是受到浮游植物繁殖吸收和底层有机质矿化分解的影响（崔彦萍等，2013；沈志良等，1992）。

图 1-11 显示了表层、底层海水中 DIP 的水平分布。总体来看，DIP 浓度的水平分布规律并不明显，仅在 2016 年夏季和 2017 年秋季，表层海水中 DIP 呈现近岸高、远岸低的分布特征（图 1-11b、i），可能与浮游植物繁殖或有机质矿化释放等多种因素有关（沈

志良等，1992）。

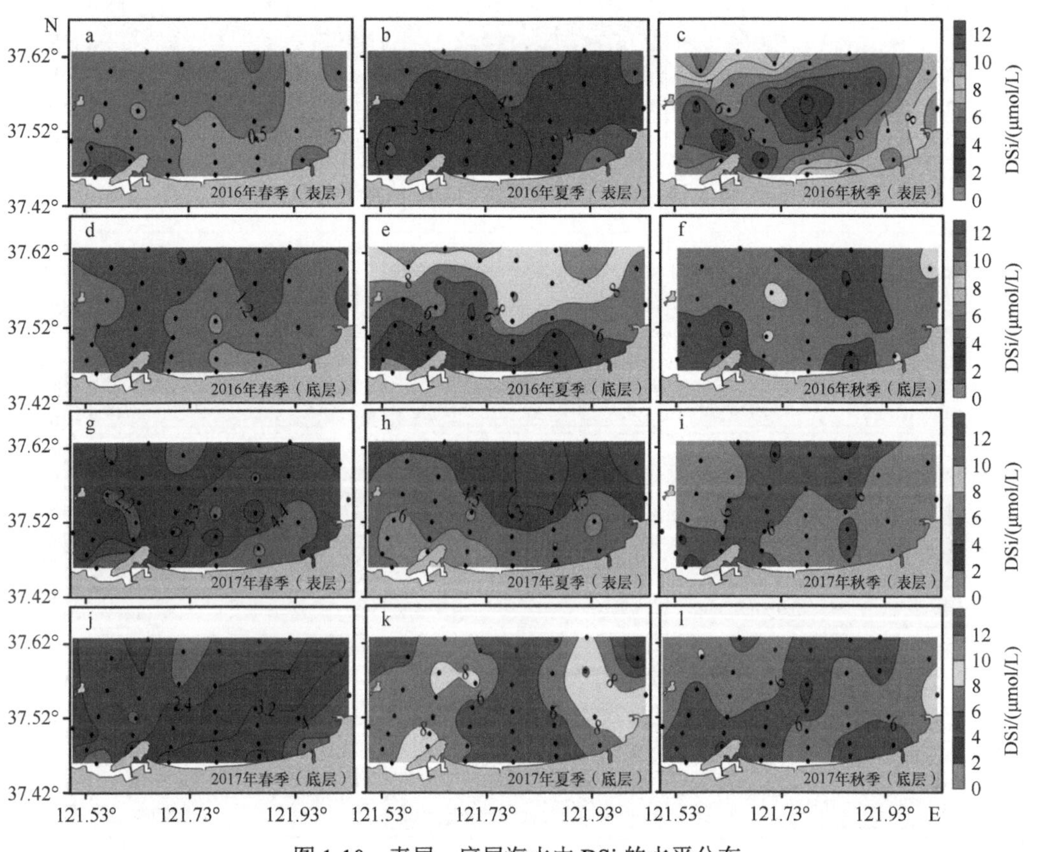

图 1-10　表层、底层海水中 DSi 的水平分布

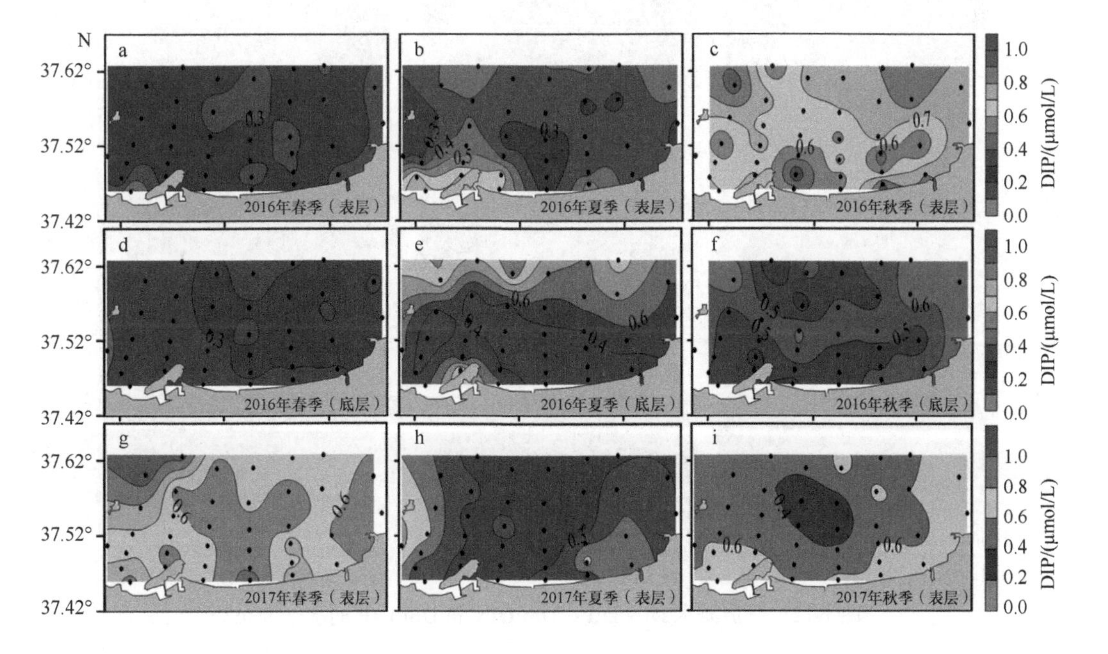

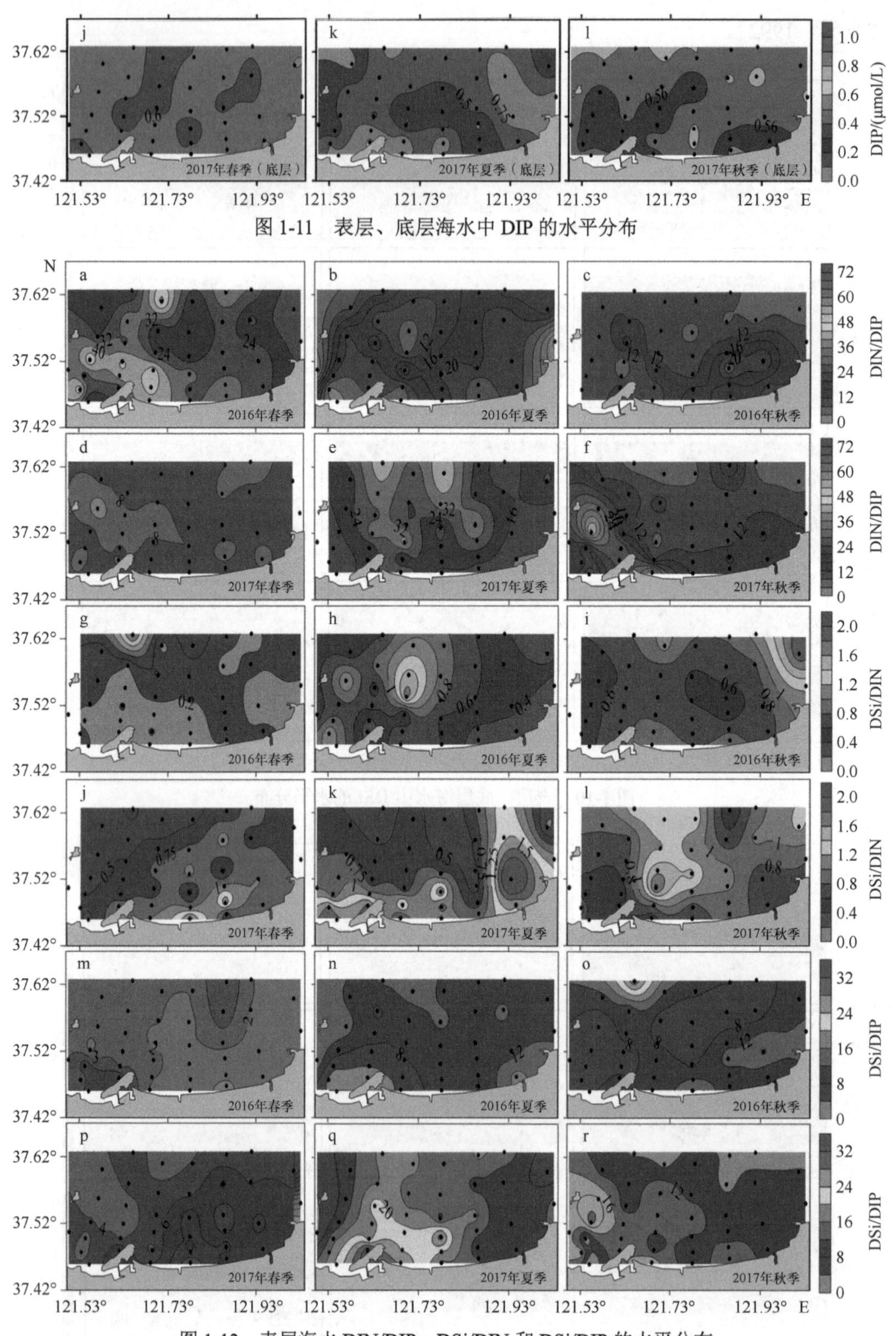

图 1-11 表层、底层海水中 DIP 的水平分布

图 1-12 表层海水 DIN/DIP、DSi/DIN 和 DSi/DIP 的水平分布

表层海水 DIN/DIP、DSi/DIN 和 DSi/DIP 的水平分布如图 1-12 所示。对于海水中的 DIN/DIP，其在不同季节的水平分布有所差异。在 2016 年春季和 2017 年秋季（图 1-12a、f），海水 DIN/DIP 的高值区主要分布在养马岛附近；而在 2016 年秋季（图 1-12c），DIN/DIP 的高值区主要分布在羊亭河河口附近的东部近岸区域，表明近岸人类活动对营养盐结构具有重要影响。而在 2017 年夏季，DIN/DIP 的高值区出现在外部海域（图 1-12e），可能与夏季海水中的微生物活动和外部海水的输入有关。

图 1-12g～l 显示了表层海水 DSi/DIN 的水平分布。在 2016 年春季，海水 DSi/DIN 呈现近岸低、远岸高的分布特征（图 1-12g），这与 2017 年春季和夏季的水平分布规律相反（图 1-12j、k）。而在 2016 年夏季（图 1-12h）和 2017 年秋季（图 1-12l），DSi/DIN 的高值区出现在研究海域的中部区域。

对于表层海水的 DSi/DIP，在 2016 年春季（图 1-12m）、2017 年夏季（图 1-12q）和秋季（图 1-12r），其高值区主要分布在养马岛附近。在 2017 年春季（图 1-12p），DSi/DIP 的高值区出现在东部近岸海区，说明人类活动对海水 DSi/DIP 的分布具有重要影响；而在其他季节，高值区出现在外部边缘海区（图 1-12n、o）。

1.3.3　断面分布特征

为了获得研究海域海水中溶解无机营养盐的垂直分布特征，选取了 3 个断面进行分析，分别位于调查海域的西部（X 断面）、中部（Q 断面）和东部（N 断面）。由于研究海域水深较浅（平均约为 15m），将水体划分为 3 个层次（表层、中层和底层）进行了采样分析。

X 断面位于调查海域西部，其近岸端（站位 X-1）位于辛安河河口，辛安污水处理厂的污水排放口也位于该区域，因此河流和污水的输入可能是影响该断面海水中溶解无机营养盐空间分布的重要因素。总体上该断面不同种类的溶解无机营养盐在垂直方向上没有呈现明显的差异，但在水平方向上有所不同（图 1-13）。在 2016 年春季（图 1-13a、g、m、s）、夏季（图 1-13b、h、n、t）、秋季（图 1-13c、i、o、u）和 2017 年夏季（图 1-13e、k、q、w），海水中 NO_3^-、NH_4^+、DIP 和 DSi 浓度的垂直分布特征总体上相似，均呈现近岸高、远岸低的分布特征，其最高值均出现在站位 X-1 处的表层，表明辛安河和污水输入对 X 断面溶解无机营养盐的空间分布影响显著。而在 2017 年春季（图 1-13d、j、p、v）和秋季（图 1-13f、l、r、x），海水中 NO_3^-、NH_4^+、DIP 和 DSi 浓度的高值区主要分布在远岸区域（2017 年秋季的 NH_4^+浓度除外），表明陆源输入的影响较小，沿岸流影响下的外部海水输入可能是影响该断面溶解无机营养盐分布的主要因素。

Q 断面和 N 断面分别位于调查海域中部和东部，其近岸端（站位 Q2、Q3 和 N2、N3）位于扇贝养殖海区，所对应的海岸无河流输入。图 1-14 显示了 Q 断面海水中溶解无机营养盐的分布。与 X 断面有所不同，Q 断面海水中各溶解无机营养盐浓度水平分布上未呈现明显的差异，而在垂直分布上大多呈现出底层高于表层的分布特征（图 1-14）。浮游植物生长繁殖对表层海水中溶解无机营养盐的吸收、底层有机质矿化分解和养殖贝类的代谢活动很可能是形成这种分布特征的主要原因（崔彦萍等，2013；沈志良等，1992）。

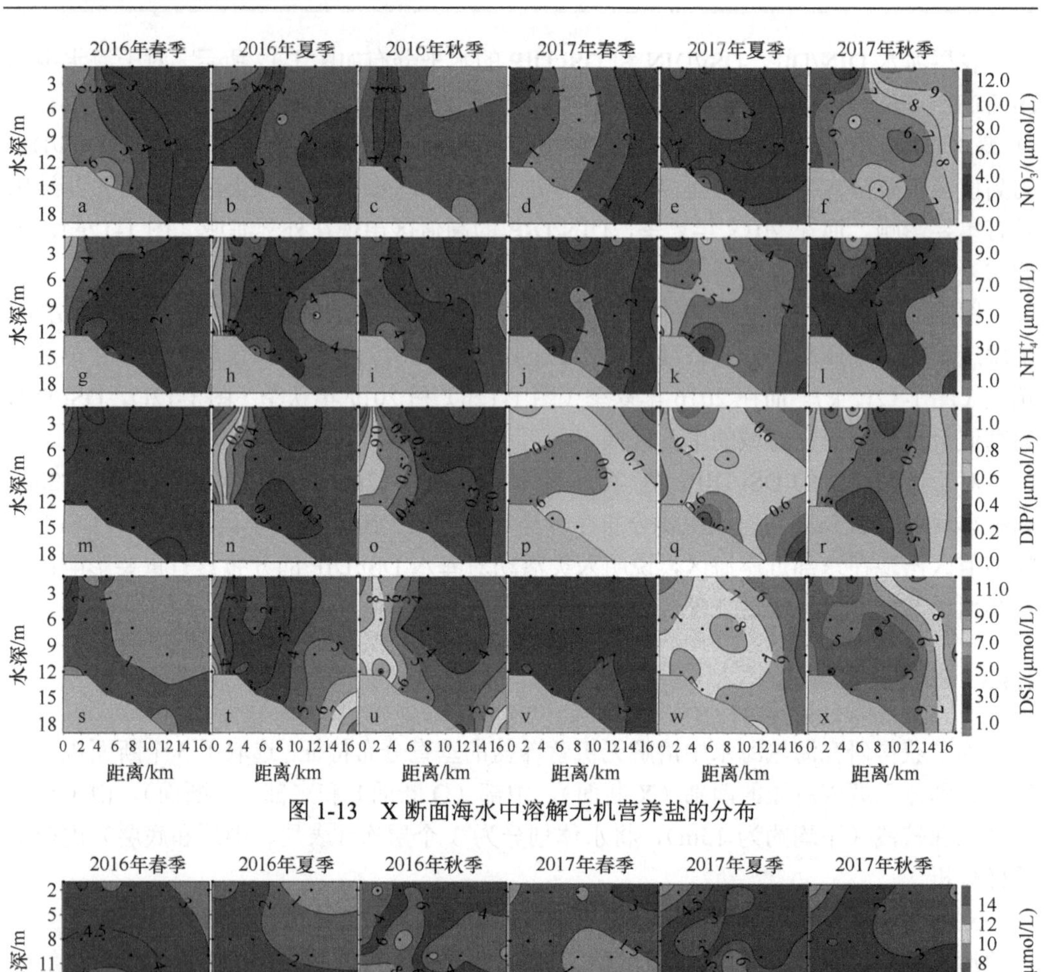

图 1-13　X 断面海水中溶解无机营养盐的分布

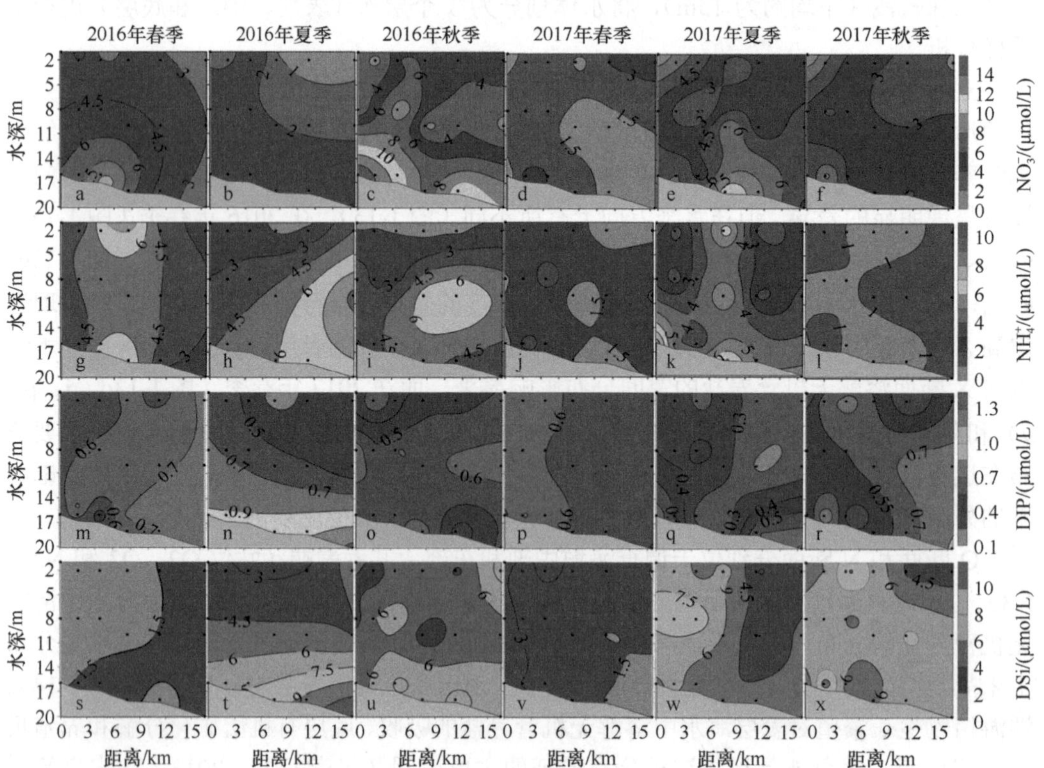

图 1-14　Q 断面海水中溶解无机营养盐的分布

图 1-15 显示的是 N 断面海水中溶解无机营养盐的分布。该断面海水中 NH_4^+、DIP 和 DSi 的浓度在夏季呈现明显的底层高、表层低的垂直分布特征，最高值均出现在 2016 年夏季站位 N-6 的底层（图 1-15h、n、t）。在其他季节，各溶解无机营养盐的空间分布大多与夏季有所不同，如 2016 年秋季的 NO_3^- 浓度（图 1-15c）和 DSi 浓度（图 1-15u）、2017 年春季的 NH_4^+ 浓度（图 1-15j）和 DIP 浓度（图 1-15p）及 2017 年秋季的 DSi 浓度（图 1-15x）呈现出近岸高、远岸低的分布特征。

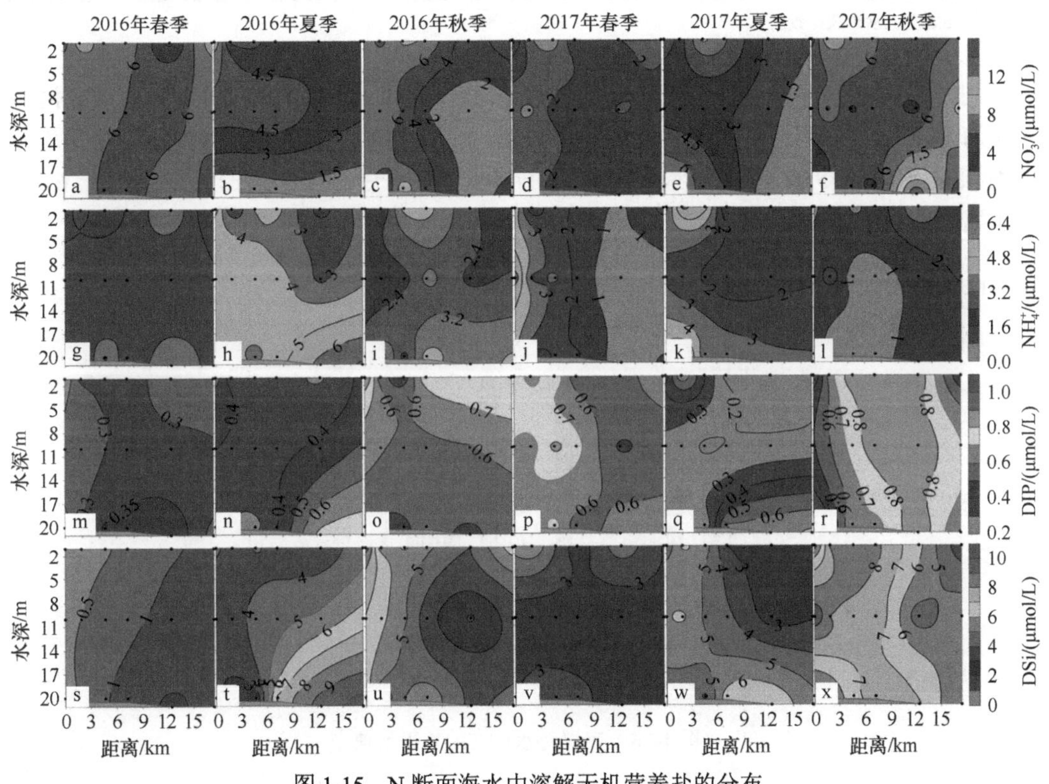

图 1-15　N 断面海水中溶解无机营养盐的分布

1.4　海水富营养化状况

为了获得养马岛附近海域海水中溶解无机营养盐的限制情况，基于郭卫东等（1998）提出的潜在富营养化评价模型进行了潜在富营养化状况评价。结果表明，养马岛附近海域水体处于贫营养（级别Ⅰ）水平（表 1-6），这与邢红艳等（2013）对位于研究区域西侧的四十里湾 2003～2006 年的海水潜在富营养化状况评价结果大致相同。

表 1-6　养马岛附近海域海水潜在富营养化评价结果

时间	DIN/（μmol/L）	DIP/（μmol/L）	DIN/DIP	营养级	时间	DIN/（μmol/L）	DIP/（μmol/L）	DIN/DIP	营养级
2016 年 3 月	10.12	n.d.	n.d.	n.d.	2016 年 7 月	11.52	0.4	32.5	Ⅰ
2016 年 5 月	8.49	0.29	31.03	Ⅰ	2016 年 8 月	6.02	0.45	16.48	Ⅰ
2016 年 6 月	7.15	0.24	31.06	Ⅰ	2016 年 9 月	8.04	0.36	25.49	Ⅰ

续表

时间	DIN/（μmol/L）	DIP/（μmol/L）	DIN/DIP	营养级	时间	DIN/（μmol/L）	DIP/（μmol/L）	DIN/DIP	营养级
2016 年 11 月	7.68	0.68	11.82	I	2017 年 7 月	6.38	0.41	19.13	I
2017 年 3 月	5.63	0.36	19.27	I	2017 年 8 月	6.71	0.36	22.7	I
2017 年 5 月	4.29	0.66	6.23	I	2017 年 9 月	3.08	0.39	16.88	I
2017 年 6 月	5.97	0.33	21.1	I	2017 年 11 月	8.44	0.64	15.07	I

注：“n.d.”表示未获得数据

同时，采用富营养化状态指数法（TRIX）（Vollenweider et al.，1998）对研究海域表层海水富营养化状态进行了评价。结果显示，调查期间，表层海水 TRIX 的月平均范围为 4.03±0.48～5.07±0.23，最大值出现在 2016 年 11 月，最小值出现在 2017 年 6 月，海水富营养化状态处于中等水平，这有利于海洋浮游生物的生长繁殖（图 1-16）。

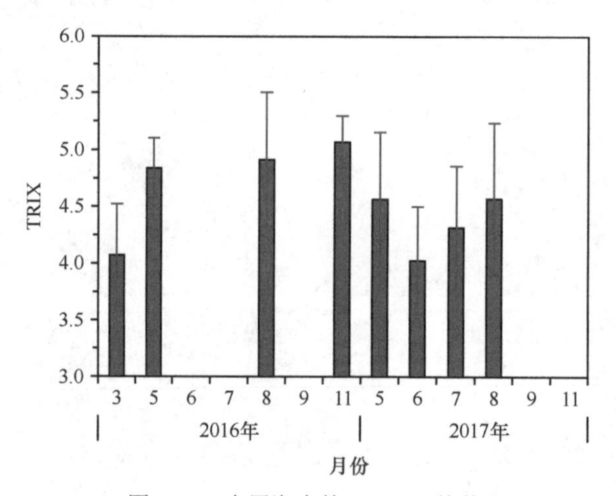

图 1-16　表层海水的 TRIX 平均值

对于 TRIX 空间分布，表层海水的 TRIX 在不同季节有所不同（图 1-17），在 2016 年夏季（图 1-17b）和秋季（图 1-17c），高值区主要分布在远岸区域，这与 2016 年春季（图 1-17a）、2017 年春季（图 1-17d）和夏季相反（图 1-17e）。与表 1-7 所列出的其他海域的 TRIX 相比，研究海域表层海水的 TRIX 略小于黄渤海（刘艳芳，2015）、东海（刘艳芳，2015）和黄东海（孔宪喻和苏荣国，2016；刘艳芳，2015）的调查结果，但大于第勒尼安海（Giovanardi and Vollenweider，2004）的调查结果。

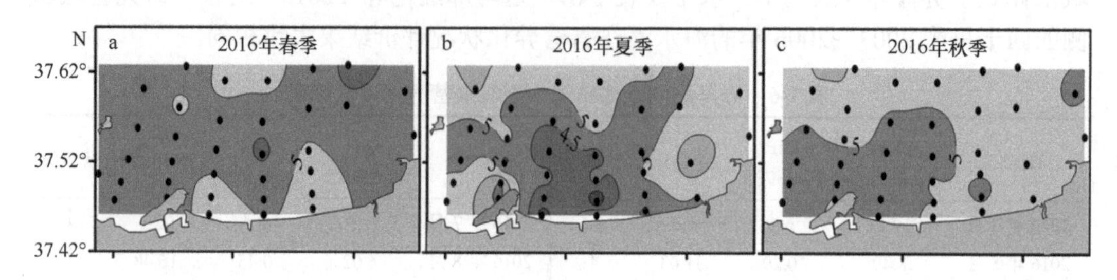

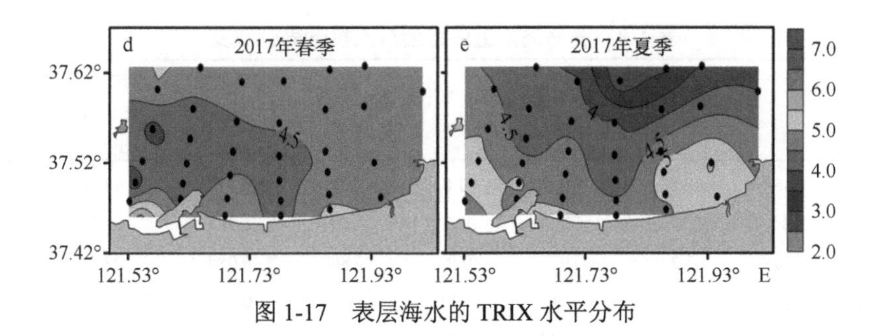

图 1-17　表层海水的 TRIX 水平分布

表 1-7　部分沿海 TRIX 统计

海域	调查时间	TRIX		参考文献
		范围	平均值	
养马岛附近海域	2016.3～2017.11	2.64～6.28	4.57	本书
黄东海	2013.7	2.66～7.32	5.65	孔宪喻和苏荣国，2016
黄东海	2013.6、2013.11	3.87～7.32	5.68	刘艳芳，2015
黄渤海	2013.6、2013.11	3.03～6.72	5.62	刘艳芳，2015
东海	2013.7、2014.6	3.87～6.79	5.39	刘艳芳，2015
黑海	1995	3.7～8.6	n.d.	Moncheva et al.，2001
里海沿岸海域	1982～1993	4.04～6.08	n.d.	Shahrban and Etemadshahidi，2010
墨西哥湾	2002～2006	2.41～6.02	n.d.	Herrera-Silveira and Morales-Ojeda，2009
第勒尼安海	2000	n.d.	4.17	Giovanardi and Vollenweider，2004
意大利沿海	2001～2003	2.99～6.03	n.d.	Pettine et al.，2007

注：“n.d.” 表示未获得数据

1.5　控制海水中溶解无机营养盐时空分布的关键过程分析

溶解无机营养盐的输入和去除共同驱动着养马岛附近海域海水中溶解无机营养盐的动态变化。其中，溶解无机营养盐的输入主要包括河流及污水输入、大气沉降、邻近海域输入、有机质矿化释放、养殖贝类排泄等；而浮游植物生长繁殖吸收、扇贝收获等是营养盐去除的主要途径。因此，从多个方面来分析影响该海域海水中溶解无机营养盐时空分布的主要因素。

1.5.1　河流及污水输入

河流及污水输入是近岸海域海水中溶解无机营养盐的重要来源之一（邢红艳等，2013；Liu et al.，2012a，2009，2005）。在研究区域，沿海岸线有几条小的季节性河流，排污口位于取样站位 X-1 附近，总淡水通量为 $89.5\times10^6 m^3/a$（表 1-8），占研究海域海水总体积的 0.7%，其可能在表层海水中溶解无机营养盐的时空分布中发挥重要作用。

表 1-8 养马岛附近海域溶解无机营养盐收支

收支		水团输入/（×10⁶m³/a）	DIN 浓度/（μmol/L）	DIP 浓度/（μmol/L）	DSi 浓度/（μmol/L）	DIN 通量/[×10³mol/（km²·a）]	DIP 通量/[×10³mol/（km²·a）]	DSi 通量/[×10³mol/（km²·a）]
陆源输入	污水	43.8[a]	10.9	1.0	6.9	0.719	0.066	0.455
	辛安河	23.7	55.5[b]	4.57[b]	7.54	1.981	0.163	0.269
	鱼鸟河	5.2	10.7	0.91	6.86	0.084	0.007	0.054
	羊亭河	4.2	11.8[c]	0.48[c]	3.87	0.075	0.003	0.024
	沁水河	12.6	8.48	0.36	3.31	0.161	0.007	0.063
	合计	89.5	/	/	/	3.020	0.246	0.865
大气沉降		/	/	/	/	117.8[d-g]	0.75[d-g]	2.23[d-g]
养殖贝类排泄		/	/	/	/	73.8[h]	1.6[h]	/
外海输入	渤海	227[i]	12[j]	0.26[j]	8.4	4.10	0.09	2.87
	南黄海	1261[i]	4.47[k]	0.45[j]	11[m]	8.49	0.85	20.89
外海输出	渤海	217[i]	7.1	0.43	3.03	2.32	0.14	0.99
	南黄海	1404[i]	7.1	0.43	3.03	15.02	0.91	6.41
沉积物-海水界面交换		/	/	/	/	–83.11[l]	2.81[l]	434.92[l]
净收支		/	/	/	/	136.69	7.30	485.54

注：[a]秦桂海，2018；[b]马兆虎等，2012；[c]Sun et al.，2016；[d]韩丽君等，2013；[e]朱玉梅，2011；[f]毕言锋，2006；[g]张国森，2004；[h]牛亚丽，2014；[i]Hong，2012；[j]Song，2009；[k]Liu et al.，2003；[l]高天赐，2019；[m]于子洋，2014

通过溶解无机营养盐与盐度的关系可以判断河流输入对海水中不同溶解无机营养盐空间分布的影响，结果如图 1-18 和表 1-9 所示。结果显示，在 2016 年秋季（11 月）及 2017 年春季（5 月）、夏季（8 月）和秋季（11 月），表层海水中 NO_3^- 浓度与盐度呈现显著性线性负相关关系，其相关系数（R^2）分别为 0.128（$0.01<P<0.05$）、0.714（$P<0.001$）、0.165（$0.01<P<0.05$）和 0.502（$P<0.001$）；表层海水中 DSi 浓度与盐度在 2016 年夏季（8 月）和 2017 年夏季（8 月）呈现显著性线性负相关关系，其 R^2 分别为

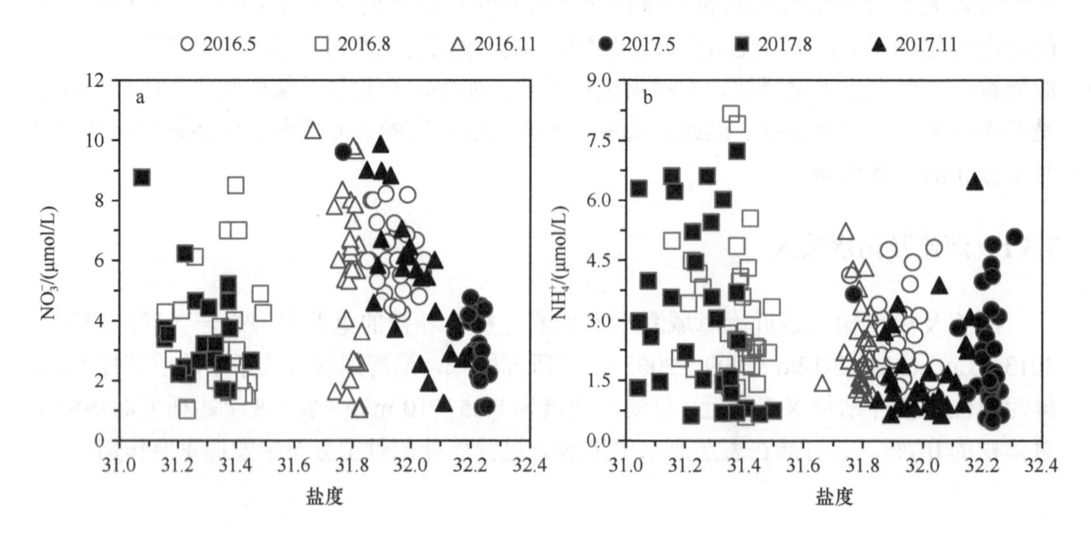

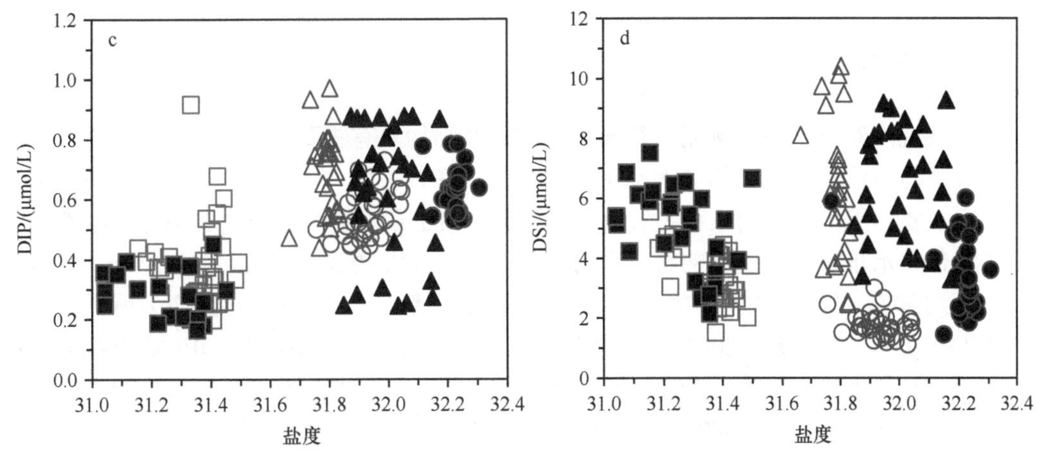

图 1-18　表层海水中溶解无机营养盐与盐度的关系

表 1-9　不同季节表层海水中溶解无机营养盐与盐度的线性回归分析结果

参数	时间	斜率 *a*	截距 *b*	R^2	*P*
NO_3^-与盐度	2016.11	–28.3	905.6	0.128	0.01～0.05
	2017.5	–14.8	478.9	0.714	＜0.001
	2017.8	–7.0	224.1	0.165	0.01～0.05
	2017.11	–17.7	572.3	0.502	＜0.001
DSi 与盐度	2016.8	–6.7	212.2	0.367	0.001～0.01
	2017.8	–6.1	196.9	0.335	0.001～0.01

注：$y=a\times x+b$，其中 x=盐度，y= NO_3^-和 DSi，仅显示 P＜0.05 的线性回归数据

0.367（0.001＜P＜0.01）和 0.335（0.001＜P＜0.01），说明季节性河流和污水输入对研究海域表层海水中 NO_3^- 和 DSi 的空间分布具有显著影响。调查期间海水中 NH_4^+ 浓度及 DIP 浓度与盐度未呈现显著的相关关系（P＞0.05），说明河流输入对表层海水中 DSi 和 DIP 空间分布的影响较小。

研究海域周边河流（辛安河、鱼鸟河、沁水河和羊亭河）和污水排放的淡水入海通量、溶解无机营养盐浓度主要通过文献资料获得，由于没有关于鱼鸟河和沁水河营养盐的相关报道，采用其河口附近海水营养盐浓度替代河流淡水营养盐浓度。通过计算，获得了研究海域周边主要河流和污水排放的 DIN、DIP 和 DSi 入海通量，分别为 3.020×10^3mol/（km^2·a），0.246×10^3mol/（km^2·a）和 0.865×10^3mol/（km^2·a）（表 1-8）。其中，辛安河和污水输入占主导地位，分别占 DIN 陆源输入通量的 65.6%和 23.8%、DIP 陆源输入通量的 66.3%和 26.8%、DSi 陆源输入通量的 31.1%和 52.6%。

近年来，海底地下水排放（SGD）被发现是一些海域溶解营养物质供应的重要途径（Cho et al.，2018；Rodellas et al.，2015；Lee et al.，2009；Slomp and van Cappellen，2004）。在养马岛附近海域目前尚没有关于 SGD 的相关报道。底层海水中溶解无机营养盐浓度与盐度之间的关系表明，除 2016 年 5 月外，二者之间没有显著相关性，因此判断 SGD 可能不是影响该海域溶解无机营养盐空间分布的一个重要因素。

1.5.2 大气沉降

大气沉降对海水中溶解无机营养盐的浓度及结构具有重要影响。就全球范围来看，大气沉降与河流输入海洋的DIN通量大致相当。在过去的几十年中，黄海的水华频繁发生，这主要归因于径流输入和大气营养盐沉降（Zhang，1994），一次典型降水事件能够给黄海带来水华事件发生时初级生产力所需N、P和Si的50%～100%（Zhang，1994）。Chung（1998）的研究表明，大气沉降输入N的贡献可能占黄海每年新产力所需硝酸盐的17%～37%；Liu等（2003）的研究表明，大气输入黄海NH_4^+和DIP的贡献分别为93%和68%。此外，大气沉降可改变海水中营养盐结构，进而影响浮游植物的丰度及种类。以往的研究表明，与添加单一形态的DIN相比，添加雨水可以显著提高近海的初级生产力（Paerl，1997）。本书中大气沉降的营养盐通量数据通过关于北黄海及邻近海域的文献资料获得（张国森，2004；毕言锋，2006；朱玉梅，2011；韩丽君等，2013）。结果显示，大气沉降至海水中DIN、DIP和DSi的通量分别为117.8×10^3mol/（km^2·a）、0.75×10^3mol/（km^2·a）和2.23×10^3mol/（km^2·a）（表1-8）。其中，大气沉降输入DIP和DSi的通量分别约为陆源输入通量的3倍和2.6倍，而大气沉降输入DIN的通量约为陆源输入通量的39倍。

1.5.3 与邻近海域水体交换

研究海域位于北黄海（NYS）西南部，可以通过渤海海峡与渤海进行水体交换，同时可以通过黄海暖流与南黄海进行水体交换。每年从渤海进入北黄海的海水通量约为$52.2\times10^9m^3$，研究海域海水体积约为$12.9\times10^9m^3$，约占北黄海海水体积的1/230，假设北黄海海水均匀分布，则从渤海进入研究海域的海水通量约为$2.27\times10^8m^3/a$。渤海海水中DIN、DIP和DSi浓度的年均值分别为12μmol/L、0.26μmol/L和8.4μmol/L（Song，2010；周艳蕾等，2017），由此计算所得到的从渤海到研究海域的DIN、DIP和DSi输入通量分别为4.10×10^3mol/（km^2·a）、0.09×10^3mol/（km^2·a）和2.87×10^3mol/（km^2·a）（表1-8）。另外，从南黄海进入研究海域的海水通量为$12.61\times10^8m^3/a$（Hong，2012），南黄海海水中DIN、DIP和DSi浓度的年均值分别为4.47μmol/L、0.45μmol/L和11μmol/L（Liu et al.，2003；Song，2010；于子洋，2014）。由此计算，从南黄海到研究海域DIN、DIP和DSi的输入通量分别为8.49×10^3mol/（km^2·a）、0.85×10^3mol/（km^2·a）和20.89×10^3mol/（km^2·a）（表1-8）。

此外，从研究海域进入渤海和南黄海的海水通量分别为$2.17\times10^8m^3/a$和$14.04\times10^8m^3/a$（Hong，2012）。2016～2017年研究海域海水中DIN、DIP和DSi的平均浓度分别为7.1μmol/L、0.43μmol/L和3.03μmol/L，由此计算所得到的从研究海域到渤海的DIN、DIP和DSi输出通量分别为2.32×10^3mol/（km^2·a）、0.14×10^3mol/（km^2·a）和0.99×10^3mol/（km^2·a）；从研究海域到南黄海的DIN、DIP和DSi输出通量分别为15.02×10^3mol/a、0.91×10^3mol/a和6.41×10^3mol/a（表1-8）。在与渤海和南黄海水体交换过程中，养马岛附近海域海水中的DIN和DIP以净输出为主，其输出通量分别为

4.75×10^3mol/（km^2·a）和 0.11×10^3mol/（km^2·a）；而 DSi 以净输入为主，其输入通量为 16.36×10^3mol/（km^2·a）。

1.5.4　浮游植物对营养盐利用及转化

调查期间，研究海域表层海水中 Chl a 浓度呈现夏季高、秋季低的变化特征，最高值 8.19μg/L 出现在 2016 年夏季，最低值 0.51μg/L 出现在 2016 年秋季，总体上与溶解无机营养盐浓度的季节变化特征相反。

就空间分布而言，在 2016 年春季、夏季和秋季及 2017 年春季和夏季，表层海水中 Chl a 浓度与 NO_3^- 浓度呈现显著性线性正相关关系，其 R^2 分别为 0.631（$P<0.001$）、0.731（$P<0.001$）、0.621（$P<0.001$）、0.670（$P<0.001$）和 0.444（$P<0.001$）（图 1-19，表 1-10），反映了 NO_3^-是研究海域影响浮游植物生长繁殖的关键营养盐。在 2016 年春季和秋季及 2017 年春季和夏季，表层海水中 Chl a 浓度和 DSi 浓度呈现显著性线性正相关关系，其 R^2 分别为 0.324（$P<0.001$）、0.259（$0.001<P<0.01$）、0.121（$0.01<P<0.05$）

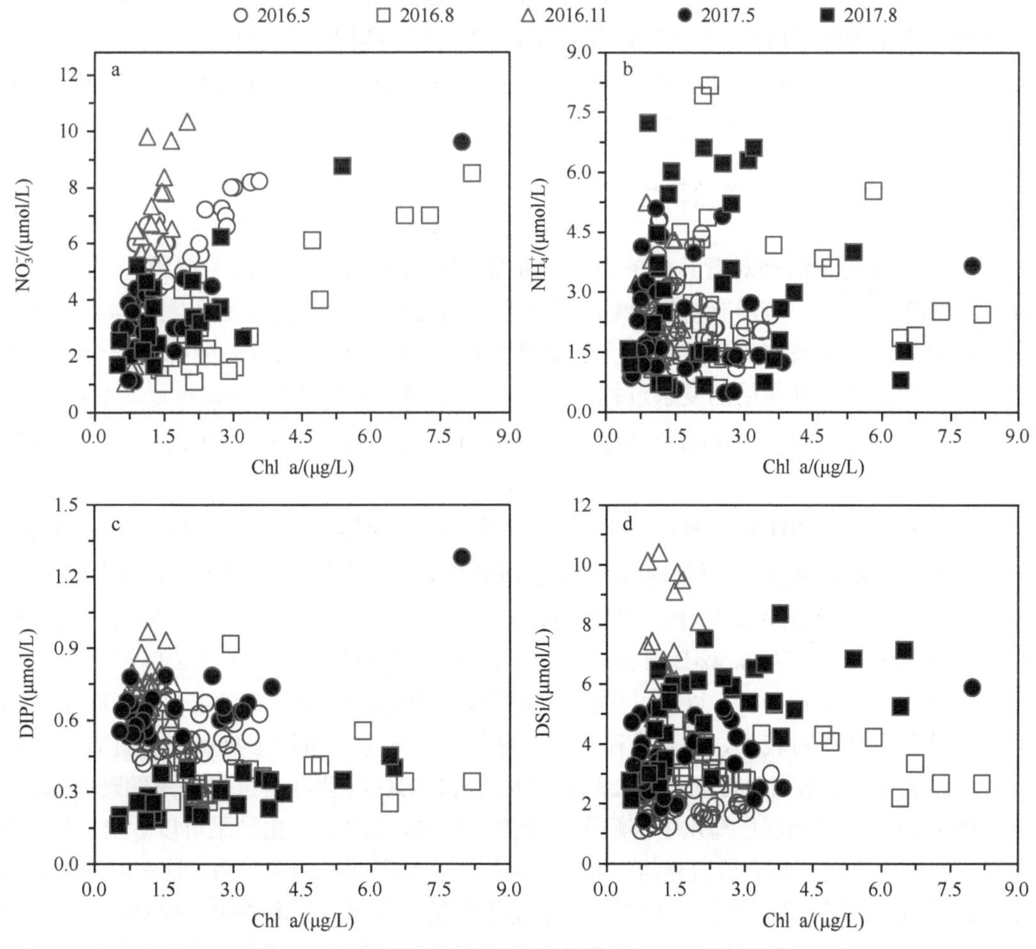

图 1-19　表层海水中溶解无机营养盐与 Chl a 的关系

表 1-10 不同季节表层海水中溶解无机营养盐与 Chl a 的线性回归分析结果

参数	时间	斜率 *a*	截距 *b*	R^2	*P*
NO_3^- 与 Chl a	2016.5	1.17	3.83	0.631	<0.001
	2016.8	0.94	0.32	0.731	<0.001
	2016.11	6.70	–2.56	0.621	<0.001
	2017.5	0.92	2.02	0.670	<0.001
	2017.8	0.99	1.80	0.444	<0.001
DSi 与 Chl a	2016.5	0.29	1.22	0.324	<0.001
	2016.11	3.60	1.85	0.259	0.001~0.01
	2017.5	0.30	2.95	0.121	0.01~0.05
	2017.8	0.54	3.75	0.291	0.001~0.01
DIP 与 Chl a	2017.5	0.069	0.53	0.564	<0.001
	2017.8	0.033	0.20	0.469	<0.001

注：$y=a\times x+b$，其中 x=Chl a，y= NO_3^-、DSi 和 DIP，仅显示 $P<0.05$ 的线性回归数据

和 0.291（$0.001<P<0.01$）（图 1-19，表 1-10）。以上结果说明在这些季节浮游植物生长繁殖对海水中 NO_3^- 和 DSi 的空间分布具有重要影响。表层海水中 Chl a 浓度与 DIP 浓度仅在 2017 年春季和夏季呈现显著性线性正相关关系，其 R^2 分别为 0.564（$P<0.001$）和 0.469（$P<0.001$）（图 1-19，表 1-10）。

1.5.5 微生物活动与营养盐再生

海洋生物代谢活动对营养盐的再生也是影响海洋初级生产力的关键过程（DePinto and Verhoff，1977）。海洋有机质分解时，一些营养盐会被释放到周围环境中，与其他因子一起对海洋浮游植物的生长繁殖产生重要影响。海洋有机质的好氧分解是一个涉及物理、化学和生物相互作用的复杂过程，可用以下方程式表示（Redfield et al.，1963）：

$$(CH_2O)_{106}(NH_3)_{16}H_3PO_4+138O_2 \longrightarrow 106CO_2+122H_2O+16HNO_3+H_3PO_4 \quad (1\text{-}4)$$

或

$$(CH_2O)_{106}(NH_3)_{16}H_3PO_4+106O_2 \longrightarrow 106CO_2+106H_2O+16NH_3+H_3PO_4 \quad (1\text{-}5)$$

在 DO 充足的条件下，有机质耗氧分解过程中，如果 NO_3^- 是最终产物，每生成 1mol NO_3^-，则消耗 17.25mol 氧原子；如果 NH_4^+ 是最终产物，每生成 1mol 的 NH_4^+，则消耗 13.25mol 的氧原子（Alvarez-Borrego et al.，1975）。本小节对底层海水 DO 浓度与营养盐浓度的相关性进行分析，以探讨由微生物呼吸作用引起的营养盐再生过程。底层海水受到的外部影响相对较小，尤其是在夏季，温盐跃层的形成阻碍了物质在垂直方向上的交换，使得底部海水相对孤立，因此底层海水是研究 DO 与营养盐再生关系的理想水体。

图 1-20 显示的是底层海水中溶解无机营养盐与 DO 的关系。由结果可以看出，不同季节底层海水中不同溶解无机营养盐与 DO 之间均未呈现显著性相关关系，这在以往的文献中也有类似的报道（Zeri et al.，2014），可能是因为细菌代谢过程形成的一些无机营养盐离子被吸附在悬浮颗粒物上（Stevenson and Cheng，1972）。另外，有机质的矿化分解过程也有可能产生大量的有机营养盐，对溶解无机营养盐与 DO 之间的相关关系产生影响。

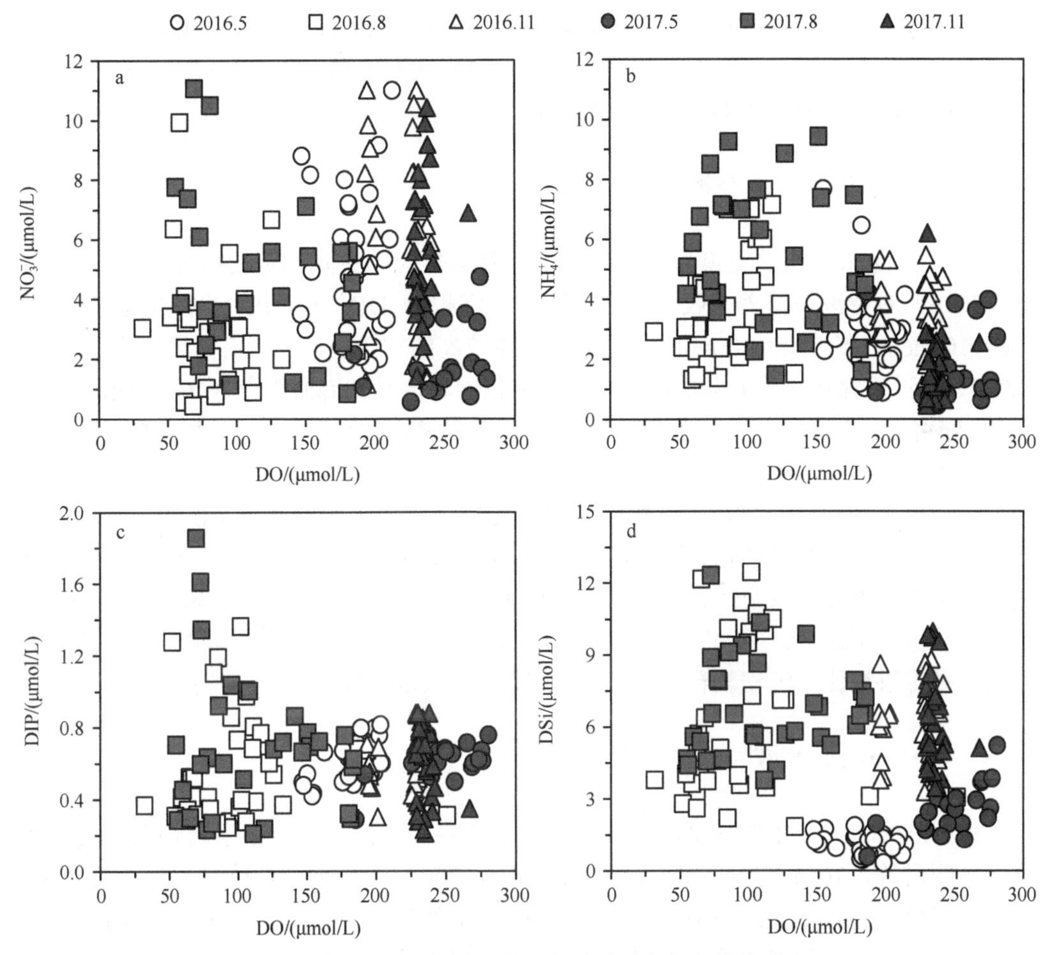

图 1-20　底层海水中溶解无机营养盐与 DO 的关系

1.5.6　扇贝养殖活动对营养盐的影响

研究海域海水养殖品种以海湾扇贝为主，养殖方式为筏式养殖，养殖面积约为 150km^2，约占研究海域面积的 23%，可能对研究海域溶解无机营养盐浓度及结构产生较大影响。一方面，养殖的扇贝收获时将从海区移走大量的 N 和 P。周毅等（2002a）的研究表明，位于研究海域以西的烟台四十里湾养殖海区每年因筏式贝类养殖至少减少 600t 的 N 和 39.4t 的 P。另一方面，贝类又向水体中排泄释放溶解无机营养盐，为浮游植物和藻类的生长提供营养物质（秦培兵和卢继武，2001）。崔毅等（2005）的研究表明，在夏季，贝类每天可向四十里湾排放 3.36t 的 NH_4^+和 0.42t 的 DIP。李瑞环（2014）对桑沟湾的研究表明，贝类每年向湾内释放的 DIN 和 DIP 分别为 11.7×10^{6}mol 和 0.68×10^{6}mol。

牛亚丽（2014）的研究表明，扇贝生长过程中向海水中释放 DIN 和 DIP 的速率分别为 2.48μmol/（ind·h）和 0.049μmol/（ind·h）。研究海域海湾扇贝的养殖周期约为 200d，养殖产量约为 1.2×10^{5}t，相当于 5×10^{9}ind 扇贝。因此，研究海域扇贝对 DIN 和 DIP 的排泄通量分别约为 73.8×10^3mol/（km^2·a）和 1.6×10^3mol/（km^2·a）。可见，扇贝在养殖生态系统的营养盐循环中扮演着重要的角色。与河流输入和大气沉降相比，养殖扇贝的排泄过程是研究海域海水 DIP 来源的主要途径。

1.5.7 沉积物-海水界面交换

沉积物-海水界面的交换作用是海水中营养盐供应和去除的重要途径之一。赵晨英等（2016）对黄渤海营养盐收支的研究表明，沉积物 DIN 和 DIP 的释放通量分别为 350×10^9mol/a 和 350×10^9mol/a，对维持水体较高的初级生产力具有重要意义。Liu 等（2003）通过研究黄海营养盐的收支发现，沉积物释放是黄海海水中 NO_3^-和 DSi 的主要来源，分别占总营养盐输入（包括河流输入、大气沉降和沉积物-海水界面交换）的 83.6%和 85.0%。

对于养马岛附近海域，高天赐（2019）通过室内模拟实验估算了沉积物-海水界面溶解无机营养盐的交换通量，结果显示，沉积物对海水中的 DIN 以吸收为主，其吸收通量为 83.11×10^3mol/（km^2·a），而对 DIP 和 DSi 以释放为主，其释放通量分别为 2.81×10^3mol/（km^2·a）和 434.92×10^3mol/（km^2·a）（表 1-8）。与河流输入、大气沉降、养殖贝类排泄相比，沉积物释放是研究海域海水中 DSi 来源的主要途径。

1.5.8 养马岛附近海域营养盐收支

根据陆源输入（主要包括污水和辛安河、鱼鸟河、沁水河、羊亭河输入）、大气沉降（韩丽君等，2013；朱玉梅，2011；张国森，2004）、养殖贝类排泄、与南黄海和渤海海水交换（Duan et al.，2016）及海水-沉积物界面交换（高天赐，2019），计算了养马岛附近海域海水中营养盐的收支状况，结果如表 1-8 所示。可以看出，研究海域海水中 DIN 主要来源于大气沉降和养殖贝类排泄，分别占总 DIN 输入通量的 56.9%和 35.6%；海水中 DIP 主要来源于养殖贝类排泄和沉积物释放，分别占总 DIP 输入通量的 25.2%和 44.3%；而 DSi 主要来源于沉积物释放，占总 DSi 输入通量的 94.2%。此外，约 136.69×10^3mol/（km^2·a）、7.30×10^3mol/（km^2·a）和 485.54×10^3mol/（km^2·a）的 DIN、DIP 和 DSi 被初级生产者利用或通过扇贝收获而被移除。

1.6 本 章 小 结

（1）养马岛附近海域海水中溶解无机营养盐浓度相对较低，其中 DIN 和 DIP 的浓度符合第一类海水水质标准。受到复杂的水文、生化条件的影响，研究海域不同月份海水中溶解无机营养盐的平均浓度波动较大。此外，不同季节溶解无机营养盐的空间分布有所差异。调查期间，DIN 以 NO_3^-为主，其浓度占 DIN 浓度的 28%～74%（平均值为 58%），其次是 NH_4^+，其浓度占 DIN 浓度的 21%～64%（平均值为 38%）。2016 年 5～6 月海水存在 DIP 和 DSi 潜在限制，2016 年 9 月海水存在 DIP 潜在限制，而 2017 年 5 月海水存在 DIN 潜在限制。

（2）采用潜在富营养化评价模型及富营养化状态指数法（TRIX）对不同月份海水营养状况进行评价。潜在富营养化评价模型结果表明，研究海域处于贫营养（级别Ⅰ）水平，而富营养化状态指数法结果显示，海水营养化状态处于中等水平，这有利于海洋生物繁殖。

（3）浮游植物繁殖、河流/污水输入、大气沉降、与邻近海域水体交换、养殖贝类排泄及沉积物-海水界面交换都会影响海水中溶解无机营养盐的浓度及组成。海水中 DIN 主要来源于大气沉降和养殖贝类排泄，分别占总 DIN 输入通量的 56.9%和 35.6%；海水中 DIP 主要来源于养殖贝类排泄和沉积物释放，分别占总 DIP 输入通量的 25.2%和 44.3%；而 DSi 主要来源于沉积物释放，占总 DSi 输入通量的 94.2%。此外，约 136.69×10^3mol/（km^2·a）、7.30×10^3mol/（km^2·a）和 485.54×10^3mol/（km^2·a）的 DIN、DIP 和 DSi 被初级生产者利用或通过扇贝收获而被移除。

第 2 章　海水中溶解氧的分布特征及其主要影响因素

海水中的溶解氧（DO）浓度是海洋中重要的生源要素参数，其变化能够反映生物生长状况和水体污染程度。海洋中大部分生物生命活动都离不开 DO，当海水中 DO 浓度低于海洋生物进行其正常生命活动所需要的最低浓度时，就会对生物的生存构成威胁。近年来，受人类活动的显著影响，进入近岸海域的营养盐及其他污染物总量剧增，这极大地促进了浮游植物的繁殖，也导致了底层低氧现象的发生。2016～2017 年的现场调查发现，养马岛附近海域夏季存在明显的底层海水低氧现象，这严重威胁着海洋生态系统的稳定性，导致海洋生物（如扇贝、海参等）大量死亡。探明近岸海域底层水体低氧的时空分布及形成机制，既能丰富人为活动影响下典型海域的生物地球化学研究，又能为区域经济发展提供科学依据。

本章利用 2015 年 5 月至 2020 年 8 月开展的 26 个航次调查所获取的数据，并结合室内培养实验（水体耗氧、沉积物耗氧和扇贝呼吸作用）的结果，探讨了养马岛附近海域海水中 DO 的分布特征及其主要影响因素。

2.1　材料与方法

2.1.1　样品采集与分析

在 2015 年 5 月至 2020 年 8 月，对养马岛附近海域进行了 26 个航次的现场调查，在 2015 年 5 月～2017 年 11 月的航次调查中共布设 28 个站位，站位具体经纬度见表 1-1，28 个站位中未包含 X-1、X-2、X-3、X-4、X-5、X-6、C-1、L-1 和 L-2 这 9 个站位，在 2019 年 5 月～2020 年 8 月的航次调查中共布设 23 个站位，站位具体经纬度见表 2-1。海水中的 DO 浓度以及温度、盐度和 Chl a 浓度数据通过多参数水质分析仪（美国 YSI EXO2）获得，4 种参数的精确度分别为±0.05℃（温度）、±0.01（盐度）、±0.01mg/L（DO 浓度）和±0.01μg/L（Chl a 浓度）。同时，调查期间采用滴定法和荧光法对获得的 DO 浓度和 Chl a 浓度数据进行校准（Grasshoff et al.，1999）。海水 pH 使用配备 Orion®8107BNRoss 组合电极（Thermo Electron Co, USA）的精密 pH 计（Orion Star TM, Thermo Electron Co, USA）测定，其精密度为±0.005。

表 2-1　2019～2020 年海水采样站位经纬度

站位	经度（°E）	纬度（°N）	站位	经度（°E）	纬度（°N）
S1	121.52	37.52	S5	121.60	37.49
S2	121.55	37.56	S6	121.64	37.53
S3	121.59	37.60	S7	121.65	37.59
S4	121.66	37.67	S8	121.70	37.47

续表

站位	经度（°E）	纬度（°N）	站位	经度（°E）	纬度（°N）
S9	121.70	37.51	S17	121.86	37.52
S10	121.71	37.57	S18	121.86	37.57
S11	121.73	37.65	S19	121.86	37.64
S12	121.78	37.46	S20	121.96	37.49
S13	121.78	37.50	S21	121.96	37.53
S14	121.78	37.56	S22	121.96	37.57
S15	121.79	37.63	S23	121.96	37.63
S16	121.86	37.47			

2.1.2　室内模拟实验

2.1.2.1　水体耗氧和沉积物耗氧实验

2017 年 7 月、2020 年 7 月和 8 月，在研究海域分别选择 4 个代表性站位（H-3、H-4、H-5 和 H-6；S12、S13、S14 和 S15）（表 1-1，表 2-1）的底层海水进行水体耗氧（WOC）和沉积物耗氧（SOC）实验。

水体耗氧实验：现场采集 2L 底层海水分装于 2 个 1L 的三角锥形瓶中（预先在 5% 的 HCl 溶液中浸泡 48h 以上，用超纯水清洗数遍），其中一瓶添加 0.5ml 饱和 $HgCl_2$ 溶液，另一瓶不做任何处理，密封遮光，于 20℃条件下培养 48h。实验稳定 1h 后开始计时，分别在 0h、4h、8h、12h、24h、36h 和 48h 后使用便携式 DO 分析仪（雷磁，JPB-607A）测定培养期间水体 DO 浓度的变化状况。

沉积物耗氧实验：采用内径为 8cm 的亚克力有机玻璃管采集 4 个约 20cm 高的柱状沉积物，采样站位与 WOC 相同，在样品采集后 3h 内运送到实验室。在沉积柱中注满现场采集的底层海水进行底泥耗氧实验（密封、暗处理）。同时设置 3 个对照组（不含沉积物的底层海水），实验条件与 WOC 一致。WOC[μmol/（L·d）]和 SOC[mmol/（m^2·d）]根据 Rysgaard 等（2004）和 Song 等（2016）的方法计算，其中 WOC 的计算公式为

$$\mathrm{WOC}=(k_0-k)\times 24 \tag{2-1}$$

式中，k_0 和 k 分别为实验对照组和样品组中 DO 浓度（μmol/L）与时间（h）的线性回归斜率。SOC 的计算公式为

$$\mathrm{SOC}=(k_0-k)\times V/S\times 24/1000 \tag{2-2}$$

式中，V 为海水的体积（L）；S 为培养瓶的截面积（m^2）。

2.1.2.2　扇贝呼吸耗氧实验

2020 年 6 月 10 日、7 月 20 日、8 月 8 日、9 月 10 日、10 月 5 日和 11 月 10 日进行海湾扇贝室内培养实验，以研究扇贝活动对调查海域海水中 DO 的影响。培养实验所需的海湾扇贝在 Y-2 站位采集（表 1-1），同时在该站位采集表层海水 50L，采用预先酸洗和 500℃灼烧的 0.7μm 玻璃纤维滤膜过滤，并现场测定海水温度、DO 浓度和 pH。

扇贝呼吸耗氧实验：按照梯度将一定数量的海湾扇贝缓慢放置于 1L 的培养瓶中，然后注入 800ml 过滤后的海水（实验前将海水通气 30min），再用保温膜密封，等待扇贝适应 15min 后开始计时，2h 后结束。在实验开始前和结束后，用便携式 DO 分析仪（JPB-697A）测定培养瓶中的 DO 浓度。海湾扇贝的 DO 消耗速率 R_O[μmol/（ind·h）]计算公式为

$$R_O=(DO_1-DO_0)\times V/(N\times t) \tag{2-3}$$

式中，DO_1 和 DO_0 分别为实验结束后和培养实验前的 DO 浓度（μmol/L）；V 为实验用水量（L）；N 为扇贝数量（ind）；t 为培养时间（h）。

2.1.3 海-气界面 O_2 通量估算

海-气界面 O_2 通量[mmol/（m^2·d）]根据 Gao 和 Song（2008）提出的公式进行计算：

$$F=k\times(O_{2m}-O_{2s}) \tag{2-4}$$

式中，k 为氧气的传输速率（m/s）；O_{2m} 为现场测定的表层海水 DO 浓度（μmol/L）；O_{2s} 为根据 Weiss（1970）提出的方程计算的相应饱和 DO 浓度（μmol/L）。其中，k 根据 Wanninkhof（1992）提出的方程计算获得：

$$k=0.31\times u_{10}^{2}\times(Sc/660)^{-0.5} \tag{2-5}$$

式中，Sc 为 Schmidt 数，根据 Wanninkhof（1992）提出的方程计算得出；u_{10} 为海面以上 10m 的风速（m/s）。

2.2 水文状况以及 DO 的时空分布特征

2015～2020 年调查期间，表层和底层海水的月平均温度范围分别为（11.0±2.6）～（27.5±0.5）℃和（11.0±2.5）～（25.0±0.7）℃（图 2-1a）；盐度相对稳定，其月平均范围分别为（30.43±0.92）～（32.22±0.19）和（30.58±0.24）～（32.24±0.02）（图 2-1b）。在研究海域的 6～8 月，在近岸区域普遍观察到高温、低盐的现象（图 2-2～图 2-5）。由图 2-6 和图 2-7 可清晰地看出，2015～2017 年夏季调查海域出现明显的水体热分层现象，层化深度大多出现在 15m 左右，到了秋季，热分层现象消失。相比较而言，2019～2020 年夏季水体层化现象相对较弱，尤其是在 2020 年 8 月，水体近乎均匀分布。

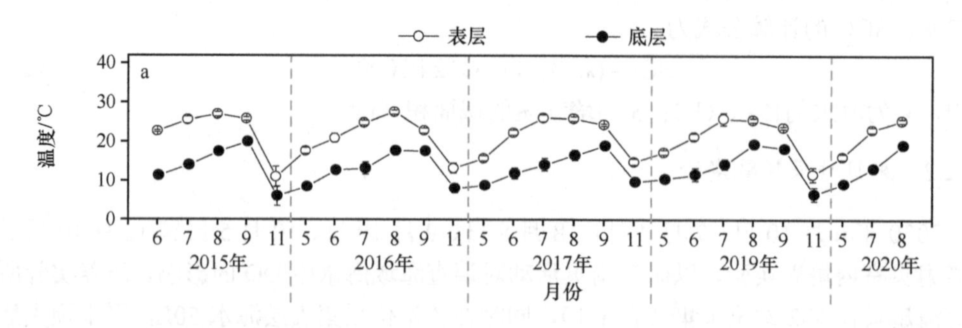

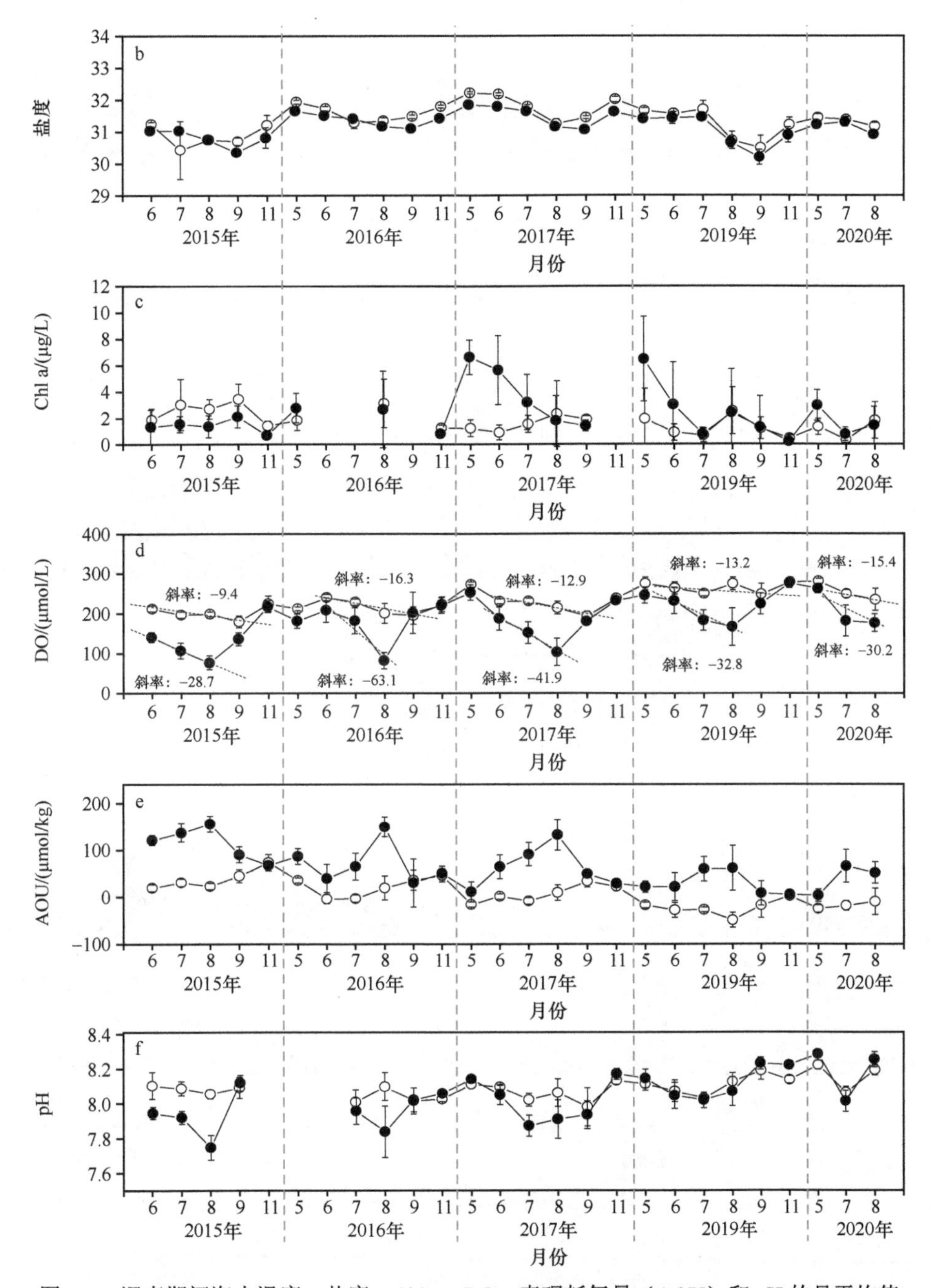

图 2-1　调查期间海水温度、盐度、Chl a、DO、表观耗氧量（AOU）和 pH 的月平均值

2015～2020 年调查期间，表层海水中 Chl a 浓度的月平均范围为（0.33±0.23）～（3.44±1.17）μg/L（图 2-1c），水体初级生产力（PP）的月平均范围为（43.3±22.7）～（801.8±356.3）mg C/（m^2·d），最高值和最低值分别出现在 2015 年 7 月和 2019 年 11 月。在空间上，Chl a 浓度高值区主要分布在沿岸区域（图 2-8）。

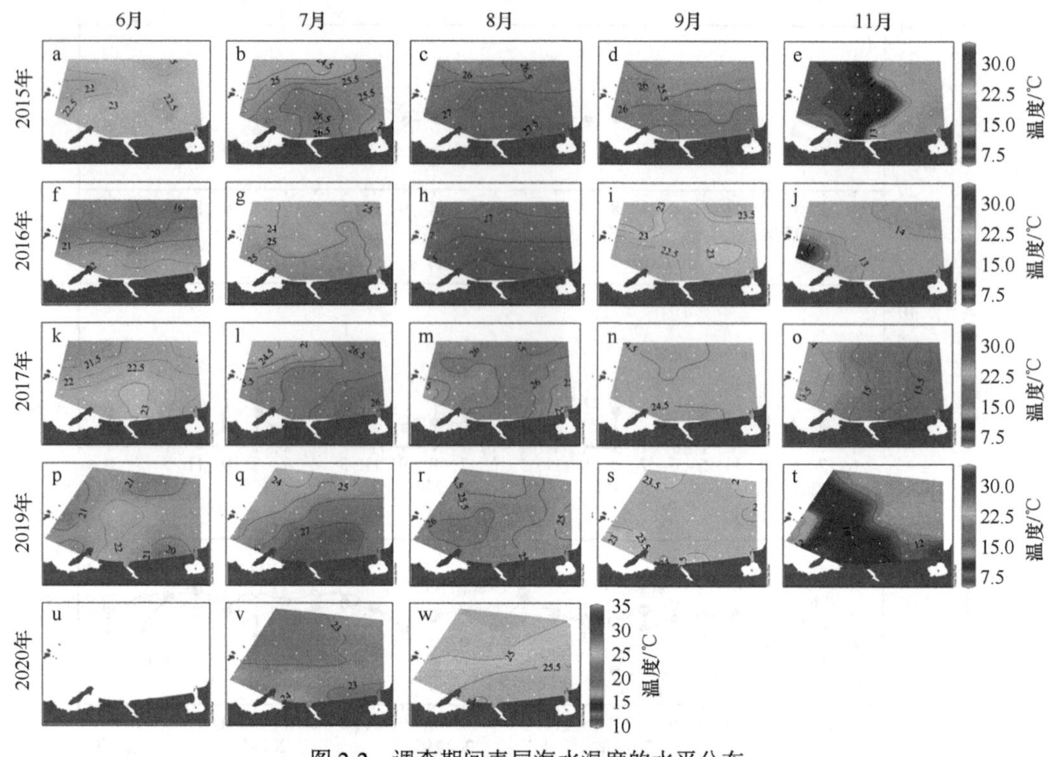

图 2-2 调查期间表层海水温度的水平分布

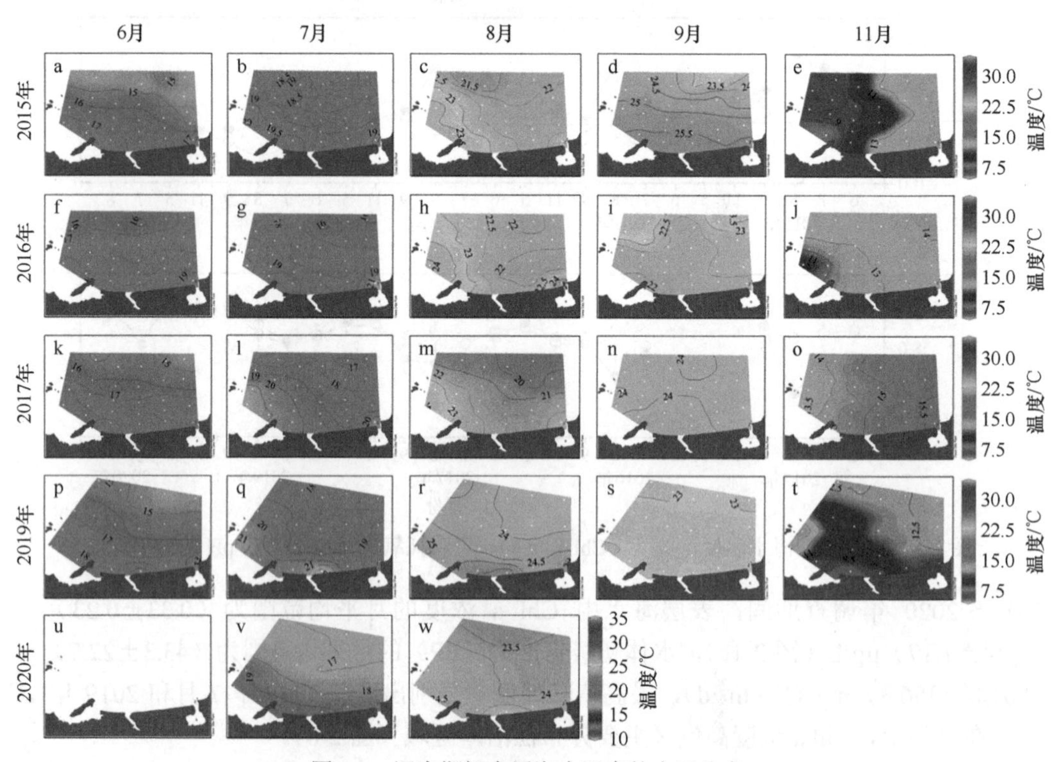

图 2-3 调查期间底层海水温度的水平分布

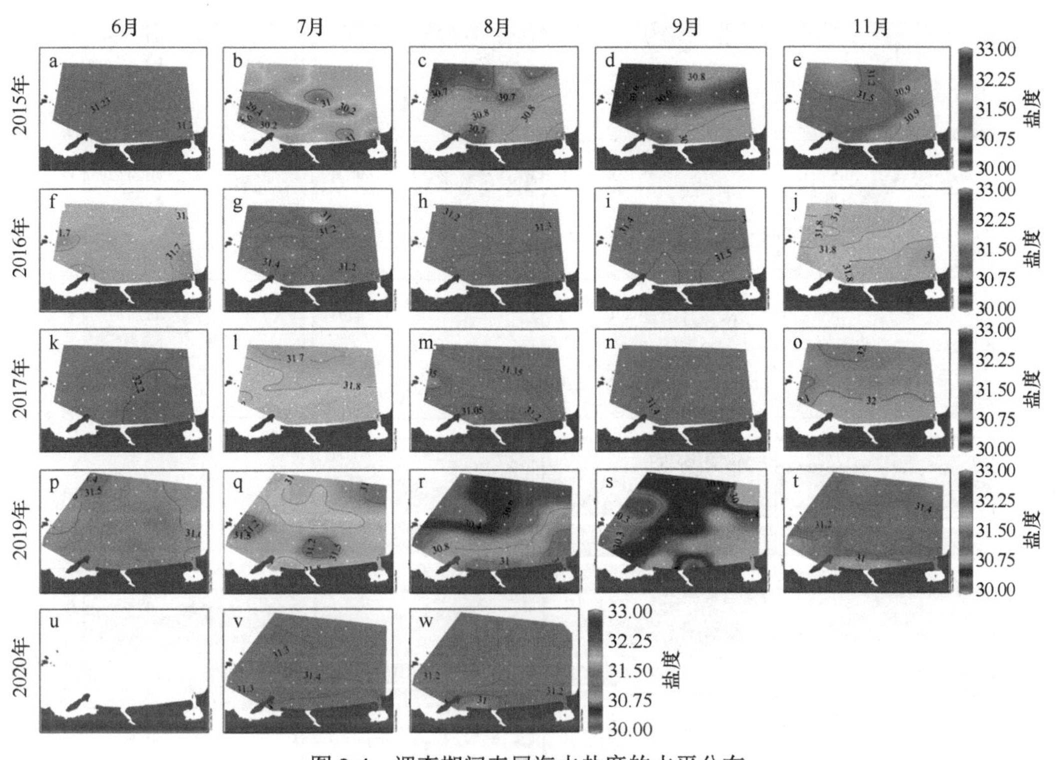

图 2-4　调查期间表层海水盐度的水平分布

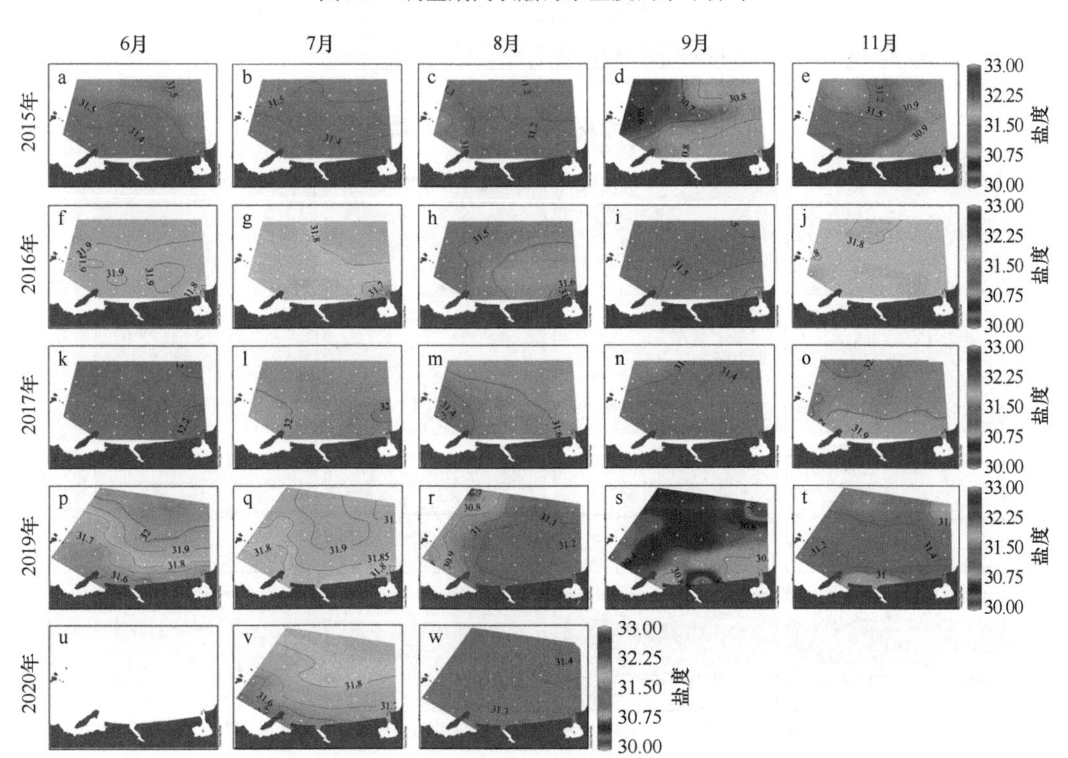

图 2-5　调查期间底层海水盐度的水平分布

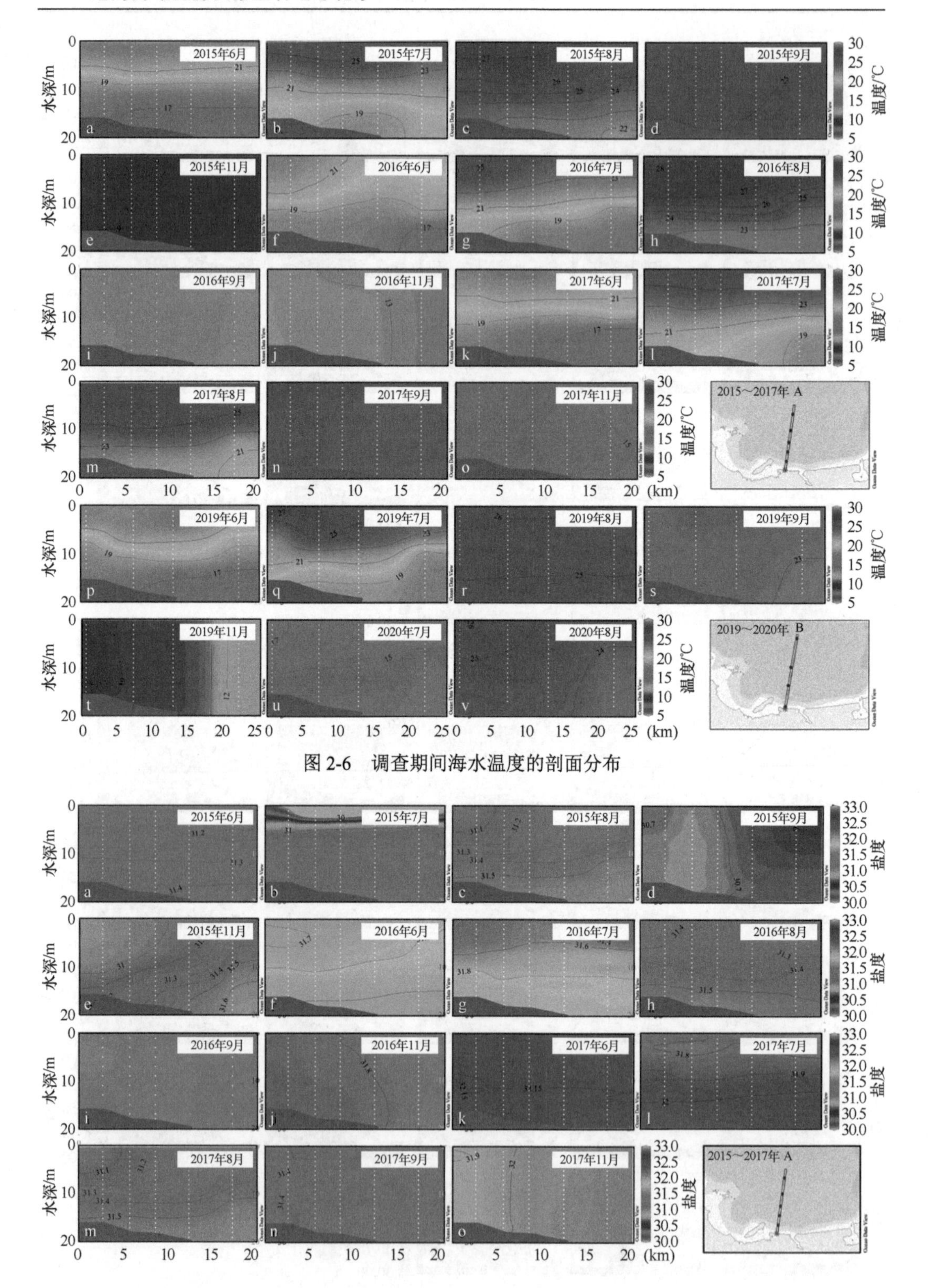

图 2-6 调查期间海水温度的剖面分布

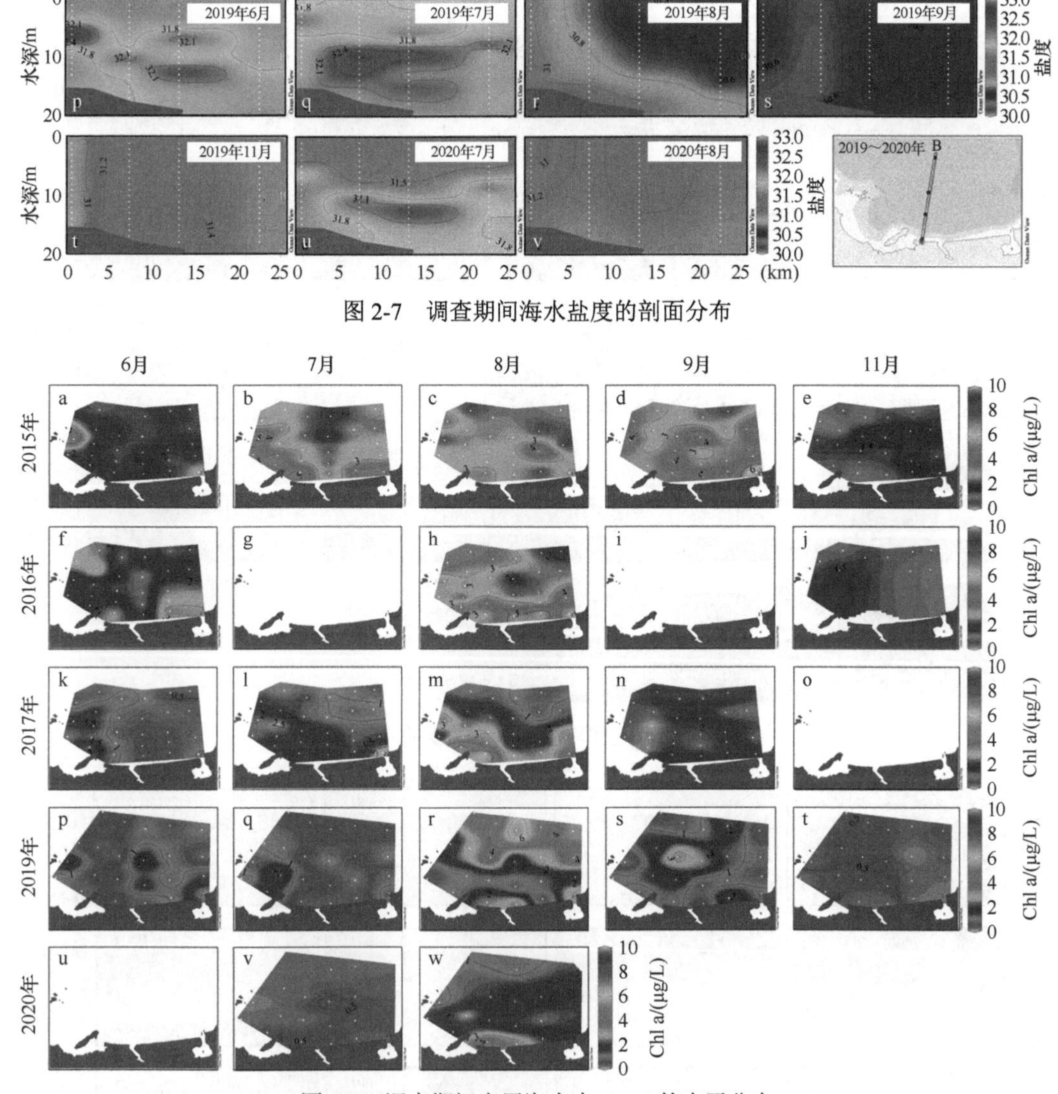

图 2-7　调查期间海水盐度的剖面分布

图 2-8　调查期间表层海水中 Chl a 的水平分布

养马岛附近海域海水中 DO 浓度呈现明显的季节变化特征，最高值出现在 2015 年 5 月的表层，为（280.1±26.3）μmol/L，最低值出现在 2015 年 8 月的底层，为（77.4±17.4）μmol/L。作为指示生物地球化学过程的重要指标，表层和底层海水 AOU 的月平均值分别为（–49.1±16.3）～（63.5±8.4）μmol/kg 和（1.9±13.1）～（154.7±16.9）μmol/kg，这表明海水中存在强烈的生物地球化学过程，尤其是在夏季底层海水中（图 2-9，图 2-10）。此外，pH 的月平均值范围为（7.71±0.07）～（8.22±0.05），分别在 2020 年 5 月的底层和 2015 年的 8 月的底层观察到最大值和最小值（图 2-1f）。在水平分布上，除 2016 年 7 月和 8 月外，pH 均呈现近岸小于远海的分布特征（图 2-11，图 2-12）。

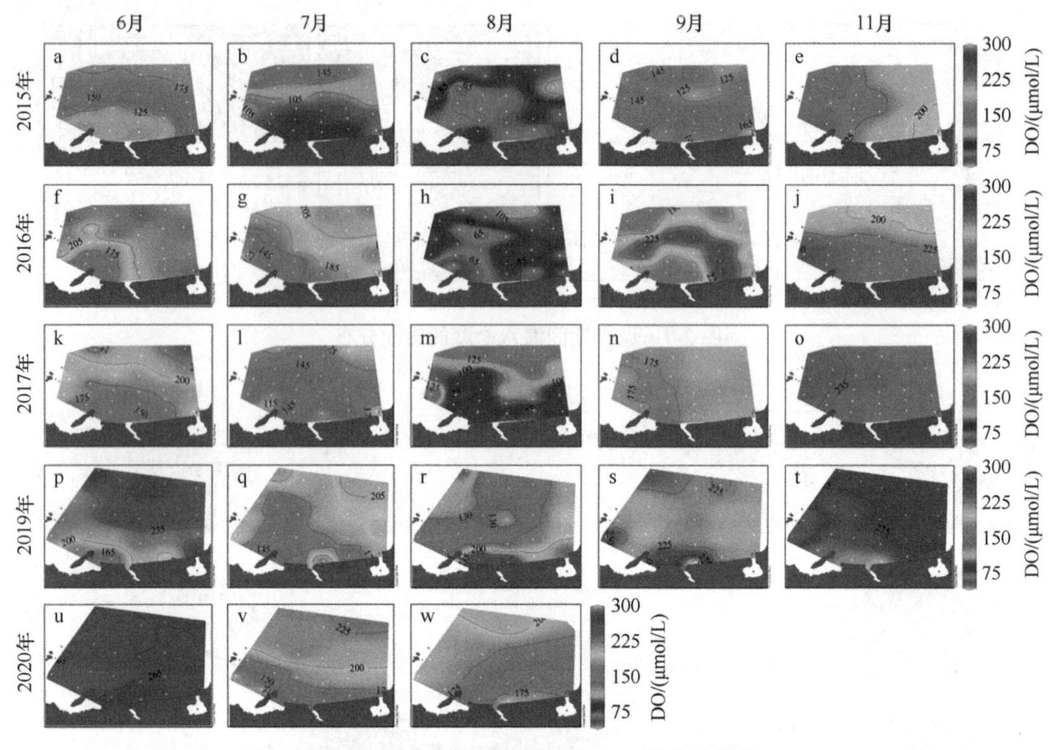

图 2-9 调查期间底层海水中 DO 的水平分布

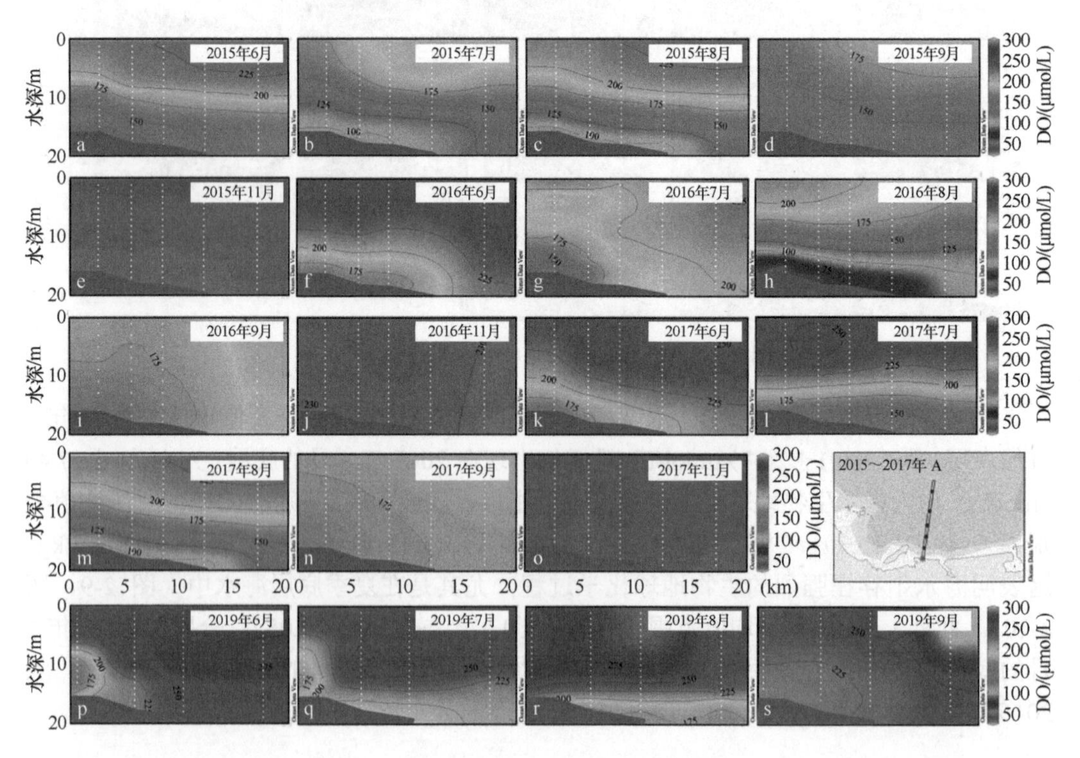

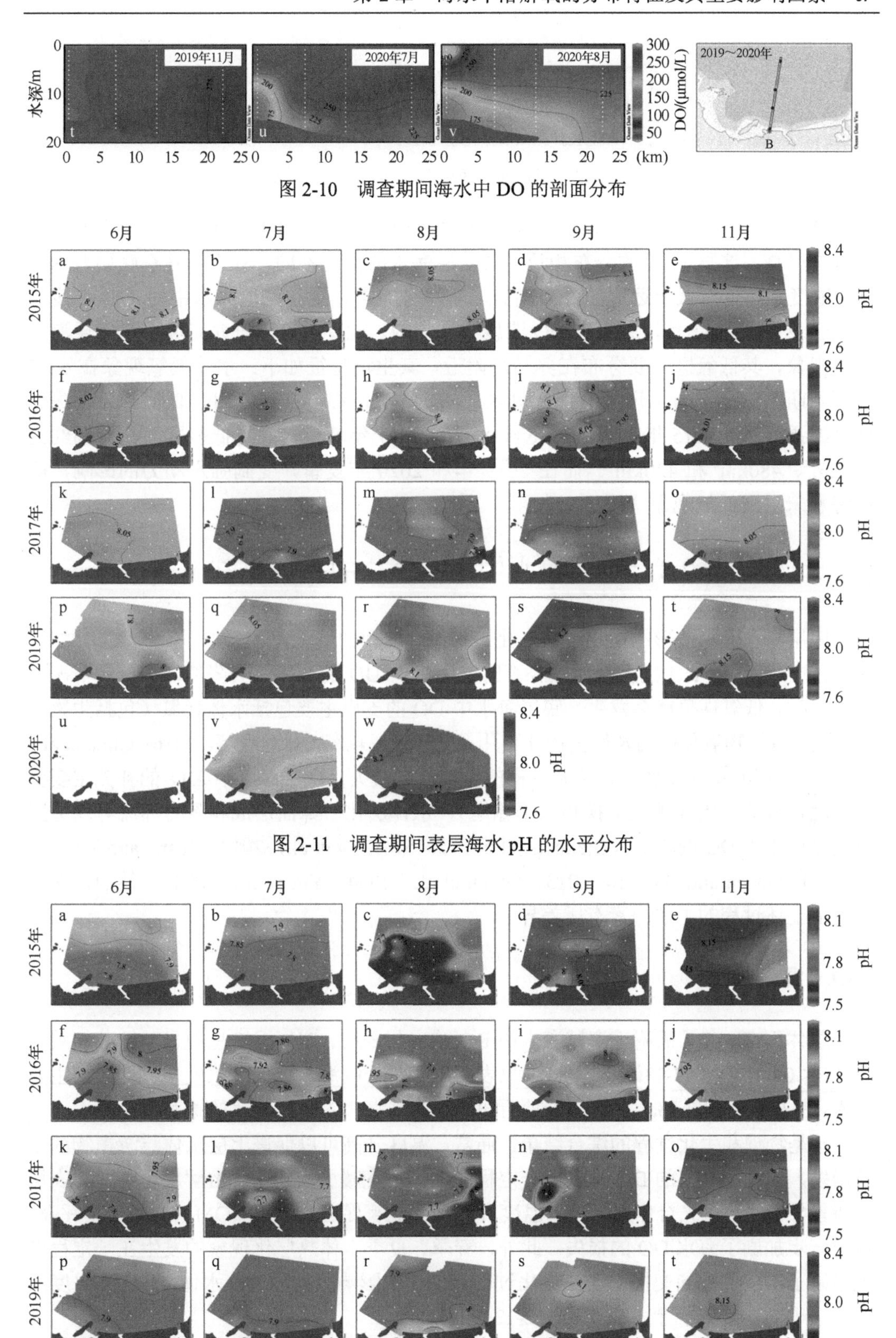

图 2-10　调查期间海水中 DO 的剖面分布

图 2-11　调查期间表层海水 pH 的水平分布

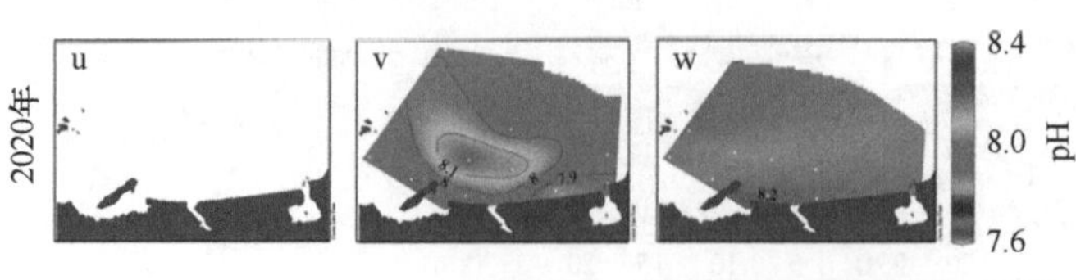

图 2-12 调查期间底层海水 pH 的水平分布

从空间分布来看，春季、夏季（5～8 月）表层海水中 DO 浓度的高值区主要分布在近岸区域，这与 11 月的分布相反。与表层海水的情况不同，春季、夏季底层海水中 DO 浓度呈现近岸低于远岸的分布趋势。水平分布上，夏季底层海水中的 DO 浓度明显低于表层；到 11 月，海水中 DO 浓度分布均匀。此外，夏季研究海域出现底层海水低氧现象，其低氧区主要分布在养马岛附近，其生消特征如下：水体低氧现象在 6～7 月开始萌生，至 8 月出现大面积低氧区（DO＜94μmol/L）；到 9 月，低氧现象消失。估算结果显示，2015 年 8 月、2016 年 8 月和 2017 年 8 月，底层低氧区面积分别约为 570km^2、480km^2 和 420km^2。而在 2019 年和 2020 年夏季，受到强水动力的影响，底层海水未发现低氧现象（图 2-9）。

2.3 驱动海水中 DO 变化的主要机制

底层海水低氧的形成是物理和生化过程综合作用的结果，两者缺一不可（王海龙等，2010）。当海水中 DO 的消耗超过补充时，海水中 DO 的浓度就会降低，当这种情况持续发生时，低氧现象就会发生。底层海水中 DO 的支出主要包括水体耗氧（包括生物呼吸作用、有机物氧化作用及氨氮硝化作用等）和底泥耗氧（郑静静等，2016；Chua et al.，1998），不同的海洋体系，各耗氧过程的贡献差异较大。底层海水中 DO 的补充主要受到物理过程的控制（垂直交换和水平输送），水体层化、锋面形成和重力环流等均会影响底层海水中 DO 的输运（Djakovac et al.，2015；Feng et al.，2014；Justić and Wang，2014；Bendtsen and Hansen，2013；Glenn et al.，2004；Yin et al.，2004）。然而，在不同季节上述过程的主控因素有所差异。

2.3.1 温度

总体而言，养马岛附近海域海水中 DO 浓度与表层、底层温度呈现显著性负相关关系（$P<0.001$）（图 2-13a、b），该现象表明温度是控制海水中 DO 浓度季节变化的主要因素。另外，由图 2-13a、b 可清晰地看出，底层海水 DO-温度斜率的绝对值明显大于表层，这是物理和生化过程的综合结果。通常，温度升高可以促进上层水体浮游植物的生长繁殖，该过程产生的 DO 可以在一定程度上抵消变暖引起的 DO 溶解度下降。与表层有所差异，底层（光合作用甚微）温度升高能够显著促进有机质（OM）的微生物呼吸，这进一步加剧了海水 DO 的损失。此外，春季、夏季水体热层化现象的发生在一定程度上阻碍了 DO 的垂向交换，这使生化过程对 DO 的影响更加显著，水体 AOU 与温度间的关系进一步支持了上述观点（图 2-13c、d）。

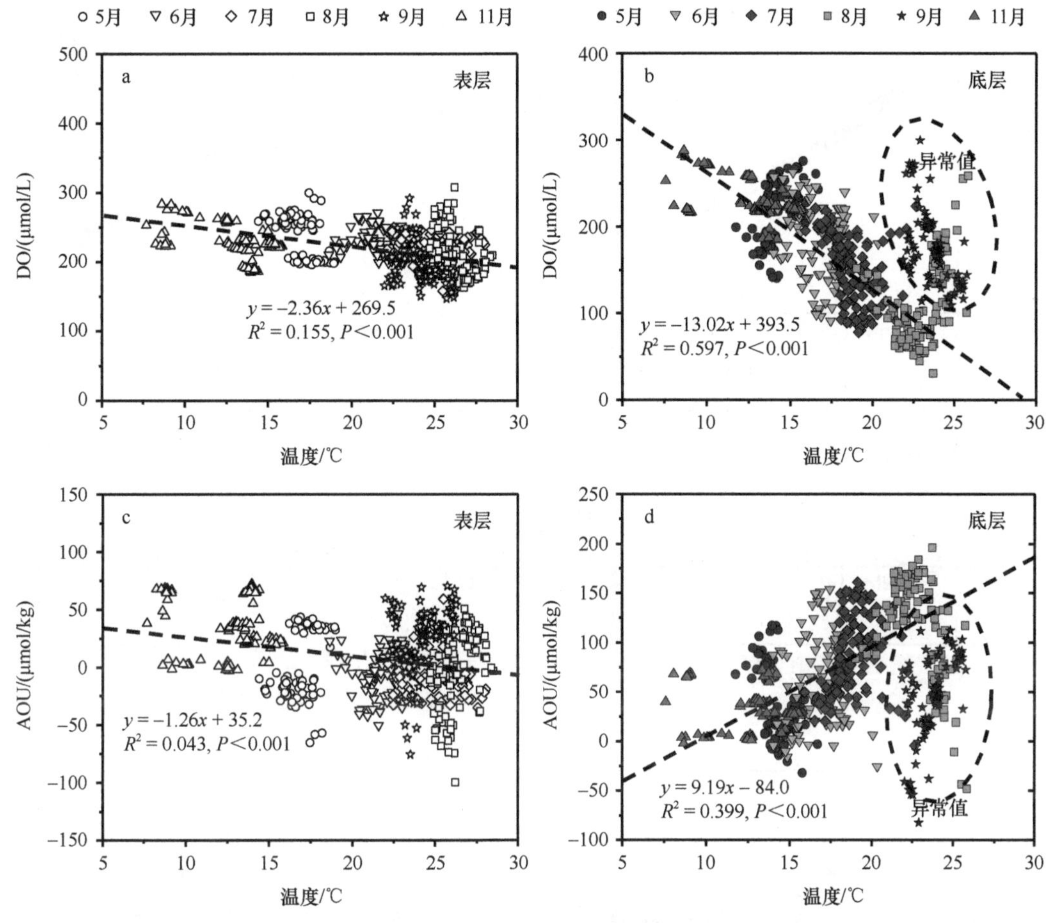

图 2-13　表层、底层海水中 DO 和 AOU 与温度的关系

根据经典的 DO 溶解公式（García and Gordon，1992）量化温度对 DO 溶解度（物理过程）的影响（标记为ΔDO_{tem}），结果显示，温度变化[（6.7±0.8）～（27.2±0.9）℃]可使表层、底层海水中 DO 的溶解度变化–21.9～66.3μmol/L 和–27.9～55.5μmol/L，略大于上述基于 DO-温度（AOU-温度）关系所计算的结果（–27.3～33.6μmol/L 和–38.4～30.4μmol/L）。就每月而言，表层海水ΔDO_{tem}的平均值为（–20.0±1.6）μmol/L（2016 年 8 月）至（44.9±16.2）μmol/L（2015 年 11 月），相应的底层海水ΔDO_{tem}的平均值为（–19.5±2.8）μmol/L（2016 年 8 月）至（34.2±15.7）μmol/L（2015 年 11 月）（图 2-14c）。

综上所述，养马岛附近海域表层海水中 DO 浓度的季节变化主要受温度变化引起的 DO 溶解度变化（海-气界面 O_2 交换）所主导，而浮游植物的光合作用在一定程度上抵消了物理过程的影响（约占 30%），该结果与大部分大洋所观察到的结果（Breitburg et al.，2018；Keeling et al.，2010）相符。与表层迥异，底层海水中 DO 浓度的季节变化主要归因于温度影响下的物理溶解和生物呼吸过程的综合控制，其中物理溶解和生物呼吸分别贡献 33%和 67%的 DO 支出。由于存在一定程度的外部交换（海-气界面 O_2 交换、水平输运等），本书所计算的结果存在一定的偏差，尤其是在水体混合情况良好的秋季。

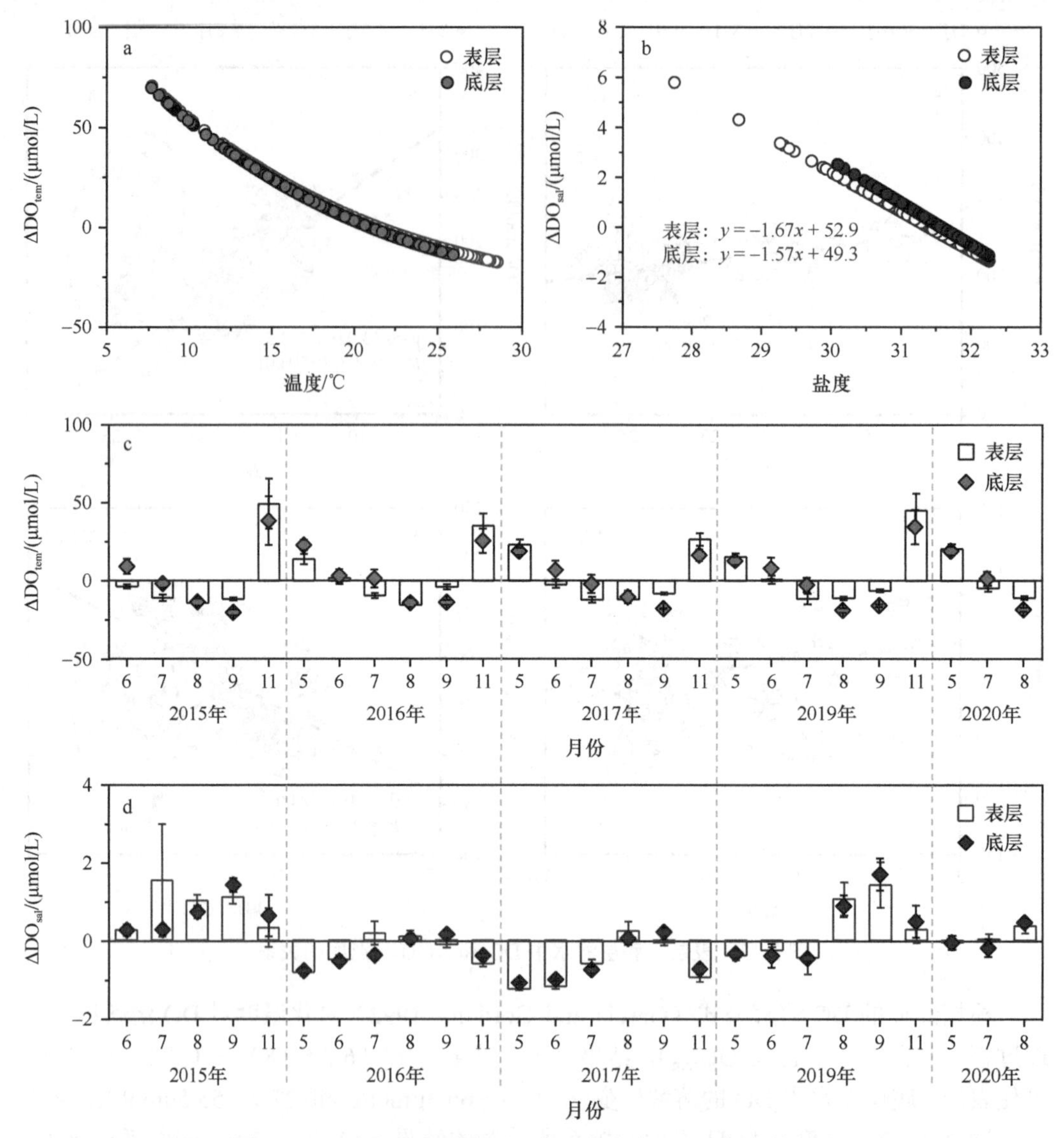

图 2-14 温度和盐度对表层、底层海水中 DO 溶解度的影响

2.3.2 盐度

养马岛附近海域海水盐度总体上相对稳定，变化范围为 27.8～32.3（图 2-1b），这表明淡水输入不显著。实际上，调查海域周边河流的水流量很小，盐度的季节变化主要受降水的控制。另外，在秋季、冬季（水体混合均匀），快速的海-气界面 O_2 交换使海水中 DO 的变化基本上遵循 O_2 的溶解规律。基于 O_2 溶解度方程，估算盐度变化对 DO（ΔDO_{sal}）的影响。结果表明，2015～2020 年，盐度变化（27.8～32.3）仅分别使表层、底层海水中 DO 浓度变化–1.78～7.21μmol/L 和–1.35～2.38μmol/L。由月变化来看，表层海水ΔDO_{sal}的平均值为（–1.26±0.03）μmol/L（2017 年 5 月）～（1.54±1.45）μmol/L（2015 年 7 月）；相应的底层海水ΔDO_{sal}的平均值为（–1.06±0.03）μmol/L（2017 年 5

月）～（1.71±0.41）μmol/L（2019 年 9 月）（图 2-14d）。

2.3.3　海-气界面 O_2 交换

总体而言，除了个别月份外（2016 年 6 月和 7 月，2017 年 5 月和 7 月），2015～2017 年养马岛附近海域是大气 O_2 的汇，平均交换通量为（–474.6±75.6）～（–94.9±31.4）mmol/（m^2·d），5～9 月 O_2 汇的强度整体上增大。在 2019 年和 2020 年，养马岛附近海域是大气 O_2 的源（除了 2019 年 11 月），平均交换通量为（–14.0±20.5）～（313.9±104.9）mmol/（m^2·d）（图 2-15）。另外，相比于国内外其他海域同一季节的结果，2017～2019 年调查海域海-气界面 O_2 交换通量高于珠江口[–13～–4.7mmol/（m^2·d）]（Ye et al.，2012），低于长江口[–498.3～199.3mmol/（m^2·d）]（Gao and Song，2008）的调查结果。

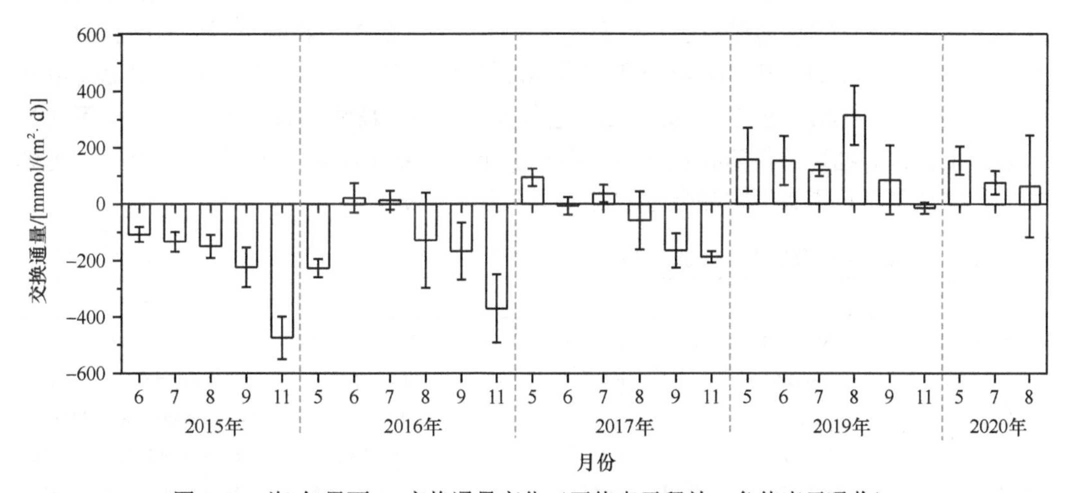

图 2-15　海-气界面 O_2 交换通量变化（正值表示释放，负值表示吸收）

2.3.4　初级生产

调查期间，养马岛附近海域海水 PP 为（43.3±4.9）～（801.8±77.3）mg C/（m^2·d）。因此，每月浮游植物通过光合作用将增加（9.53±1.06）～（173.98±16.77）μmol/L 的 DO，表明初级生产是 DO 的重要来源。然而，就空间分布来看，表层 Chl a 浓度和 DO 浓度并未出现显著的相关性，这主要是受海-气交换、扇贝滤食作用等因素的影响。

2.3.5　微生物呼吸

微生物呼吸过程主要包括水体耗氧和沉积物耗氧，该过程与光合作用相反，即 $(CH_2O)_{106}(NH_3)_{16}H_3PO_4+138O_2 \rightarrow 106CO_2+122H_2O+16HNO_3+H_3PO_4$。通常 OM 的组成以及环境条件（如温度特征）能够显著影响微生物的耗氧速率。研究表明，调查海域 OM 主要来源于浮游植物（Yang et al.，2018），具有较高的生物可利用性，为 DO 的消耗提供了优质的碳底物。此外，由于快速、持续的生物沉积作用，扇贝养殖能够加速 SOM

的积累，促进沉积耗氧过程（Yang et al.，2021b）。

室内模拟实验结果表明，2020 年 7～8 月，水体耗氧速率为 5.49～14.0μmol/（L·d），月平均值为（9.45±2.78）μmol/（L·d）（2020 年 7 月）和（12.13±0.53）μmol/（L·d）（2020 年 8 月）。与其他海域相比，该结果略高于赵晨英（2017）在乳山湾的实验结果[3.5～13.8μmol/（L·d），平均值为 6.39μmol/（L·d）]。相对应地，沉积物耗氧速率范围为 1.37～4.52mmol/（m^2·d），月平均值为（3.39±1.42）mmol/（m^2·d）（2020 年 7 月）和（2.84±0.80）mmol/（m^2·d）（2020 年 8 月）（表 2-2）。总体而言，调查海域沉积物耗氧速率与北黄海[1.4～8.9mmol/（m^2·d）]的结果近乎一致（Song et al.，2016），但低于桑沟湾[15～24mmol/（m^2·d）]和乳山湾[35mmol/（m^2·d）]的调查结果（赵晨英，2017）。因此，夏季海水中 OM 的矿化耗氧是 DO 支出的最主要过程，约占海水中 DO 总支出的 90%以上；与之比较，沉积物耗氧微不足道。本书仅进行了夏季（7 月和 8 月）沉积物和水体的耗氧过程分析，该季节水体温度较高（20～25℃），而对于其他季节的耗氧速率未开展相关的实验。因此，基于夏季室内模拟实验结果，对不同温度下的微生物耗氧过程进行计算。结果显示，在 5～11 月，生物呼吸过程（水体耗氧+沉积物耗氧）将降低水体中 DO 浓度（43.3±4.9）～（801.8±77.3）μmol/L，这显著高于浮游植物 DO 的生产。由于不同季节 OM 的组成、物理条件等存在差异，本书的计算结果可能存在较大误差。然而，无论如何，该结果显示了微生物呼吸过程对 DO 支出的重要作用。

表 2-2 养马岛附近海域水体耗氧（WOC）速率和沉积物耗氧（SOC）速率与其他海域的比较

研究海域	时间	WOC/[μmol/（L·d）]	SOC/[mmol/（m^2·d）]	参考文献
墨西哥湾北部	2008～2011	2.16～108.1（18.5±1.7）	9.8～43.2（20.0±2.0）	Mccarthy et al.，2013
墨西哥湾	2011.8	n.d.	0.1～15.9	William et al.，2019
俄勒冈大陆架	2009	n.d.	1.1～9.8	Reimers et al.，2012
瓦奎特湾	2011～2013	n.d.	3.9～22.2	Foster and Fulweiler，2019
路易斯安那大陆架	2003～2007	1.4～14.0（6.45±0.54）	1.3～23.3（11.6±1.4）	Murrell and Lehrter，2011
新西兰泰晤士河	2003～2004	n.d.	20.7～73.9	Giles and Pilditch，2006
北海南部	2007～2008	n.d.	1.1～15.1	Neubacher et al.，2011
乳山湾	2009	3.5～13.8（6.39）	35	赵晨英，2017
北黄海	2010	n.d.	1.4～8.9	Song et al.，2016
韩国镇海湾	2015	7.9～21.3	2.4～29.7	Lee et al.，2017
渤海	2017～2018	2.34±0.34	0.27～10.26（6.32±2.44）	Song et al.，2020
养马岛附近海域	2020.7～8	5.49～14.0（10.44±2.75）	1.37～4.52（3.00±1.03）	本书

注："n.d."表示未获得数据

2.3.6 扇贝呼吸耗氧

扇贝培养实验的结果表明，6～11 月扇贝呼吸耗氧速率（以 R_O 表示）范围为（192.5±6.0）～（1237.4±53.0）μmol/（ind·d），在 11 月观察到最高值（图 2-16）。

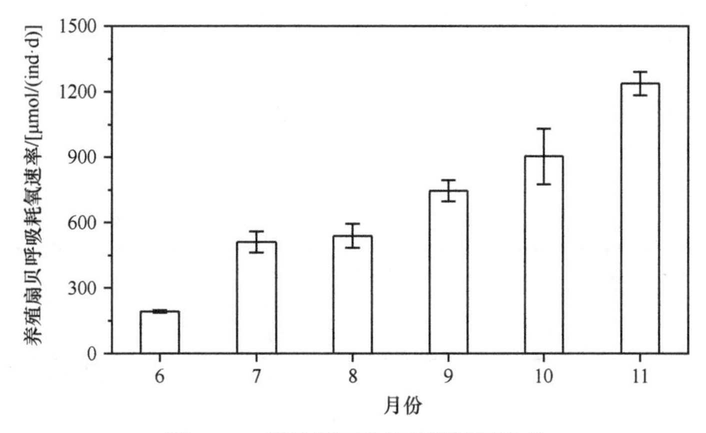

图 2-16　养殖期间扇贝呼吸耗氧速率

2.4　海水 DO 的收支

基于物质平衡模式，对养马岛附近海域海水中 DO 的收支进行初步分析（图 2-17）。2015～2017 年，初级生产和海-气界面 O_2 交换是调查海域海水 DO 的主要来源，二者的月输入量可分别提高 DO 浓度 262μmol/L 和 97μmol/L；而水体耗氧是 DO 支出的主要途径，每月可降低 DO 浓度 294μmol/L。相比较而言，沉积物耗氧和扇贝呼吸耗氧对海水中 DO 支出的贡献甚微，每月仅能够分别降低 DO 浓度 6μmol/L 和 5μmol/L。

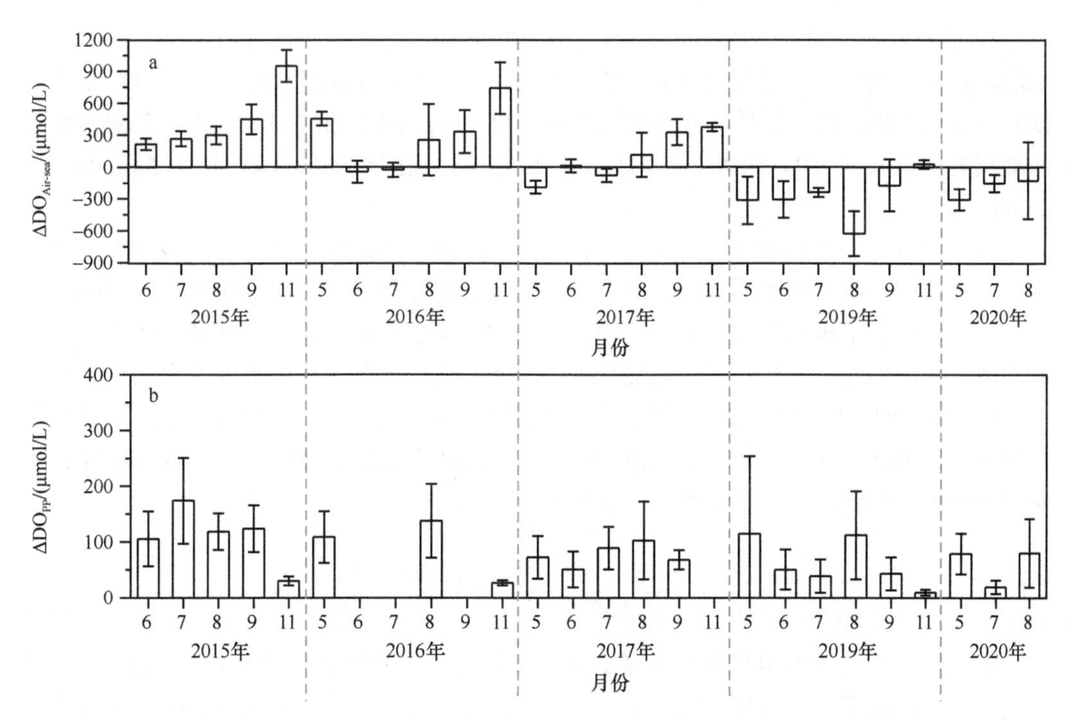

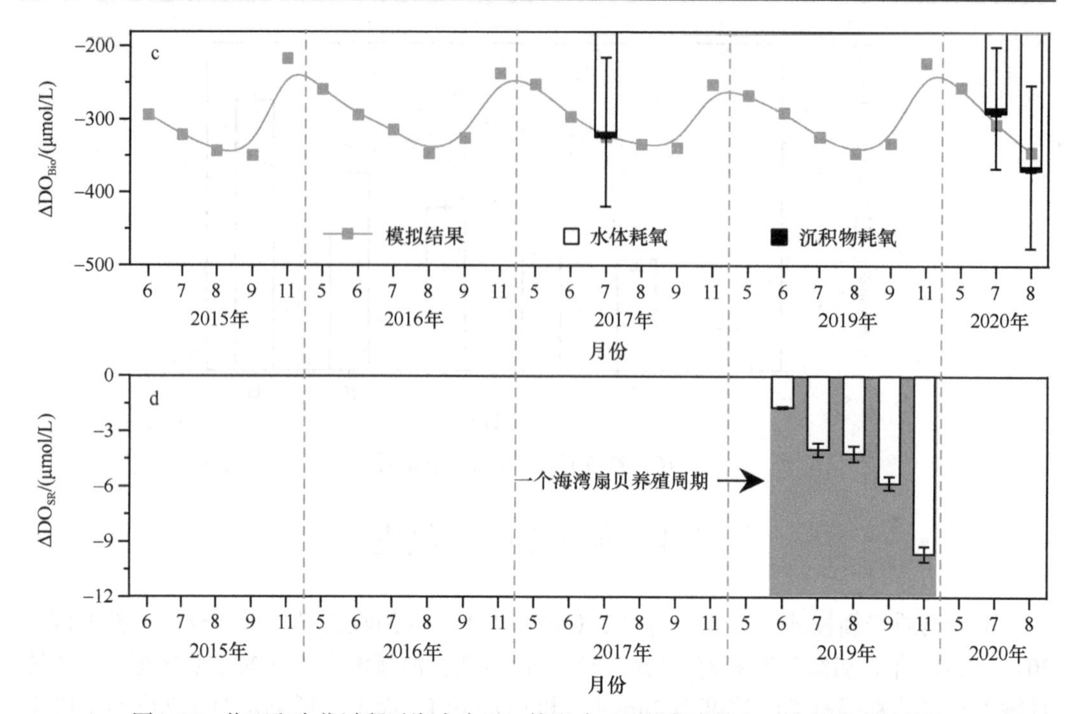

图 2-17 物理和生化过程对海水中 DO 的影响（正值代表输入，负值代表输出）

$\Delta DO_{Air\text{-}sea}$-海-气界面 O_2 交换对 DO 浓度的影响；ΔDO_{PP}-初级生产对 DO 浓度的影响；ΔDO_{Bio}-微生物呼吸对 DO 浓度的影响；ΔDO_{SR}-扇贝呼吸耗氧对 DO 浓度的影响

与 2015～2017 年有所差异，2019～2020 年初级生产是调查海域海水中 DO 的主要来源，每月初级生产能够提高 DO 浓度 60μmol/L，而水体耗氧和海-气界面 O_2 交换是 DO 支出的主要途径，每月可分别降低 DO 浓度 292μmol/L 和 247μmol/L。沉积物耗氧和扇贝呼吸耗氧对 DO 浓度的影响很小，每月仅分别能够降低 DO 浓度 6μmol/L 和 5μmol/L。

本书没有考虑海水中 DO 的水平输运过程（与外部海域水体交换），该过程主要受水动力条件的影响，如潮汐作用、风浪和环流等。由计算结果来看，在 2019～2020 年，海水中 DO 的输出量明显大于 DO 的输入量，此时 DO 的水平输运可能是 DO 的一个重要来源，其在不同季节的作用强度需后续进一步研究。此外，夏季水体发生强烈的热分层，阻碍了 DO 的垂向输运，进而导致海-气界面 O_2 交换过程的结果被高估；尽管扇贝呼吸过程对 DO 收支的贡献微不足道，但是其排泄产生的有机质以及养殖设施所导致的水动力条件的削弱均能够促进水体 DO 的亏损。

2.5 本 章 小 结

本章为北黄海典型扇贝养殖区夏季发生脱氧的主要控制过程提供了深入的认识。温度是导致 DO 浓度季节变化（亏损）的主要驱动力。其中，表层海水中 DO 浓度的季节变化主要受温度变化引起的 DO 溶解度变化（海-气界面 O_2 交换）所主导，而浮游植物的光合作用在一定程度上抵消了物理过程的影响（约占 30%）。与表层迥异，底层海水中 DO 浓度的季节变化主要归因于温度影响下的物理溶解和生物呼吸过程的综合控制，其中物理溶解和生物呼吸分别贡献 33%和 67%的 DO 支出。

此外，DO 的收支结果表明，2015～2017 年初级生产和海-气界面 O_2 交换是海水中 DO 的主要来源，二者的月输入量可分别提高 DO 浓度 262μmol/L 和 97μmol/L；而水体耗氧是 DO 支出的主要途径，每月可降低 DO 浓度 294μmol/L。然而，2019～2020 年初级生产是 DO 的主要来源，每月初级生产能够提高 DO 浓度 60μmol/L，而水体耗氧和海-气界面 O_2 交换是 DO 支出的主要途径，每月可分别降低 DO 浓度 292μmol/L 和 247μmol/L。此外，尽管扇贝呼吸过程对 DO 收支的贡献微不足道，但是其排泄产生的有机质以及养殖设施所导致的水动力条件的削弱均能够促进水体 DO 的亏损。

第3章　海水中碳酸盐体系的分布特征及其主要影响因素

碳是一切生命活动能流、物流中所必需的元素，在岩石圈、大气圈、水圈和生物圈之间以各种形态往复循环。研究碳的生物地球化学特征对理解整个生物地球化学循环具有重要意义。随着温室效应、海洋酸化等各种环境问题的日益突出，碳循环研究日益受到人们的普遍关注。海水中碳酸盐体系（又称 CO_2 体系）是控制多种化学平衡的重要体系，它的变化将改变海水化学环境，进而影响海洋生态系统的稳定性（贺仕昌等，2014）、威胁海洋生物尤其是钙化生物的生存（Fassbender et al.，2016；董冰冰等，2015）。工业革命以来，海洋储存了人类排放 CO_2 总量的 41%，导致海水 pH 下降约 0.12（Doney et al.，2009）、海洋对大气的缓冲能力降低 30%、海水碳酸钙饱和度下降（Feely et al.，2012）等一系列的重大变化。在此背景下，研究 CO_2 在海洋中的转移和归宿，即海洋吸收、转移大气 CO_2 的能力以及 CO_2 在海洋中的循环机制对深刻理解生物地球化学循环、全球气候变迁等具有重大意义。

本章基于 2017 年 3～11 月在养马岛附近海域开展的 7 次海上调查所获得的数据，并结合室内培养实验结果，研究了该海域海水中碳酸盐体系的分布特征及其主要影响因素。

3.1　材料与方法

3.1.1　样品采集与分析

2017 年 3 月、5 月、6 月、7 月、8 月、9 月和 11 月对养马岛附近海域海水中碳酸盐体系进行了调查，共布设 34 个站位，站位具体经纬度如表 1-1 所示，34 个站位中未包含 C-1、L-1 和 L-2 站位。使用 Niskin 采水器采集表层、底层海水样品，具体方法参考《海洋二氧化碳测定最优方法指南》（Guide to best practices for ocean CO_2 measurements）（Dickson et al.，2007）的标准操作规范进行，水样的采集顺序依次为：总氢离子标度 pH（pH_T）样品、DIC 样品和 TAlk 样品。

pH_T 和 DIC 的样品盛装在 50ml 硼硅酸盐玻璃瓶中（预先在马弗炉 500℃灼烧 6h）；TAlk 样品盛装在 100ml 高密度聚乙烯瓶中（预先在 5%的 HCl 溶液中浸泡 48h，用超纯水清洗 3～5 遍），其中 DIC 和 TAlk 的样品添加 0.2%体积的饱和 $HgCl_2$ 固定并密封，放置在阴凉处，带回实验室分析；pH_T 样品采集后在甲板上现场测定（采集后 10min 以内测完）。海水温度、盐度、DO 浓度和 Chl a 浓度的测定方法见第 1 章。

海水 pH_T 使用配备 Orion®8107BNRoss 组合电极（Thermo Electron Co, USA）的精密 pH 计（Orion Star TM, Thermo Electron Co, USA）测定，测量电极经由三羟甲基氨基甲烷（Tris）（25℃时，pH_T=8.0936）和 2-氨基吡啶（25℃时，pH_T=6.787）标准溶液进行校准，其精密度为±0.005。

海水中 DIC 浓度和 TAlk 于室内测定。测试前，将待测样品静置（使悬浮颗粒物充分沉淀）并恒温至 25（±0.1）℃。海水中 DIC 浓度用阿波罗无机碳分析仪（型号 AS-C3，Apollo SciTech Inc, USA）测定，其原理是向固定体积（质量）的海水样品中加入过量的磷酸使所有无机碳酸盐全部转化为 CO_2，由氮气载带至非分散红外光度仪通过峰面积定量。海水 TAlk 通过 Gran 滴定法获得。样品测试过程中，采用斯克里普斯海洋研究所提供的标准海水（BUFFER 155）进行质控分析（Cai et al.，2004；Zhai et al.，2014b），每个样品平行测定 3 次，平行样品间的相对偏差小于 0.1%。

其他碳酸盐参数，包括海水的 CO_2 分压（pCO_2）和文石饱和度（Ω_A），通过 DIC 浓度、TAlk、温度和盐度，利用二氧化碳信息分析中心提供的 CO2SYS 软件（CDIAC，http://cdiac.ornl.gov）计算获得（Pelletier et al.，2015）。为了进一步检验所计算数据的可靠性，将计算得到的 pH_T（来自 DIC 和 TAlk）与现场测量的 pH_T（原位温度）进行比较（图 3-1）。结果表明，计算结果和实测结果基本吻合（偏差小于 0.08 pH 单位），表明所计算的数据具有可靠性。

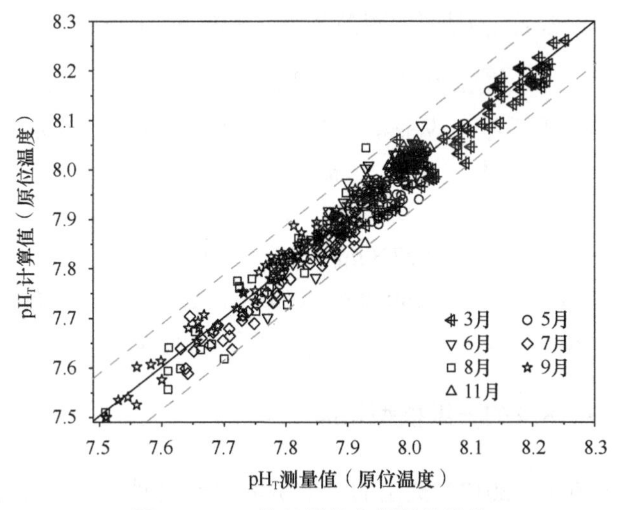

图 3-1　pH_T 的计算值与测量值比较

实线为 1∶1 直线，虚线表示偏差为±0.08 pH 单位

3.1.2　扇贝呼吸和钙化过程的实验研究

2020 年 6 月 10 日、7 月 20 日、8 月 8 日、9 月 10 日、10 月 5 日和 11 月 10 日进行扇贝室内培养实验，以研究扇贝活动对调查海域海水碳酸盐体系的影响。培养实验所需的海湾扇贝在 Y-2 站位（表 1-1）采集，同时在该站位采集表层海水 50L，采用预先酸洗和 500℃灼烧的 0.7μm 玻璃纤维滤膜过滤，并现场测定海水温度、DO 浓度和 pH。

扇贝呼吸实验：按照梯度将一定数量的海湾扇贝缓慢放置于 1L 的培养瓶中，然后注入 800ml 过滤后的海水（实验前将海水通气 30min），再用保温膜密封，等待扇贝适应 15min 后开始计时，2h 后结束。在实验开始前和结束后，用便携式 DO 分析仪（JPB-697A）测定培养瓶中的 DO 浓度。海湾扇贝的 DO 消耗速率 R_O[μmol/（ind·h）]

计算公式如下：

$$R_O=(DO_1-DO_0)\times V/(N\times t) \quad (3\text{-}1)$$

式中，DO_1 和 DO_0 分别为实验结束后和培养实验前的 DO 浓度（μmol/L）；V 为实验用水量（L）；N 为扇贝数量（ind）；t 为培养时间（h）。呼吸释放 CO_2 的比率（R_C）按下式计算：

$$R_C=R_Q\times R_O \quad (3\text{-}2)$$

式中，R_Q 为呼吸熵，根据前人的研究结果为 0.85（Zhang et al.，2011a；Barber and Blake，1985）。根据 6～11 月逐月采集的扇贝壳 $CaCO_3$ 的差异分析扇贝钙化过程。简单地说，将 1～3 个已称量的扇贝壳放入已知质量的烧瓶中，用 4mol/L 的 HCl 溶液处理，根据释放的 CO_2 量计算相应 $CaCO_3$ 的量。扇贝钙化引起的 TAlk 和 DIC 浓度降低值分别为所测 $CaCO_3$ 摩尔质量的 2 倍和 1 倍。

3.1.3 海-气界面 CO_2 通量估算

海-气界面 CO_2 通量(F_{CO_2})是研究碳循环最直接最重要的参数之一，其计算公式如下：

$$F_{CO_2}=k\times s\times(pCO_{2sea}-pCO_{2air}) \quad (3\text{-}3)$$

式中，s 是 CO_2 的溶解度系数（Weiss，1974）；$pCO_{2sea}-pCO_{2air}$ 表示海-气界面 CO_2 分压差；k 是 CO_2 的海-气传输系数（cm/h），根据 Sweeney 等（2007）的报道，通过下式计算获得：

$$k=0.27\times u_{10}{}^2\times(Sc/660)^{-0.5} \quad (3\text{-}4)$$

式中，Sc 为 Schmidt 数，根据 Wanninkhof（1992）提出的方程计算得出；u_{10} 为海面以上 10m 的风速（m/s）。

3.1.4 海水中碳酸盐体系的一维模型构建

采用 Xue 等（2016，2017）提出的一维质量预算模型计算各因素（温度、海-气交换、混合作用、扇贝养殖活动和其他生化过程）对每月（双月）海水中碳酸盐净变化的贡献。具体而言，首先将起始时间设为 t_1，此时测定的温度（T）、盐度（S）和碳酸盐参数（DIC、TAlk、pCO_2、Ω_A 和 pH_T）分别为 T_1、S_1、DIC_1、$TAlk_1$、$(pCO_2)_1$、$(\Omega_A)_1$ 和 $(pH_T)_1$。经过 1 个月（2 个月），将时间设为 t_2，对应的参数分别为 T_2、S_2、DIC_2、$TAlk_2$、$(pCO_2)_2$、$(\Omega_A)_2$ 和 $(pH_T)_2$。在这段时间，各因素导致的碳酸盐参数的变化如下：

$$\Delta TAlk=TAlk_2-TAlk_1=\Delta TAlk_{mix}+\Delta TAlk_{bio}+\Delta TAlk_{sc} \quad (3\text{-}5)$$

$$\Delta DIC=DIC_2-DIC_1=\Delta DIC_{mix}+\Delta DIC_{a\text{-}s}+\Delta DIC_{bio}+\Delta DIC_{sc} \quad (3\text{-}6)$$

$$\Delta pCO_2=(pCO_2)_2-(pCO_2)_1=\Delta pCO_{2(tem)}+\Delta pCO_{2(a\text{-}s)}+\Delta pCO_{2(mix)}+\Delta pCO_{2(bio)}+\Delta pCO_{2(sc)} \quad (3\text{-}7)$$

$$\Delta\Omega_A=(\Omega_A)_2-(\Omega_A)_1=\Delta\Omega_{A(tem)}+\Delta\Omega_{A(a\text{-}s)}+\Delta\Omega_{A(mix)}+\Delta\Omega_{A(bio)}+\Delta\Omega_{A(sc)} \quad (3\text{-}8)$$

$$\Delta pH_T=(pH_T)_2-(pH_T)_1=\Delta pH_{T(tem)}+\Delta pH_{T(a\text{-}s)}+\Delta pH_{T(mix)}+\Delta pH_{T(bio)}+\Delta pH_{T(sc)} \quad (3\text{-}9)$$

式中，下标“tem”、“mix”、“a-s”、“sc”和“bio”分别表示温度、混合作用、海-气交换、扇贝活动和其他生化过程；符号“Δ”表示每月（双月）各参数的变化。

3.2　水文状况以及碳酸盐体系的时空变化特征

调查期间养马岛附近海域水文状况见 2.2 节。其中，温度范围为 5.3～29.3℃，而盐度变化较小，范围为 31.2～32.3。调查海域海水夏季出现明显的热分层现象，该现象在秋季后消失。表层海水中 DO 浓度的变化范围为 169.3～282.5μmol/L，AOU 的变化范围为–30.6～57.5μmol/L。与水体分层相对应，夏季研究海域海水出现底层低氧现象，而从 9 月开始逐渐消失。表层海水中 Chl a 浓度的变化范围为（0.50±0.31）～（2.19±1.24）μg/L。对应的初级生产为（49.4±30.63）～（445.7±256.3）mg C/（m^2·d），最高值和最低值分别出现在 8 月和 11 月。

对于无机碳体系，调查期间海水 TAlk 的月平均值范围为（2299.9±29.63）～（2406.8±13.6）μmol/kg，最大值和最小值分别出现在 6 月表层和 9 月表层（图 3-2）。对于海水中 DIC 浓度，其月平均值变化范围为（2120.1±43.9）～（2255.5±39.4）μmol/kg。对于空间分布，3～6 月海水 TAlk 呈现近岸高、远岸低的分布特征，而 9 月和 11 月呈现

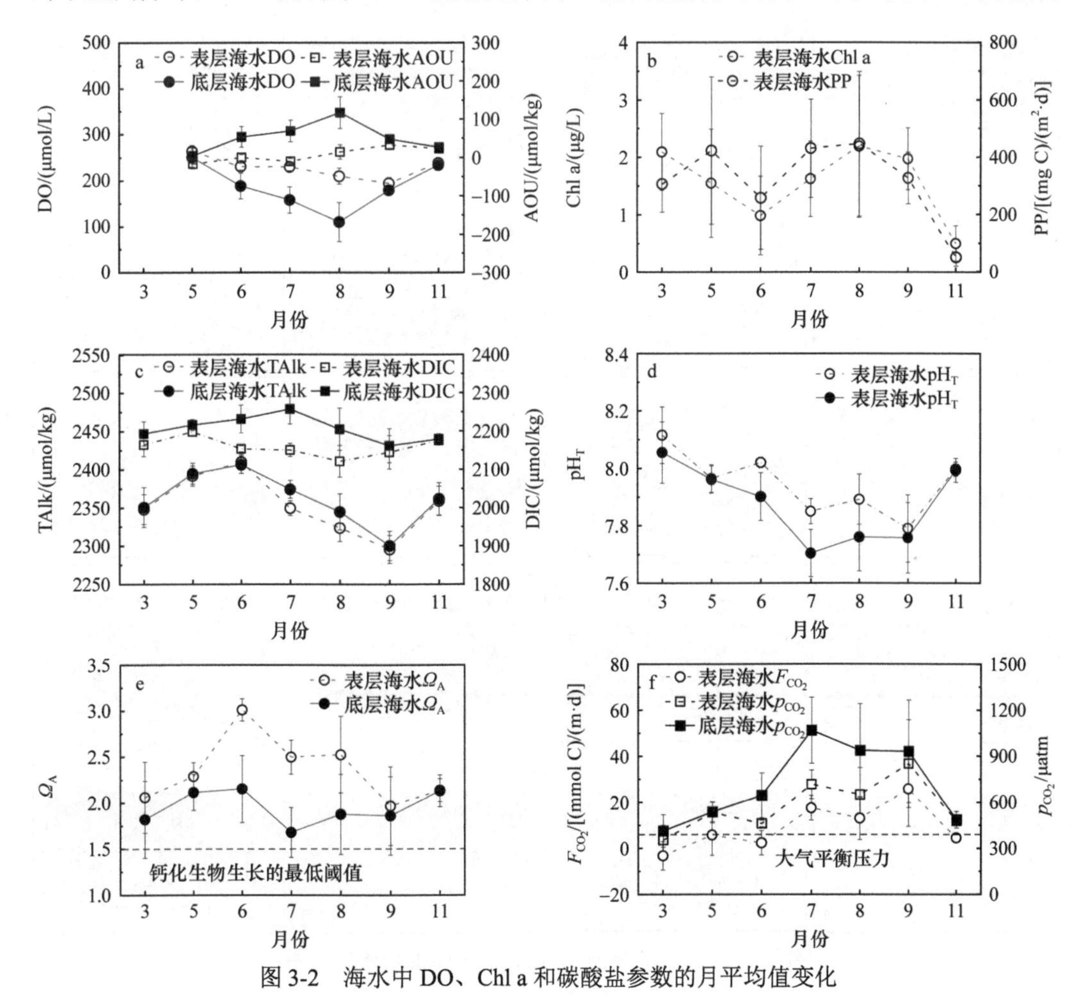

图 3-2　海水中 DO、Chl a 和碳酸盐参数的月平均值变化

远岸高于近岸的分布特征；在夏季（7 月和 8 月），表层海水 TAlk 总体上呈现西部低于东部的分布特征，其最低值出现在养马岛附近（图 3-3）。

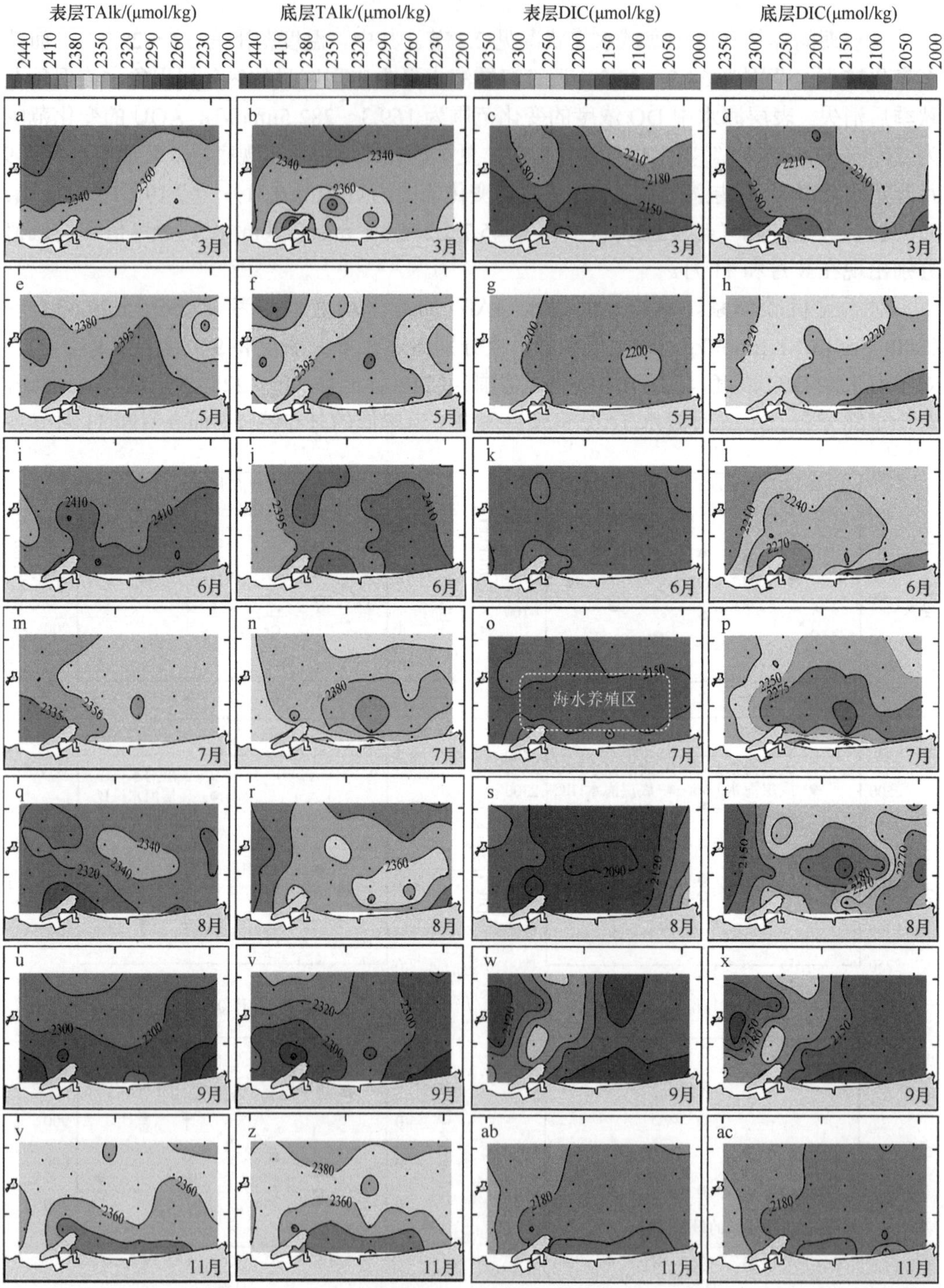

图 3-3 表层、底层海水中 DIC 和 TAlk 的水平分布

对于海水中 DIC，3 月其浓度呈现由近岸向远岸递增的分布特征（图 3-3），而 5～11 月其浓度总体上呈现近岸高于远岸的分布特征，最高值均出现在养马岛附近，显示出人类活动对 DIC 分布的重要影响。与其他海域相比较，养马岛附近海域海水 TAlk 和 DIC 浓度的平均值与北黄海（Zhai et al.，2024b；Zhai et al.，2015）的调查结果相当（表 3-1）。

表 3-1　养马岛附近海域海水 TAlk、DIC、pH_T、Ω_A 和 pCO_2 与世界其他沿海或河口的结果比较

调查海域	调查时间	TAlk/（μmol/kg）	DIC/（μmol/kg）	pH_T	Ω_A	p_{CO_2}/（μatm）	参考文献
北黄海	2013.7～9	1422～2271	1380～2167	7.59～8.19	0.78～3.20	n.d.	Zhai et al.，2015
	2011.5、2012.5	2073～2346	1809～2214	n.d.	n.d.	n.d.	Zhai et al.，2014b
美国纽约州南部沿海海域	2017	2237～2395	2029～2286	7.58～8.08	1.08± 3.34	493～1410	Li et al.，2019
东海北部	2007.4～5	2224～2305	1919～2122	n.d.	n.d.	181～377	Zhai et al.，2014a
地中海海湾	2011～2013	2657～2742	2332～2379	7.906～8.129	n.d.	n.d.	Ingrosso et al.，2016
珠江口	2004.2	1720～2440	1900～2740	n.d.	n.d.	n.d.	Dai et al.，2006
加的斯湾东部海域	2006～2007	2360～2430	n.d.	n.d.	n.d.	n.d.	Ribas-Ribas et al.，2011
胶州湾	2003～2004	n.d.	1642～2465	n.d.	n.d.	92～903	Li et al.，2007
班特里湾	2014	2179～2298	1970～2083	7.98～8.17	1.68～2.82	288～464	McGrath et al.，2019
金瓦拉湾	2016	2427～2721	2194～2640	7.82～8.09	1.57～2.80	393～1515	McGrath et al.，2019
韩国南部沿海海域	2013	2039～2276	1641～2094	7.83～8.32	1.87～4.54	n.d.	Kim et al.，2018
养马岛附近海域	2017	2240～2483	2044～2318	7.573～8.261	0.74～3.86	236～1791	本书

注：“n.d.”表示未获得数据

从春季（3 月）到秋季（11 月），海水 pH_T 呈现明显的先减小、后增大的季节变化特征，其最大值（8.12±0.10）和最小值（7.70±0.08）分别出现在 3 月表层和 7 月底层（图 3-4），这与温度的月平均变化规律相反，说明温度可能是影响海水 pH_T 季节变化的主要因素。此外，受水体层化作用的显著影响，底层海水 pH_T 明显小于表层海水；8 月，表层、底层海水 pH_T 差值达 0.17，这可能会影响底层海水的生化特性；8 月之后，水体层化作用消失，海水混合均匀，表层、底层海水 pH_T 趋于一致。

海水 Ω_A 是衡量海洋酸化程度的重要指标之一。通常将 Ω_A 为 1.5 作为对贝类等钙化生物构成严重威胁的临界指标（Zhai et al.，2019）。研究海域海水 Ω_A 范围为（2.60±0.41）～（4.64±0.41），总体上大于 1.5，有利于海洋钙化生物的生长。

当海水中 pCO_2 高于大气 pCO_2 时（2017 年为 405.22μatm，ftp://aftp.cmdl.noaa.gov/products/trends/co2/co2_annmean_gl.txt），海水向大气释放 CO_2。调查期间，研究海域表层海水 pCO_2 月平均值范围为（353±94）～（887±363）μatm，其总体上表现为大气

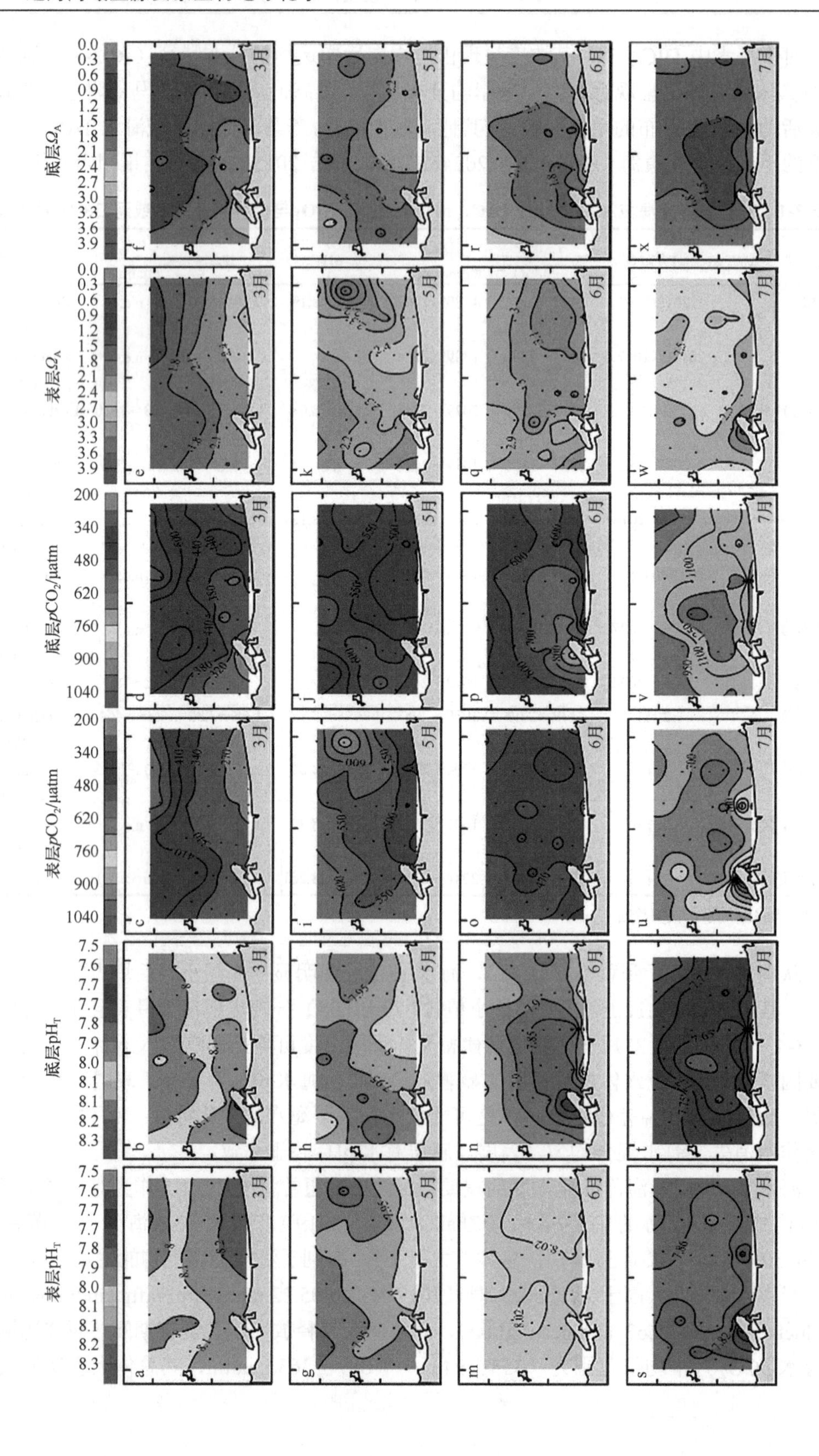

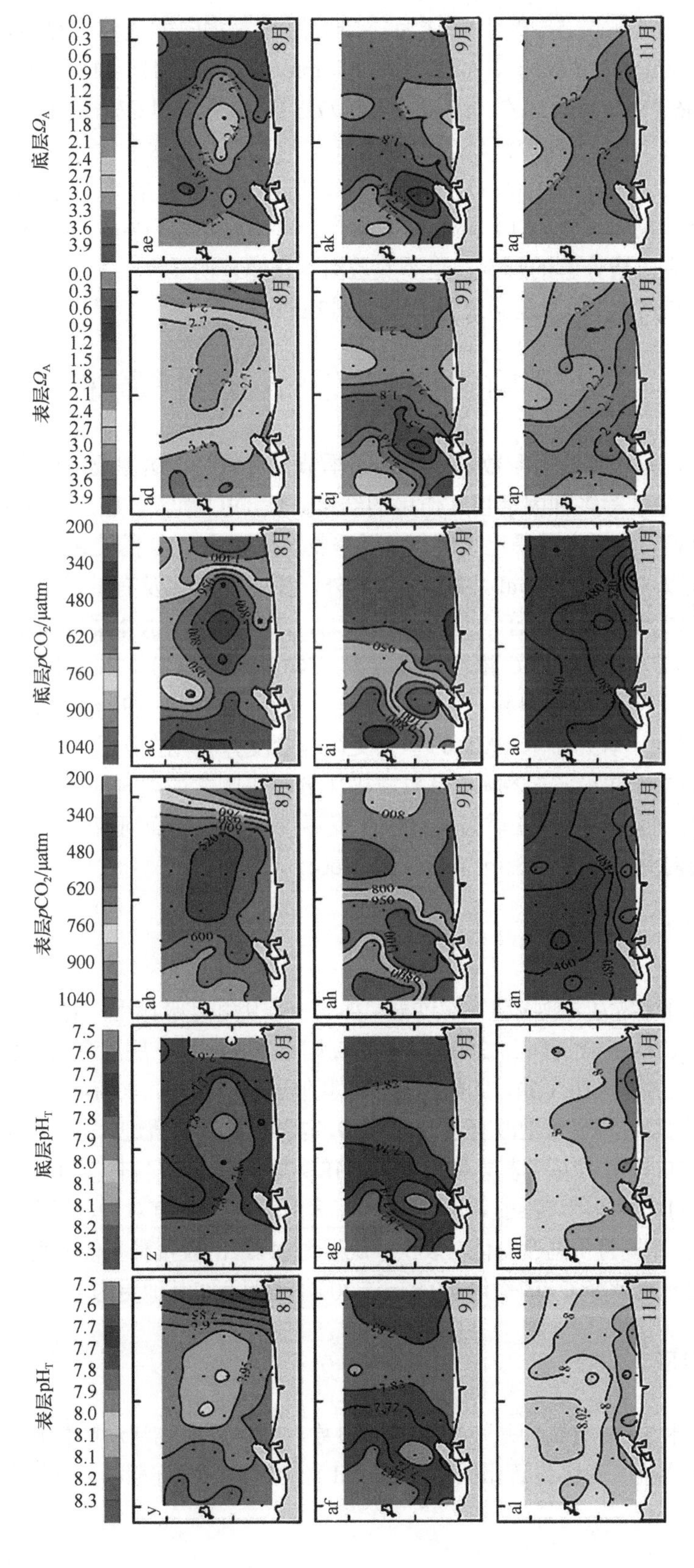

图 3-4　表层、底层海水 pH$_T$、pCO_2 和 Ω_A 的水平分布

CO_2的源（除3月外）。5～9月和11月，研究海域海水向大气释放CO_2的通量分别为（5.74±8.79）mmol C/（$m^2 \cdot d$）、（2.31±5.26）mmol C/（$m^2 \cdot d$）、（16.32±8.72）mmol C/（$m^2 \cdot d$）、（13.06±9.26）mmol C/（$m^2 \cdot d$）、（25.77±16.30）mmol C/（$m^2 \cdot d$）和（4.49±1.81）mmol C/（$m^2 \cdot d$）。3月，研究海域表现为大气CO_2的汇，海水从大气中吸收CO_2的通量为（3.32±6.13）mmol C/（$m^2 \cdot d$）。相比之下，研究海域5月的CO_2海-气通量与长江口春季早期调查结果[（7.7±5.1）mmol C/（$m^2 \cdot d$）]（Zhai and Dai，2009）相近。此外，受水体层化和有机质分解的影响，夏季底层海水pCO_2明显高于表层海水，尤其是在7月，表层、底层海水pCO_2差异最为显著（342μatm）。

3.3 影响碳酸盐体系的物理过程分析

调查期间，海水碳酸盐参数呈现明显的季节变化特征，这主要是温度变化、生物过程、河流输入/降水等多种因素相互作用的结果。就DIC而言，表层海水中DIC浓度在春季出现最高值，然后在夏季迅速降低；夏季表层海水中DIC的快速消耗归根于浮游植物光合作用吸收（Frigstad et al.，2015）。此外，受水体层化及有机质氧化分解的影响，底层海水中DIC浓度显著高于表层海水。然而，在秋季由于水体层化作用消失，垂直混合作用增强，表层海水中DIC浓度明显升高（Körtzinger et al.，2008）。在开放海洋中，通常TAlk被认为是准保守参数，它与盐度呈现良好的相关性（Jiang et al.，2014；Lee et al.，2006）。然而，研究海域TAlk的季节变化与盐度并非完全一致，特别是在9月，这可能是由于碳酸钙的沉淀或溶解、有机质矿化分解等因素的影响（Bates et al.，1996）。就pCO_2和pH_T而言，它们的季节变化主要受温度的控制，而河流输入、光合作用以及呼吸作用也会对其产生重要影响（Shadwick et al.，2011）。

3.3.1 温度

温度可以通过热力学效应和生物过程，如光合作用和呼吸作用，对海水中碳酸盐体系产生显著影响（Takahashi et al.，2002）。养马岛附近海域表层、底层海水pH_T和Ω_A均与温度呈现显著相关关系（图3-5）。此外，也存在其他过程的影响，如海-气交换、混合作用和生物活动等，这些过程显著地改变了pH_T和Ω_A与温度的线性轨迹。pH_T-T和pCO_2-T的斜率分别是–0.0130与–0.0186（表层和底层）和18.9与34.3（表层和底层），这显示了温度影响下生物过程的重要作用（Zang et al.，2018）。相比之下，温度对Ω_A的影响较小。根据热力学第一定律，不同月份温度变化对表层、底层海水Ω_A的直接影响仅分别为0.0085℃$^{-1}$和0.0084℃$^{-1}$，这不能解释Ω_A的变化（0.87～3.20），表明存在其他更为重要的影响因素。

3.3.2 混合效应

通常，海水TAlk被认为是一个准保守参数，在排除生物活动的情况下，TAlk的变化通常与海洋的盐度变化显著相关（Zhai et al.，2014a）。调查期间，总体上来看，表层、

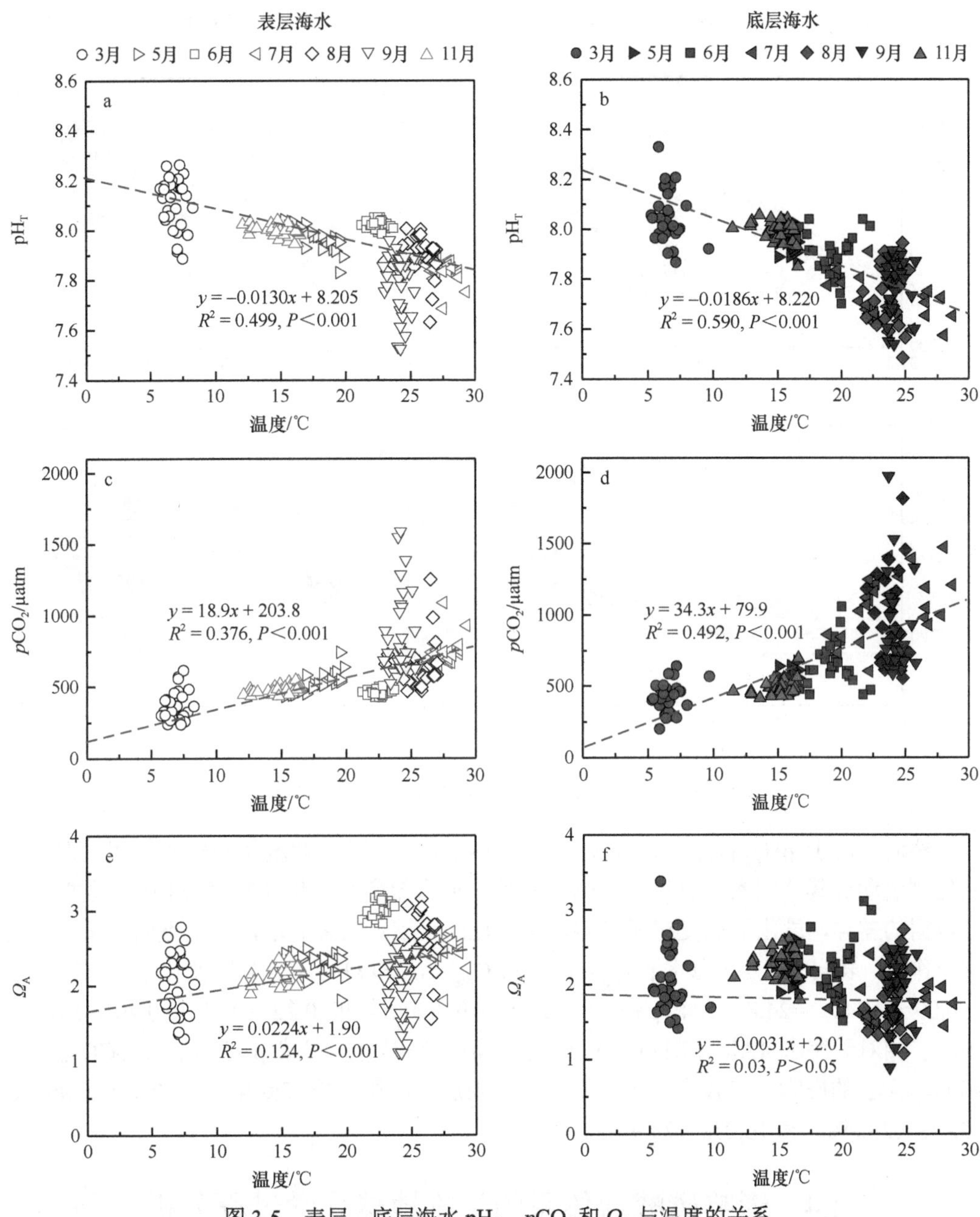

图 3-5　表层、底层海水 pH_T、pCO_2 和 Ω_A 与温度的关系

底层海水 TAlk 与盐度均呈现显著正相关关系(R^2=0.703，$P<0.001$；R^2=0.569，$P<0.001$)，说明混合效应是导致海水 TAlk 季节变化的主要因素，可解释海水 TAlk 变化的 64%。就不同月份空间分布而言，海水 TAlk 与盐度仅在 8 月、9 月和 11 月呈现显著的线性关系（图 3-6），这表明直接的陆源输入作用对海水 TAlk 的影响较小。类似地，表层、底层海水中 DIC 浓度与盐度呈现显著正相关关系（R^2=0.496，$P<0.001$；R^2=0.139，$P<0.001$），说明混合效应在 DIC 浓度的季节变化中发挥了重要作用，特别是对表层海水，可以解释海水中 DIC 浓度 54%的变化。

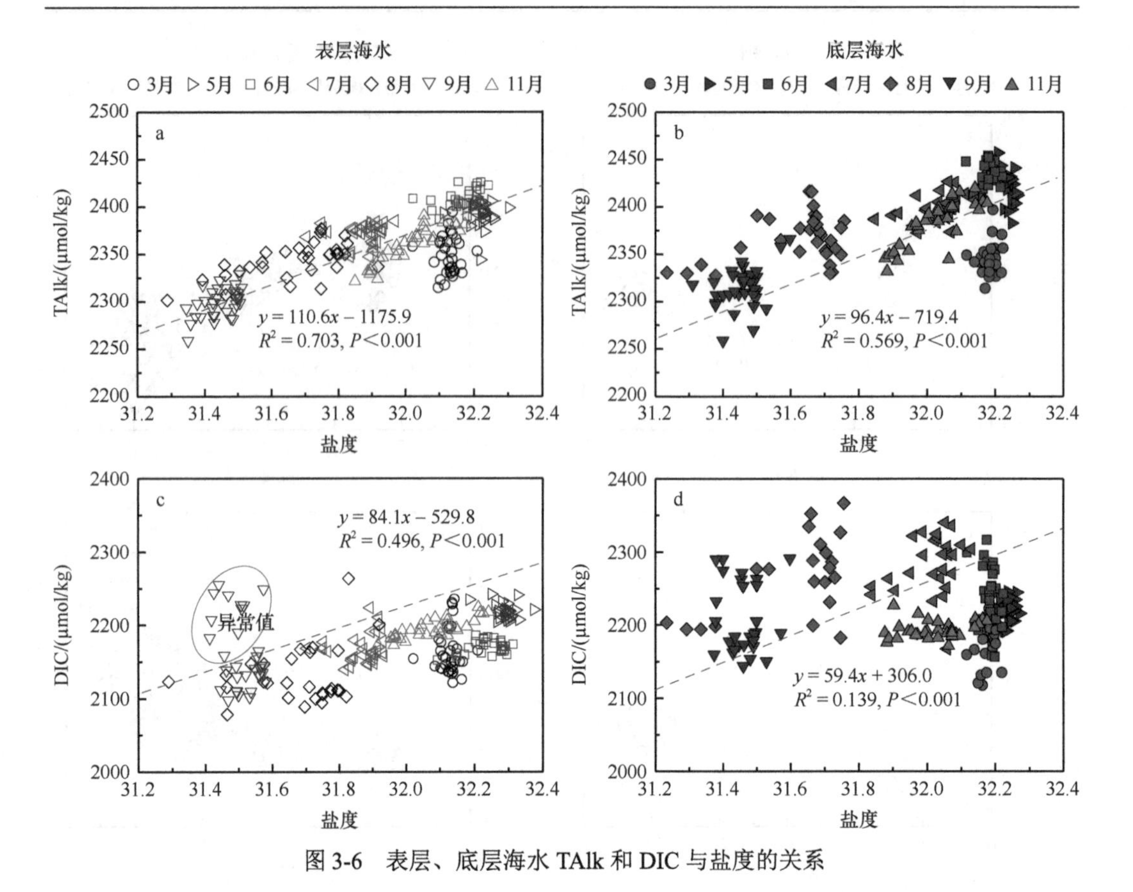

图 3-6 表层、底层海水 TAlk 和 DIC 与盐度的关系

然而，对于 $pH_{T@19.14℃}$、$\Omega_{A@19.14℃}$和 $pCO_{2@19.14℃}$，其与盐度呈现较弱的相关性，表明生物活动等其他因素具有显著影响。此外，根据盐度归一化（盐度=31.94）数据与实测数据的差异，量化了盐度对无机碳体系变化的贡献。结果显示，由于不同月份海水的混合作用，表层（底层）海水 $pH_{T@19.14℃}$、$pCO_{2@19.14℃}$和 $\Omega_{A@19.14℃}$分别变化了–0.05～0.01（–0.09～0.04）、–24.8～104.6μatm（–89.2～219.0μatm）和–0.22～0.11（–0.40～0.18）。因此，相对于海水 TAlk 和 DIC 浓度而言，混合作用对该海域 $pH_{T@19.14℃}$、$pCO_{2@19.14℃}$和 $\Omega_{A@19.14℃}$的影响相对较小，仅分别约占其表层（底层）季节变化的 12.0%（20.8%）、13.4%（23.2%）和 16.0%（23.9%）。

3.4 影响碳酸盐体系的生物地球化学过程分析

盐度归一化 TAlk 和 DIC（即 NTAlk 和 NDIC）的结果表明，光合作用和钙化作用可能是影响表层海水中 TAlk 和 DIC 浓度变化的主要因素，而呼吸作用在底层海水中尤为重要（图 3-7）。

3.4.1 初级生产

藻类的光合作用可用以下公式来描述：

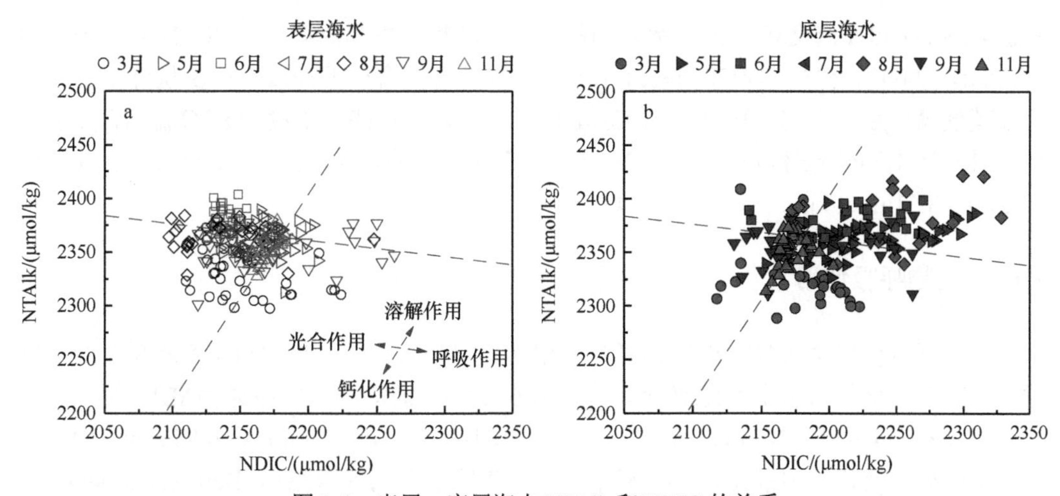

图 3-7　表层、底层海水 NTAlk 和 NDIC 的关系

$$106CO_2+122H_2O+16HNO_3+H_3PO_4 \longrightarrow (CH_2O)_{106}(NH_3)_{16}H_3PO_4+138O_2$$

初级生产可降低海水中 DIC 浓度，并提高海水 TAlk（Cai et al.，2011）。研究海域 Chl a 浓度与 CO_2 参数之间均无显著相关性（图 3-8），这可能是生物呼吸、钙化作用和海-气交换等多种因素综合作用的结果（Xue et al.，2016，2017）。此外，扇贝的摄食作

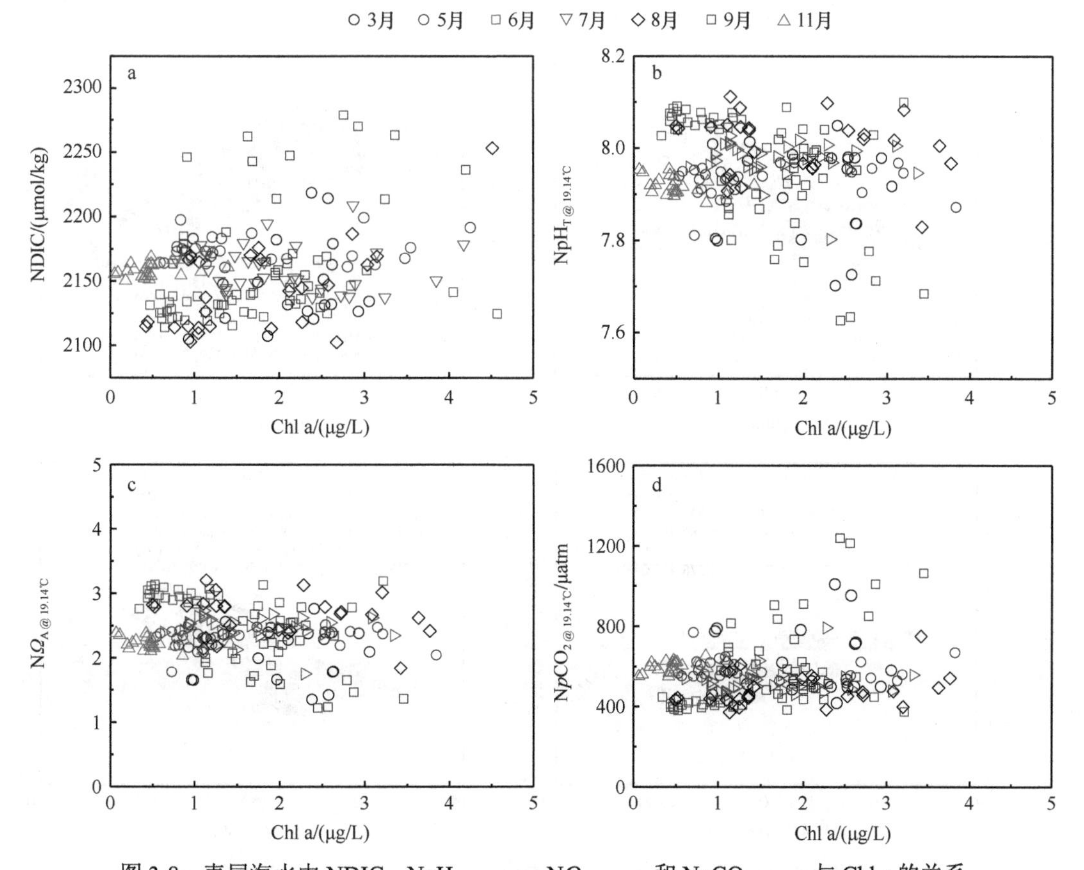

图 3-8　表层海水中 NDIC、$NpH_{T@19.14℃}$、$N\Omega_{A@19.14℃}$和 $NpCO_{2@19.14℃}$与 Chl a 的关系

用也会削弱 Chl a 浓度和 CO_2 参数之间的相关性（杨红生和周毅，1998；Nakamura and Kerciku，2000）。根据调查期间初级生产力，并结合混合层的深度，初步量化了初级生产对碳酸盐体系的影响。3～11 月，初级生产导致海水中 DIC 浓度和 $pCO_{2@19.14℃}$分别降低 6.21～56.1μmol/kg 和 64.0～179.2μatm，导致海水 TAlk、$pH_{T@19.14℃}$、$\Omega_{A@19.14℃}$分别增加 1.00～8.51μmol/kg、0.02～0.13 和 0.07～0.66。

3.4.2 生物呼吸作用

生物呼吸作用主要包括微生物呼吸作用和扇贝呼吸作用。与初级生产相反，微生物呼吸过程可以增加海水中 DIC 浓度，降低海水 TAlk。海湾扇贝呼吸遵循ΔDIC/（–ΔDO）= –0.85（Zhang et al.，2011a），该过程对海水 TAlk 没有影响（Smith and Kinsey，1978）。在不考虑外部交换的情况下，AOU 通常是指示生物活动的关键指标（Benson and Krause，1984）。在研究海域，由于表层海水存在显著的海-气交换和混合过程，因此只考虑了底层海水 AOU 与碳酸盐体系的耦合关系。结果显示，5～9 月 AOU 与 NDIC、$NpH_{T@19.14℃}$、$NpCO_{2@19.14℃}$和 $N\Omega_{A@19.14℃}$之间存在显著的线性相关关系，说明呼吸过程（微生物呼吸过程）是控制这些 CO_2 参数变化的主要过程。在 5～8 月，NDIC-AOU 的线性回归斜率为 0.65～1.14（图 3-9a），接近经典的 Redfield 化学计量比，即 C/O 比值为 0.77，这进

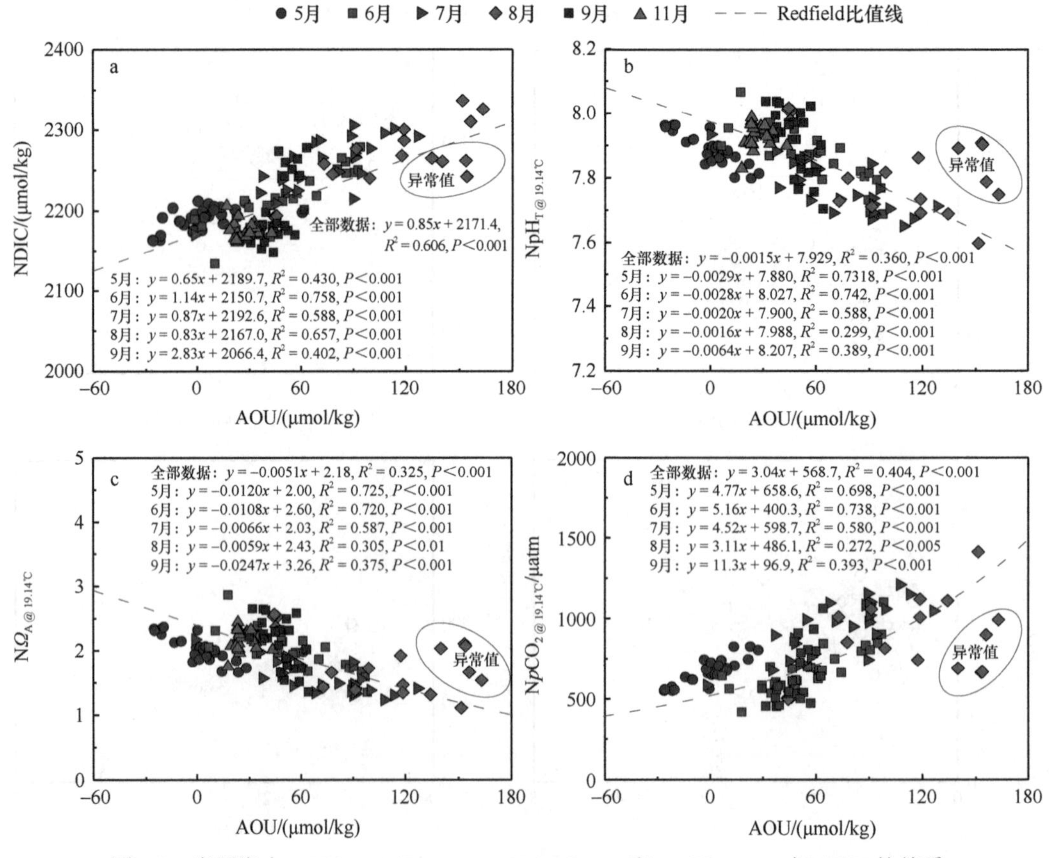

图 3-9 底层海水 NDIC、$NpH_{T@19.14℃}$、$N\Omega A@_{19.14℃}$和 $NpCO_{2@19.14℃}$与 AOU 的关系

一步证实了海源有机质分解的重要性。然而，在 8 月（缺氧季节）存在较多的异常站位（主要位于扇贝养殖区），如站位 Y-1、Y-2、Q-3、Q-4 和 H-1，这些站位 DO 和 DIC 的浓度均较低（图 2-9，图 3-3）。这主要是因为有机质（OM）在低氧条件下降解会产生大量的低分子量 OM 而不是 CO_2。调查海域存在大量的海湾扇贝养殖，扇贝的生物沉积作用会导致 OM 在底层海水和沉积物中大量积累（Yang et al.，2018），随后这些 OM 的有氧分解对底层海水中的 DO 浓度和碳酸盐体系产生重要影响。

此外，扇贝养殖设施（筏式养殖）在一定程度上阻碍了水体的交换过程，从而促进了缺氧和酸化的发生（Yang et al.，2021a）。9 月，强风引发的水体混合作用致使热分层被破坏，使得表层、底层海水均质化，底层海水中 DO 浓度逐渐恢复到正常水平。与 DO 相比，DIC 的垂直交换速度相对较慢（Carrillo et al.，2004；DeGrandpre et al.，1997），这导致底层海水出现较大的 NDIC-AOU 回归斜率（2.83）。与 NDIC 相似，5～9 月底层海水 $\mathrm{N}p\mathrm{CO}_{2@19.14℃}$与 AOU 呈现显著性线性正相关关系（图 3-9d）。与之相反，$\mathrm{NpH}_{\mathrm{T}@19.14℃}$和 $\mathrm{N}\Omega_{\mathrm{A}@19.14℃}$与 AOU 呈现显著性线性负相关关系（图 3-9b、c）。

在夏季（6～8 月），出现较强的水体分层现象，此时垂直交换作用几乎可以忽略不计。因此，可以认为，底层海水中 DO 和碳酸盐体系的浓度变化仅受到生物过程的影响，即水体和沉积物有氧分解。根据 AOU 和碳酸盐体系浓度的变化，估算 6～8 月生物呼吸对碳酸盐体系的贡献，其结果分别为 60.9μmol/kg、62.3μmol/kg 和 105.9μmol/kg（$\Delta\mathrm{DIC}_{\text{-res}}$），–0.146、–0.133、–0.167（$\Delta\mathrm{pH}_{\text{T-res}}$），237.1μatm、385.8μatm、275.0μatm（$\Delta p\mathrm{CO}_{2\text{-res}}$）和–0.582、–0.462 和–0.655（$\Delta\Omega_{\text{A-res}}$）。

此外，前期研究表明，研究海域在夏季 SOM 耗氧分解产生 DIC 的平均速率为（6.05±1.58）mmol/（m^2·d）。假设混合层（约 7m）以下的水柱混合均匀，7 月 SOM 耗氧分解在底层海水中增加的 DIC 浓度约为 26μmol/kg，占生物呼吸的约 42%。因此，SOM 的分解是影响夏季底层海水 DIC 动态的重要因素。

3.4.3　扇贝养殖活动

室内培养实验表明，海湾扇贝养殖可以显著降低海水 TAlk，从而减弱海水对 CO_2 的缓冲能力。初步计算，6～11 月扇贝生长期间由于扇贝钙化作用，海水 TAlk 将降低 75.66μmol/kg（表层）和 45.48μmol/kg（底层）。

假设调查海域海水 TAlk 仅受扇贝养殖活动的影响，根据 6 月的海水 TAlk 结果（扇贝养殖初期）模拟了不同月份表层海水 NTAlk 的变化趋势。结果表明，6～8 月，表层海水 NTAlk 的模拟结果与调查实测的结果非常一致，这表明扇贝钙化作用是控制表层海水 NTAlk 季节变化的主要过程（图 3-10c）。到了 9 月，如上文所述，水体层化现象消失，部分储藏在底层的 TAlk 高值水体上涌至表层，使表层海水 TAlk 明显高于模拟结果。11 月，研究海域水动力条件发生显著变化，主要表现为东亚冬季风和沿岸流作用明显增强（Yang et al.，2020a），这进一步促进了调查海域海水与外部海水的交换过程，导致海水 TAlk 显著增加。此外，在调查期间的 3～6 月，表层、底层海水 TAlk 均呈现显著上升的变化趋势；在空间分布上，扇贝养殖区的海水 TAlk 显著高于非扇贝养殖区（图 3-3）。因此，除了外部来源，$CaCO_3$ 溶解作用也可能是导致出现上述现象的重要原因，这可以从扇贝养殖区沉积物中具有较高的 $CaCO_3$ 含量得到证实（Yang et al.，2021b）。

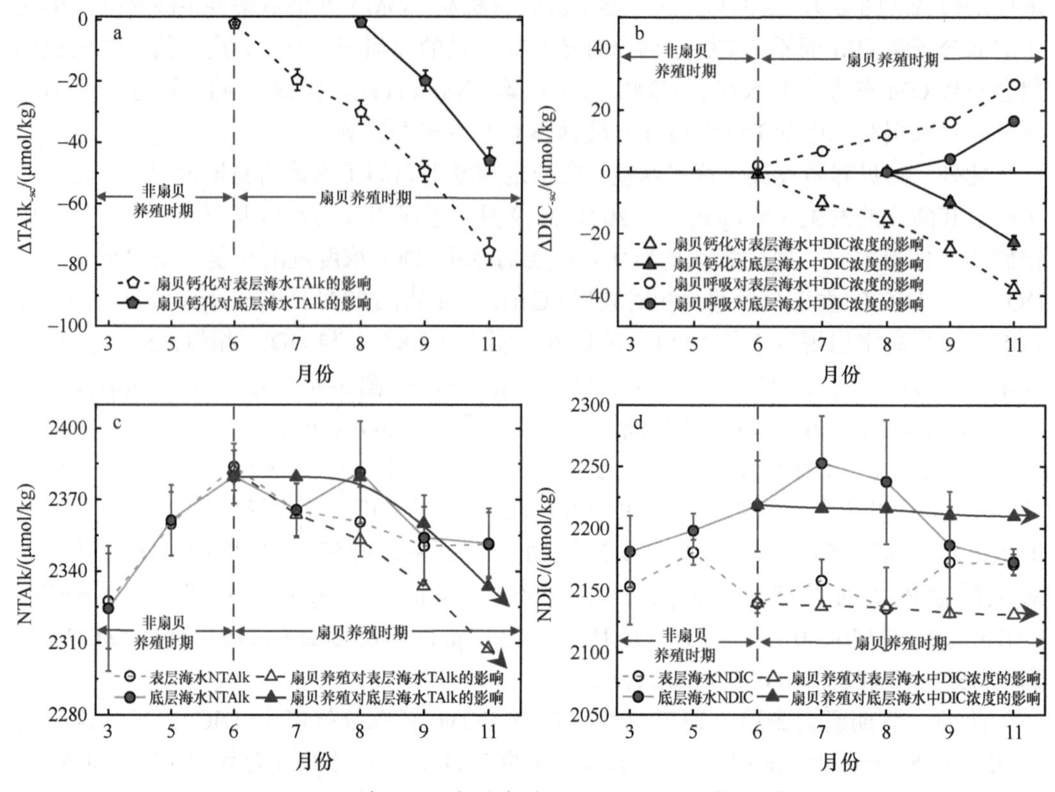

图 3-10 扇贝活动对海水 TAlk 和 DIC 的影响

a. 扇贝钙化对表层、底层海水 TAlk 的影响；b. 扇贝呼吸和钙化对表层、底层海水中 DIC 浓度的影响；c. NTAlk 的实测值和模拟值（仅考虑扇贝钙化的影响）的比较；d. NDIC 实测值与模拟值（考虑扇贝呼吸和钙化的影响）的比较

对于 DIC，室内模拟实验结果显示，除了 6 月，扇贝钙化所吸收的 DIC 量略微高于扇贝呼吸所释放的 DIC 量（图 3-10b）。因此，扇贝养殖活动对海水中 DIC 的净作用为弱汇，这与以往其他的研究结果（任黎华等，2014；张明亮，2011）有所差异，但与最近在桑沟湾的研究结果（Li et al.，2021a）相符，这可以从扇贝养殖区表层海水相对较低的 DIC 浓度得到证实（图 3-3）。

综上所述，海湾扇贝养殖可显著降低海水 TAlk，对 DIC 浓度的影响较小，进而削弱海洋对 CO_2 的吸收能力。在一个扇贝养殖周期（6～11 月），扇贝活动可分别降低表层（底层）海水 TAlk 和 DIC 浓度 75.66μmol/kg（45.48μmol/kg）和 9.66μmol/kg（6.33μmol/kg）。初步估算，上述过程可分别降低表层（底层）海水 pH_T 和 Ω_A –0.125±0.004（–0.077±0.004）和 –0.69±0.001（–0.41±0.07），增加 pCO_2（149.9±12.6）μatm[（98.8±14.5）μatm]。

3.5　一维模型揭示碳酸盐体系的控制过程

图 3-11 显示了温度效应、混合作用、海-气交换、扇贝活动和其他生物过程对海水参数 CO_2 月（双月）变化的贡献。混合作用、扇贝钙化和生物作用（光合和呼吸）共同控制海水 TAlk 的月变化。其中，在丰水期，混合作用和扇贝钙化共同导致海水 TAlk 的显著下降。例如，在 6～7 月，海水 TAlk 因淡水输入而下降 41.9μmol/kg；相反，在 9～11 月，混合作用导致海水 TAlk 升高 63.34μmol/kg；相比较而言，扇贝钙化分别在 6～11 月（表层）和 9～11 月（底层）显著降低海水 TAlk。相反，调查期间生物作用对海水 TAlk 主要是起补充作用（除了底层 6～7 月和 8～9 月）。

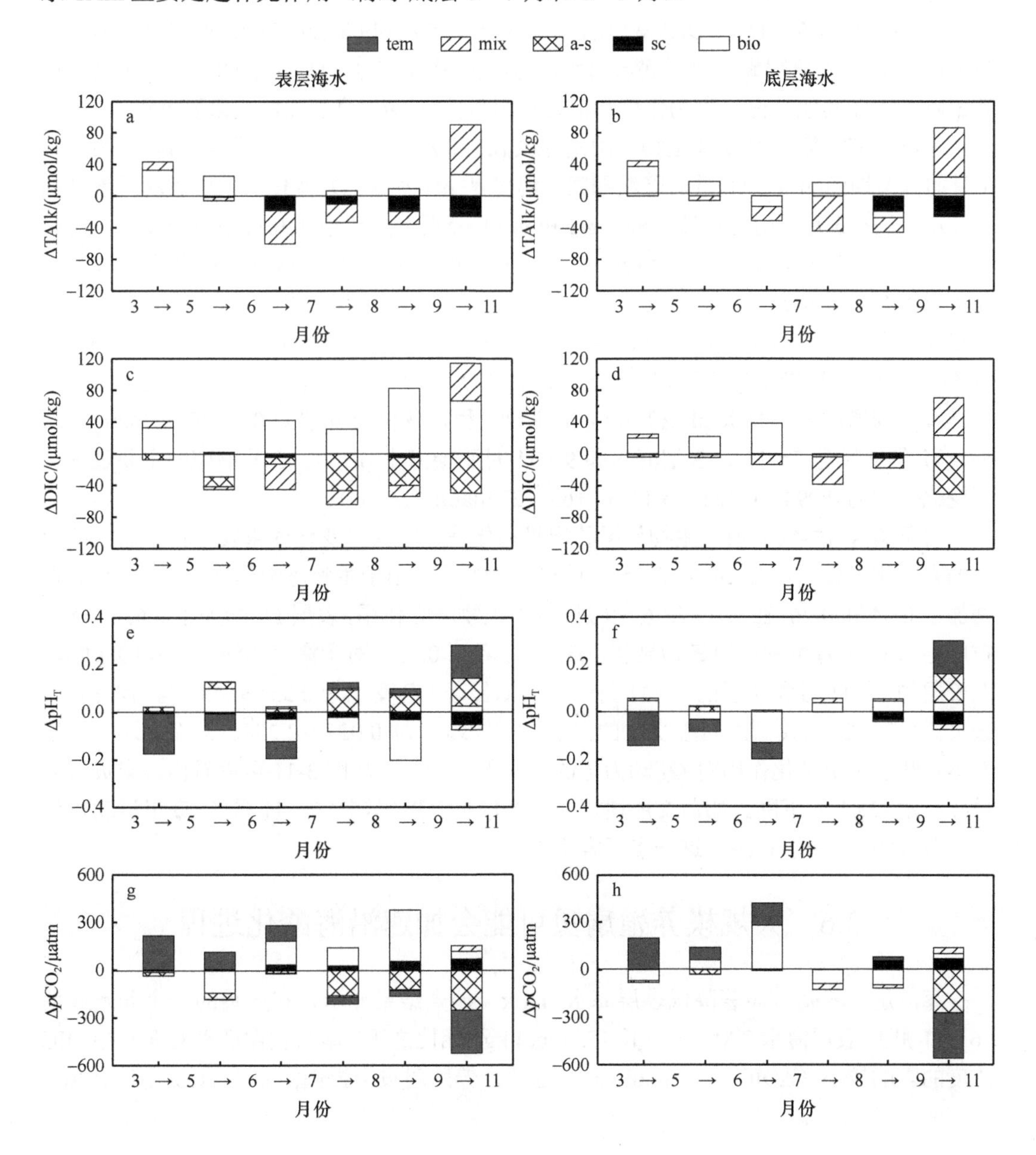

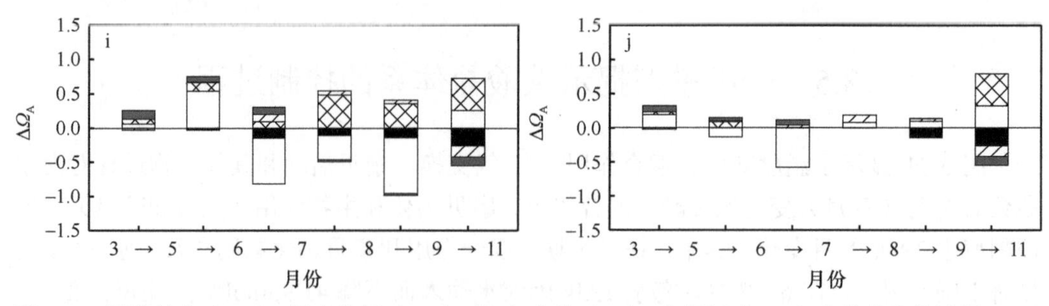

图 3-11 温度效应（tem）、混合作用（mix）、海-气交换（a-s）、扇贝活动（sc）和其他生物过程（bio）对海水 CO_2 参数月（双月）变化的贡献

生物作用、海-气交换和混合作用是控制 DIC 月变化的最重要过程（图 3-11）。在表层，海-气交换是 7～11 月 DIC 支出的主要途径（35.1～49.3μmol/kg），而生物作用是导致 DIC 增加的主要因素。对于底层海水，海-气交换仅在 8～11 月对 DIC 月变化具有重要影响；而在其他月份，生物作用和混合作用是控制 DIC 月变化的最重要过程。

温度效应、海-气交换和生物作用是导致 pH 和 pCO_2 变化的主要因素。其中，在 3～5 月的升温期间和 9～11 月的降温期间，温度是 pH 和 pCO_2 变化的重要驱动因素（图 3-11）。在 3～5 月，由于快速升温，pH 和 pCO_2 分别下降和增加 0.17 和 212μatm；而在 9～11 月，温度下降 10℃，pH 和 pCO_2 分别增加和下降 0.14 和 287μatm。因此，温度变化可以解释冬季和春季 pH 和 pCO_2 的大部分季节性变化。相比之下，在 7～9 月（温度高峰期），温度效应较弱（pH 和 pCO_2 增加和下降分别小于 0.025 和 45μatm）。在此期间，海-气交换和生物作用的综合作用主导 pH 和 pCO_2 的月变化。例如，在 8～9 月，生化过程是减小和增加表层海水 pH 和 pCO_2 的主要过程，变化值分别为 0.17 和 323μatm。此外，海-气交换是 7～11 月表层海水和 9～11 月底层海水 pH 和 pCO_2 增减的主要过程，净变化分别为 0.094～0.121（pH）和 163～273μatm（pCO_2）。

对于 Ω_A，海-气交换、生物作用和扇贝钙化是控制其月变化的重要过程，而温度效应的影响相对较弱。在 2017 年 5～6 月和 9～11 月，由于生物呼吸作用，表层 Ω_A 分别增加了 0.54 和 0.26；在 2017 年 6～9 月，由于生物呼吸作用，表层 Ω_A 增加了 0.67～0.82。在底层，6～7 月生物作用最为显著，Ω_A 每月降低 0.58。对于海-气交换对 Ω_A 的影响，在表层的 7～11 月和底层的 9～11 月影响最为显著，其变化为 0.35～0.48。与前者相比，扇贝钙化对 Ω_A 月度或双月度变化的影响相对较弱，为 0.027～0.258。然而，这一结果并不意味着扇贝钙化作用对 Ω_A 动力学的影响无关紧要。从图 3-11 可以看出，扇贝活动导致海水 Ω_A 不断下降。如前文所述，在一个扇贝养殖周期（6～11 月），扇贝活动可使表层海水的 Ω_A 减小 0.69，这一点不容小觑。

3.6 大规模养殖扇贝可能会加速沿海酸化进程

海湾扇贝养殖可显著降低表层海水 TAlk。调查结果显示，在扇贝的一个养殖周期（6～11 月），表层海水 TAlk 将降低 75.7μmol/kg。相比之下，扇贝代谢活动对海水中 DIC 浓度的影响较小（ΔDIC=9.57μmol/kg）。因此，养殖扇贝会提高海水中 DIC/TAlk 比值，

从而削弱海水对 CO_2 的缓冲能力，增加沿海酸化的风险（Egleston et al.，2010）。计算结果显示，在 6～11 月扇贝养殖期间，海水中 DIC/TAlk 比值从 0.895 增加到 0.918（图 3-12a）。对碳酸盐体系而言，碳酸氢盐[HCO_3^-]浓度显著增加（26.9μmol/kg）；与之相反，碳酸盐[CO_3^{2-}]浓度显著降低（约 42.4μmol/kg）；相比较而言，CO_2 浓度变化不明显（<5μmol/kg）。

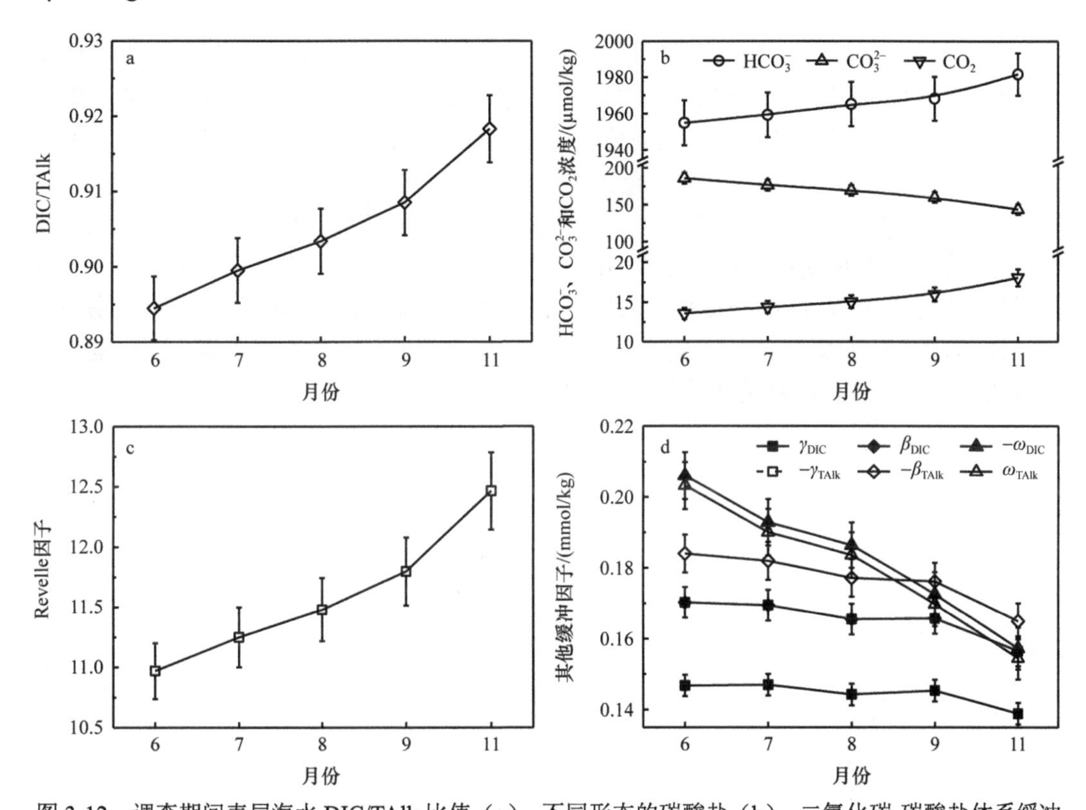

图 3-12　调查期间表层海水 DIC/TAlk 比值（a）、不同形态的碳酸盐（b）、二氧化碳-碳酸盐体系缓冲因子（Revelle 因子）（c）和其他缓冲因子（d）的模拟结果

在计算过程中，将 6 月表层海水的调查结果设定为初始值，在模拟时仅考虑扇贝钙化和扇贝呼吸作用（排除其他作用的影响）。

此外，研究结果还表明，养殖扇贝可以削弱海水对 CO_2 的缓冲能力，导致其对 DIC 和 TAlk 的局部变化更为敏感（Egleston et al.，2010）。调查结果显示，在扇贝的养殖初期（6 月），缓冲因子 γ_{DIC}、β_{DIC}、ω_{DIC}、γ_{TAlk}、β_{TAlk} 和 ω_{TAlk} 的平均值分别为 0.147±0.003、0.170±0.04、–0.206±0.007、–0.170±0.004、0.184±0.005、0.203±0.007。与其他海域相比，调查海域海水对 CO_2 的缓冲能力略弱于 1994 年全球海洋表层的调查结果（Egleston et al.，2010）。随着扇贝养殖的进行，海水对 CO_2 的缓冲能力明显下降。在海湾扇贝的一个养殖周期，缓冲因子 γ_{DIC}、β_{DIC}、ω_{DIC}、γ_{TAlk}、β_{TAlk} 和 ω_{TAlk} 的绝对值分别下降 5.4%、8.1%、23.7%、8.1%、10.4%、24.0%，而 R（二氧化碳-碳酸盐体系缓冲因子）增长了 13.6%。由此可以断言，大规模贝类养殖会显著减弱海水对 CO_2 的缓冲能力。这部分 CO_3^{2-} 如果不能得到及时补充，就很可能加速沿海酸化的进程。

3.7 本章小结

养马岛附近海域海水中碳酸盐体系呈现显著的时空分布特征。整体而言，研究海域是大气 CO_2 重要的源（3 月除外），其 CO_2 释放通量为（2.31±5.26）～（25.77±16.30）mmol C/（m^2·d）。

温度效应、海-气交换、光合作用、呼吸作用和扇贝养殖活动共同控制海水中碳酸盐体系的变化，而不同的碳酸盐参数的影响因素存在一定差异。其中，混合作用、扇贝钙化和生物作用（光合和呼吸）共同控制海水 TAlk 的月变化；扇贝钙化可以显著降低 TAlk，从而减弱海水对 CO_2 的缓冲能力，是沿海酸化的重要潜在因素。相比之下，海-气交换和微生物活动，如光合作用和微生物呼吸过程，是影响 DIC 变化的主要因素。夏季，表层海水较高的初级生产力导致 DIC 大量减少；此外，由于水体分层和微生物呼吸的影响，底层海水中 DIC 浓度高于表层海水。此外，温度变化、海-气交换和生物作用是导致 pH 和 pCO_2 变化的主要因素；对于 Ω_A，海-气交换、生物作用和扇贝钙化是控制其月变化的重要过程，而温度效应的影响相对较弱。

第 4 章　海水中溶解有色有机物的分布特征及其主要影响因素

DOM 是海洋中最大的有机碳库，约占海洋有机碳源的 80%，在全球碳循环中发挥着举足轻重的作用（Watanabe and Kuwae，2015；Yamashita et al.，2013）。有色溶解有机物（CDOM）是 DOM 的重要组成部分，其结构复杂，主要包括碳水化合物、芳香族化合物、腐殖酸、蛋白质、富里酸等物质（Zhang et al.，2010；Loh et al.，2004）。CDOM 在紫外可见光波段具有光吸收性质，从而能够降低紫外线对水生生物的伤害（Mei et al.，2010；Walsh et al.，2003）；与此同时，CDOM 对可见光的吸收能够影响浮游植物的光合作用，从而影响水体初级生产力（Mei et al.，2010）。在太阳光照射下，部分 CDOM 会发生光化学反应而降解，在此过程中会释放营养物质，进而影响浮游植物的生长繁殖（Li et al.，2008；Monsallier et al.，2001）。另外，CDOM 也有化合作用和缓冲作用，例如，CDOM 能和某些痕量金属形成化合物，从而改变金属的生物可利用性和毒性（Da Costa et al.，2011）。

本章基于 CDOM 的吸收和荧光光谱性质对养马岛附近海域夏季海水中 CDOM 的时空分布特征进行分析，从定性和定量两个角度研究 CDOM 的光学特征，并结合温度、盐度、DO 浓度、Chl a 浓度等理化参数分析 CDOM 的来源及其主要影响因素。

4.1　材料与方法

4.1.1　样品采集

2017 年 6～9 月在养马岛附近海域进行了 4 个航次的调查，共设置 34 个站位，站位具体经纬度如表 1-1 所示，34 个站位中未包含 C-1、L-1 和 L-2 站位。调查的内容主要包括海水温度、盐度、DO 浓度、Chl a 浓度、DOC 浓度和 CDOM 的吸收和荧光光谱。使用 Niskin 采水器采集表层、底层海水样品。采集后，一部分样品（约 40ml）立即用孔径为 0.7μm 的 Whatman GF/F 滤膜（预先于马弗炉中 500℃灼烧 5h）过滤，然后盛装于硼硅酸盐玻璃瓶中（预先于马弗炉中 500℃灼烧 5h），并添加 20μl 饱和 $HgCl_2$ 溶液，用于 DOC 浓度测定；另一部分样品（约 50ml），经酸洗后的 0.22μm 聚碳酸酯滤膜过滤，并转移到 50ml 高密度聚乙烯（HDPE）塑料瓶中（预先在 5%的 HCl 溶液中浸泡 48h 以上，用超纯水清洗 3～5 遍），带回实验室分析 CDOM 光学性质。所有海水样品均遮光、冷藏保存，并于一周内完成样品的测试。

4.1.2　样品分析

海水温度、盐度、DO 浓度和 Chl a 浓度于现场测定，分析方法参见 2.1.1 小节。

实验室内测定海水 DOC 浓度、CDOM 吸收和荧光光谱。测试前将所有海水样品恒温至 25℃。对于 DOC 浓度测定，先用磷酸将海水样品酸化至 pH=2，去除海水中的 DIC，然后使用 TOC 分析仪（岛津 TOC-V_{CPH}）进行分析。样品测试过程中，采用环保部标准物质研究所提供的有机碳标准样品（GSB07-1967-2005）进行质量控制，每个样品平行测定 2 次，平行样品间的相对偏差小于 0.1%。

采用紫外可见分光光度计（普析 TU-1810）对 CDOM 吸收光谱进行分析，光谱范围为 200～800nm，间隔 1nm，配 5cm 石英比色皿，并以 0.22μm 聚碳酸酯滤膜过滤后的超纯水为空白进行扫描。基线校正方法：每个波长下的吸光度等于该波长下的测量值减去 680～700nm 波长处的平均吸光度。

CDOM 荧光光谱（EEMs）采用日立 F-7000 荧光分光光度计进行分析（配 1cm 石英比色皿）。仪器参数设置如下：扫描速度为 2400nm/min，激发和发射单色仪的狭缝宽度均为 5nm， 光电倍增管（PMT）的电压为 700V；激发波长（Ex）范围为 200～600nm，增量为 5nm；发射波长（Em）范围为 200～600nm，增量为 2nm。以 0.22μm 聚碳酸酯滤膜过滤后的超纯水为空白样品。

CDOM 吸收系数（m^{-1}）根据下式计算：

$$a_\lambda=2.303A(\lambda)/l=a_{\lambda 0}\exp[-S(\lambda_0-\lambda)]+K \tag{4-1}$$

式中，$A(\lambda)$ 是波长为 λ 的吸光度；l 是比色皿长度（0.1m）；a_λ 和 $a_{\lambda 0}$ 分别是在波长 λ 处和参照波长 λ_0=375nm 处的吸收系数（Helms et al.，2008）；S（nm^{-1}）是光谱斜率；K 是背景值参数。本书选取 350nm 波长处的吸收系数（a_{350}）表示 CDOM 的浓度。$SUVA_{254}$ 是指波长 254nm 处的吸收系数（a_{254}）与 DOC 浓度之比，与 DOM 的芳香性具有显著的线性相关性，用来表征海水中 CDOM 的芳香性（Weishaar et al.，2003）。此外，275～295nm 的光谱斜率（$S_{275\sim295}$）用来表征海水中 CDOM 的分子量大小及来源特征（Helms et al.，2008）。

采用 MATLAB R2008a 软件中的平行因子分析法（PARAFAC）对海水荧光组分进行解析（Stedmon and Bro，2008），各组分的荧光强度（F_{max}）采用拉曼单位（RU）表示（Lawaetz and Stedmon，2009）。选择荧光指数（FIX）、腐殖化指数（HIX）、生物指数（BIX）等表征 CDOM 的地球化学特征。其中，FIX 是指在激发波长 370nm 下，发射波长为 450nm 和 500nm 处荧光强度的比值，该参数可以用来评估 DOM 中陆源及微生物源的相对贡献（McKnight et al.，2001）。BIX 是指在激发波长 310nm 下，发射波长为 380nm 和 430nm 处荧光强度的比值，该参数可以用来评估 DOM 的生物活性及生物来源的贡献（Huguet et al.，2009）。HIX 是指在激发波长 255nm 下，发射波长在 434～480nm 荧光强度的积分值与发射波长在 300～346nm 荧光强度的积分值的比值，该参数可以用来评估 DOM 的腐殖化程度（Zsolnay et al.，1999）。

4.2 夏季海水中 DOM 的时空分布特征

4.2.1 DOC 浓度和 CDOM 吸收光谱特征

养马岛附近海域海水中 DOC 浓度范围为 100.0～271.9μmol/L（表 4-1），平均值为

（163.8±34.3）μmol/L，最高值和最低值分别出现在 8 月表层海水[（185.0±34.6）μmol/L]和 6 月表层海水[（148.2±46.8）μmol/L]。与其他海区相比，养马岛附近海域海水中 DOC 浓度明显高于表 4-2 所列出的大多数近海海域调查结果（Yang et al.，2016a；Kim et al.，2015；Sun et al.，2014；Li et al.，2014；Lechtenfeld et al.，2014；Santinelli et al.，2013，2010；Amon et al.，2003），这是养马岛附近海域较高的初级生产力以及附近河流/排污口的输入所致（DeVilbiss et al.，2016），但低于渤海湾（Chen and Zheng，2013）和格林湾水体中 DOC 的浓度（DeVilbiss et al.，2016）。

表 4-1　海水中 DOC 和 a_{350} 的变化范围及平均值

参数	层次	范围/平均值	月份			
			6	7	8	9
DOC/（μmol/L）	表层	范围	100.0～249.2	138.0～213.9	120.2～271.9	101.7～204.2
		平均值	148.2±46.8	164.7±16.4	185.0±34.6	151.2±30.5
	底层	范围	101.7～213.3	112.3～212.5	149.4～268.3	130.0～215.0
		平均值	155.4±35.7	164.5±24.1	182.1±31.8	169.2±22.8
a_{350}/（m^{-1}）	表层	范围	0.59～0.81	0.62～0.78	0.65～0.86	0.62～0.87
		平均值	0.64±0.04	0.70±0.04	0.76±0.06	0.72±0.06
	底层	范围	0.58～0.88	0.63～0.88	0.68～0.88	0.59～0.91
		平均值	0.63±0.05	0.71±0.05	0.75±0.05	0.71±0.07

表 4-2　与世界其他河口及近海海水中 DOC、CDOM 吸收和荧光指数的比较

海域	调查时间	范围/平均值	DOC/（μmol/L）	a_{350}/（m^{-1}）	$S_{275\sim295}$/（nm^{-1}）	$SUVA_{254}$/ [L/（μmol·m）]	FIX	BIX	HIX	参考文献
渤海湾	2009.5	范围	165.0～451.7	n.d.	n.d.	n.d.	1.53～1.69	0.92～1.07	1.04～2.23	Chen and Zheng，2013
		平均值	n.d.	n.d.	n.d.	n.d.	1.61±0.05	0.98±0.03	1.62±0.30	
渤海湾	2011.5	平均值	n.d.	1.35±0.24	n.d.	n.d.	n.d.	n.d.	n.d.	Li et al.，2014
长江口	2012.5	范围	41.7～126.2	n.d.	0.0168～0.0200	n.d.	1.67～2.28	0.88～1.68	0.40～1.86	Sun et al.，2014
台湾海峡东部	2013.7	范围	39～100	n.d.	0.0226～0.0376	n.d.	n.d.	n.d.	1.6～6.1	Yang et al.，2016a
东海、台湾海峡	2014.5	范围	n.d.	0～1.56	0.014～0.092	n.d.	n.d.	n.d.	n.d.	Zhou et al.，2018a
		平均值	n.d.	0.26±0.28	0.032±0.012	n.d.	n.d.	n.d.	n.d.	
东海	2017.5、8	范围	60.1～194.7	n.d.	n.d.	n.d.	1.62～2.11.	n.d.	0.45～1.91	Zheng et al.，2018a
博弗特海陆架	2009.8	范围	58～394	0.12～6.36	0.017～0.023	n.d.	n.d.	n.d.	n.d.	Para et al.，2013
格林湾	2014.6	平均值	361±73	n.d.	0.0197±0.0012	0.036±0.005	1.14±0.03	0.68±0.03	2.33±0.65	DeVilbiss et al.，2016
	2014.8	平均值	349±64	n.d.	0.0233±0.0020	0.031±0.004	1.17±0.02	0.73±0.02	1.68±0.59	DeVilbiss et al.，2016

续表

海域	调查时间	范围/平均值	DOC/（μmol/L）	a_{350}/（m^{-1}）	$S_{275\sim295}$/（nm^{-1}）	$SUVA_{254}$/ [L/（μmol·m）]	FIX	BIX	HIX	参考文献
日本海东部	2007.5	平均值	68±6	n.d.	n.d.	n.d.	n.d.	n.d.	n.d.	Kim et al.，2015
波罗的海南部	2009～2011	范围	198.3～686.7	n.d.	n.d.	n.d.	n.d.	n.d.	n.d.	Maciejewska and Pempkowiak，2014
亚得里亚海南部	2006～2008	范围	41～103	n.d.	n.d.	n.d.	n.d.	n.d.	n.d.	Santinelli et al.，2013
利古里亚海	2000.5	范围	50～100	n.d.	n.d.	n.d.	n.d.	n.d.	n.d.	Santinelli et al.，2010
北欧海域	1997～1998	范围	45～118	n.d.	n.d.	n.d.	n.d.	n.d.	n.d.	Amon et al.，2003
威德尔海	2008.12	平均值	46.3±3.3	n.d.	n.d.	n.d.	n.d.	n.d.	n.d.	Lechtenfeld et al.，2014
马提尼克海滩	2013.5、6	平均值	140±10	n.d.	n.d.	0.049±0.020	1.58±0.54	1.13±0.30	n.d.	Couturier et al.，2016

注："n.d."表示未获得数据

总体上，DOC 和 a_{350} 在表层、底层海水中均呈现相似的水平分布特征（图 4-2a～h，图 4-3a～h）。6 月，DOC 浓度在研究海域北部呈现明显的梯度变化，高值区主要出现在离岸最远的边缘区域（图 4-2a，图 4-3a）；7～9 月，DOC 浓度高值区出现在研究海域西南部，总体上呈现由西南向东北递减的分布特征，其中尤以 8 月最为明显（图 4-1b～d，图 4-2b～d），表明陆源输入很可能是影响研究海域海水中 DOC 空间分布的重要因素之一。

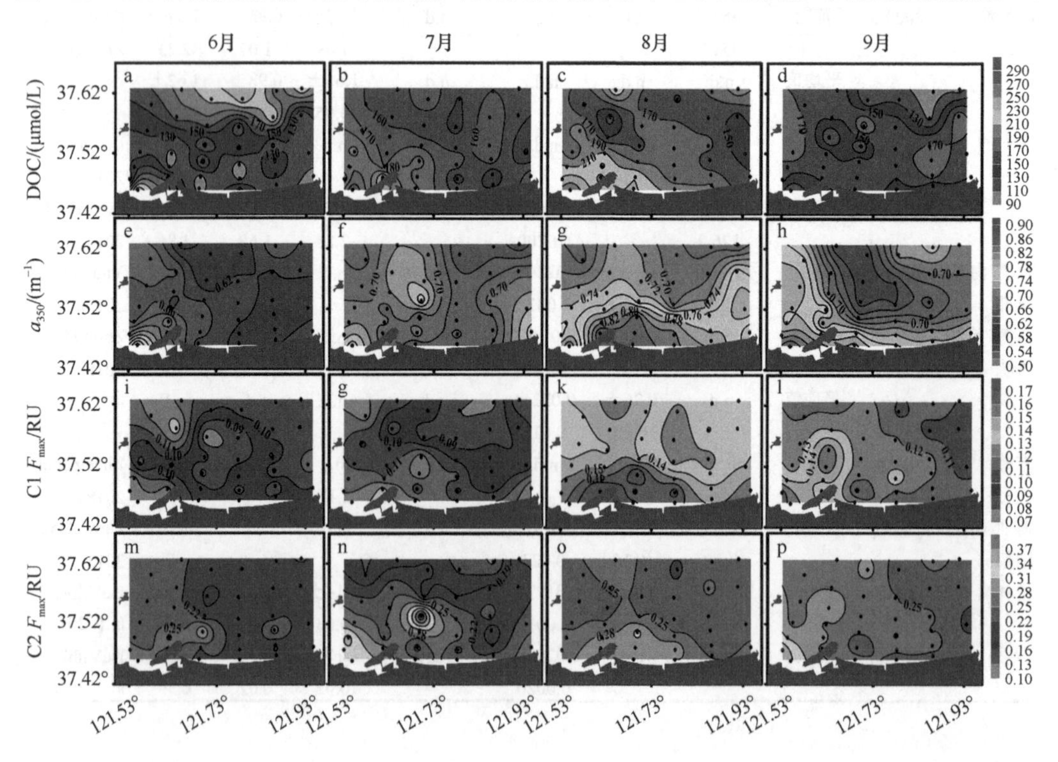

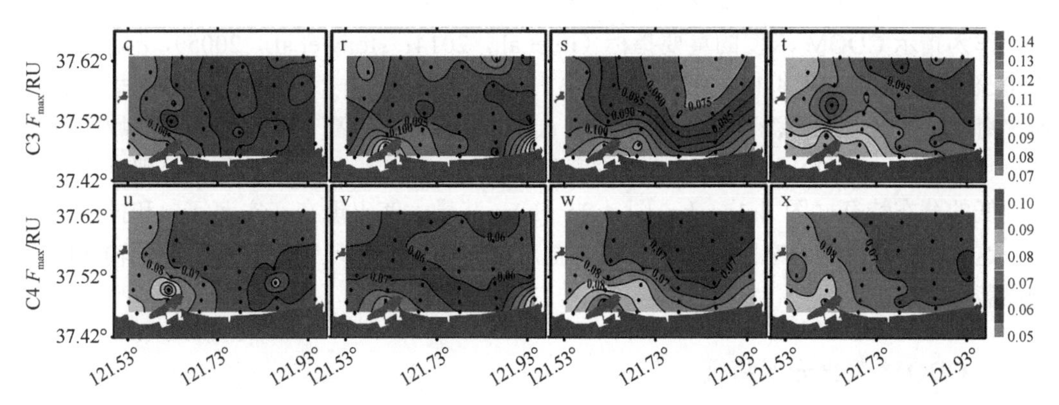

图 4-1　表层海水中 DOC、CDOM 和 FDOM（荧光溶解有机物）的水平分布（PARAFAC 识别出 4 种 FDOM C1、C2、C3 和 C4）

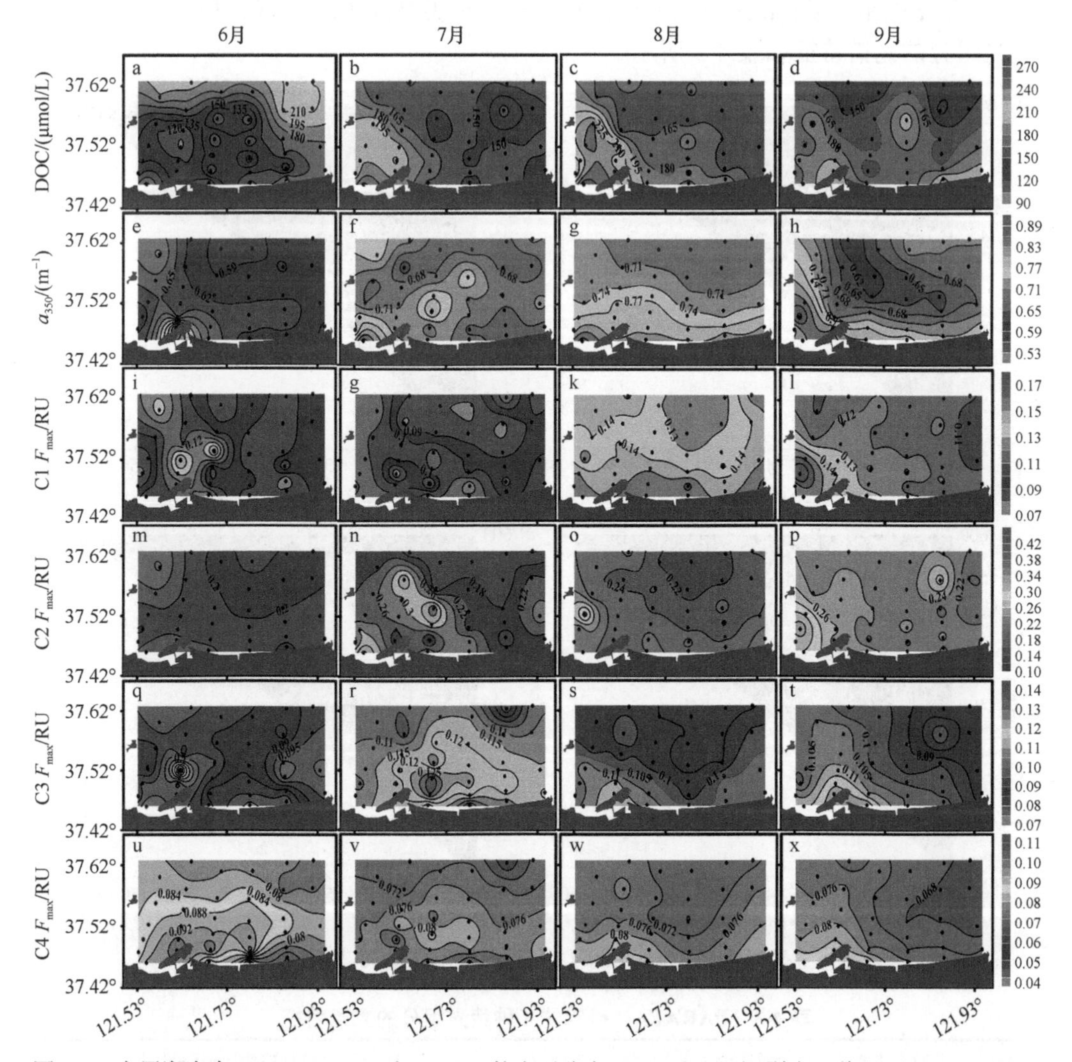

图 4-2　底层海水中 DOC、CDOM 和 FDOM 的水平分布（PARAFAC 识别出 4 种 FDOM C1、C2、C3 和 C4）

作为指示 CDOM 浓度的重要指标（Li et al.，2014；Hong et al.，2005），a_{350} 的范围为 0.58～0.91m^{-1}（表 4-1），平均值为（0.71±0.05）m^{-1}。与其他近海相比（表 4-2），研究海域 a_{350} 低于渤海湾的调查结果（Li et al.，2014），但高于东海、台湾海峡的调查结果（Zhou et al.，2018a）。与 DOC 浓度分布相似，研究海域 a_{350} 总体上呈现近岸高、远岸低的分布特征（图 4-1e～h，图 4-2e～h），其最大值出现在辛安河河口和排污口附近，这与 Chl a 浓度的空间分布相似，与盐度的空间分布相反，表明其受陆源输入的影响显著。

4.2.2 CDOM 荧光光谱特征

采用 PARAFAC 对海水样品进行分析，共鉴别出 4 种荧光组分，包括两种类蛋白质组分（类酪氨酸组分 C1 和类色氨酸组分 C2）和两种类腐殖质组分（C3 和 C4）（图 4-3），各荧光组分的光谱特征如表 4-3 所示。

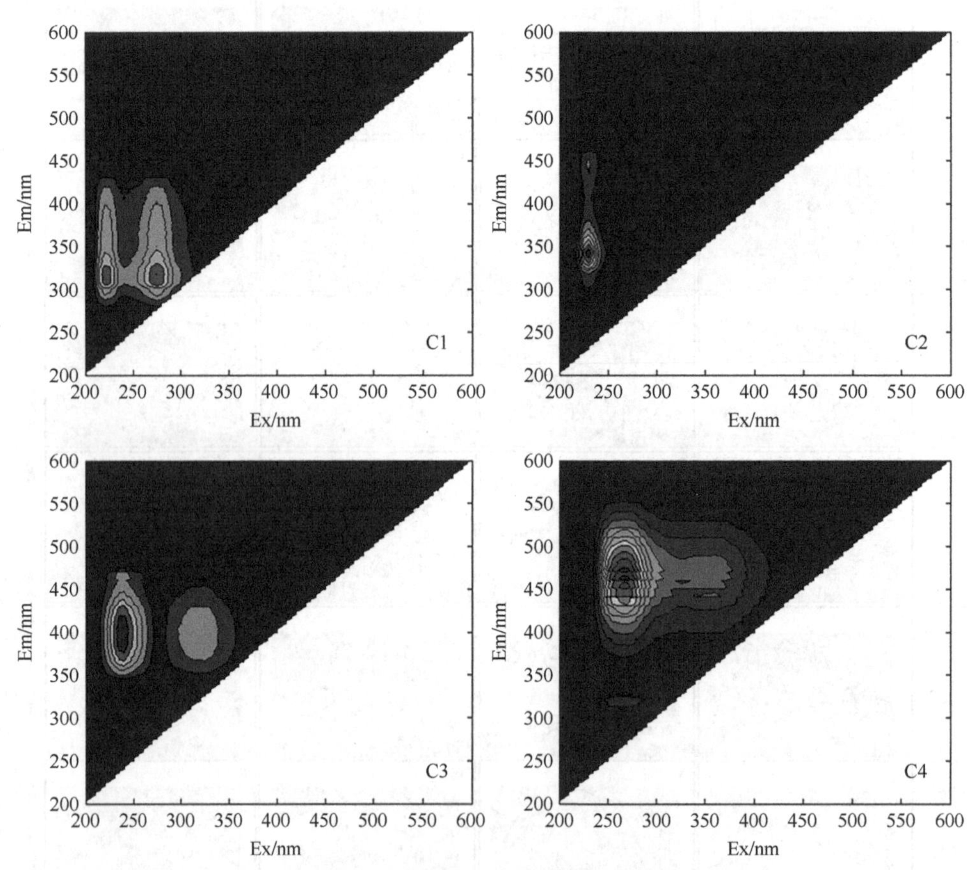

图 4-3 PARAFAC 识别的 4 种荧光组分的激发-发射矩阵

表 4-3 PARAFAC 确定的 4 种荧光组分的光谱特征

荧光组分	激发波长/nm	发射波长/nm	类型	与其他研究比较/nm
C1	225	320	类酪氨酸	C4：275/338（Stedmon and Markager，2005b）
	275			B：275/310（Coble，1996）

续表

荧光组分	激发波长/nm	发射波长/nm	类型	与其他研究比较/nm
				B：275/305（Coble et al.，1998）
				C5：270/332（Kowalczuk et al.，2009）
				C4：230（270）/306（Yao et al.，2011）
				C3：220（270）/300（Zhao et al.，2016）
C2	235	340	类色氨酸	C7：240/338（Murphy et al.，2008）
				C1：230/344（Yao et al.，2011）
				C2：220（285）/348（Zhao et al.，2016）
C3	240 325	395	海源或陆源类腐殖质	C3：250（310）/400（Kowalczuk et al.，2010a）
				C2：320/410（Guéguen et al.，2012）
				C3：255（330）/410（Zhang et al.，2011b）
				C2：255（335）/410（Dainard and Guéguen，2013）
				C2：235（300）/404（Kowalczuk et al.，2009）
				C3：250（310）/400（Yao et al.，2011）
				C6：＜260（325）/385（Yamashita et al.，2008）
C4	275 365	450	陆源类腐殖质或微生物降解产物	C3：270（360）/478（Stedmon et al.，2003）
				C8：250（360）/440（Murphy et al.，2008）
				C4：255（370）/452（Osburn et al.，2011）
				C1：355/474（Williams et al.，2010）
				G1：＜250（370）/464（Murphy et al.，2011）
				C3：250（355）/461（Yao et al.，2011）
				C2：260（365）/475（Zhu et al.，2017）
				C2：265（370）/464（Yamashita et al.，2011）

组分 C1（Ex/Em=225nm、275nm/320nm）和组分 C2（Ex/Em=235nm/340nm）在海洋和陆地上均有出现（Yao et al.，2011；Lu et al.，2009；Borisover et al.，2009；Kowalczuk et al.，2009；Murphy et al.，2008；Coble et al.，1998）；组分 C3（Ex/Em=240nm、325nm/395nm）和组分 C4（Ex/Em=275nm、365nm/450nm）被确认为类腐殖质组分（Kowalczuk et al.，2013）。Cory 和 McKnight（2005）在封闭海湾中发现了 C3 组分；Coble 等（1998）也在缅因湾的开阔水域发现了该组分，并认为它与浮游植物的繁殖有关。然而，Stedmon 和 Markager（2005a，2005b）在丹麦的农业排水系统中发现了类似的荧光组分 C3，并认为荧光组分 C3 与人类生产活动有关。荧光组分 C4 在近岸海域、河口、富营养湖泊和废水中广泛存在（Murphy et al.，2011；Yamashita et al.，2011；Murphy et al.，2008）。

调查期间，荧光组分 C1～C4 的荧光强度范围分别为 0.067～0.192RU[平均值为（0.118±0.025）RU]、0.122～0.438RU[平均值为（0.234±0.042）RU]、0.070～0.139RU[平均值为（0.098±0.013）RU]和 0.050～0.100RU[平均值为（0.073±0.009）RU]。其中，类蛋白质组分（C1 和 C2）的荧光强度最高值出现在 8 月，这与 Chl a 浓度的时间变化特征相一致（图 2-1c），表明夏季浮游植物繁殖对类蛋白质组分（C1 和 C2）的生产具有重要影响。相对而言，类腐殖质组分（C3 和 C4）的荧光强度月变化较小（表 4-4）。

表 4-4 海水中各荧光组分的荧光强度

月份	层次	范围/平均值	C1 F_{max}/RU	C2 F_{max}/RU	C3 F_{max}/RU	C4 F_{max}/RU
6	表层	范围	0.070～0.137	0.184～0.320	0.081～0.112	0.050～0.099
		平均值	0.101±0.016	0.223±0.031	0.091±0.008	0.070±0.008
	底层	范围	0.067～0.158	0.187～0.264	0.073～0.133	0.064～0.100
		平均值	0.099±0.021	0.209±0.016	0.092±0.010	0.085±0.009
7	表层	范围	0.078～0.135	0.122～0.438	0.084～0.127	0.057～0.089
		平均值	0.103±0.016	0.231±0.060	0.096±0.009	0.064±0.007
	底层	范围	0.068～0.132	0.133～0.418	0.086～0.139	0.060～0.086
		平均值	0.099±0.017	0.233±0.076	0.115±0.010	0.075±0.006
8	表层	范围	0.125～0.192	0.216～0.324	0.070～0.114	0.060～0.098
		平均值	0.147±0.017	0.254±0.028	0.091±0.012	0.072±0.009
	底层	范围	0.122～0.166	0.204～0.353	0.090～0.118	0.068～0.084
		平均值	0.143±0.012	0.246±0.027	0.103±0.008	0.076±0.005
9	表层	范围	0.103～0.165	0.194～0.336	0.080～0.116	0.063～0.087
		平均值	0.125±0.015	0.240±0.029	0.096±0.010	0.072±0.006
	底层	范围	0.102～0.189	0.198～0.339	0.074～0.125	0.065～0.088
		平均值	0.124±0.016	0.240±0.029	0.100±0.011	0.074±0.006

图 4-1i～x 和图 4-2i～x 显示 CDOM 荧光组分（C1～C4）的水平分布。总体而言，4 种荧光组分（C1～C4）的荧光强度均呈现近岸高、远岸低的分布特征，这与 a_{350} 的空间分布相符，表明人类活动对近岸海域 CDOM 的空间分布具有重要作用。

4.2.3 吸收和荧光光谱指数

表 4-5 显示海水吸收光谱指数（$S_{275\sim295}$ 和 $SUVA_{254}$）和荧光光谱指数（HIX、FIX 和 BIX）的时间变化特征。$S_{275\sim295}$ 的范围为 0.017～0.034nm^{-1}，平均值为（0.027±0.002）nm^{-1}。与其他海域相比（表 4-2），研究海域海水 $S_{275\sim295}$ 与台湾海峡的调查结果（Yang et al.，2016a）相符，但大于博弗特海陆架海域的调查结果（Para et al.，2013），小于东海、台湾海峡的调查结果（Zhou et al.，2018a）。研究海域海水 $SUVA_{254}$ 的范围为 0.038～0.058L/（μmol·m），平均值为（0.046±0.003）L/（μmol·m），最大值出现在 7 月。研究海域海水的 $SUVA_{254}$ 与马提尼克海滩的调查结果（Couturier et al.，2016）相近，大于格林湾的调查结果（DeVilbiss et al.，2016）。

表 4-5 海水 CDOM 吸收和荧光光谱指数

月份	层次	范围/平均值	$S_{275\sim295}$/（nm^{-1}）	$SUVA_{254}$/[L/（μmol·m）]	FIX	HIX	BIX
6	表层	范围	0.026～0.034	0.042～0.055	1.95～2.74	0.85～1.46	1.07～1.21
		平均值	0.028±0.002	0.046±0.002	2.13±0.15	1.21±0.10	1.14±0.04
	底层	范围	0.017～0.029	0.042～0.053	1.92～2.45	1.21～1.84	1.04～1.91
		平均值	0.026±0.002	0.045±0.002	2.17±0.12	1.57±0.16	1.12±0.14

续表

月份	层次	范围/平均值	$S_{275\sim295}$/（nm^{-1}）	SUVA$_{254}$/[L/（μmol·m）]	FIX	HIX	BIX
7	表层	范围	0.020～0.029	0.044～0.058	1.93～2.73	0.86～1.70	1.03～1.24
		平均值	0.025±0.002	0.048±0.003	2.13±0.15	1.16±0.15	1.12±0.06
	底层	范围	0.023～0.029	0.043～0.058	1.96～2.35	1.09～1.77	1.02～1.19
		平均值	0.025±0.001	0.047±0.003	2.12±0.10	1.44±0.20	1.11±0.04
8	表层	范围	0.022～0.029	0.043～0.055	1.99～2.47	0.89～1.57	1.10～1.24
		平均值	0.027±0.001	0.048±0.003	2.16±0.13	1.32±0.14	1.17±0.04
	底层	范围	0.025～0.029	0.040～0.050	2.00～2.37	1.38～1.69	1.07～1.25
		平均值	0.026±0.001	0.046±0.003	2.18±0.10	1.53±0.07	1.15±0.04
9	表层	范围	0.026～0.034	0.043～0.054	1.99～2.68	0.92～1.65	1.10～1.33
		平均值	0.028±0.002	0.047±0.003	2.18±0.13	1.40±0.16	1.18±0.05
	底层	范围	0.025～0.030	0.038～0.051	1.99～2.41	1.11～1.69	1.07～1.28
		平均值	0.028±0.001	0.044±0.003	2.15±0.10	1.46±0.13	1.17±0.05

研究海域海水 FIX、BIX 和 HIX 的范围分别为 1.92～2.74（平均值为 2.15±0.12）、1.02～1.91（平均值为 1.14±0.05）和 0.85～1.84（平均值为 1.38±0.20），指示研究海域海水中的 DOM 以海源和微生物来源为主（Birdwell and Engel，2010）。相比之下，研究海域 FIX 大于表 4-2 中列出的近海水体的 FIX；BIX 与长江口的调查结果（Sun et al.，2014）相近，但大于渤海湾（Chen and Zheng，2013）、格林湾（DeVilbiss et al.，2016）和马提尼克海滩（Couturier et al.，2016）的调查结果；与 BIX 相反，本研究 HIX 值低于渤海湾（Chen and Zheng，2013）和格林湾（DeVilbiss et al.，2016）的调查结果。

4.3　夏季海水 DOM 时空变化的关键过程分析

4.3.1　DOM 的组成变化

受复杂的水文条件和生化因素（如生物生产、河流输入、微生物活动等）的影响，海水 DOM 参数（DOC、CDOM 和 FDOM）在调查期间呈现明显的月变化特征，其中最高值出现在 8 月，而最低值出现在 6 月（表 4-1，表 4-4）。在 8 月，表层海水 DOC 浓度、a_{350}和类蛋白质组分 C1 和 C2 荧光强度的平均值比 6 月分别高 24.8%、18.8%、45.5%和 13.9%；而底层海水 DOC 浓度、a_{350}和类蛋白质组分 C1 和 C2 荧光强度的平均值比 6 月分别高 17.2%、19.1%、44.4%和 17.7%，这与 Chl a 浓度（图 2-1c）的月变化特征相似，表明夏季浮游植物的繁殖是海水中类蛋白质组分的重要来源。然而，类腐殖质组分 C3 和 C4 的荧光强度随时间未呈现明显的变化特征，这表明浮游植物繁殖对类腐殖质组分的影响较小。

除了 DOM 的浓度，其组成在不同月份也有所差异，这由 a_{350}和 DOC 浓度与 CDOM 荧光组分之间的关系可以反映（图 4-4）。大量研究表明，近岸海域海水中 CDOM 的荧光强度与吸收系数呈现显著性正相关关系（Del Vecchio and Blough，2004；Chen et al.，2002；Ferrari，2000），其相关系数通常大于 0.9。因此，CDOM 的荧光强度在一定程度

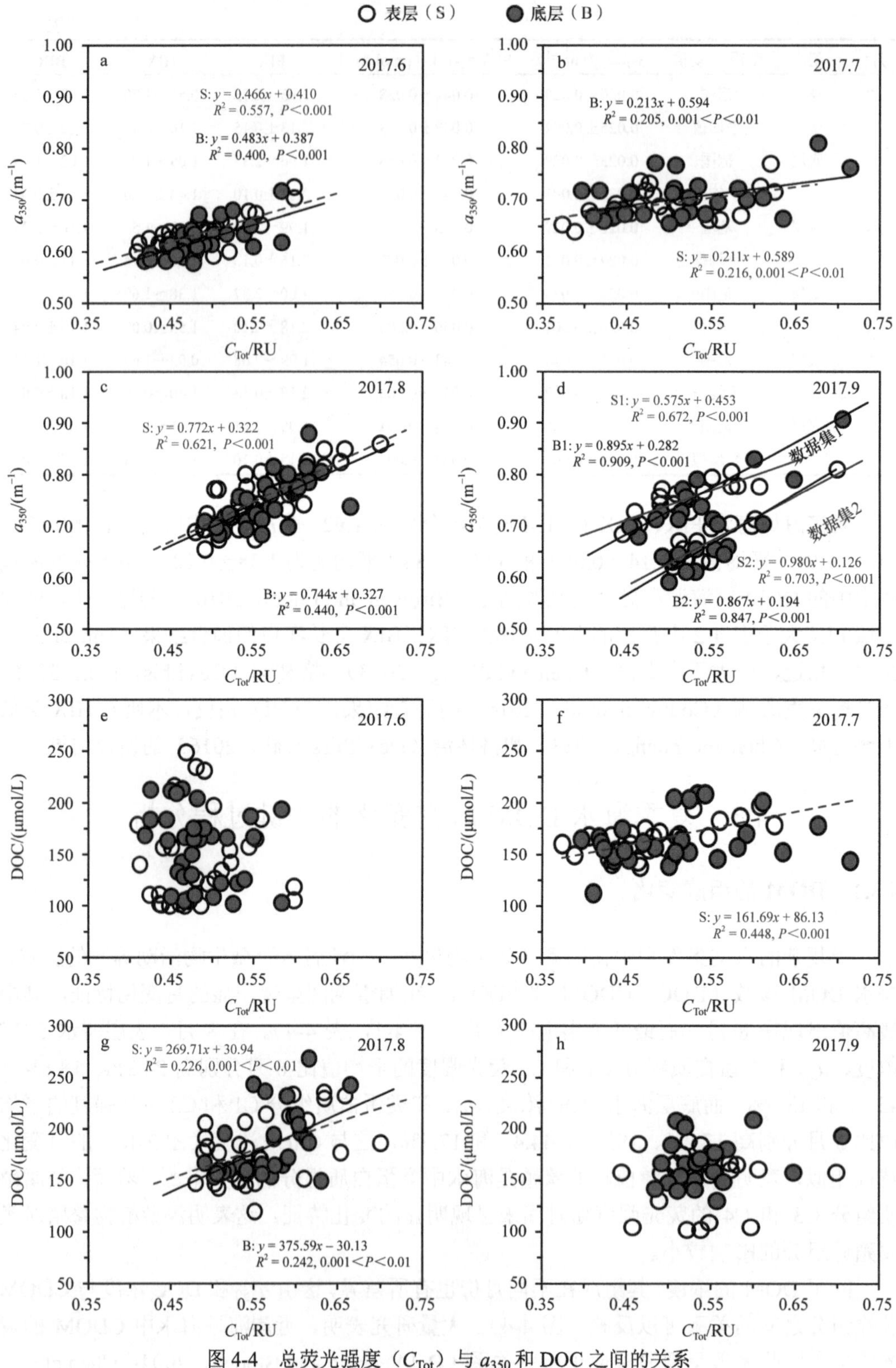

图 4-4 总荧光强度（C_{Tot}）与 a_{350} 和 DOC 之间的关系

数据集 1 代表离岸海域；数据集 2 代表近岸海域

上可表示 CDOM 的浓度特征，尤其是在 CDOM 浓度较低的海域。尽管研究海域海水的 a_{350} 与总荧光强度（C_{Tot}=C1 F_{max}+C2 F_{max}+C3 F_{max}+C4 F_{max}）存在显著性正相关关系（Kowalczuk et al.，2010a），然而其相关系数（R^2）的变化范围较大（0.205～0.909），表明不同月份荧光量子产率发生改变，指示海水中不同 CDOM 来源的比例发生变化（Fellman et al.，2011）。

在 6 月和 8 月，a_{350} 与 C_{Tot} 的线性关系最为显著（图 4-4a、c），而在其他月份 a_{350} 与 C_{Tot} 的线性关系相对分散。在 7 月，分散点主要分布在河口区（站位 Y-1、Q-1、H-1 和 S-2）以及外部边缘区（站位 Q-5、Y-5、X-6、Y-6 和 Q-6），说明河流输入影响 CDOM 的组成。而在 9 月，a_{350} 和 C_{Tot} 分别在河口区以及外部边缘区存在线性关系（图 4-4d）；在近岸海域，$a_{350}=0.980\times C_{Tot}+0.126$（$R^2=0.703$，$P<0.001$）（表层）和 $a_{350}=0.867\times C_{Tot}+0.194$（$R^2=0.847$，$P<0.001$）（底层）；而在离岸海域，$a_{350}=0.575\times C_{Tot}+0.453$（$R^2=0.672$，$P<0.001$）（表层）和 $a_{350}=0.895\times C_{Tot}+0.282$（$R^2=0.909$，$P<0.001$）（底层）。

通常 a_{350}-C_{Tot} 线性方程的截距可用以估算 DOM 中非荧光 CDOM 的含量。通过计算，在 6～8 月，表层、底层海水中非荧光 CDOM 分别占总 CDOM 的 64.1%、84.8%和 42.4%（表层）以及 61.4%、83.0%和 43.6%（底层）。在 9 月，近岸海域表层和底层海水中非荧光 CDOM 分别占总 CDOM 的 17.5%和 27.3%；而离岸海域表层和底层海水中非荧光 CDOM 分别占总 CDOM 的 62.9%和 39.7%。

调查期间，海水总荧光强度（C_{Tot}）仅在 7 月（图 4-4f）和 8 月（图 4-4g）与 DOC 浓度呈现显著性正相关关系；而在其他月份，其相关性不显著，这可能与生物活动所介导的 DOM 的产生与消耗有关（Mannino et al.，2008；Del Vecchio and Blough，2004）。根据 DOC 的月平均浓度和 DOC-C_{Tot} 线性回归截距的差异，对非荧光 DOC 的含量进行估算。在 7 月，表层海水中非荧光 DOC 的含量约为 86.13μmol/L，占 DOC 的 52.3%；而在 8 月，表层和底层海水中非荧光 DOC 的含量分别为 30.94μmol/L（占 16.7%）和 30.13μmol/L（占 16.5%），这与以往所报道的近岸海域海水中非荧光 DOC 的含量大致相符（10～80μmol/L）（Mannino et al.，2008；Rochelle-Newall and Fisher，2002a，2002b）。

4.3.2　吸收和荧光光谱指数所指示的 DOM 来源

调查期间，$S_{275\sim295}$ 平均值随时间呈现先降低、后升高的变化趋势，这与 $SUVA_{254}$ 的月变化特征相反（表 4-5），表明夏季产生更多高分子量和芳香结构的有机质；而夏季至秋季 $S_{275\sim295}$ 的升高可归因于微生物活动。此外，荧光光谱指数结果表明，DOM 主要来源于海洋自生以及微生物的代谢活动。

在空间分布上，海水中的 Chl a 浓度与 $SUVA_{254}$ 和 FIX 呈现显著性正相关关系，与 $S_{275\sim295}$ 和 BIX 呈现显著性负相关关系（表 4-6），这表明海水中高分子量和芳香结构的 DOM 组分可能来源于浮游植物生产。此外，盐度与吸收和荧光光谱指数也呈现显著的相关性（表 4-6），表明河流输入对 DOM 的动态具有重要影响（Yang et al.，2015a）。对于 AOU 与吸收和荧光光谱指数而言，在不同月份，其相关性有所差异。例如，在 6 月和 8 月，AOU 与 $S_{275\sim295}$ 呈现显著性负相关关系，与 BIX 呈现显著性正相关关系，而在

9 月呈现显著性负相关关系（表 4-6），表明微生物活动对 DOM 的影响在不同月份有所差异（Hayase and Shinozuka，1995）。

表 4-6 吸收和荧光光谱指数与 Chl a、盐度和 AOU 的相关性

参数	月份	层次	$S_{275\sim295}$	$SUVA_{254}$	FIX	BIX	HIX
Chl a	6	表层	-0.740^{a}	0.779^{c}	0.559^{c}		
		底层					
	7	表层	-0.538^{c}	0.672^{c}	0.532^{b}	-0.458^{b}	
		底层					
	8	表层	-0.529^{b}	0.658^{c}			
		底层					
	9	表层			0.344^{a}	-0.600^{c}	
		底层		0.379^{a}	0.413^{a}		
盐度	6	表层	0.802^{c}	-0.699^{c}	-0.686^{c}		
		底层					
	7	表层	0.598^{c}	-0.599^{c}	-0.664^{c}		-0.357^{a}
		底层			0.343^{a}	0.500^{b}	
	8	表层	0.791^{c}	-0.756^{c}	-0.455^{b}		-0.368^{a}
		底层		-0.341^{a}			-0.446^{b}
	9	表层			-0.737^{c}	0.603^{c}	-0.383^{a}
		底层					
AOU	6	表层					
		底层	-0.388^{a}	0.474^{b}		0.604^{c}	
	7	表层			0.437^{a}		
		底层				0.411^{a}	
	8	表层	-0.531^{b}	0.441^{a}		0.396^{a}	
		底层	-0.439^{a}				
	9	表层	0.613^{a}	0.504^{b}		-0.419^{a}	
		底层	0.561^{a}				

注：仅显示 $P<0.05$ 的线性回归数据；a 表示 $0.01<P<0.05$，b 表示 $0.001<P<0.01$，c 表示 $P<0.001$

4.3.3 养马岛附近海域海水中 DOM 的影响因素

海水中 DOM 的来源主要分为外源输入和海洋自生。外源 DOM 主要受陆源输入的影响，尤其是在河口区，而海洋自生 DOM 主要来源于浮游植物自身降解、海洋生物排泄等。调查期间，海水中荧光组分（C1～C4）的荧光强度、a_{350} 和 DOC 浓度呈现明显的近岸高、远岸低的空间分布特征，其最高值出现在养马岛附近区域（图 4-1，图 4-2），说明陆源输入对海水中 DOM 的分布具有重要影响。这主要从两方面解释，一方面，陆源输入本身是海水中 DOM 的重要来源；另一方面，来自径流的营养盐能够促进近岸海域浮游植物繁殖，进而影响 DOM 的分布。除此之外，近岸/河口区微生物活动、贝类养殖活动等都会影响 DOM 的生产与消耗（Hayase and Shinozuka，1995；Chen and Bada，1992）。

4.3.3.1　浮游植物繁殖对 CDOM 的影响

浮游植物是海洋中 CDOM 的重要来源之一（Zhang et al.，2009a；Hanamachi et al.，2008；Yamashita and Tanoue，2004）。Etheridge 和 Roesler（2004）通过调查发现，赤潮期间海水中 CDOM 浓度明显升高。Rochelle-Newall 和 Fisher 等（2002b）认为，海洋中 CDOM 主要来源于细菌对藻类降解释放。张运林和秦伯强（2007）的研究发现，夏季水华暴发时，CDOM 吸收系数与 Chl a 浓度的空间分布一致，表明水体中 CDOM 主要来源于浮游植物。与以往的研究结果相符，研究海域浮游植物繁殖对 CDOM 的生产具有重要影响。在 6～9 月，表层海水的 a_{350} 月平均值呈现先增大、后减小的变化特征，其最大值出现在 8 月[（0.76±0.06）m^{-1}]，这与 Chl a 浓度的月变化规律基本一致。在空间分布上，表层海水的 a_{350} 与 Chl a 浓度呈现显著性正相关关系（图 4-5，表 4-7），表明浮游植物生长繁殖是 CDOM 的主要来源。根据 a_{350}-Chl a 线性回归方程的截距与 a_{350} 的月平均值之间的差异估算了浮游植物生长繁殖对 CDOM 的贡献，结果显示，在 6～8 月，海水中 11.6%～35.2%的 CDOM 可能来源于浮游植物。

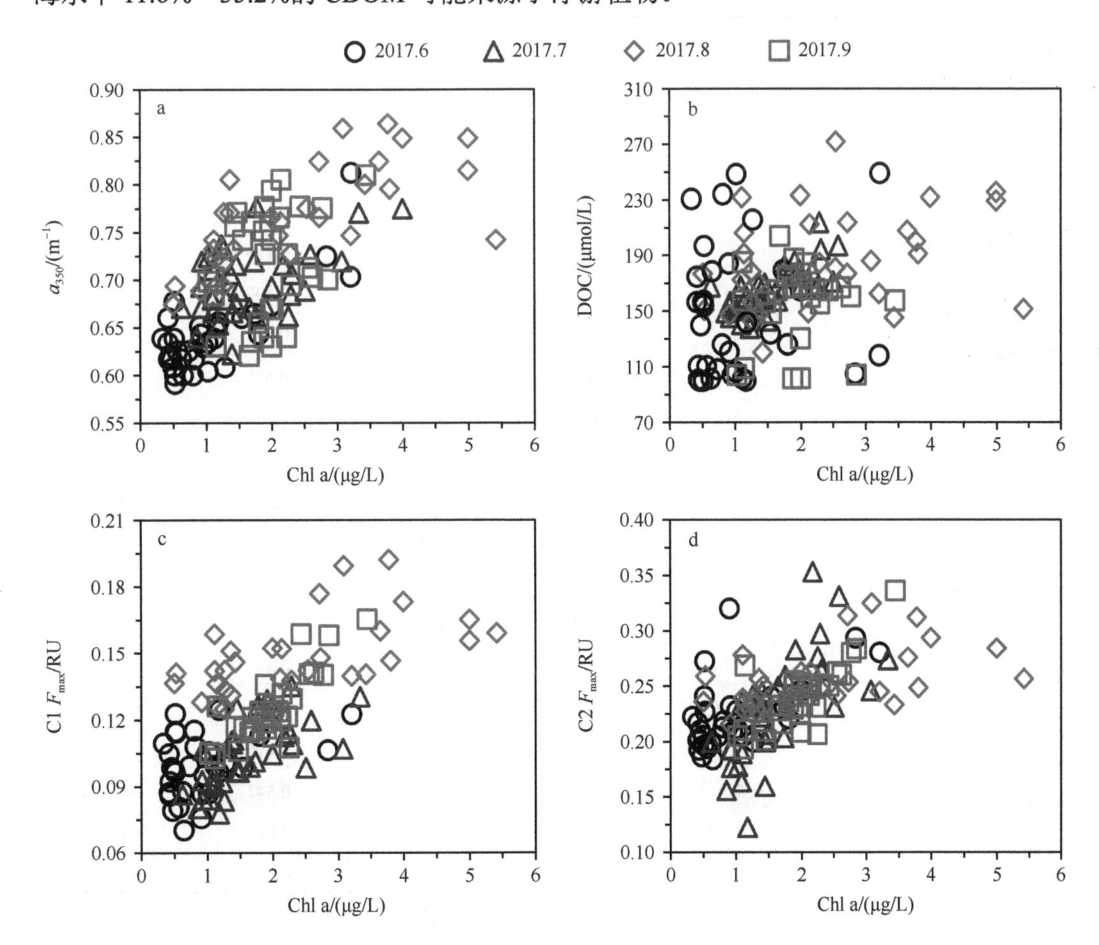

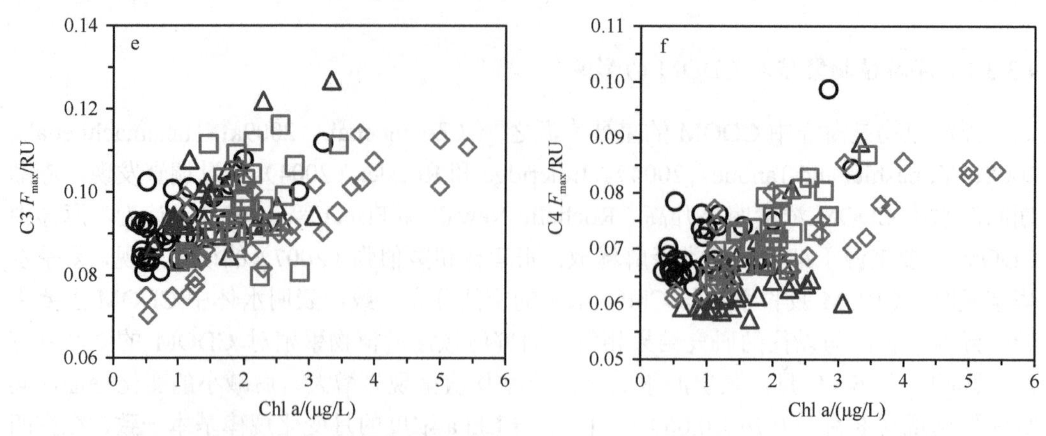

图 4-5 表层海水的 a_{350}、DOC、荧光组分 C1～C4 的荧光强度与 Chl a 的关系

表 4-7 表层海水的 a_{350}、DOC、荧光组分 C1～C4 的荧光强度与 Chl a 之间的线性回归分析结果

参数	月份	回归系数		R^2	P
		斜率 a	截距 b		
a_{350} 与 Chl a	6	0.043	0.596	0.629	<0.001
	7	0.023	0.657	0.238	0.001～0.01
	8	0.027	0.700	0.491	<0.001
DOC 与 Chl a	7	22.91	130.0	0.493	<0.001
	8	8.68	164.9	0.119	0.01～0.05
C1 F_{max} 与 Chl a	6	0.009	0.092	0.158	0.01～0.05
	7	0.015	0.079	0.409	<0.001
	8	0.007	0.132	0.338	<0.001
	9	0.024	0.078	0.671	<0.001
C2 F_{max} 与 Chl a	6	0.025	0.198	0.308	<0.001
	7	0.052	0.145	0.457	<0.001
	8	0.011	0.231	0.280	0.001～0.01
	9	0.040	0.160	0.576	<0.001
C3 F_{max} 与 Chl a	6	0.008	0.084	0.469	<0.001
	7	0.006	0.086	0.199	0.001～0.01
	8	0.007	0.074	0.665	<0.001
	9	0.007	0.081	0.162	0.01～0.05
C4 F_{max} 与 Chl a	6	0.008	0.062	0.475	<0.001
	7	0.006	0.055	0.341	<0.001
	8	0.005	0.062	0.610	<0.001
	9	0.007	0.058	0.514	<0.001

注：线性方程 $y=a\times x+b$，其中 x=Chl a，$y=a_{350}$、DOC、不同荧光组分的荧光强度，仅显示 $P<0.05$ 的线性回归数据

为了进一步分析浮游植物对不同荧光组分的影响，对 Chl a 浓度与 4 种荧光组分（C1～C4）的荧光强度进行相关性分析，结果显示，Chl a 浓度与 4 种荧光组分（C1～C4）的荧光强度均呈现显著性正相关关系（图 4-5，表 4-7），表明浮游植物是类蛋白质组分（C1 和 C2）和类腐殖质组分（C3 和 C4）的重要来源，这与以往的研究结果相符（Determann et al.，1998；Norrman et al.，1995）。Xu 等（2013）通过浮游植物培养实验发现，色氨酸物质的荧光强度与铜锈微囊藻（*Microcystis aeruginosa*）的细胞数呈现显著性正相关关系。McIntyre 和 Guéguen（2013）的研究表明，类腐殖质组分 C[Ex/Em=（320～360）nm/（420～460）nm]与藻类物质的微生物降解有关，而类腐殖质组分 M[Ex/Em=（290～310）nm/（370～410nm）]与藻类繁殖有关。

然而，研究海域不同月份 Chl a-FDOM（C1～C4）线性关系的斜率有所差异，这表明不同月份浮游植物对 FDOM 的净生产有所不同。其中，Chl a-FDOM（C1～C4）斜率的最小值出现在 8 月，这说明单位浮游植物净生产的 FDOM（C1～C4）含量相对较低，这主要归因于夏季 FDOM 的高光化学漂白和微生物活动引起的有机质降解导致 FDOM 的损失。基于荧光组分 C1～C4 的荧光强度与 Chl a 浓度的线性回归方程估算了浮游植物对不同荧光组分的贡献。结果显示，调查期间浮游植物对类蛋白质组分 C1 和 C2 的贡献分别为 9.0%～37.4%和 9.1%～37.4%，而对类腐殖质组分 C3 和 C4 的贡献分别为 7.8%～18.7%和 11.4%～19.9%。

对于 DOC，其浓度仅在 7 月和 8 月与 Chl a 浓度呈现显著性线性正相关关系，相关系数（R^2）分别为 0.493（$P < 0.001$）和 0.119（$0.01 < P < 0.05$）（图 4-5b，表 4-7）。在 7 月和 8 月，约 12.3%和 10.8%的 DOC 可能来源于浮游植物。然而在其他月份，海水中的 DOC 浓度和 Chl a 浓度未呈现显著性相关关系，表明 DOC 的来源及影响因素较为复杂。

4.3.3.2　河流/污水输入对 CDOM 的影响

在近岸海域，河流/污水输入对 DOM 浓度及组成具有重要影响（Wang et al.，2018；Yang et al.，2015a）。养马岛附近海域沿岸分布着两个重要城市，即烟台和威海。在过去的几十年中，由于当地经济的快速发展，大量陆源污水排入近岸海域（Hao et al.，2011）。一方面，陆源污水携带大量的 DOM 排入沿海；另一方面，由污水所带来的营养盐促进了近岸海域浮游植物的繁殖，进而影响 DOM 的浓度及组成。由盐度的空间分布可知，在 8 月和 9 月近岸存在明显的河流/污水输入信号（图 2-7m、n）。为了研究不同月份河流输入对 DOM 的影响，对海水中 DOC、a_{350} 和荧光组分（C1～C4）的荧光强度与盐度的关系进行分析（图 4-6）。

海水的 a_{350} 与盐度的线性关系表明，在 6 月、8 月和 9 月，河流输入对 CDOM 的浓度变化具有重要影响。在 8 月和 9 月，a_{350} 与盐度（图 4-6a，表 4-8）的相关性显著强于 a_{350} 与 Chl a 浓度的相关性，表明除浮游植物外，陆源 DOM 输入也是海水中 CDOM 的重要来源。而在其他月份，a_{350} 与 Chl a 浓度的相关性显著强于 a_{350} 与盐度的相关性，表明浮游植物繁殖是海水中 CDOM 的主要来源。

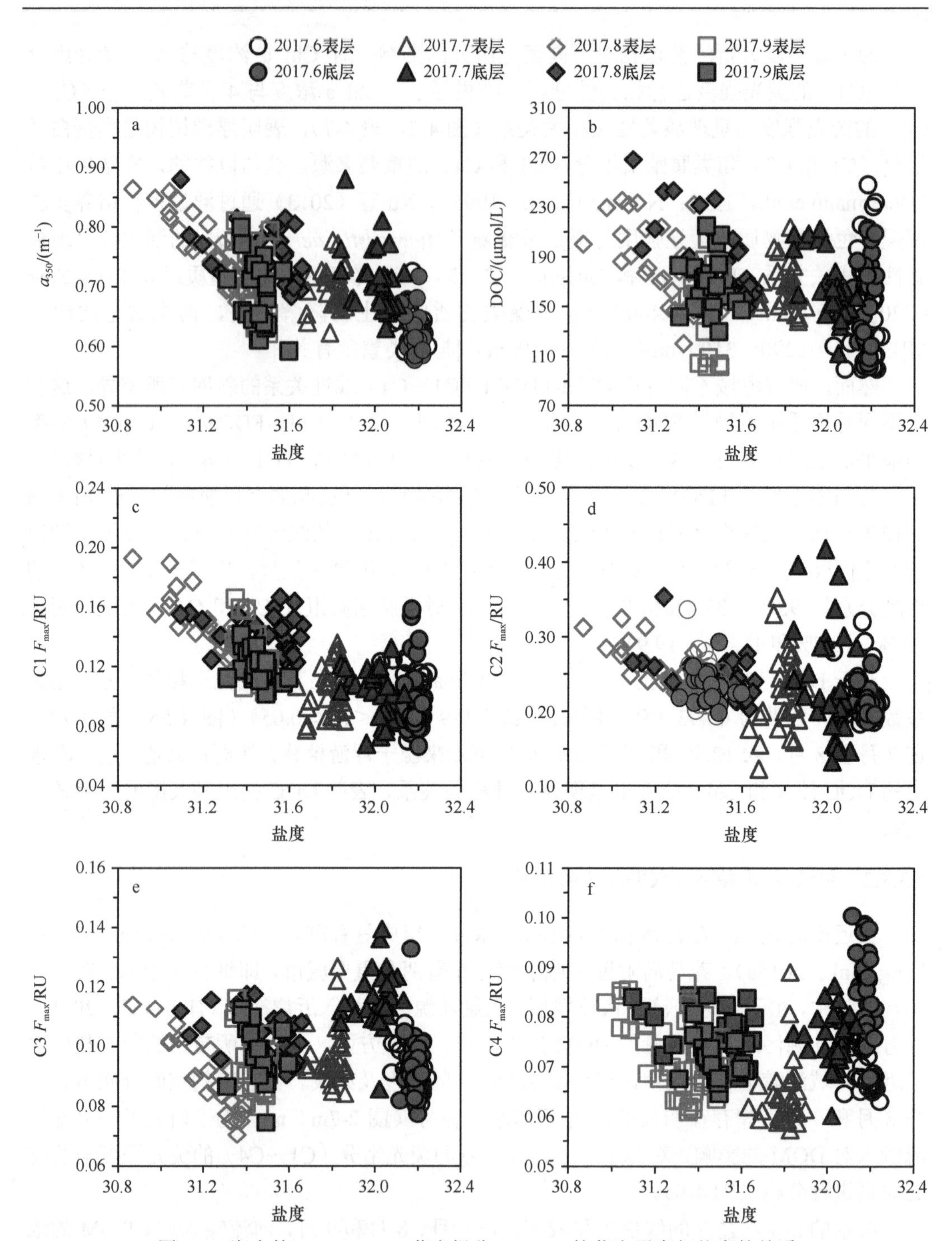

图 4-6 海水的 a_{350}、DOC、荧光组分 C1～C4 的荧光强度与盐度的关系

表 4-8 表层、底层海水的 a_{350}、DOC、不同荧光组分的荧光强度与盐度之间的线性回归分析结果

参数	月份	层次	回归系数		R^2	P
			斜率 a	截距 b		
a_{350}与盐度	6	表层	–0.305	10.46	0.261	0.001～0.01

续表

参数	月份	层次	回归系数		R^2	P
			斜率 a	截距 b		
a_{350} 与盐度	8	表层	–0.278	9.44	0.583	<0.001
		底层	–0.154	5.60	0.267	0.001～0.01
	9	表层	–0.568	18.57	0.259	0.001～0.01
		底层	–0.352	11.74	0.153	0.01～0.05
DOC 与盐度	8	表层	–114.3	3750	0.500	<0.001
		底层	–161.8	5282	0.604	<0.001
C1 F_{max} 与盐度	8	表层	–0.081	2.67	0.489	<0.001
	9	表层	–0.180	5.79	0.331	<0.001
		底层	–0.072	2.38	0.213	0.01～0.05
C2 F_{max} 与盐度	8	表层	–0.134	4.44	0.509	<0.001
		底层	–0.095	3.23	0.283	<0.001
	9	表层	–0.253	8.18	0.188	0.01～0.05
C3 F_{max} 与盐度	6	表层	–0.098	3.26	0.398	<0.001
	8	表层	–0.058	1.90	0.482	<0.001
		底层	–0.022	0.80	0.208	0.01～0.05
	9	表层	–0.107	3.46	0.293	0.001～0.01
C4 F_{max} 与盐度	6	表层	–0.076	2.52	0.242	0.001～0.01
		底层	–0.164	5.35	0.244	0.001～0.01
	8	表层	–0.041	1.35	0.477	<0.001
		底层	–0.015	0.53	0.192	0.01～0.05
	9	表层	–0.080	2.59	0.500	<0.001
		底层	–0.023	0.78	0.125	0.01～0.05

注：线性方程 $y=a\times x+b$，其中 x=盐度，$y=a_{350}$、DOC、不同荧光组分的荧光强度，仅显示 $P<0.05$ 的线性回归数据

8 月海水中 DOC 浓度与盐度存在显著性负相关关系（$P<0.001$）（图 4-6b，表 4-8），表明河流输入对 DOC 的空间分布具有重要影响。同时，由图 4-1c 和图 4-2c 可以看出，在辛安河河口附近出现了 DOC 浓度的最高值，说明辛安河河流/污水的输入是研究海域海水 DOC 的重要来源之一。通过 DOC-盐度线性回归方程对海水中 DOC 的端元值（河流淡水 DOC 浓度）进行估算，结果显示，表层、底层海水中 DOC 的端元值分别为 3750μmol/L 和 5281μmol/L，远高于世界其他河口海域的调查结果，如波罗的海（621.3μmol/L）（Bianchi et al.，1997）和萨宾-内奇斯河（Sabine-Neches）河口（841μmol/L）（Kowalczuk et al.，2010a），这可能是由于近岸营养盐的输入，促进了浮游植物的繁殖，进而增大了研究海域海水中 DOC 的端元值。此外，养马岛附近海域海水盐度变化范围较小（30～32），导致 DOC-盐度计算得到的端元值存在较大误差。

对于 FDOM，在 8 月和 9 月 4 种荧光组分（C1～C4）与盐度均呈现显著性负相关关系（图 4-6c～f，表 4-8）。与 Chl a 浓度相比，8 月类蛋白质组分 C1 和 C2 以及 9 月类腐殖质组分 C3 与盐度的线性关系更为显著，表明这些组分存在明显的陆源输入。除此之外，其他组分与 Chl a 浓度的相关性明显强于其与盐度的相关性，表明浮游植物是这些荧光组分的主要来源，这是由于研究海域海水处于贫营养状态，来自河流/污水营养盐的输入极大地促进了浮游植物的繁殖，进而影响 DOM 的浓度及组成。

4.3.3.3 微生物活动对 DOM 的影响

海洋微生物代谢活动能够将海水中的非荧光 DOM 转化为荧光 DOM（Rochelle-Newall and Fisher，2002b；Raymond and Bauer，2001）。同时，颗粒有机质的分解能够产生额外的 DOM（Hayase and Shinozuka，1995；Chen and Bada，1992）。调查期间，底层海水中的 DOC 浓度和类腐殖质组分（C3 和 C4）的荧光强度明显高于表层海水，这主要是由底层有机质的矿化分解所导致（Guo et al.，2011）。相对而言，表层、底层海水的 a_{350} 和类蛋白组分（C1 和 C2）的荧光强度未显示出明显的差异（<2%）。

通常，海水的 AOU 能够代表 DO 的净消耗量，是有机质生物地球化学中有氧呼吸的关键指标（Benson and Krause，1984）。Yamashita 和 Tanoue（2004）对太平洋底层海水的研究表明，海水中类腐殖质组分的荧光强度与 AOU 呈现显著性相关关系，然而 FDOM-AOU 的斜率和截距存在较大差异，这可能是由不同初始浓度的荧光组分混合所导致。为了探明微生物呼吸作用对类腐殖质组分的贡献，对研究海域底层海水类腐殖质组分 C3 和 C4 的荧光强度与 AOU 进行相关性分析，其结果如图 4-7 和表 4-9 所示。

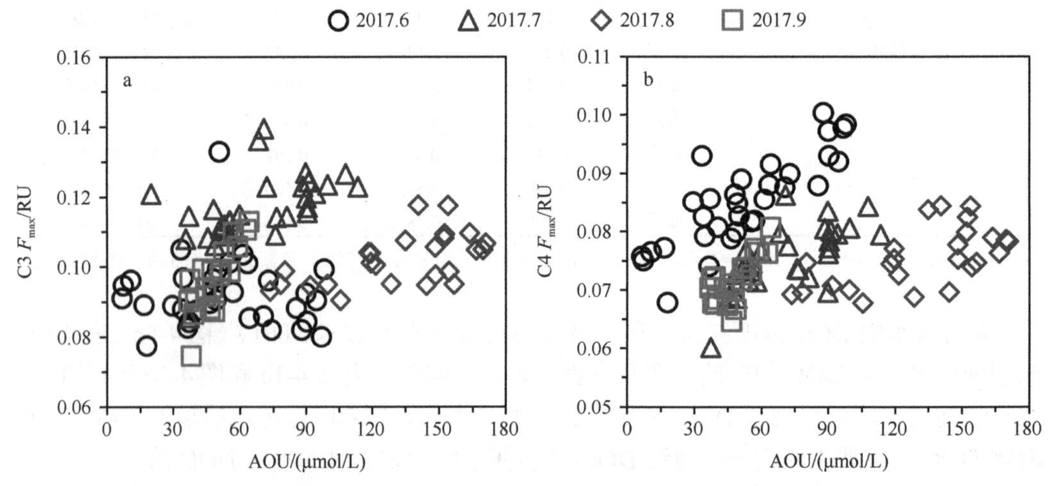

图 4-7 底层海水中荧光组分 C3 和 C4 的荧光强度与 AOU 之间的关系

表 4-9 底层海水中荧光组分 C3 和 C4 的荧光强度与 AOU 之间的线性回归分析结果

参数	月份	回归系数		R^2	P
		斜率 a	截距 b		
C3 F_{max} 与 AOU	7	0.000 18	0.104	0.237	0.001～0.01
	8	0.000 14	0.084	0.315	<0.001
	9	0.000 09	0.052	0.668	<0.001
C4 F_{max} 与 AOU	6	0.000 24	0.073	0.695	<0.001
	7	0.000 18	0.063	0.436	<0.001
	8	0.000 10	0.062	0.353	<0.001
	9	0.000 36	0.054	0.539	<0.001

注：线性方程 $y=a\times x+b$，其中 x=AOU，y=C3 F_{max} 和 C4 F_{max}，仅显示 $P<0.05$ 的线性回归数据

调查期间，底层海水中类腐殖质组分 C3 和 C4 的荧光强度与 AOU 呈现显著性正相关关系，表明有机质的好氧分解是底层海水中类腐殖质组分 C3 和 C4 的重要来源（Jørgensen et al.，2011；Yamashita and Tanoue，2004）。根据类腐殖质组分 C3 和 C4 的荧光强度与 AOU 的线性回归方程估算有机质的好氧分解对类腐殖质生产的贡献，结果显示，底层海水约 9.1%、18.7%和 48.5%（7～9 月）的 C3 和约 14.6%、16.3%、18.0%和 26.6%（6～9 月）的 C4 来源于有机质的好氧分解。然而，底层海水的其他 DOM 参数（C1 F_{max}、C2 F_{max}、DOC 浓度和 a_{350}）与 AOU 未呈现显著性相关关系，这种现象在以往的研究中也曾出现（Zeri et al.，2014；Pitta et al.，2019），这可能是由于部分有机颗粒（主要是浮游植物细胞）被酶解，导致 DOM 的释放（Azam et al.，1983），从而破坏了 DOC 浓度、a_{350} 和类蛋白质组分 C1 和 C2 的荧光强度与 AOU 的关系。

4.4 本 章 小 结

本章主要利用 DOM 的吸收和荧光性质研究了夏季养马岛附近海域海水中 CDOM 的分布特征及其影响因素。通过平行因子分析共鉴别出 4 种荧光组分，包括两种类蛋白质组分（C1 和 C2）和两种类腐殖质组分（C3 和 C4）。调查期间，海水中 DOC 浓度、a_{350} 和荧光组分 C1 和 C2 的月平均荧光强度出现明显的随时间变化的特征，其最大值出现在 8 月。从空间分布来看，a_{350} 和荧光组分 C1～C4 的荧光强度均呈现近岸高、远岸低的分布特征；辛安河及污水排放对 DOM 浓度及组成具有重要影响。

吸收和荧光光谱指数表明，CDOM 主要来源于海洋自生和微生物分解。海水中 11.6%～35.2%的 CDOM 可能来源于浮游植物。对于荧光组分，浮游植物对类蛋白质组分 C1 和 C2 的贡献分别为 9.0%～37.4%和 9.1%～37.4%，而对类腐殖质组分 C3 和 C4 的贡献分别为 7.8%～18.7%和 11.4%～19.9%。底层海水中微生物对有机质的分解是类腐殖质组分 C3 和 C4 的重要来源。对于 C3 组分，底层有机质分解在 7～9 月分别贡献了 9.1%、18.7%和 48.5%；对于 C4，底层有机质分解在 6～9 月分别贡献了 14.6%、16.3%、18.0%和 26.6%。

第5章 海湾扇贝养殖对水体DOM的影响

我国作为世界海洋经济大国，尤其是改革开放以后，海洋养殖业居世界第一。扇贝作为重要的海洋养殖经济贝类，在我国的渔业养殖中占有重要地位。养马岛附近海域是我国北方典型的海湾扇贝养殖区。自20世纪90年代以来，受市场经济的驱使，扇贝养殖数量和产量逐年上升，渔民扇贝养殖总收入明显提高。然而，随着养殖业规模的不断扩大，养殖方式由半集约化向高度集约化发展，海水养殖的自身污染问题逐渐显露且日益突出。一些主要养殖海区赤潮发生频繁、环境污染加剧、水体低氧/酸化现象持续存在、病害成灾，养殖海域已逐渐成为污染源头和受污染影响的重要海洋功能区之一。由此而引发的局部海区经济贝类生长周期的延长及品质的下降也是制约贝类养殖业健康发展的重要原因（于佐安等，2019）。为此，明确养殖活动对其生境的影响，以此优化养殖结构、规范养殖方式，确保“蓝色粮仓”的可持续产出，是实现海洋生态文明建设的重要环节。DOM是水环境中最大的有机碳库，在碳循环、微生物循环及其与水生生物的相互作用中发挥着重要作用（Manna et al.，2021；Yu et al.，2019b）。在扇贝养殖生境，受到扇贝代谢活动（如扇贝的滤食与排泄）和自然环境的双重影响，对海水中DOM的循环过程仍知之甚少。

本章基于2019年5月、6月、9月和11月在养马岛附近海域开展的4次调查所获取的数据，结合室内培养实验结果研究扇贝养殖对海水中DOM的影响。

5.1 材料与方法

5.1.1 样品采集及分析

2019年5月、6月、9月和11月对调查海域16个站位的表层和底层海水进行样品采集，16个站位包括位于扇贝养殖海域的11个站位（S2、S3、S6、S7、S9、S10、S13、S14、S17、S18和S22），以及位于非养殖海域的5个站位（S4、S11、S15、S19和S23），站位具体经纬度见表2-1。使用Niskin采水器采集表层和底层海水样品，采集后，一部分样品（约40ml）立即用孔径为0.7μm的Whatman GF/F滤膜（预先于马弗炉中500℃灼烧5h）过滤，然后盛装于硼硅酸盐玻璃瓶中（预先于马弗炉中500℃灼烧5h），并添加20μl饱和$HgCl_2$溶液，用于DOC浓度测定；另一部分样品（约50ml），经酸洗后的0.22μm聚碳酸酯滤膜过滤，并转移到50ml高密度聚乙烯塑料瓶中（预先在5%的HCl溶液中浸泡48h以上，用超纯水清洗3～5遍），带回实验室分析CDOM光学性质。所有海水样品均遮光、冷藏保存，并于一周内完成样品的测试。

5.1.2 海湾扇贝培养实验

2020年6月10日、7月20日、8月8日、9月10日、10月5日和11月10日进行海湾扇贝室内培养实验，以研究扇贝活动对调查海域海水中 DOM 生物地球化学循环的影响。培养实验所需的海湾扇贝在 S6 站位采集（表 2-1），同时在该站位采集表层海水 10L，采用预先酸洗和 500℃灼烧的 0.7μm 玻璃纤维滤膜过滤，并现场测定海水温度、DO 浓度和 pH。

实验中使用的不同生长阶段海湾扇贝的平均体长和体重如表 5-1 所示。将采集到的海湾扇贝在 2h 内运回实验室，去除表面的附着物，然后在生化培养箱中进行培养。按照梯度将一定数量（因为不同月份扇贝的大小不同，所以设定的扇贝数量梯度不一）的海湾扇贝缓慢放置于 1L 的广口瓶中，然后注入 800ml 过滤后的海水并通气，等待扇贝适应 15min 后开始计时，2h 后结束。测定实验前后水体中 DOC、CDOM、FDOM 的浓度等参数。扇贝对 DOC、CDOM 和 FDOM 的排泄通量根据如下公式获得：

$$\mathrm{Flux}(i)=(k-k_0)\times V\times 24 \tag{5-1}$$

式中，i 为目标参数；k_0 和 k 分别为对照组和海湾扇贝培养组各参数随时间变化线性回归方程的斜率；V 为培养海水的体积（0.8L）。

表 5-1 实验中使用的不同生长阶段海湾扇贝的平均体长和体重

时间	体长/cm	体重/g
6 月 10 日	0.60±0.30	0.38±0.10
7 月 20 日	3.50±0.50	6.01±0.80
8 月 8 日	3.80±0.45	8.99±1.12
9 月 10 日	4.78±0.58	18.48±2.55
10 月 5 日	5.36±0.11	23.50±2.85
11 月 10 日	7.02±0.24	39.60±3.58

5.2 扇贝养殖区和非养殖区结果对比

5.2.1 主要环境参数

调查期间，海水温度和盐度月平均值分别为 11.4±1.8～23.8±0.2℃和 30.5±0.1～32.0±0.1（图 5-1a、b）。总体而言，除 11 月外，在近岸地区观察到高温、低盐现象。Chl a 月平均浓度范围为 0.49±0.21～3.40±0.94μg/L（图 5-1c）。在 5 月，Chl a 浓度高值区主要分布在近岸地区，而在其他月份呈相反的分布特征。此外，在扇贝养殖期间，养殖区（MA）底层海水中 Chl a 浓度显著低于非养殖区（NMA）（$P<0.05$），尤其是在 9 月（图 5-1c）。DO 月平均浓度范围为 211.3±7.1～279.7±22.0μmol/L（图 5-1d）。与 Chl a 浓度类似，养殖区海水中 DO 浓度显著低于非养殖区（$P<0.05$），尤其是在 6 月和 9 月（图 5-1d）。

5.2.2 DOM 浓度和光学性质

调查期间，DOC 月平均浓度范围为 115.6±4.1～154.2±18.2μmol/L，分别在 9 月和 11 月观察到最高值和最低值（图 5-2a）。除 6 月外，DOC 浓度高值区主要分布在养殖区。

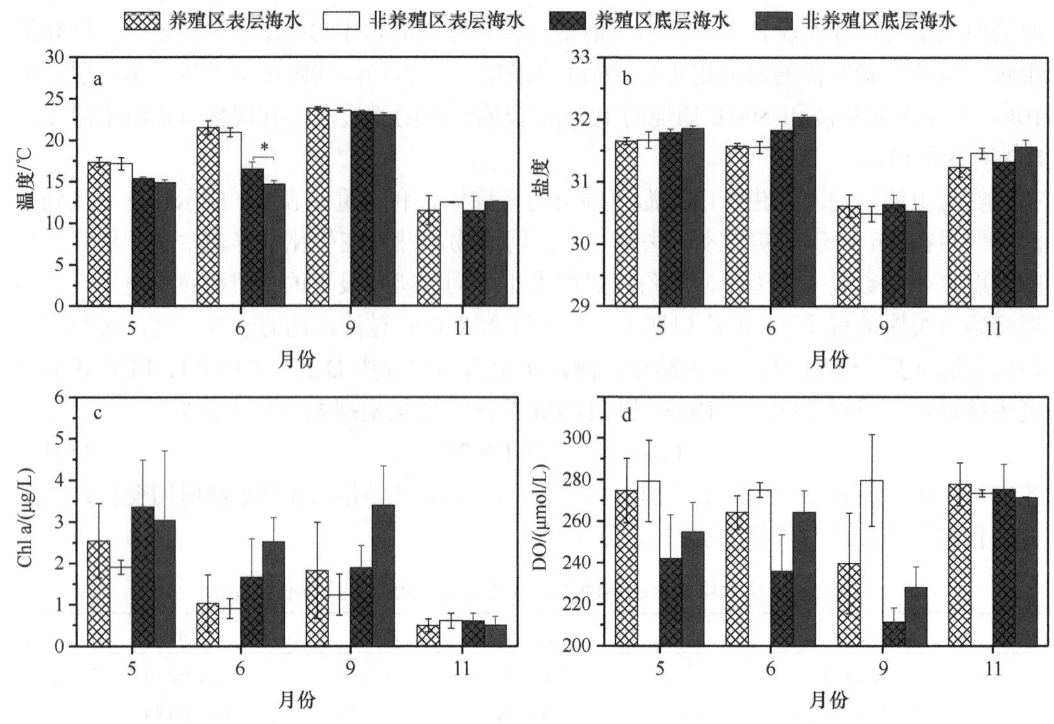

图 5-1 表层和底层海水温度（a）、盐度（b）、Chl a（c）和 DO（d）的调查结果

采用曼-惠特尼 U 计算方法（N_1=11、N_2=5），计算养殖区与非养殖区 NMA 之间的显著性差异（*P<0.05）

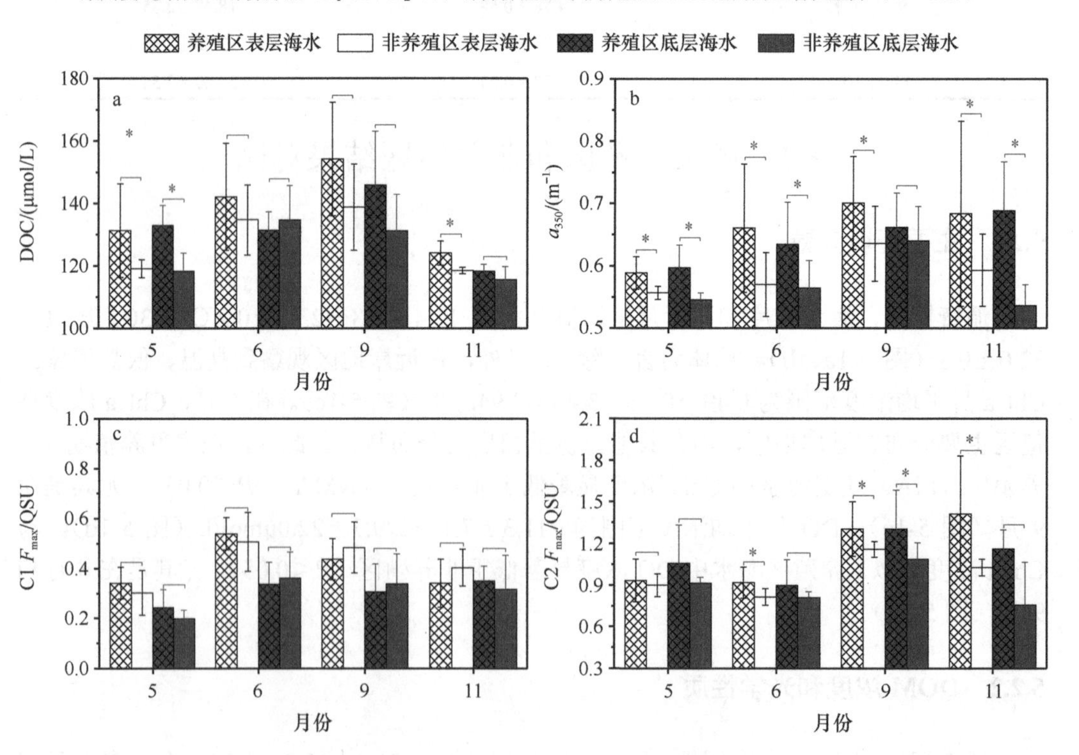

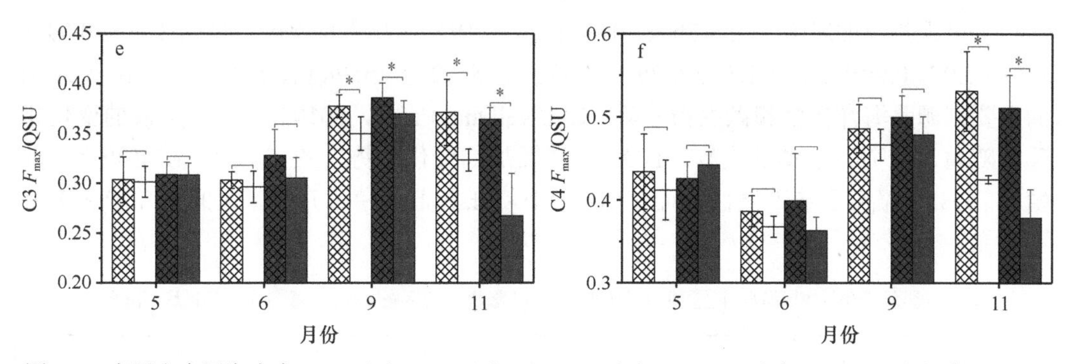

图 5-2　表层和底层海水中 DOC（a）、a_{350}（b）、C1 F_{max}（c）、C2 F_{max}（d）、C3 F_{max}（e）和 C4 F_{max}（f）的调查结果（*$P<0.05$）

本次调查 DOC 结果略低于 2017 年该海域的调查结果（表 4-1），其主要的原因是 2019 年所布设的站位离岸相对较远，这在一定程度上降低了陆源输入的直接影响。此外，与我国其他贝类养殖海域相比，研究海域的DOC浓度与胶州湾的调查结果（Hu et al.，2020）相当，高于大亚湾（黄道建等，2012）、长江口（Sun et al.，2014）和台湾海峡东部（Yang et al.，2016a）的调查结果，但低于桑沟湾（Mahmood et al.，2017）、爱莲湾（Li et al.，2018）和莱州湾（Jiang et al.，2017）的调查结果。

作为指示 CDOM 浓度的重要指标（Li et al.，2014；Hong et al.，2005），a_{350} 的月平均范围为 0.54±0.03～0.70±0.07m^{-1}。在 5～9 月，调查海域海水的 a_{350} 呈明显增加的趋势。与其他近海相比，研究海域海水的 a_{350} 小于渤海湾的调查结果（Li et al.，2014），但大于东海海域的调查结果（Zhou et al.，2018a）。与 DOC 浓度分布相似，研究海域海水的 a_{350} 总体上呈现近岸高、远岸低的分布特征，其最大值出现在辛安河河口附近，这与 Chl a 浓度的空间分布相似，与盐度的空间分布相反，表明人类活动对海水中 CDOM 的空间分布具有重要影响。养殖区海水的 a_{350} 显著大于非养殖区海水的 a_{350}（$P<0.05$）（图 5-2b）。

对于 FDOM，共确定 4 种荧光组分（C1～C4）。荧光组分 C1（Ex/Em=245nm、275nm/300nm）、C2（Ex/Em=230nm、275nm/340nm）、C3（Ex/Em=260nm/430nm）和 C4（Ex/Em=235/400nm）分别表示海洋类酪氨酸、类色氨酸、类腐殖质或微生物降解产物和类腐殖质物质（Yang and Gao，2019），对应的月平均强度分别为 0.19±0.03～0.54±0.06QSU、0.75±0.30～1.41±0.42QSU、0.27±0.04～0.39±0.01QSU 和 0.36±0.02～0.53±0.05QSU。随着扇贝养殖活动的进行，荧光组分 C2～C4 的强度表现出显著的增加趋势（图 5-2d～f）。空间上，养殖区海水中荧光组分 C2、C3 和 C4 的荧光强度显著高于非养殖区，尤其是在 9 月和 11 月（$P<0.05$）（图 5-2d～f）。

图 5-3 总结了吸收光谱指数（$S_{275\sim295}$ 和 $SUVA_{254}$）和荧光光谱指数（HIX、FIX 和 BIX）的调查结果。其中，$S_{275\sim295}$ 和 $SUVA_{254}$ 的月平均范围分别为 0.026±0.001～0.029±0.001nm^{-1} 和 0.0142±0.0015～0.0209±0.0029L/（μmol·m）。随着扇贝养殖的进行，$S_{275\sim295}$ 下降显著，这与 $SUVA_{254}$ 的情况形成鲜明对比（图 5-3a、b）。在空间上，养殖区的 $S_{275\sim295}$ 低于非养殖区，说明在养殖区海水中 DOM 的分子量相对较高（图 5-3a）。与前者不同，在 6 月和 11 月，养殖区的 $SUVA_{254}$ 显著高于非养殖区，这与 5 月和 9 月

的结果呈现相反的趋势（图 5-3b）。FIX、HIX 和 BIX 的月平均范围分别为 1.59±0.09～1.70±0.07、0.99±0.06～1.51±0.25 和 1.12±0.05～2.26±0.74（图 5-3c～e），指示 DOM 的主要来源是海洋自生和微生物分解（Birdwell and Engel，2010）。与 $S_{275\sim295}$ 的变化相反，随着扇贝养殖活动的进行，HIX 呈现增加的变化趋势（图 5-3d）。在空间上，养殖区的 HIX 略高于非养殖区，而 FIX 和 BIX 在养殖区和非养殖区之间的差异大多并不明显。

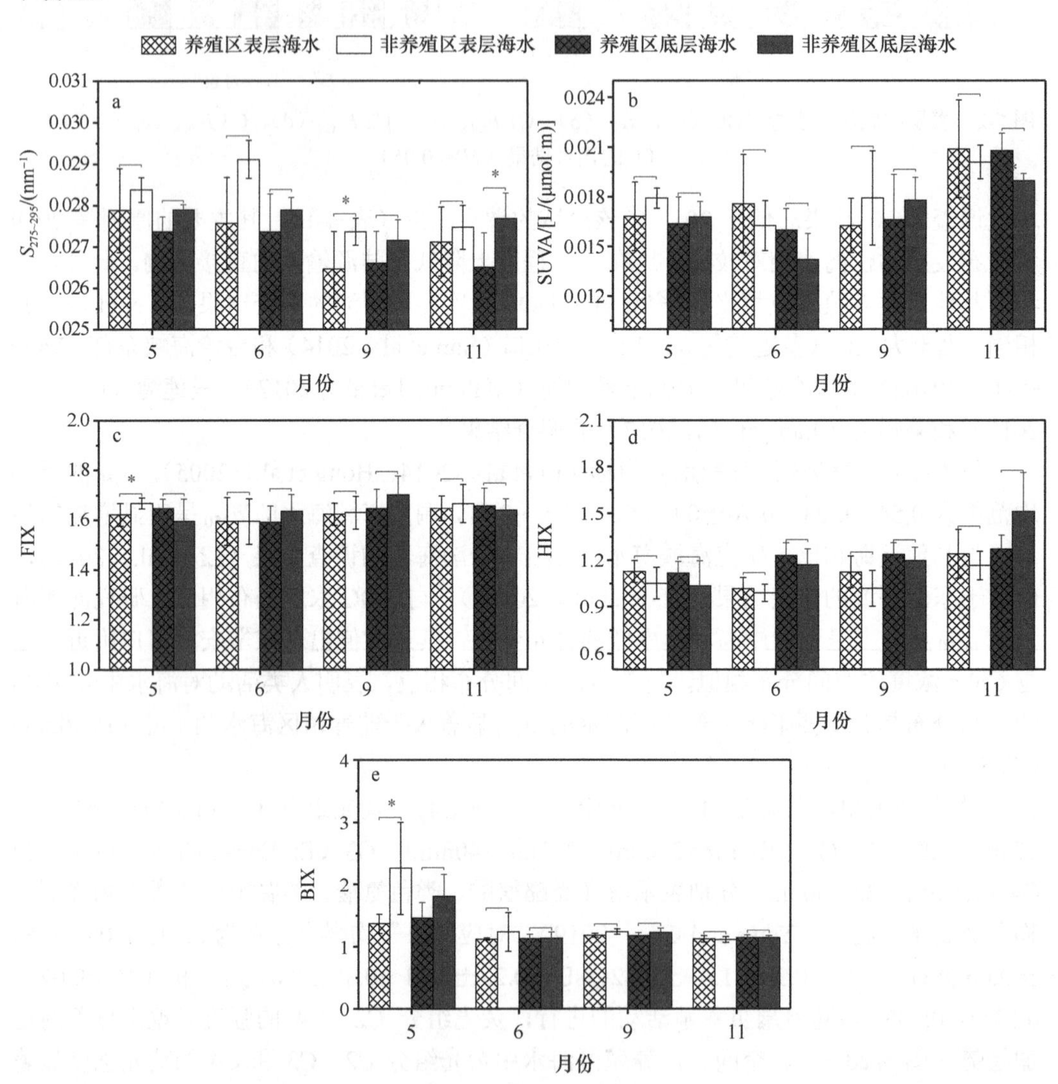

图 5-3 表层和底层海水 $S_{275\sim295}$（a）、SUVA（b）、FIX（c）、HIX（d）和 BIX（e）的调查结果（*$P<0.05$）

5.3 影响因素分析

5.3.1 环境因素的影响

通过皮尔逊（Pearson）相关性分析揭示了海水中 DOM 的变化特征及其潜在的环境

影响因素。总体而言，DOM 参数（DOC、a_{350}和 FDOM）与 $S_{275\sim295}$ 呈现负相关关系，尤其是在 5 月和 6 月，表明养殖活动产生更多的高分子量 DOM，然而，DOM 参数与 FIX、HIX 与 BIX 之间相关性的差异较大，说明不同月份 DOM 组成发生了显著变化（表 5-2，表 5-3）。在调查的大部分时间，DOM 参数与表层海水中的 Chl a 浓度呈现正相关关系，与底层海水中的盐度和 DO 浓度呈现负相关关系（表 5-2，表 5-3）。

表 5-2　不同月份表层海水中 DOM 参数与环境参数之间的皮尔逊相关性分析

月份		盐度	Chl a	DO	$S_{275\sim295}$	FIX	HIX	BIX	DOC	a_{350}	C1F_{max}	C2F_{max}	C3F_{max}
5	DOC	0.06	–0.14	0.27	0.18	0.06	0.37	–0.42					
	a_{350}	–0.02	0.45	–0.06	–0.43	–0.50*	0.50*	–0.62*	0.46				
	C1F_{max}	0.43	0.06	0.05	–0.33	–0.23	0.19	–0.06	–0.14	0.37			
	C2F_{max}	–0.46	0.75**	–0.33	–0.71**	–0.46	0.10	–0.08	–0.30	0.04	–0.15		
	C3F_{max}	–0.13	0.54*	–0.27	–0.47	–0.36	0.24	0.13	–0.21	0.04	0.14	0.76**	
	C4F_{max}	–0.45	0.45	–0.31	–0.32	–0.18	0.30	–0.48	–0.08	0.41	–0.09	0.23	–0.17
6	DOC	0.27	0.77**	–0.44	–0.18	–0.54*	0.41	0.15					
	a_{350}	0.14	–0.08	–0.79**	–0.86**	0.21	0.09	–0.20	0.03				
	C1F_{max}	–0.38	–0.29	0.04	0.13	0.13	–0.52*	–0.77**	–0.50	0.26			
	C2F_{max}	0.13	–0.00	–0.24	–0.36	0.03	–0.52*	–0.17	–0.14	0.46	0.42		
	C3F_{max}	0.48	–0.17	–0.35	–0.60*	0.04	–0.23	0.03	0.14	0.57*	0.00	0.57*	
	C4F_{max}	0.25	0.42	–0.57*	–0.61*	–0.02	0.18	0.06	0.38	0.56*	–0.15	0.49*	0.50*
9	DOC	0.54*	0.27	–0.08	–0.34	0.03	0.10	–0.39					
	a_{350}	0.36	0.21	–0.46	–0.73**	–0.07	0.02	–0.53*	0.13				
	C1F_{max}	0.08	–0.22	0.39	–0.00	0.16	–0.65**	0.50*	0.01	–0.09			
	C2F_{max}	0.33	0.86**	0.16	–0.46	–0.32	–0.25	–0.50*	0.67*	0.28	–0.06		
	C3F_{max}	–0.19	0.48	–0.23	–0.39	0.10	0.47	–0.63*	0.31	0.13	–0.41	0.41	
	C4F_{max}	0.13	–0.24	–0.53*	0.47	–0.04	0.26	0.09	0.12	–0.33	–0.24	–0.15	0.18
11	DOC	–0.75**	–0.09	0.35	–0.16	–0.20	–0.16	0.28					
	a_{350}	–0.09	–0.25	0.15	–0.72**	–0.29	–0.41	0.11	0.33				
	C1F_{max}	0.20	0.21	–0.19	0.08	0.60*	–0.33	0.38	–0.04	0.09			
	C2F_{max}	–0.32	0.05	0.37	0.36	0.17	–0.63*	0.44	0.34	0.16	0.35		
	C3F_{max}	–0.13	0.02	0.15	0.37	0.41	–0.49*	0.32	0.20	0.01	0.68**	0.86**	
	C4F_{max}	–0.27	0.00	0.21	0.34	0.34	–0.46	0.37	0.34	0.04	0.63*	0.88**	0.98**

注：**表示高度显著性相关（$P<0.01$）；*表示中等显著性相关（$0.01<P<0.05$）

表 5-3　不同月份底层海水中 DOM 参数与环境参数之间的皮尔逊相关性分析

月份		盐度	Chl a	DO	$S_{275\sim295}$	FIX	HIX	BIX	DOC	a_{350}	C1F_{max}	C2F_{max}	C3F_{max}
5	DOC	–0.07	–0.32	–0.08	–0.08	0.61*	–0.00	–0.08					
	a_{350}	–0.65**	0.42	–0.44	–0.69**	0.23	0.41	–0.75**	0.21				
	C1F_{max}	–0.60*	0.34	–0.31	–0.40	0.06	0.52*	–0.76**	–0.01	0.83**			
	C2F_{max}	–0.61*	0.21	–0.58*	–0.70**	0.12	0.18	–0.39	0.03	0.35	0.02		
	C3F_{max}	–0.58*	0.40	–0.24	–0.40	0.06	0.12	–0.26	–0.27	0.59*	0.51*	0.25	
	C4F_{max}	–0.08	–0.06	0.12	0.20	0.03	0.02	0.30	–0.28	–0.22	–0.07	–0.14	0.51*

续表

月份		盐度	Chl a	DO	$S_{275\sim295}$	FIX	HIX	BIX	DOC	a_{350}	$C1F_{max}$	$C2F_{max}$	$C3F_{max}$
6	DOC	−0.11	−0.27	−0.18	−0.14	0.15	−0.11	0.53^{*}					
	a_{350}	-0.69^{**}	−0.17	-0.63^{*}	−0.25	0.44	−0.35	0.30	−0.22				
	$C1F_{max}$	−0.28	−0.20	−0.35	−0.30	0.11	−0.48	0.32	0.37	0.19			
	$C2F_{max}$	-0.69^{**}	−0.28	-0.59^{*}	−0.39	0.12	−0.37	0.59^{*}	−0.07	0.75^{**}	0.10		
	$C3F_{max}$	-0.69^{**}	−0.39	-0.84^{**}	−0.24	−0.05	−0.26	0.44	−0.06	0.66^{**}	0.44	0.70^{**}	
	$C4F_{max}$	-0.75^{**}	−0.40	-0.76^{**}	−0.40	−0.14	0.06	0.56^{*}	−0.02	0.46	0.29	0.67^{**}	0.81^{**}
9	DOC	0.61^{*}	−0.25	−0.38	0.25	−0.16	−0.01	0.13					
	a_{350}	−0.40	−0.22	−0.17	-0.60^{*}	0.02	0.06	−0.26	-0.55^{*}				
	$C1F_{max}$	−0.01	0.07	0.45	0.32	0.29	0.50^{*}	−0.42	0.21	−0.47			
	$C2F_{max}$	0.35	−0.33	−0.30	−0.45	0.08	−0.20	0.12	0.10	0.39	-0.51^{*}		
	$C3F_{max}$	−0.06	−0.43	−0.17	0.07	−0.02	0.71^{*}	-0.79^{*}	0.20	0.03	0.27	−0.20	
	$C4F_{max}$	−0.38	−0.29	−0.41	−0.14	−0.13	0.53^{*}	-0.60^{*}	0.17	0.39	0.08	−0.19	0.60^{*}
11	DOC	-0.56^{*}	−0.27	0.25	−0.00	−0.02	−0.46	−0.34					
	a_{350}	-0.56^{*}	0.07	0.16	-0.91^{**}	−0.20	−0.15	0.36	0.04				
	$C1F_{max}$	0.02	0.23	−0.07	0.07	−0.01	0.29	−0.39	−0.19	−0.03			
	$C2F_{max}$	−0.36	−0.07	0.33	−0.04	−0.14	-0.67^{**}	−0.26	0.24	0.11	0.39		
	$C3F_{max}$	−0.27	0.18	0.18	−0.08	−0.10	−0.20	−0.26	−0.02	0.14	0.81^{**}	0.83^{**}	
	$C4F_{max}$	−0.33	0.13	0.22	−0.08	−0.04	−0.24	−0.24	0.02	0.11	0.73^{**}	0.88^{**}	0.98^{**}

注：**表示高度显著性相关（P<0.01）；*表示中等显著性相关（0.01<P<0.05）

如表5-4所示，5月和6月，底层海水中的a_{350}和FDOM组分与盐度多呈现显著性线性负相关关系。在表层海水中，6月DOC浓度与Chl a浓度呈现显著性线性正相关关系（y=19.46x+120.76，R^2=0.586，P<0.001）；5月和9月，类色氨酸FDOM组分C2的荧光强度与Chl a浓度呈现显著性线性正相关关系（y=0.117x+0.665，R^2=0.564，P<0.001；y=0.137x+1.021，R^2=0.739，P<0.0001）；5月，类腐殖质FDOM组分C3的荧光强度与Chl a浓度呈现显著性线性正相关关系（y=0.0137x+0.273，R^2=0.297，0.01<P<0.05）。5月和6月，底层海水中类色氨酸FDOM组分C2的荧光强度与AOU呈现显著性线性正相关关系（y=0.0067x+0.928，R^2=0.318，0.01<P<0.05；y=0.0054x+0.815，R^2=0.282，0.01<P<0.05）；6月，底层海水的a_{350}及类腐殖质FDOM组分C3和C4的荧光强度与AOU呈现显著性线性正相关关系（y=0.0023x+0.590，R^2=0.278，0.01<P<0.05；y=0.0014x+0.306，R^2=0.725，P<0.001；y=0.0024x+0.363，R^2=0.556，P<0.001）。

表5-4 不同月份海水DOM参数与盐度、Chl a和AOU线性回归分析结果

水层	参数	时间	斜率 a	截距 b	R^2	P
表层	DOC与盐度	11月	−17.21	660.91	0.558	<0.001
底层	DOC与盐度	11月	−10.19	437.14	0.312	0.01～0.05
	a_{350}与盐度	5月	−0.422	14.01	0.417	0.001～0.01
		6月	−0.299	10.14	0.470	0.001～0.01
		11月	−0.333	11.09	0.313	0.01～0.05

续表

水层	参数	时间	斜率 a	截距 b	R^2	P
底层	C1F_{max}与盐度	5 月	−0.771	24.75	0.364	0.01～0.05
	C2F_{max}与盐度	5 月	−2.39	76.92	0.366	0.01～0.05
		6 月	−0.703	23.29	0.471	0.001～0.01
	C3F_{max}与盐度	5 月	−0.114	3.936	0.328	0.01～0.05
		6 月	−0.115	3.996	0.472	0.001～0.01
	C4F_{max}与盐度	6 月	−0.115	3.996	0.472	0.001～0.01
表层	DOC 与 Chl a	6 月	19.46	120.76	0.586	＜0.001
	C2F_{max}与 Chl a	5 月	0.117	0.665	0.564	＜0.001
		9 月	0.137	1.021	0.739	＜0.001
	C3F_{max}与 Chl a	5 月	0.0137	0.273	0.297	0.01～0.05
底层	a_{350}与 AOU	6 月	0.0023	0.590	0.278	0.01～0.05
	C2F_{max}与 AOU	5 月	0.0067	0.928	0.318	0.01～0.05
		6 月	0.0054	0.815	0.282	0.01～0.05
	C3F_{max}与 AOU	6 月	0.0014	0.306	0.725	＜0.001
	C4F_{max}与 AOU	6 月	0.0024	0.363	0.556	＜0.001

注：$y=a\times x+b$，其中 x=盐度、Chl a、AOU，$y=a_{350}$、DOC、不同荧光组分的荧光强度，仅显示 $P<0.05$ 的线性回归数据

以上结果表明，养马岛附近海域海水中 DOM 的时空分布可能受陆地输入、初级生产和微生物活动的综合影响。不过，它们之间的相关性在某些阶段并不显著，特别是在扇贝快速生长的 9 月和收获期 11 月，这表明扇贝养殖对海水中的 DOM 变化具有重要作用。

扇贝培养期间，CDOM 和 FDOM 组分 C1～C4 的荧光强度与 DOC 浓度之间呈现显著性线性正相关关系（图 5-4a～e），表明排泄的 DOM 中存在发色组分（Yang and Gao，2019；DeVilbiss and Guo，2017）。对于不同的荧光组分而言，类色氨酸组分 C2 的荧光强度与 DOC 浓度的相关关系最为显著（R^2=0.900，P＜0.001）（图 5-4c），这说明扇贝养殖可能是类色氨酸组分的重要来源。此外，伴随扇贝排泄实验的进行，水体的 $S_{275\sim295}$ 和 HIX 逐渐降低，因此，$S_{275\sim295}$ 和 HIX 与 DOC 浓度呈现线性负相关关系（P=0.184，P＜0.001）（图 5-4f、g），这和 BIX（P＜0.05）、FIX（P=0.064）与 DOC 浓度的相关性呈现相反的趋势（图 5-4h、i）。因此，可以推断，扇贝排泄的 DOM 具有高分子量、低腐殖化程度的特点，其在海水中具有较高的生物可降解性（Xu and Guo，2018，2017；DeVilbiss and Guo，2017；Huguet et al.，2009）。

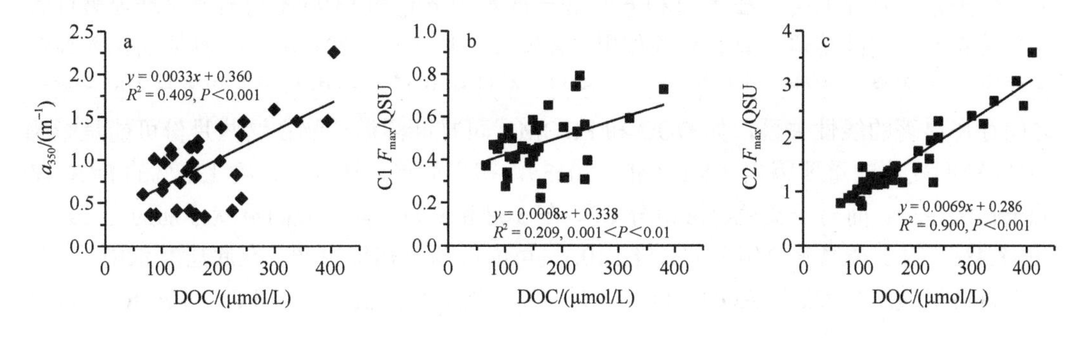

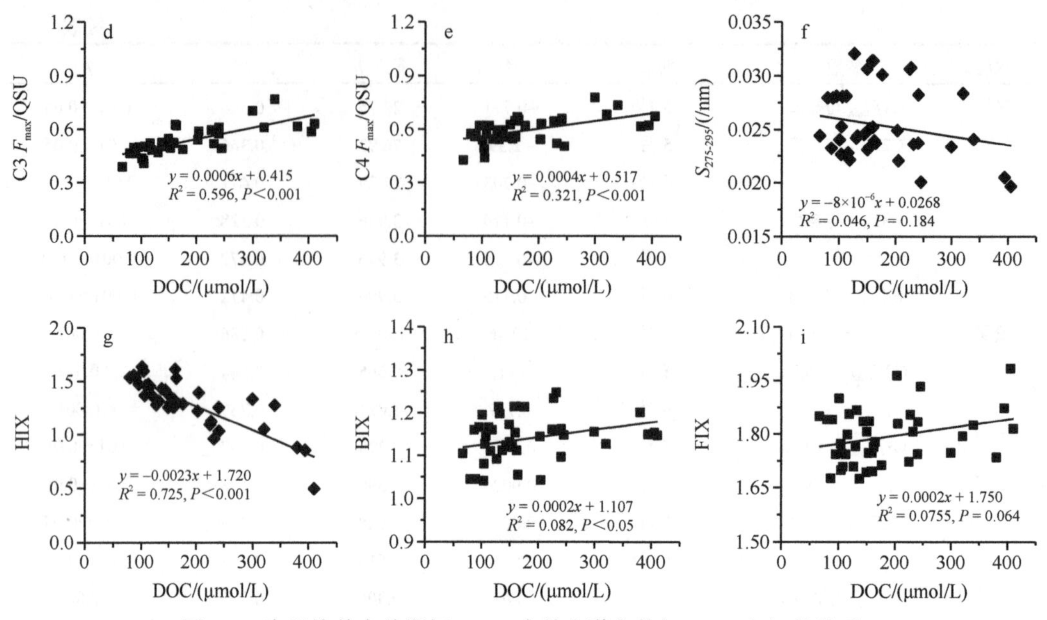

图 5-4 扇贝培养实验期间 DOM 有关光谱参数与 DOC 之间的关系

通常，河流输入、初级生产和微生物活动是近岸海域 DOM 来源和转化的主要途径（Wang et al.，2018；Xu et al.，2013；Yamashita and Tanoue，2004；Etheridge and Roesler，2004）。2017 年的研究结果（Yang and Gao，2019）显示，养马岛附近海域初级生产（浮游植物）对表层海水中 DOC、CDOM 和 FDOM 组分（C1～C4）的贡献分别为 10.8%～12.3%、11.6%～35.2%、9.0%～37.4%、9.1%～37.4%、11.4%～19.9%和 7.8%～18.7%。颗粒物有机质（POM）的微生物降解是底层海水类腐殖质组分（C3 和 C4）的重要来源，分别占水体的 14.6%～26.6%和 9.1%～48.5%。另外，河流输入对 DOM 浓度也有一定影响，然而，受实验条件限制，未获得具体贡献（Yang and Gao，2019）。与之前的结果略有不同，研究海域 DOM（DOC、CDOM 和 FDOM）与盐度、Chl a 浓度和 DO 浓度之间的相关性在绝大多数月份均不显著，这可能是受到多种因素综合作用的结果。首先，研究海域近岸端采样点相对较少，这在一定程度弱化了 DOM 与盐度的相关性。此外，与 2017 年的调查相比，2019 年的调查站位大部分位于养殖区，因此，扇贝活动（滤食和排泄过程）会显著影响 DOM 的生物地球化学行为（Li et al.，2018）。

尽管如此，DOM 浓度在某些月份仍然与盐度、Chl a 浓度和 DO 浓度之间存在显著的线性关系。具体而言，在 5 月和 6 月底层海水中 a_{350} 和 FDOM 与盐度呈现显著性负相关关系，表明陆源输入具有重要作用（Kowalczuk et al.，2010b），其具体的输入通量需要进一步研究。此外，在调查期间的 5 月、6 月和 9 月，一些 DOM 参数与 Chl a 浓度之间存在显著的线性关系，如 DOC 和 FDOM，可推断浮游植物在这些月份可能是影响 DOM 空间变化的重要因素（Xu et al.，2013）。初步估算，在 6 月，约 13.8%的 DOC 来源于初级生产；而对于类色氨酸组分 C2，在 5 月和 9 月，其对应的贡献分别约为 28.0%和 18.4%。对于类腐殖质组分 C3，约 10.1%可能来源于初级生产。在底层海水中，5 月和 6 月色氨酸组分 C2 与 AOU，以及 6 月 a_{350}、类腐殖质组分 C3 和 C4 与 AOU 呈现显著性线性负相关关系，这表明调查期间 POM 的微生物有氧降解可能是上述 DOM 的重要来源（Jørgensen et al.，2011）。据估算，5 月底层海水中约 8.4%的类色氨酸组分 C2 可能来源于 POM 的微生物降解；6 月约 3.9%的 CDOM，以及 6.6%、4.6%和 6.6%的荧光组分 C2、C3 和 C4 可能来源于 POM 的微生物降解。

5.3.2　扇贝养殖的影响

扇贝养殖能够影响调查海域的水文环境（如水动力、浮游植物丰度和海水中 DO 浓度），进而影响 DOM 的变化（Jiang et al.，2019）。野外调查结果显示，随着扇贝养殖活动的进行，海水中 DOM 的浓度和组成均发生了显著变化。例如，养殖区 DOC、CDOM 和 FDOM 的浓度显著高于非养殖区；与非养殖区相比，养殖区的 DOM 具有较高的分子量和腐殖化程度（DeVilbiss and Guo，2017）。因此，可推断扇贝养殖可能会显著影响养马岛附近海域 DOM 的生物地球化学行为（Yang et al.，2021b；Yang and Gao，2019）。

整体而言，非养殖区的 DOM（DOC、CDOM 和 FDOM）与盐度呈现显著的相关性（图 5-5），表明水体的混合作用是影响非养殖区 DOM 月变化的重要因素。与非养殖期间相比较，养殖期间，海水中 DOM 的浓度大多高于混合线（图 5-6），这说明扇贝养殖对于 DOM 的月变化具有显著影响。在养殖期间，扇贝能够滤食大量浮游植物，进而显著降低海水中的 Chl a 浓度（Jacobs et al.，2015；Trottet et al.，2007）。由研究海域的结果来看，在非养殖期间，养殖区的 Chl a 浓度明显高于非养殖区（高 25%～31%），这不难理解，因为相对非养殖区而言，养殖区距离沿岸更近，因此更容易受到陆源输入的影响（Yang et al.，2020a）。然而，在养殖期间，养殖区底层海水中的 Chl a 浓度明显低于非养殖区（低约 34%），这进一步强调了扇贝滤食的重要作用（Jiang et al.，2016；Wheat and Ruesink，2013）。然而，如图 5-6 所示，调查期间大多 DOM 参数与 Chl a 浓度之间的相关性并不显著。因此，很难根据养殖区和非养殖区之间 Chl a 浓度的差异来量化扇贝滤食作用对 DOM 动态的影响。

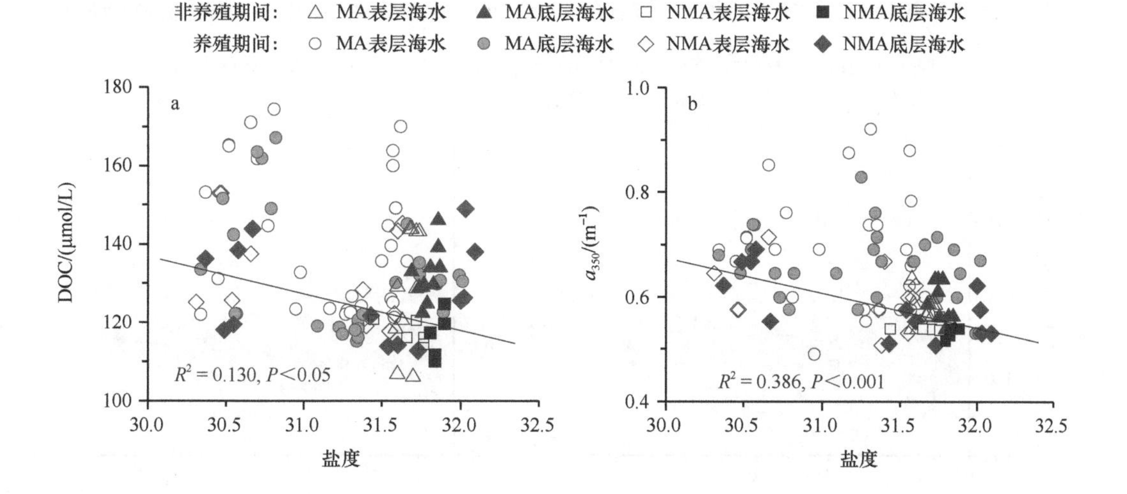

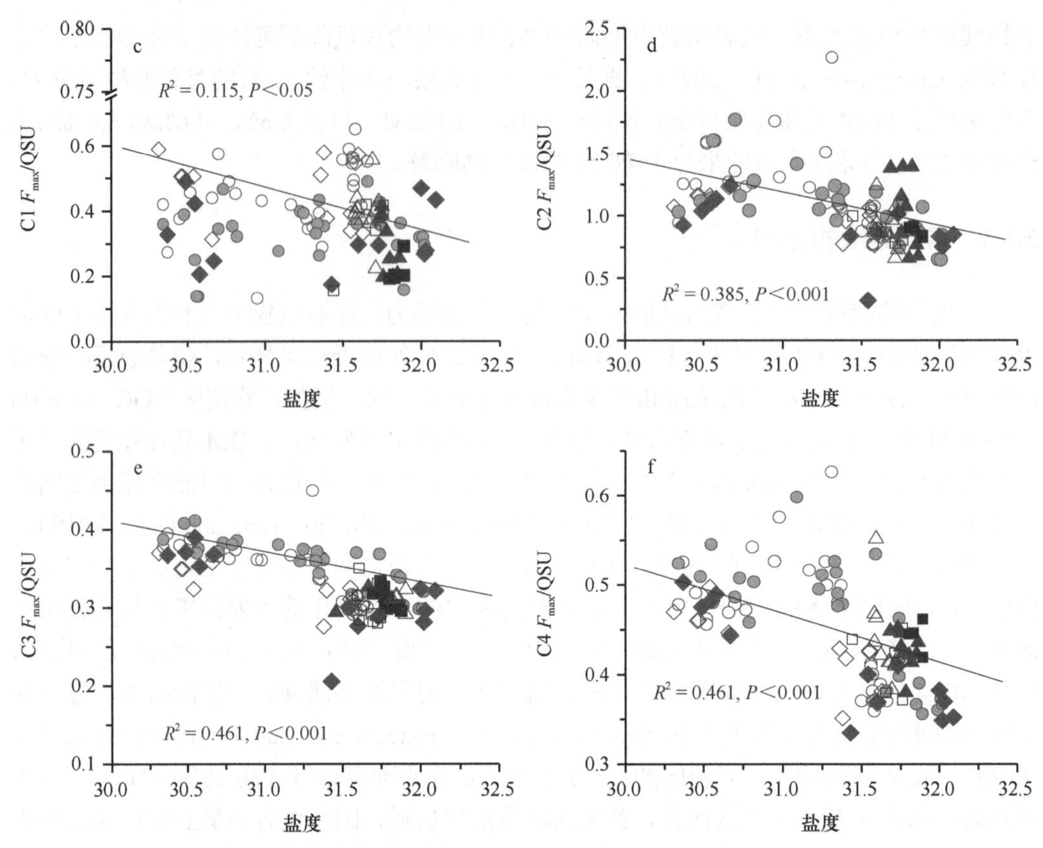

图 5-5 养殖期间和非养殖期间 DOM 与盐度的关系

实线指示非养殖区 DOM 与盐度的线性关系

扇贝养殖的另一个环境效应是降低海水中 DO 的浓度，主要是通过扇贝的代谢活动来实现（如呼吸作用和生物沉积作用）。之前的研究表明，在养殖期（8 月），研究海域表层沉积有机碳含量[（0.68±0.14）%]显著高于非养殖期（3 月）含量[（0.44±0.10）%]（Yang et al.，2018）。该结果表明，养殖区具有较强的碳生物沉积能力，该有机碳随后进

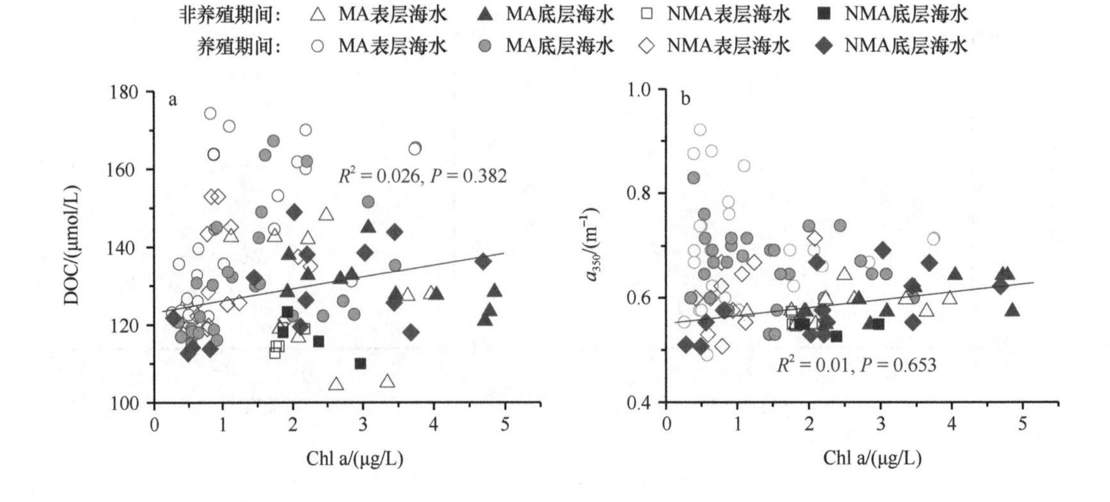

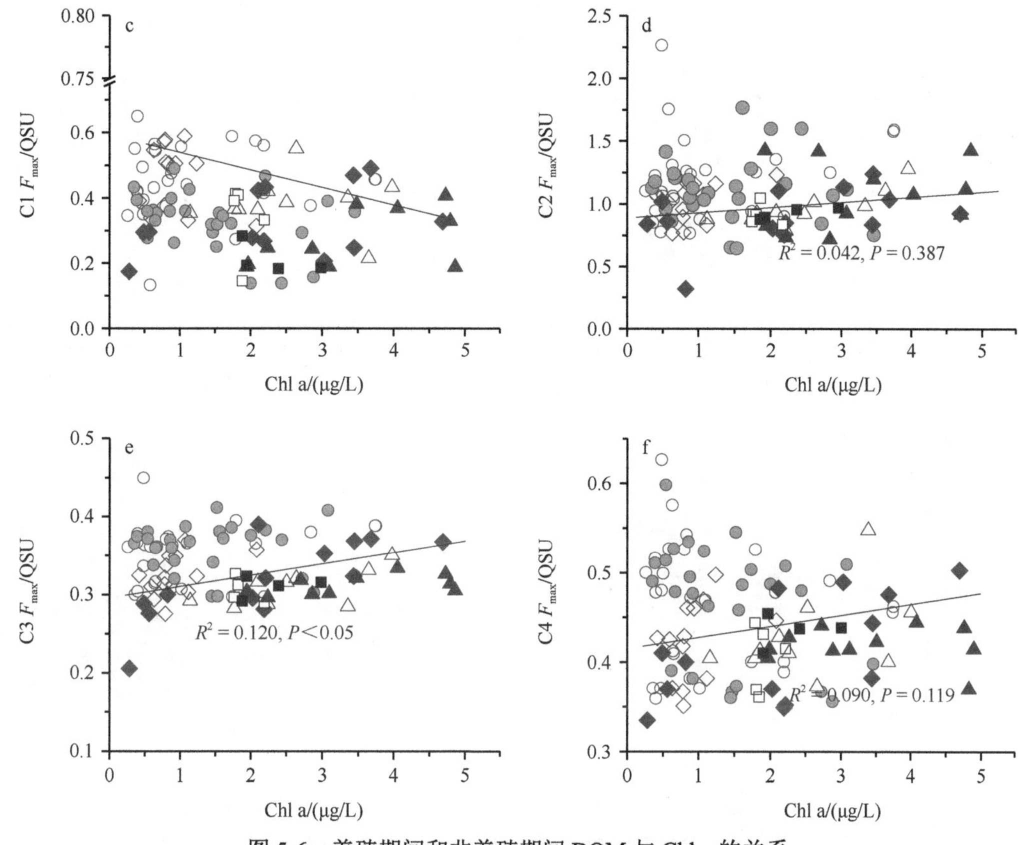

图 5-6　养殖期间和非养殖期间 DOM 与 Chl a 的关系

实线指示非养殖区 DOM 与 Chl a 的线性关系

行的耗氧分解可能对海水中的 DO 和 DOM 产生重要影响（Yang et al.，2021b）。因此，在 6 月和 9 月（养殖期间），养殖区的 DO 浓度显著低于非养殖区。然而，研究海域由于 DOM 与 AOU 之间的相关性较弱（图 5-7），无法根据养殖区和非养殖区之间的 DO 差异来量化上述过程的影响。因此，未来需要更多的调查和研究来阐明上述问题。

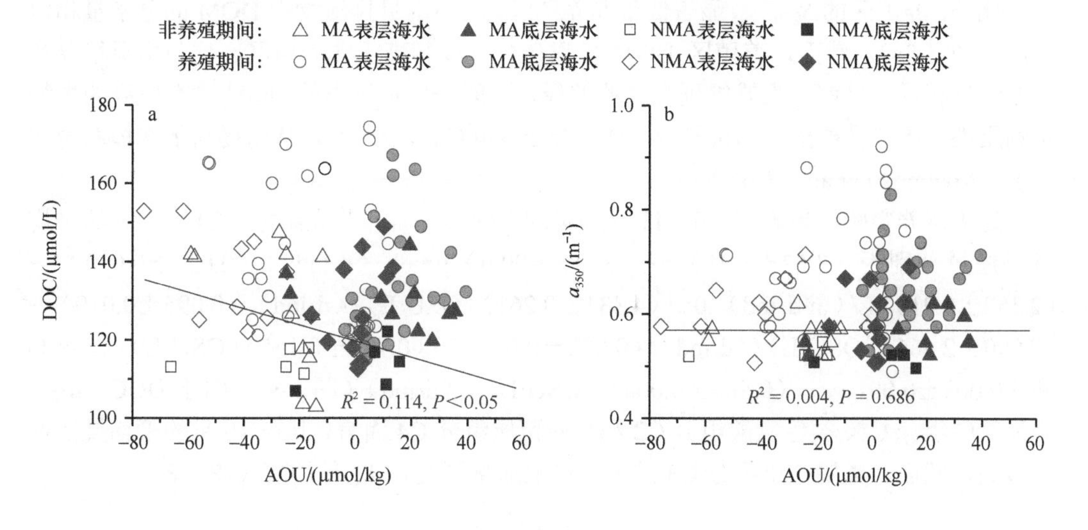

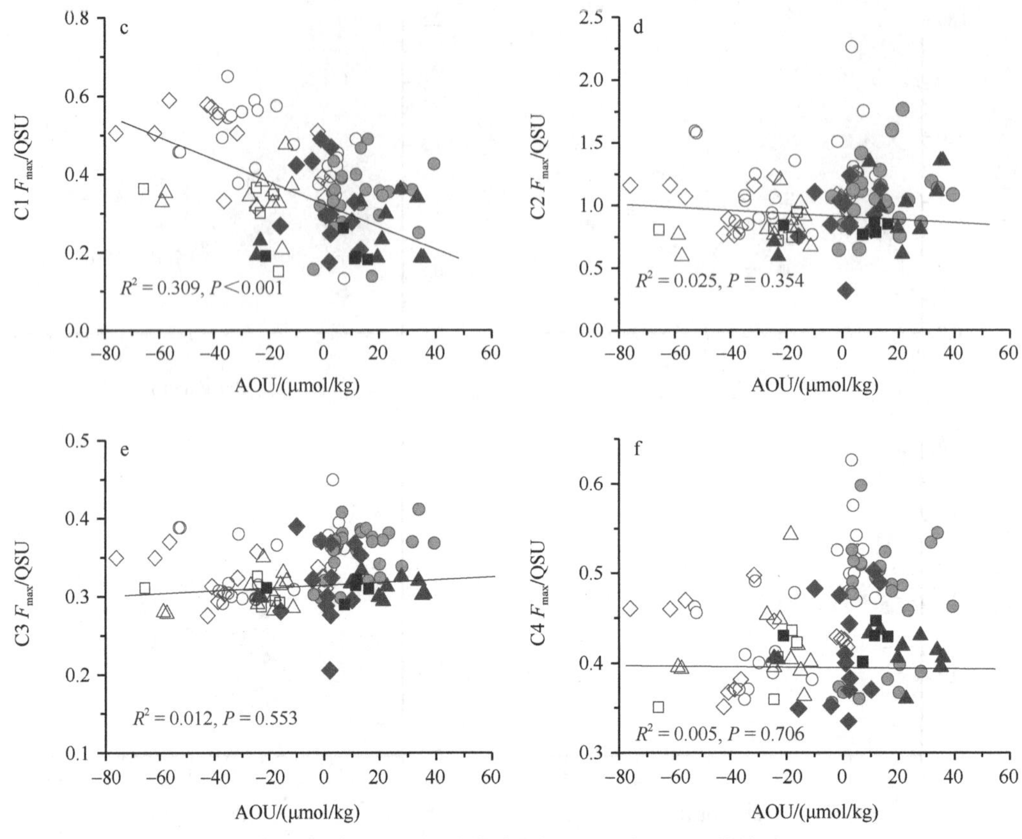

图 5-7 养殖期间和非养殖期间 DOM 与 AOU 的关系

实线指示非养殖区 DOM 与 AOU 线性关系

从调查结果来看，随着扇贝养殖活动的进行，海水中 DOC、CDOM 和 FDOM 的浓度呈现显著上升的变化趋势，除了 11 月，因为该月份初级产量相对较低（图 5-1，图 5-2）。在空间上，养殖区的 DOM 浓度明显高于非养殖区，尤其是 a_{350} 和类色氨酸组分 C2，这与培养实验获得的结果一致，说明扇贝排泄对研究海域海水中的 DOM 产生了重要影响。

此外，养殖区的 $S_{275\sim295}$ 显著低于非养殖区，表明扇贝排泄物中 DOM 的分子量相对较高（图 5-3a）。然而，养殖区 DOM 的腐殖化程度却高于非养殖区，这与扇贝培养实验的结果相反。目前还很难得到合理的解释，可能是扇贝排出的 DOM 具有较高的生物可利用性，更容易被微生物再利用（DeVilbiss and Guo，2017），从而提高了水体腐殖化程度（Mahmood et al.，2017）。

扇贝培养实验结果表明，6～11 月扇贝的 DOC、a_{350} 和荧光组分（C1～C4）的平均排泄通量分别为（3.62±1.21）～（810.5±90.0）μmol/（d·ind）、（0.025±0.010）～（2.359±0.210）L/（m·d·ind），0～（4.331±0.261）（QSU·L）/（d·ind）、（0.095±0.010）～（7.090±2.466）（QSU·L）/（d·ind）、（0.002±0.001）～（0.722±0.155）（QSU·L）/（d·ind）和（0.003±0.001）～（0.485±0.004）（QSU·L）/（d·ind）（图 5-8）。对于 DOC、a_{350}、类酪氨酸组分 C1、类色氨酸组分 C2 和类腐殖质组分 C4 而言，其在 10 月的平均排泄通量最高，然而，类腐殖质组分 C3 的平均排泄通量则是在 11 月最高（图 5-8）。

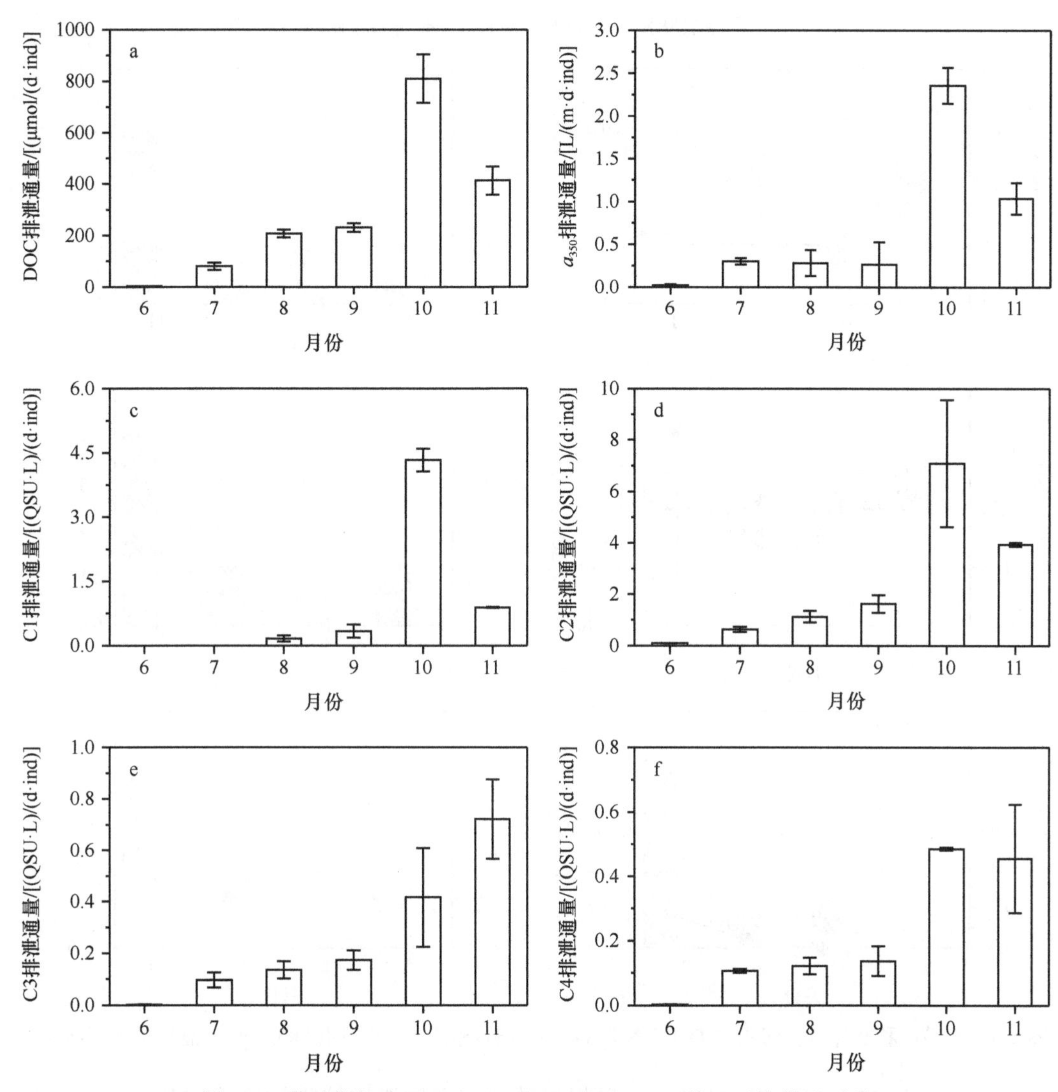

图 5-8　养殖期间扇贝 DOC、CDOM 和 FDOM 的月平均排泄通量

为进一步阐明海湾扇贝养殖对调查海域 DOM 的重要作用，根据 2019 年扇贝年产量（http://tjj.yantai.gov.cn/col/col118/index.html）并结合室内培养实验初步估算了调查海域海湾扇贝的 DOM 排泄结果。结果表明，不考虑水体 DOM 转化的情况下，在海湾扇贝的一个生长周期（6～11 月），扇贝排泄的 DOC、CDOM、FDOM（C1～C4）分别为 0.13×10^9mol、0.31×10^{12}L/m、0.42×10^{12}QSU·L、1.06×10^{12}QSU·L、0.11×10^{12}QSU·L 和 0.095×10^{12}QSU·L，可分别提高养殖区海水中 DOC、CDOM 和 C1～C4（$\Delta DOC_{-scallop}$、$\Delta CDOM_{-scallop}$、$\Delta C1_{-scallop}$、$\Delta FDOM\text{-}C2_{-scallop}$、$\Delta C3_{-scallop}$ 和$\Delta C4_{-scallop}$）19.7μmol/L、$0.048m^{-1}$、0.065QSU、0.164QSU、0.017QSU 和 0.015QSU。如图 5-9 所示，扇贝排泄可能是导致非养殖区和养殖区 CDOM（ΔCDOM）及类色氨酸组分 C2（ΔC2）差异的重要贡献者，其贡献在表层和底层海水分别占 53.2%和 31.8%及 36.4%和 18.0%。

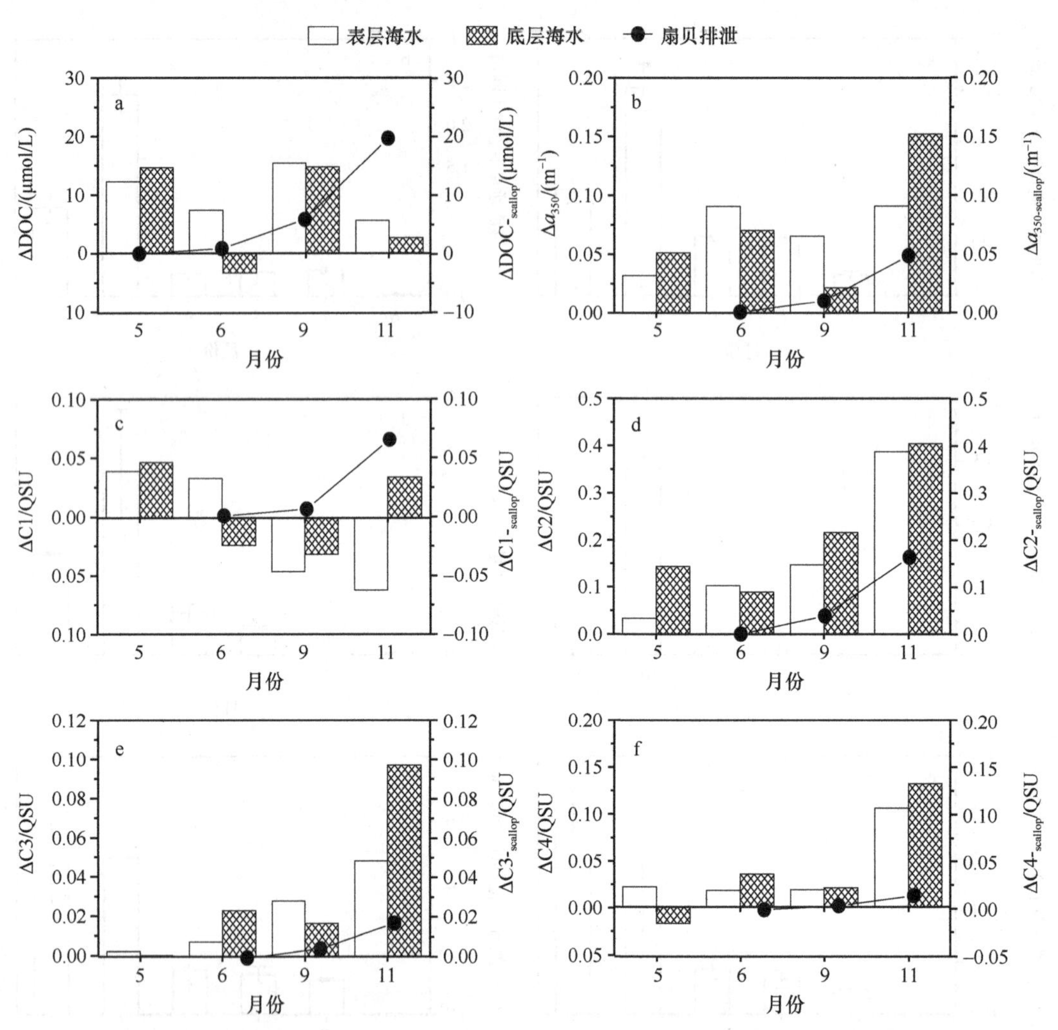

图 5-9 养殖区和非养殖区海水中 DOM 参数的差异（柱状图）以及扇贝 DOM 的排泄结果（折线图）

此外，与 Yang 和 Gao（2019）所报道的研究海域浮游植物初级生产和微生物来源的 DOC 相比，扇贝排放的 DOC 几乎等于 6 月浮游植物新生产的 DOC 总量。5～9 月，扇贝排放的 CDOM 占浮游植物新生产的 68%～122%（Yang and Gao，2019），而 5 月和 9 月排放的色氨酸组分 C2 分别占浮游植物新生产量的 64%和 71%。相对而言，扇贝排放的类腐殖质组分 C3 和 C4 的量相对较少。5～9 月，扇贝排放的 C3 占微生物来源的 22%～38%，排放的 C4 占微生物来源的 8%～32%（Yang and Gao，2019）。由于浮游植物生产和微生物来源的 DOM 结果与扇贝排泄的 DOM 结果不是在同一时间段获得的，因此它们之间的比较必然存在一定的偏差，而且由于扇贝产生的 DOM 不稳定，一些组分可能会迅速降解，尤其是蛋白质组分。因此，这也有可能导致计算结果与实际情况相比出现一些偏差。尽管如此，研究海域的结果表明，海湾扇贝排泄过程能够对海水中 DOM 的生物地球化学循环产生显著影响。

扇贝养殖是一种重要的碳汇渔业。通常，随着扇贝的收获，大量的碳以有机物和碳酸钙的形式从海洋中被移除，从而增强了近岸海域的碳汇效应，这对于缓解全球变暖具有重要意义（唐启升，2011）。然而，在评估贝类养殖的碳汇时，通常只是根据贝类收获中被移除的那部分碳进行计算，而忽略了扇贝排泄物固定的那部分碳，即排放到环境中的难降解溶解有机碳（RDOC）和生物沉积碳，这可能在一定程度上低估了贝类的碳封存贡献。

扇贝排放的生物可利用 DOM 约占其释放总 DOM 的比例为 34%（宋娴丽，2005）。因此，本研究中每只扇贝可以通过在其生长周期内向环境中排放 RDOC 来固定约 0.42g 的碳，占扇贝收获时被移除的碳（约 2.3g）的 18.3%。因此，有必要将扇贝排放的 RDOC 作为扇贝碳汇的组成部分。

此外，扇贝排放的生物可利用 DOM 可加速海水中的 DO 损失和酸化过程。根据计算，在扇贝的一个生长周期中，海湾扇贝的排泄过程可以使养殖区海水中生物可利用 DOC 的浓度增加约 6.7μmol/L。如果这部分 DOC 完全分解，养殖区海水中的 DO 浓度将降低约 13.4μmol/L。此外，该过程能够使研究海域海水的 pH 和 Ω_A 分别降低约 0.018 和 0.08。

5.4 本 章 小 结

本章着重阐述了扇贝（海湾扇贝）养殖活动对其生境海水中 DOM 生物地球化学循环的调节机制。海上调查结果显示，调查期间（5～11 月）随着扇贝养殖活动的进行，海水中的 DOC、CDOM 和 FDOM（C2～C4）的浓度均显著增加，并且空间上呈现养殖区高于非养殖区的分布特征，这与室内扇贝排泄培养实验的结果基本吻合，证实扇贝养殖能够显著增加海水中 DOM 的浓度。对于扇贝排泄过程，室内培养实验结果表明，在扇贝的一个生长周期（6～11 月），海湾扇贝的排泄过程可使养殖区海水中 DOC、CDOM 和荧光组分 C1～C4 分别提高 19.7μmol/L、$0.048m^{-1}$、0.065QSU、0.164QSU、0.017QSU 和 0.015QSU。DOM 的光学性质表明，扇贝排放的 DOM 具有很高的生物可降解性，易在海水中转化，其具体贡献有待进一步研究。这些结果表明，大规模扇贝养殖可能会对沿海海域 DOM 的生物地球化学循环产生深远影响。

第6章　表层沉积物有机质的时空分布及来源

海洋是重要的碳汇，在当今全球变化的背景下，海洋碳汇演变机制及未来发展趋势受到越来越多的重视。海洋沉积物中有机碳的埋藏是海洋碳循环的重要组成部分，其含量及组成能够记录有机质的来源、迁移转化以及沉降过程等信息（Meyers，2003）。近岸海域作为陆地和海洋之间的过渡区域，不仅是大陆和海洋有机质交汇的场所，还是有机质产生、迁移转化的活跃地带。研究显示，尽管近岸海域面积不到全球海洋面积的10%，然而埋藏在近岸海域沉积物中的有机质占海洋沉积物有机质（SOM）埋藏总量的90%（Hedges and Keil，1995；Emerson and Hedges，1988）。由于海洋中不同来源有机质的埋藏对碳汇的贡献意义不同，因此需要详细解析沉积有机碳的来源和组成。为此，表征沉积物有机质的分布和来源可以更好地理解控制海洋有机质扩散、保存和归宿的机制（Gordon and Goñi，2003），对深入了解全球碳循环具有重要意义。

本章研究养马岛附近海域表层沉积物中有机碳的含量及分布特征，同时利用总有机碳（TOC）和总氮（TN）的比值（TOC/TN）以及碳氮稳定同位素（$\delta^{13}C$ 和 $\delta^{15}N$）方法并结合水文特征评估有机碳的来源及其影响因素。

6.1　材料与方法

6.1.1　样品采集

2015 年 8 月（夏季）、11 月（秋季）和 2016 年 3 月（春季）在养马岛附近海域进行了 3 个航次的调查，在研究区共设置 26 个站位，站位具体经纬度见表 1-1，26 个站位中未包含表 1-1 中的 C-1、X-1、X-4、Y-3、Q-1、H-1、N-1、N-3、S-4、L-1 和 L-2 这 11 个站位。调查的内容主要包括沉积物总有机碳（TOC）、总氮（TN）、粒度、碳氮稳定同位素（$\delta^{13}C$ 和 $\delta^{15}N$）和海水温度、盐度、DO、Chl a、营养盐（NO_3^-、NO_2^-、NH_4^+、DIP 和 DSi）。

使用 Niskin 采水器分别采集表层、底层海水样品，样品的采集及处理方法见 2.1.1 小节。使用抓斗式采泥器采集表层沉积物样品（0～2cm），并封存于密封袋中，冷冻保存。

6.1.2　样品分析

海水温度、盐度、DO 和 Chl a、营养盐的具体测试方法见 2.1.1 小节。

表层沉积物样品分为两部分，一部分用于粒度分析，另一部进行冷冻干燥，用于 TN、TOC、$\delta^{13}C$ 和 $\delta^{15}N$ 分析。对于沉积物粒度，首先采用 15%的 H_2O_2 溶液和 4mol/L 的 HCl 溶液进行去有机质和碳酸盐处理（Qiao et al.，2010），然后使用激光粒度分析仪

（Mastersizer 2000, Malven Instruments Ltd., UK）进行测量，每个样品重复测量 5 次后取平均值，测量范围为 0.02～2000μm，平行样标准偏差不超过 1%。根据粒径大小，沉积物的粒度组分可分为砂（>63μm）、粉砂（4～63μm）和黏土（<4μm）三种。

将冷冻干燥后的样品研磨均匀，称取约 150mg 的沉积物样品于 5mm×8mm 的锡舟中。采用 Elementar vario MACRO cube CHNS 分析仪对沉积物总碳（TC）和总氮（TN）进行测定。采用 Shimadzu TOC-VCPH/SSM-5000A 分析仪进行沉积物总无机碳（TIC）分析。沉积物 TOC 可通过 TC 减去 TIC 获得，其精密度分别为±0.02% C 和±0.003% TN（n=5）。

对于沉积物碳氮稳定同位素（$\delta^{13}C$ 和 $\delta^{15}N$），首先采用 0.5mol/L 的 HCl 溶液去除沉积物中的碳酸盐，然后用超纯水冲洗至中性并进行冷冻干燥处理（Hu et al.，2006；Huon et al.，2002）。准确称取约 50.0mg 和 8.0mg 处理后的沉积物样品，采用稳定同位素质谱仪（MAT253, Thermo Fisher, America）测定沉积物碳氮稳定同位素。研究样品 $\delta^{13}C$（‰）的测定以拟箭石化石（Pee Dee Belemnite，PDB）为标准物质，$\delta^{15}N$（‰）的测定以大气中氮气为标准物质，其表达式如下：

$$\delta(‰)=(R_{样品}/R_{标}-1)\times 1000 \tag{6-1}$$

式中，$R_{样品}$指样品的碳（氮）同位素比值 $^{13}C/^{12}C$（$^{15}N/^{14}N$）；$R_{标}$指标准样品的碳（氮）同位素比值 $^{13}C/^{12}C$（$^{15}N/^{14}N$）。其中，沉积物 $\delta^{13}C$ 的精密度为±0.2‰，$\delta^{15}N$ 的精密度为±0.3‰。

6.2　水环境状况

表 6-1 显示了养马岛附近海域海水温度、盐度的季节变化。总体而言，海水盐度相对稳定（约 30），而温度变化较大，其范围为 2.5～27.6℃。由海水温度、盐度变化来看，夏季研究海域水体发生明显的层化现象，其表层、底层海水温差在 8 月高达 4℃左右；而在秋季和春季水体层化现象消失，水体在垂直方向混合均匀。

表 6-1　养马岛附近海域海水温度、盐度的季节变化

季节	层次	温度/℃		盐度	
		范围	平均值	范围	平均值
夏季	表层	25.4～27.6	26.9±0.6	30.6～31.0	30.8±0.1
	底层	21.0～24.9	22.7±0.1	30.8～31.3	31.1±0.1
秋季	表层	8.0～14.4	10.6±2.7	27.4～31.2	29.6±1.1
	底层	8.1～14.1	10.6±2.6	30.8～31.7	31.2±0.3
春季	表层	2.8～6.2	4.4±0.9	28.3～31.9	30.0±1.0
	底层	2.5～4.0	3.1±0.4	31.6～32.1	31.8±0.1

表 6-2 显示了养马岛附近海域海水中营养盐（NO_3^-、NO_2^-、NH_4^+、DIP 和 DSi）和 DO 浓度的季节变化。在春季、夏季和秋季，表层海水中 DIN（DIN= NO_2^-+NO_3^-+NH_4^+）的平均浓度分别为（11.59±7.60）μmol/L、（1.65±0.75）μmol/L 和（3.38±2.15）μmol/L，其最高值和最低值分别出现在春季和夏季。与 DIN 不同，表层海水中 DIP 和 DSi 的浓度最高值出现在秋季，其平均值分别为（0.28±0.03）μmol/L 和（4.30±2.90）μmol/L，

而最低值出现在春季，分别为（0.06±0.08）μmol/L 和（2.57±1.62）μmol/L。对于 DO，其浓度的最高值和最低值分别出现在春季[（341.1±25.9）μmol/L]和夏季[（199.4±5.6）μmol/L]。

表 6-2　养马岛附近海域海水中营养盐和 DO 浓度的季节变化　（单位：μmol/L）

季节	层次	范围/平均值	NO_2^-	NO_3^-	NH_4^+	DIP	DSi	DO
夏季	表层	范围	0.04～0.10	0.44～3.16	0.01～0.92	0.20～0.29	0.22～5.30	188.0～208.8
		平均值	0.06±0.02	1.23±0.70	0.36±0.22	0.26±0.02	2.58±1.77	199.4±5.6
	底层	范围	0.19～0.65	0.01～4.29	3.40～9.16	0.25～0.64	4.56～11.70	47.2～108.8
		平均值	0.37±0.11	1.12±1.11	5.62±1.47	0.33±0.10	9.08±1.92	77.1±16.6
秋季	表层	范围	0.04～0.32	0.13～6.67	0.28～6.44	0.23～0.33	0.93～11.22	194.3～255.6
		平均值	0.11±0.06	1.98±1.52	1.29±1.56	0.28±0.03	4.30±2.90	228.5±18.3
	底层	范围	0.05～0.28	0.14～8.98	0.07～4.56	0.25～0.33	0.83～10.92	197.8～235.8
		平均值	0.12±0.06	2.14±1.86	1.43±1.36	0.28±0.02	4.69±2.95	220.2±14.8
春季	表层	范围	0.18～0.68	2.94～16.01	0.25～17.16	0.01～0.30	0.33～5.81	297.5～380.1
		平均值	0.30±0.13	7.53±3.91	3.76±4.38	0.06±0.08	2.57±1.62	341.1±25.9
	底层	范围	0.15～0.86	3.02～13.55	0.47～9.66	0.01～0.35	0.02～5.44	293.3～349.4
		平均值	0.29±0.15	7.04±3.65	2.70±1.96	0.05±0.09	2.40±1.47	308.5±13.0

春季和秋季底层海水中 DIN、DIP、DSi 和 DO 的浓度与表层海水相近，夏季底层海水中 DIN、DIP 和 DSi 的浓度为表层海水的 1.27～3.99 倍，而底层海水中 DO 的浓度仅为表层海水的 37.8%，这主要是由表层浮游植物繁殖和底层有机质分解所致。在夏季，浮游植物繁殖比其他季节更为旺盛，进而吸收了更多的营养盐（Wang et al.，2003），这导致表层海水营养盐的浓度相对较低，并且底层海水中有机质的矿化分解消耗了水体中的 DO 并释放营养盐（Wang et al.，1999；Andrieux and Aminot，1997）。此外，由于夏季出现水体层化现象，表层、底层海水的垂直交换作用受到阻碍，进而导致底层海水呈现低氧、高营养盐的特性。

6.3　TOC 和 TN 含量及粒度组成特征

表 6-3 显示了不同季节表层沉积物的粒度组成及 TOC 和 TN 的含量特征，其相应的水平分布见图 6-1。作为基本的环境参数，TOC 和 TN 可以反映沉积物有机质的含量及组成特征，并影响其上覆水体的理化性质。在夏季，表层沉积物中 TOC 含量相对较高，其范围为 0.34%～0.90%，平均值为（0.68±0.14）%；相比之下，在秋季和春季表层沉积物中 TOC 含量较低，其范围分别为 0.38%～0.78%[平均值为(0.50±0.09)%]和 0.13%～0.58%[平均值为(0.44±0.10)%]。TN 含量在夏季、秋季和春季分别为 0.043%～0.103%[平均值为（0.083±0.016）%]、0.041%～0.097%[平均值为（0.058±0.012）%]和 0.014%～0.075%[平均值为（0.053±0.014）%]。一般而言，TN 在沉积物中主要以两种形态存在，即有机氮（ON）和无机氮（IN）。通过 TOC 与 TN 的关系可以估算 IN 在 TN 中的含量（Schubert and Calvert，2001；Goñi et al.，1997）。研究海域 TN 与 TOC 呈现显著的线性

正相关关系，其相关系数（R^2）的范围为 0.892～0.930（$P<0.001$）（图 6-2a～c）。夏季 TN-TOC 线性方程的截距为 0.0122，表明 TN 中存在 IN，约占 14.7%，而在秋季和春季，其截距接近于 0（秋季：–0.0024；春季：–0.0063），表明 TN 在这两个季节中以有机形态为主（Goñi et al.，2003）。与其他近海海域相比（表 6-4），研究海域秋季和春季表层沉积物中的 TOC 含量与东海沿岸（Zhou et al.，2018b）和黄海（Hu et al.，2013）的调查结果相当，但高于胶州湾（Dai et al.，2007）和渤海（Hu et al.，2009）的调查结果；而 TN 含量在夏季与黄海（Hu et al.，2013）的调查结果相当，但低于东海沿岸（Zhou et al.，2018b）和珠江口（Liu et al.，2012b）的调查结果。

表 6-3　不同季节表层沉积物的粒度组成及 TOC 和 TN 的含量（%）

季节	范围/平均值	黏土	粉砂	砂	TOC	TN
夏季	范围	7.3～21.0	47.3～80.4	2.2～42.8	0.34～0.90	0.043～0.103
	平均值	14.5±3.5	65.4±8.4	20.1±11.0	0.68±0.14	0.083±0.016
秋季	范围	5.9～21.7	21.9～77.0	5.2～72.2	0.38～0.78	0.041～0.097
	平均值	16.4±4.4	64.2±11.5	19.4±14.5	0.50±0.09	0.058±0.012
春季	范围	0.6～23.5	1.2～71.9	6.8～98.2	0.13～0.58	0.014～0.075
	平均值	15.4±4.5	63.8±13.7	20.8±17.2	0.44±0.10	0.053±0.014

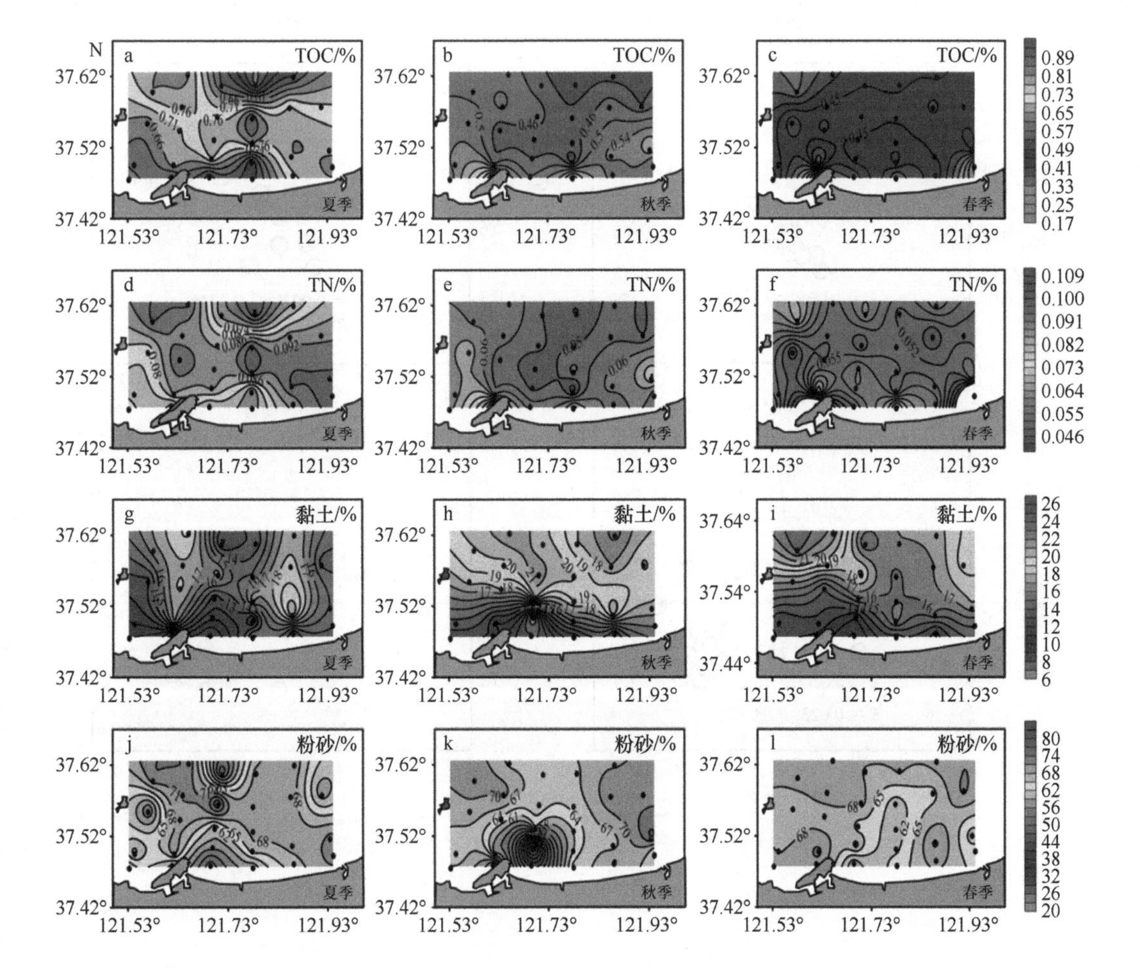

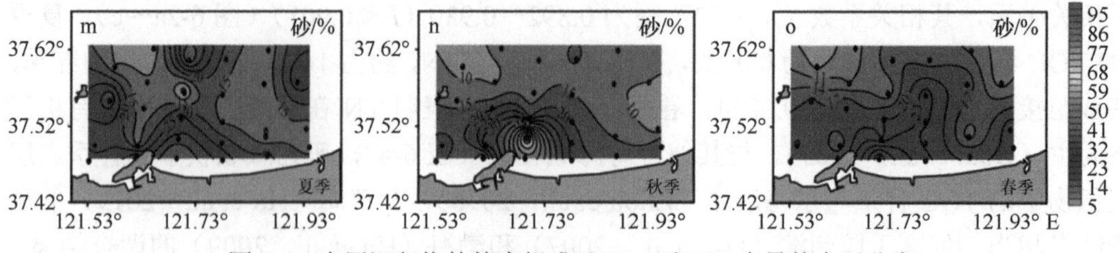

图 6-1 表层沉积物的粒度组成及 TOC 和 TN 含量的水平分布

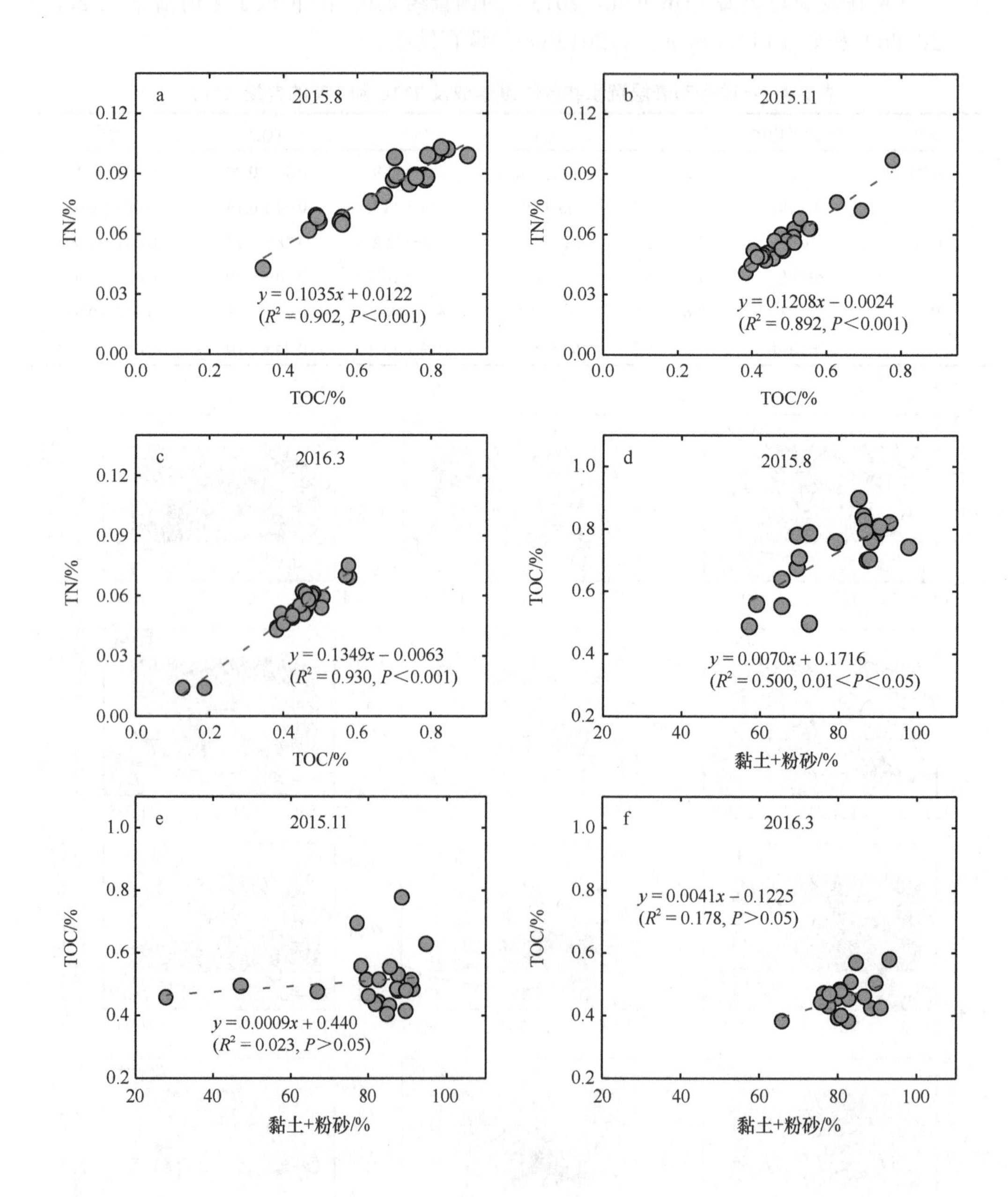

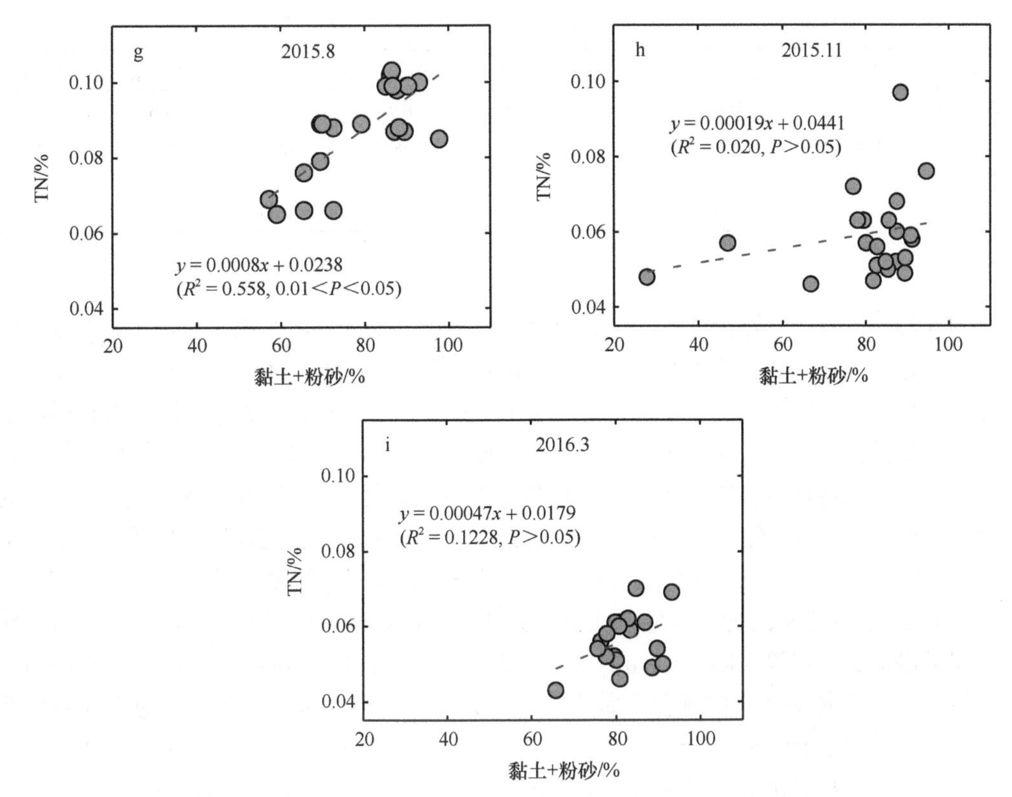

图 6-2　表层沉积物 TOC、TN 和细粒组分（粉砂+黏土）之间的线性关系

表 6-4　其他近海海域表层沉积物的 TOC、TN、TOC/TN、$\delta^{13}C$ 和 $\delta^{15}N$

海区	调查时间		TOC/%	TN/%	TOC/TN	$\delta^{13}C$/‰	$\delta^{15}N$/‰	参考文献
黄海	2007～2008	范围	0.08～1.07	0. 02～0.103	5.0～14.0	−21.26～−23.14	n.d.	Hu et al.，2013
		平均值	0.465	0.06	8.0	n.d.	n.d.	
渤海	2006	范围	0.04～0.69	0.01～0.09	3.3～7.7	−23.9～−21.7	n.d.	Hu et al.，2009
		平均值	0.38	n.d.	n.d.	n.d.	n.d.	
四十里湾	2008.11	范围	0.17～1.33	0.02～0.104	7.9～10.1	−22.7～−21.6	5.4～6.5	Liu et al.，2012b
珠江口	2005.3	范围	0.48～1.60	0.09～0.2	8.50～15.32	n.d.	n.d.	
胶州湾	2003.9	范围	0.07～0.45	0.016～0.048	n.d.	n.d.	n.d.	Dai et al.，2007
		平均值	0.38	0.032	n.d.	n.d.	n.d.	
长江口及邻近海区	2006～2007	范围	0.19～0.92	n.d.	n.d.	−23.8～−20.7	n.d.	Yang et al.，2015b
		平均值	0.50	n.d.	n.d.	n.d.	n.d.	
东海沿岸	2010.6	范围	n.d.	n.d.	n.d.	−21.8～−20.7	n.d.	
	2014.5～6	范围	0.15～0.75	0.022～0.151	4.69～9.12	−22.08～−19.99	3.67～6.28	Zhou et al.，2018b

续表

海区	调查时间		TOC/%	TN/%	TOC/TN	$\delta^{13}C$/‰	$\delta^{15}N$/‰	参考文献
东海沿岸		平均值	0.54	0.096	6.7	−21.35	4.6	
	2014.10～11	范围	0.17～0.75	0.027～0.137	4.78～8.89	−21.97～−20.10	4.60～6.13	
		平均值	0.43	0.077	6.7	−21.00	5.3	

注："n.d."表示未获得数据

图 6-1a～f 显示了表层沉积物中 TOC 和 TN 的水平分布。由结果来看，TOC 和 TN 的水平分布近乎一致。在春季和夏季，TOC 和 TN 的含量整体上呈现近岸低、远岸高的分布特征，其最低值出现在河口附近，而秋季呈现相反的分布规律。通常，沉积物有机质主要来源于海洋生物的原位生产和陆源输入，气候状况、水动力条件、沉积环境状况、外源污染物排放等条件均可以影响沉积物有机质的生物地球化学过程。在春季和夏季，适宜的温度、光照等条件能够促进浮游植物的生长繁殖，这加速了表层沉积物有机质的累积。然而，在河口附近，由于较强的水动力和海水高浊度等因素，有机质在此不易沉降积累，导致河口处 TOC 和 TN 的含量较低，在世界其他河口也观察到类似的现象，如长江口、珠江口和伊洛瓦底江口等（Ramaswamy et al.，2008；Hu et al.，2006；Zhang et al.，1990）。

粒度是沉积物最基本的理化参数之一，其大小及组成受水动力条件、地形地貌以及沉积物来源等多种因素的影响（杨旭辉等，2012）。研究海域表层沉积物以粉砂为主，在夏季、秋季和春季其所占比例分别为（65.4±8.4）%、（64.2±11.5）%和（63.8±13.7）%（表 6-3）。从水平分布（图 6-1g～l）来看，细粒沉积物（粉砂和黏土）的含量呈现近岸低于远岸的分布特征，而砂质沉积物的空间分布与之相反。

沉积物粒度对 SOM 的地球化学行为具有重要作用（Keil et al.，1998），大多数有机质可以吸附到黏土大小的矿物颗粒表面（Ransom et al.，1998；Keil et al.，1998，1994）。图 6-2 显示，夏季 TOC 和 TN 与细粒沉积物呈现显著性线性正相关关系，其 R^2 分别为 0.500（$0.01<P<0.05$）和 0.558（$0.01<P<0.05$）（图 6-2d、g），表明细粒沉积物有利于有机质的积累。然而，秋季和春季 TOC 和 TN 与细粒沉积物之间未呈现显著性相关关系（$P>0.05$）（图 6-2e、f、h、i），这可能与沉积物有机质的分解和复杂的水动力条件有关。

6.4 有机质来源分析

海洋沉积物中的有机质包括陆源有机质和海源有机质两类。陆源有机质主要包含陆地植物腐烂产物和人类活动产生的有机质。海源有机质主要包括浮游动植物遗骸和海洋生物排泄物等。目前，$\delta^{13}C$、$\delta^{15}N$ 和 TOC/TN 是判断海洋有机质来源的常用指标（Kao and Liu，2000）。

6.4.1 基于 TOC/TN 的有机质来源分析

TOC/TN 比值法被广泛应用于区分沉积物有机质的来源（Gireeshkumar et al.，2013；Gao et al.，2012）。通常，陆源有机质 TOC/TN＞15（Meyers，1997），海源有机质 TOC/TN 的范围为 5～7（Redfield et al.，1963）。研究海域夏季、秋季和春季表层沉积物的 TOC/TN

范围分别为 7.05～9.07（平均值为 8.20±0.55），7.77～9.59（平均值为 8.66±0.54）和 7.26～13.69（平均值为 8.47±1.20）（表 6-5），指示沉积物有机质的混合来源。与其他近海海域（表 6-4）相比，研究海域 TOC/TN 与黄海（Hu et al.，2013）的调查结果相近，但大于渤海（Hu et al.，2009）和东海沿岸（Zhou et al.，2018b）的调查结果。从水平分布来看，研究海域夏季和春季 TOC/TN 呈现近岸低、远岸高的分布特征，而秋季呈现相反的分布特征（图 6-3a～c）。

表 6-5　不同季节表层沉积物的 TOC/TN、$\delta^{13}C$、$\delta^{15}N$、f 和 AOC、Ter-OC 的含量

季节		TOC/TN	$\delta^{13}C$/‰	$\delta^{15}N$/‰	f'/%	AOC/%	Ter-OC/%
夏季	范围	7.05～9.07	−22.56～−21.72	5.55～8.51	68.3～81.2	0.26～0.67	0.09～0.23
	平均值	8.20±0.55	−22.10±0.21	6.69±0.71	75.4±3.3	0.52±0.12	0.17±0.04
秋季	范围	7.77～9.59	−23.84～−22.33	5.12～6.79	48.7～71.9	0.20～0.51	0.12～0.27
	平均值	8.66±0.54	−23.05±0.43	5.51±0.33	60.8±6.6	0.30±0.07	0.19±0.04
春季	范围	7.26～13.69	−24.56～−21.94	4.95～5.95	37.5～77.8	0.05～0.44	0.08～0.20
	平均值	8.47±1.20	−22.62±0.67	5.43±0.24	67.4±10.3	0.30±0.09	0.14±0.03

注：f 表示海洋自生有机碳的贡献；AOC 表示海洋自生有机碳；Ter-OC 表示陆源有机碳

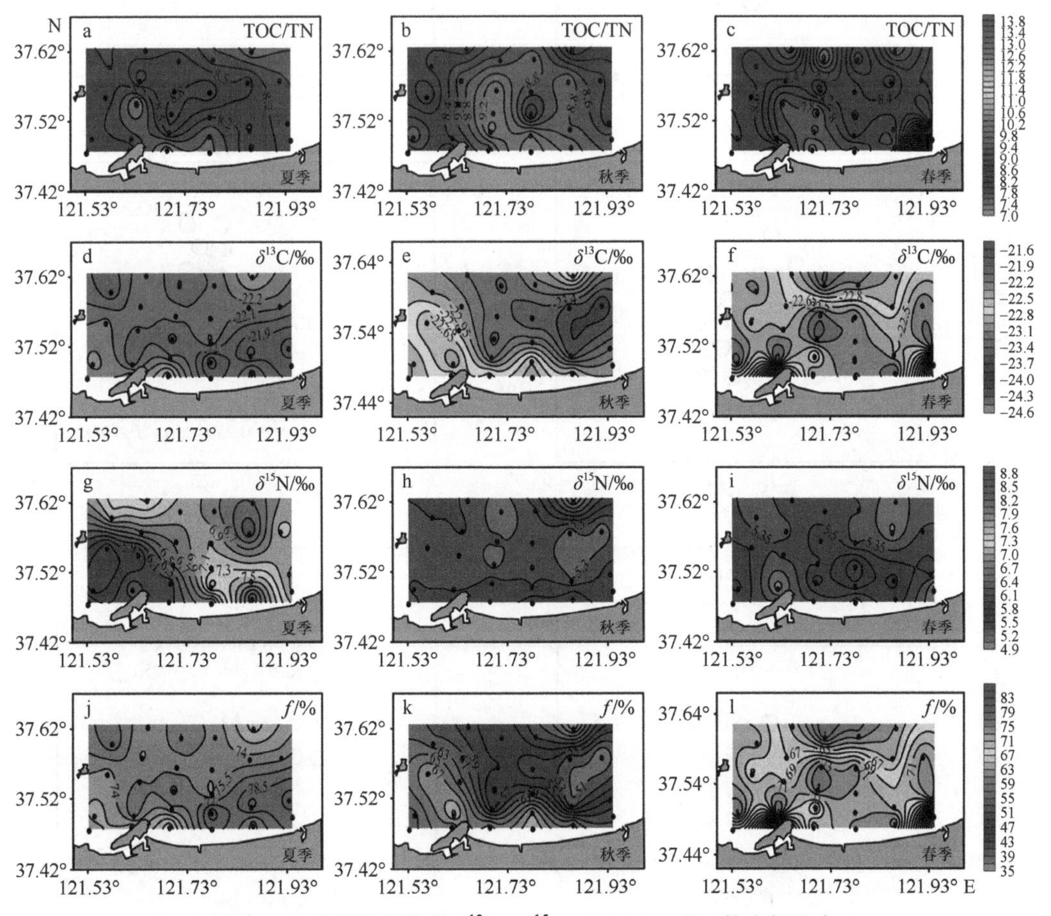

图 6-3　表层沉积物的 $\delta^{13}C$、$\delta^{15}N$、TOC/TN 和 f 的空间分布

在海洋中，沉积物的 TOC/TN 具有不稳定性，易受到环境因素的影响。因此，基于 TOC/TN 判断有机质来源具有一定的局限性（Kuwae et al.，2007）。例如，沉积物早期成岩过程可能会提升沉积物的 TOC/TN。然而，在有机质分解过程中，伴随 CO_2 或 CH_4 的释放、沉积物中氨的保存等，都会降低 TOC/TN。由于沉积物的 $\delta^{13}C$ 具有稳定性，通常采用 TOC/TN 与 $\delta^{13}C$ 的相关性来确定 TOC/TN 比值法（判定有机质的来源）的可信程度（Gireeshkumar et al.，2013；Ramaswamy et al.，2008；Gearing et al.，1984）。研究结果显示，TOC/TN 与 $\delta^{13}C$ 未呈现显著性相关关系（图 6-4a～c），说明 TOC/TN 不适合作为调查海域指示有机质来源的指标，这可能受到沉积物有机质矿化分解的影响（Wu et al.，2003）。

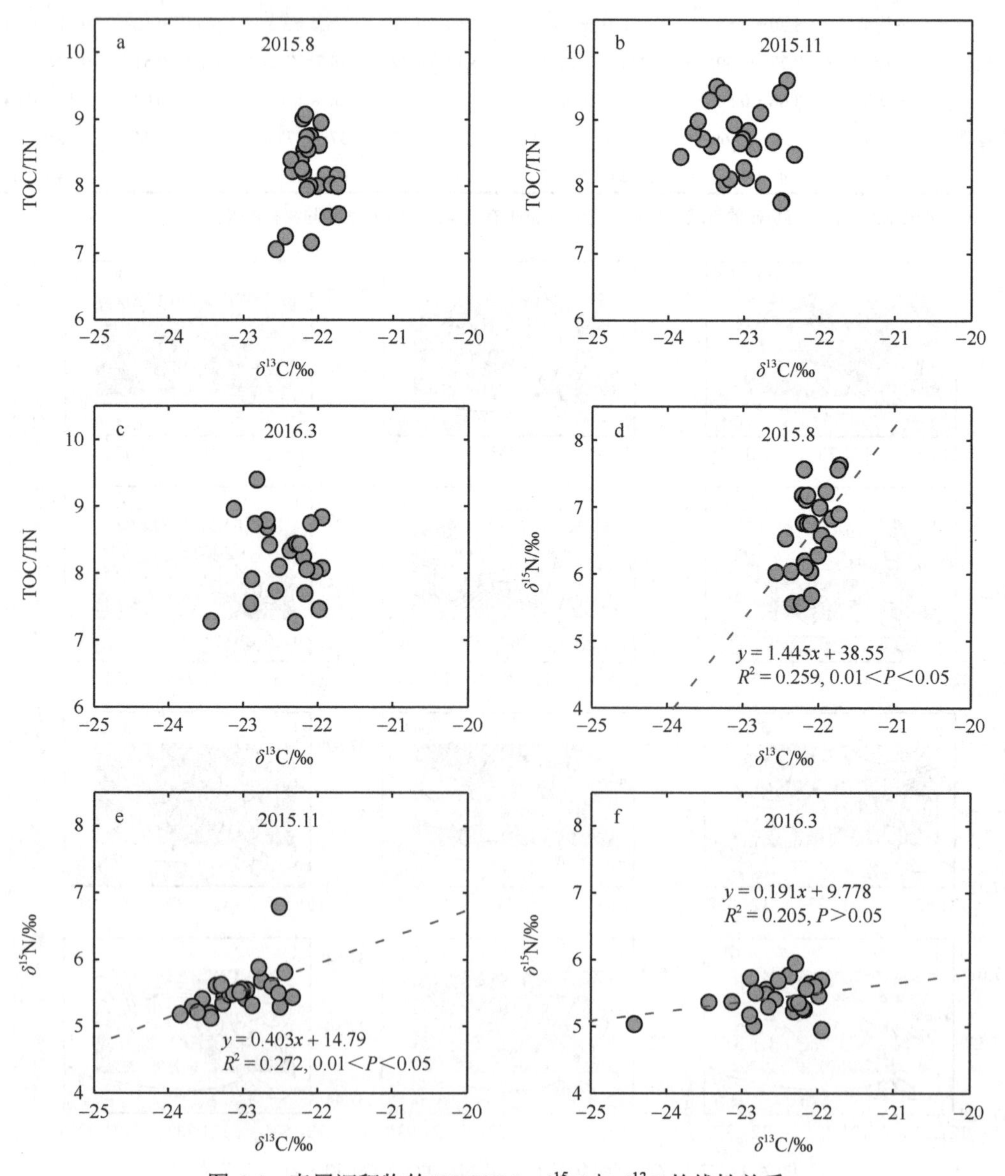

图 6-4 表层沉积物的 TOC/TN、$\delta^{15}N$ 与 $\delta^{13}C$ 的线性关系

6.4.2　基于 δ^{13}C 和 δ^{15}N 的有机质来源分析

δ^{13}C 和 δ^{15}N 在判别有机质来源方面具有重要作用（Torres et al.，2012）。典型的海源有机质 δ^{13}C 的范围为–21‰～–19‰（Fry and Sherr，1989）。陆生 C3 植物 δ^{13}C 的范围为–33‰～22‰（平均值为–27‰），而 C4 植物 δ^{13}C 的范围为–16‰～–9‰（平均值为–13‰）（Pancost and Boot，2004）。在中国北部海域，陆生植物以 C3 植物为主（Guo et al.，2006），因此，C3 植物是研究海域陆源有机质的主要来源。在研究海域，夏季、秋季和春季表层沉积物 δ^{13}C 的范围为–22.56‰～–21.72‰[平均值为（–22.10±0.21）‰]、–23.84‰～–22.33‰[平均值为（–23.05±0.43）‰]和–24.56‰～–21.94‰[平均值为（–22.62±0.67）‰]，表明沉积物有机质主要来源于海洋自生。研究海域的 δ^{13}C 与黄海（Hu et al.，2013）、渤海湾（Hu et al.，2009）和四十里湾（Liu et al.，2012b）的调查结果相当，但低于东海陆架海区的调查结果（Zhou et al.，2018b）。

图 6-3d～f 显示了表层沉积物 δ^{13}C 的空间分布。春季和夏季 δ^{13}C 呈现从河口向外海升高的分布趋势（图 6-3d、f）。其中，在春季养马岛附近（站位 Y-1）和羊亭河河口（站位 S-1）存在两个极小值（图 6-3f），这反映了河流陆源输入的显著影响；而秋季 δ^{13}C 分布与春季和夏季相反，总体上呈现近岸高、远岸低的分布特征。

由于海源有机质和陆源有机质氮同位素组成不同，利用 δ^{15}N 也能较好地判定沉积物有机质的来源。通常，海洋有机质 δ^{15}N 的范围为 3‰～12‰（平均值为 6‰）（Lamb et al.，2006；Brandes and Devol，2002），而陆地有机质 δ^{15}N 的范围为–10‰～10‰，平均值为 2‰（Gearing，1988）。在研究海域，表层沉积物 δ^{15}N 的范围为 4.95‰～8.51‰，平均值为（5.87±0.43）‰（表 6-5），指示沉积物有机质主要来源于海洋自生。与其他近海海域（表 6-4）相比，研究海域的 δ^{15}N 与四十里湾的调查结果（Liu et al.，2012b）相近，显著高于东海沿岸的调查结果（Zhou et al.，2018b）。与 δ^{13}C 的空间分布相似，春季和夏季表层沉积物 δ^{15}N 的分布特征基本遵循近岸低、远岸高的规律（图 6-3g、i）；而秋季 δ^{15}N 在近岸海区高于远岸海区（图 6-3h）。调查期间，表层沉积物 δ^{15}N 的最低值（4.95‰）出现在春季养马岛附近（站位 Y-1），反映了陆源输入的影响。

与 δ^{13}C 相比，海洋中的 δ^{15}N 容易受到生化过程的影响（Prahl et al.，1997）。污水的排放也可以改变 δ^{15}N（Liu et al.，2015a；McKinney et al.，2001）。相关研究结果显示，污水排放和农田流出的硝酸盐使近海海水的 δ^{15}N 从 10‰升至 25‰（Kendall，1998）。Voss 等（2006）对波罗的海沿岸 12 条河流的研究表明，污水排放和农田流出对水体中硝酸盐的贡献占 60%～70%。研究海域表层沉积物的 δ^{13}C 与 δ^{15}N 在夏季（R^2=0.259，0.01<P<0.05；图 6-4d）和秋季（R^2=0.272，0.01<P<0.05；图 6-4e）呈现显著性正相关关系，而在春季其相关性不显著（R^2=0.205，P>0.05；图 6-4f），表明存在其他因素（如有机质矿化或外源污染物的输入）影响 δ^{15}N 指示沉积物有机质的来源。因此，本书仅采用表层沉积物的 δ^{13}C 进一步解析沉积物有机质的来源。

6.4.3 陆地输入与海洋自生对沉积物有机碳的贡献

由于海源有机质和陆源有机质的δ^{13}C不同，采用二端元混合模型（Calder and Parker，1968）评估表层沉积物陆源有机碳（Ter-OC）和海洋自生有机碳（AOC）的含量。根据中国北部海域浮游植物的δ^{13}C结果（Cai et al.，2000），选择20.3‰作为海源有机质δ^{13}C的端元值，而选择27.0‰作为陆生有机质δ^{13}C的端元值（Guo et al.，2006）。根据下式计算陆源有机碳的贡献（f）：

$$F(\%)=(\delta^{13}\text{C}_{\text{海源}}-\delta^{13}\text{C}_{\text{测定值}})/(\delta^{13}\text{C}_{\text{海源}}-\delta^{13}\text{C}_{\text{陆源}})\times 100 \quad (6\text{-}2)$$

海洋自生有机碳的贡献可表示为

$$f'(\%)=100-f \quad (6\text{-}3)$$

海洋自生有机碳的含量可表示为

$$\text{AOC}=\text{TOC}\times f'\% \quad (6\text{-}4)$$

表 6-5 显示了表层沉积物中海洋自生有机碳的贡献以及陆源有机碳和海源有机碳的含量。整体而言，调查海区表层沉积物有机质以海洋自生为主。在夏季、秋季和春季表层沉积物 f'的范围分别为 68.3%～81.2%[平均值为（75.4±3.3）%]、48.7%～71.9%[平均值为（60.8±6.6）%]和 37.5%～77.8%[平均值为（67.4±10.3）%]。与δ^{13}C的空间分布相似，在夏季和春季（图 6-3j，图 6-3l），f'低值区主要出现在河口附近，其中最低值出现在春季养马岛附近（37.56%）；而在秋季（图 6-3h），f'呈现近岸高、远岸低的分布特征。

对于 AOC 而言，其主要来源于海源自生，而部分 AOC 也可能来自海洋横向输运。在研究海域，夏季 AOC 含量显著高于秋季和春季（表 6-5）。通常，沉积物中自生有机质和陆源有机质比例是人类活动和自然过程综合作用的结果，如废水排放、水动力条件、上覆水体的初级生产和早期成岩作用等（Vizzini and Mazzola，2006；Duarte and Cebriá，1996）。因此，了解 SOM 与这些因素之间的关系至关重要。

6.5 影响因素分析

沉积物有机质的积累主要受到有机质的供应、分解以及埋藏的控制。在不同季节，各种因素如海水温度、盐度、DO、营养盐和沉积物类型等都会影响沉积物有机质的组成和含量。同时，沉积物生物地球化学过程能够影响沉积物上覆水体的理化性质，导致一系列海洋环境问题的产生，如海水酸化和缺氧。为此，对海水理化参数（温度、盐度、DO和营养盐）和沉积环境参数（δ^{15}N、δ^{13}C、TOC、TN和沉积物粒度）进行相关性分析和主成分分析（PCA）以解释沉积物有机质与环境因子之间的关系。

通过主成分分析共提取出三个主成分（PC1～PC3），分别可解释55.3%（夏季）、61.4%（秋季）和 76.1%（春季）的方差变异。在夏季，PC1 可解释 24.1%的方差变异，其与AOC、TOC、TN、δ^{13}C、δ^{15}N、NO_3^-（S）、粉砂、黏土、S（B）、DSi（B）和NO_2^-（B）呈现显著正相关关系，而与 T（B）呈现显著负相关关系（图 6-5a、b）。PC1 主要反映了海洋自生有机质以及相关的环境因子。在夏季，高初级生产力导致表层沉积物 TOC 的累积（表 6-3）。通常粉砂和黏土具有较高的比表面积，这有利于 AOC 的保存（Keil et al.，1994；Mayer，1994）。表 6-6 显示，$\delta^{13}C$ 与表层海水中的 NO_3^- 呈现显著正相关关系，其相关系数为 0.576（$0.001<P<0.01$），表明表层海水中 NO_3^- 对自生有机质的产生具有重要影响。通常，新生有机质难以长期保存，大部分 AOC 会被矿化分解（Zhang et al.，2008；Rydin，2000；Andrieux and Aminot，1997），只有约 10%的 AOC 可以永久储存在沉积物中（Nielsen et al.，2010）。随着有机质的矿化分解，大量营养盐会重新释放至

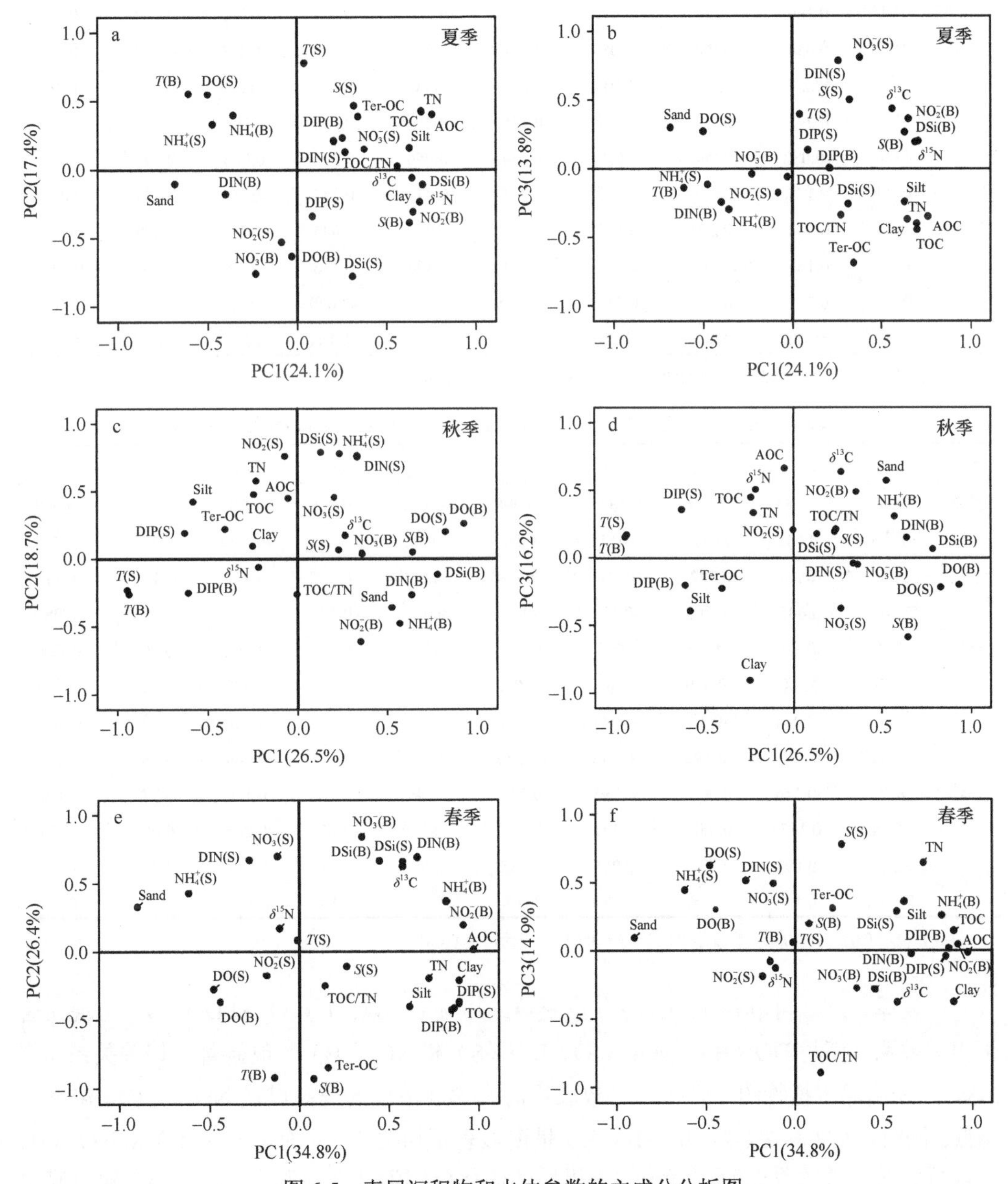

图 6-5　表层沉积物和水体参数的主成分分析图

T 和 *S* 分别代表温度和盐度；Clay 表示黏土；Silt 表示粉砂；Sand 表示砂；（S）和（B）分别代表表层海水和底层海水

上覆水体中（Sinkko et al.，2013）。研究海域夏季 AOC 与底层海水 DSi（r=0.386，0.01＜P＜0.05）和 NO_2^-（r=0.377，0.01＜P＜0.05）（表 6-7）呈现显著正相关关系，这表明海源有机质的分解可能是底层海水 DSi 和 NO_2^- 的重要来源。

表 6-6　表层沉积物碳、氮相关参数与表层海水中环境因子之间的相关性（n=26）

季节	参数	温度	盐度	NO_2^-	NO_3^-	NH_4^+	DIN	DIP	DSi	DO
夏季	$\delta^{13}C$	0.143	0.405[a]	–0.004	0.576[b]	–0.406[a]	0.483[a]	0.005	–0.025	–0.246
	$\delta^{15}N$	0.024	0.063	–0.050	0.380	–0.258	0.306	0.073	0.224	–0.401[a]
	AOC	0.166	0.222	–0.076	0.228	–0.116	0.085	–0.095	0.012	–0.260
	Ter-OC	0.035	–0.086	–0.059	–0.287	0.210	–0.259	–0.130	0.068	–0.055
秋季	$\delta^{13}C$	–0.202	0.327	–0.014	0.052	–0.001	0.036	–0.009	0.018	0.100
	$\delta^{15}N$	0.292	0.119	0.009	0.135	–0.057	0.055	0.197	–0.125	–0.304
	AOC	–0.082	–0.060	0.017	0.334	0.056	0.276	0.056	0.297	0.145
	Ter-OC	0.178	–0.630[b]	0.059	0.276	0.072	0.248	–0.007	0.247	0.062
春季	$\delta^{13}C$	0.180	–0.259	–0.475[a]	0.022	0.051	0.033	–0.299	0.027	–0.097
	$\delta^{15}N$	0.165	–0.397[a]	–0.240	0.251	0.376	0.366	–0.306	0.179	0.332
	AOC	0.228	–0.201	–0.416[a]	–0.095	0.056	–0.029	0.538[a]	–0.032	–0.072
	Ter-OC	–0.185	–0.004	–0.180	–0.247	0.067	–0.104	0.164	–0.091	–0.126

注：a 表示 0.01＜P＜0.05，b 表示 0.001＜P＜0.01，c 表示 P＜0.001

表 6-7　表层沉积物碳、氮相关参数与底层海水中环境因子之间的相关性（n=26）

季节	参数	温度	盐度	NO_2^-	NO_3^-	NH_4^+	DIN	DIP	DSi	DO
夏季	$\delta^{13}C$	–0.261	0.333	0.532[b]	–0.098	–0.057	–0.076	0.164	0.358	–0.069
	$\delta^{15}N$	–0.635[c]	0.631[c]	0.451[a]	–0.047	–0.352	–0.299	–0.127	0.307	0.179
	AOC	–0.266	0.222	0.377[a]	–0.418[a]	–0.007	–0.255	0.211	0.386[a]	–0.114
	Ter-OC	0.005	–0.002	–0.171	–0.32	0.021	–0.198	0.013	0.133	–0.089
秋季	$\delta^{13}C$	–0.190	–0.176	0.078	0.281	–0.041	0.186	–0.260	0.202	0.194
	$\delta^{15}N$	0.300	–0.310	0.161	–0.062	–0.091	–0.092	0.099	–0.131	–0.284
	AOC	–0.074	–0.35	–0.045	0.155	–0.124	0.047	–0.156	0.270	0.043
	Ter-OC	0.170	–0.192	–0.146	–0.237	–0.084	–0.224	0.164	0.083	–0.215
春季	$\delta^{13}C$	–0.146	0.005	–0.293	0.141	0.049	0.068	0.170	0.176	0.010
	$\delta^{15}N$	0.145	0.052	–0.152	0.137	–0.119	–0.129	0.228	0.085	0.206
	AOC	–0.092	0.072	–0.288	0.038	0.097	0.050	0.625[a]	0.094	0.029
	Ter-OC	–0.196	0.415[a]	–0.386	–0.196	–0.114	–0.142	0.405[a]	0.046	–0.148

注：a 表示 0.01＜P＜0.05，b 表示 0.001＜P＜0.01，c 表示 P＜0.001

在夏季，PC2 可解释 17.4%的方差变异，其与 T（S）、T（B）和 DO（S）呈现显著正相关关系，而与 DO（B）、NO_2^-（S）、DSi（S）和 NO_3^-（B）呈现显著负相关关系（图 6-5a），表明浮游植物的光合作用导致表层海水 DO 浓度的升高以及 NO_2^- 和 DSi 浓度的降低。同时，PC2 与 T（B）和 NH_4^+（B）呈现显著正相关关系，而与 DO（B）和 NO_3^-（B）呈现显著负相关关系表明，沉积物有机质的矿化分解消耗底层海水中的 DO，随着底层海水中 DO 浓度的降低，底层海水的氨化作用在氮循环过程中发挥着重要作用，导致底

层海水中 NO_3^- 的减少和 NH_4^+的增加。以往的研究表明，底层海洋生物可以刺激沉积物中营养盐的释放（Reddy et al.，1988），其中 NH_4^+是厌氧条件下 DIN 的主要形式（Qiu et al.，2011；叶琳琳等，2006）。此外，底层海水中 DO 与 AOC 之间存在负相关关系（r=–0.114，P=0.558），这在一定程度上说明，底层海水中 DO 浓度可以影响沉积物 AOC 的保存，即底层海水中 DO 浓度越低，AOC 含量越高（van der Weijden et al.，1999；Paropkari et al.，1993，1992）；这是因为海水低氧条件在一定程度上能够抑制沉积物有机质的耗氧分解，同时低氧条件能够减少大部分底栖生物的丰度（Bralower and Thierstein，1984）。然而，也有研究表明，表层海水的初级生产状况是影响有机质保存的关键因素。研究海域沉积物中的 AOC 与表层海水中的 NO_3^-存在正相关关系（表 6-6），表明初级生产对 AOC 的积累具有一定影响。同时，表层沉积物的 AOC 与底层海水中的 DO 呈现负相关关系（表 6-7），表明底层海水低氧有利于 AOC 的累积。

在夏季，PC3 可解释 13.8%的方差变异，其与 NO_3^-（S）、DIN（S）和 S（S）呈现显著正相关关系，而与 Ter-OC 呈现显著负相关关系（图 6-5b）。PC3 反映陆源有机质以及相关环境因素。通常，陆源有机质主要来源于河流浮游植物生产、大气沉降以及人类活动（Maksymowska et al.，2000）。夏季 Ter-OC 与 TN（r=0.731，P＜0.001）、TOC（r=0.813，P＜0.001）和 TOC/TN（r=0.542，0.001＜P＜0.01）存在显著正相关关系（表 6-8），表明陆源有机质是沉积物有机质的重要组成部分。然而，夏季 Ter-OC 与海水其他参数未呈现显著性相关关系，说明陆源有机质对海水环境因子的影响较小。这是因为与海源有机质相比，陆源有机质的化学性质更加稳定（Mann and Zweigel，2008），因此，夏季海源有机质的分解占主导。

表 6-8　表层沉积物碳、氮相关参数之间及其与不同粒度组分之间的相关性（n=26）

季节	参数	黏土	粉砂	砂	TN	TOC/TN	TOC	$\delta^{13}C$	$\delta^{15}N$
夏季	$\delta^{13}C$	0.238	0.230	–0.251	0.265	0.041	0.242	1.000	
	$\delta^{15}N$	0.236	0.299	–0.304	0.272	0.143	0.292	0.413 a	1.000
	AOC	0.476 a	0.422 a	–0.474 a	0.949 c	0.497 b	0.986 c	0.393 a	0.342
	Ter-OC	0.303	0.255	–0.292	0.731 c	0.542 b	0.813 c	–0.353	0.058
秋季	$\delta^{13}C$	–0.502 a	–0.058	0.198	0.254	–0.136	0.230	1.000	
	$\delta^{15}N$	–0.373	0.012	0.103	0.165	–0.196	0.120	0.522 b	1.000
	AOC	–0.451 a	0.186	–0.011	0.865 c	–0.121	0.902 c	0.620 c	0.316
	Ter-OC	0.164	0.281	–0.272	0.589 b	0.026	0.649 c	–0.579 b	–0.286
春季	$\delta^{13}C$	0.406 a	0.630 c	–0.609 b	0.755 c	–0.568 b	0.756 c	1.000	
	$\delta^{15}N$	0.142	0.273	–0.255	0.106	–0.226	0.122	0.286	1.000
	AOC	0.443 a	0.695 c	–0.671 c	0.923 c	–0.557 b	0.952 c	0.897 c	0.168
	Ter-OC	0.246	0.289	–0.295	0.465 a	–0.167	0.496 b	–0.119	–0.080

注：a 表示 0.01＜P＜0.05，b 表示 0.001＜P＜0.01，c 表示 P＜0.001

在秋季，PC1 可解释 26.5%的方差变异，其与 DO（S）、DO（B）、DSi（B）、S（B）、DIN（B）、NH_4^+（B）和砂呈现显著正相关关系，而与 T（B）、T（S）、DIP（S）、DIP（B）呈现显著负相关关系（图 6-5c、d）。秋季 PC1 反映了光合作用及有机质分解过程海水理化参数的变化特征，即浮游植物光合作用降低表层海水中 DIP 的浓度，而底层有机质的分解释放 DSi 和 DIN（NH_4^+、NO_3^-和 NO_2^-）。与夏季有所差异，秋季表层初级生产力相对较低，且底层有机质分解程度相对较高（由于 DO 充足），致使表层沉积物有机质含量较低（表 6-3）。由底层海水中 AOC 和 Ter-OC 与 DO 的相关性来看，底层海水中 DO 对 AOC 的保存影响较小（r=0.043），而对陆源有机质的保存具有一定的影响（r=–0.215，P=0.312）（表 6-7）。通常，沉积物有机质的分解由多种耗氧微生物和厌氧微生物介导，其过程能够改变沉积物有机质的组成。与陆源有机质相比，海洋自生有机质更容易分解。因此，陆源有机质在夏季分解程度相对较低。然而，当底层海水中 DO 相对充足时（秋季），陆源有机质和海源有机质的分解状况有所差异，正如研究结果所示（表 6-7），陆源有机质的分解程度受底层海水中 DO 浓度高低的影响，即底层 DO 浓度越高，Ter-OC 分解越明显，而海源有机质分解程度已不受底层海水中 DO 浓度的控制。随着有机质的分解，一些营养物质可以从沉积物释放到底层海水中（Schultz and Urban，2008）。然而，尽管在秋季出现了较低的 TOC 含量（表 6-3），但底层海水中的营养盐浓度并未增加，反而低于夏季（表 6-2），这与以往的研究结果（赵倩等，2012）有所差异，可能是受沿岸流的影响（Li et al.，2016），海水中的营养盐被外海海水稀释所致。

在秋季，PC2 可解释 18.7%的方差变异，其与 NO_2^-（S）、DSi（S）、DIN（S）、NO_3^-（S）、NH_4^+（S）、TN 和 AOC 呈现显著正相关关系（图 6-5c），表明营养盐影响下的海水表层初级生产力高低对 AOC 的保存具有重要作用。PC2 与 NO_2^-（B）和 NH_4^+（B）呈现显著负相关关系，表明底层海水中 NO_2^-（B）和 NH_4^+（B）具有相似的来源。

在秋季，PC3 可解释 16.2%的方差变异（图 6-5d），其与 AOC、TOC、TN、$\delta^{13}C$ 和砂呈现显著正相关关系，而与黏土和 S（B）呈现显著负相关关系。该主成分表明，细粒沉积物中 AOC 含量相对较低，这与夏季的结果不同。相关性结果显示，AOC 与黏土存在显著负相关关系（r=–0.451，$0.01<P<0.05$）（表 6-8），表明秋季细粒沉积物不利于海洋自生有机质的保存，这与以往的研究结果（Keil et al.，1994）相悖，并很难得到很好的解释。可能是由于秋季水动力条件强烈，沉积物中的细颗粒易于重悬，这有利于细粒沉积物中自生海洋有机质的分解。

在春季，PC1 可解释 34.8%的方差变异，其与 AOC、TOC、TN、$\delta^{13}C$、粉砂、黏土、DIP（S）、DSi（S）、NH_4^+（B）、NO_2^-（B）、DIN（B）、DIP（B）和 S（B）呈现显著正相关关系，而与砂、DO（S）、DO（B）和 NH_4^+（S）呈现显著负相关关系（图 6-5e、f）。该主成分反映了海洋自生有机质以及相关的环境因子。与夏季的结果相符，细粒沉积物能够累积更多的 AOC（Zhou et al.，2016；Keil et al.，1994）。春季表层海水中 AOC 与 DIP 呈现显著正相关关系（r=0.538，$0.01<P<0.05$）（表 6-6），表明表层初级生产力可能是控制 AOC 储存的关键因素，而 DIP 可能是影响浮游植物生长繁殖的关键因子，这与夏季和秋季的结果不同。

在春季，PC2 可解释 26.4%的方差变异，其与 $\delta^{13}C$、NO_3^-（S）、NO_3^-（B）、DIN（S）、DIN（B）、DSi（S）和 DSi（B）呈现显著正相关关系，而与 Ter-OC、S（B）和 T（B）呈现显著负相关关系（图 6-5e），该主成分反映陆源有机质以及海水中营养盐的来源。

在底层海水，Ter-OC 与 DIP 之间呈现显著正相关关系（r=0.405，0.01<P<0.05）（表 6-7），表明陆源输入对底层海水中 DIP 具有重要影响；Ter-OC 与底层海水中的 DO 之间存在弱负相关关系（r=−0.148，P=0.470）（表 6-7），表明底层海水中 DO 浓度水平在一定程度上影响陆源有机质的保存。

在春季，PC3 可解释 14.9%的方差变异，其与 NO_3^-（S）、DIN（S）、NH_4^+（S）、DO（S）和 TN 呈现显著正相关关系，而与 TOC/TN 呈现显著负相关关系（图 6-5f）。该主成分表明，表层海水中的 DIN 对 TN 累积具有重要作用。海洋初级生产者光合作用是沉积物 TN 的主要来源，而表层海水中 NO_3^-和 NH_4^+为光合作用提供原材料。

6.6　本 章 小 结

养马岛附近海域表层沉积物中的有机质以海洋自生为主，春季、夏季和秋季分别占（67.4±10.3）%、（75.4±3.3）%和（60.8±6.6）%。受浮游植物生长繁殖的影响，夏季表层沉积物中 TOC 和 TN 的含量明显高于秋季和春季。在空间分布上，春季和夏季 TOC 和 TN 的含量呈现近岸低、远岸高的分布特征，秋季则相反。表层海水初级生产力和底层海水中 DO 的浓度是影响沉积物有机质保存的主要因素。在夏季，表层高初级生产力及底层海水低 DO 浓度条件共同控制表层沉积物有机质的保存；而秋季和春季上覆水体有机质的供应量相对夏季较少，加之底层海水中 DO 浓度较高，这有利于有机质的耗氧分解，致使表层沉积物有机质含量相对较低。海水中营养盐可通过控制初级生产进而影响 AOC 的积累。夏季表层海水中 NO_3^-对 AOC 保存的影响最为明显，其可能是限制浮游植物生长的主要因素。在秋季，NO_3^-和 DSi 对 AOC 储存的影响显著；而 DIP 对春季 AOC 储存的影响最为明显。

第 7 章　表层沉积物中磷的地球化学特征

磷（P）是水生环境中不可或缺的营养元素，在调节生物群落结构和生源要素生物地球化学循环中发挥着重要作用（Liu et al.，2019；Kang et al.，2017）。向水生环境中输入过多活性磷可能会对生态系统产生不利影响，如水体富营养化、有害水华和缺氧（Lin et al.，2016；Rucinski et al.，2016；Adhikari et al.，2015）。水生环境中的磷主要来自大气沉降、河流输入和地下水排放以及沉积物释放等外部和内源输入（Yang et al.，2017a）。在海水养殖区，由于生物沉积速率高，沉积物可能同时充当海水中磷的源和汇，对磷循环具有重要影响（Pan et al.，2021；Zhang et al.，2013a）。

通常，沉积物-海水界面磷的迁移转化主要受沉积物中不同形态磷的地球化学特性控制（Liu et al.，2020；Mort et al.，2010）。可交换态磷（Ex-P）、铁结合态磷（Fe-P）、自生磷灰石磷（Ca-P）、碎屑磷（De-P）和有机磷（OP）被广泛认为是沉积磷的主要存在形式（Ruttenberg，1992）。不同的磷组分具有不同的地球化学行为，只有某些形态的磷，即 Ex-P、Fe-P 和 OP，才能转化为生物可利用性磷，并在溶解、解吸和还原等物理化学过程的作用下释放到水柱中（Song，2010）。许多环境因素，如沉积物的粒度、氧化还原特性、温度和 pH，都会影响沉积物中磷的保存、转化和再循环等地球化学过程（Liu et al.，2020，2016；Pan et al.，2021）。溶解氧（DO）是控制水生生态系统中磷循环的关键环境参数之一，其主要影响沉积物中的 Fe-P 迁移（Liu et al.，2020）。一般来说，富氧沉积物有利于 Fe-P 的形成；相反，由于 Fe/Mn 氧化物在缺氧条件下的还原溶解，大量的磷可以释放回水中。此外，缺氧环境可以在一定程度上促进有机物的厌氧分解，从而加速磷循环（Picard et al.，2019）。

2017 年 8 月（缺氧季节）和 11 月（非缺氧季节），通过现场调查并结合实验室培养实验对养马岛附近海域表层沉积物中磷的生物地球化学循环过程进行了研究。

7.1　材料与方法

7.1.1　样品的采集与分析

2017 年 8 月和 11 月，用箱式沉积物采样器对养马岛附近海域 24 个站位的表层沉积物样品进行了采集，站位具体经纬度见表 1-1，24 个站位中未包含表 1-1 中的 C-1、X-1、X-4、Q-1、Q-2、Q-3、Q-4、Q-5、Q-6、N-1、N-2、L-1 和 L-2 这 13 个站位。在采样器中收集 0～2cm 沉积物，装在干净密实袋中冷冻保存，用于沉积物粒度、各形态 P、TOC 和 $CaCO_3$ 的分析。同时采集底层海水分析温度、盐度、DO、Chl a 以及营养盐等指标，测定方法同 2.1.1 小节。

将采集样品运抵实验室后，对一部分沉积物样品（湿样）进行离心，获得间隙水并测定 DIP 和 DIN 的浓度。剩下的样品冷冻干燥、研磨过筛，用于后续有机碳、$CaCO_3$、沉积物磷以及粒度的测试。沉积物粒度和有机碳测定方法同 6.1.2 小节。对于表层沉积物中的磷，取 0.1g 经冻干过 200 目筛的沉积物干样于 50ml 离心管，采用连续浸取法（SEDEX）将其分为 Ex-P、Fe-P、Ca-P、De-P 和 OP 五种形态（Ruttenberg，1992），具体操作步骤见图 7-1，各步骤间以 5000r/min 离心 10min。其中，连二亚硫酸钠溶液（CDB）的配制方法为：首先用超纯水配制 Na_3-citrate 和 $NaHCO_3$ 浓度分别为 0.3mol/L 和 1mol/L 的混合溶液，然后向每 45ml 该溶液中加入 1.125g 的 $Na_2S_2O_4$，分多次加入，以防发生剧烈反应。

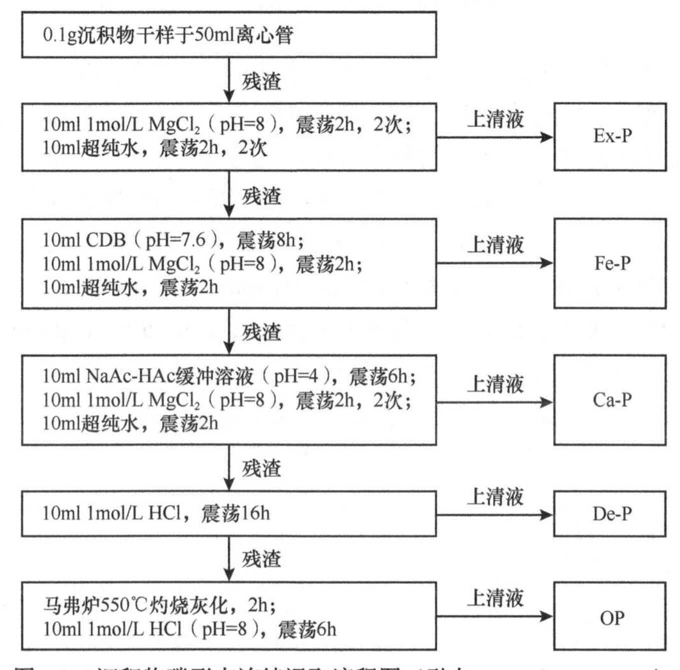

图 7-1　沉积物磷形态连续浸取流程图（引自 Ruttenberg，1992）

7.1.2　室内培养实验

为了明确沉积物中磷的释放情况，选取 Y-2、Y-4、Y-6、H-2、H-4 和 H-6 站位的样品进行室内模拟实验。具体如下：选用有机玻璃管作为培养管，其直径为 5cm，长 35cm。各培养管中沉积物高度保持一致，约为 10cm 左右。下端用橡胶塞封堵固定，防止样品流失。向沉积物上方小心且缓慢地加入人工海水 450ml，人工海水配方参考 American National Standard: ASTM D1141-98（2003），并添加营养盐标准溶液，使各营养盐浓度与原位上覆水体的营养盐浓度一致，操作过程中避免沉积物搅动引起初始营养盐浓度的变化。上端用事先打孔的橡胶塞封堵，便于通气和取样。设置平行组和空白组（另取培养管，只加入等量对应站位的人工海水）。为模拟原位情况，在预先恒温的生化培养箱中避光培养。温度选用当季各站位底层水的平均温度（夏季：23.8℃；秋季：14.3℃）；盐度调整至原位情况；各培养装置中将通气管调整至同一高度，用流量计控制通入空气/N_2 比例以调整 DO 浓度；通过 HCl 溶液和 NaOH 溶液调节 pH 至对应站位原位数值。实验开始稳定 4h 后，取 50ml 上覆水体立即通过 0.45μm 针头滤膜（Pall），于–20℃冰箱冷冻保存。将取样管安置于上覆水水柱中部，且每次取样位置相同，取样后缓慢添加等量人工海水以保证整体体积不变。实验开始后由于沉积物和水体中营养盐浓度差较大，因此前期取样频率要大于后期。取样时间分别为稳定后第 0h、第 4h、第 8h、第 12h、第 24h、第 36h、第 48h、第 60h。样品处理和保存过程同上。为保证取样前后上覆水体温度、DO 浓度的稳定，人工海水也预先恒温并通气至与原位条件一致。测定样品中 NO_2^-、NO_3^-、NH_4^+和 DIP 的浓度。此外，培养实验结束后，对沉积物中的磷按照 7.1.1 小节的方法处理。

7.2 底层海水及间隙水环境特征

调查期间，底层海水的盐度相对稳定，温度变化较大，范围为 11.5～25.9℃（表 7-1）。空间上，盐度呈现由近岸向外海逐步递增的分布特征。不同月份温度分布有所差异，其中在 8 月，温度呈现近岸高于远岸的分布特征，这与 11 月的分布特征相反。底层海水中 DO 浓度范围为 55.0～240.1μmol/L。在 8 月，约 30%的调查区域底层海水呈现低氧状况（DO＜93.0μmol/L），主要分布在扇贝养殖区；而到了 11 月，调查区域底层海水中 DO 浓度均高于 200μmol/L。对于无机营养盐，底层海水中 NO_3^-、NO_2^-、NH_4^+ 和 DIP 的浓度分别为 0.22～26.06μmol/L、0.10～0.41μmol/L、0.46～16.20μmol/L 和 0.17～1.86μmol/L。总体上来看，除了 11 月的 DIP 外，较高无机营养盐浓度均出现在近岸区域。

表 7-1 底层海水和间隙水的环境参数特征

月份	海水层次	范围/平均值	温度/℃	盐度	Chl a/(μg/L)	DO/(μmol/L)	NO_2^-/(μmol/L)	NO_3^-/(μmol/L)	NH_4^+/(μmol/L)	DIP/(μmol/L)
8	底层海水	范围	21.7～25.9	31.14～31.66	1.04～8.21	55.0～184.0	0.10～0.41	0.22～11.07	1.48～16.20	0.17～1.86
		平均值	23.8±1.1	31.51±0.16	2.79±2.16	121.9±41.3	0.20±0.10	3.76±2.69	5.77±3.98	0.72±0.42
	间隙水	范围	n.d.	n.d.	n.d.	n.d.	1.62～3.62	7.72～11.83	122.4～328.3	0.98～2.40
		平均值	n.d.	n.d.	n.d.	n.d.	2.63±0.78	9.13±1.50	207.0±79.6	1.95±0.42
11	底层海水	范围	11.5～16.6	31.88～32.18	n.d.	228.6～240.1	0.11～0.33	1.42～26.06	0.46～6.19	0.21～0.88
		平均值	14.7±1.4	32.03±0.09	n.d.	233.5±3.7	0.20±0.07	7.41±5.57	1.79±1.25	0.63±0.23
	间隙水	范围	n.d.	n.d.	n.d.	n.d.	1.63～3.44	5.88～11.79	24.50～65.70	0.29～0.76
		平均值	n.d.	n.d.	n.d.	n.d.	2.62±0.75	8.44±2.78	41.42±15.8	0.42±0.17

注：“n.d.”表示未获得数据

对于沉积物间隙水，8 月 NO_3^-、NO_2^-、NH_4^+和 DIP 的浓度分别为 7.72～11.83μmol/L、1.62～3.62μmol/L、122.4～328.3μmol/L 和 0.98～2.40μmol/L；11 月 NO_3^-和 NO_2^- 的浓度与 8 月大致相当，而 NH_4^+和 DIP 的浓度明显低于 8 月（表 7-1）。

7.3 粒度组成特征及 $CaCO_3$ 和 TOC 的含量

粒度是沉积物最基本的理化参数之一，其大小及组成受水动力条件、地形地貌以及沉积物来源等多种因素的影响（杨旭辉等，2012）。研究海域表层沉积物以黏土质粉砂和砂质粉砂为主（图 7-2）。不同月份沉积物粒度组成有所变化，平均而言，8 月的黏土比例比 11 月高约 49%，而 8 月的砂土比例比 11 月低约 32%（表 7-2）。从表层沉积物的粒度组成空间分布来看（图 7-3a～f），细粒沉积物（粉砂和黏土）呈现近岸低于远岸的分布特征，而砂质沉积物（砂土）的空间分布与之相反；8 月养殖区沉积物中的黏土组分含量平均为（35.4±9.9）%，总体上比非养殖区[黏土组分含量平均为（19.1±12.1）%]更细。

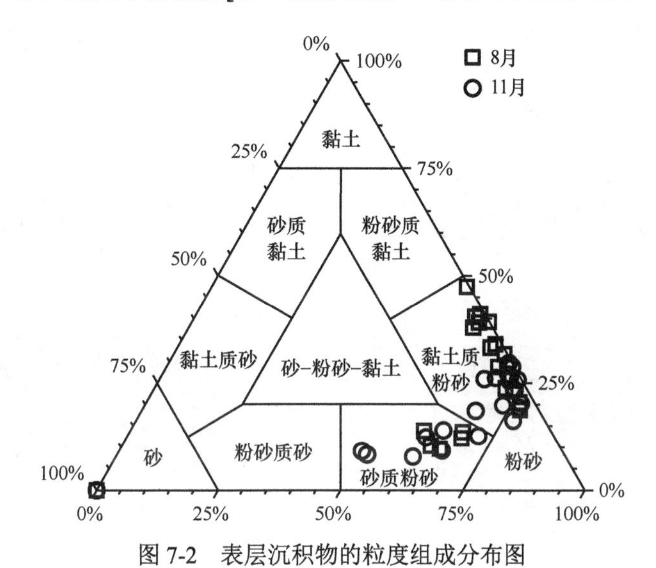

图 7-2　表层沉积物的粒度组成分布图

表 7-2　表层沉积物的一般特征及沉积物中磷的含量

参数	8 月		11 月	
	范围	平均值	范围	平均值
黏土/%	0～47.4	25.0±13.8	0～29.7	16.8±9.4
粉砂/%	0～77.4	59.2±20.2	0～77.2	59.9±24.2
砂土/%	0.1～100	15.8±28.7	0.4～100	23.3±32.1
TOC/%	0.11～0.64	0.39±0.10	0.08～0.57	0.37±0.13
$CaCO_3$/%	0.18～7.16	4.31±1.74	0.19～6.38	3.78±1.59
Ex-P/（μmol/g）	0.62～1.53	1.10±0.26	0.41～1.43	0.90±0.27
Fe-P/（μmol/g）	1.68～3.52	2.62±0.51	1.59～3.34	2.63±0.52
Ca-P/（μmol/g）	2.78～4.88	3.76±0.58	2.56～4.06	3.20±0.41
De-P/（μmol/g）	7.42～12.10	10.13±1.47	6.62～9.90	8.24±0.85
OP/（μmol/g）	2.07～3.77	2.71±0.41	1.12～2.87	2.15±0.52
TP/（μmol/g）	16.29～23.88	20.32±2.21	13.42～19.99	17.12±1.79
IP/（μmol/g）	14.21～21.19	17.61±2.11	12.12～17.24	14.97±1.49
Bio-P/（μmol/g）	4.65～7.08	6.39±0.75	3.43～7.18	5.65±1.15
TOC/OP	46.0～154.9	118.0±23.0	50.1～210.0	139.0±37.8

注：Bio-P 表示生物可利用性磷

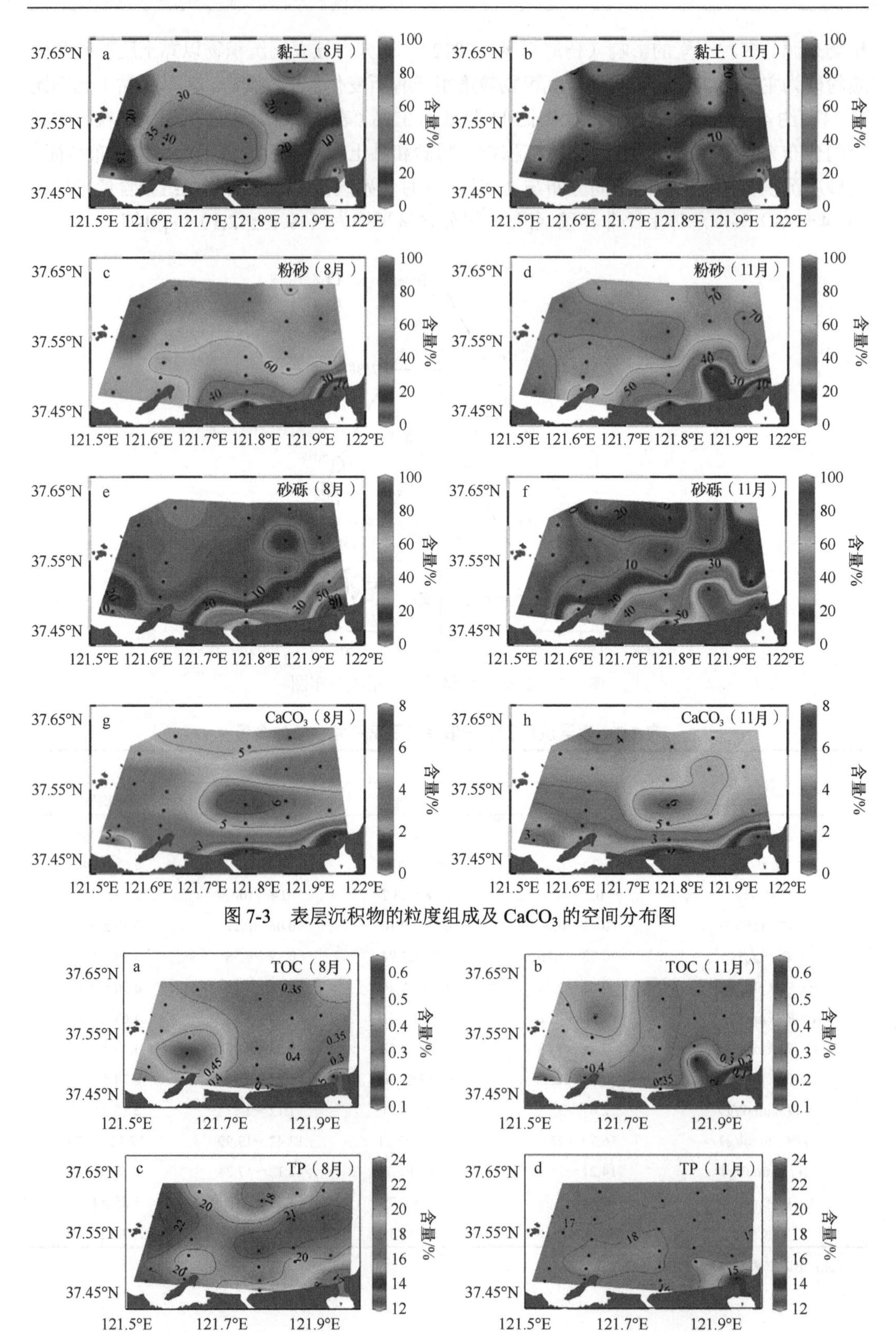

图 7-3 表层沉积物的粒度组成及 $CaCO_3$ 的空间分布图

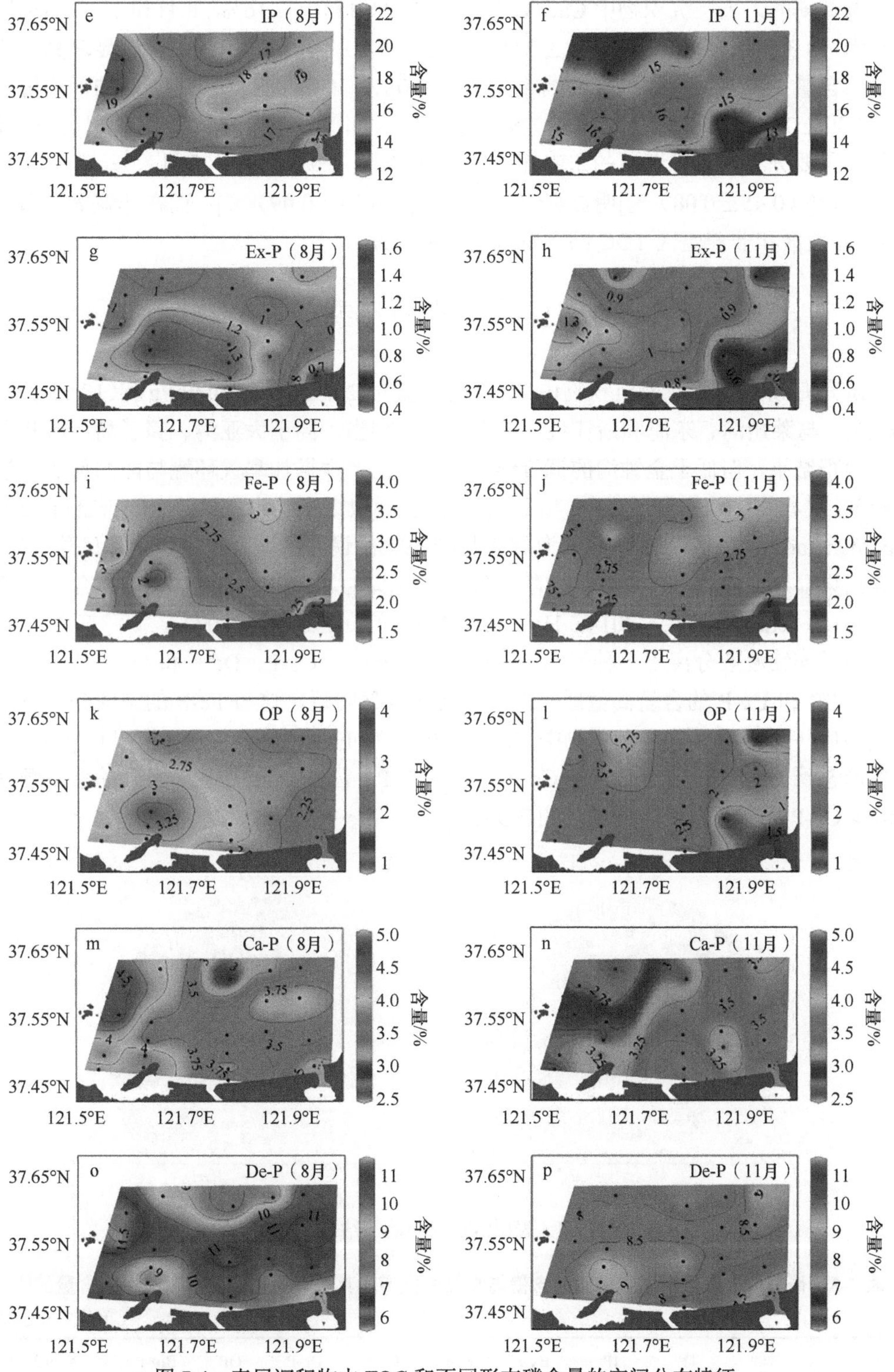

图 7-4　表层沉积物中 TOC 和不同形态磷含量的空间分布特征

调查期间，表层沉积物中 $CaCO_3$ 含量范围为 0.18%～7.16%，8 月和 11 月的平均值分别为（4.31±1.74）%和（3.78±1.59）%（表 7-2），其在养殖区的含量显著高于非养殖区的含量（图 7-3g、h）；TOC 含量范围为 0.08%～0.64%，8 月和 11 月的平均值分别为（0.39±0.10）%和（0.37±0.13）%（表 7-2），高值区主要分布在研究海域的西部，低值区主要分布在研究海域的东南部（图 7-4a、b）。在缺氧季节（8 月），养殖区的 TOC 平均含量[（0.45±0.08）%]明显高于非养殖区[（0.35±0.09）%]；而在非缺氧季节（11 月），养殖区和非养殖区 TOC 的含量未呈现明显差异。

7.4 总磷含量与形态分布

研究海域 8 月和 11 月沉积物中 TP 含量分别为(20.32±2.21)μmol/g 和(17.12±1.79)μmol/g，与莱州湾、东海和浙江近岸的 TP 含量相当，高于大亚湾、獐子岛近海和海州湾的调查结果，但低于金钟湾的调查结果（表 7-3）。根据加拿大环境与能源部的质量评估标准，沉积物中磷含量超过 19.4μmol/g 可能会导致潜在的生态风险（Barik et al.，2019；Mudroch and Azcue，1995）。研究海域 8 月约 59%的调查区域存在潜在生态风险。此外，研究结果显示，IP 是 TP 的主要赋存形态，这与以往大部分的研究结果相吻合（Zhou et al.，2016；Zhuang et al.，2014；He et al.，2010；Fang et al.，2007）。

通过连续浸取分离出五种形态的磷：Ex-P、Fe-P、Ca-P、De-P 和 OP。从空间分布来看，OP 和 Ex-P 的含量高值区主要分布在养马岛附近，这与 Fe-P 的空间分布特征呈相反趋势（图 7-4）。表层沉积物中 TP 含量范围为 13.42～23.88μmol/g，以 IP 为主；8 月各形态磷的含量顺序为 De-P＞Ca-P＞OP＞Fe-P＞Ex-P，11 月各形态磷的含量顺序为 De-P＞Ca-P＞Fe-P＞OP＞Ex-P（图 7-5）。

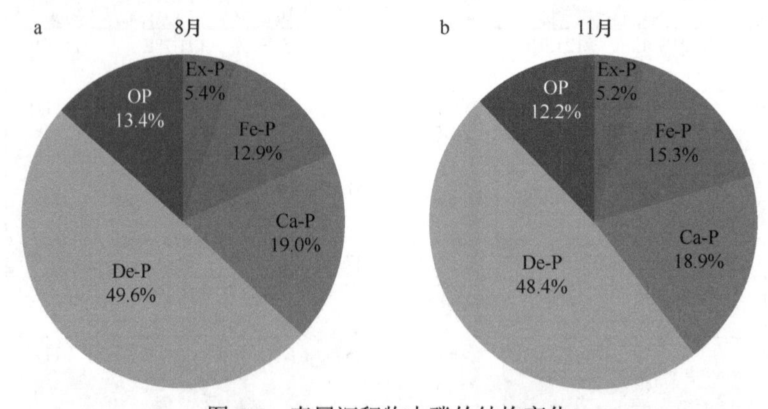

图 7-5 表层沉积物中磷的结构变化

表 7-3 研究海域表层沉积物中磷的含量与文献中报道的其他一些边缘海沉积物中磷含量的比较

（单位：μmol/g）

海区	时间	TP	IP	Ex-P	Fe-P	Ca-P	De-P	OP	Bio-P	参考文献
北黄海	2007.10	6.50±0.08	n.d.	0.56±0.01	0.36±0.01	2.11±0.04	2.38±0.01	0.55±0.01	n.d.	孟佳等，2012

续表

海区	时间	TP	IP	Ex-P	Fe-P	Ca-P	De-P	OP	Bio-P	参考文献
黄海和东海	2006	n.d.	n.d.	0.2	1.00	4.69	1.97	1.09	n.d.	Zhang et al.，2013b
东海		17.47±1.93	14.73±1.49	1.45±0.26	n.d.	1.00±0.28	12.27±1.65	2.75±1.13	n.d.	Fang et al.，2007
东海内陆架	2011.7～8	17	n.d.	0.43	0.43	3.03	9.45	2.73	n.d.	Meng et al.，2014
东海陆架	2014.5～6	14.3±1.14	11.24±1.27	0.46±0.17	0.43±0.25	4.95±1.48	5.10±1.86	3.06±0.72	4.25±1.05	Zhou et al.，2016
浙江近海	2009.4	18.16±4.38	n.d.	0.21±0.05	3.11±0.92	0.41±0.09	9.83±1.17	2.22±0.85	n.d.	安明梅等，2012
大亚湾	2007.8	11.40±0.26	9.69±0.27	0.66±0.73	0.91±0.37	3.10±0.32	4.26±0.40	1.70±0.81	n.d.	He et al.，2010
莱州湾	2011.10	16.19	14.09	0.36	1.06	2.01	10.67	2.07	3.48	Zhuang et al.，2014
獐子岛近海	2011.11	9.19	7.43	0.44	1.10	1.05	4.85	1.64	3.17	Zhuang et al.，2014
海州湾	2014.8	14.06	9.56	0.17	0.38	2.49	6.52	4.69	5.19	高春梅等，2015
金钟湾	2004.5	32.31±4.29	n.d.	1.56±0.57	4.20±2.45	11.77±3.00	13.09±4.15	1.69±0.51	19.22±4.91	Berbel and Braga，2014
波的尼亚海	2012～2013	n.d.	n.d.	2.03	44.69	15.89	3.63	10.24	n.d.	Egger et al.，2015
养马岛附近海域	2017.8	20.32±2.21	17.61±2.11	1.10±0.26	2.62±0.51	3.76±0.58	10.13±1.47	2.71±0.41	6.39±0.75	本书
	2017.11	17.12±1.79	14.97±1.49	0.90±0.27	2.63±0.52	3.20±0.41	8.24±0.85	2.15±0.52	5.65±1.15	

注：用文献中采用的连续浸取法与本研究中的方法并不完全相同；“n.d.”表示未获得数据

7.5　低氧和扇贝养殖的影响分析

7.5.1　低氧对沉积物 P 的影响

在 8 月，站位 Y-2、Y-3、Y-4、H-1、H-2 和 S-2 被低氧海水所覆盖。相比较而言，在 11 月，受到强水动力条件的影响，低氧现象消失。因此，分析 8 月和 11 月沉积物中磷与 DO 的关系能够更好地阐明低氧对沉积物中磷的生物地球化学循环的影响。

8 月底层海水和间隙水中 DIP 和 NH_4^+的浓度相对于 11 月显著增加（表 7-1）。空间上，8 月低氧区底层海水和间隙水中 DIP 和 NH_4^+的浓度显著高于富氧区。底层海水与间隙水中的 DIP 浓度呈现显著正相关关系（$0.01<P<0.05$，表 7-4），并且间隙水 DIP 与 8 月底层海水中的 DO 浓度呈现负相关关系。该结果阐明，在缺氧条件下，大量 DIP 可能通过沉积物释放到水中，这在调节水体中 DIP 浓度方面起着关键作用（Liu et al.，2020，2016）。

表 7-4 间隙水 DIP 和 NH_4^+与底层海水 DO、NH_4^+、DIP 以及沉积物中各形态磷之间的相关性

月份	参数	$NH_4^+{}_P$	沉积物-海水界面交换通量	DO_B	$NH_4^+{}_B$	DIP_B	Ex-P	Fe-P	Ca-P	De-P	OP
8	DIP_P	0.755[a]	0.682[a]	–0.539	0.460	0.671[a]	0.553	–0.277	0.929[b]	0.270	0.585
（n=6）	$NH_4^+{}_P$		0.941[b]	–0.926[b]	0.551	0.575	0.892[b]	–0.736	0.705[a]	0.303	0.868[a]
11	DIP_P	0.630	–0.463	–0.778[a]	0.867[a]	0.282	–0.029	0.269	0.695[a]	–0.135	0.236
（n=6）	$NH_4^+{}_P$		–0.124	–0.162	0.657	–0.473	0.482	0.859[a]	0.929[b]	0.416	0.490

注：a 表示 0.01＜P＜0.05，b 表示 0.001＜P＜0.01，c 表示 P＜0.001。下标 B 表示底层海水；下标 P 表示间隙水

8 月 TP 的含量显著高于 11 月。从沉积物中磷的结构变化来看，8 月 OP 和 De-P 的百分比显著高于 11 月，这与 Fe-P 的变化相反。空间上，8 月缺氧区 Ex-P 和 OP 的含量明显高于富氧区，这与 Fe-P 的分布相反（图 7-4）。因此，这些形态的磷与底层海水的 DO 浓度均显示出显著的相关性，说明 DO 浓度是影响不同形态磷浓度变化的重要因素。众所周知，在缺氧环境下，通过 Fe/Mn（氧）氢氧化物的还原，部分磷很容易地释放到底层海水中（Kraal et al.，2012）。因此，8 月观察到的低 Fe-P 含量可能与低 DO 下铁氧化物的还原有关。除此之外，低 DO 可以促进沉积物中的 Fe-P 向 Ex-P 转化（Liu et al.，2020），从而导致 Ex-P 含量增加。然而，在 11 月，未发现 Fe-P 和 DO 浓度之间的显著相关性（表 7-5），这可能是强风和沿岸流导致的强水动力条件造成的。

8 月在研究海域富含有机物（平均 TOC 含量为 0.64%）、缺氧（平均 DO 浓度为 59.7μmol/L）的站位 Y-3 的沉积物中观测到 OP 含量最高，为 3.77μmol/g（图 7-4）。然而，11 月调查区底层海水处于富氧状态，这有利于有机质的降解，导致沉积物中 OP 含量显著下降（表 7-2）。

浮游植物的 TOC/OP 约为 106，而较大的比值归因于陆源输入或 OM 的分解（Redfield et al.，1963）。8 月研究海域表层沉积物的 TOC/OP 为 118.0±23.0，这与海洋浮游植物来源基本一致；11 月表层沉积物的 TOC/OP 为 139.0±37.8，明显大于 8 月（图 7-6a）。前期的研究表明，养马岛附近海域的 SOM 主要来源于海洋自生（Yang et al.，2018）。在 8 月，研究海域底层海水发生局部缺氧，因此在一定程度上抑制了有机质的分解（Yang et al.，2018），使得这部分海洋有机质得以保存。相比较而言，在 11 月，底层海水中 DO 浓度较高，有利于 SOM 的分解，因此 TOC/OP 比较大。

通常，沉积物-海水界面的大部分活性磷以有机物的形式存在。在永久埋藏之前，这部分有机物会发生分解，并伴有大量 DIP 的释放，这导致底层海水中 DIP 含量显著高于表层。此外，部分有机物矿化再生的 DIP 被黏土矿物吸附、与氧化铁结合、与 $CaCO_3$ 结合或扩散到沉积物-海水界面并扩散至上覆水体中（März et al.，2014）。从研究结果（表 7-5）来看，8 月和 11 月 OP 与 Ex-P 之间存在显著的相关性（P＜0.001；0.001＜P＜0.01），这说明部分再生的磷被吸附到黏土矿物上。换言之，研究海域 TOC/（OP+Ex-P）可能会更好地解释沉积物中磷的地球化学行为。

在 8 月和 11 月，TOC/（OP+Ex-P）分别为 83±18 和 96±28，远小于 106（图 7-6），表明相对于 OC 存在过量的（OP+Ex-P）。初步估算，8 月和 11 月 OP 矿化所产生的 Ex-P 含量分别约为 0.27μmol/g 和 0.23μmol/g，分别约占相应 Ex-P 总量的 24.5%和 25.5%。由

表 7-5　养马岛近岸海域海水盐度、DIP、DO 与沉积物粒度组成、$CaCO_3$和各形态磷的相关性

月份	参数	盐度	DIP_B	DO_B	OC	黏土	粉砂	砂	$CaCO_3$	Ex-P	Fe-P	Ca-P	De-P	OP	TP	IP
8	Ex-P	–0.613^{b}	0.360	–0.559^{b}	0.676^{c}	0.842^{c}	0.166	–0.605^{b}	0.490^{a}							
（n=22）	Fe-P	0.460^{a}	–0.405	0.880^{c}	–0.034	–0.129	0.602^{b}	–0.361	0.361	–0.366						
	Ca-P	–0.062	0.450^{a}	–0.384	0.550^{b}	0.219	0.337	–0.327	0.024	0.258	–0.125					
	De-P	0.280	0.018	0.253	0.092	–0.082	0.437^{a}	–0.268	0.184	–0.059	0.345	0.279				
	OP	–0.693^{c}	0.357	–0.194	0.754^{c}	0.668^{c}	0.519^{a}	–0.753^{c}	0.260	0.674^{c}	–0.057	0.313	0.032			
	TP	0.146	0.064	0.355	0.365	0.162	0.663^{c}	–0.544^{b}	0.317	0.110	0.450^{a}	0.481^{a}	0.904^{c}	0.327		
	IP	0.233	0.024	0.421	0.231	0.041	0.634^{b}	–0.465^{a}	0.283	–0.018	0.534^{a}	0.437	0.937^{c}	0.187	0.983^{c}	
	Bio-P	–0.024	–0.041	0.408	0.729^{c}	0.644^{b}	0.790^{c}	–0.864^{c}	0.618^{b}	0.574^{b}	0.478^{a}	0.292	0.307	0.767^{c}	0.635^{b}	0.543^{b}
11	Ex-P	0.589^{b}	–0.086	0.398	0.665^{c}	0.901^{c}	0.690^{c}	–0.783^{c}	0.399							
（n=24）	Fe-P	0.276	0.004	–0.135	0.362	0.613^{b}	0.583^{b}	–0.619^{b}	0.444^{a}	0.553^{b}						
	Ca-P	–0.239	0.133	–0.589^{b}	–0.035	0.179	0.074	–0.108	0.121	0.129	0.533^{b}					
	De-P	0.098	0.152	–0.094	0.456^{a}	0.286	0.584^{b}	–0.524^{b}	0.313	0.369	0.392	0.083				
	OP	0.322	0.121	0.143	0.832^{c}	0.520^{b}	0.658^{c}	–0.647^{c}	0.380	0.568^{b}	0.343	0.098	0.372			
	TP	0.237	0.126	–0.115	0.658^{c}	0.643^{c}	0.760^{c}	–0.760^{c}	0.447^{a}	0.683^{c}	0.780^{c}	0.470^{a}	0.771^{c}	0.677^{c}		
	IP	0.189	0.109	–0.189	0.499^{a}	0.591^{b}	0.683^{c}	–0.687^{c}	0.421	0.622^{b}	0.819^{c}	0.531^{b}	0.798^{c}	0.463^{a}	0.966^{c}	
	Bio-P	0.422	0.040	0.103	0.761^{c}	0.789^{c}	0.788^{c}	–0.824^{c}	0.488^{a}	0.810^{c}	0.800^{c}	0.341	0.471^{a}	0.810^{c}	0.892^{c}	0.789^{c}

注：a 表示 $0.01<P<0.05$，b 表示 $0.001<P<0.01$，c 表示 $P<0.001$。下标“B”表示底层海水

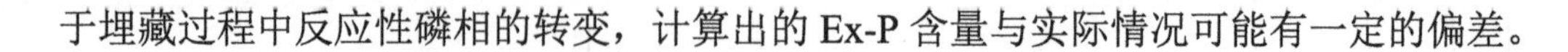

于埋藏过程中反应性磷相的转变，计算出的 Ex-P 含量与实际情况可能有一定的偏差。

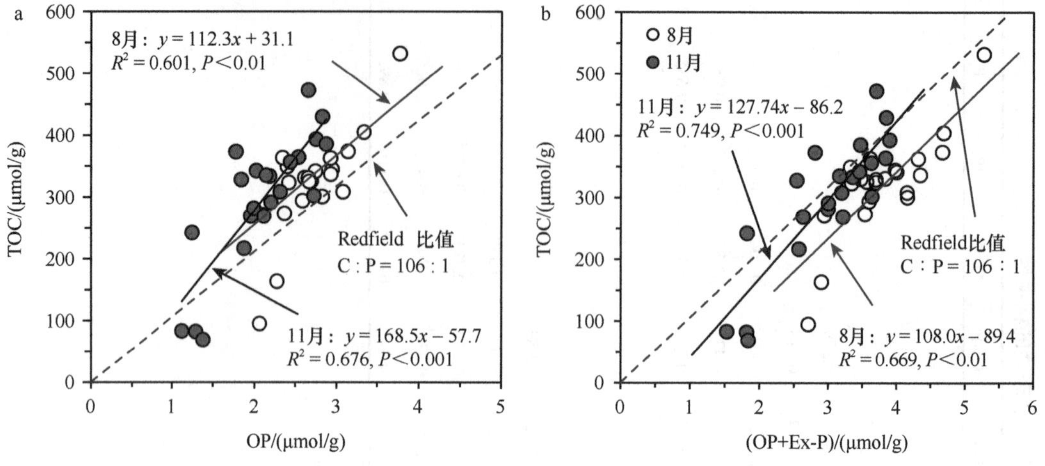

图 7-6 表层沉积物中 TOC 与 OP 和（OP+Ex–P）之间的关系

通常沉积物具有的生物可利用性磷（Bio-P）含量可以反映海水的污染程度和内部磷的释放能力（Zhou et al.，2016）。研究海域 8 月的 Bio-P 含量为（6.39±0.75）μmol/g，11 月为（5.65±1.15）μmol/g，分别占相应 TP 的（31.9±3.3）%和（32.9±4.0）%。相比较而言，研究结果略高于东海陆架的调查结果（Zhou et al.，2016）。

8 月和 11 月的沉积物-海水界面的 DIP 交换通量（DIP-F）分别为（2.17±1.17）μmol/（cm^2·a）和（–1.53±0.47）μmol/（cm^2·a）。与其他沿海区域（表 7-6）相比，夏季研究海域的结果高于乳山湾近海（Liu et al.，2016）、波罗的海（Viktorsson et al.，2012）、胶州湾（Qi et al.，2011）和伊比利亚近岸海域（van der Zee et al.，2002）的研究结果，但低于长江口及其邻近海域（Hou et al.，2009）和波罗的海西北沿岸（Rydin et al.，2011）的研究结果。相反，秋季沉积物充当了水体磷的汇[（–1.53±0.47）μmol/（cm^2·a）]。此外，调查区域平均沉降速率为（0.80±0.12）g/（cm^2·a）。因此，8 月约（2.29±1.23）μmol/g 的磷可能被循环至水体，这相当于 Bio-P 的约 38%。相比之下，11 月大约（1.61±0.50）μmol/g 的 DIP 可能被埋藏在沉积物中，相当于 Bio-P 的约 30%。

表 7-6 研究海域沉积物-海水界面的 DIP 交换通量、磷埋藏通量、磷埋藏效率与文献中报道的其他沿海区域的比较

海区	时间	DIP 交换通量/[μmol/（cm^2·a）]	磷埋藏通量/[（μmol/（cm^2·a）]	磷埋藏效率/%	参考文献
黄海	1998～1999	–0.086±0.031	2.60±1.79	100	Liu et al.，2004
渤海	1998～1999	–1.1±0.4	9.04±10.0	100	Liu et al.，2004
东海中部陆架		0.558±0.481	6.78±5.84	92.4±1.2	Fang et al.，2007
长江口及其邻近海域	2003～2004	3.30±2.82	21.7±23.2	84.3±3.9	Hou et al.，2009
东海	2012.10	0.50±0.52	14.25±5.97	97±2	Yang et al.，2017a
胶州湾	2001～2003	1.01	n.d.	91	Qi et al.，2011
乳山湾近海	1999.5	1.02±0.63	29.96	82.6	Liu et al.，2016
波罗的海	2002、2005	1.25±0.56	n.d.	n.d.	Viktorsson et al.，2012

续表

海区	时间	DIP 交换通量/[μmol/（cm²·a）]	磷埋藏通量/[（μmol/（cm²·a）]	磷埋藏效率/%	参考文献
伊比利亚近岸海域	1999.5	0.302±0.329	14.79±11.61	94±7	van der Zee et al.，2002
印度东南海岸	2004.5	0.163±0.061	6.38±0.93	99.83±0.21	Prasad and Ramanathan，2010
波罗的海西北沿岸	2008.11	4.92±2.55	6.77±1.69	60±6	Rydin et al.，2011
大堡礁大陆架		0.067±0.148	3.0±2.9	95±8	Monbet et al.，2007
养马岛附近海域	2017.8	2.17±1.17	17.66±2.08	89.5±4.57	本书
	2017.11	−1.53±0.47	14.87±1.70	100	

注："n.d. "表示未获得数据；正值和负值分别表示磷从沉积物向上覆水体的释放和磷从上覆水体向沉积物的转移

相关性结果（图 7-7）表明，8 月 DIP 交换通量与表层沉积物中的 OP 含量呈现显著性正相关关系（$P<0.001$），与 Fe-P 呈现显著性负相关关系（$P<0.001$），这与 Adhikari 等（2015）的研究结果有所差异，可能主要受环境中的 DO 浓度控制。由调查结果来看，养马岛附近海域表层沉积物中 Fe-P 含量的高值区主要分布在低氧区域，因此 DIP 交换通量与 Fe-P 呈现显著性负相关关系。此外，研究结果还表明，8 月 DIP 交换通量与 Ex-P（$P<0.001$）和 Ca-P（$P<0.05$）呈现显著性正相关关系（图 7-7a、d），这表明间隙水中 DIP 与 Ex-P 和 Ca-P 的生成有关，室内培养实验进一步支持了上述结论，即实验后沉积物中 Fe-P 和 OP 的含量分别降低了 38.7%和 18.3%，而 Ex-P 含量增加了 28.6%。

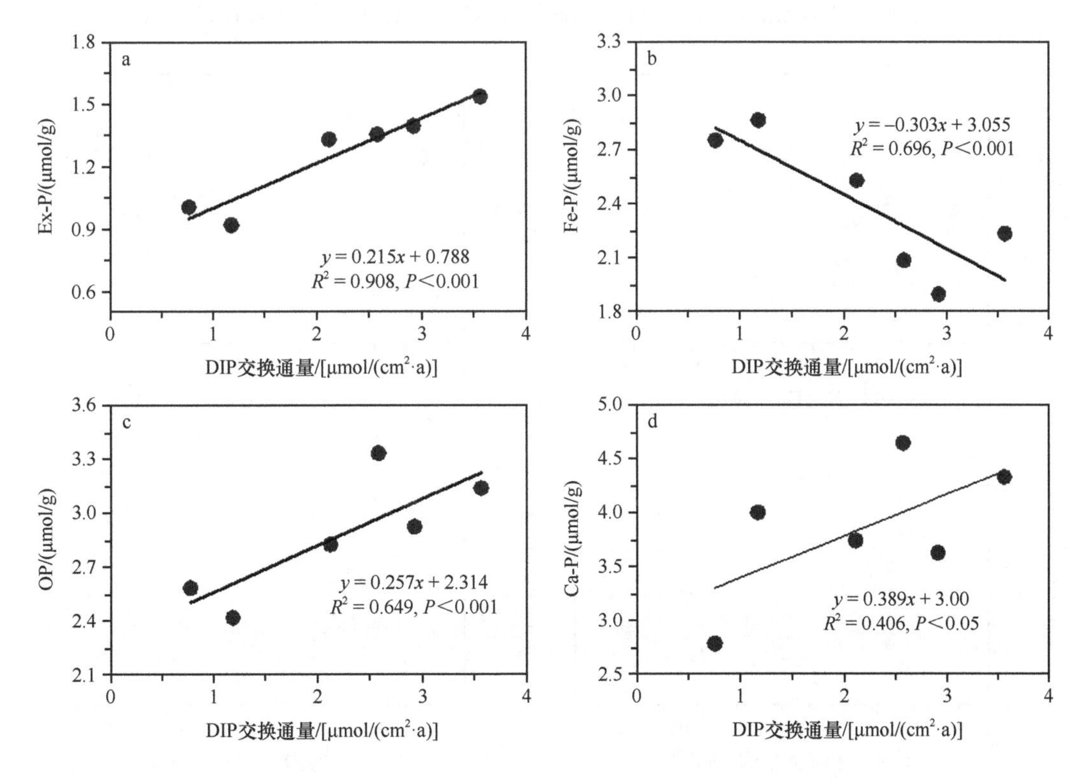

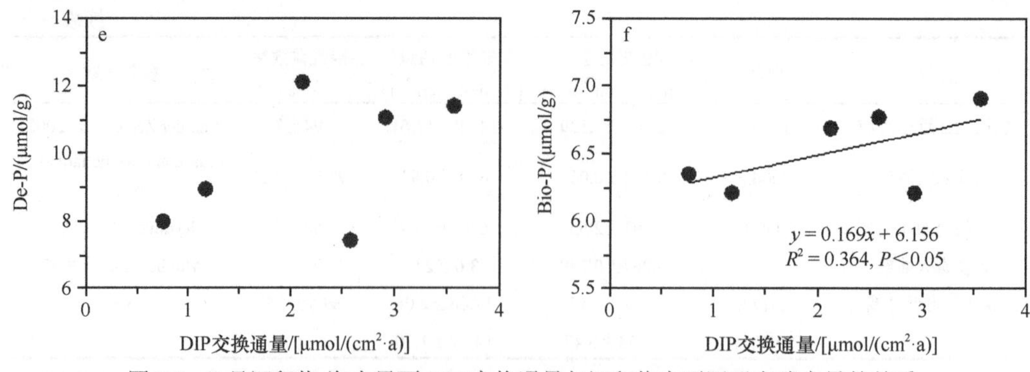

图 7-7　8 月沉积物-海水界面 DIP 交换通量与沉积物中不同形态磷含量的关系

11 月，受低温、强水动力条件的影响，调查区域处于富氧状态。因此，大部分有机物矿化产生的 DIP 被三价铁氧化物或者黏土矿物吸附（Mort et al.，2010），进而导致 DIP 交换通量与沉积物中不同形态磷之间没有显著的相关性（图 7-8）。此外，室内培养实验结果显示，与实验前相比，沉积物中 OP 含量降低了 23.7%，而 Ex-P 和 Fe-P 的含量分别增加了 62.3%和 10.7%。

综上所述，调查海域沉积物中 OP 和 Fe-P 是缺氧季节（8 月）DIP 释放的主要贡献者。在 8 月，约 0.92μmol/g 的 Fe-P 和约 0.52μmol/g 的 OP 被转化为 DIP 并释放到上覆水体中，这与乳山湾近海（Liu et al.，2016）和长江口沿岸（Liu et al.，2020）的报道结果相一致。另外，约 0.36μmol/g 的 DIP 被吸附到黏土矿物上。与 8 月份的结果不同，在

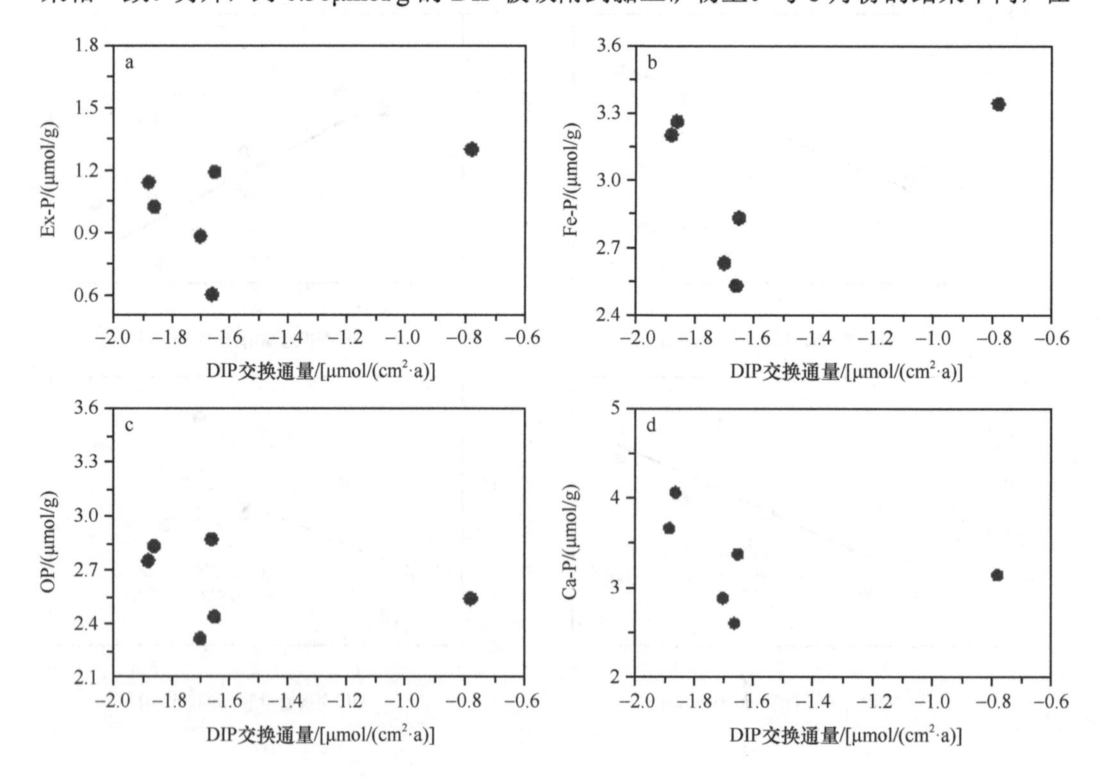

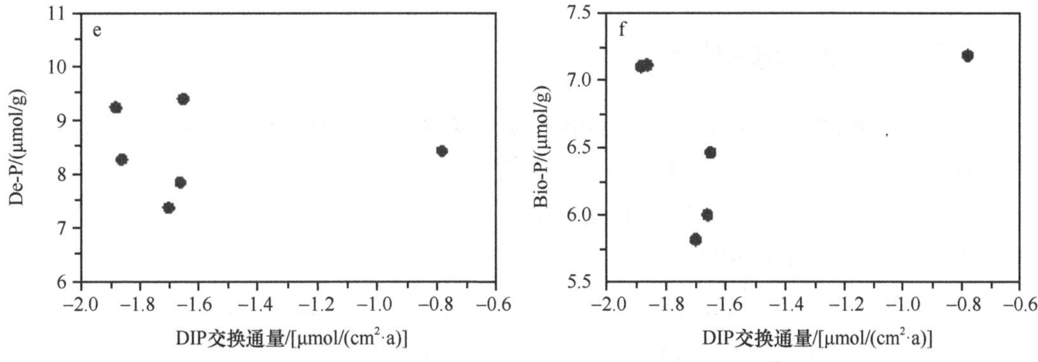

图 7-8 11 月沉积物-海水界面 DIP 交换通量与沉积物中不同形态磷含量的关系

11 月，约 0.54μmol/g 的 OP 被转化为 DIP，而约 0.55μmol/g 和约 0.28μmol/g 的 DIP 被黏土矿物吸附或与氧化铁结合，最终储存至沉积物中。

7.5.2 扇贝养殖对沉积物中 P 循环的影响

8 月，水动力条件相对较弱，促进了 POM 的沉降，尤其是在养殖区，因此 8 月沉积物中的 TP 含量明显高于 11 月。在空间上，受到扇贝生物沉积作用的影响，8 月养殖区沉积物中 OP 和 Ex-P 的含量显著高于非养殖区。与之相反，8 月养殖区的 Fe-P 含量明显低于非养殖区，这主要是受到沉积环境氧化还原条件的控制。此外，扇贝养殖活动也在这一过程中发挥了重要作用（Kraal et al.，2012）。具体而言，扇贝养殖促进了底层海水缺氧的形成（Yang et al.，2020a），从而加速了沉积物中 Fe-P 向 Ex-P 和 DIP 的转化过程（Zilius et al.，2015）。

在 8 月，Ca-P 和 De-P 的空间分布规律并不明显。通常扇贝养殖活动会增加沉积物中 $CaCO_3$ 的含量，有利于 Ca-P 的合成（Zhang et al.，2013a）。然而，由相关性结果来看，研究海域 Ca-P 主要受间隙水中 DIP 浓度的控制。此外，OP 和 Fe-P 转化的部分 DIP 也可能生成 Ca-P（Meng et al.，2015）。此外，在 8 月，调查区域西部出现了较高的 De-P 浓度，这可能与陆源输入有关（Ruttenberg and Berner，1993）。

到了 11 月，受强风作用和沿岸流的影响，表层沉积物的再悬浮作用显著（Yang et al.，2018），导致沉积物中黏土组分的含量显著降低，这在一定程度上降低了沉积物中 Ex-P 和 OP 的储存。除此之外，强水动力条件能促进底层海水的复氧过程，这有利于沉积物中 OP 的分解和 Fe-P 的生成。在空间上，养殖区的 TOC、Ex-P、Fe-P、Ca-P、De-P 和 OP 的含量均高于非养殖区，这是因为扇贝养殖活动可以减弱养殖区的水动力条件，从而有利于沉积物中磷的保存。为了进一步评估扇贝养殖对沉积物中磷动态的影响，粗略估计了生物沉积磷（主要是 OP）对沉积物中磷的贡献。根据牛亚丽（2014）的研究结果，夏季和秋季海湾扇贝每天产生的生物沉积物中的磷含量分别约为 1.80μmol/ind 和 1.52μmol/ind。调查区域海湾扇贝的年产量约为 5×10^9ind（Yang et al.，2020a）。因此，在 8 月和 11 月，扇贝生物沉积磷的沉降速率分别约为 1.20μmol/（cm^2·a）和 1.01μmol/（cm^2·a），分别约占 OP 总埋藏通量 2.64μmol/（cm^2·a）和 2.01μmol/（cm^2·a）的 45.5% 和 50.2%。

7.5.3 沉积物 P 的埋藏与收支

8 月和 11 月沉积物-海水界面的 DIP 交换通量范围分别为 0.76～3.56μmol/（cm^2·a）和–1.88～–0.78μmol/（cm^2·a），平均值分别为（2.17±1.17）μmol/（cm^2·a）和（–1.53±0.47）μmol/（cm^2·a）。在空间上，DIP 交换通量的最高值出现在 8 月的 H-2 站位，最低值出现在 11 月的 Y-2 站位（图 7-9）。

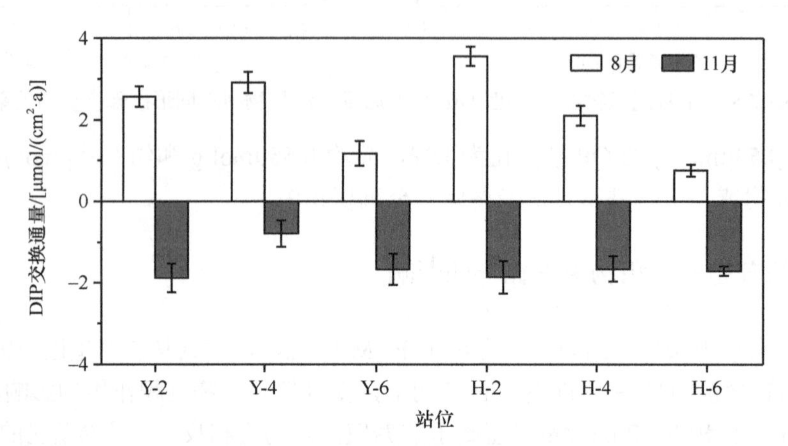

图 7-9 站位 Y-2、Y-4、Y-6、H-2、H-4 和 H-6 沉积物-海水界面 DIP 交换通量正值和负值分别表示沉积物吸收和释放

根据公式 $F=c\times\omega$ 计算磷埋藏通量[μmol/（cm^2·a）]，其中 c 是沉积物中不同形态磷的平均含量（μmol/g），ω 是沉积速率[g/（cm·a）]（Ingall and Jahnke，1994）。研究海域 8 月和 11 月的磷埋藏通量平均值分别为（17.66±2.08）μmol/（cm^2·a）和（14.87±1.70）μmol/（cm^2·a），这与东海（Yang et al.，2017a）、长江口及其邻近海域（Hou et al.，2009）和伊比利亚近岸海域（van der Zee et al.，2002）的调查结果相当（表 7-6）。

根据公式 PBE=F/（F+沉积物-海水界面 DIP 交换通量）×100%确定磷埋藏效率（van der Zee et al.，2002）。研究海域 8 月和 11 月的 DIP 交换通量分别为（2.17±1.17）μmol/（cm^2·a）和（–1.53±0.47）μmol/（cm^2·a）。因此，8 月和 11 月 PBE 分别为（89.5±4.6）%和 100%。

初步建立沉积物中磷的收支模型（图 7-10）。结果表明，Ex-P、OP 和 Fe-P 是沉积

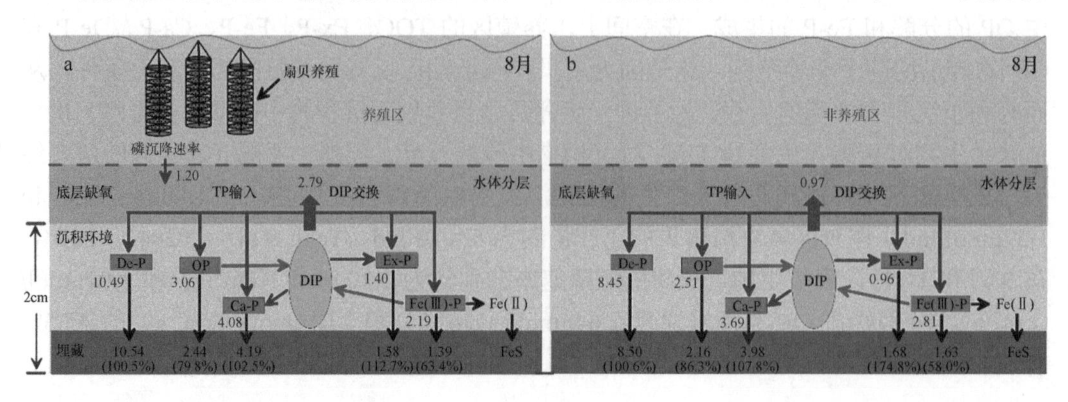

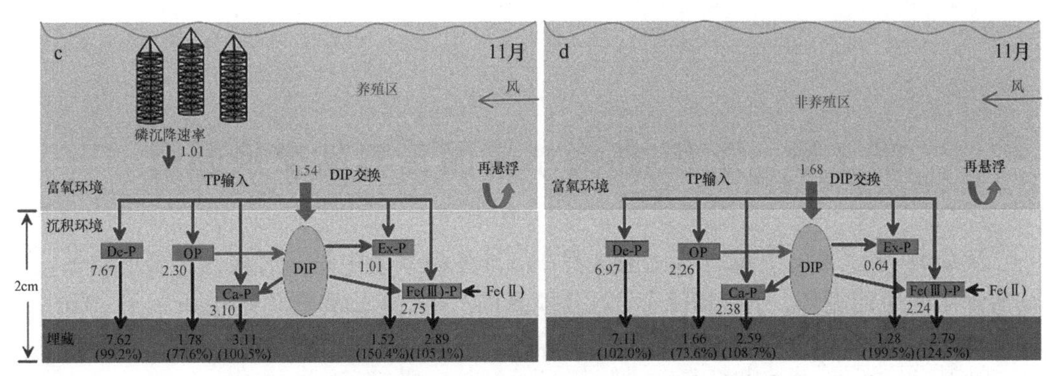

图 7-10　表层沉积物中不同形态磷的收支[μmol/（cm^2·a）]

物中活性磷的主要组分。与有氧条件相比，低氧促进了沉积物中 Fe-P 的还原，同时在一定程度上抑制了 OP 的分解。扇贝养殖活动增加了沉积物中 OP 的输入，进而影响了沉积物中磷的循环。

7.6　本 章 小 结

探究近岸海域沉积物中磷的生物地球化学循环是理解区域物质循环和环境演变并实施保护的重要环节。本章揭示了扇贝养殖活动和季节性低氧影响的近岸海域生态系统沉积物中磷的循环特征及其潜在机制。结果显示，8 月 TP 中各形态磷的含量顺序为 De-P＞Ca-P＞OP＞Fe-P＞Ex-P，11 月为 De-P＞Ca-P＞Fe-P＞OP＞Ex-P。8 月 Ex-P、Ca-P、De-P 和 OP 含量普遍高于 11 月。此外，8 月和 11 月 Bio-P 平均含量分别为 6.39μmol/g 和 5.65μmol/g，分别占 TP 的 31.9%和 32.9%。

对于沉积物中磷的控制机制，夏季缺氧、扇贝养殖活动和水动力条件是影响沉积物中磷循环的主要因素。室内培养和野外调查结果表明，在夏季，低氧通过有机物的矿化和 Fe-P 的溶解显著促进了磷的迁移和释放；此外，扇贝养殖活动对沉积环境中元素循环的重要作用。研究成果为进一步开展养殖海域沉积物中元素的生物地球化学循环及其与水体中 DO 演替的耦合过程研究提供了基础。

第 8 章　沉积物-海水界面营养盐交换通量

沉积物-海水界面生物地球化学过程在海洋生态系统中扮演着极为重要的角色，影响海洋中物质的循环、迁移和储存，以及能量的产生、运输和转化（Vittor et al.，2016）。沉积物-海水界面的营养盐交换是维持营养盐迁移循环和初级生产的关键，对于维持水体中营养盐平衡起“缓冲”作用（Boynton et al.，2017）。当上覆水体中营养物质不足时，沉积物会通过分子扩散、颗粒再悬浮、生物扰动、湍流等向上覆水体释放营养盐，此时沉积物表现为营养盐的“源”；反之，当上覆水体营养盐过剩时，则可能通过分子扩散、生物摄取后排泄、水流条件等向下迁移至沉积物，此时沉积物表现为营养盐的“汇”。

本章在 2017 年 8 月（夏季）及 11 月（秋季）对牟平海洋牧场及其邻近海域沉积物-海水界面的营养盐交换通量进行了研究，并考察了温度（T）和溶解氧（DO）对交换通量的影响。

8.1　材料与方法

8.1.1　样品采集及预处理

2017 年 8 月（夏季）及 11 月（秋季）在养马岛附近海域进行了两次综合调查，其中在 Y-2、Y-4、Y-6、H-2、H-4 和 H-6 共 6 个站位对表层沉积物及上覆水体进行采集，站位具体经纬度见表 1-1。水深 16～20m，自西向东有 6 条主要河流入海。采用不锈钢抓斗式采泥器采集表层沉积物，将沉积物混匀，装于聚乙烯密封袋中，装入时用 N_2 吹扫密封袋赶出袋中空气并尽量装满沉积物后密封，置于冰箱中–20℃冷冻保存。沉积物分为三份，其中一份用于培养实验，一份用于获取沉积物间隙水，一份用于含水率、粒度、TOC、TN、TP、各形态磷分步提取等基本参数检测。使用 Niskin 采水器采集沉积物上方 0.5m 处底层海水 500ml，之后利用孔径为 0.45μm 的滤膜（美国 Pall 公司）过滤。底层水体的温度、盐度、深度由温-盐-深测量仪（CTD）进行测定，溶解氧由 YSI 多参数水质分析仪测定，pH 由便携式 pH 计测定。沉积物和海水样品带回实验室中尽快开展实验，或将其置于–20℃冰箱中冷冻暂存，以抑制生物活动对样品的影响。

8.1.2　沉积物培养实验

夏秋两季各站位上覆水体的基本水文特征和上覆水体及间隙水中的营养盐浓度分别见表 8-1 和表 8-2。选用有机玻璃管作为培养管，其直径为 5cm，长 35cm。各培养管中沉积物高度保持一致，约为 10cm。培养管下端用橡胶塞封堵固定，防止样品流失，此外，培养管上端同样用橡胶塞封堵，便于通气和取样。向沉积物上方小心且缓慢地加入人工海水 450ml，人工海水配方参考 American National Standard: ASTM D1141-98 (2003)，并添加营养盐标准溶液，使各营养盐浓度与原位上覆水体的营养盐浓度一致，操作过程中避免沉积物搅动引起初始营养盐浓度的变化。设置平行组和空白组（另取培养管只加入等量对应站位的人工海水），模拟原位情况在预先恒温的生化培养箱中避光培养。温度选用当季各站位底层海水的平均温度（夏季：23.8℃；秋季：14.3℃）；盐度调整至原位情况；各培养装置中通气管调整至同一高度，流量计控制通入空气/N_2 比例调整 DO 浓度；用 HCl/NaOH 调节 pH 至对应站位原位情况。实验稳定 4h 后，取 50ml 上覆水体立即过 0.45μm 针头滤膜（Pall），海水样品于–20℃冰箱冷冻保存。取样管安置于上覆水水柱中部，每次取样位置相同，取样后缓慢添加等量人工海水以保证整体体积不变。实验开始后由于沉积物和水体中营养盐浓度差较大，因此前期取样频率要大于后期。取样时间分别为稳定后第 0h、第 4h、第 8h、第 12h、第 24h、第 36h、第 48h、第 60h。为保证取样前后上覆水体温度、溶解氧浓度的稳定，人工海水也预先恒温并通气至与原位条件一致。

表 8-1 夏秋两季各站位上覆水体的基本水文特征

季节	站位	温度/℃	盐度	水深/m	pH	DO/（mg/L）
夏季	Y-2	24.2	31.4	16	7.795	2.75
	Y-4	24.4	31.5	17	7.892	2.49
	Y-6	22.5	31.6	20	7.828	4.82
	H-2	24.3	31.6	19	7.724	2.23
	H-4	24.8	31.6	19	8.019	3.82
	H-6	22.6	31.6	19	7.821	4.87
秋季	Y-2	11.5	31.9	16	8.005	7.51
	Y-4	12.9	32.0	17	7.982	7.57
	Y-6	16.2	32.1	18	7.936	7.52
	H-2	15.6	31.9	18	8.000	7.35
	H-4	13.6	32.1	19	8.012	7.39
	H-6	15.9	32.1	19	7.998	7.39

表 8-2 夏秋两季各站位上覆水体及间隙水中的营养盐浓度

季节	站位	上覆水体中浓度/（μmol/L）					间隙水中浓度/（μmol/L）				
		NO_2^-	NO_3^-	NH_4^+	DIP	DSi	NO_2^-	NO_3^-	NH_4^+	DIP	DSi
夏季	Y-2	0.12	9.94	4.25	0.92	4.19	3.42	7.72	260.46	2.28	170.89
	Y-4	0.30	12.47	3.19	0.63	6.71	3.62	8.15	220.48	1.65	113.04
	Y-6	0.39	8.00	5.42	0.77	6.41	2.33	9.37	133.09	0.98	158.04
	H-2	0.41	8.07	6.23	0.86	4.57	1.62	8.23	328.29	2.40	214.29
	H-4	0.12	9.09	5.63	0.61	5.98	2.73	9.48	177.31	2.10	129.64
	H-6	0.22	11.42	7.36	0.69	6.85	2.06	11.83	122.37	1.26	204.64
秋季	Y-2	0.17	4.03	0.51	0.41	4.85	2.78	11.71	52.09	0.34	223.14
	Y-4	0.24	8.90	2.33	0.82	7.20	3.44	8.83	44.10	0.29	191.61
	Y-6	0.33	7.25	6.19	1.25	8.85	2.77	6.35	26.62	0.31	172.50

续表

季节	站位	上覆水体中浓度/（μmol/L）					间隙水中浓度/（μmol/L）				
		NO_2^-	NO_3^-	NH_4^+	DIP	DSi	NO_2^-	NO_3^-	NH_4^+	DIP	DSi
秋季	H-2	0.14	8.03	2.81	1.11	4.04	3.27	11.79	65.66	0.76	235.71
	H-4	0.15	4.27	1.44	1.13	5.28	1.63	6.09	35.46	0.39	240.54
	H-6	0.18	3.72	1.17	1.20	5.89	1.80	5.88	24.47	0.43	152.68

对牟平海洋牧场及其邻近海域水温的多年观测发现，底层水体温度变化范围为10～25℃，通过改变恒温培养箱预设温度分别设定 T=10℃、T=20℃，可以基本涵盖水温变化情况，其他条件与原位条件一致，比较不同温度下交换通量的大小。对水体DO的多年观测发现，该海域夏季（8月）底层水体出现大范围的缺氧状况，持续时间较久，而秋季11月底层水体基本呈现富氧状况，通过通入N_2和空气分别设定DO＜2mg/L（贫氧）、DO＞8mg/L（富氧），可以基本涵盖溶解氧变化情况，其他条件与原位条件一致，比较不同溶解氧含量对交换通量的影响，样品操作过程同上。

8.1.3 沉积物-海水界面交换通量计算方法

上覆水体中营养盐的浓度随时间变化的曲线斜率即为沉积物-海水界面的交换通量。但是在培养实验初期，由于沉积相和水相体系之间还未达到一定的平衡，物质交换过程变化较大，其间迁移方向还可能发生变化。因此本章根据实际交换情况选择交换通量的计算方法。

（1）参考汪雅露（2016）对交换通量的计算方法，对于NO_3^-、NH_4^+、DIP及DSi，剔除前期变化幅度较大及交换过程中不合理的点，对浓度变化情况进行线性拟合，拟合曲线的斜率代入公式（8-1），即为交换通量：

$$J_{DM} = \frac{24V}{A}\frac{dc}{dt} \tag{8-1}$$

式中，J_{DM}为交换通量[μmol/（m^2 d）]；V为上覆水体的体积，即0.45L；A为有机玻璃管面积，即$A=\pi(0.025)^2=1.96\times10^{-3}m^2$，d$c$/d$t$表示营养盐浓度随时间的变化斜率[μmol/（L·h）]。

（2）对于浓度变化幅度较大，偏离线性较严重的营养盐，如NO_2^-，在5种营养盐中含量最低，且变化规律不明显，则采用平均值法计算交换通量。对于秋季Y-4站位的NO_3^-浓度也采用平均值法，将特定时间段的营养盐浓度差代入公式（8-1）求算。

8.1.4 样品测定

沉积物含水率的测定方法参照《海洋监测规范 第5部分：沉积物分析》（GB 17378—2007），用分析天平（精确到0.0001g，下同）对干净玻璃皿称重，记为W_1，加入适量沉积物样品后称重，记为W_2，放入烘箱中105℃烘干，然后冷却至室温并称重，记为W_3，则含水率$\varphi=\frac{W_2-W_3}{W_2-W_1}\times100\%$。如未做其他说明，下文中沉积物相应化学参数的测定均用此干样。沉积物粒度的测定及沉积物中 TOC 和 TN 含量的测定方法详见 6.1.2 小节，水体样品中营养盐的测定方法详见 1.1.1 小节。

8.2　模拟原位条件下营养盐的交换通量及影响因素分析

8.2.1　交换通量

从上覆水体营养盐浓度的变化情况来看，不同营养盐的迁移规律不同。NO_2^-的浓度变化幅度较大，在不同的培养时间段，其迁移方向可能发生多次转变，这可能是因为NO_2^-是硝化作用和反硝化作用的中间产物，且可能对周围环境因素的响应更灵敏，所以变化情况较复杂。但是，在同一季节可把握其迁移方向的大致趋势，夏季在整个培养时间段内除 H-6 站位外，其他各站位 NO_2^-浓度的最终结果均为升高；而秋季情况较为复杂，Y-2、Y-4 和 H-2 站位 NO_2^-浓度最终降低，H-6 站位与之相反，Y-6 和 H-4 站位初末浓度变化不大。其他 4 种营养盐浓度的变化相比 NO_2^-浓度变化较规律，但在培养阶段初期及个别时间段内浓度变化幅度也较大，各站位浓度最终结果与初始浓度的差异较大，尤以 DSi 最大。夏秋两季各站位沉积物-海水界面营养盐（NO_2^-、NO_3^-、NH_4^+、DIP 和 DSi）的交换通量见表 8-3。

表 8-3　夏秋两季各站位沉积物-海水界面营养盐的交换通量　[单位：μmol/（m^2·d）]

季节	站位	NO_2^-	NO_3^-	NH_4^+	DIP	DSi
夏季	Y-2	8.1±1.7	–318.6±22.0	301.1±21.7	70.4±6.8	1435.1±104.9
	Y-4	13.0±3.6	–236.7±13.8	252.1±19.3	79.8±7.1	1000.6±70.5
	Y-6	0.2±1.7	–205.5±5.3	215.6±19.5	32.1±8.3	1134.3±103.1
	H-2	8.3±1.6	–252.2±17.8	347.0±21.1	97.4±6.5	1326.3±90.3
	H-4	11.6±1.3	–229.1±12.4	251.8±16.2	57.8±6.7	1107.0±84.2
	H-6	–7.0±6.6	–173.8±12.3	223.4±24.5	20.8±4.0	922.8±44.1
秋季	Y-2	–7.7±3.6	–303.6±35.2	–348.1±22.5	–51.4±9.8	979.5±34.3
	Y-4	–12.7±3.1	–264.2±31.4	–356.0±16.5	–21.5±8.9	1059.4±46.4
	Y-6	14.6±4.0	34.3±15.9	–222.2±23.7	–45.6±10.6	882.5±70.7
	H-2	–13.7±2.5	–173.6±16.5	–284.8±33.6	–50.9±11.0	1219.0±89.4
	H-4	14.4±3.8	–263.8±21.7	–227.4±35.0	–45.3±8.7	1138.1±91.5
	H-6	15.6±3.5	–221.2±27.7	–172.3±14.6	–46.7±3.3	802.7±25.7

DIN 交换通量为 NO_2^-、NO_3^-、NH_4^+的交换通量之和。从表 8-3 可知，除了 H-6 站位，夏季养马岛附近海域沉积物-海水界面 NO_2^-基本是由沉积物向上覆水体释放，沉积物总体上表现为 NO_2^-的源。该季节沉积物-海水界面 NO_2^-的交换通量为–7.0～13.0μmol/（m^2·d）[平均值为（5.7±7.0）μmol/（m^2·d）]。秋季情况则比较复杂，Y-2、Y-4 和 H-2 站位沉积物-海水界面 NO_2^-是由上覆水体向沉积物迁移，其他站位反之。NO_2^-交换通量为–13.7～15.6μmol/（m^2·d）[平均值为（1.0±13.2）μmol/（m^2·d）]。夏秋两季 NO_2^-交换通量的绝对值较小，且相差不大。

夏季各站位沉积物-海水界面 NO_3^-的交换通量均为负值，即 NO_3^-全部表现为上覆水体向沉积物迁移，沉积物是 NO_3^-的汇。该季节沉积物-海水界面 NO_3^-的交换通量为–318.6～–173.8μmol/（m^2·d）[平均值为（–236.0±44.6）μmol/（m^2·d）]。秋季各站位沉积物-海水界面 NO_3^-的迁移方向与夏季基本一致，沉积物基本表现为 NO_3^-的汇，在 Y-6 站位出现由沉积物向上覆水体释放的情况。该季节 NO_3^-交换通量为–303.6～34.3μmol/（m^2·d）[平均值为（–182.0±111.8）μmol/（m^2·d）]。夏秋两季 NO_3^-的迁移方向相同，但夏季交换通量的绝对值大于秋季，这可能与两季节底层海水温度及溶解氧浓度等条件差异有关。

夏秋两季 NH_4^+的迁移方向不尽相同，夏季各站位 NH_4^+均由沉积物向上覆水体释放，沉积物表现为 NH_4^+的源。该季节 NH_4^+的交换通量为 215.6～347.0μmol/（m^2·d）[平均值为（265.2±45.7）μmol/（m^2·d）]。秋季 NH_4^+的迁移方向则与夏季相反，沉积物表现为 NH_4^+的汇，交换通量为–172.3～–356.0μmol/（m^2·d）[平均值为（–268.4±67.5）μmol/（m^2·d）]。夏秋两季沉积物-海水界面 NH_4^+的迁移方向不同，这应与夏秋两季表现出不同趋势的硝化作用及反硝化作用强弱有关。

夏季 DIP 的迁移方向为沉积物向上覆水体释放，即沉积物是 DIP 的源，该季节沉积物-海水界面 DIP 的交换通量为 20.8～97.4μmol/（m^2·d）[平均值为（59.7±26.5）μmol/（m^2·d）]。秋季 DIP 迁移方向与夏季相反，均由上覆水体向沉积物迁移，DIP 的交换通量为–21.5～–51.4μmol/（m^2·d）[平均值为（–45.7±10.1）μmol/（m^2·d）]。从交换通量的绝对值来看，相比于各形态 DIN 的迁移，该海域 DIP 的迁移通量明显小于 NO_3^-和 NH_4^+，大于 NO_2^-，这可能是因为 DIP 在海水中的浓度相对较低，其迁移通量相对较小。

夏秋两季沉积物均为 DSi 的源，即 DSi 均由沉积物向上覆水体释放。夏季沉积物-海水界面 DSi 的交换通量为 922.8～1435.1μmol/（m^2·d）[平均值为（1154.3±177.1）μmol/（m^2·d）]。秋季 DSi 的交换通量为 802.7～1219.0μmol/（m^2·d）[平均值为（1013.6±142.9）μmol/（m^2·d）]。夏季 DSi 的迁移通量大于秋季，这可能与夏季温度较高、溶解态硅的扩散速率及颗粒态硅的溶解速率更快有关。相比于 DIN 及 DIP 的交换过程，DSi 的交换通量远大于 DIN 和 DIP。

夏秋两季 DIN 的迁移转化规律显示，NO_2^-的交换通量最小，其对 DIN 交换通量的贡献远不及 NO_3^-和 NH_4^+。夏季 NH_4^+的交换通量最大，DIN 主要来自有机质的矿化，矿化过程一般最先形成 NH_4^+，优先被藻类等浮游植物吸收利用（Kameyama et al.，2002），且夏季底层水体较低的氧化还原电位足以维持间隙水中高浓度的 NH_4^+，硝化过程强度较弱，NO_3^-的浓度较低，这可能是导致该季节沉积物从上覆水体中吸收 NO_3^--N 的原因之一。从迁移方向来看，秋季 NH_4^+和 DIP 均由上覆水体向沉积物迁移，这是由于春夏两季水体温度较高，浮游生物活动频繁，从水体中吸收利用较多的 N、P，造成水体营养盐浓度降低，因此沉积物向上覆水体补给营养盐，而秋冬季节生物活动减弱，水体中营养盐浓度则可能相对较高，转而向沉积物积累营养盐。DSi 的迁移方向未体现季节差异，该海域 DSi 总是由沉积物向上覆水体释放。从空间上来看，除 NO_2^-外，在同一经度断面上，近岸 Y-2 和 H-2 站位营养盐交换通量的绝对值相对较大，这与水体营养盐浓度的变化趋势大致相同。可能原因是其靠近烟台市近岸，陆源输入的营养盐物质较丰富，受沿岸人类活动的影响较大。尤其是 Y-2 站位，其位置距辛安河污水处理厂排污口较近。另外，交换通量可能与上覆水体的基本水文特征及沉积物的地球化学参数差异等有关，将在后面章节展开具体讨论。

如表 8-4 所示，与其他海域相比，牟平海洋牧场海域夏秋两季 DIN 和 DIP 迁移方向及交换通量与四十里湾相近，这可能是因为两海域地理位置较近，养殖生物种类类似，皆受到辛安河污水排放的影响，但牟平海洋牧场的 DSi 交换通量远大于四十里湾。河北昌黎养殖区 NO_2^- 交换通量与研究海域相差不大，NO_3^-交换通量不及研究海域，但 NH_4^+的释放量约为研究海域夏季 NH_4^+释放量的 4.4 倍。胶州湾与牟平海洋牧场的 NO_2^-、NH_4^+和 DSi 均由沉积物向上覆水体释放，但前者 NO_2^-、NH_4^+的交换通量分别约为后者的 5.7 倍和 3.9 倍，DSi 交换通量相差不大。与桑沟湾的交换通量比较来看，牟平海洋牧场营养盐的交换通量绝对值较大，孙珊等（2010）通过扩散法求算交换通量，说明扩散法得到的交换通量通常较小，并且桑沟湾相对研究海域可能较封闭，近底扰动可能较小，因此其交换通量较小。夏季牟平海洋牧场 NO_3^-、NH_4^+、DIP、DSi 的交换通量绝对值分别约为台湾东部的 2.7 倍、4.2 倍、7.4 倍和 6.4 倍。此外，研究海域的营养盐交换通量远大于南海东北部，而远不及海州湾。从比较情况来看，不同海域沉积物-海水界面 DIN 和 DIP 交换的方向及通量大小存在一定程度的差异，但 DSi 基本表现为由沉积物向上覆水体迁移，且交换通量较大。

表 8-4　不同海域沉积物-海水界面营养盐交换通量的比较

研究海域	交换通量/[μmol/（m^2·d）]					参考文献
	NO_2^-	NO_3^-	NH_4^+	DIP	DSi	
牟平海洋牧场（夏季）	−7.0～13.0	−318.6～−173.8	215.6～347.0	20.8～97.4	922.8～1 435.1	本书
牟平海洋牧场（秋季）	−13.7～15.6	−303.6～34.3	−356.0～−172.3	−51.4～−21.5	802.7～1 219.0	
四十里湾（夏季）	−17.3～−4.6	−202～−98.7	133～226	−10.3～−7.9	101～114	孙珊等，2012
四十里湾（秋季）	4.4～16.8	−394～−371	−303～133	−46.6～−42.8	34～162	
河北昌黎养殖区	4.1～44.9	−317.8～−122.4	−228.2～1 884.2	−18.2～8.2		胡博等，2017
胶州湾	19	−279	1 060	−51	1 180	玉坤宇等，2001
桑沟湾（夏季）	1.01～5.24	9.1～36.6	55.7～207	2.87～8.16	155～241	孙珊等，2010
桑沟湾（秋季）	−8.56～−0.19	−35.0～−14.2	141～271	2.11～5.73	108～302	
海州湾（夏季）	−1 810～4 440	−370～13 790	−2 620～3 880	90～1 020	3 910～13 110	高春梅等，2016
海州湾（秋季）	−360～2 800	7 540～13 360	−650～6 710	−130～580	3 090～7 060	
台湾东部	0.43～3.09	−241～0.05	−107.7～219	−113.2～33.8	−548.9～39.7	Zhou et al.，2017a
南海东北部	−0.89	1.89	8.34	0.41		赵春宇等，2016

调查海域的面积约为 500km²，在夏季（按 90d 计算），该海域沉积物-海水界面 NO_2^-、NO_3^-、NH_4^+、DIP 和 DSi 的季输入量分别为−4.4～8.1t、−200.8～−109.5t、135.8～218.6t、

29.1～135.9t 和 1162.8～1808.1t，除 NO_3^--N 交换通量为负贡献外，其他 4 种营养盐的交换对水体营养盐皆主要为正贡献。同理，秋季（按 90d 计算）NO_2^-、NO_3^-、NH_4^+、DIP 和 DSi 的季输入量分别为–8.6～9.9t、–191.3～21.6t、–224.2～–108.5t、–71.6～–30.1t 和 1011.4～1536.1t，秋季 DSi 交换通量对水体硅酸盐为正贡献，不同站位 NO_2^- 的交换贡献度有差异，总体上表现为正贡献，但贡献程度很小，其他 3 种营养盐交换均为负贡献。

参考高爽（2009）对研究海域附近初级生产力的研究，夏季该海域初级生产力（以 C 计）为 6.63×10^4μmol/（m^2·d），根据 Redfield 等（1963）的报道，海洋中浮游植物按照一定的比例从海水中吸收营养盐，即经典的 Redfield 比值（C∶N∶P∶Si=106∶16∶1∶16），估算研究海域海洋浮游植物每天从水体中吸收 5.0×10^6mol DIN、3.1×10^5mol DIP、5.0×10^6mol DSi。$[DIN]=[NO_2^-]+[NO_3^-]+[NH_4^+]$，即 DIN 交换通量也为三者交换通量之和。研究结果表明，夏季除 Y-2 站位 DIN 对上覆水体 DIN 为负贡献外，DIN 的交换通量范围为 10.3～103.1μmol/（m^2·d）[平均值为（43.8±31.5）μmol/（m^2·d）]，则沉积物-海水界面 DIN 交换仅可提供初级生产力的 0.1%～1.0%，平均值为（0.4±0.3）%；沉积物-海水界面 DIP 交换可提供初级生产力的 3.3%～15.6%，平均值为（9.5±4.2）%；沉积物-海水界面 DSi 交换可提供初级生产力的 9.2%～14.4%，平均值为（11.5±1.8)%。而秋季初级生产力(以 C 计)为 4.57×10^4μmol/(m^2·d)，每日需 3.4×10^6mol DIN、2.2×10^5mol DIP、3.4×10^6mol DSi。秋季沉积物主要表现为 DIN 和 DIP 的汇，因此该季节沉积物-海水界面 DIN 和 DIP 交换对初级生产力没有促进作用；而沉积物-海水界面 DSi 释放可提供初级生产力的 11.6%～17.7%，平均值为（14.9±2.1）%。综上所述，牟平海洋牧场及其邻近海域 DIN 可能以外源输入为主，沉积物-海水界面的交换对其贡献不大；夏季 DIP 交换通量对初级生产力有一定贡献，但秋季则无促进作用；夏秋两季 DSi 交换对初级生产力的贡献率大于 10%，但不超过 20%。

8.2.2 影响因素分析

沉积物-海水界面营养盐的循环迁移和转化是多方面因素综合作用的结果，因此其影响因素较为繁杂。交换通量主要受扩散作用、吸附-解吸过程、生物扰动、水动力条件等控制，同时受温度、氧化还原条件、pH、盐度、沉积物等基本参数的影响（Belley et al.，2016；Srithongouthai and Tada，2015）。另外，光照、潮汐等也会影响沉积物-海水界面的交换通量（Koomklang et al.，2018；Wengrove et al.，2015；Falcão et al.，2006；姜霞等，2005）。

采样站位表层沉积物的基本参数见表 8-5。由表 8-5 可知，沉积物以粉砂为主，其含量为 58.11%～76.88%，黏土含量为 9.26%～39.21%，砂的含量为 0.14%～24.70%；TN 含量为 0.058%～0.091%；TOC 含量为 0.353%～0.516%；C/N（碳氮比）为 5.35～7.32；含水率为 37.08%～44.97%。结合表 8-2 可知，间隙水中 NO_2^-、NO_3^-、NH_4^+、DIP、DSi 的浓度分别为 1.62～3.62μmol/L、5.88～11.83μmol/L、24.47～328.29μmol/L、0.29～2.40μmol/L、113.04～240.54μmol/L。

表 8-5　采样站位表层沉积物的基本参数

季节	站位	黏土/%	粉砂/%	砂/%	TN/%	TOC/%	C/N	含水率/%
夏季	Y-2	39.21	60.65	0.14	0.070	0.486	6.91	41.58
	Y-4	33.23	63.98	2.79	0.060	0.436	7.32	41.52
	Y-6	29.09	69.50	1.42	0.059	0.379	6.40	38.80
	H-2	39.07	58.69	2.23	0.084	0.448	5.37	40.34
	H-4	37.89	58.11	4.00	0.067	0.361	5.35	40.53
	H-6	25.96	71.94	2.09	0.062	0.353	5.66	37.08
秋季	Y-2	23.24	73.85	2.91	0.081	0.472	5.83	39.57
	Y-4	26.18	68.60	5.22	0.071	0.437	6.12	39.79
	Y-6	9.26	66.04	24.70	0.076	0.463	6.09	42.15
	H-2	25.92	66.39	7.70	0.091	0.516	5.66	44.97
	H-4	20.25	76.88	2.88	0.080	0.428	5.38	41.40
	H-6	13.94	64.00	22.06	0.058	0.370	6.40	37.42

注：表中数据经过四舍五入，存在舍入误差

运用 SPSS 19.0 软件对夏秋两季沉积物和上覆水体各参数及沉积物-海水界面营养盐交换通量进行主成分分析，根据方差的累计贡献率提取主成分，如图 8-1 所示。

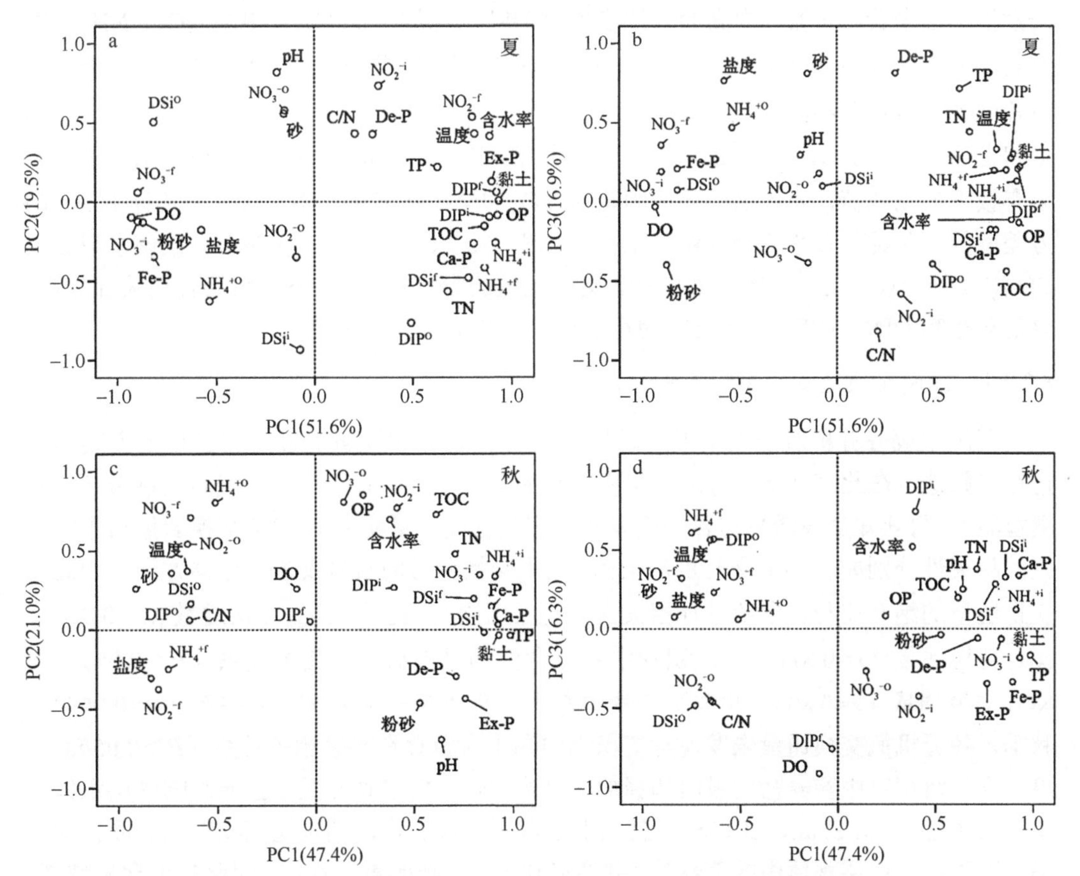

图 8-1　沉积物和上覆水体各参数及沉积物-海水界面营养盐交换通量的主成分分析图

上标“o”、“i”、“f”分别代表上覆水体、间隙水、交换通量对于夏季，主要提取出 3 个主成分，累计贡献率达 88.0%，基本反映数据的全部情况。其中第一主成分（PC1）可解释 51.6%的方差差异，该主成分在多个指标上有较大的正载荷，其中涉及的交换通量包括 NO_2^-、NH_4^+、DIP、DSi 的交换通量，而在温度、含水率和沉积物中黏土、TN、TOC 的含量以及间隙水中 NH_4^+和 DIP 的浓度等指标上表现出较大的正载荷，表明其对 4 种营养盐的影响方向可能一致。此外，PC1 在 NO_3^-交换通量上有较大的负载荷，表明该主成分对 NO_3^-的交换过程与其他 4 种营养盐的交换过程的影响效果相反。该主成分对 pH、C/N、盐度等参数的影响不大，可能与其分布较均匀有关。第二主成分（PC2）可解释 19.5%的方差差异，该主成分在各营养盐的交换通量指标上基本未表现出较大的载荷量，故该主成分可能对营养盐交换通量的影响不大。第三主成分（PC3）可解释 16.9%的方差差异，该主成分对各营养盐交换通量的影响同样较小。

对于秋季，主要提取出 3 个主成分，累计贡献率为 84.7%，基本涵盖大多数数据情况。PC1 可解释 47.4%的方差差异，该主成分主要在 DSi 交换通量上有较大的正载荷，而在 NO_2^-、NO_3^-、NH_4^+的交换通量上有较大负载荷，表明 PC1 对 DSi 交换通量与对 NO_2^-、NO_3^-、NH_4^+的交换通量的作用方向相反，而对 DIP 交换通量基本无贡献。从 PC1 中其他因素指标上来看，间隙水中高 DSi 浓度促进 DSi 的释放，而间隙水中高 NO_3^-、NH_4^+浓度有利于上覆水体中 NO_3^-、NH_4^+向沉积物的迁移。沉积物粒径大小、TN 含量、各形态磷对各交换通量均有不同程度的影响。PC2 可解释 21.0%的方差差异，主要在 NO_3^-交换通量和上覆水体中 NO_3^-、NH_4^+的浓度以及沉积物中 TOC 含量、间隙水中 NO_2^-浓度等因素上有较大的正载荷，表明这些环境因素对 NO_3^-的交换起促进作用。PC3 可解释 16.3%的方差差异，主要在 DIP 交换通量与上覆水体中 DO 浓度上有较大负载荷，但该季节底层 DO 浓度分布较均匀，因此可能对 DIP 交换通量的影响并不大。下面将结合相关性分析，分别对影响 DIN、DIP、DSi 交换通量的环境因素展开具体讨论。

8.2.2.1 DIN 交换通量的影响因素分析

采用主成分分析对影响牟平海洋牧场沉积物-海水界面营养盐交换通量的主要因素进行了筛选，在此基础上，对影响交换通量的主要环境因素进行皮尔逊相关性分析（双侧检验），可获知交换通量与各环境因素的相关程度。夏秋两季 DIN 交换通量与影响因素的相关性分别如表 8-6 及表 8-7 所示。由于交换通量的负号仅表示迁移方向，因此以交换通量的绝对值与各参数进行相关性分析（下同）。夏季，NO_3^-交换通量（r=0.828）、NH_4^+交换通量（r=0.811）与沉积物中黏土含量均呈现显著正相关关系（P<0.05），与 NO_2^-交换通量（r=0.803）也与沉积物中黏土含量存在一定的正相关关系（P=0.055）。秋季，各无机氮交换通量未发现与沉积物中黏土含量存在显著相关关系（P>0.05）。粒度分布与沉积物中营养盐的吸附和释放、再悬浮过程等密切相关，且能影响底层水体的水动力条件（Liu et al.，2015b）。黏土中富含细颗粒矿物，细颗粒沉积物比表面积大，易吸附下沉到底层水体中的营养盐，并经矿化、再悬浮等重返水体，因此黏土含量越高，营养盐组分越易交换。秋季，Y-4 和 Y-6 站位 pH、DO 浓度及其他沉积物参数相差不大，前者黏土含量约为后者的 2.8 倍，交换通量之比却高达 7.7∶1。

沉积物中 TN 包括多种地球化学形态，一般 TN 的含量越高，沉积物中可提供氮循环的量越多，相应沉积物-海水界面 DIN 的交换通量可能越大。夏季，NO_2^-交换通量（r=0.301）、NO_3^-交换通量（r=0.471）与沉积物中 TN 含量均不存在相关性（P＞0.05），而NH_4^+交换通量与沉积物中 TN 含量（r=0.939）呈现极显著正相关关系（P＜0.01）。秋季NO_2^-交换通量（r=–0.361）、NO_3^-交换通量（r=–0.062）、NH_4^+交换通量（r=0.432）与沉积物中 TN 含量均无显著相关关系（P＞0.05）。在夏季缺氧环境中，TN 含量越高，间隙水中NH_4^+浓度越大，故而加速了其由沉积物向上覆水体的释放过程。而秋季底层 DO 充足，沉积物是NH_4^+的汇，因此受间隙水中NH_4^+浓度的影响可能较小。

夏季，NO_3^-交换通量与沉积物中 TOC 含量（r=0.892）呈显著正相关关系（P＜0.05），NH_4^+交换通量也与沉积物中 TOC 含量（r=0.750）呈现一定的正相关关系（P=0.086），而秋季相关性则不明显。TOC 是有机质的主要组成部分，上层水体产生的有机质向下沉降，并在沉积物-海水界面发生早期成岩过程，影响营养盐和碳酸盐的收支平衡，进而引起界面 pH 及氧化还原电位的变化。有机质的矿化过程使营养盐释放到间隙水中，引起营养盐浓度梯度变化，营养盐或扩散到上覆水体中，或通过沉降和颗粒的吸附过程重新储存起来（Bonometto et al.，2019）。因此，沉积物中 TOC 含量越高，营养盐的交换通量就可能越大。牟平海洋牧场夏季NO_3^-、NH_4^+的交换通量与 TOC 沉积物中含量的相关性证实了此观点。

沉积物含水率是反映沉积物间隙水含量的指标，间隙水中富含大量碳及营养盐等生源要素，是沉积物-海水界面固-固和固-液营养盐交换的中转站（李学刚，2004）。此外，沉积物含水率与孔隙度有关，影响营养盐在界面的扩散过程。牟平海洋牧场夏季NO_2^-交换通量与沉积物含水率（r=0.940）呈现极显著正相关关系（P＜0.01），NO_3^-交换通量与沉积物含水率（r=0.826）呈现显著正相关关系（P＜0.05）。古小治等（2011）对湿地沉积物的扩散通量研究发现，在利用覆沙、划耕、翻耕等物理过程及种植芦苇对沉积物进行改造后，覆沙操作（减小孔隙度）的扩散通量最低，而划耕、翻耕等疏松操作的交换通量较高，这与本书研究结果一致。牟平海洋牧场秋季各 DIN 交换通量与沉积物含水率则未显示出明显的相关性（P＞0.05）。

夏季沉积物-海水界面NO_2^-、NO_3^-、NH_4^+的交换通量与上覆水体中NO_2^-、NO_3^-、NH_4^+的浓度均无显著相关性（P＞0.05），秋季NO_3^-交换通量与上覆水体中NH_4^+浓度（r=–0.944）呈现极显著负相关关系（P＜0.01），可能原因是秋季沉积物是NH_4^+的汇，上覆水体中NH_4^+浓度越高，向沉积物积累的NH_4^+就越多，底层富氧环境促进了NH_4^+向NO_3^-的转化，进而产生较多的NO_3^-，减小了上覆水体与间隙水中NO_3^-的浓度梯度，NO_3^-交换通量减小。在上覆水体中NH_4^+浓度极高的 Y-6 站位，NO_3^-的迁移方向与其他站位相反，可能与沉积物中生成较高浓度的NO_3^-有关。而NO_2^-、NH_4^+的交换通量与上覆水体中各营养盐浓度均无相关性关系（P＞0.05），故从夏秋两季整体上来看，DIN 交换通量与上覆水体中营养盐浓度的相关程度不大。

夏季，沉积物-海水界面NO_3^-交换通量与间隙水中NO_3^-浓度（r=–0.845）呈现显著负相关关系（$P<0.05$），说明间隙水中高浓度的NO_3^-抑制了其从上覆水体向沉积物的迁移；NH_4^+交换通量与间隙水中NH_4^+浓度（r=0.973）呈现极显著正相关关系（$P<0.01$），说明间隙水中NH_4^+浓度越高，越有利于沉积物中NH_4^+的释放；NO_2^-交换通量与间隙水中各DIN浓度无明显相关性（$P>0.05$）。秋季，NO_2^-、NO_3^-和NH_4^+的交换通量与间隙水中各DIN浓度之间也未发现显著相关性（$P>0.05$）。

有机物中的C/N（碳氮比）常被用来判断沉积相中有机质的来源（Meyers，1994），且沉积物中氮的活性大于碳，矿化过程中更易被溶出，因此C/N越大，有机质分解越困难，沉积物中可交换态物质越少（Hammond et al.，1999；Qian et al.，1997）。研究海域各交换通量与C/N均无显著相关关系（$P>0.05$）。盐度主要影响沉积物对生源要素的吸附及微生物参与的矿化和硝化、反硝化作用（Jia et al.，2019；张帆，2011）。研究发现，夏季NO_3^-交换通量与盐度（r=–0.812）呈现显著负相关关系（$P<0.05$）。但从底层水体盐度的空间分布来看，各站位盐度变化幅度均不超过0.2，故实际上盐度差异引起的交换通量变化可能并不明显。沉积物中硝化细菌的含量及氧化还原电位受pH的影响（白洁等，2010；唐晓和王佳，2004）。除秋季NO_3^-交换通量与pH（r=0.846）呈现显著正相关关系（$P<0.05$）外，pH总体上对各形态DIN交换通量的影响不大，可能也与pH空间差异较小有关。

另外，光照会对沉积物-海水界面营养盐的交换产生影响。光照影响底栖微生物的群落结构和丰度（Laviale et al.，2015），在浅层水体及水体透明度较高的沿岸地区，光线穿过水层到达海底，底栖微藻从水体中吸收大量营养盐用于光合作用，致使底层水体营养盐浓度发生变化。徐彬等（2009）发现，光照条件下底栖微生物的光合作用旺盛，消耗大量NH_4^+，致使沉积物向上覆水体中释放NH_4^+的通量减小；与此同时，沉积物中NO_2^-和NO_3^-的浓度增大，扩散通量增大。另外，光照还会影响硝化和反硝化作用强弱，进而影响营养盐的浓度（蔡真珍等，2015；Babu et al.，2010）。牟平海洋牧场由于船只活动频繁且养殖密度大，海水较浑浊，到达海底的光线较少，因此实验中采取暗培养，尽量避免光照对实验结果的影响。

通常潮汐作用会大幅增加沉积物-海水界面营养盐的交换通量。在潮水淹没的近海潮间带，沉积物颗粒大规模再悬浮，海床压力改变，上覆水体与沉积物间隙水发生强烈混合作用，改变营养盐的迁移速率（Wengrove et al.，2015）。Ospina-Alvarez等（2014）在西班牙加利西亚（Galicia）北部的研究发现，涨潮后，NO_2^-、NO_3^-和NH_4^+的交换通量分别为10～130μmol/（m^2·d）、1460～50 100μmol/（m^2·d）和1400～7540μmol/（m^2·d），DIP、DSi的交换通量则分别为140～280μmol/（m^2·d）和20～102 300μmol/（m^2·d），DIN的通量增加了100倍以上，DIP、DSi的通量也大幅度增加。

生物扰动作用是指底栖动物通过挖洞、摄取食物、排泄、生物灌溉等作用对沉积物的结构进行改造，该过程会引起沉积物孔隙度、有机质的分布特征变化以及营养盐迁移速率的改变（雷沛等，2018）。一般认为，底栖生物扰动可促使沉积物中营养盐释放。研究发现，相比于鱼虾，双壳类生物对环境的影响较小，它们通过滤食浮游植物、分泌代谢产物改变环境中的营养盐浓度（Pietros and Rice，2003）。邓可（2011）的研究发现，养殖生物对交换通量的影响为多种途径协同作用，不同品种的蟹及菲律宾蛤仔（*Ruditapes philippinarum*）对交换通量的影响效果存在差异。

表 8-6　夏季各形态氮盐及相关参数与环境因素的相关性

	黏土	TN	TOC	C/N	含水率	盐度	pH	NO_2^{-o}	NO_3^{-o}	NH_4^{+o}	NO_2^{-i}	NO_3^{-i}	NH_4^{+i}	NO_2^{-f}	NO_3^{-f}	NH_4^{+f}
黏土	1															
TN	0.713	1														
TOC	0.655	0.491	1													
C/N	-0.055	-0.481	0.520	1												
含水率	0.823[a]	0.295	0.745	0.472	1											
盐度	-0.402	0.026	-0.781	-0.754	-0.652	1										
pH	0.015	-0.486	-0.512	-0.047	0.154	0.137	1									
NO_2^{-o}	-0.240	0.169	0.036	-0.026	-0.200	0.449	-0.543	1								
NO_3^{-o}	-0.335	-0.488	0.024	0.513	0.047	-0.376	0.214	-0.320	1							
NH_4^{+o}	-0.365	0.236	-0.596	-0.855[a]	-0.824[a]	0.708	-0.208	0.095	-0.338	1						
NO_2^{-i}	0.213	-0.452	0.397	0.819[a]	0.660	-0.787[a]	0.422	-0.506	0.570	-0.878[a]	1					
NO_3^{-i}	-0.777	-0.401	-0.855[a]	-0.489	-0.920[b]	0.606	0.167	-0.107	0.179	0.765	-0.470	1				
NH_4^{+i}	0.817[a]	0.851[a]	0.828[a]	0.025	0.676	-0.364	-0.468	0.182	-0.208	-0.284	0.002	-0.767	1			
NO_2^{-f}	0.803	0.301	0.520	0.264	0.940[b]	-0.376	0.350	-0.141	0.006	-0.719	0.535	-0.809	0.610	1		
NO_3^{-f}	0.828[a]	0.471	0.892[a]	0.389	0.826[a]	-0.812[a]	-0.214	-0.308	-0.125	-0.578	0.490	-0.845[a]	0.731	0.621	1	
NH_4^{+f}	0.811[a]	0.939[b]	0.750	0.158	0.547	-0.281	-0.508	0.119	-0.308	-0.083	-0.152	-0.642	0.973[b]	0.483	0.694	1

注：a 表示 $P<0.05$；b 表示 $P<0.01$；o 代表上覆水体；i 代表间隙水；f 代表交换通量

表 8-7 秋季各形态氮盐及相关参数与环境因素的相关性

	黏土	TN	TOC	C/N	含水率	盐度	pH	NO_2^{-o}	NO_3^{-o}	NH_4^{+o}	NO_2^{-i}	NO_3^{-i}	NH_4^{+i}	NO_2^{-f}	NO_3^{-f}	NH_4^{+f}
黏土	1															
TN	0.484	1														
TOC	0.429	0.925[b]	1													
C/N	−0.436	−0.796[a]	−0.511	1												
含水率	0.234	0.869[a]	0.844[a]	−0.612	1											
盐度	−0.756	−0.627	−0.727	0.258	−0.350	1										
pH	0.624	0.137	−0.110	−0.452	−0.152	−0.351	1									
NO_2^{-o}	−0.603	−0.274	−0.041	0.502	−0.045	0.419	−0.966[b]	1								
NO_3^{-o}	0.300	0.317	0.518	0.067	0.551	−0.254	−0.492	0.422	1							
NH_4^{+o}	−0.540	0.137	0.311	0.168	0.487	0.308	−0.922[b]	0.815[a]	0.585	1						
NO_2^{-i}	0.489	0.416	0.685	0.109	0.421	−0.671	−0.329	0.277	0.837[a]	0.321	1					
NO_3^{-i}	0.737	0.659	0.763	−0.275	0.389	−0.998[b]	0.312	−0.387	0.277	−0.261	0.687	1				
NH_4^{+i}	0.838[a]	0.781	0.799[a]	−0.490	0.582	−0.934[b]	0.417	−0.519	0.367	−0.249	0.630	0.936[b]	1			
NO_2^{-f}	−0.492	−0.361	−0.414	0.199	0.102	0.728	−0.271	0.193	0.145	0.417	−0.368	−0.726	−0.525	1		
NO_3^{-f}	0.678	−0.062	−0.226	−0.236	−0.449	−0.353	0.846[a]	−0.695	−0.396	−0.944[b]	−0.146	0.311	0.307	−0.525	1	
NH_4^{+f}	0.774	0.432	0.534	−0.191	0.125	−0.769	0.145	−0.072	0.429	−0.224	0.751	0.768	0.691	−0.784	0.459	1

注：a 表示 $P<0.05$；b 表示 $P<0.01$；o 代表上覆水体；i 代表间隙水；f 代表交换通量

8.2.2.2　DIP 交换通量的影响因素分析

近海沉积物标准物质（GBW07314）中 TP 的标定值为（20.8±2.0）μmol/g，本实验直接消解获得的 TP 为（21.6±0.8）μmol/g，分步提取之和为（19.8±0.6）μmol/g，回收率分别为 103.4%、95.0%；黄海沉积物标准物质（GBW07333）中 TP 的标定值为（17.0±1.1）μmol/g，本实验直接消解获得的 TP 为（16.4±0.7）μmol/g，分步提取之和为（16.1±0.1）μmol/g，回收率分别为 96.5%、94.2%。实测值皆在标定范围内，且回收率符合标准，证明该提取方法数值可靠，符合回收规范。

沉积物中 TP 及各形态磷的含量见表 8-8。夏季直接消解获得的 TP 含量为 529.5～690.1μg/g [平均值为（617.4±58.4）μg/g]；各形态磷的含量之和为 512.8～679.1μg/g [平均值为（605.6±60.6）μg/g]。秋季直接消解获得的 TP 含量为 481.2～603.2μg/g [平均值为(552.4±47.9)μg/g]；各形态磷的含量之和为 482.1～599.8μg/g [平均值为(549.3±45.2) μg/g]。直接消解与分步提取获得的磷含量相差不大，但分步提取的效果较好。

表 8-8　沉积物中 TP 及各形态磷的含量　（单位：μg/g）

季节	站位	TP*	TP**	Ex-P	Fe-P	ACa-P	De-P	OP
夏季	Y-2	583.2±30.4	565.0±14.2	40.6±2.4	62.5±2.9	139.3±6.5	222.5±13.6	100.1±5.0
	Y-4	634.6±28.2	626.6±21.7	41.8±2.3	56.8±2.3	108.7±5.2	331.6±13.3	87.8±4.7
	Y-6	581.2±25.9	574.2±21.8	27.6±1.6	86.0±3.9	119.9±5.5	267.9±13.2	72.7±3.8
	H-2	690.1±31.6	679.1±31.7	46.0±2.1	67.0±3.4	129.9±6.1	341.9±16.3	94.2±5.4
	H-4	685.7±28.4	675.8±17.3	39.9±2.4	75.9±4.1	112.2±6.7	363.0±16.2	84.9±4.8
	H-6	529.5±26.9	512.8±19.9	30.2±1.7	82.6±4.5	83.4±4.9	239.0±12.3	77.7±4.7
秋季	Y-2	603.2±26.4	599.8±8.5	34.3±2.0	96.1±6.0	109.8±5.5	276.9±14.8	82.6±4.0
	Y-4	584.1±22.7	561.9±17.0	38.9±2.1	100.3±5.8	94.3±5.5	252.2±14.3	76.2±3.8
	Y-6	481.2±10.0	492.9±18.5	17.9±0.8	76.0±3.3	77.9±4.8	234.9±7.5	86.2±2.4
	H-2	591.3±17.1	583.0±9.2	30.6±1.6	97.9±4.5	121.8±9.1	247.8±11.1	84.9±4.1
	H-4	561.2±21.8	576.3±7.8	35.6±1.5	84.9±5.4	101.0±4.9	281.6±11.0	73.3±4.1
	H-6	493.2±20.4	482.1±20.0	26.4±1.3	78.8±4.9	86.5±4.2	220.9±11.5	69.5±4.4

注：*表示直接消解获得 TP；**表示分步提取获得 TP。表中数据经过四舍五入，存在舍入误差

沉积物中各形态磷的含量堆积图见图 8-2。Ex-P 在各形态磷中含量最低，该形态磷是最易解离且发生交换的组分，可优先从沉积物中溶解，被生物吸收利用参与磷的循环（Yang et al.，2016b）。研究海域夏季沉积物中 Ex-P 含量为 27.6～46.0μg/g[平均值为（37.7±6.5）μg/g]，占沉积物中 TP 含量的 4.8%～7.2%，平均占比（6.2±0.8）%；秋季 Ex-P 含量为 17.9～38.9μg/g[平均值为（30.6±6.9）μg/g]，占沉积物中 TP 含量的 3.6%～6.9%，平均占比（5.5±1.0）%。沉积物颗粒中 Fe 等金属氧化物及氢氧化物与磷的循环密切相关（Wang et al.，2009），该过程主要是 Fe^{3+}与 P 通过吸附-解吸作用实现结合与释放，与温度、DO 浓度等密切相关，因此 Fe-P 在沉积物中易发生解吸。夏季沉积物中 Fe-P 含量为 56.8～86.0μg/g[平均值为（71.8±10.6）μg/g]，占沉积物中 TP 含量的 9.1%～16.1%，平均占比（12.1±2.6）%；秋季含量为 76.0～100.3μg/g[平均值为（88.9±9.5）μg/g]，占沉积物中 TP 含量的 14.7%～17.8%，平均占比（16.2±1.0）%。自生钙结合态

磷（Ca-P）包括海洋生物排泄物、$CaCO_3$、氟磷灰石等结合态，主要为海洋自生，受外源的影响较小（Ruttenberg and Berner，1993）。夏季沉积物中 ACa-P 含量为 83.4～139.3μg/g [平均值为（115.6±17.7）μg/g]，占沉积物中 TP 含量的 16.3%～24.6%，平均占比（19.2±2.9）%；秋季 ACa-P 含量为 77.9～121.8μg/g [平均值为（98.6±14.5）μg/g]，占沉积物中 TP 含量的 17.5%～20.9%，平均占比（17.9±1.6）%。De-P 主要来自陆源输入磷形成的难溶解态磷灰石，一般在沉积物颗粒态磷中含量最高。夏季沉积物中 De-P 含量为 222.5～363.0μg/g[平均值为（294.3±53.7）μg/g]，占沉积物中 TP 含量的 39.3%～53.7%，平均占比（48.3±4.8）%；秋季 De-P 含量为 220.9～281.6μg/g[平均值为（252.4±21.5）μg/g]，占沉积物中 TP 含量的 42.5%～48.9%，平均占比（45.9±2.0）%。OP 可分为易分解和难分解有机磷，前者主要来自生物遗骸，后者主要为陆源输入。通常沉积物中 OP 的含量不及无机磷（IP），但亦发挥重要的作用。夏季沉积物中 OP 含量为 72.7～100.1μg/g[平均值为（86.2±9.3）μg/g]，占沉积物中 TP 含量的 12.5%～17.8%，平均占比（14.2±1.8）%；秋季 OP 含量为 69.5～86.2μg/g[平均值为（78.8±6.2）μg/g]，占沉积物中 TP 含量的 12.7%～17.5%，平均占比（14.5±1.5）%。

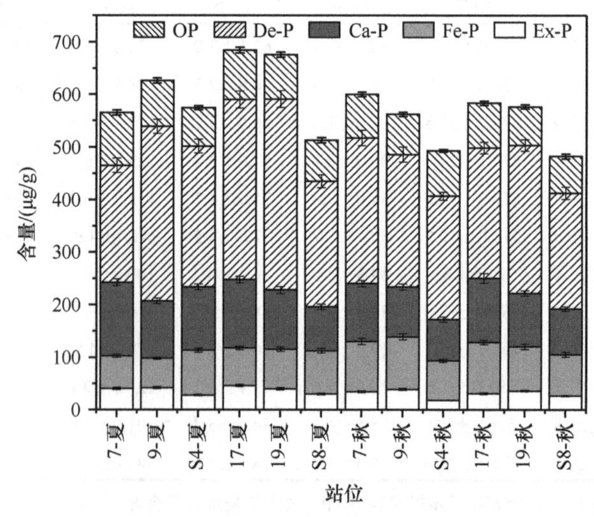

图 8-2 沉积物中各形态磷的含量堆积图

比较夏秋两季沉积物中各形态磷的平均含量，夏季沉积物中各形态磷的含量顺序为 De-P＞ACa-P＞OP＞Fe-P＞Ex-P，秋季含量顺序为 De-P＞ACa-P＞Fe-P＞OP＞Ex-P。除 Fe-P 外，其他形态磷的绝对含量均表现为夏季含量高于秋季含量，夏季 TP 含量也高于秋季 TP 含量。这可能是因为夏季雨水充足，且河流处于丰水期，外源输入磷通量较高，生物活动频繁，上覆水体初级生产力较高，其在沉积物中大量埋藏。而对于 Fe-P，秋季含量高于夏季含量，这可能与夏季底层水体出现大面积缺氧，造成其解吸有关，该过程与沉积物-海水界面的 DIP 的交换密切相关，因此研究表层沉积物中颗粒磷的形态对于探究 DIP 的迁移转化过程意义重大。从各形态磷含量占对应季节 TP 含量的比例来看，沉积物中含量较高的磷形态为 De-P 和 ACa-P，其中 De-P 含量约占 TP 含量的一半，说明表层沉积物中磷的最主要赋存形态为 De-P。Fe-P 受底层环境中 DO 浓度的影响最明显，夏秋两季其含量占 TP 含量的比例差异也明显。Ex-P 含量占 TP 含量的比例最低，而 OP 含量的占 TP 含量的比例远不及 IP。

对夏秋两季沉积物中 TP 及各形态磷与环境因素进行主成分分析（图 8-3），根据特征方差累计贡献率确定主成分的个数，并结合相关性分析讨论 TP、各形态磷与环境因素的相关关系（表 8-9）。对于夏季，主要提取了 3 个主成分，累计贡献率为 91.9%，可基本解释全部数据情况。其中，PC1 可解释总方差的 57.2%，该主成分在 Ex-P、ACa-P、OP、TP、黏土、温度、TOC 和间隙水 DIP 浓度上有较大的正载荷。PC1 主要反映了 Ex-P、ACa-P、OP、TP 与各环境因素的关系，表明该主成分内各环境因素可能有利于沉积物中 Ex-P、ACa-P、OP、TP 的保存。该主成分在 Fe-P、DO 浓度上有较大的负载荷。从相关性来看（表 8-9），夏季 Fe-P 含量与 DO 浓度（r=0.927）呈现显著正相关关系（P＜0.05），Ex-P 含量与 DO 浓度（r=–0.943）呈现极显著负相关关系（P＜0.01）。当 DO 浓度较低时，Fe^{3+}被还原而与磷发生解吸，一部分转化为 Ex-P，一部分转化为 DIP 与上覆水体进行交换。夏季 Ex-P 含量（r=0.858）、OP 含量（r=0.847）与沉积物中黏土含量均呈现显著正相关关系（P＜0.05），说明在细颗粒物中较大的比表面积有利于 Ex-P 和 OP 的保存。Ex-P 含量与温度（r=0.904）呈现显著正相关关系（P＜0.05），Fe-P 含量与温度（r=–0.740）呈现一定的负相关关系（P=0.092），可能是因为高温下 Fe-P 易解吸转

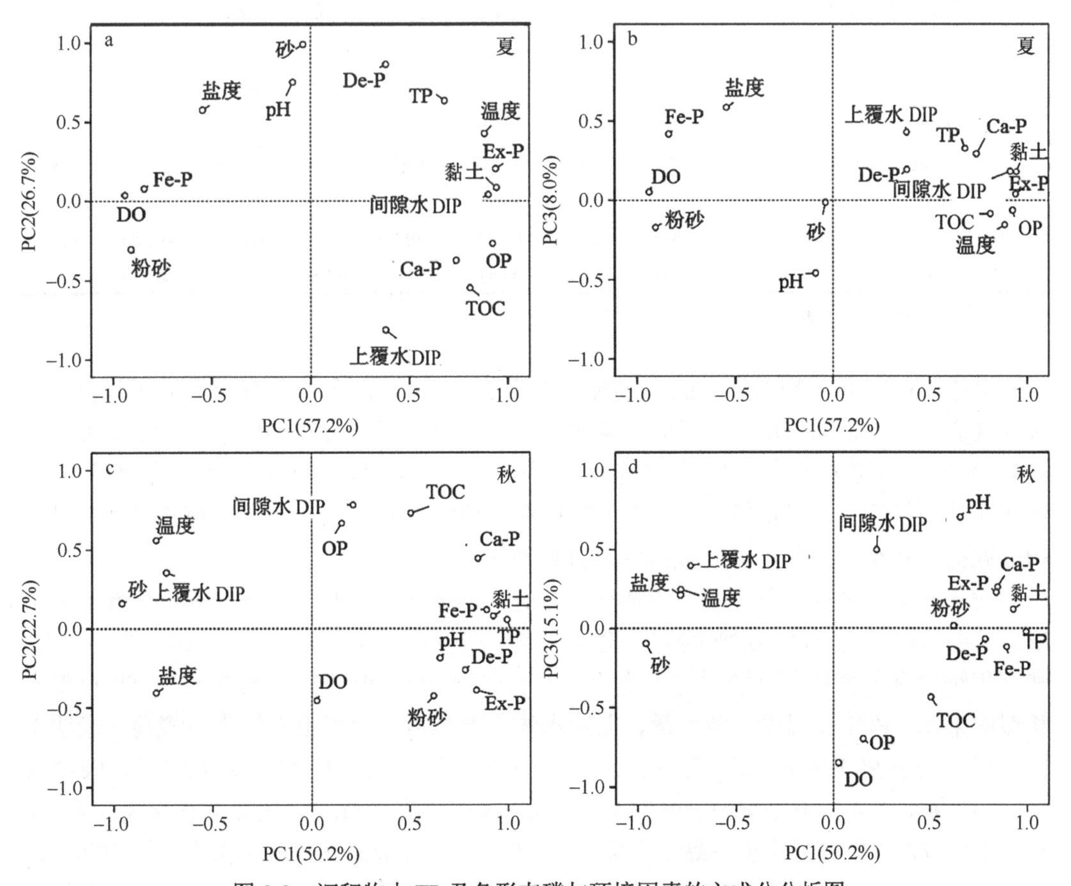

图 8-3　沉积物中 TP 及各形态磷与环境因素的主成分分析图

化为 Ex-P 或 DIP。OP 含量（r=0.867）、Fe-P 含量（r=–0.813）与沉积物中 TOC 含量分别呈现显著正、负相关关系（P<0.05）。Ex-P 含量（r=0.905）、OP 含量（r=0.906）与间隙水中 DIP 浓度均呈现显著正相关关系（P<0.05）。OP 与 TOC 可能皆受陆源污染物的影响，夏季上覆水体的初级生产力较高，且陆源输入有机质较多，可向沉积物埋藏较多的 OP，这可能是夏季 OP 净含量高于秋季的原因；与此同时，底层相对较高的水温使其矿化分解为 DIP 或转化为其他颗粒态 IP 的速度更快，后者作用略强可能是该季节 OP 含量占 TP 含量的比例相对较低的原因，导致该季节间隙水中 DIP 浓度增大。迟杰等（2011）发现，有机质会与 Fe、Al 等金属结合，造成 Fe-P 解吸，与本书的研究结果一致。主成分分析中 pH、盐度等对 PC1 的影响不大，可能与 pH、盐度的空间差异不大有关，故下面不再做具体的讨论。

表 8-9 沉积物中 TP 及各形态磷与各环境因素的相关性

季节	形态	黏土	粉砂	砂	pH	DO	温度	盐度	TOC	DIP^o	DIP^i
夏季	Ex-P	0.858[a]	–0.877[a]	0.202	–0.063	–0.943[b]	0.904[a]	–0.330	0.662	0.189	0.905[a]
	Fe-P	–0.620	0.586	0.069	0.096	0.927[a]	–0.740	0.693	–0.813[a]	–0.172	–0.638
	ACa-P	0.782	–0.654	–0.465	–0.322	–0.600	0.438	–0.500	0.772	0.732	0.604
	De-P	0.413	–0.590	0.843[a]	0.450	–0.385	0.642	0.432	–0.129	–0.495	0.358
	OP	0.847[a]	–0.759	–0.277	–0.271	–0.872[a]	0.735	–0.689	0.867[a]	0.544	0.906[a]
	TP	0.740	–0.850[a]	0.587	0.259	–0.613	0.802	0.191	0.199	–0.122	0.663
秋季	Ex-P	0.872[a]	0.592	–0.909[a]	0.717	0.082	–0.781	–0.421	0.022	–0.582	–0.024
	Fe-P	0.964[a]	0.243	–0.795	0.438	0.180	–0.625	–0.842[a]	0.522	–0.662	0.267
	ACa-P	0.813[a]	0.340	–0.739	0.684	–0.427	–0.366	–0.829[a]	0.636	–0.416	0.696
	De-P	0.540	0.966[b]	–0.868[a]	0.508	0.078	–0.795	–0.343	0.327	–0.579	–0.135
	OP	0.036	–0.085	0.019	–0.484	0.237	0.057	–0.520	0.891[a]	–0.169	0.229
	TP	0.954[b]	0.538	–0.938[b]	0.614	0.043	–0.745	–0.820[a]	0.538	–0.715	0.263

注：a 表示 P<0.05；b 表示 P<0.01

夏季，PC2 可解释总方差的 26.7%，主要在 De-P 和砂含量上有较大的正载荷，相关性（表 8-9）显示，De-P 含量与砂含量（r=0.843）呈现显著正相关关系（P<0.05），说明 De-P 可能更多地赋存于较大颗粒的砂粒中，这与刘慧等（2017）的研究结果一致。PC2 在其他指标上载荷均较小。PC3 可解释总方差的 8.0%，该主成分贡献率较小，且各指标载荷均较小，因此可能对数据的整体影响不大。

对于秋季，主要提取了 3 个主成分，累计贡献率为 88.0%，可基本解释全部数据情况。其中，PC1 可解释 50.2%的方差变异，该主成分在 Ex-P、Fe-P、ACa-P、De-P、TP 和沉积物中黏土含量上有较大的正载荷，表明该季节除 OP 外，各形态磷与 TP 可能有相似的来源。PC1 在温度、砂含量、上覆水体 DIP 浓度、盐度上有较大负载荷，表明这些指标不利于 PC1 成分的保存。相关性（表 8-9）显示，Ex-P 含量（r=0.872）、Fe-P 含量（r=0.964）、ACa-P 含量（r=0.813）与沉积物中黏土含量均呈现显著正相关关系（P<0.05），TP 含量与沉积物中黏土含量（r=0.954）呈现极显著正相关关系（P<0.01）；Ex-P 含量与沉积物中砂含量（r=–0.909）呈现显著负相关关系（P<0.05），TP 含量与

沉积物中砂含量（r=–0.938）呈现极显著负相关关系（P<0.01）。这说明沉积物颗粒越细，越有利于各形态磷的保存。Fe-P 含量（r=–0.842）、ACa-P 含量（r=–0.829）、TP 含量（r=–0.820）与盐度呈现显著负相关关系（P<0.05），盐度可能抑制沉积物颗粒对磷的吸附（安敏等，2009）。而 DO 浓度、OP、间隙水中 DIP 浓度对 PC1 的影响不大，尤其是 DO 浓度对 PC1 中 Fe-P 的影响不明显，可能与该季节 DO 浓度分布较均匀有关。

秋季，PC2 可解释总方差的 22.7%，该主成分主要在 OP、TOC、间隙水中 DIP 浓度上有较大的正载荷。相关性（表 8-9）显示，秋季 OP 含量与 TOC 含量（r=0.891）存在显著正相关关系（P<0.05），表明 OP 与 TOC 可能受陆源的影响较大，其沉降和矿化分解过程向间隙水中释放 DIP。PC3 可解释总方差的 15.1%，但各因素整体载荷较小，且该主成分对各形态磷的影响不明显。

沉积物-海水界面 DIP 的交换通量受扩散作用以及吸附-解吸作用的控制。相比于 DIP 的迁移转化，DIP 在沉积物-海水界面的交换过程更易受后者的影响。主成分分析（图 8-3）显示，DIP 交换通量受到温度、含水率、黏土含量、TOC 含量、间隙水中 DIP 浓度、沉积物中 Ex-P、Fe-P、ACa-P、OP 等含量的影响，盐度、pH 等空间分布较均匀，下面不再讨论。在主成分分析的基础上，结合皮尔逊相关性分析（表 8-10），探讨各环境因素对 DIP 交换通量的影响情况。

表 8-10 夏秋两季 DIP 交换通量与各环境因素的相关性

环境因素	DIP 交换通量	
	夏季	秋季
黏土	0.825[a]	0.756
粉砂	–0.817[a]	0.017
砂	0.071	–0.500
TP	0.754	0.770
Ex-P	0.954[b]	0.412
Fe-P	–0.834[a]	0.900[a]
ACa-P	0.637	0.792
De-P	0.530	0.239
OP	0.805[a]	0.454
TOC	0.738	0.620
含水率	0.814[a]	0.229
pH	–0.211	0.386
盐度	–0.341	–0.637
DIP^{o}	0.307	–0.709
DIP^{i}	0.809[a]	0.492

注：a 表示 P<0.05；b 表示 P<0.01；o 表示上覆水体；i 表示间隙水

沉积物粒径影响沉积物-海水界面 DIP 的交换过程。表层沉积物颗粒越细，对磷的吸附能力越强，DIP 越难向上覆水体中扩散（Linsy et al.，2018；王修林等，2007）。秋季，牟平海洋牧场 DIP 交换通量与粒度组成未表现出明显的相关性，但 Y-4 站位沉积物中黏土含量最高，沉积物对磷的吸附能力最强，因而在各站位中交换通量最小，与其研究结果相似。夏季，DIP 交换通量与黏土含量（r=0.825）呈现显著正相关关系（P<0.05），与粉砂含量（r=–0.817）呈现显著负相关关系（P<0.05）。可能原因与 Ex-P、Fe-P 的行为有关，赋存于沉积物细颗粒中的 Ex-P、Fe-P 是颗粒态磷中较活泼的组分，在温度、DO 等影响下发生解吸、溶解，转化为 DIP 释放到间隙水中，与上覆水体发生交换。

沉积物中 TP 含量越高，各形态磷的净含量越高，可提供沉积物-海水界面交换所需较多的 DIP。夏季，牟平海洋牧场 DIP 交换通量与 TP 含量（r=0.754）有一定的正相关关系（P=0.083），在 TP 含量最高及最低的 H-2 和 H-6 站位分别出现 DIP 交换通量最大值及最小值。但秋季 DIP 交换通量与 TP 含量的相关性不明显，可能与活性较高的 Ex-P、Fe-P 所占比例较低有关，致使影响效果不明显。因此，该海域沉积物中 TP 含量对于沉积物-海水界面 DIP 交换通量的影响并非单纯的促进，很大程度上取决于各形态磷具体的地球化学行为。

虽然沉积物中 Ex-P、Fe-P 的含量远不及难溶解的 De-P、ACa-P，但这两种形态的磷却与沉积物-海水界面 DIP 的交换直接相关。Ex-P 是沉积物 TP 中最易分解的组分，会与间隙水中的 DIP 发生直接交换。夏季，牟平海洋牧场 DIP 交换通量与 Ex-P（r=0.954）呈现极显著正相关关系（P<0.01），说明沉积物中 Ex-P 含量越高，沉积物向上覆水体释放 DIP 的速率越快，这与 Łukawska-Matuszewska 和 Burska（2011）的研究发现类似。秋季，DIP 交换通量与 Ex-P 的相关性不明显，说明该过程可能还受其他因素的干扰。

Fe-P 是沉积物各形态磷中与 DIP 交换联系最密切的组分之一，尤其是对于夏季底层缺氧水体。牟平海洋牧场夏秋两季 Fe-P 含量对 DIP 交换的贡献表现出明显的差异。夏季，DIP 交换通量与 Fe-P 含量（r=–0.834）呈现显著负相关关系（P<0.05），而在秋季，DIP 交换通量与 Fe-P 含量（r=0.900）呈现显著正相关关系（P<0.05）。也就是说，夏季在 DIP 交换通量较大的区域，沉积物中 Fe-P 的含量较低，而秋季 DIP 从上覆水体向沉积物迁移，沉积物中 Fe-P 含量较高，间隙水中 DIP 含量较低，增大了两相间的浓度梯度，上覆水体向沉积物释放更多的 DIP。该过程经一系列复杂的影响因素综合驱动，包括有机质的矿化、温度、pH、盐度、DO 等。Fe-P 之间主要通过吸附作用相结合，升温后磷从沉积物表面解吸；同时有机质的矿化速率加快，引起间隙水中 pH 和氧化还原电位的改变。综上，沉积物中 Fe-P 含量可能是该海域沉积物-海水界面 DIP 交换的主要控制因素。

沉积物中 TOC 和 OP 是有机质的重要组成部分，有机质矿化过程中 TOC 和 OP 发生分解会向间隙水中释放 DIP，因此沉积物释放 DIP 的通量可能与沉积物中 TOC 含量和 OP 含量具有正相关关系（Srithongouthai and Tada，2015）。夏季，DIP 交换通量与 TOC 含量（r=0.738）、秋季 DIP 交换通量与 TOC 含量（r=0.620）无显著相关性（P>0.05）。但个别站位，如夏季 TOC 含量较低的 H-6 和 Y-6 站位，沉积物向上覆水体释放 DIP 的通量较小。夏季，DIP 交换通量与沉积物中 OP 含量（r=0.805）呈现显著正相关关系（P<0.05），说明有机质的矿化可能有利于 DIP 的交换。夏季，DIP 交换通量（r=0.637）、秋季 DIP 交换通量（r=0.792）与 ACa-P 呈现一定的相关性，但不显著（P>0.05），DIP 交换通量与 De-P 的相关性也不显著（P>0.05），表明这两种组分对该海域 DIP 交换通量的影响不明显。

上覆水体和间隙水中 DIP 浓度主要通过形成 DIP 浓度梯度影响沉积物-海水界面 DIP

的扩散过程。夏季 DIP 交换通量（r=0.307）、秋季 DIP 交换通量（r=–0.709）与上覆水体中 DIP 浓度均未呈现显著相关性（P＞0.05）。夏季 DIP 交换通量与间隙水中 DIP 浓度（r=0.809）呈现显著正相关关系（P＜0.05），间隙水中较高浓度的 DIP 有利于向上覆水体的扩散；而秋季 DIP 交换通量与间隙水中 DIP 浓度（r=0.492）无明显相关性（P＞0.05）。沉积物含水率可反映沉积物间隙水浓度及孔隙度的大小，含水率较高的沉积物可能会释放更多的 DIP。夏季 DIP 交换通量与含水率（r=0.814）呈现显著正相关关系（P＜0.05），秋季则无明显相关性。从沉积物-海水界面 DIP 交换通量与上覆水体、间隙水及含水率的相关性来看，扩散过程对于牟平海洋牧场沉积物-海水界面 DIP 交换通量的控制可能不及吸附-解吸作用。

8.2.2.3　DSi 交换通量的影响因素分析

外源输入的 Si 经硅藻等摄取后形成生物活性硅（BSi），沉降至海底通过埋藏作用保留在沉积物中，该过程是海水中 Si 的主要迁出方式，因此沉积物中富含大量的硅质矿物，其溶解过程为上覆水体提供 DSi。在世界大部分海域的研究发现，海水中 DSi 基本处于不饱和状态，因此主要表现为 BSi 的持续溶解（陈敏，2009）。李肖娜（2004）的研究表明，由于陆源输入较多的 N、P 污染物，沉积物-海水界面可释放 DSi 以维持营养盐 N、P、Si 比例的相对稳定。因此，在绝大多数海域 DSi 的交换通量总为正值，即表现为由沉积物向上覆水体释放。在主成分分析（图 8-1）的基础上，对 DSi 交换通量与各环境因素进行相关性分析，见表 8-11。

表 8-11　夏秋两季 DSi 交换通量与各环境因素的相关性

季节	因素	黏土	粉砂	砂	TOC	盐度	pH	DSi^{o}	DSi^{i}	DSi^{f}
夏季	黏土	1								
	粉砂	–0.974[b]	1							
	砂	0.020	–0.244	1						
	TOC	0.655	–0.508	–0.566	1					
	盐度	–0.402	0.254	0.602	–0.781	1				
	pH	0.015	–0.171	0.702	–0.512	0.137	1			
	DSi^{o}	–0.819[a]	0.686	0.481	–0.764	0.477	0.470	1		
	DSi^{i}	–0.090	0.176	–0.400	0.064	0.241	–0.779	–0.380	1	
	DSi^{f}	0.777	–0.627	–0.563	0.767	–0.502	–0.456	–0.969[b]	0.277	1
秋季	黏土	1								
	粉砂	0.361	1							
	砂	–0.880[a]	–0.760	1						
	TOC	0.429	0.107	–0.352	1					
	盐度	–0.756	–0.106	0.580	–0.727	1				
	pH	0.624	0.496	–0.687	–0.111	–0.351	1			
	DSi^{o}	–0.634	–0.332	0.610	–0.253	0.595	–0.896[a]	1		
	DSi^{i}	0.672	0.726	–0.837[a]	0.627	–0.542	0.559	–0.666	1	
	DSi^{f}	0.764	0.434	–0.752	0.640	–0.505	0.429	–0.547	0.880[a]	1

注：a 表示 P＜0.05；b 表示 P＜0.01；o 表示上覆水体；i 表示间隙水；f 表示交换通量

细颗粒沉积物中可能含有较多的硅藻碎屑，这些硅藻碎屑中 BSi 的含量较高（Michalopoulos and Aller，2004），且细颗粒沉积物的比表面积较大，易吸附 BSi，使 Si 的溶解速率变慢，减弱与上覆水体 DSi 的交换。高春梅等（2016）的研究却表明，沉积物粒度越小，沉积物-海水界面 DSi 的交换通量越大，这与含硅矿物的沉淀-溶解过程有关。牟平海洋牧场夏季 DSi 交换通量与沉积物中黏土含量（r=0.777）存在一定的正相关关系（P=0.069），这与高春梅等（2016）的研究相似。秋季 DSi 交换通量则与黏土含量关系不大。粉砂、砂的含量对夏秋两季 DSi 交换通量的影响也不明显。综合来看，粒度可能不是影响研究海域 DSi 交换通量的主要因素。

有机质对 DSi 交换通量的影响主要体现在两方面，一方面，有机质矿化过程向沉积物间隙水中释放大量的 DSi；另一方面，沉积物中 BSi 和 TOC 可能皆来自海洋初级生产（刘军等，2016），且有机质参与形成 BSi 外的有机包膜，阻碍 Si 释放。该海域夏季 DSi 交换通量（r=0.767）及秋季 DSi 通量（r=0.640）与沉积物中 TOC 含量均无显著相关性（P＞0.05），说明 TOC 亦非 DSi 交换通量变化的主要影响因素。

盐度会影响沉积物颗粒与 Si 的结合，Zhou 等（2017a）对台湾东部黑潮主流经区沉积物-海水界面 DSi 交换的模拟发现，在较低盐度下，上覆水体向沉积物中迁移 DSi 的量较少。pH 会影响沉积物中 BSi 的含量及 DSi 的交换通量。郑琦等（2016）的研究发现，pH 为 7.0～8.5 时，pH 越高，上覆水体向沉积物迁移越多的 DSi。但研究海域 pH、盐度的差异不大，从相关性来看，夏季 DSi 交换通量（r=–0.502）及秋季 DSi 交换通量（r=–0.505）与盐度、夏季 DSi 交换通量（r=–0.456）及秋季 DSi 交换通量（r=0.429）与 pH 均无显著相关性（P＞0.05），故二者对 DSi 交换通量的影响甚微。

沉积物-海水界面 DSi 的扩散过程与该界面 DSi 的浓度梯度有关，因此上覆水体及间隙水中 DSi 浓度与扩散过程直接相关。夏季，DSi 交换通量与上覆水体 DSi 浓度（r=–0.969）呈现极显著负相关关系（P＜0.01），与间隙水中 DSi 浓度关系不大。秋季，DSi 交换通量与间隙水中 DSi 浓度（r=0.880）呈现显著正相关关系（P＜0.05）。这表明上覆水体中 DSi 浓度越低，沉积物的间隙水中 DSi 浓度越高，沉积物向上覆水体扩散 DSi 的通量就越大。

8.3 温度和溶解氧对沉积物-海水界面营养盐交换通量的影响

季节变化最显著的是底层水体温度和 DO 浓度的变化，牟平海洋牧场夏秋两季水体温度相差 10～15℃，DO 浓度相差 2.5～5.5mg/L，变化幅度较大，因此温度和 DO 浓度的变化引起的季节性显著差异会引起交换通量的明显改变。本节通过实验改变温度和 DO 浓度探究其对沉积物-海水界面交换通量的影响，此处不再对两个因素与交换通量进行主成分分析讨论和简单的皮尔逊相关性分析讨论。

8.3.1 温度对 DIN 交换通量的影响

对于沉积物-海水界面营养盐的交换通量，温度主要影响扩散过程、微生物活动的酶活性、沉积物颗粒的吸附-解吸过程等。夏季原位培养温度 T=23.8℃，秋季原位培养

温度 T=14.3℃。保持其他因素不变，实验室分别控制 T=10℃和 T=20℃，研究温度对夏秋两季沉积物-海水界面 NO_2^-、NO_3^-、NH_4^+的交换通量的影响，如图 8-4 和表 8-12 所示。对于界面处 NO_2^-的交换通量，温度对春夏两季迁移方向的影响未发现明显规律。除 Y-6 站位表现出差异外，其他站位温度改变情况下该海域夏秋两季沉积物仍表现为 NO_3^-的汇。综上，温度变化基本未改变夏秋两季 NH_4^+的迁移方向。

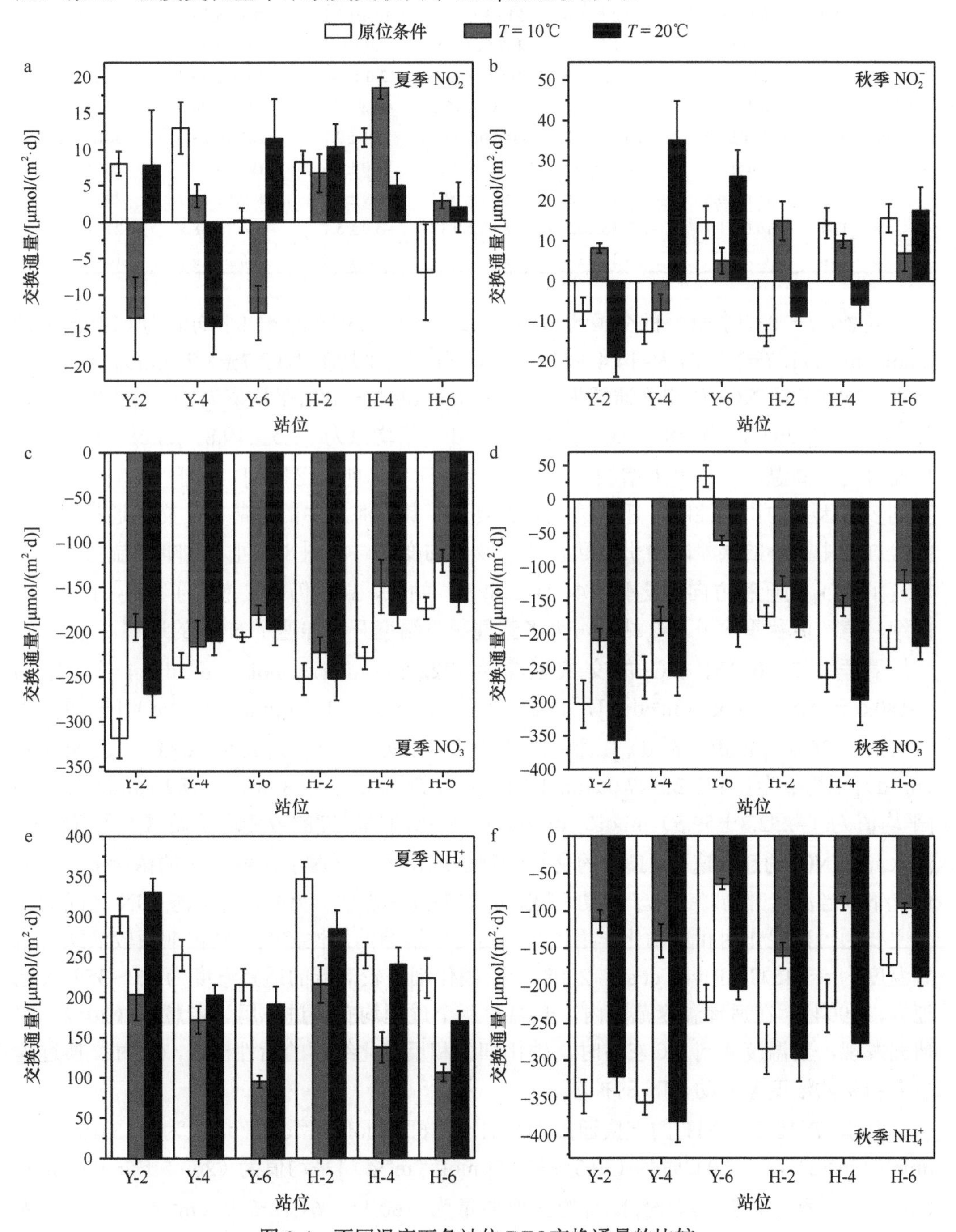

图 8-4　不同温度下各站位 DIN 交换通量的比较

表 8-12 不同温度下各站位 DIN 的交换通量 [单位：μmol/（m^2·d）]

季节	站位	*T*=10℃			*T*=20℃		
		NO_2^-	NO_3^-	NH_4^+	NO_2^-	NO_3^-	NH_4^+
夏季	Y-2	−13.2±5.6	−194.0±14.6	203.2±31.4	7.9±7.6	−268.5±26.8	330.5±17.2
	Y-4	3.6±1.6	−216.1±29.4	171.9±17.0	−14.4±3.9	−209.7±15.9	202.2±13.5
	Y-6	−12.5±3.7	−180.8±10.8	95.1±7.3	11.5±5.5	−196.6±18.0	191.1±22.4
	H-2	6.8±2.7	−222.2±16.6	216.3±23.2	10.4±3.1	−251.9±24.1	284.3±24.0
	H-4	18.5±1.5	−149.1±29.7	137.5±19.1	5.0±1.8	−181.0±14.6	240.5±21.1
	H-6	2.9±1.0	−121.3±12.7	106.0±10.7	2.0±3.4	−167.0±10.7	170.3±12.8
秋季	Y-2	8.2±1.2	−208.6±17.2	−113.9±15.3	−18.9±5.1	−356.7±26.0	−321.5±21.5
	Y-4	−7.4±4.0	−180.4±21.3	−140.0±22.3	35.1±9.7	−261.2±29.7	−381.6±27.9
	Y-6	5.0±3.2	−60.8±7.1	−64.1±7.2	26.0±6.6	−196.9±21.6	−204.6±13.9
	H-2	15.0±4.8	−128.9±14.9	−160.1±17.2	−8.9±2.4	−189.1±15.0	−296.9±31.1
	H-4	10.0±1.7	−157.3±15.3	−89.5±9.3	−5.9±5.1	−296.3±38.5	−276.8±17.9
	H-6	6.9±4.4	−123.3±18.8	−95.7±6.0	17.5±5.8	−216.7±19.9	−188.1±12.2

夏季，*T*=10℃时 NO_2^-的交换通量为−13.2～18.5μmol/（m^2·d）[平均值为（1.0±11.1）μmol/（m^2·d）]，*T*=20℃时为−14.4～11.5μmol/（m^2·d）[平均值为（3.7±8.7）μmol/（m^2·d）]；秋季，*T*=10℃时 NO_2^-的交换通量为−7.4～15.0μmol/（m^2·d）[平均值为（6.3±6.8）μmol/（m^2·d）]，*T*=20℃时为−18.9～35.1μmol/（m^2·d）[平均值为（7.5±19.8）μmol/（m^2·d）]。由此可见，高温一定程度上增加了 NO_2^- 的迁移速率。前文已提到，由于 NO_2^- 不稳定，受到多重因素的协同控制，迁移情况较为复杂。其在海水中的量最少，交换通量最小，实验过程中微小的误差即会引起迁移速率较大的变动。由图 8-4 可知，即使温度的变化转变了 NO_2^- 的迁移方向，夏季 Y-4、H-2 和 H-6 站位，高温仍明显增大了 NO_2^- 迁移速率的绝对值。而秋季除了 H-2 站位，大多数情况下温度升高加速了 NO_2^-的迁移。

夏季，*T*=10℃时 NO_3^- 的交换通量为−222.2～−121.3μmol/（m^2·d）[平均值为（−180.6±35.8）μmol/（m^2·d）]，*T*=20℃时为−268.5～−167.0μmol/（m^2·d）[平均值为（−212.4±36.6）μmol/（m^2·d）]；秋季，*T*=10℃时 NO_3^-的交换通量为−208.6～−60.8μmol/（m^2·d）[平均值为（−143.2±47.0）μmol/（m^2·d）]，*T*=20℃时为−356.7～−189.1μmol/（m^2·d）[平均值为（−252.8±59.5）μmol/（m^2·d）]。夏秋两季温度的改变均明显增大了沉积物-海水界面 NO_3^-的迁移速率。NO_3^-的交换受制于沉积物与上覆水体中 NO_3^-的浓度差，一般情况下，当温度升高时，分子运动活跃，其扩散速率加快。另外，各形态 DIN 之间的转化主要通过硝化作用和反硝化作用进行，由对应细菌的活性控制。硝化细菌较活跃的适宜温度为 5～45℃（Rivett et al.，2008），反硝化细菌较活跃的适宜温度为 15～35℃（徐亚同，1994）。在适宜温度范围内，升温对两个过程均有促进作用。董慧等（2012）的研究发现，当温度降到 0℃左右时，硝化细菌和反硝化细菌的活性极低，此时交换过程主要由初始浓度差驱动 DIN 的扩散。

夏季，*T*=10℃时 NH_4^+的交换通量为 95.1～216.3μmol/（m^2·d）[平均值为（155.0±45.9）μmol/（m^2·d）]，*T*=20℃时为 170.3～330.5μmol/（m^2·d）[平均值为（263.5±56.0）μmol/（m^2·d）]；秋季，*T*=10℃时 NH_4^+的交换通量为−160.1～−64.1μmol/（m^2·d）[平均值为

（–110.6±31.9）μmol/（m^2·d）]，T=20℃时为–381.6～–188.1μmol/（m^2·d）[平均值为（–278.2±66.4）μmol/（m^2·d）]。夏秋两季 NH_4^+交换通量对温度变化的响应也表现为升温有利于NH_4^+的迁移。另外，夏季底层沉积物氧化还原电位较低，以反硝化为主，温度越高，反硝化作用越强烈，沉积物间隙水中产生更高浓度的NH_4^+，加速其向上覆水的释放。

8.3.2　DO 浓度对 DIN 交换通量的影响

DO是影响沉积物-海水界面氧化还原电位的最主要因子。唐晓和王佳（2004）通过实验模拟和数值计算结果表明DO浓度升高，氧化还原电位呈对数增大。氧化还原电位与沉积物-海水界面的硝化作用和反硝化作用直接相关，较高氧化还原电位下，NH_4^+作为电子供体在硝化作用下生成 NO_3^-。牟平海洋牧场夏季底层海水中 DO 浓度平均值为3.50mg/L，Y-2、Y-4 和 H-2 站位缺氧严重，DO 浓度平均值接近 2mg/L，而秋季 DO 浓度平均值为7.46mg/L，水体接近富氧状态。由于养殖密度较大，调查海域夏季出现大面积的水体缺氧现象，较低的氧化还原电位使沉积物间隙水中NH_4^+浓度较高，因此该海域夏季 NH_4^+-N 由沉积物向水体释放。秋季由于水温降低、底栖生物的活动减弱，DO 浓度处于较高水平，NH_4^+的迁移方向发生改变。NO_3^-的迁移机制与此类似。

分别通过充氮气、充空气模拟贫氧条件（DO＜2mg/L）、富氧条件（DO＞8mg/L），探究 DO 浓度对牟平海洋牧场沉积物-海水界面 NO_2^-、NO_3^-及NH_4^+的交换通量的影响，如图 8-5 和表 8-13 所示。从 DO 浓度变化对 DIN 迁移方向的影响来看，DO 浓度变化基本不改变NO_3^-和 NH_4^+的迁移方向，但对 NO_2^-迁移方向的影响较复杂，此处不再赘述。从交换通量大小来看，夏季贫氧条件下 NO_2^-交换通量为–14.3～19.3μmol/（m^2·d）[平均值为（4.8±11.4）μmol/（m^2·d）]，富氧条件下为 2.5～28.3μmol/（m^2·d）[平均值为（14.7±8.8）μmol/（m^2·d）]；秋季贫氧条件下 NO_2^-交换通量为–35.7～26.6μmol/（m^2·d）[平均值为（0.2±20.8）μmol/（m^2·d）]，富氧条件下为–28.3～39.4μmol/（m^2·d）[平均值为（10.8±24.9）μmol/（m^2·d）]。夏季 Y-2、Y-6 和 H-2 站位富氧条件下 DIN 交换通量明显高于贫氧条件，而秋季除 Y-4 站位外，其他站位也表现出了类似情况。

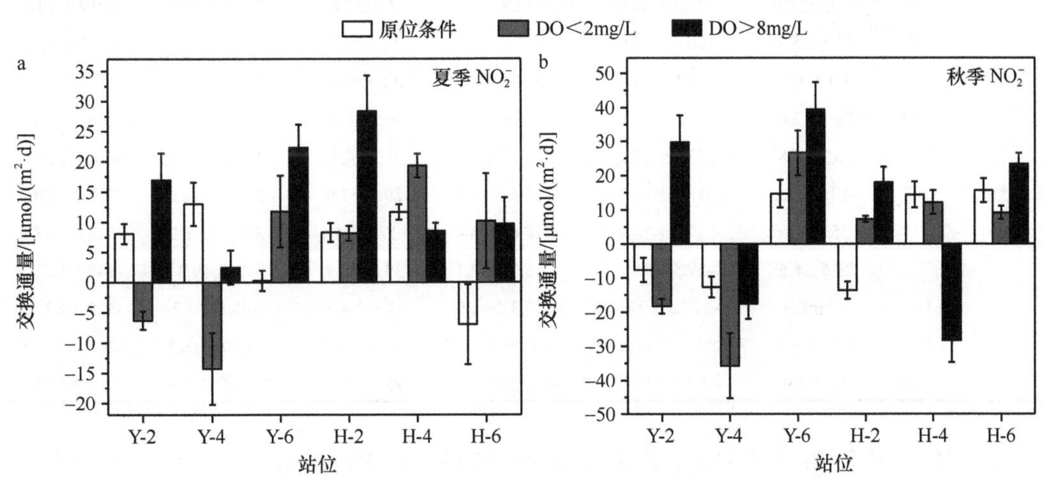

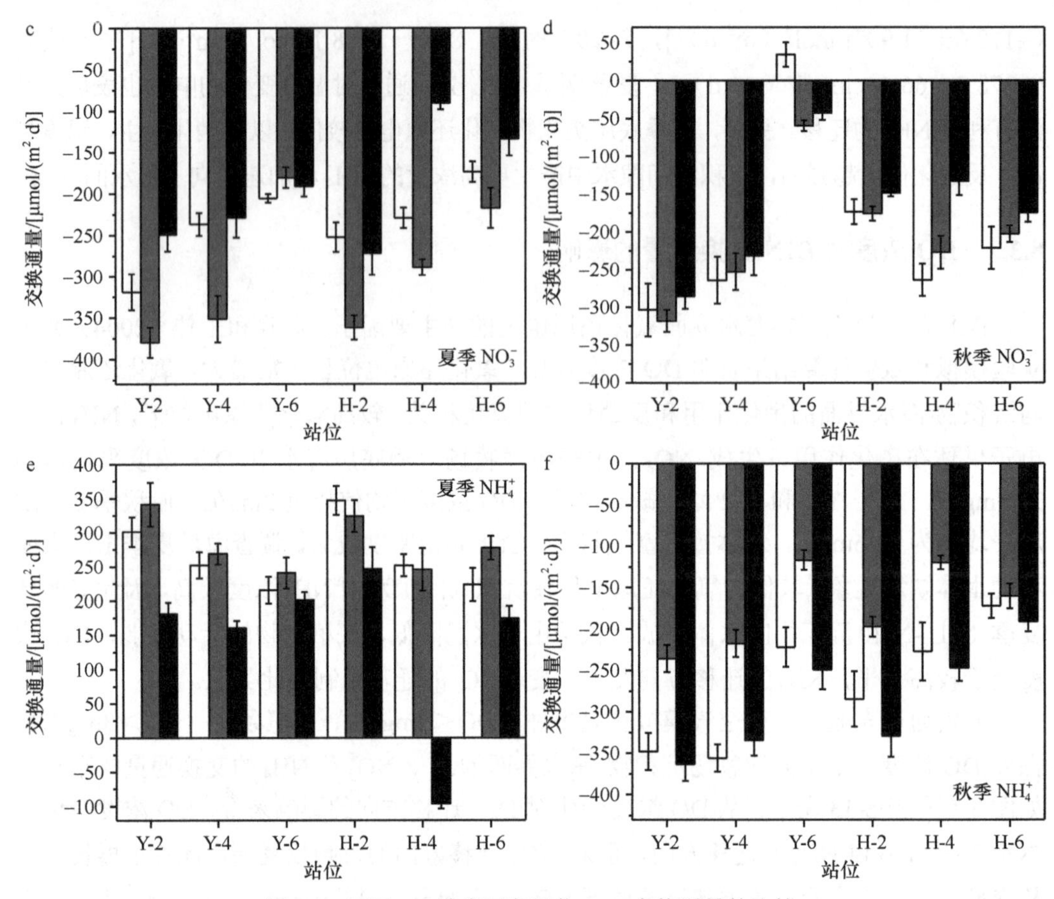

图 8-5 不同 DO 浓度下各站位 DIN 交换通量的比较

表 8-13 不同 DO 浓度下各站位 DIN 交换通量 [单位：μmol/（m²·d）]

季节	站位	DO＜2mg/L			DO＞8mg/L		
		NO_2^-	NO_3^-	NH_4^+	NO_2^-	NO_3^-	NH_4^+
夏季	Y-2	−6.3±1.5	−379.7±18.3	341.3±31.8	17.0±4.5	−249.2±20.0	180.7±16.4
	Y-4	−14.3±6.0	−351.5±28.0	269.1±15.2	2.5±2.8	−228.9±23.9	160.2±10.6
	Y-6	11.8±5.9	−180.4±12.6	240.7±22.7	22.3±3.8	−191.1±12.5	201.2±11.6
	H-2	8.1±1.2	−362.0±14.8	324.4±23.5	28.3±5.9	−271.6±26.3	247.0±31.8
	H-4	19.3±2.0	−288.7±9.6	245.7±31.2	8.5±1.3	−90.5±7.7	−96.5±6.8
	H-6	10.2±7.8	−217.3±24.2	277.5±17.2	9.7±4.3	−133.6±20.6	174.2±17.7
秋季	Y-2	−18.2±2.2	−318.2±14.7	−235.6±16.4	29.7±7.9	−285.7±16.6	−363.3±20.2
	Y-4	−35.7±9.6	−252.5±24.4	−217.6±16.4	−17.6±4.4	−231.5±26.2	−334.6±18.4
	Y-6	26.6±6.6	−59.5±7.1	−116.7±12.1	39.4±7.9	−42.6±9.3	−249.1±23.6
	H-2	7.3±0.9	−175.8±9.4	−197.3±12.0	18.0±4.5	−148.8±4.2	−329.3±25.3
	H-4	12.2±3.5	−226.8±21.6	−119.6±8.6	−28.3±6.3	−133.0±18.5	−247.0±15.6
	H-6	9.2±1.9	−202.5±11.0	−160.5±15.0	23.4±3.2	−174.7±12.3	−191.2±12.1

夏季，贫氧条件下 NO_3^-交换通量为−379.7～−180.4μmol/（m²·d）[平均值为

（–296.6±75.3）μmol/（m^2·d）]，富氧条件下为–271.6～–90.5μmol/（m^2·d）[平均值为（–194.1±64.1）μmol/（m^2·d）]；秋季，贫氧条件下 NO_3^-交换通量为–318.2～–59.5μmol/（m^2·d）[平均值为（–205.9±79.1）μmol/（m^2·d）]，富氧条件下为–285.7～–42.6μmol/（m^2·d）[平均值为（–169.4±76.6）μmol/（m^2·d）]。夏秋两季均表现为贫氧条件下 NO_3^-交换通量大于原位条件及富氧条件，其中夏季贫氧条件下 H-4 站位 NO_3^-交换通量约为富氧条件下的 3.2 倍。贫氧条件下沉积物-海水界面氧化还原电位低，沉积物间隙水中的反硝化作用旺盛，造成大量 NO_3^-转化为 NH_4^+，NO_3^-由上覆水体向沉积物迁移，因此上覆水体向沉积物中补充更多的 NO_3^-。

夏季，贫氧条件下 NH_4^+交换通量为 240.7～341.3μmol/（m^2·d）[平均值为（283.1±37.7）μmol/（m^2·d）]，富氧条件下为–96.5～247.0μmol/（m^2·d）[平均值为（144.5±111.2）μmol/（m^2·d）]；秋季，贫氧条件下 NH_4^+交换通量为–235.6～–116.7μmol/（m^2·d）[平均值为（–174.5±45.9）μmol/（m^2·d）]，富氧条件下为–363.3～–191.2μmol/（m^2·d）[平均值为（–285.7±60.7）μmol/（m^2·d）]。DO 浓度对夏秋两季 NH_4^+交换通量的影响效果不同。夏季富氧条件下，沉积物-海水界面基本处于氧化环境，硝化作用旺盛，NH_4^+被氧化为 NO_3^-，沉积物间隙水中 NH_4^+浓度降低，向上覆水体释放的速率减缓，H-4 站位甚至转为由上覆水体向沉积物补给 NH_4^+。而秋季情况正好相反，沉积物是 NH_4^+的汇，富氧条件下，沉积物间隙水中 NH_4^+减少，上覆水体向沉积物迁移更多的 NH_4^+。

8.3.3　温度对 DIP 交换通量的影响

实验室分别控制 T=10℃和 T=20℃，研究温度对夏秋两季沉积物-海水界面 DIP 交换通量的影响，如图 8-6 和表 8-14 所示。温度变化明显改变了 DIP 交换通量的大小。夏季除 H-2 站位在 T=10℃培养时迁移方向发生转变外，其他站位 DIP 仍由沉积物向上覆水体迁移。而秋季温度改变，DIP 的交换方向未发生变化。

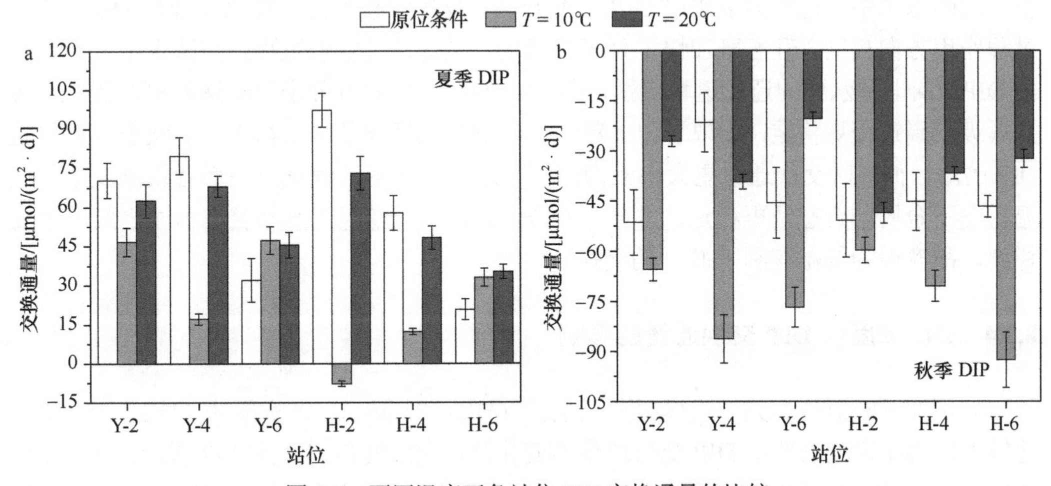

图 8-6　不同温度下各站位 DIP 交换通量的比较

表 8-14 不同培养条件下各站位 DIP 交换通量 [单位：μmol/（m²·d）]

季节	站位	T=10℃	T=20℃	DO＜2mg/L	DO＞8mg/L
夏季	Y-2	46.7±5.4	62.5±6.5	100.4±5.8	40.8±4.7
	Y-4	17.2±2.2	68.1±4.1	84.8±7.8	58.7±6.2
	Y-6	47.3±5.3	45.6±4.8	61.1±3.5	–13.7±1.0
	H-2	–7.8±1.0	73.2±6.5	88.2±7.6	53.7±5.5
	H-4	12.3±1.2	48.3±4.4	62.6±5.3	46.3±3.9
	H-6	33.1±3.5	35.3±2.7	33.5±3.1	25.3±2.2
秋季	Y-2	–65.4±3.4	–27.1±1.6	57.0±4.9	–74.6±4.9
	Y-4	–86.2±7.2	–39.2±2.2	40.3±3.3	–43.4±2.9
	Y-6	–76.8±6.0	–20.5±2.0	–21.2±2.8	–62.2±3.5
	H-2	–59.8±3.8	–48.6±3.1	46.4±3.9	–69.4±4.2
	H-4	–70.4±4.6	–36.7±1.8	40.9±2.9	–58.7±4.1
	H-6	–92.6±8.3	–32.3±2.7	56.9±4.3	–53.1±4.8

夏季，T=10℃时 DIP 的交换通量为–7.8～47.3μmol/（m^2·d）[平均值为（24.8±19.7）μmol/（m^2·d）]，T=20℃时为 35.3～73.2μmol/（m^2·d）[平均值为（55.5±13.4）μmol/（m^2·d）]；秋季，T=10℃时 DIP 交换通量为–92.6～–59.8μmol/（m^2·d）[平均值为（–75.2±11.4）μmol/（m^2·d）]，T=20℃时为–48.6～–20.5μmol/（m^2·d）[平均值为（–34.1±8.9）μmol/（m^2·d）]。除 Y-6、H-6 站位外，夏季原位条件下 DIP 交换通量均明显大于 T=10℃时的交换通量，且略大于 T=20℃时的交换通量，即高温有利于沉积物向上覆水体释放 DIP。而秋季 T=10℃时 DIP 交换通量却大于原位条件及 T=20℃时的交换通量，前者别为后两者的 1.2～4.0 倍及 1.2～3.8 倍。温度对 DIP 交换通量的影响主要体现在两方面，一方面，通过影响分子热运动，进而影响其扩散过程，表现为高温下有利于 DIP 分子的扩散；另一方面，沉积物表面金属颗粒与磷的结合主要通过吸附-解吸过程进行，高温下反应趋向于向解吸方向进行（Li et al.，2015）。磷脱离沉积物转化为 DIP 释放到间隙水中，造成间隙水中 DIP 浓度升高。夏季沉积物向上覆水体释放 DIP，两个过程作用方向相同，升温既加快了分子热运动，又促进了解吸过程，间隙水中含有大量的 DIP，向上覆水体的迁移速率更快，H-2 站位在 T=10℃时分子运动速率可能受限，且金属吸附磷过程更稳定，出现了由上覆水体向沉积物迁移的异常情况。而秋季沉积物是 DIP 的汇，低温时交换通量更大，应为分子热运动及吸附过程竞争中后者占据主导，低温状态下金属结合态磷更稳定，间隙水中 DIP 浓度低，增大了水相及沉积相之间的浓度梯度，故表现为低温有利于 DIP 的交换。

8.3.4 DO 浓度对 DIP 交换通量的影响

分别通过充氮气、充空气模拟贫氧条件（DO＜2mg/L）、富氧条件（DO＞8mg/L），比较不同 DO 浓度条件下 DIP 交换通量的变化情况，如表 8-14 及图 8-7 所示。从 DO 浓度对 DIP 迁移方向的影响来看，除 Y-6 站位外，DO 浓度改变基本不影响夏季沉积物-海水界面 DIP 的迁移方向，而秋季贫氧环境下各站位 DIP 的迁移方向大多发生转变。

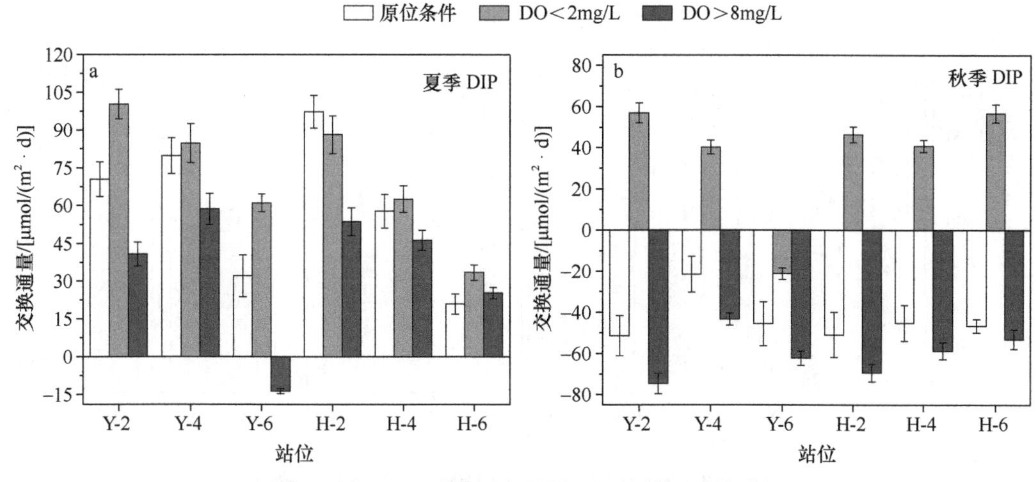

图 8-7　不同 DO 浓度下各站位 DIP 交换通量的比较

夏季，贫氧条件下 DIP 交换通量为 33.5～100.4μmol/（m^2·d）[平均值为（71.7±22.1）μmol/（m^2·d）]，富氧条件下为–13.7～58.7μmol/（m^2·d）[平均值为（35.2±24.3）μmol/（m^2·d）]；秋季贫氧条件下 DIP 交换通量为–21.2～57.0μmol/（m^2·d）[平均值为（36.7±26.8）μmol/（m^2·d）]，富氧条件下为–74.6～–43.4μmol/（m^2·d）[平均值为（–60.2±10.3）μmol/（m^2·d）]。夏秋两季 DO 浓度对 DIP 交换通量的影响效果不同，夏季贫氧条件及原位条件下 DIP 交换通量大多明显大于富氧条件，而秋季富氧条件下 DIP 交换通量更大，贫氧条件下迁移方向甚至大多发生了变化。Ghaisas 等（2019）的研究发现，路易斯安那州大陆架缺氧环境下沉积物中磷的释放通量是有氧环境下的 17 倍，与本书的夏季研究结果相似。这可能与沉积物颗粒中铁锰氧化物对磷的吸附过程有关（Küster-Heins et al.，2010），铁锰氧化物与磷的吸附受氧化还原电位的影响，夏季底层水体缺氧状况严重造成二者的解吸，间隙水中 DIP 浓度升高，因此原位条件下沉积物是 DIP 的源。秋季原位条件下沉积物是 DIP 的汇，然而在贫氧条件下，间隙水中 DIP 浓度较大，转为由沉积物向上覆水体释放 DIP。由不同 DO 浓度培养情况可得出结论，DO 浓度变化对沉积物-海水界面 DIP 交换通量的影响主要受沉积物中铁锰氧化物与磷结合的控制。

8.3.5　温度对 DSi 交换通量的影响

实验室分别控制 T=10℃、20℃，研究温度变化对夏秋两季沉积物-海水界面 DSi 交换通量的影响，如图 8-8 和表 8-15 所示。夏秋两季温度变化情况下 DSi 的迁移方向均未发生改变，低温及高温下仍为沉积物向上覆水体释放。夏季，T=10℃时 DSi 交换通量为 752.3～1165.9μmol/（m^2·d）[平均值为（949.1±134.3）μmol/（m^2·d）]，T=20℃时交换通量为 865.4～1369.6μmol/（m^2·d）[平均值为（1105.9±155.1）μmol/（m^2·d）]；秋季 T=10℃时 DSi 交换通量为 746.4～953.2μmol/（m^2·d）[平均值为（852.9±74.8）μmol/（m^2·d）]，T=20℃时交换通量为 835.0～1102.8μmol/（m^2·d）[平均值为（947.1±82.4）μmol/（m^2·d）]。对于夏秋两季采集到的沉积物，均表现为较高温度下有利于沉积物向上覆水体释放 DSi。

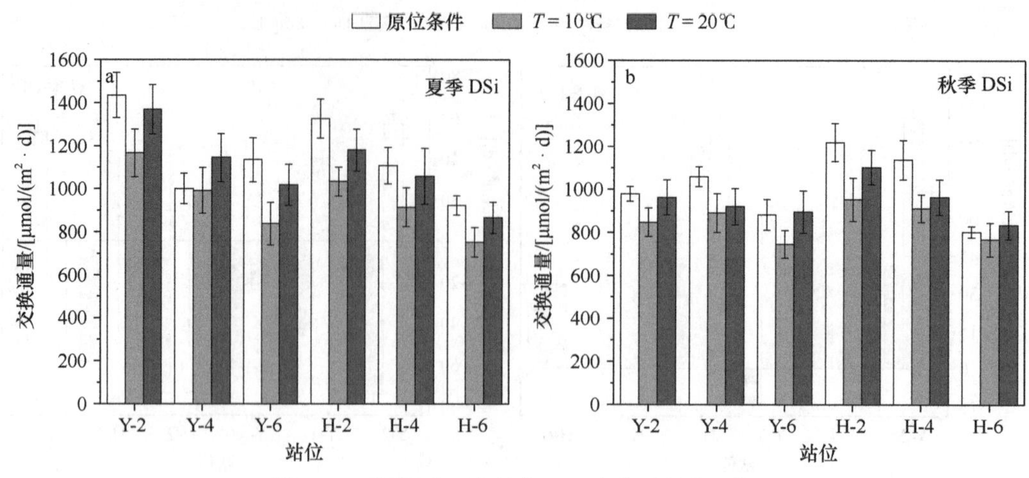

图 8-8 不同温度下各站位 DSi 交换通量的比较

表 8-15 不同培养条件下各站位的 DSi 交换通量 [单位：μmol/（m^2·d）]

季节	站位	T=10℃	T=20℃	DO＜2mg/L	DO＞8mg/L
夏季	7	1165.9±111.2	1369.6±115.0	1488.4±102.6	1397.3±145.7
	9	991.5±106.1	1144.9±112.7	1091.3±107.5	1050.3±119.4
	S4	837.5±99.1	1017.6±95.3	1212.9±116.8	1124.6±67.6
	17	1033.4±66.8	1179.5±98.4	1401.2±75.2	1219.1±89.3
	19	914.2±89.8	1058.4±129.1	973.6±62.8	970.8±99.7
	S8	752.3±68.6	865.4±71.7	986.2±87.6	1016.9±96.9
秋季	7	847.3±66.1	963.6±80.9	1023.7±112.0	941.8±91.3
	9	890.9±90.2	920.7±83.6	1107.4±101.2	1042.3±73.1
	S4	746.4±64.1	896.0±97.6	960.2±106.9	829.4±63.6
	17	953.2±100.5	1102.8±78.9	1094.7±105.5	1116.3±114.1
	19	911.8±63.8	964.4±82.1	1017.2±123.4	1091.7±86.5
	S8	767.8±77.8	835.0±65.2	947.2±122.2	881.6±94.5

温度变化对 DSi 交换通量的影响体现在两方面：一是温度促进沉积物间隙水中溶解态 Si 的分子扩散，温度对分子扩散的作用机制同 DIN 及 DIP；二是温度影响沉积物-海水界面 BSi 的沉淀-溶解平衡，由前文讨论可知，硅质岩石的风化、有机硅石的矿化将沉积物中部分 BSi 溶解，释放出 DSi。BSi 沉淀-溶解平衡伴随能量的变化，溶解过程为吸热反应，升高温度有利于沉积物颗粒中 Si 的溶解，向间隙水中释放更多的 DSi。张硕等（2017）对海州湾 DSi 交换通量的研究显示，温度是影响 DSi 交换通量的最明显因素，交换通量随温度升高而增加。Zhou 等（2017a）通过培养实验发现，较高温度下沉积物颗粒对于 DSi 的吸附受到抑制，因此有利于沉积物向上覆水体释放 DSi。

8.3.6 DO 浓度对 DSi 交换通量的影响

分别通过充氮气、充空气模拟贫氧条件（DO＜2mg/L）、富氧条件（DO＞8mg/L），比较不同 DO 浓度条件下 DSi 交换通量的变化情况，如表 8-15 及图 8-9 所示。由于上覆水体中 DSi 浓度不饱和，DO 浓度升降并未引起 DSi 交换方向的改变。夏季，贫氧条件下 DSi 交换通量为 973.6～1488.4μmol/（m^2·d）[平均值为（1192.3±196.7）μmol/（m^2·d）]，富氧条件下为 970.8～1397.3μmol/（m^2·d）[平均值为（1129.8±143.6）μmol/（m^2·d）]；秋季，贫氧条件下 DSi 交换通量为 947.2～1107.4μmol/（m^2·d）[平均值为（1025.1±60.5）μmol/（m^2·d）]，富氧条件下为 829.4～1116.3μmol/（m^2·d）[平均值为（983.8±107.0）μmol/（m^2·d）]。

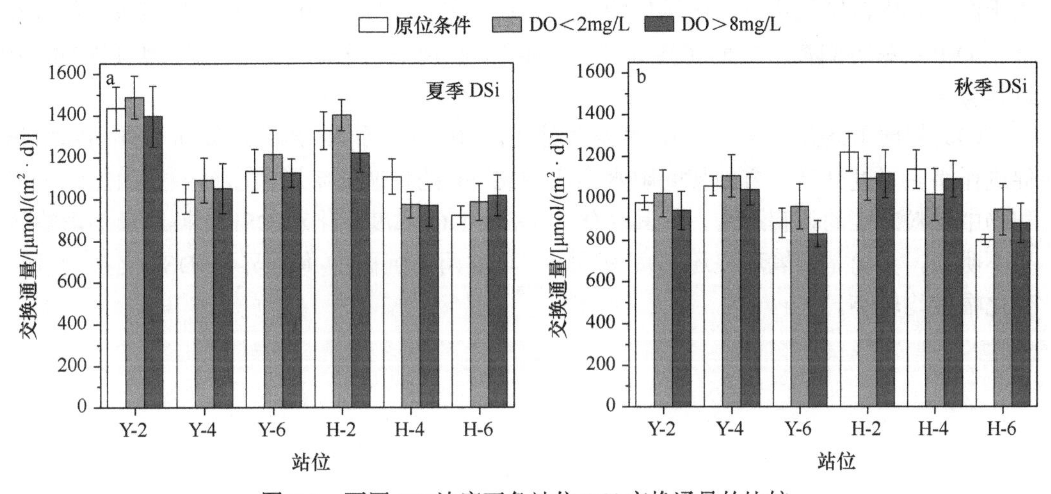

图 8-9　不同 DO 浓度下各站位 DSi 交换通量的比较

Ekeroth 等（2016）的研究发现，沉积物颗粒中富含硅质及铁氧化物，在缺氧环境下铁氧化物和有机质薄膜发生还原反应而溶解，BSi 发生溶解，向间隙水中释放 DSi；朱华刚等（2018）则证明，厌氧环境下上覆水体中 DSi 浓度明显升高；张洁帆等（2009）对渤海湾沉积物不同 DO 浓度条件下的培养则发现，氧化环境中 BSi 已被分解转化为 DSi。而本研究发现，不同 DO 浓度对夏季沉积物的影响效果不明显，贫氧条件下，DSi 交换通量的变化幅度不大，说明在牟平海洋牧场 DO 浓度的变化并非沉积物-海水界面 DSi 释放的主要控制因素。

8.4　本 章 小 结

本章通过改变培养体系的温度（T=10℃和 T=20℃）和 DO 浓度（贫氧：DO＜2mg/L；富氧：DO＞8mg/L），考察了二者对营养盐交换通量的影响，得到如下结论。

（1）温度可通过影响扩散过程及硝化作用、反硝化作用影响 DIN 的交换通量。温度变化对 NO_2^- 交换通量的影响比较复杂，而对 NO_3^-和 NH_4^+均表现为温度越高，交换通量就越大，这可能与升温提高了分子扩散速率及硝化细菌、反硝化细菌的活性有关。DO 浓度变化对 NO_2^- 交换通量的影响不明显，对 NO_3^-和 NH_4^+交换通量的影响可能与 DO 浓度变化改变了沉积物-海水界面氧化还原电位，进而影响硝化、反硝化过程有关。贫氧条件下，间隙水中 NO_3^-浓度降低，NH_4^+浓度升高，沉积物-海水界面 NO_3^-、NH_4^+的浓度梯度发生变化，夏季沉积物是NO_3^-的汇、NH_4^+的源，贫氧条件均有利于NO_3^-和NH_4^+的迁移。秋季沉积物为NO_3^-和NH_4^+的汇，贫氧条件有利于NO_3^-的迁移，而不利于NH_4^+的交换。

（2）温度和 DO 浓度变化均明显改变 DIP 交换通量。夏季，升温有利于沉积物中 DIP 向上覆水体释放；而秋季沉积物为 DIP 的汇，因此升温不利于 DIP 从上覆水体迁出，其迁移受到分子热运动及金属结合态磷吸附-解吸的双重控制。DO 浓度变化对夏秋两季 DIP 交换通量的影响也表现出差异性，夏季贫氧环境下 DIP 的交换通量更大，这可能是由于沉积物中铁锰氧化物与磷发生解吸；而秋季富氧条件下 DIP 交换通量较大，贫氧条件下 DIP 迁移方向在培养期间甚至发生了转变，该现象也可能与铁锰氧化物与磷的解吸过程有关。

（3）相比于低温（T=10℃），高温条件（T=20℃）对沉积物-海水界面 DSi 的释放起促进作用。温度升高一方面使间隙水中溶解态 Si 的扩散速率增大，另一方面加快了沉积物中颗粒态硅的溶解过程，使其转化为 DSi。DO 浓度变化对 DSi 交换通量的影响效果不明显，无论是贫氧环境还是富氧环境，夏秋两季沉积物-海水界面 DSi 交换通量的变化幅度均较小。

第9章　大气营养盐沉降特征及生态效应

大气沉降是近岸海域和开阔大洋生源要素的重要来源之一，N、P 和 Si 的大气沉降过程以及生态效应研究是近年来海洋生物地球化学研究的热点问题（Ounissi et al.，2021；Umezawa et al.，2021；Xie et al.，2021；Xing et al.，2018，2017）。随着工农业的快速发展，化肥使用量、生物质燃烧和化石燃料燃烧的不断增加均会导致大气中活性 N 含量的急剧增长（Yu et al.，2019a；Ren et al.，2017），其中 70%～80%的活性 N 会以大气湿沉降的形式被输送至陆地和水体（Duce et al.，2008）。大气中的 P 和 Si 主要来自矿物，如风化的沙尘（Mahowald et al.，2008），此外自工业革命至 21 世纪以来，人为来源的 P 排放量增长了 2 倍，从而通过大气沉降方式向陆地或水体输入的 P 通量也会进一步增加（Chen et al.，2021a；Smil，2000）。

之前的研究表明，大气沉降向海洋生态系统输送的营养盐会显著促进表层水体初级生产力（PP）和新生产力（NP）的增加，尤其是在一些贫营养海域（Umezawa et al.，2021；Park et al.，2019）。例如，在贫营养的南海海域，2012 年印度尼西亚森林火灾爆发期间，大气湿沉降输入的 DIN 所支持的新生产力约为 120.4mg C/（$m^2 \cdot d$），约占水体新生产力的 44%（Xiao et al.，2020）；在西南地中海海域，水体的初级生产力同时受 P 和 Si 的限制，大气沉降输入的 DIP 和 DSi 可以支持 12%的初级生产力（Ounissi et al.，2021）。然而，近海海域初级生产力的增加可能会导致海洋浮游植物释放的活性有机质增加，进一步沉降至水体底部后会被微生物所降解，此过程会消耗水体中大量的 DO，从而可能会加剧海水季节性低氧的程度，进而导致近海水体产生一系列不良的后果，如海水酸化（Moon et al.，2021；Yau et al.，2020）。

普遍来讲，中国边缘海（如黄海和东海）水体中的 N/P 比较高，且在最近几十年来呈现进一步增加的趋势，因此可能会引发有害藻类暴发等一系列的不良后果，对海洋生态系统造成严重影响（Wang et al.，2021；Qi et al.，2020）。而大气沉降过程中生物可利用的 DIN 与 DIP 的比例以及 DIN 与 DSi 的比例远高于 Redfield 比值及海水中的比例，从而可能进一步加剧近海 N 与 P 失衡的状况，并因此影响浮游植物群落的变化（Li et al.，2021b）。此外，近海水体中 N 和 P 的长期失衡会导致浮游植物的生长受到 P 限制，对 P 元素具有较强竞争能力的浮游植物生长会占有优势，因此导致水体初级生产者多样性降低，进而对近海水体的食物网及生态系统平衡产生影响（Xing et al.，2017；Elser et al.，2009）。

位于北黄海内且毗邻山东半岛北部的养马岛附近海域是中国北方地区重要的扇贝养殖海域，近年来扇贝养殖的规模逐渐扩大，引发了严重的生态环境问题（Yang et al.，2021a；Xie et al.，2021）。由于扇贝在水体内以摄食浮游植物碎屑及悬浮颗粒物为生，其强大的滤食能力导致浮游植物的丰度显著下降，使该区域内浮游植物丰度明显低于其他海域（Yang et al.，2021a；张文静等，2020；Zhou et al.，2006）。此外，由于该海域仅有几条较小的季节性河流入海，陆源营养盐输入的通量相对较小，因此该海域水体的营养状态在部分月份呈现贫营养化，从而限制了浮游植物的生长，且对海水养殖的发展产生了不利影响（Xie et al.，2021；Yang et al.，2020a）。Yang 等（2020a）对该海域的营养盐收支状况进行了调查，结果表明大气沉降是该海域 DIN 的主要来源，其贡献高达 56.9%，然而，大气沉降对于水体 DIP 和 DSi 的贡献较小。但是，Yang 等（2020a）关于大气沉降输入的营养盐交换通量是基于文献数据得来的，与实际情况之间可能存在较大的误差，因此有必要探究大气沉降向该海域输入营养盐的真实通量，明确大气沉降对于该海域营养盐收支的贡献，并进一步探究相应的生态效应。

9.1 材料与方法

9.1.1 研究区域

养马岛附近海域位于北黄海内，毗邻山东半岛北部，总面积约 664km^2，平均水深 15m（Yang et al.，2020a）。该区域气候变化主要受东亚季风的影响，冬季盛行西北季风，夏季盛行东南季风（Chen，2009）。该区域所在的北黄海海域处在亚洲沙尘向西北太平洋输送的通道中，在春季经常会受到沙尘天气的影响（Xing et al.，2018；Zhang et al.，2011c）。年平均降水量约为 764mm，其中 70%的降水量出现在夏季（Yang et al.，2020a）。沿海岸线分布着几条小型季节性河流，主要包括辛安河、鱼鸟河、沁水河和汉河等，年平均径流量仅为 89.5×10^{6}m^3，约占研究海域海水总体积的 1%（Yang et al.，2020a）。此外，该研究区域是中国北方地区重要的扇贝养殖区之一，以海湾扇贝养殖为主，养殖面积约为 150km^2，养殖深度为 6m 左右，每年在 5 月底到 6 月初开始放苗，10 月末到 11 月中旬收获（Yang et al.，2022，2021a）。自 2011 年起，该海域扇贝养殖的规模逐渐扩大，扇贝产量由 2011 年的 3.8×10^{4}t 增长到 2020 年的 10.0×10^{4}t（烟台市统计局，2021）。

9.1.2 采样站位和采样过程

由于研究区域内没有可以长期放置采样装置的岛屿，选择了研究区域内一个岸基站位进行气溶胶和大气湿沉降样品的采集。采样站位（37°27′39″N，121°42′56″E）位于中国科学院烟台海岸带研究所牟平海岸带环境综合试验站实验楼二楼平台上，海拔高度约 10m，距离最近的海岸线约 300m，采样站位周围没有明显的人为污染源和高大建筑。此外，冬季盛行的西北季风和夏季盛行的东南季风均会经过此处离开或进入研究区域，因此在该采样站位采集的大气气溶胶及湿沉降样品可以代表整个研究区域大气状况的整体水平。

大气气溶胶样品采集过程开始于 2019 年 12 月，至 2020 年 11 月结束，为期一年。大气气溶胶总悬浮颗粒物（TSP）样品利用青岛崂山电子仪器总厂有限公司生产的 KC-1000 型大流量 TSP 采样器收集，采集 TSP 样品的滤膜为 Whatman QM-A 滤膜（203mm×254mm），使用前在马弗炉（550℃）中灼烧 6h 以除去滤膜上的有机质，置于干燥器中 2d 后进行称重，获得空白滤膜的初始质量。采样流量为 1.05m^3/min，采样时间设定为 72h，每个 TSP 的采气体积约为 4536m^3。采样结束后，将滤膜从仪器上取下，向内折叠并放入酸洗并烘干的聚乙烯封口袋中，于–20℃的冰箱中冷冻保存直至进一步的分析。

2019 年 12 月至 2020 年 11 月共进行了 58 次气溶胶样品的采集工作，在采样期间的一半时间内（29 次，间隔分布），于 TSP 采样装置上配备空气动力学直径小于 2.5μm 的大气颗粒物（PM2.5）切割头，切割头下方的滤膜采集的是 PM2.5 样品，切割头夹缝中的滤膜采集的是空气动力学直径大于 2.5μm 的大气颗粒物样品（TSP-PM2.5 样品），两张滤膜上的颗粒物总和即为 TSP。采样周期内共收集到 29 对 PM2.5 和 TSP-PM2.5 样品以及另外单独的 29 个 TSP 样品，由于本章仅需对 TSP 样品中的溶解营养盐含量进行分析，因此将成对的 PM2.5 和 TSP-PM2.5 样品进行合并来当作 TSP。此外，还选取了 3 张空白 Whatman QM-A 滤膜作为空白对照，保存方式和处理方式与气溶胶样品膜一致。

大气湿沉降（降水）样品采集过程开始于 2020 年 9 月，至 2021 年 8 月结束，为期一年。降水样品利用青岛盛鼎环境仪器有限公司生产的 DH-200 型降水降尘自动采样器收集，该仪器距离地面高度约为 1.5m，可以有效防止地面溅起物对于降水样品的污染。此外，湿沉降采样仪器具备一个湿度传感器，无降水期间湿沉降收集装置上方的盖子保持关闭，降水开始后 300s 内湿沉降采样装置上面的盖子会打开，自动收集降水，降水结束后 300s 内盖子自动关闭，可以有效防止沙尘对于降水样品的污染（邢建伟，2017）。收集降水样品所用的高密度聚乙烯桶在使用前用 10%的稀盐酸浸泡 24h 以上，并用超纯水（18.2MΩ·cm）冲洗干净。每次降水结束后，立即将样品转移至酸洗并灼烧（550℃，6h）的烧杯中，置于 4℃的冰箱中冷藏保存，尽可能减少降水中化学性质的变化（Park et al.，2019）。此外，利用湿沉降采样仪器自带的雨量计来记录每次降雨过程的降雨量。对于降雪样品，将其带回实验室转移至洗净的烧杯中在室温下（25℃）融化，利用干净的量筒测定体积，并按聚乙烯桶的桶口面积换算降雪量（Xing et al.，2017）。在 24h 内将降水样品利用灼烧后（550℃，6h）的 0.7μm 孔径的 Whatman GF/F 滤膜进行过滤，将过滤后的滤液和滤膜置于–20℃的冰箱中冷冻保存直至进一步的分析。采样期间，共收集到 42 个降水样品，其中包括 34 个降雨样品和 8 个降雪样品。另外，每月均利用超纯水（18.2MΩ·cm）对干净的湿沉降采样桶进行冲刷，所获得的液体视为空白样品，保存方式和处理方式与降水样品一致。

9.1.3　样品分析

为了计算采样期间大气中 TSP 的浓度，首先将空白滤膜在室温（25℃）下干燥 48h，测定采样前滤膜的质量，TSP 样品采集结束后将样品膜在 60℃下进行烘干，冷却至室温后测定样品膜的质量，利用采样前后滤膜的质量差除以采集大气的体积（4536m^3），即可得到 TSP 的浓度（μg/m^3）。利用洁净的聚乙烯剪刀将 TSP 滤膜裁剪出 1/24 份（18.72cm^2），剪碎后置于 50ml 的离心管中，加入 40ml 的超纯水在冰水浴的条件下超声 40min，静置后利用 0.7μm 孔径的 Whatman GF/F 滤膜进行过滤得到滤液，此外，对于 3 张空白膜也进行相同的操作作为空白对照组（Qi et al.，2020）。

按照 Aydin-Onen 等（2012）所采用的标准比色法，利用 SEAL QuAAtro 连续流动分析仪测定样品膜和空白膜提取液中的营养盐浓度，即硝酸盐（NO_3^-）、亚硝酸盐（NO_2^-）、铵盐（NH_4^+）、磷酸盐（PO_4^{3-}）和硅酸盐（SiO_3^{2-}）的浓度。此外，按照 Jiang 等（2021）所采用的加热辅助-过硫酸盐氧化的方法将提取液中所有形态的 N 和 P 均转化为 NO_3^-和 PO_4^{3-}，之后按照测定这两种营养盐的方法进行测定，即可得到提取液中总溶解性 N 和 P（TDN 和 TDP）的浓度，溶解有机氮（DON）的浓度即 TDN 与 DIN（NO_3^-+ NO_2^-+NH_4^+）浓度之差，溶解有机磷（DOP）的浓度即 TDP 与 DIP（PO_4^{3-}）浓度之差。在营养盐测定过程中，NO_3^-、NO_2^-、NH_4^+、PO_4^{3-} 和 SiO_3^{2-} 的检出限分别为 0.02μmol/L、0.02μmol/L、0.03μmol/L、0.01μmol/L 和 0.02μmol/L。此外，在样品分析过程中，还利用中国国家质量标准物质 GBW08623、GBW08631、GBW08634、GBW08638 和 GBW08646 来进行质量控制，标准样品的回收率为 95.5%～103.5%，平行样品之间的相对标准偏差（RSD）小于 5%。

在获得 TSP 样品膜和空白膜提取液中营养盐的浓度（μmol/L）后，需要根据提取液的体积以及滤膜面积所包含的采气体积换算出 TSP 中各形态营养盐的实际浓度（$nmol/m^3$），计算方式如下：

$$C_{TSP}=C_{提取液}\times V_{提取液}/V_{大气} \tag{9-1}$$

式中，$C_{提取液}$和 C_{TSP} 分别表示提取液中不同形态营养盐的浓度（μmol/L）以及 TSP 中不同形态营养盐的浓度（$nmol/m^3$）；$V_{提取液}$和 $V_{大气}$分别表示 TSP 提取液的体积（40ml）和 TSP 采集过程中经过 1/24 份滤膜有效面积（$18.72cm^2$）的大气体积（$242.31m^3$）。最终获得的 TSP 样品中各形态营养盐的浓度均经过空白样品的校正。

对于降水样品中营养盐浓度的测定，测定方法与 TSP 提取液中各形态营养盐浓度的测定方法一致。在降水样品中营养盐浓度测定的过程中，NO_3^-、NO_2^-、NH_4^+、PO_4^{3-} 和 SiO_3^{2-} 的检出限分别为 0.02μmol/L、0.02μmol/L、0.03μmol/L、0.01μmol/L 和 0.01μmol/L，中国国家质量标准样品的回收率为 96.5%～103.0%，平行样品之间的 RSD 小于 5%。空白样品中的各项营养盐浓度均低于检出限，表明降水采集过程和分析过程中的污染可忽略不计，因此降水样品的营养盐浓度未进行空白校正。

TSP 提取液及降水中主要阳离子（Na^+、K^+、Mg^{2+}和 Ca^{2+}）的浓度利用 PerkinElmer Optima 7000 DV 电感耦合等离子体发射光谱仪进行测定，此外，还利用 Dionex ICS-90 离子色谱仪测定了降水中硫酸根离子（SO_4^{2-}）的浓度，具体的测定方法参照 Xu 和 Han（2009）。Na^+、K^+、Mg^{2+}、Ca^{2+}和 SO_4^{2-} 的检出限为 3～20μg/L，RSD 小于 3%。为了定性分析 TSP 和降水中营养盐的来源，将 Na^+作为海洋源的参考元素，计算了非海盐来源（nss）的 K^+、Ca^{2+}和 SO_4^{2-} 的浓度，其计算方式如下（Xiao et al.，2018；Rao et al.，2016）：

$$[nss\text{-}X]_{TSP/Precipitation}=[X]_{TSP/Precipitation}-[Na^+]\times([X]/[Na^+])_{seawater} \tag{9-2}$$

式中，$[X]_{TSP/Precipitation}$ 表示 TSP 或降水中 K^+、Ca^{2+}和 SO_4^{2-} 的浓度；$[Na^+]$表示海水中 Na^+ 的浓度；$([X]/[Na^+])_{seawater}$ 表示海水中 K^+、Ca^{2+}和 SO_4^{2-} 的浓度与 Na^+浓度之间的比例。

本研究将海水中 K^+、Ca^{2+}和 SO_4^{2-} 的浓度与 Na^+浓度之间的比例分别设定为 0.022、0.044 和 0.121（Keene et al.，1986）。

9.1.4　大气质量参数及气团后向轨迹分析

为了进一步明确大气 TSP 中不同形态营养盐的排放源，通过中国环境监测总站（http://www.cnemc.cn/）记录了 TSP 采样期间（2019 年 12 月到 2020 年 11 月）烟台市的大气质量参数，包括空气质量指数（AQI）和 PM2.5、空气动力学直径小于 10μm 的大气颗粒物（PM10）、二氧化氮（NO_2）、二氧化硫（SO_2）、臭氧（O_3）以及一氧化碳（CO）的浓度。此外，为定性分析研究区域大气颗粒物的来源地，通过美国国家海洋与大气局基于全球数据集成系统所开发的混合单粒子轨迹在线传输扩散模型（http://ready.arl.noaa.gov/HYSPLIT.php），分析了 TSP 采样期间途经研究区域的大气气团后向轨迹，气团后向轨迹分析高度为 100m、500m 和 1000m（Yadav et al.，2016）。

9.1.5　数据处理与统计学分析

营养盐的干沉降通量（F_{dry}）采用干沉降模型进行计算，该计算方式被广泛应用于其他研究中（Qi et al.，2020；Duce et al.，1991），计算方法如下：

$$F_{dry}=C_{TSP}\times V_d \tag{9-3}$$

式中，C_{TSP} 为 TSP 中各营养盐的浓度（$nmol/m^3$）；V_d 为各营养盐的干沉降速率（cm/s）。如表 9-1 所示，养马岛附近海域大气气溶胶中营养盐在不同季节的干沉降速率引自距研究海域 200km 且同属于山东半岛的胶州湾海域（邢建伟等，2020；Xing et al.，2018）。

表 9-1　养马岛附近海域大气气溶胶中营养盐不同季节及全年干沉降速率　（单位：cm/s）

季节/全年	NH_4^+	NO_3^-	NO_2^-	DON	DIP	DOP	DSi
春季	0.09	0.26	0.05	0.22	0.68	0.33	0.83
夏季	0.10	0.37	0.26	0.29	0.28	1.00	2.73
秋季	0.25	0.54	0.55	0.55	0.20	1.15	0.89
冬季	0.24	0.23	0.50	0.15	0.55	1.18	0.78
全年	0.17	0.35	0.34	0.30	0.43	0.91	1.31

降水中不同形态营养盐的体积加权平均（volume-weighted mean，VWM）浓度以及湿沉降通量（F_{wet}）的计算方式如下（Xing et al.，2017；Yan and Kim，2015）：

$$C_{VWM}=\sum_{i=1}^{n}\left(C_i\times P_i\right)/\sum_{i=1}^{n}P_i \tag{9-4}$$

$$F_{wet}=C_{VWM}\times P_t/1000 \tag{9-5}$$

式中，C_{VWM} 表示一段时间内（月/季节/年）营养盐的雨量加权平均浓度（μmol/L）；C_i 和 P_i 分别表示单次降水事件中营养盐的浓度（μmol/L）和降水量（mm）；n 表示一段时间内（月/季节/年）降水的次数；F_{wet} 表示营养盐的月/季节/年湿沉降通量（$mmol/m^2$）；P_t 表示月/季节/年降水量（mm）；1000 为单位转化系数。

利用 SPSS 19.0 软件对 TSP 及降水中营养盐浓度与其他参数进行了皮尔逊线性相关性分析，来探究影响 TSP 及降水中营养盐浓度时间分布规律的因素，并定性分析 TSP 及降水中营养盐的来源。此外，还利用曼-惠特尼 U 检验对降雨样品和降雪样品之间营养盐浓度及湿沉降通量的差异进行了显著性分析，以明确不同降水形式对于营养盐湿沉降过程的影响，具体操作方式参照 Yang 等（2022）。

9.2 TSP 与降水中营养盐浓度及组成特征

9.2.1 TSP 中营养盐浓度及组成特征

2019 年 12 月至 2020 年 11 月，TSP 中不同营养盐的浓度范围及平均值如表 9-2 所示。不同样品之间营养盐浓度范围差异较大，尤其是含 N 营养盐。例如，NH_4^+的最高浓度（1747.5nmol/m^3）要比其最低浓度（5.9nmol/m^3）高 3 个数量级，这可能与采样期间不同阶段 N 的来源及气象条件差异较大有关（Xing et al.，2018；Yu et al.，2020）。与中国其他近海地区相比，研究区域 TSP 中所有含 N 营养盐的浓度均显著低于邻近的胶州湾海域（表 9-2），胶州湾被山东省最大的城市青岛市环绕，青岛市工业发达，人口稠密，从而导致大气含 N 污染物的含量较高，然而，研究区域 DOP 浓度略高于胶州湾（Xing et al.，2018）。此外，研究区域 TSP 中所有含 N 营养盐的浓度均显著高于东海、南海以及西北太平洋海域，但略低于秦皇岛近岸海域（表 9-2），表明在研究区域内，人为活动会对大气中 N 的浓度水平起到一定的影响（Chen et al.，2021a；Qi et al.，2020；Yu et al.，2020；Wu et al.，2018）。与欧美地区相比，研究区域内大气 DON 和 DOP 的浓度显著较高，表明研究区域大气有机污染较为严重（Tsagkaraki et al.，2021；Nenes et al.，2011；Mace et al.，2003）。

对于含 N 营养盐而言，DIN 是 TDN 的主要组成部分，其贡献为 89.4%，约为 DON 贡献的 8 倍。DIN 与 DON 的年均浓度之比约为 8.4，与日本北海道地区相近（Pavuluri et al.，2015），但要高于胶州湾、秦皇岛近岸海域以及喜马拉雅山脉地区（Tripathee et al.，2021；Yu et al.，2020；Xing et al.，2018）。整体而言，NH_4^+是主要的含 N 营养盐，占 TDN 的比例为 48.7%，其次为 NO_3^-（40.5%）、DON（10.6%）和 NO_2^-（0.1%）（表 9-2）。与含 N 营养盐不同的是，TDP 主要以有机形式呈现，其中 DOP 占 TDP 的比例为 54.3%，这与中国大部分边缘海大气中含 P 营养盐的组成规律有所不同（Yu et al.，2020；Wu et al.，2018；Xing et al.，2018），但是与新加坡滨海湾以及东部地中海海域含 P 营养盐的组成结构相似（Violaki et al.，2018；He et al.，2011）。

如图 9-1a～d 所示，NH_4^+、NO_2^-、DIN 和 TDN 的最高月平均浓度均出现在 2019 年 12 月，硝态氮（NO_3^-+NO_2^-）和 DON 的最高月平均浓度出现在 2020 年 1 月，DIP 和 TDP 的最高月平均浓度出现在 2020 年 10 月，DOP 和 DSi 的最高月平均浓度分别出现在 2020 年 6 月和 5 月。此外，所有 DIN 组分以及 TDN 的最低月平均浓度均出现在 9 月，而 DON 最低月平均浓度出现在 2020 年 2 月，DIP、DOP、TDP、DSi 的最低月平均浓度分别出现在 2020 年 11 月、5 月、5 月和 1 月。如图 9-1e～g 所示，TSP 中 DIN/DIP、DIN/DSi

和 DIP/DSi 的月平均值分别为（239±161）～（900±216）、（117±146）～（918±651）和（0.32±0.38）～（4.34±2.64），最高值分别出现在 2020 年 11 月、1 月和 3 月，最低值分别出现在 2020 年 3 月、5 月和 5 月，主要与不同月份之间大气 N 污染的水平不同有关。

表 9-2 养马岛附近海域大气气溶胶中不同形态营养盐的浓度以及与其他区域的比较（单位：$nmol/m^3$）

区域	采样年份	参数	NH_4^+	NO_3^-	NO_2^-	DIN	DON	DIP	DOP	DSi	参考文献
养马岛附近海域	2019～2020	平均值	147.1±239.9	122.4±90.3	0.28±0.25	269.7±323.4	32.1±45.1	0.73±0.68	0.88±1.01	1.87±2.11	本书
		最大值	1747.5	578.0	0.14	2328.5	323.3	4.66	6.31	10.9	
		最小值	5.9	31.9	0.08	53.1	1.90	0.20	0.02	0.21	
胶州湾	2015～2016	平均值	652.1±488.6	348.9±272.3	0.51±0.50	1001.0±748.6	194.7±146.2	0.80±0.53	0.44±0.52	1.98±1.22	Xing et al.，2018
大亚湾	2015～2017	平均值	5.42	13.51	0.26	19.19	33.21	0.78	0.61	2.63	Wu et al.，2018
秦皇岛邻近海域	2015～2016	平均值	425.2±285.2	348.9±235.1	0.60±0.65	774.7±510.2	170.5±126.2	1.35±0.90	1.00±0.62		Yu et al.，2020
东海	2005～2017	范围	38.1～522	1.02～278				0.10～3.92.			Qi et al.，2020
东海南部	2014	平均值				131.7	117				Chen et al.，2021a
西北太平洋	2005～2017	范围	10.7～177	7.23～154				0～0.36			Qi et al.，2020
西北太平洋	2017	范围	0.26～632.29	2.63～119.33		3.32～655.53		0.01～0.94		0.03～2.09	Seok et al.，2021
北大西洋	2002	范围				5～120		0.004～0.102		0.01～1.12	Baker et al.，2007
新加坡滨海湾	2007～2008	平均值	13.58	49.29			55.72	3.55	5.81		He et al.，2011
阿拉伯海	2006	平均值	0.38	6.5			5.3	0.4			Srinivas and Sarin，2013

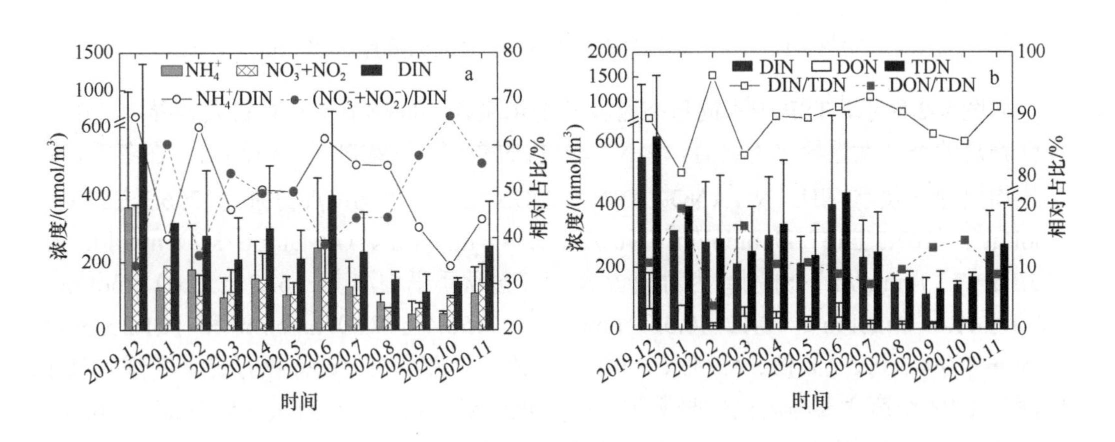

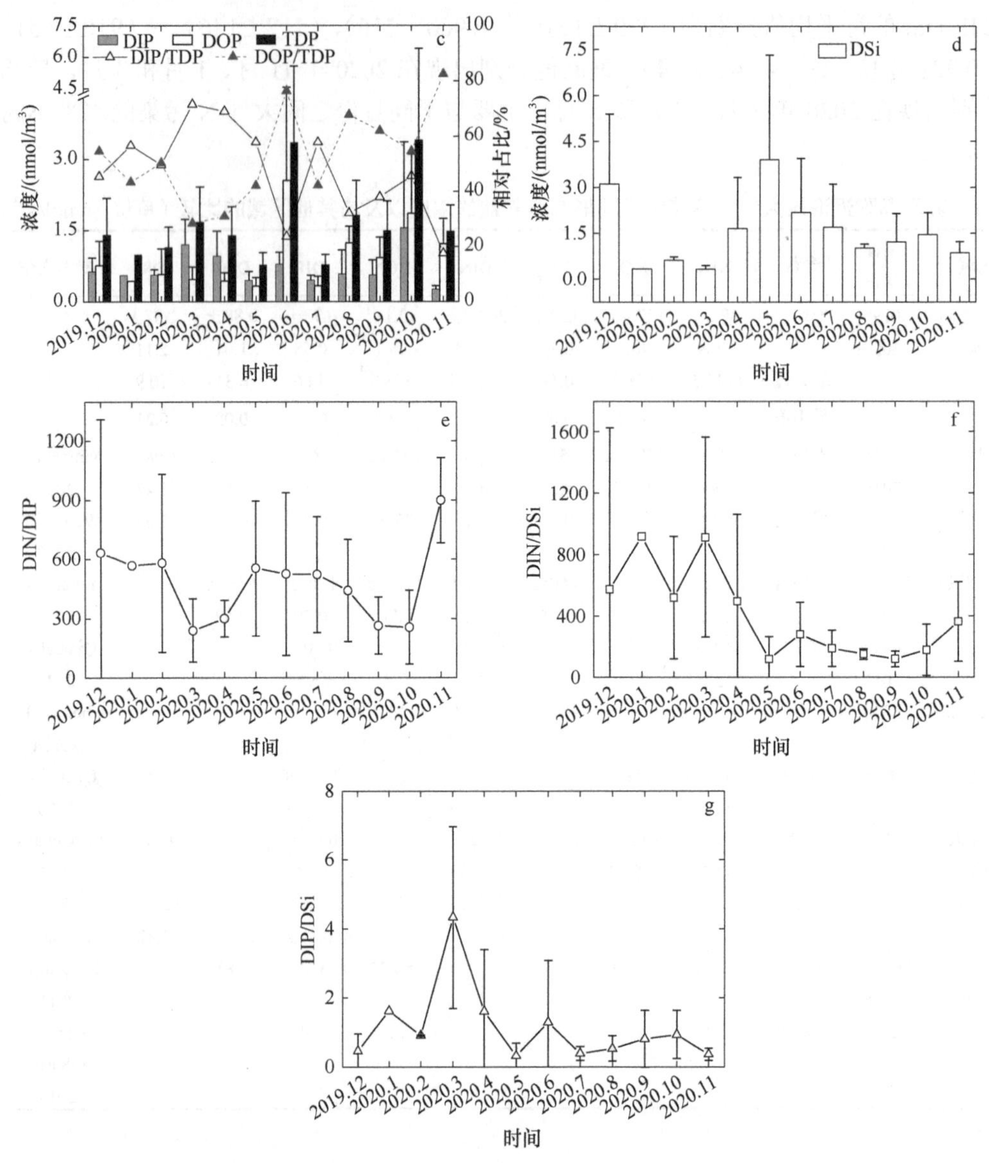

图 9-1 TSP 中不同形态营养盐的浓度及组成月变化特征

如图 9-2 所示，TSP 中不同形态营养盐的浓度在不同季节均具有较大差异，其中含 N 营养盐的季节性差异更为显著。含 N 营养盐的季节平均浓度最高值均出现在冬季，最低值均出现在秋季，NH_4^+、NO_3^-、NO_2^-、DIN 和 DON 的冬季平均浓度分别为(296.3±520.3) nmol/m^3、(167.2±157.4) nmol/m^3、(0.72±0.34) nmol/m^3、(464.1±673.2) nmol/m^3 和 (55.1±97.1) nmol/m^3，分别约为对应含 N 营养盐秋季平均浓度[(63.1±23.0) nmol/m^3、(93.1±41.6) nmol/m^3、(0.12±0.02) nmol/m^3、(156.4±97.3) nmol/m^3 和 (21.2±5.9) nmol/m^3]的 4.7 倍、1.8 倍、6.0 倍、3.0 倍和 2.6 倍（图 9-2a～e）。据报道，冬季大气中较高的 DIN 浓度主要与居民供暖所进行的大规模煤炭燃烧活动有关（Yu etal.，2020；Park et al.，2018），另外，农村地区的大规模生物质燃烧活动也会导致大气中 NH_4^+、NO_3^-和

DON 的浓度显著增加（Xiao et al.，2018）。此外，冬季盛行的西北季风也会将大量来自华北地区（主要包括经济发达的京津冀地区）的污染物带到山东半岛地区，在冬季较为停滞的气象条件下会加剧研究区域内的大气 N 污染状况（Yu et al.，2020；Xing et al.，2018；Wang et al.，2013）。

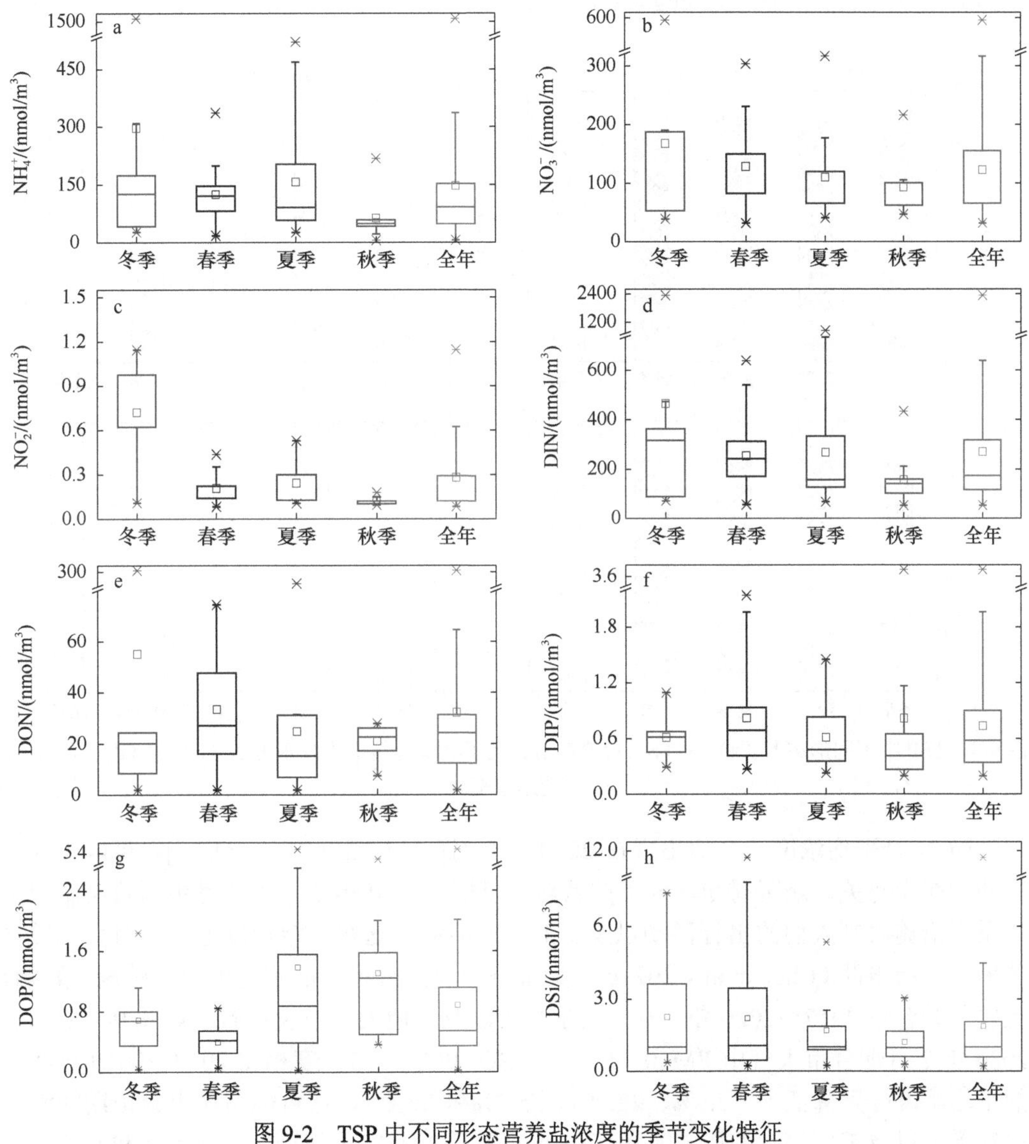

图 9-2 TSP 中不同形态营养盐浓度的季节变化特征

对于中国大部分边缘海而言，大气颗粒物中 DIN 浓度往往在夏季呈现最低值，如胶州湾、秦皇岛近岸海域以及中国东海（Chen et al.，2021a；Yu et al.，2020；Xing et al.，2018），其主要原因是夏季降雨量较高且 N 污染源的排放强度降低。然而，研究区域中所有含 N 营养盐的季节平均浓度均在秋季最低（图 9-2a～e），可能原因是秋季采样时间主要集中在 9 月和 10 月，在此期间烟台市还并未进行集中供暖，大气 N 污染程度受人为活动的影响较小。如图 9-3a 所示，春季和秋季 TSP 中 NO_3^-与 NO_2^- 的占比之和要高于

NH_4^+，但夏季 NO_3^- 与 NO_2^- 的占比之和要低于 NH_4^+，可能原因是夏季温度较高，土壤和海洋中氨气（NH_3）的排放有所增加，进一步导致大气中 NH_4^+ 的占比提高（Wentworth et al.，2014）。对于 DON 而言，虽然其季节平均浓度在冬季最高，但是春季到夏季初期（3～6 月）的浓度也相对较高，这可能与此阶段陆地植物和海洋浮游植物大量生长而向大气中释放大量的 DON 有关（Geng and Mu，2006）。

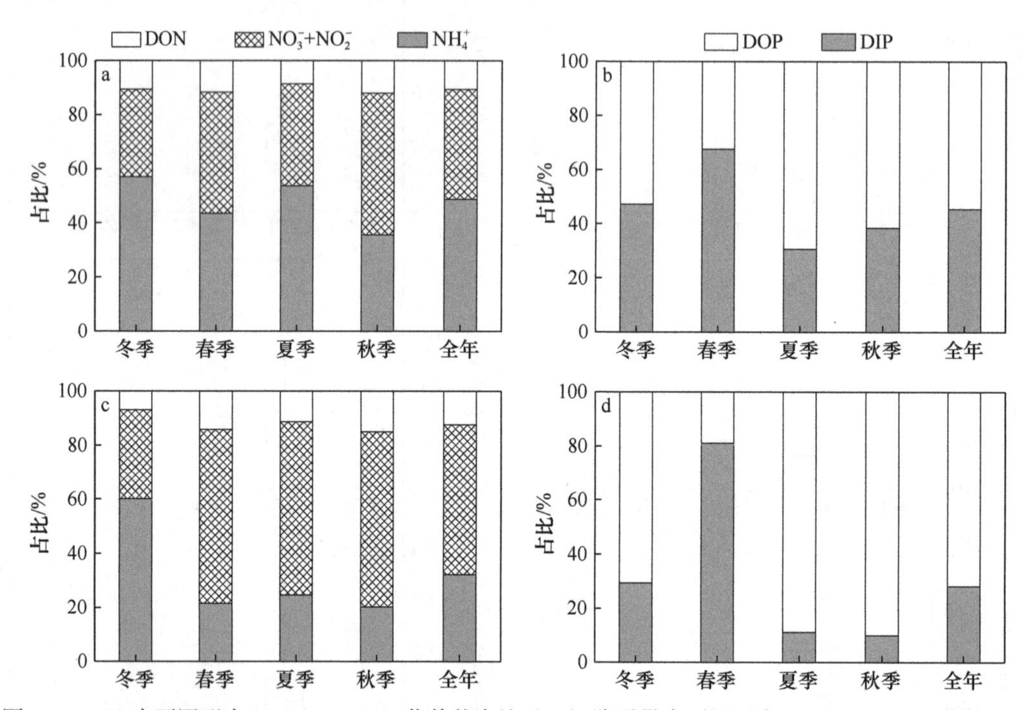

图 9-3 TSP 中不同形态 N（a）、P（b）营养盐占比及干沉降通量中不同形态 N（c）、P（d）营养盐占比的季节变化

DON 月平均浓度最低值出现在 2020 年 2 月[（11.1±9.2）$nmol/m^3$]，可能与人类活动的减少有关。众所周知，为了控制新冠疫情，2020 年 2 月和 3 月中国政府制定了一系列措施限制人们的出行活动以及工业生产活动，这在一定程度上可能对大气质量的提高有所帮助（Chen et al.，2021b）。为了进一步分析封锁措施对于大气质量的影响，比较了烟台市 2017～2020 年 1～3 月的 AQI 以及其他大气质量参数。如图 9-4 所示，2020 年 2 月烟台市大气中 PM10、PM2.5、SO_2 和 NO_2 的浓度相比 2017～2019 年 2 月的平均浓度分别降低了 37.9%、28.9%、55.2%和 36.4%，这可能与城市封锁期间汽车出行受限以及工厂停工的影响有关（Chen et al.，2021b）。然而，对于 CO 和 O_3 而言，2020 年 2 月的浓度与 2017～2019 年的平均浓度没有显著差异，表明对人类活动的限制对于这两种大气污染物的影响较小。据报道，大气中的 DON 主要来自氮氧化物（NO_x）与人类排放的挥发性有机组分的反应（Pavuluri et al.，2015），因此推测 2020 年 2 月 DON 浓度最低可能与新冠疫情期间工业生产和人们出行受到影响，导致大气 NO_2 浓度降低有关。

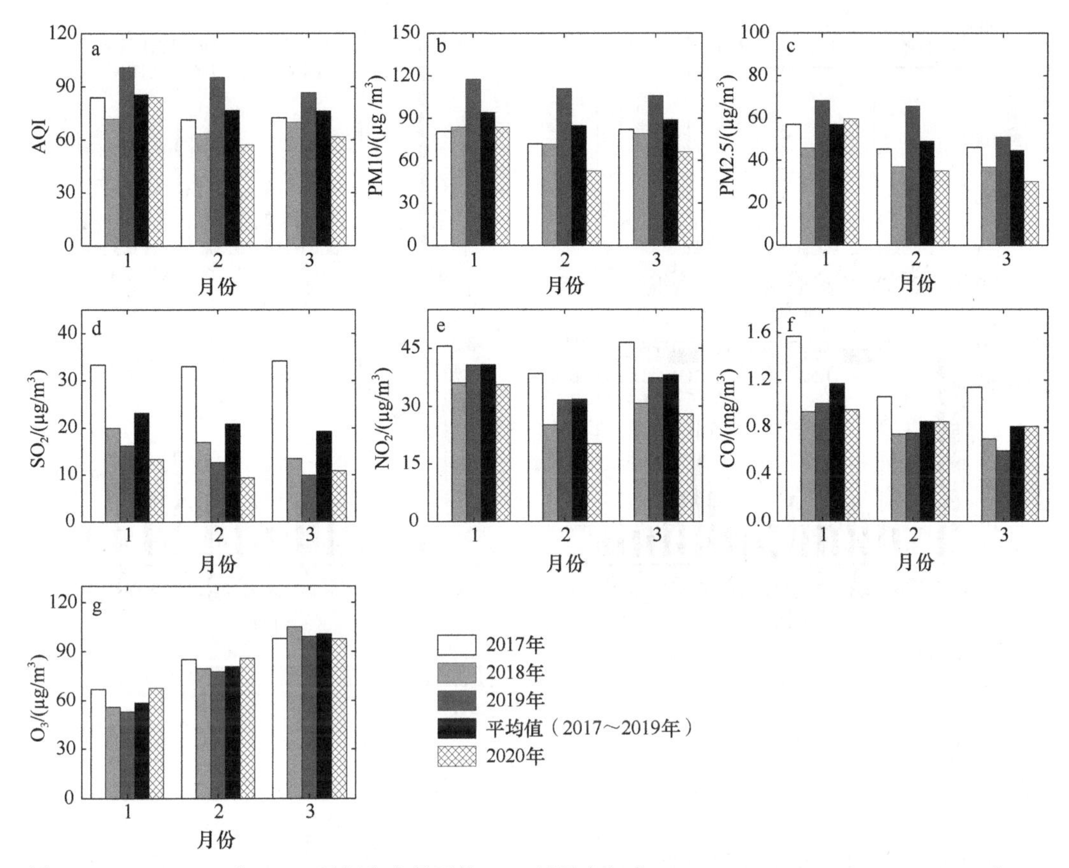

图 9-4　2017～2020 年 1～3 月烟台市月平均 AQI 以及大气中 PM10、PM2.5、SO_2、NO_2、CO 和 O_3 的月平均浓度变化图

如图 9-2f 所示，DIP 的春季平均浓度[（0.85±0.54）nmol/m^3]略高于其他季节，可能与春季沙尘事件的影响有关（Yu et al.，2020；Markaki et al.，2010）。与 DIP 不同的是，DOP 的季节平均浓度在夏季和秋季较高，分别为（1.38±1.54）nmol/m^3 和（1.31±0.91）nmol/m^3，远高于冬季和春季的浓度[（0.69±0.51）nmol/m^3 和（0.41±0.22）nmol/m^3）（图 9-2g）。对于 DSi 而言，冬季和春季的浓度较高，分别为（2.26±2.23）nmol/m^3 和（2.04±2.68）nmol/m^3，夏季和秋季的浓度较低，分别为（1.68±1.43）nmol/m^3 和（1.21±0.79）nmol/m^3（图 9-2h）。

9.2.2　降水中营养盐浓度及组成特征

2020 年 9 月至 2021 年 8 月共收集 42 个降水样品，降水量为 1.0～78.6mm，所有降水样品总降水量为 626.9mm，春季和夏季降水量较高，分别为 171.2mm 和 342.3mm，秋季和冬季降水量较低，分别为 48.2mm 和 65.2mm（图 9-5a）。采样期间，最高的月降水量出现在 2021 年 7 月，为 140.8mm，而在 2020 年 10 月未采集到降水样品（图 9-5a）。不同降水样品间营养盐浓度的差异较大，比如 NO_3^- 和 DSi 的浓度最高值分别为 20.2μmol/L 和 6.02μmol/L，显著高于其浓度最低值（7.13μmol/L 和 0.01μmol/L）。

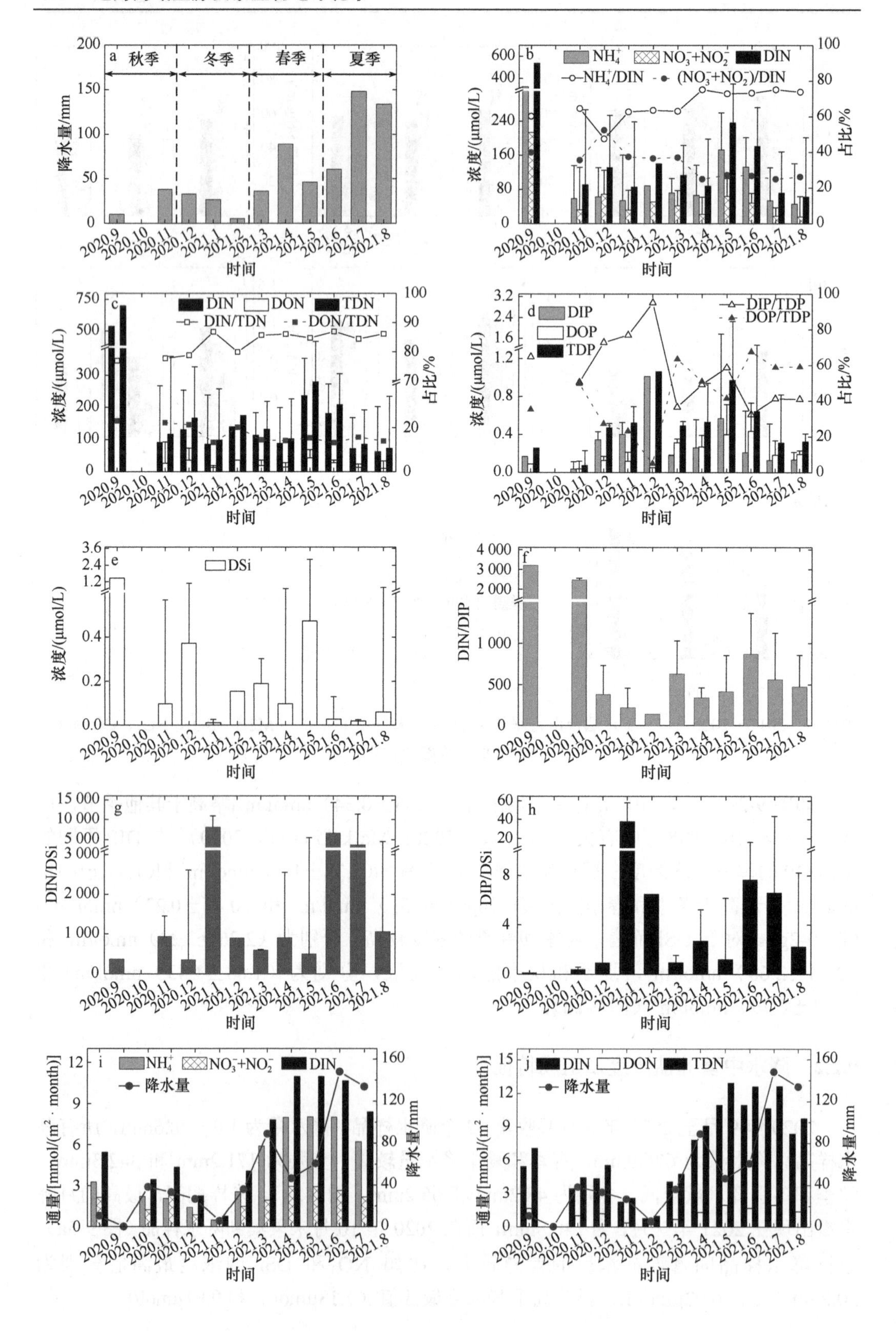
a
秋季
冬季
春季
夏季
降水量/mm
b
NH_4^+
$NO_3^-+NO_2^-$
DIN
NH_4^+/DIN
$(NO_3^-+NO_2^-)$/DIN
浓度/(μmol/L)
占比/%
c
DIN
DON
TDN
DIN/TDN
DON/TDN
浓度/(μmol/L)
占比/%
d
DIP
DOP
TDP
DIP/TDP
DOP/TDP
浓度/(μmol/L)
占比/%
e
DSi
浓度/(μmol/L)
f
DIN/DIP
g
DIN/DSi
h
DIP/DSi
i
NH_4^+
$NO_3^-+NO_2^-$
DIN
降水量
通量/[mmol/(m²·month)]
降水量/mm
j
DIN
DON
TDN
降水量
通量/[mmol/(m²·month)]
降水量/mm
2020.9
2020.10
2020.11
2020.12
2021.1
2021.2
2021.3
2021.4
2021.5
2021.6
2021.7
2021.8
时间

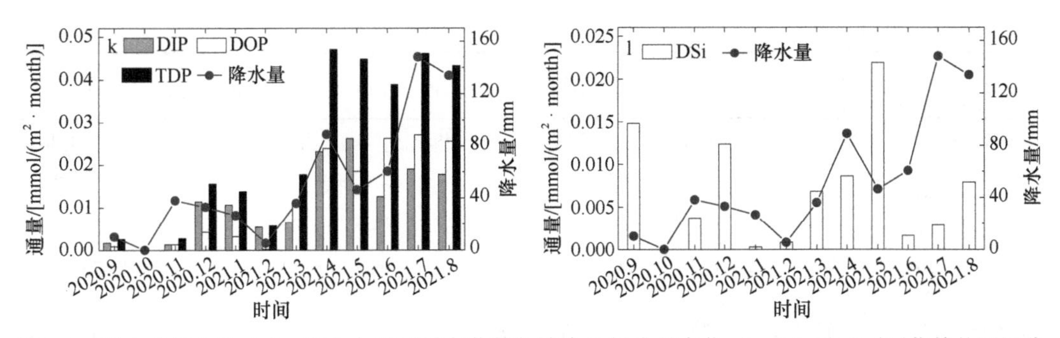

图 9-5　降水量月变化（a）、降水中不同形态营养盐浓度及组成月变化（b～h）以及不同营养盐湿沉降通量月变化（i～l）

与其他区域相比，研究区域降水中所有营养盐的年均浓度均低于邻近的胶州湾海域（表 9-3），主要因为胶州湾海域邻近山东省第一大城市青岛市，而青岛市人口密集，经济发展迅速，能源消耗量大，人为污染较为严重（Xing et al.，2017）。然而，研究区域降水中 DIN 和 DON 的浓度要高于受人为污染影响较小的东海（朱玉梅和刘素美，2011）以及地中海南部（Ounissi et al.，2021）（表 9-3），主要因为研究区域处于近海，受人为 N 污染的影响较大。此外，研究区域降水中 DIP 浓度要低于地中海南部（Ounissi et al.，2021），主要与地中海海域频繁遭受撒哈拉沙尘的影响有关（Ounissi et al.，2021）。研究区域降水中 DSi 的年均浓度要显著低于其他区域（表 9-3），可能与以下原因有关。一方面，研究区域的采样站位位于近岸的郊区区域，当地道路扬尘现象对降水中 DSi 浓度的影响较小，而表 9-3 列举的其他大部分区域（如胶州湾、长江口和湛江湾）的采样站位位于城市区域，工业活动和交通排放会导致大量的沙尘再悬浮至大气中，进而可能导致降水中 DSi 浓度显著增加（陈法锦等，2017；Xing et al.，2017；张国森等，2003）；另一方面，在研究区域内，夏季降水中 DSi 浓度普遍低于 0.1μmol/L，而该阶段降水量为 342.3mm，占全年降水量的 54.6%，进而在一定程度上会导致 DSi 的年均浓度显著下降。

表 9-3　养马岛附近海域降水中不同形态营养盐的雨量加权平均浓度以及与其他区域的比较（单位：μmol/L）

区域	采样年份	采样阶段	NH_4^+	NO_3^-	NO_2^-	DIN	DON	TDN	DIP	DOP	TDP	DSi	参考文献
养马岛附近海域	2020～2021	秋季	114.4	69.8	0.49	184.7	54.4	239.1	0.064	0.048	0.11	0.38	本书
		冬季	61.1	51.9	0.45	113.4	26.3	139.7	0.42	0.12	0.54	0.21	
		春季	96.1	37.1	0.39	133.6	23.0	156.6	0.33	0.31	0.65	0.22	
		夏季	65.0	22.6	0.18	87.8	14.6	102.4	0.14	0.23	0.37	0.036	
		全年	76.9	33.2	0.29	110.4	21.2	131.6	0.22	0.23	0.44	0.13	
胶州湾	2015～2016	全年	107.1	62.9	0.49	170.5	54.8	225.3	0.32	0.52	0.84	2.00	Xing et al.，2017
黄海千里岩岛	2009～2010	全年	64.2	52.4		116.6			1.35			3.68	韩丽君等，2013
长江口	2000～2001	全年	30.1	20.2	0.11	50.4			0.045			3.43	张国森等，2003
东海	2008～2009	全年	31.7	23.1		54.8			0.084			2.16	朱玉梅和刘素美，2011

续表

区域	采样年份	采样阶段	NH_4^+	NO_3^-	NO_2^-	DIN	DON	TDN	DIP	DOP	TDP	DSi	参考文献
东海南部	2014	全年	35.4	57.2		92.8	56.6	149.4					Chen et al.，2021a
南海	2013～2015	全年	5.0	6.8									Gao et al.，2020
湛江湾	2015～2016	全年		19.50	0.14				0.25			1.56	陈法锦等，2017
日本海	2011～2012	全年	14	20		34	13	47					Yan and Kim，2015
新加坡滨海湾	2007～2008	全年	10.9	20.1		31.0	13.1	44.1	0.28	0.39	0.67		He et al.，2011
地中海南部	2017	全年	14.7	12.3	1.16	28.1	8.8	36.9	1.12			7.0	Ounissi et al.，2021
东印度洋	2018	春季	1.8～110	0.6～100.5	0～1		1.4～16.9		0～0.92	0.01～0.98		0～0.56	Jiang et al.，2021
西太平洋	2018～2019	冬季	0.9～12.3	0.5～66	0～1		1.1～11.6		0～4.4	0.06～7.4		0～2.3	Jiang et al.，2021

注：东印度洋和西太平洋降水中营养盐浓度以范围形式呈现

如图 9-6 所示，采样期间不同形态营养盐浓度与降水量之间呈现显著负相关关系（$P<0.01$），尤其是 DIN 浓度与降水量之间的负相关关系更为明显（R^2=0.40，$P<0.001$），证明了降水的稀释效应对营养盐浓度变化具有显著影响（Li et al.，2020a；Bao et al.，2018）。此外，从图 9-6 可以发现，当降水量增加时，降水的稀释效应逐渐减弱，这与 Bao 等（2018）的发现一致。为了估算降水量对营养盐稀释作用的影响阈值，对不同降水量范围内降水样品的营养盐浓度与降水量之间进行了相关性分析（表 9-4），结果显示，当降水量分别超过 10.2mm、10.2mm、11.4mm 和 10.7mm 时，DIN、DON、DIP 和 DSi 的浓度与降水量之间不再具有统计学意义上的显著相关性（$P>0.05$），表明大气中这些种类的营养盐会在中等程度的降雨下被完全冲刷，这种现象已经被 Zeng 等（2020）证明。

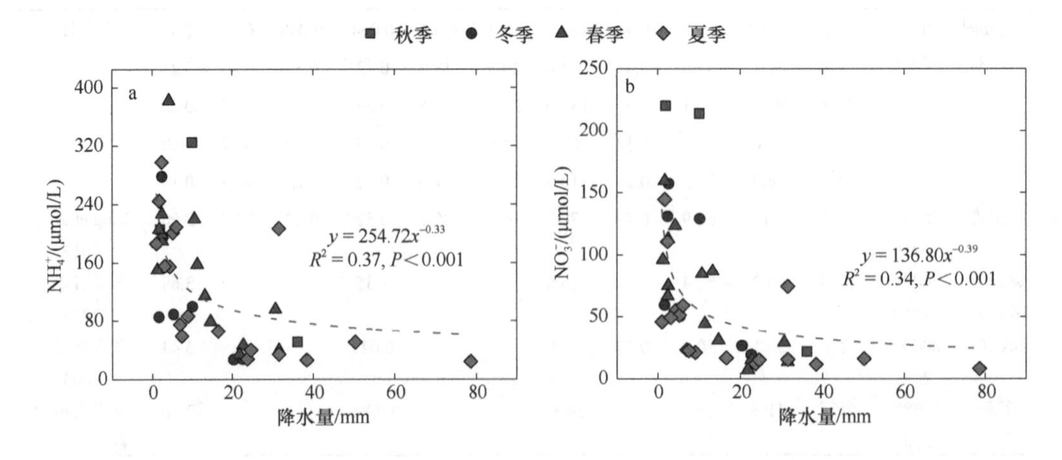

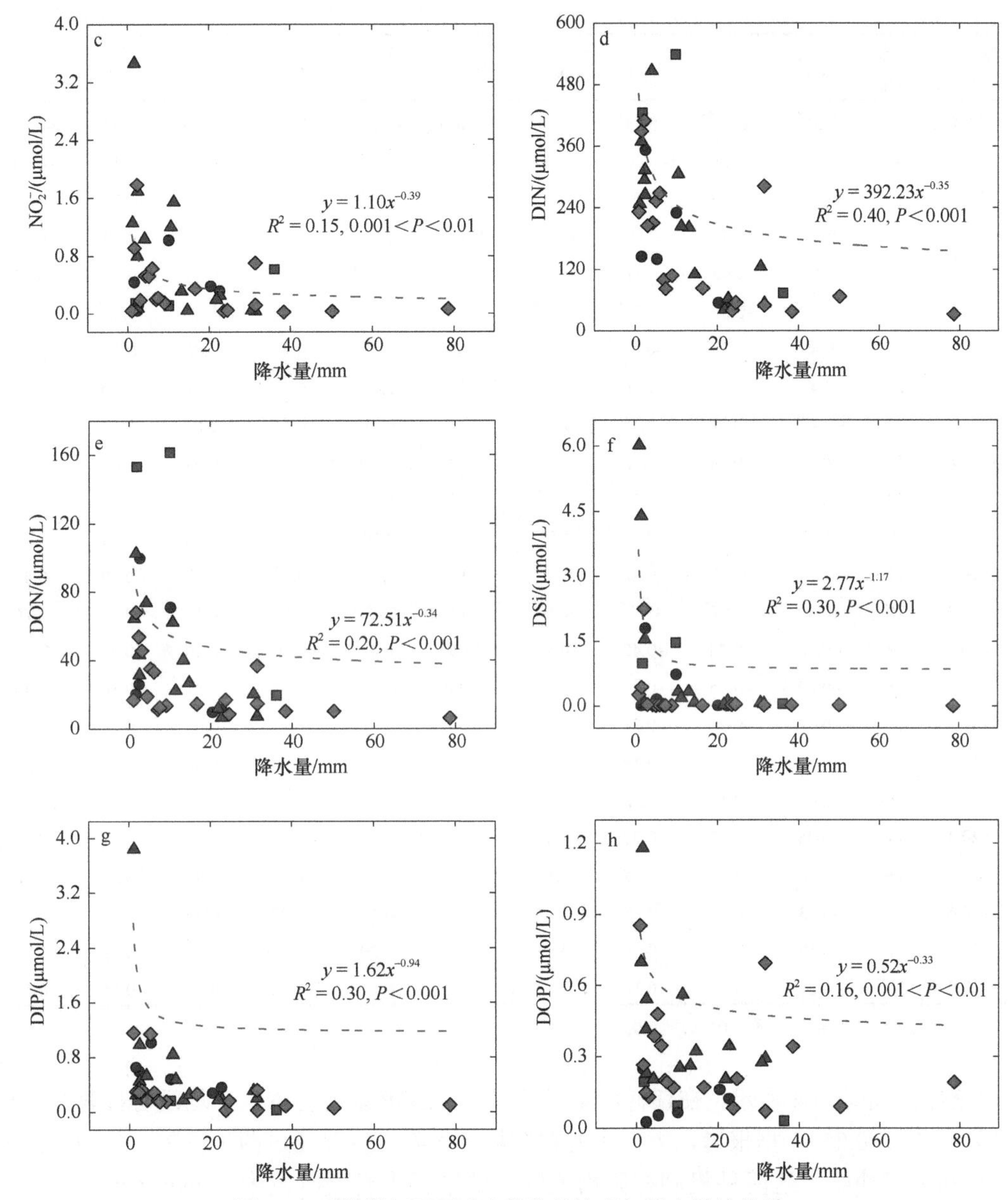

图 9-6　采样期间不同形态营养盐浓度与降水量的关系

表 9-4　不同降水量范围内营养盐浓度与降水量之间的皮尔逊相关性分析

降水量范围/mm	样本数量	NH_4^+	NO_3^-	NO_2^-	DIN	DON	TDN	DIP	DOP	TDP	DSi
≥1.0	42	−0.59**	−0.53**	−0.35*	−0.60**	−0.43**	−0.59**	−0.34*	−0.22	−0.35*	−0.31*
≥1.2	41	−0.59**	−0.55**	−0.37*	−0.60**	−0.45**	−0.59**	−0.32*	−0.19	−0.33*	−0.32*
≥1.6	40	−0.59**	−0.54**	−0.35*	−0.60**	−0.44**	−0.59**	−0.46**	−0.15	−0.42**	−0.32*
≥1.7	39	−0.61**	−0.55**	−0.36*	−0.62**	−0.46**	−0.60**	−0.44**	−0.16	−0.41**	−0.33*
≥1.9	37	−0.59**	−0.52**	−0.35*	−0.60**	−0.43**	−0.58**	−0.46**	−0.07	−0.39*	−0.34*
≥2.3	36	−0.58**	−0.52**	−0.37*	−0.58**	−0.42*	−0.57**	−0.48**	−0.08	−0.41*	−0.32

续表

降水量范围/mm	样本数量	NH_4^+	NO_3^-	NO_2^-	DIN	DON	TDN	DIP	DOP	TDP	DSi
≥2.4	35	−0.57**	−0.50**	−0.34*	−0.57**	−0.40*	−0.55**	−0.49**	−0.10	−0.43*	−0.29
≥2.5	33	−0.53**	−0.48**	−0.36*	−0.54**	−0.41*	−0.53**	−0.48**	−0.11	−0.42*	−0.32
≥2.6	31	−0.51**	−0.45*	−0.35	−0.51**	−0.41*	−0.50**	−0.45*	−0.06	−0.38*	−0.28
≥3.1	30	−0.49**	−0.42*	−0.39*	−0.49**	−0.38*	−0.47**	−0.45*	−0.08	−0.40*	−0.21
≥4.2	29	−0.48**	−0.42*	−0.41*	−0.48**	−0.36	−0.47**	−0.46*	−0.11	−0.41*	−0.23
≥4.4	28	−0.46*	−0.39*	−0.38*	−0.46*	−0.33	−0.44*	−0.44*	−0.12	−0.40*	−0.25
≥5.2	27	−0.45*	−0.38*	−0.37	−0.44*	−0.35	−0.43*	−0.47*	−0.08	−0.40*	−0.27
≥5.4	26	−0.41*	−0.38	−0.36	−0.42*	−0.34	−0.41*	−0.44*	−0.02	−0.36	−0.29
≥6.1	25	−0.42*	−0.38	−0.35	−0.43*	−0.34	−0.41*	−0.40*	−0.07	−0.31	−0.30
≥7.0	24	−0.38	−0.38	−0.33	−0.39	−0.34	−0.39	−0.40	−0.04	−0.29	−0.33
≥7.5	23	−0.40	−0.40	−0.36	−0.41*	−0.37	−0.41	−0.43*	−0.05	−0.31	−0.36
≥9.1	22	−0.43*	−0.44*	−0.38	−0.45*	−0.41	−0.44*	−0.46*	−0.06	−0.34	−0.39
≥10.1	21	−0.44*	−0.47*	−0.42	−0.47*	−0.44*	−0.47*	−0.50*	−0.08	−0.38	−0.43
≥10.2	20	−0.39	−0.47*	−0.47*	−0.45*	−0.49*	−0.47*	−0.54*	−0.13	−0.43	−0.47*
≥10.7	19	−0.38	−0.43	−0.42	−0.40	−0.45	−0.42	−0.50*	−0.20	−0.43	−0.49*
≥11.4	18	−0.29	−0.35	−0.34	−0.32	−0.39	−0.33	−0.48*	−0.21	−0.36	−0.43
≥13.3	17	−0.19	−0.31	−0.21	−0.24	−0.36	−0.26	−0.41	−0.09	−0.26	−0.36
≥14.7	16	−0.11	−0.17	−0.18	−0.13	−0.26	−0.15	−0.43	−0.08	−0.26	−0.30
≥16.6	15	−0.08	−0.13	−0.25	−0.09	−0.16	−0.10	−0.40	−0.04	−0.22	−0.22
≥20.4	14	−0.06	−0.15	−0.22	−0.08	−0.16	−0.09	−0.37	−0.06	−0.21	−0.30
≥21.8	13	−0.10	−0.13	−0.18	−0.11	−0.20	−0.12	−0.32	−0.09	−0.21	−0.38
≥22.6	12	−0.13	−0.19	−0.18	−0.15	−0.23	−0.16	−0.32	−0.10	−0.21	−0.41
≥22.7	11	−0.19	−0.21	−0.14	−0.19	−0.26	−0.20	−0.23	−0.16	−0.19	−0.53
≥23.6	10	−0.21	−0.25	−0.12	−0.22	−0.37	−0.24	−0.20	−0.11	−0.15	−0.50

注：**表示 $P<0.01$；*表示 $0.01<P<0.05$

然而，如表 9-4 所示，在任何降水量范围下，DOP 浓度与降水量均没有显著的负相关关系（$P>0.05$）。据报道，大气中的颗粒物进入降水主要通过两种机制，分别是云内雨除和云下冲刷，这两种机制在降雨或降雪的过程中会同时发生（Iavorivska et al.，2017a）。云内雨除是指溶解性营养盐首先会进入云滴中，云滴会转变成雨滴或雪花并沉降至地表或水体表面，因此在这种情况下降水中营养盐的浓度会与降水量呈现正相关关系；云下冲刷是指降水会将云层下方大气层中的溶解性营养盐组分清除，因此会导致稀释效应的产生，此时降水中营养盐的浓度会与降水量呈现负相关关系（Gioda et al.，2011），所以降水对于 DOP 并不显著的稀释效应表明，云内雨除过程可能是影响降水中 DOP 浓度的重要因素（Godoy-Silva et al.，2017）。

从全年尺度来看，DIN 是 TDN 的主要组成部分，DIN 加权平均浓度为 110.4μmol/L，占 TDN 的比例为 83.9%（图 9-5c）。就 DIN 的组成而言，大部分降水样品中 NH_4^+的浓度要高于 NO_3^-和 NO_2^- 的浓度，表明农业活动对于 DIN 的贡献率可能要高于工业活动和交通污染，这与中国北方地区的情况相似，如位于黄海的千里岩岛和北京市（韩丽君等，2013；Pan et al.，2012）。如图 9-5d 所示，研究区域 DOP 占 TDP 的比例为 52%，表明 DOP 是降水中 TDP 的优势组分，与胶州湾及新加坡滨海湾降水中的情况相似（Xing et al.，2017；He et al.，2011）。

如图 9-5b 所示，虽然大部分降水中 NH_4^+浓度要高于 NO_3^-与 NO_2^-浓度之和，但在 2020 年 12 月，二者浓度之和要高于 NH_4^+浓度，而 2020 年 12 月三次降水均是以降雪的形式出现。据报道，降雨有利于清除大气中的细颗粒物，其对于细颗粒物的清除效率约为降雪的 2 倍，相反，降雪过程或混合降水过程对大气中粗颗粒物的清除效率更高（Witkowska and Lewandowska，2016）。在研究区域关于干沉降营养盐的研究发现，NH_4^+主要存在于细颗粒物中，而 NO_3^-主要存在于粗颗粒物中（Xie et al.，2021），因此 NO_3^-在大气中更容易被降雪清除，从而导致 NO_3^-与 NH_4^+之间的比例在冬季较高。

为了进一步比较降雨和降雪对于营养盐湿沉降过程的影响，对降雨样品（n=34）与降雪样品（n=8）之间营养盐加权平均浓度和平均湿沉降通量进行了对比（图 9-7）。结果表明，在不同类型的降水中，所有类型的营养盐浓度均没有显著差异（$P>0.05$）（图 9-7a、b），然而，降雨样品中 NH_4^+的平均湿沉降通量显著大于降雪样品（$P<0.05$）（图 9-7c），可能由以下原因造成。一方面，大气中除了颗粒态 N 还存在大量的含 N 气体，这些含 N 气体同样可以被降水过程从大气中去除（Zhang et al.，2011c）。另一方面，受

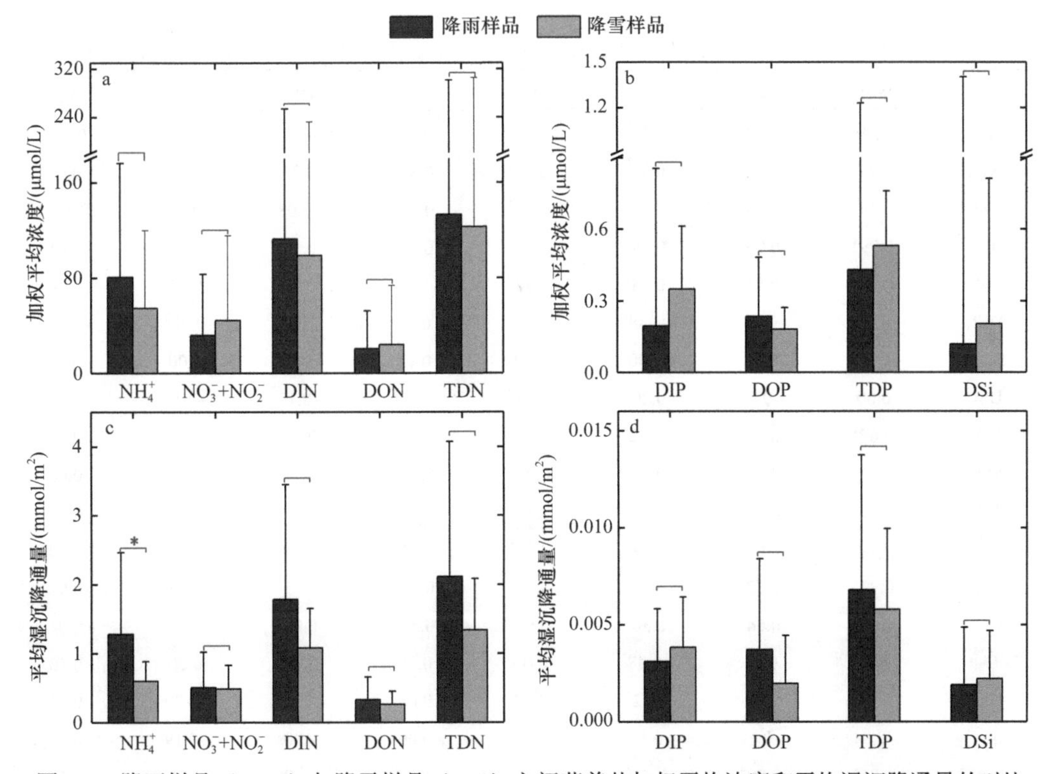

图 9-7　降雨样品（n=34）与降雪样品（n=8）之间营养盐加权平均浓度和平均湿沉降通量的对比

*表示 $P<0.05$

农业活动的影响，中国大部分区域 NH_3 是大气中的优势含 N 气体（Bhattarai et al.，2019；Zhan et al.，2017），且 NH_3 极易溶于水，相对于降雪而言更容易被降雨除去，这可能是导致单次降雨中 NH_4^+ 通量显著高于降雪的重要原因（Witkowska and Lewandowska，2016）。

9.3 TSP 与降水中营养盐来源解析

9.3.1 TSP 中营养盐来源解析

为了定性分析 TSP 中不同营养盐的来源，利用 SPSS 19.0 软件对 TSP 中不同营养盐的浓度和其他参数（如 TSP 中主要阳离子的浓度和大气质量参数）进行了皮尔逊相关性分析（表 9-5）。相关性分析结果表明，NH_4^+、NO_3^- 的浓度与 DON 浓度之间具有显著的相关性（r=0.92，P<0.001；r=0.85，P<0.001），表明三种含 N 营养盐可能具有相似的来源。NH_4^+ 浓度（r=0.72，P<0.001）、NO_3^- 浓度（r=0.77，P<0.001）和 DON 浓度（r=0.70，P<0.001）与主要来自化石燃料燃烧的 SO_2 浓度均具有显著线性相关性。此外，NH_4^+ 浓度（r=0.86，P<0.001），NO_3^- 浓度（r=0.88，P<0.001）和 DON 浓度（r=0.86，P<0.001）与主要来自生物质燃烧的 nss-K^+ 具有显著线性相关性。这表明化石燃料燃烧以及生物质燃烧等人为活动是研究区域大气中水溶性 N 的重要来源（Kharol et al.，2020；Yadav et al.，2016）。

表 9-5 TSP 中不同形态营养盐浓度与主要阳离子浓度以及大气质量参数的皮尔逊相关性分析

	NH_4^+	NO_3^-	NO_2^-	DIN	DON	DIP	DOP	DSi
NH_4^+	1.00	0.90^a	0.38^b	0.99^a	0.92^a	0.11	0.14	0.00
NO_3^-	0.90^a	1.00	0.35^b	0.95^a	0.85^a	0.21	0.08	−0.02
NO_2^-	0.38^b	0.35^b	1.00	0.38^b	0.35^b	−0.08	0.00	0.29^c
DIN	0.99^a	0.95^a	0.38^b	1.00	0.92^a	0.14	0.13	−0.01
DON	0.92^a	0.85^a	0.35^b	0.92^a	1.00	0.20	0.12	−0.08
DIP	0.11	0.21	−0.08	0.14	0.20	1.00	0.42^b	−0.15
DOP	0.14	0.08	0.00	0.13	0.12	0.42^b	1.00	−0.18
DSi	0.00	−0.02	0.29^c	−0.01	−0.08	−0.15	−0.18	1.00
TSP	0.65^a	0.72^a	0.18	0.68^a	0.66^a	0.15	−0.12	−0.17
PM2.5	0.92^a	0.80^a	0.49^a	0.93^a	0.85^a	0.11	0.07	−0.06
PM10	0.82^a	0.87^a	0.36^b	0.85^a	0.81^a	0.17	0.02	−0.10
NO_2	0.47^a	0.63^a	0.44^b	0.53^a	0.54^a	0.20	0.02	−0.12
SO_2	0.72^a	0.77^a	0.55^a	0.75^a	0.70^a	0.15	0.05	−0.07
CO	0.53^a	0.64^a	0.36^b	0.57^a	0.55^a	0.25	0.05	−0.01
O_3	0.04	0.13	−0.38^b	0.06	0.06	0.00	0.00	−0.10
Na^+	0.02	0.02	0.32^c	0.02	0.08	−0.06	−0.20	−0.14
Mg^{2+}	−0.04	−0.02	0.19	−0.03	0.06	0.00	−0.19	−0.16
nss-K^+	0.86^a	0.88^a	0.43^b	0.88^a	0.86^a	0.19	0.11	−0.10
nss-Ca^{2+}	0.43^b	0.54^a	0.11	0.47^a	0.51^a	0.38^b	0.07	−0.10

注：a 表示 P<0.001；b 表示 0.001<P<0.01；c 表示 0.01<P<0.05

如表 9-5 所示，NO_3^-（r=0.54，P<0.001）和 DON（r=0.51，P<0.001）与 nss-Ca^{2+}具有显著线性相关性，表明 TSP 中的NO_3^-和 DON 存在矿质沙尘来源(Mace et al.，2003)。此外，NH_4^+和NO_3^-与 PM2.5 和 PM10 均具有显著相关性，并且NH_4^+与 PM2.5 的相关性（r=0.92，P<0.001）要强于其与 PM10 的相关性（r=0.82，P<0.001），而NO_3^-与 PM2.5 的相关性（r=0.80，P<0.001）要弱于其与 PM10 的相关性（r=0.87，P<0.001），表明相对于NO_3^-而言，NH_4^+更多地存在于细颗粒物中，与之前的报道一致（Xiao et al.，2018，2015）。NO_2^-与Na^+之间具有一定的线性相关性（r=0.32，0.01<P<0.05），表明 TSP 中NO_2^-可能存在海洋来源。此外，NO_2^-与 O_3 之间具有显著负相关性（r=−0.38，0.001<P<0.01），因此NO_2^-较弱的化学稳定性可能与光化学氧化作用有关（Sommariva et al.，2004）。整体而言，相关性分析结果表明，研究区域 TSP 中的含 N 营养盐主要来自化石燃料燃烧和生物质燃烧等人为活动，但不能忽视沙尘来源和海洋源的贡献。

如表 9-5 所示，DIP 与 nss-Ca^{2+}之间具有一定的相关性（r=0.38，0.001<P<0.01），表明 DIP 可能来自沙尘源，这在多个研究中已经得到了证实（Markaki et al.，2010；Mahowald et al.，2008）。Mahowald 等（2008）发现，在全球尺度范围内，土壤侵蚀作用产生的矿物沙尘是大气中 P 元素的主要来源。此外，DIP 与 DOP 之间具有显著的相关性（r=0.42，0.001<P<0.01），表明二者来源相近或二者在大气中的传输路径相似（Violaki et al.，2018；Chen and Chen，2008）。然而，据报道 DOP 存在其他重要的来源，如有机磷肥和杀虫剂的使用以及海洋生物活动释放的腐殖质相关的有机磷化合物（Karl and Björkman，2015）。研究区域是中国近海重要的扇贝养殖区之一，扇贝在夏季和秋季的生长速率较快，所以扇贝的代谢活动可能会释放出一定量的 DOP，这在一定程度上会对 TSP 中的 DOP 浓度产生影响。

为了进一步明确大气气团来源及运输过程对于 TSP 中各营养盐浓度的影响，在夏季和秋季的 TSP 样品中分别挑选了一个具有代表性的样品来分析其 5 天内的气团后向轨迹。夏季的 TSP 样品采集于 2020 年 6 月 11～14 日，该样品中 DOP 浓度为全年最高值 6.31nmol/m^3，其大气气团运输过程中主要途经南黄海海域，因此该样品中较高的 DOP 浓度可能主要受到海洋生物活动的影响。秋季的 TSP 样品采集于 2020 年 9 月 22～25 日，DIN 浓度为 53.1nmol/m^3，是所有样品中的最低值，而这个 TSP 样品的大气气团起源于日本海海域，途经朝鲜部分地区以及北黄海海域，这表明纯净的海洋气溶胶中含有的污染物较少，该观点已在多个研究中被证实（Wu et al.，2018；Xing et al.，2018；Pavuluri et al.，2015；Wang et al.，2013）。由气团后向轨迹分析可知，TSP 中营养盐的浓度会受到气团来源地及运输过程的影响，然而除了长距离的运输过程，当地污染源的排放强度以及气象条件对大气颗粒物中营养盐浓度和组成的影响也不容忽视（Xie et al.，2021）。

表 9-6　夏季和秋季的典型 TSP 样品中不同形态营养盐的浓度　（单位：nmol/m^3）

采样时间	NH_4^+	NO_3^-	NO_2^-	DIN	DON	DIP	DOP	DSi
2020.6.11～14	81.90	59.10	0.30	141.30	1.94	1.15	6.31	0.24
2020.9.22～25	5.86	47.10	0.11	53.07	16.8	1.16	1.03	0.48

9.3.2 降水中营养盐来源解析

为了定性分析不同季节降水样品中不同形态营养盐的来源及其浓度变化的影响因素，对降水中不同形态营养盐的浓度与主要离子（Na^+、Mg^{2+}、nss-K^+、nss-Ca^{2+}和nss-SO_4^{2-}）的浓度以及降水量进行了皮尔逊相关性分析（表 9-7～表 9-9）。由于秋季和冬季降水次数较少，因此将这两个季节的降水数据合并在一起进行相应分析。

表 9-7 秋冬季降水中不同形态营养盐的浓度与主要离子的浓度以及降水量之间的皮尔逊相关性分析

	NH_4^+	NO_3^-	NO_2^-	DIN	DON	TDN	DIP	DOP	TDP	DSi
NH_4^+	1.00									
NO_3^-	0.87[a]	1.00								
NO_2^-	−0.62	−0.42	1.00							
DIN	0.98[a]	0.96[a]	−0.55	1.00						
DON	0.72[c]	0.93[a]	−0.34	0.84[b]	1.00					
TDN	0.94[a]	0.98[a]	−0.51	0.99[a]	0.91[a]	1.00				
DIP	−0.11	−0.24	0.18	−0.17	−0.36	−0.22	1.00			
DOP	−0.15	−0.09	−0.22	−0.05	0.14	−0.01	−0.07	1.00		
TDP	−0.15	−0.21	0.12	−0.18	−0.32	−0.22	0.97[a]	0.19	1.00	
DSi	0.62	0.81[b]	−0.30	0.73[c]	0.86[a]	0.78[b]	−0.33	0.10	−0.30	1.00
降水量	−0.56	−0.61	-0.34	−0.60	−0.42	−0.58	−0.53	−0.34	−0.61	−0.39
Na^+	−0.50	−0.31	0.65[c]	−0.44	−0.29	−0.41	0.47	−0.09	0.44	−0.25
Mg^{2+}	−0.49	−0.29	0.64[c]	−0.42	−0.27	−0.39	0.50	−0.09	0.47	−0.23
nss-K^+	0.68[c]	0.57	−0.36	0.68[c]	0.66[c]	0.68[c]	−0.30	−0.07	−0.31	0.50
nss-Ca^{2+}	0.07	0.28	0.37	0.16	0.22	0.18	0.68[c]	0.12	0.70[c]	0.12
nss-SO_4^{2-}	0.60	0.55	−0.60	0.60	0.30	0.54	−0.05	−0.05	−0.06	0.24

注：a 表示 $P<0.001$；b 表示 $0.001<P<0.01$；c 表示 $0.01<P<0.05$

表 9-8 春季降水中不同形态营养盐的浓度与主要离子的浓度以及降水量之间的皮尔逊相关性分析

	NH_4^+	NO_3^-	NO_2^-	DIN	DON	TDN	DIP	DOP	TDP	DSi
NH_4^+	1.00									
NO_3^-	0.77[a]	1.00								
NO_2^-	0.48	0.78[a]	1.00							
DIN	0.98[a]	0.89[a]	0.62[c]	1.00						
DON	0.73[b]	0.94[a]	0.79[a]	0.84[a]	1.00					
TDN	0.95[a]	0.92[a]	0.66[b]	0.99[a]	0.89[a]	1.00				
DIP	0.14	0.29	0.20	0.20	0.33	0.23	1.00			
DOP	0.14	0.59[c]	0.88[a]	0.31	0.62[c]	0.37	0.30	1.00		
TDP	0.16	0.40	0.40	0.26	0.45	0.30	0.97[a]	0.52	1.00	
DSi	0.12	0.57[c]	0.64[c]	0.29	0.63[c]	0.35	0.76[a]	0.80[a]	0.89[a]	1.00
降水量	−0.73[b]	−0.80[a]	−0.60[c]	−0.80[a]	−0.73[b]	−0.80[a]	−0.41	−0.45	−0.48	−0.48
Na^+	−0.03	0.43	0.28	0.13	0.35	0.17	−0.11	0.32	−0.02	0.26

续表

	NH_4^+	NO_3^-	NO_2^-	DIN	DON	TDN	DIP	DOP	TDP	DSi
Mg^{2+}	0.05	0.55[c]	0.45	0.23	0.49	0.28	−0.01	0.46	0.11	0.39
nss-K^+	0.20	0.57[c]	0.33	0.34	0.56[c]	0.39	0.67[b]	0.42	0.70[b]	0.73[b]
nss-Ca^{2+}	0.27	0.64[c]	0.69[b]	0.42	0.57[c]	0.45	0.71[b]	0.68[b]	0.80[a]	0.81[a]
nss-SO_4^{2-}	0.67[c]	0.77[a]	0.51	0.73[b]	0.68[b]	0.74[b]	0.68[b]	0.33	0.69[b]	0.58[c]

注：a 表示 $P<0.001$；b 表示 $0.001<P<0.01$；c 表示 $0.01<P<0.05$

表 9-9　夏季降水中不同形态营养盐的浓度与主要离子的浓度以及降水量之间的皮尔逊相关性分析

	NH_4^+	NO_3^-	NO_2^-	DIN	DON	TDN	DIP	DOP	TDP	DSi
NH_4^+	1.00									
NO_3^-	0.90[a]	1.00								
NO_2^-	0.83[a]	0.83[a]	1.00							
DIN	0.99[a]	0.95[a]	0.85[a]	1.00						
DON	0.86[a]	0.93[a]	0.77[a]	0.90[a]	1.00					
TDN	0.99[a]	0.96[a]	0.85[a]	0.99[a]	0.92[a]	1.00				
DIP	0.53c	0.28	0.12	0.46	0.27	0.44	1.00			
DOP	0.46	0.27	0.07	0.41	0.12	0.38	0.73[a]	1.00		
TDP	0.54[c]	0.29	0.11	0.47[c]	0.22	0.45	0.96[a]	0.90[a]	1.00	
DSi	0.59[b]	0.59[b]	0.83[a]	0.61[b]	0.53[c]	0.60[b]	0.07	−0.09	0.01	1.00
降水量	−0.60[b]	−0.50[c]	−0.40	−0.58[c]	−0.50[c]	−0.57[c]	−0.42	−0.21	−0.37	−0.27
Na^+	0.53[c]	0.72[a]	0.60[b]	0.60[b]	0.67[b]	0.61[b]	−0.04	−0.09	−0.06	0.43
Mg^{2+}	0.67[b]	0.80[a]	0.81[a]	0.73[a]	0.74[a]	0.74[a]	−0.03	−0.08	0.01	0.68[b]
nss-K^+	0.42	0.28	0.09	0.38	0.17	0.36	0.67[b]	0.61[b]	0.69[a]	0.29
nss-Ca^{2+}	0.75[a]	0.74[a]	0.93[a]	0.76[a]	0.67[b]	0.76[a]	0.09	0.07	0.09	0.92[a]
nss-SO_4^{2-}	0.84[a]	0.78[a]	0.91[a]	0.84[a]	0.69[a]	0.84[a]	0.31	0.31	0.33	0.84[a]

注：a 表示 $P<0.001$；b 表示 $0.001<P<0.01$；c 表示 $0.01<P<0.05$

采样期间不同形态营养盐的浓度与降水量之间存在着不同程度的负相关性（表 9-7～表 9-9），反映出降水对营养盐的稀释作用。在秋季和冬季，DIN 和 DON 与生物质燃烧的标志物 nss-K^+之间具有显著的线性相关性（r=0.68，$0.01<P<0.05$；r=0.66，$0.01<P<0.05$），表明生物质燃烧在这两个季节可能是降水中含 N 营养盐的重要来源（Liu et al.，2018；Song et al.，2018）。如表 9-7 所示，虽然不显著，但 NH_4^+和 NO_3^-与 nss-SO_4^{2-}也具有一定的线性相关性（r=0.60，P=0.07；r=0.55，P=0.10），表明化石燃料燃烧在秋冬季同样是 DIN 的来源之一（Xie et al.，2022a；Song et al.，2018）。然而，DON 与 nss-SO_4^{2-}的线性相关性要更弱一些（r=0.30，P=0.41），表明化石燃料燃烧在秋冬季对 DON 的贡献较小。普遍而言，大气中的 Na^+和 Mg^{2+}主要来自海盐气溶胶（Kunwar and Kawamura，2014；Keene et al.，1986），NO_2^-与 Na^+以及 Mg^{2+}具有显著的相关性（r=0.65，$0.01<P<0.05$；r=0.64，$0.01<P<0.05$），表明 NO_2^-可能与海洋源相关，这与之前发现研究区域内 TSP 中的 NO_2^-具有海洋源的事实相符（Xie et al.，2021）。在秋冬

季，DIP与典型的矿物沙尘来源nss-Ca^{2+}之间具有显著相关性（r=0.68，0.01＜P＜0.05），表明大气中沙尘的再悬浮是降水中DIP的重要来源（Tripathee et al.，2021；Mahowald et al.，2008）。

如表9-8所示，在春季降水中，DIN和DON与nss-SO_4^{2-}之间呈现显著正相关关系（r=0.73，0.001＜P＜0.01；r=0.68，0.001＜P＜0.01），表明在这个季节化石燃料燃烧对降水中的含N营养盐具有重要影响（Song et al.，2018）。此外，NO_3^-和DON均与nss-Ca^{2+}呈现显著正相关关系（r=0.64，0.01＜P＜0.05；r=0.57，0.01＜P＜0.05），表明沙尘源是这两种含N营养盐的另外一种重要来源（Mace et al.，2003）。据报道，在沙尘颗粒物长距离运输的过程中，沙尘会与富含N元素的人为污染物（如硝酸盐和铵盐）以及生物气溶胶（如真菌孢子、花粉和植物碎屑）相结合，组成的混合颗粒物会被降水冲刷并沉降至地表或水体表面（Wen et al.，2021；Tang et al.，2018）。因此，在沙尘天气频繁出现的春季，沙尘源对降水中的含N营养盐具有一定的贡献是合理的。此外，TDP和DSi与沙尘标志物nss-Ca^{2+}之间均具有显著的相关性（r=0.80，P＜0.001；r=0.81，P＜0.001），并且还发现DIP（r=0.67，0.001＜P＜0.01）、DSi（r=0.73，0.001＜P＜0.01）与nss-K^+之间均具有显著相关性，表明nss-K^+同样可能来自沙尘源，与之前的报道相符（Tripathee et al.，2021；Zhu et al.，2015）。

在夏季，所有的含N营养盐与nss-Ca^{2+}及nss-SO_4^{2-}之间均具有较强的相关性（r=0.67～0.93，P＜0.001）（表9-9），体现了沙尘源和人为污染源对于降水中含N营养盐的贡献（Xie et al.，2021；Song et al.，2018）。然而，需要注意的是，NH_4^+、NO_3^-和nss-SO_4^{2-}均是典型的二次离子，其前体物质分别为大气中的NH_3、NO_2和SO_2，这些二次离子之间的强相关性表明它们的产生途径可能是相似的（Song et al.，2018；Kunwar and Kawamura，2014）。此外，DON与上述的二次离子之间也具有显著的线性相关性（r=0.69～0.93，P＜0.001）（表9-9），这表明在研究区域内，二次有机气溶胶可能是夏季降水中潜在的DON来源，这与部分之前的报道结果相符（Liu et al.，2018；Pavuluri et al.，2015）。在日本北部地区，降水中的DON可能来自大气中的NO_2和挥发性有机组分发生的二次反应（Pavuluri et al.，2015），夏季较高的温度和湿度有利于气体向颗粒物的转化（Yao et al.，2003）。

如表9-9所示，夏季降水中NO_3^-与Na^+和Mg^{2+}之间具有显著的线性相关性（r=0.72，P＜0.001；r=0.80，P＜0.001），表明在海洋大气中人为活动来源的HNO_3可以与海盐颗粒发生反应而生成$NaNO_3$或$Mg(NO_3)_2$等物质（Song et al.，2018；Boreddy and Kawamura，2015）。此外，之前的研究表明，在夏季高温的影响下，海洋中浮游生物释放NH_3和DON的速率会有所增加（Xie et al.，2021；Wentworth et al.，2014；Geng and Mu，2006），因此夏季降水中的NH_4^+和DON可能与海洋源有关，这可以由上述的两种含N营养盐与Na^+及Mg^{2+}具有的显著相关性（r=0.53～0.74，P＜0.05）来证明（表9-9）。出乎意料的是，夏季降水中含P营养盐与nss-K^+之间具有显著的相关性（r=0.61～0.69，P＜0.01），但与典型沙尘源的nss-Ca^{2+}无明显相关性，表明夏季降水中含P营养盐的主要来源为生物质燃烧，而并非沙尘（Markaki et al.，2010）。

9.4　大气营养盐干湿沉降通量特征

营养盐干沉降通量常见的获取方法通常包括两种，第一种是收集干沉降样品，对样品中的营养盐浓度进行计算，直接获得干沉降通量（Wu et al.，2018；Xing et al.，2018），第二种是收集大气气溶胶样品，通过干沉降模型法，即利用气溶胶中营养盐的浓度与对应营养盐的干沉降速率相乘来间接获得干沉降通量（Qi et al.，2020；Wang et al.，2019a；Duce et al.，1991）。受采样装置的限制，在本研究中并未对干沉降样品进行收集，因此不同营养盐干沉降通量采用干沉降模型法进行计算。如表 9-10 所示，研究区域 NH_4^+、NO_3^-、NO_2^-、DON、DIP、DOP 和 DSi 的年干沉降通量分别为 9.0mmol/（m^2·a）、12.8mmol/（m^2·a）、0.04mmol/（m^2·a）、2.7mmol/（m^2·a）、0.10mmol/（m^2·a）、0.30mmol/（m^2·a）和 0.73mmol/（m^2·a）。与其他区域相比，研究区域 DIN 的年干沉降通量[21.8mmol/（m^2·a）]要低于黄渤海和东海，但是要高于南海和西北太平洋，反映出 DIN 的年干沉降通量由近海向远海逐渐降低，主要受到人为活动污染的影响（Chen et al.，2021a；Qi et al.，2020）。研究区域 DON 的年干沉降通量要低于胶州湾（Xing et al.，2018）、大亚湾（Wu et al.，2018）、新加坡滨海湾（He et al.，2011）和日本海（Park et al.，2019），表明研究区域大气 DON 污染相对较弱。研究区域 DOP 的年干沉降通量要高于胶州湾（Xing et al.，2018）、大亚湾（Wu et al.，2018）和地中海西北部（Violaki et al.，2018），主要是受到区域内海洋生物活动的影响），但研究区域 DOP 的年干沉降通量要低于新加坡滨海湾（He et al.，2011），可能与滨海湾附近人为活动的影响有关。

如图 9-8 所示，DIN 的干沉降通量在冬季最高（8.64mmol/m^2），约为春季（3.54mmol/m^2）的 2.4 倍。DIP 的干沉降通量在春季最高（0.044mmol/m^2），约为秋季（0.013mmol/m^2）的 3.4 倍。此外，DOP 的干沉降通量在夏季和秋季（0.11mmol/m^2 和 0.12mmol/m^2）要高于春季和冬季（0.010mmol/m^2 和 0.064mmol/m^2），可能与不同季节海洋生物活动强度的变化有关。DIN 和 DIP 干沉降通量的季节变化与浓度的季节变化相似，表明营养盐的浓度是影响其干沉降通量的重要因素之一。然而，NO_3^- 和 DSi 的干沉降通量最高值分别出现在秋季和夏季，与这两种营养盐的浓度季节变化规律有所差异，主要受到不同季节干沉降速率变化的影响。比如，在研究海域中，DSi 的干沉降速率在夏季为 2.73cm/s，显著高于其他季节的干沉降速率，从而导致 DSi 的夏季干沉降通量最高。

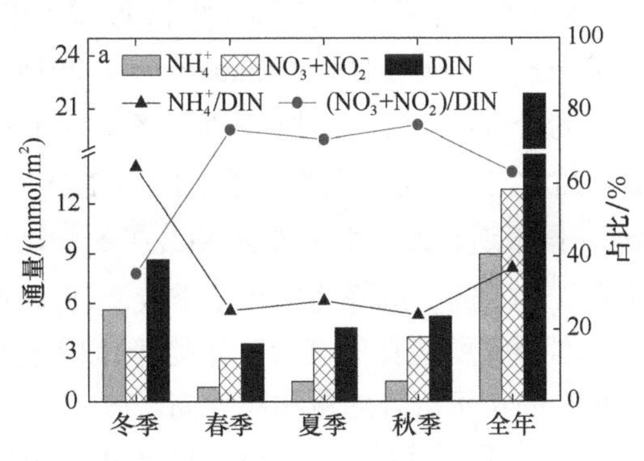

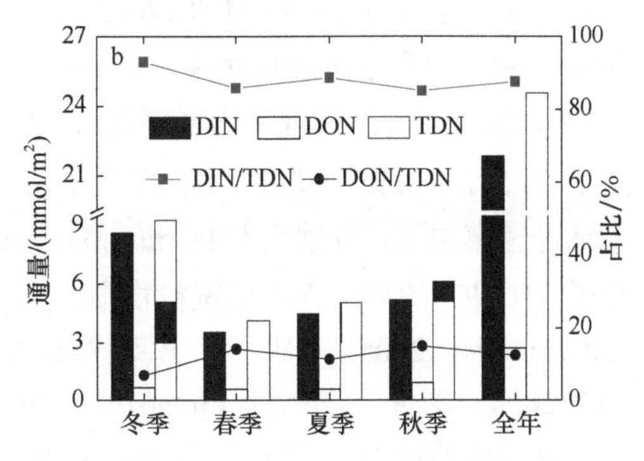

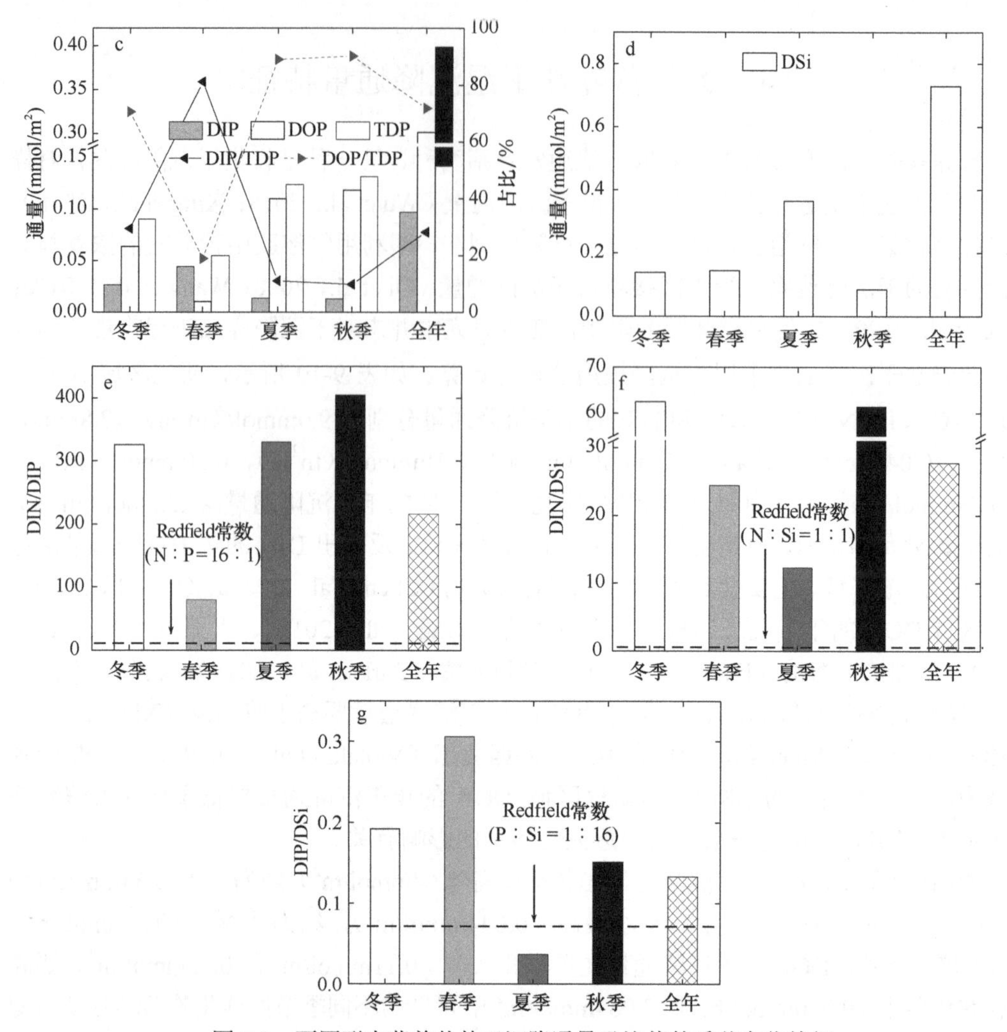

图 9-8　不同形态营养盐的干沉降通量及比值的季节变化特征

如表 9-2 所示，虽然 TSP 中 NO_3^-的年平均浓度要低于 NH_4^+，但是 NO_3^-的年干沉降通量[12.8mmol/（m^2·a）]却要高于 NH_4^+的年干沉降通量[9.0mmol/（m^2·a）]（表 9-10），这主要与对两种营养盐选用的干沉降速率有关。在研究海域，对 NO_3^-和 NH_4^+选用的年干沉降速率分别为 0.35cm/s 和 0.17cm/s，如上文所述，NH_4^+主要存在于细颗粒物 PM2.5 中，而 NO_3^-除了存在于细颗粒物中，还有一部分会存在于粗颗粒物中（Xiao et al.，2018，2015），因此 NO_3^-的干沉降通量要高于 NH_4^+是较为合理的。然而，结果表明，冬季 NH_4^+的通量（5.59mmol/m^2）要比 NO_3^-（3.05mmol/m^2）高 83.3%，主要因为冬季 NH_4^+与 NO_3^- 的干沉降速率相近，分别为 0.24cm/s 和 0.23cm/s。据报道，大气中大部分 NO_3^-在冬季以小分子 NH_4NO_3 的形式存在于颗粒物中，这也导致了 NO_3^-的干沉降速率在冬季较低（Spokes and Jickells，2005）。对于含 P 营养盐而言，本研究所选择的 DOP 年均干沉降速率（0.91cm/s）要高于 DIP（0.43cm/s），这导致 DOP 的年干沉降通量相对较高，占 TDP 年干沉降通量的比例为 75.6%（图 9-8c），该结果与地中海西北部海域（Violaki et al.，2018）

相似，表明 DOP 的干沉降过程对水体的影响不可忽视。

2020 年 9 月到 2021 年 8 月，研究区域内 NH_4^+、NO_3^-、NO_2^-、DON、DIP、DOP 和 DSi 的年湿沉降通量分别为 48.2mmol/（m^2·a）、20.8mmol/（m^2·a）、0.18mmol/（m^2·a）、13.3mmol/（m^2·a）、0.136mmol/（m^2·a）、0.143mmol/（m^2·a）和 0.082mmol/（m^2·a）（表 9-11）。与邻近的胶州湾相比，研究区域所有营养盐的年湿沉降通量均要偏低（Xing et al.，2017），主要因为受到研究区域内营养盐的年均浓度和年降水量均较低的影响。此外，研究区域 DIN 的年湿沉降通量[69.2mmol/（m^2·a）]与黄海千里岩岛（韩丽君等，2013）以及新加坡滨海湾（He et al.，2011）相近，但显著低于有“雨港”之称的基隆市[128.0mmol/（m^2·a）]，2014 年基隆市降水量高达 1440mm（Chen et al.，2021a）。此外，研究区域 DON 的年湿沉降通量要低于大部分近海海域，如东海（Chen et al.，2021a）、日本海（Yan and Kim，2015）以及新加坡滨海湾（He et al.，2011），但要高于地中海南部（Ounissi et al.，2021）。研究区域 DIP 和 DSi 的年湿沉降通量显著低于黄海千里岩岛（韩丽君等，2013）、湛江湾（陈法锦等，2017）以及地中海南部（Ounissi et al.，2021），表明研究区域内湿沉降过程受沙尘的影响相对较小。

表 9-10　养马岛附近海域大气营养盐的年干沉降通量与其他区域的比较　[单位：mmol/（m^2·a）]

区域	采样年份	NH_4^+	NO_3^-	NO_2^-	DIN	DON	TDN	DIP	DOP	TDP	DSi	参考文献
养马岛附近海域	2019～2020	9.0	12.8	0.04	21.84	2.7	24.54	0.10	0.30	0.40	0.73	本书
养马岛附近海域[a]	2016～2017				117.8			0.75			2.23	Yang et al.，2020a
胶州湾	2015～2016	29.4	29.9	0.058	59.358	15.4	74.758	0.099	0.165	0.264	8.48	Xing et al.，2018
大亚湾	2015～2017	0.93	8.46	0.048	9.43	16.33	25.73	0.057	0.032	0.089	0.338	Wu et al.，2018
黄渤海	2005～2017	40.89	30.28		71.17			0.591				Qi et al.，2020
东海	2005～2017	19.64	22.25		41.89			0.102				Qi et al.，2020
南海	2005～2017	12.95	4.87		17.82			0.134				Qi et al.，2020
西北太平洋	2005～2017	10.32	4.96		15.28			0.029				Qi et al.，2020
新加坡滨海湾	2007～2008	2.53	18.55		21.08	20.75	41.83	1.93	2.78	4.71		He et al.，2011
日本海	2014～2016	7.0	28.5		35.5	13.81	49.31					Park et al.，2019
地中海东部	2012～2013							0.395	0.455	0.85		Violaki et al.，2018
地中海西北部	2005～2011							0.09	0.20	0.29		Violaki et al.，2018
亚热带北大西洋	2012～2016	0.865	2.87		3.735			0.0839				López-García et al.，2021

注：a 表示表中营养盐的沉降通量为干湿沉降通量之和

表 9-11 养马岛附近海域大气营养盐的年湿沉降通量与其他区域的比较 [单位：mmol/（m^2·a）]

区域	采样年份	NH_4^+	NO_3^-	NO_2^-	DIN	DON	TDN	DIP	DOP	TDP	DSi	参考文献
养马岛附近海域	2020～2021	48.2	20.8	0.18	69.18	13.3	82.48	0.136	0.143	0.28	0.082	本书
胶州湾	2015～2016	92.8	54.5	0.43	147.73	47.5	195.23	0.27	0.45	0.72	1.73	Xing et al.，2017
黄海千里岩岛	2009～2010	40.9	33.4		74.3			0.86			2.34	韩丽君等，2013
东海	2008～2009	30.1	21.9		52.0			0.08			2.05	朱玉梅和刘素美，2011
东海南部	2014	48.9	79.1		128.0	75.7	203.7					Chen et al.，2021a
南海	2013～2015	7.1	9.7									Gao et al.，2020
湛江湾	2015～2016		42.6	0.3				0.54			3.34	陈法锦等，2017
日本海	2011～2012	20	28		48	19						Yan and Kim，2015
新加坡滨海湾	2007～2008	26.0	51.1		77.1	33.5	110.6	0.69	0.95	1.64		He et al.，2011
地中海南部	2017	9.6	8.0	0.75	18.35	5.7	24.05	0.73			4.6	Ounissi et al.，2021

如图 9-5i～l 所示，不同月份营养盐的湿沉降通量具有明显的差异性，且对于大部分营养盐而言，其月湿沉降通量变化与月降水量变化规律相似。如表 9-12 所示，大部分营养盐的湿沉降通量与降水量之间呈现显著的正相关性，表明降水量是影响营养盐湿沉降通量的重要因素。然而，营养盐的月湿沉降通量与月降水量的变化并不完全一致，例如，虽然 2021 年 5 月降水量（46.3mm）在采样期间仅排名第五，但该月 TDN 和 DSi 的湿沉降通量却为全年最高，尤其是 DSi（图 9-5j、l）。2021 年 5 月 10 日的降水量仅为 10.7mm，但在这一次的降水事件中，TDN 的湿沉降通量高达 3.9mmol/m^2，在这次降水之前（5 月 7～8 日）研究区域邻近的烟台市出现了较为严重的沙尘天气，大气中 PM10 的浓度高达 280μg/m^3（http://www.tianqihoubao.com/lishi/yantai/month/202105.html），因此正如 Yan 和 Kim（2015）所报道，沙尘会在运输过程中吸附大量的人为污染物，从而在一定程度上导致沙尘影响的降水中 TDN 浓度大幅度增加。此外，在 2021 年 5 月 24 日，烟台市受到中等强度沙尘事件的影响，当天 AQI 和 PM10 浓度分别达到了 112 以及 174μg/m^3（http://www.tianqihoubao.com/lishi/yantai/month/202105.html）。在该沙尘事件之后，研究区域出现了两次降水（5 月 24 日和 26 日），降水量分别为 1.7mm 和 1.2mm，但 DSi 浓度却分别高达 4.39μmol/L 和 6.02μmol/L，在全部降水样品的 DSi 浓度中排前两位，从而导致 2021 年 5 月 DSi 的湿沉降通量为全年最高（0.022mmol/m^2）（图 9-5l）。因此，营养盐来源的排放强度变化对于降水中营养盐的浓度具有显著影响，进而影响其湿沉降通量的变化（Park et al.，2019）。

表 9-12　不同营养盐湿沉降通量与降水量之间的皮尔逊相关性分析

	NH_4^+	NO_3^-	NO_2^-	DIN	DON	DIP	DOP	DSi
降水量	0.45**	0.31*	0.25	0.42**	0.37*	0.47**	0.70**	–0.16

注：**表示 $P<0.01$；*表示 $0.01<P<0.05$

DIN、DON 和 DOP 的季节湿沉降通量最高值出现在夏季，分别为 30.1mmol/m²、4.98mmol/m² 和 0.079mmol/m²，较低的季节湿沉降通量出现在秋季和冬季，这与降水量的季节变化趋势相似（图 9-9a～c）。此外，DIP 的季节湿沉降通量最高值和最低值分别出现在春季和秋季，分别为 0.056mmol/m² 和 0.0031mmol/m²（图 9-9c）。对于 DSi 而言，其季节湿沉降通量最高值出现在春季（0.037mmol/m²），其次为秋季（0.018mmol/m²）、冬季（0.013mmol/m²）和夏季（0.012mmol/m²），与降水量的季节变化趋势具有较大差异（图 9-9d）。

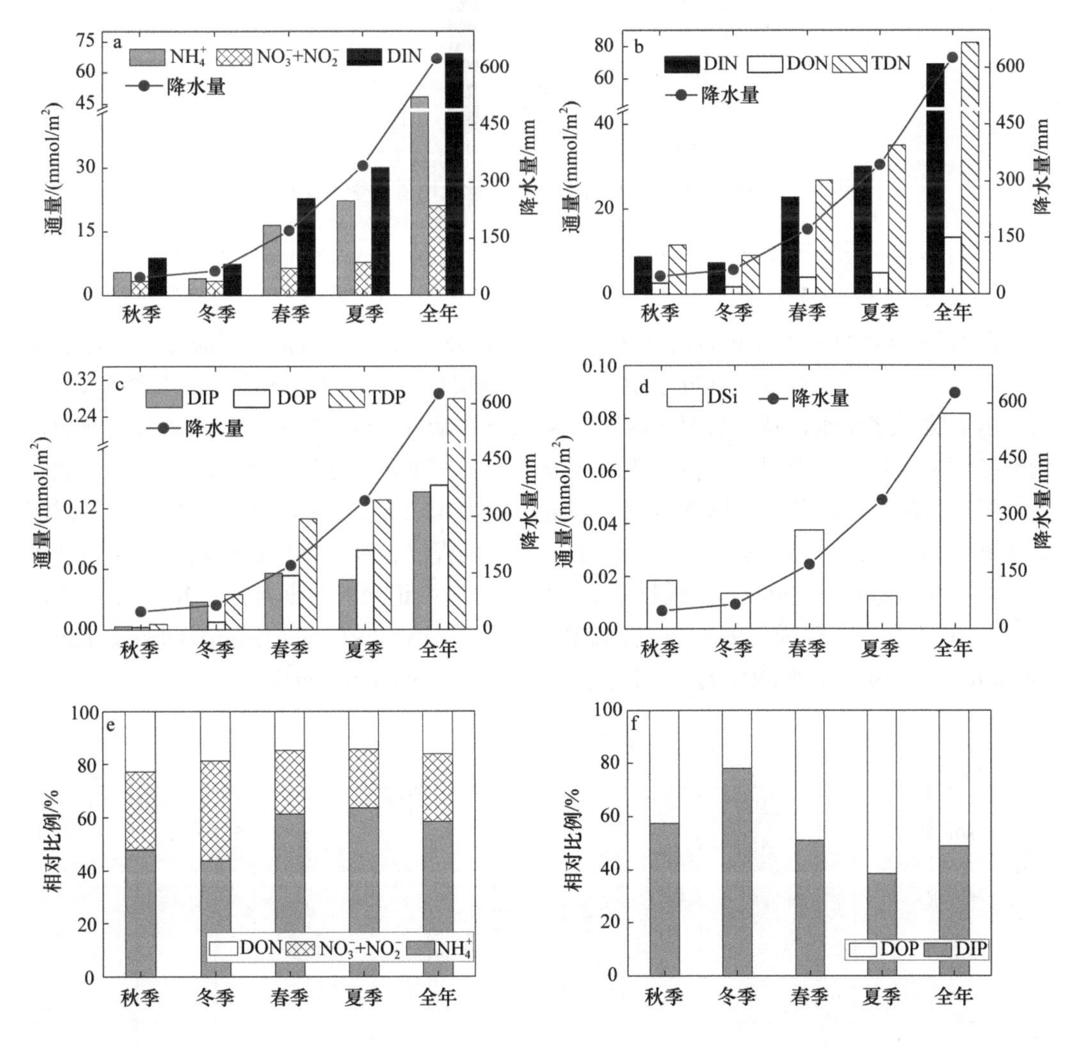

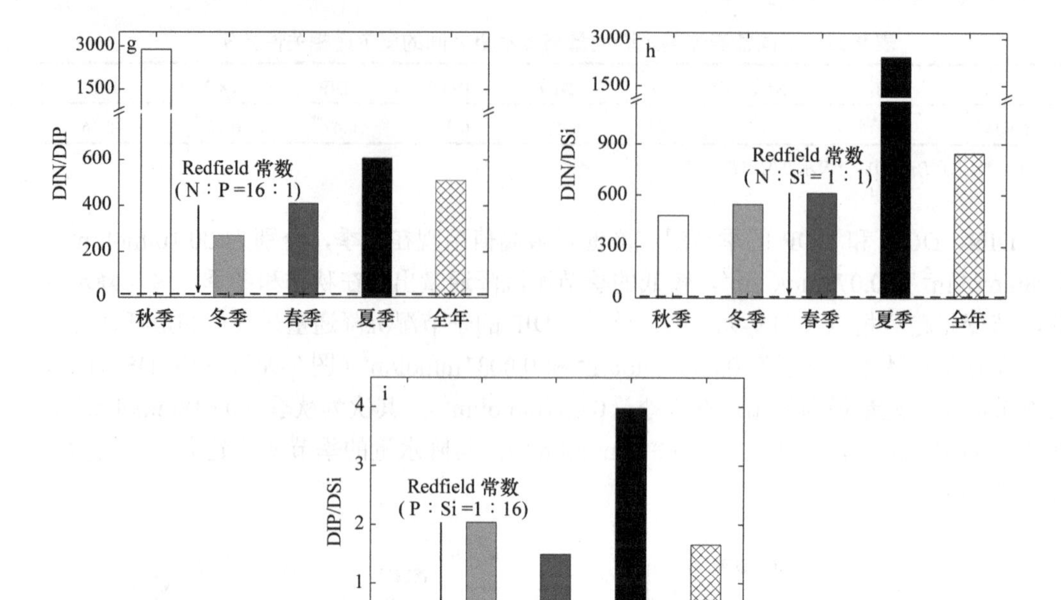

图 9-9 不同形态营养盐的湿沉降通量及比值的季节变化特征

如图 9-10a～d 所示，从全年尺度来看，NH_4^+、$NO_3^-+NO_2^-$、DIN 和 DON 的湿沉降通量占干湿沉降通量之和的比例分别为 84.3%、62.0%、76.0%和 83.0%，表明湿沉降是大气中含 N 营养盐的主要沉降形式。对于 NH_4^+和 DON 而言，湿沉降的贡献更高，可能原因是人为活动会产生较多的低分子量污染物，如$(NH_4)_2SO_4$、氨基酸和尿素等含 N 物质，这些污染物易溶于水，从而容易被湿沉降从大气中清除（Bronk et al.，2007）。然而，DIN 的沉降过程在冬季以干沉降为主（图 9-10c），可能与以下两个原因有关，一方面，受东亚季风的影响，冬季的降水量相对较低，仅为 65.2mm，从而导致冬季 DIN 的湿沉降通量仅为 7.4mmol/m^2；另一方面，冬季大气污染程度较高且空气流速较慢，雾霾现象频繁发生（Xie et al.，2022a），根据中国环境监测总站记录的数据可知，2019 年冬季烟台市有 16 天受到雾霾天气的影响，显著高于其他季节（http://www.tianqihoubao.com/aqi/yantai.html），因此冬季 DIN 的干沉降通量相对较高（8.6mmol/m^2）。

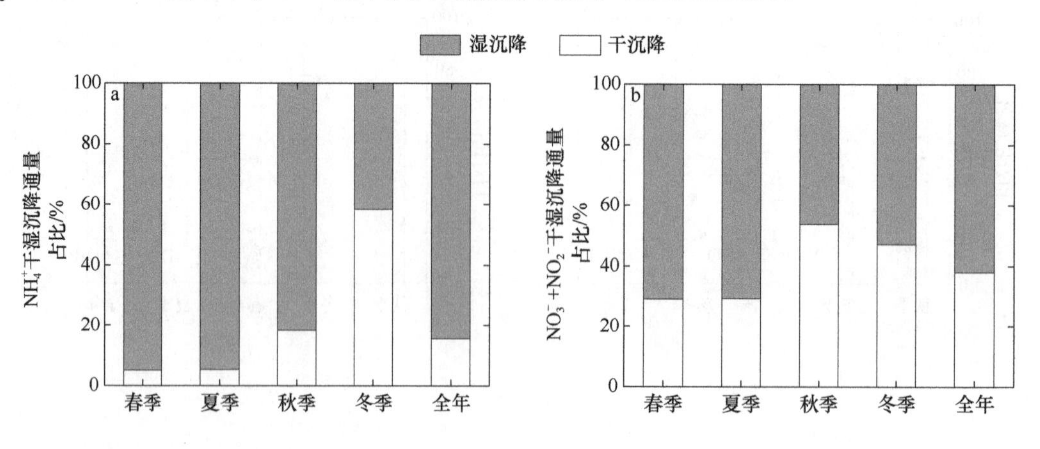

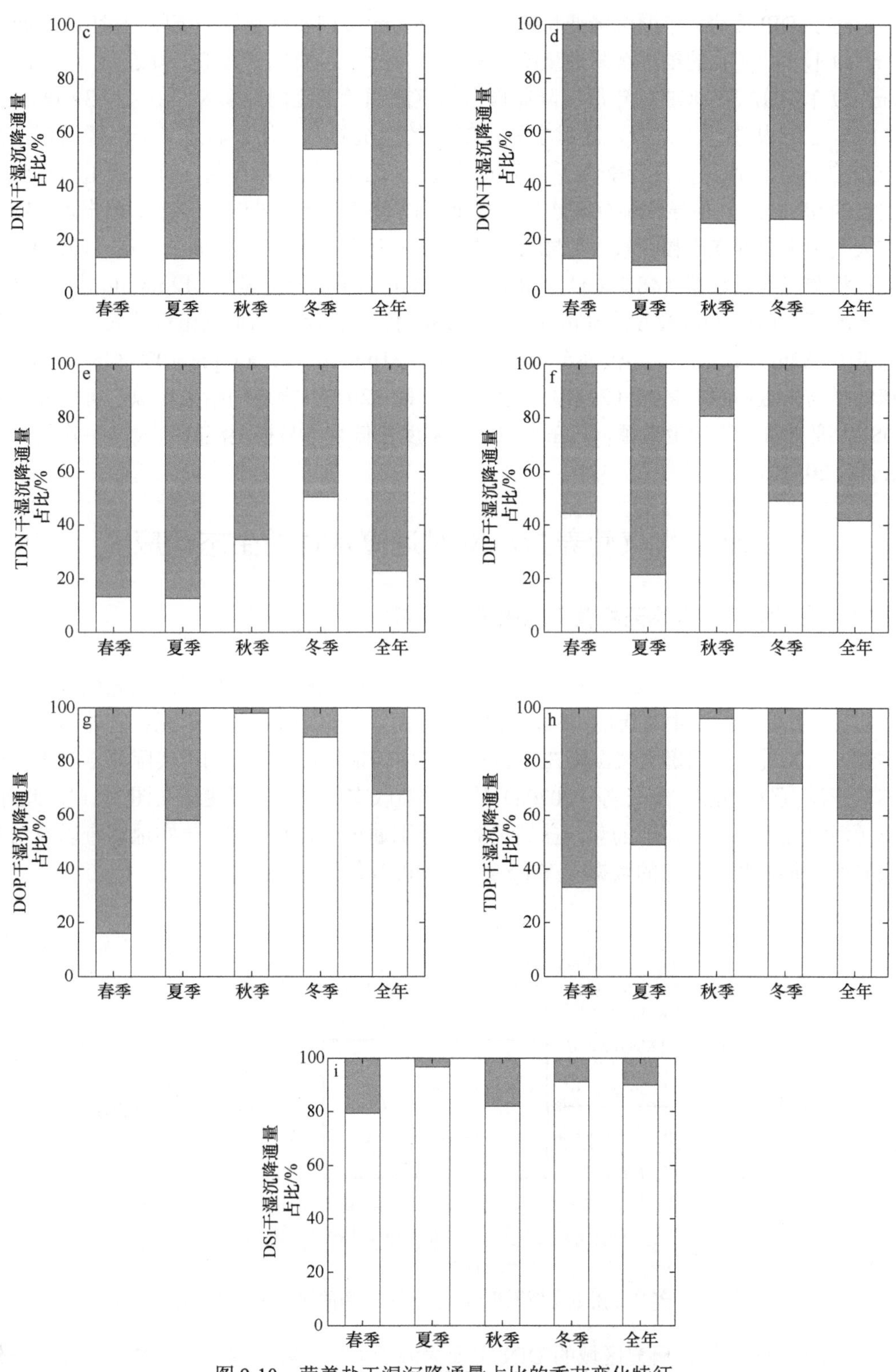

图 9-10　营养盐干湿沉降通量占比的季节变化特征

对于 DIP 而言，年湿沉降通量[0.136mmol/（m^2·a）]要高于年干沉降通量[0.10mmol/（m^2·a）]，而 DOP 的年湿沉降通量[0.143mmol/（m^2·a）]要低于其干沉降通量[0.30mmol/（m^2·a）]，DIP 和 DOP 的年湿沉降通量占总沉降通量的比例分别为 58.3%和 32.1%（图 9-10f、g）。从季节上来看，除秋季外，DIP 的湿沉降通量均要高于其干沉降通量，而 DOP 的湿沉降通量仅在春季高于其干沉降通量，在秋季，DOP 的干沉降通量占总沉降通量的 98.1%，从而导致湿沉降通量的贡献可以忽略不计（图 9-10f、g）。据报道，DOP 在大气中主要存在于粒径较大的颗粒物中，其干沉降速率较高（Duce et al.，1991），因此在秋季降水量较低（48.2mm）的情况下，DOP 的干沉降通量（0.12mmol/m^2）要显著高于湿沉降通量（0.0023mmol/m^2）。对于 DSi 而言，湿沉降的贡献相对较低，年湿沉降通量[0.082mmol/（m^2·a）]仅为全年沉降通量[0.81mmol/（m^2·a）]的 10%（图 9-10h），该结果与朱玉梅和刘素美（2011）以及 Xing 等（2018）报道的结果相似，可能原因是 DSi 主要来自矿物沙尘来源，其在水中的溶解度较低且不易被湿沉降从大气中除去（He et al.，2011）。

9.5 大气营养盐沉降对近海水体的生态效应

9.5.1 大气沉降对水体无机营养盐收支的贡献

在之前的研究中，Yang 等（2020a）利用箱式模型来评估了研究区域无机营养盐收支状况，并利用文献中获得的大气沉降数据评估了大气沉降过程对于无机营养盐收支的贡献。为了进一步明确大气沉降在营养盐收支中的地位，本研究利用实际测定的大气营养盐干湿沉降数据对 Yang 等（2020a）的营养盐收支状况进行了更新（图 9-11）。此外，陆源河流输入及扇贝排泄的营养盐通量数据分别通过 2019～2020 年实地调查以及培养实验所获得，其他来源的数据与 Yang 等（2020a）的报道一致。

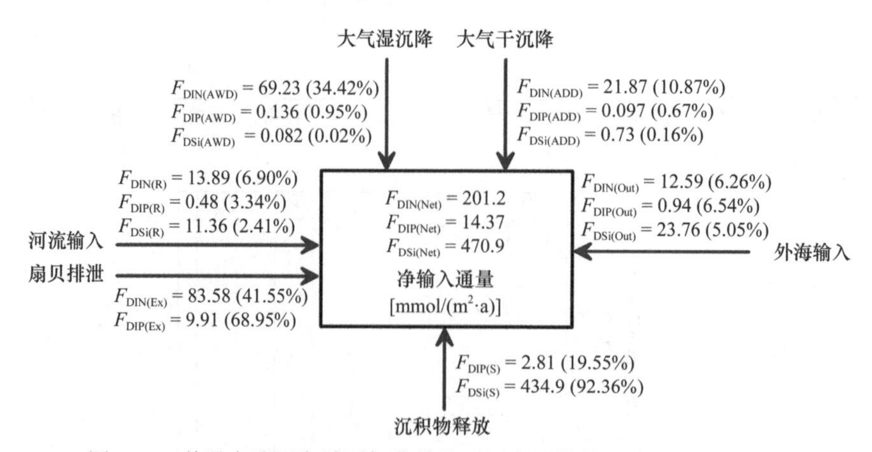

图 9-11 养马岛附近海域无机营养盐不同来源的输入通量及相对比例

如图 9-11 所示，研究区域的 DIN 主要来源于大气沉降及扇贝排泄过程，二者占外界 DIN 输入通量的贡献分别为 45.29%和 41.55%，其中大气湿沉降和大气干沉降的贡献分别为 34.42%和 10.87%。研究区域的 DIP 主要来自扇贝排泄过程，其对于 DIP 总输入通量的贡献达到了 68.95%，表明研究区域内大规模的扇贝养殖对海水中 DIP 的收支起到了巨大的影响。之前的报道显示，在研究区域内，夏季低氧过程有利于沉积物中铁结合态磷的解离，从而促进了 DIP 的释放（Yang et al.，2021b）。河流输入、大气湿沉降和大气干沉降对于 DIP 输入通量的贡献较低，分别为 3.34%、0.95%和 0.67%。对于 DSi 而言，沉积物是其主要来源，其释放 DSi 的通量为 434.9mmol/（m^2·a），占总输入通量的比例为 92.37%，显著高于大气干湿沉降等其他来源。

相比之下，大气湿沉降对于研究区域 DIN 和 DIP 的贡献分别为大气干沉降的 3.2 倍和 1.4 倍，然而大气湿沉降对于 DSi 的贡献仅为大气干沉降的 11.2%。与其他无机营养盐的来源相比，大气湿沉降 DIN 年输入通量占扇贝排泄 DIN 输入通量的 82.8%，但分别为当地河流输入通量及外海输入通量的 5.0 倍和 5.5 倍，表明大气湿沉降是研究区域 DIN 的重要来源，然而大气湿沉降过程对于 DIP 和 DSi 的贡献较小。根据相关文献的报道，研究区域 DIN、DIP 和 DSi 的大气沉降通量分别为 117.8mmol/（m^2·a）、0.75mmol/（m^2·a）和 2.23mmol/（m^2·a），分别为实际测定值的 1.3 倍、3.2 倍和 2.7 倍（Yang et al.，2020a）。

9.5.2　大气沉降对水体氮磷比失衡的影响

如图 9-8e～g 所示，各无机营养盐干沉降通量之比具有较大的季节性差异，不同季节 DIN/DIP、DIN/DSi 和 DIP/DSi 分别为 79.9～405、12.3～62.5 和 0.037～0.31，年平均值分别为 216、27.7 和 0.13。干沉降通量之比 DIN/DIP 和 DIN/DSi 显著高于 Redfield 比值（16 和 1）（Redfield et al.，1963）以及表层海水中的比例（16.4 和 1.8）（Yang et al.，2020a），因此通过大气干沉降向水体输入较多的 N 可能会引发水体 P 限制或 Si 限制。从季节上来看，DIN/DIP 在冬季、夏季和秋季较高，在春季相对较低，主要归因于春季较高的 DIP 大气干沉降通量。此外，DIN 与 DSi 的干沉降通量之比在冬季和秋季显著高于春季和夏季，与春季和夏季 DSi 的干沉降通量较高有关。与其他海域相比，研究区域的 DIN 与 DIP 干沉降通量之比（216）要显著低于胶州湾和西北太平洋海域（1239 和 546），但高于南海、大亚湾以及黄渤海海域（78、167 和 121）（Qi et al.，2020；Wu et al.，2018；Xing et al.，2018）。

如图 9-9g～i 所示，不同无机营养盐的湿沉降通量之比具有更为明显的季节性差异，不同季节的 DIN/DIP、DIN/DSi 和 DIP/DSi 分别为 269～2882、482～2419 和 0.17～3.97，年平均值分别为 509、847 和 1.66，分别为不同营养盐干沉降通量之比的 2.4 倍、30.6 倍和 12.8 倍。此外，湿沉降通量之比 DIN/DIP 和 DIN/DSi 同样显著高于 Redfield 比值（16 和 1）（Redfield et al.，1963）以及表层海水中的比例（16.4 和 1.8）（Yang et al.，2020a），因此大量的降水可能会导致研究区域表层水体的 DIN 浓度显著增加，进而影响水体的 DIN/DIP 和 DIN/DSi（Moon et al.，2021；Yan and Kim，2015）。

2015～2020 年，研究区域表层水体的 DIN 浓度在春季、夏季、秋季和冬季分别为（4.46±2.51）μmol/L、（4.90±2.50）μmol/L、（6.40±3.15）μmol/L 和（7.87±2.25）μmol/L，

DIP 浓度分别为（0.30±0.19）μmol/L、（0.30±0.10）μmol/L、（0.47±0.17）μmol/L 和 0.36μmol/L，DIN 与 DIP 的化学计量比在相应季节分别为 14.7±12.8、16.6±6.4、13.7±4.6 和 21.7±6.2，年平均值为 16.4±7.6（Yang et al.，2020a）。假设通过大气干湿沉降向水体中输入的营养盐在短时间内仅能影响表层 2m 深度的水体（Xing et al.，2018；邢建伟，2017），在一次降水事件的影响下，表层 2m 水体中 DIN 的浓度在春季、夏季、秋季和冬季分别会增加（0.82±0.52）μmol/L、（0.84±0.94）μmol/L、（1.48±0.95）μmol/L 和（0.53±0.30）μmol/L，而大部分降水中 DIP 浓度与海水中 DIP 浓度相近或低于海水中 DIP 浓度，因此降水对于表层水体 DIP 的富集作用十分有限。在单次降水事件的影响下，表层 2m 深度的水体中 DIN 与 DIP 的化学计量比在春季、夏季、秋季和冬季分别会增加到 17.3±1.7、19.3±3.1、16.9±2.0 和 23.1±0.8，比降水前 DIN/DIP 的值分别高 17.7%、16.3%、23.4%和 6.5%（图 9-12）。然而，大气干沉降每日向研究区域水体输入的营养盐对于 DIN 的富集作用有限，春季、夏季、秋季和冬季表层 2m 深度的水体 DIN/DIP 的化学计量比在干沉降的影响下仅分别增加 0.35%、0.47%、0.43%和 0.56%，因此大气湿沉降过程对于近海水体 N/P 失衡的影响要远大于大气干沉降。

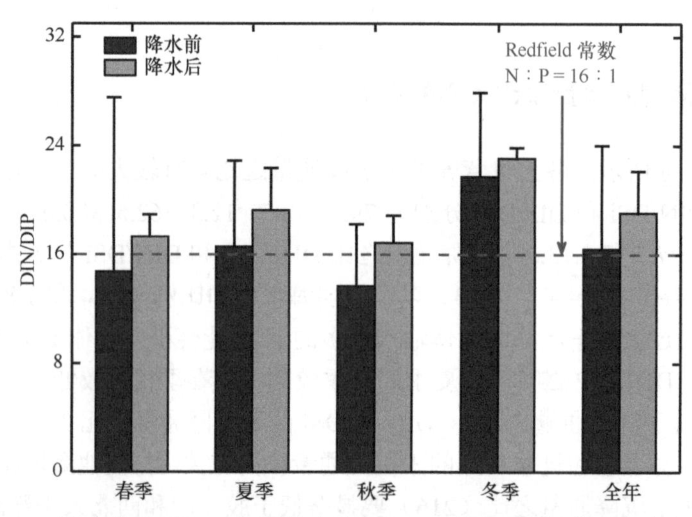

图 9-12 降水前后表层 2m 深度的水体 DIN/DIP 化学计量比的季节变化特征

在夏季的强降雨过程中，大量的 DIN 会进入表层水体，因而表层水体的 DIN/DIP 会显著增加。例如，在 2021 年 6 月 1 日发生的强降雨事件中，DIN 的湿沉降通量为 8.9mmol/m^2，这导致表层 2m 水体的 DIN/DIP 升高至 31.0，约为降水前 DIN/DIP 的 1.9 倍，因此夏季的强降水过程是影响表层水体 DIN/DIP 的重要因素，这与之前在渤海中部以及黄海的报道一致（Ding et al.，2021；Moon et al.，2021）。此外，据报道，极端降水事件在未来发生的频率会显著增加，这会进一步导致大量的 N 沉降以及近海水体 N/P 的增加（Moon et al.，2021；Xing et al.，2017；Min et al.，2011）。20 世纪 80 年代以后，东海和南海海域水体的 N/P 开始超过 25，较高的 N/P 有利于部分有害藻类的生长，随着 N/P 的进一步增加，有害藻类暴发导致近海水体频繁出现低氧和酸化的现象，这给经济发展和生态环境均带来了巨大的损失（Wang et al.，2021）。

对于海洋生态系统中初级生产者而言，营养盐的化学计量比是影响其丰度和组成的重要因素之一（Zhou et al.，2021a；Yang et al.，2017b）。在大气湿沉降过程长期向近海水体输入大量含 N 营养盐的影响下，N/P 逐渐增加会引发浮游植物群落组成的变化（Jiang et al.，2021）。过量的 N 会导致水体产生 P 限制或 Si 限制，进而可能导致浮游植物的优势种类由硅藻向甲藻转变（Xiao et al.，2018）。与甲藻相比，硅藻对于扇贝而言是更好的食物种类（Yu et al.，2019b；Silina and Zhukova，2007），因此硅藻丰度的降低可能会导致研究区域内养殖的海湾扇贝的食物来源不足，尤其是在夏季扇贝需要更多的能量来维持自身的生长以及新陈代谢（Wang et al.，2012）。此外，一些甲藻释放的毒素会导致扇贝和牡蛎的鳃、内收肌以及外壳退化（Estrada et al.，2010；Pearce et al.，2005），因此甲藻占浮游植物比例的增加不利于研究区域内养殖贝类的生长。

9.5.3　大气沉降对水体新生产力的影响

许多研究已经证明，通过大气沉降向水体输入的营养盐会影响海水真光层的初级生产力以及新生产力（Wu et al.，2018；Xing et al.，2018；Bartoli et al.，2005），海水中的无机营养盐，包括 DIN、DIP 和 DSi 可以被浮游植物直接利用（Björkman and Karl，1994），而有机营养盐不能完全被浮游植物利用，其生物可利用组分的占比并不确定（Violaki et al.，2018；Vet et al.，2014）。之前的报道利用培养实验证明了降水中 DON 的生物可利用组分占比为 20%～80%（Seitzinger and Sanders，1999；Peierls and Paerl，1997），因此在本研究中假定 DON 的生物可利用组分占比为 50%（20%和 80%的平均值）。

根据 Redfield 比值（C∶N∶P∶Si=106∶16∶1∶16）（Redfield et al.，1963），通过大气干沉降向水体中输入的生物可利用 TDN 可支持的新生产力年平均值为 5.89mg C/（m^2·d），占研究区域水体年平均初级生产力[375.4mg C/（m^2·d）]的比重为 1.6%（Yang et al.，2021a）。据报道，在黄海海域水体中，新生产力占初级生产力的比例约为 45%（Ji et al.，2017），因此研究区域内由大气干沉降输入的生物可利用 TDN 支持的新生产力占水体新生产力[168.9mg C/（m^2·d）]的比例为 3.5%。在浮游植物生长受 P 限制的胶州湾海域，由大气干沉降输入的营养盐所支持的新生产力占水体初级生产力的比例仅为 0.21%，显著低于研究区域（1.6%），可能与胶州湾海域河流输入的营养盐通量及其占总输入通量的比例较高有关（Xing et al.，2018）。在南海北部海域，由大气干沉降输入的生物可利用 TDN 支持的新生产力占比为 5.6%～8.7%（Chen and Huang，2018），高于研究区域（3.5%）。在孟加拉湾，Yadav 等（2016）发现冬季水体中 33%的初级生产力是由大气干沉降输入的营养盐所支持的，体现出大气干沉降对于水体浮游植物生长的巨大影响。

如表 9-13 所示，通过大气干沉降输入的生物可利用 TDN 可支持的新生产力在春季、夏季、秋季和冬季分别为 3.9mg C/（m^2·d）、4.8mg C/（m^2·d）、5.8mg C/（m^2·d）和 9.1mg C/（m^2·d），分别占对应季节水体新生产力的 2.1%、2.8%、3.9%和 6.2%（Yang et al.，2021a）。此外，由于 Yang 等（2021a）并未计算出冬季研究区域内水体的初级生产力，因此本研究利用秋季的初级生产力[326.5mg C/（m^2·d）]代替冬季的初级生产力。由于冬季水体温度较低，太阳辐射强度较低且日照时间较短，冬季的初级生产力可能被高估，因此大气干沉降输入的生物可利用 TDN 对于水体初级生产力或新生产力的贡献可能会被低估（Ji et al.，2017）。

表 9-13 养马岛附近海域不同季节及全年的大气干湿沉降支持的新生产力[mg C/（m^2·d）]及其占海水新生产力的比值（%）

季节/全年	海水初级生产力[mg C/（m^2·d）]	海水新生产力[mg C/（m^2·d）]	大气湿沉降		大气干沉降		大气干湿沉降	
			支持的新生产力[mg C/（m^2·d）]	占比/%	支持的新生产力[mg C/（m^2·d）]	占比/%	支持的新生产力[mg C/（m^2·d）]	占比/%
春季	422.1	189.9	25.1	13.2	3.9	2.1	29.0	15.3
夏季	377.5	169.9	32.8	19.3	4.8	2.8	37.6	22.1
秋季	326.5	146.9	10.4	7.1	5.8	3.9	16.2	11.0
冬季	326.5	146.9	8.5	5.8	9.1	6.2	17.6	12.0
全年	375.4	168.9	19.3	11.4	5.9	3.5	25.2	14.9

从全年来看，大气湿沉降向水体输入的生物可利用 TDN 可支持的新生产力年平均值为 19.3mg C/（m^2·d），占研究区域水体年均新生产力的 11.4%（Yang et al.，2021a）。与其他近海海域相比，研究区域内大气湿沉降对于水体新生产力的贡献与日本海（10%～14%）（Onitsuka et al.，2009）相近，显著低于东海南部海域（21.7%）（Chen et al.，2021a）以及南海海域（44%）（Xiao et al.，2020），但显著高于胶州湾海域（0.10%～0.68%）（Xing et al.，2017）。如表 9-13 所示，春季、夏季、秋季和冬季由降水输入的营养盐可支持的新生产力分别为 25.1mg C/（m^2·d）、32.8mg C/（m^2·d）、10.4mg C/（m^2·d）和 8.5mg C/（m^2·d），分别占相应季节水体新生产力的 13.2%、19.3%、7.1%和 5.8%（Yang et al.，2021a）。在 2021 年 6 月 1 日的强降水中，由降水输入的生物可利用 TDN 可以支持 438.4mg C/（m^2·d）的新生产力，显著高于夏季水体的平均新生产力[169.9mg C/（m^2·d）]（Yang et al.，2021a），从而可能会导致研究区域内发生严重的水华现象（Umezawa et al.，2021）。

在春季、夏季、秋季和冬季，由大气湿沉降输入的营养盐可支持的新生产力分别是由大气干沉降输入营养盐可支持的新生产力的 6.4 倍、6.8 倍、1.8 倍和 93%（表 9-13），表明除了冬季，大气湿沉降过程对水体新生产力的影响要大于大气干沉降。总体来看，大气干湿沉降向水体输入的生物可利用 TDN 可支持的新生产力在春季到冬季分别为 29.0mg C/（m^2·d）、37.6mg C/（m^2·d）、16.2mg C/（m^2·d）和 17.6mg C/（m^2·d），分别占相应水体新生产力的 15.3%、22.1%、11.0%和 12.0%（Yang et al.，2021a）。夏季在大气沉降输入大量营养盐的影响下，水体的初级生产力及新生产力均会有所提高，浮游植物可以通过光合作用生成更多的活性有机质，与此同时，浮游植物死亡后的残骸会向底层沉降，成为底栖生物的食物源或呼吸作用所需的基质（Umezawa et al.，2021；Yau et al.，2020）。因此，在海水底层，微生物对于浮游植物所释放的活性有机质以及植物残骸的耗氧分解会消耗大量的溶解氧，从而可能进一步加剧底层缺氧的现象（Yau et al.，2020）。

在研究区域内，扇贝养殖的规模在近年来逐渐扩大（Yang et al.，2022），在扇贝强大的滤食作用影响下，水体中大量的浮游植物及悬浮颗粒物会被滤食，从而加剧了研究区域内的贫营养化并抑制了扇贝的生长（Xie et al.，2021；Zhou et al.，2006）。在研究区域内，每年 6 月初将海湾扇贝幼苗转移至网箱进行养殖，扇贝在 6～10 月生长，11

月收获（Yang et al.，2022）。在扇贝生长的过程中，浮游植物通过光合作用生成的颗粒有机碳（POC）可以作为扇贝的重要食物来源（周毅等，2002b），因此大气沉降向水体中输入的营养盐作为 POC 的前体物质可以被视为扇贝生长的重要营养来源。周毅等（2002b）在研究区域西部的四十里湾利用生物沉积法测定了栉孔扇贝对于水体 POC 的摄食率，结果表明单只栉孔扇贝对于 POC 的摄食率为（0.516±0.222）mg C/（ind·h），因此本研究将该数值作为研究区域内扇贝对于 POC 的摄食率。据报道，2019 年在研究区域内的扇贝养殖区（150km^2）共收获了 2.43×10^9 只扇贝（Yang et al.，2022），假设在 6～11 月，每只扇贝对于 POC 摄食的速率保持恒定，则养殖区内所有扇贝每日的 POC 摄食率为 200.6 mg C/（m^2·d）。因此，在夏季和秋季由大气湿沉降输入的营养盐可支持的新生产力[32.8mg C/（m^2 d）和 10.4mg C/（m^2·d）]分别占扇贝 POC 摄食率[200.6mg C/（m^2·d）]的 16.4%和 5.2%，证明了大气湿沉降是海洋渔业资源的重要营养来源。此外，夏季和秋季由大气干湿沉降共同输入的营养盐可支持的新生产力[37.6mg C/（m^2·d）和 16.2mg C/（m^2·d）]分别占扇贝 POC 摄食率的 18.7%和 8.1%。

9.6 本 章 小 结

本章通过对 2019 年 12 月至 2020 年 11 月采集的 TSP 样品以及 2020 年 9 月至 2021 年 8 月采集的降水样品中不同形态 N、P 和 Si 营养盐浓度的测定，分析了大气气溶胶及降水中营养盐浓度的季节变化规律，此外，通过估算营养盐的干湿沉降通量，量化了大气沉降对于区域内营养盐的收支贡献，明确了大气营养盐输入对于研究海域生态系统的影响，主要结论如下。

（1）TSP 中不同形态营养盐的浓度具有明显的季节性差异，含 N 营养盐的浓度在冬春季较高，在夏秋季较低，DIP 和 DSi 的浓度在春季较高，在其他季节相对较低，而 DOP 的浓度在夏秋季相对较高。线性分析的结果表明，TSP 中的 DIN 和 DON 主要来源于人为活动，如生物质燃烧和化石燃料燃烧，而 DIP 和 DSi 主要来自沙尘来源，此外，DOP 主要来源于海洋生物活动释放。

（2）大气湿沉降中营养盐的浓度也具有明显的季节性差异，含 N 营养盐和 DSi 的浓度在秋季较高，在夏季较低，主要受到降水稀释作用的影响，而含 P 营养盐的浓度在冬季和春季较高，表明营养盐来源变化或污染源排放强度变化是影响降水中营养盐浓度的一个重要因素。

（3）研究区域 NH_4^+、NO_3^-、NO_2^-、DON、DIP、DOP 和 DSi 的年干湿沉降通量之和分别为 57.2mmol/（m^2·a）、33.6mmol/（m^2·a）、0.22mmol/（m^2·a）、16.0mmol/（m^2·a）、0.236mmol/（m^2·a）、0.443mmol/（m^2·a）和 0.812mmol/（m^2·a），湿沉降是大气中含 N 营养盐和 DIP 的主要沉降形式，干沉降是大气中 DOP 和 DSi 的主要沉降形式。DIN 的年干湿沉降通量之和为 91.02mmol/（m^2·a），占研究区域水体中外源 DIN 输入通量的 45.3%，证明大气沉降是研究区域重要的 N 源。

（4）研究区域大气干湿沉降通量中 DIN 与 DIP 的化学计量比均显著高于海水中二者的比例以及 Redfield 比值，在未来极端降水事件发生频率显著增加的情况下，通过大气湿沉降进入近海水体的含 N 营养盐通量将大幅度增加，从而引发或加剧近海水体 N/P 的失衡程度，并促进浮游植物优势群落由硅藻向甲藻转变，不利于研究区域内海湾扇贝的生长。

（5）大气干湿沉降过程向水体中输入的生物可利用 TDN 可支持的新生产力在春季、夏季、秋季和冬季分别为 29.0mg C/（m^2·d）、37.6mg C/（m^2·d）、16.2mg C/（m^2·d）和 17.6mg C/（m^2·d），分别占相应水体新生产力的 15.2%、22.1%、11.0%和 12.0%。在夏季和秋季，由大气沉降输入的营养盐可支持的新生产力分别占研究区域内扇贝每日摄食 POC 的 18.7%和 8.1%，证明了大气沉降是近海渔业资源的重要营养来源。此外，夏季强降水过程向水体输入的大量含 N 营养盐可能会引发水华现象，藻类释放的活性有机质以及藻类死亡后的残骸沉降至底层水体后，可能会引发或加剧研究区域内海水缺氧的程度。

第 10 章　大气水溶性有机质沉降特征及生态效应

大气沉降是海洋中营养盐和有机质的重要来源之一（Yang and Gao，2019；Wu et al.，2018；Xing et al.，2018；Iavorivska et al.，2016）。许多研究关注大气沉降输入的营养盐对于海洋生态系统的影响，大气输入的营养盐可以在一定程度上支持海洋水体的初级生产力（Wu et al.，2018；Xing et al.，2018），而当初级生产力过高时，水体会出现富营养化、酸化及缺氧的现象（Yau et al.，2020）。与大气营养盐沉降相比，大气有机质沉降对于区域或全球海洋生态效应影响的研究相对较少。据报道，大气干湿沉降过程可以有效地将 DOM 从大气中清除，DOM 进入地表或水体后会影响陆地及海洋的生物地球化学循环过程（Iavorivska et al.，2017b；Yan and Kim，2012）。从全球尺度来看，DOC 的湿沉降通量为（430±150）Tg/a（$1Tg=10^{12}g$），其中沉降至海洋水体的通量约为 90Tg/a，约为全球河流向海洋输入 DOC 通量（200Tg/a）的 45%（Willey et al.，2000）。与大气湿沉降相比，关于大气干沉降向海洋输入 DOC 的研究相对较少，然而 DOC 的大气干沉降过程不能忽视。据报道，在波罗的海海域，DOC 的干沉降通量约为湿沉降通量的 1/3（Witkowska and Lewandowska，2016）。在地中海海域，旱季 DOC 的干沉降通量要远高于其湿沉降通量，体现了大气干沉降同样是海洋中 DOC 的一个重要来源（Galletti et al.，2020）。

大气气溶胶及降水中的 DOM 具有多种来源，包括初级排放来源，如化石燃料燃烧、生物质燃烧、生物释放、海浪气溶胶的释放以及沙尘的再悬浮过程（Xing et al.，2019；Iavorivska et al.，2017b；Witkowska and Lewandowska，2016）。此外，大气中挥发性有机质（VOCs）通过气体-颗粒物的转化过程所生成的二次有机气溶胶（SOA）也是大气中 DOM 的重要来源（Wen et al.，2021；Lin et al.，2015）。受 DOM 的复杂来源及不同的来源贡献分布的影响，气溶胶及降水中的 DOM 浓度和组成具有显著的时空差异（Xing et al.，2019；Yan and Kim，2012）。一些研究发现，DOM 的浓度及组成不仅与来源相关，还与大气颗粒物在运输过程中发生的大气老化现象有关（Wu et al.，2021；Aiona et al.，2018）。例如，在西班牙的一个实地调查中发现，撒哈拉沙尘长距离的运输过程会导致气溶胶中 DOM 的芳香性显著增加，但其生物可利用性显著降低（Mladenov et al.，2011）。

据报道，与仅受纯净海洋气团影响的气溶胶及降水相比，受陆源气团影响的气溶胶及降水中含有更多的芳香性 DOM 组分，这些芳香性 DOM 组分包括苯系物、苯酚及其衍生物、多环芳烃和杂环化合物，主要来自化石燃料燃烧等人为活动（Zhou et al.，2020），表明人为活动及大气气团来源对大气气溶胶及降水中 DOM 的组成具有重要影响（Chen et al.，2022；Santos et al.，2013b）。此外，DOM 的活性及生物可利用性均会受到其芳香性的影响（Weishaar et al.，2003），因此关于大气气溶胶及降水中 DOM 芳香性的研究有助于明确大气 DOM 沉降对于近海水体生物地球化学循环的影响。对于湿沉降而言，较高的降水量会对 DOM 产生稀释作用，尤其是在极端降水事件中，DOM 的浓度会显著降低（Zhou et al.，2017b）。然而，部分研究发现，当降水量超过 10mm 时，对 DOM 的稀释作用将不再明显，这表明大气中的 DOM 在中等降水量的条件下即可被冲刷干净（Zeng et al.，2020；Bao et al.，2018）。

大气中的 CDOM 和 FDOM 是具有光学活性的 DOM 组分，会影响大气及水层中的紫外辐射强度，进而影响水生态系统中的初级生产过程（Bao et al.，2022；Zhou et al.，2017b）。许多研究利用光学方法包括紫外-可见吸收光谱以及三维荧光光谱，来评估大气气溶胶及降水中 CDOM 和 FDOM 的含量及组成（Bao et al.，2022；Li et al.，2020a；Yan and Kim，2017），其中吸收指数及荧光强度分别可以代表 CDOM 和 FDOM 的含量（Yang et al.，2013）。作为 DOM 的重要组分，FDOM 的测定可以用来揭示 DOM 的组成、来源及活性（Chen et al.，2022；Wu et al.，2021）。FDOM 主要包括两种基本组分，分别是类腐殖质组分（HULIS）和类蛋白质组分（PRLIS），这两种组分的荧光强度特征及不同的荧光指数会受到 DOM 来源、迁移转化过程及降解过程的影响（Wu et al.，2021；Yang and Gao，2019；Xu and Guo，2017）。类腐殖质组分是一类大分子有机化合物，其分子结构由含有取代脂肪族侧链的多共轭环体系组成，类似于陆地或水生态系统中的腐殖酸或富里酸（Graber and Rudich，2006）；类蛋白质组分主要由氨基酸组成，包括酪氨酸和色氨酸（Mladenov et al.，2011），然而，来自化石燃料燃烧的萘及其他多环芳香烃也会释放出与类蛋白质组分相近的荧光信号（Xie et al.，2022a；Wu et al.，2021）。

大部分关于大气气溶胶及降水中 DOM 的研究仅关注了 DOM 浓度及组成的时空分布特征、DOM 的光学特征及分子组成、DOM 的来源特征（Chen et al.，2022；Wen et al.，2021；Chen et al.，2016；Fu et al.，2015），但大气 DOM 沉降对于近海水体的生态效应影响研究较少（Galletti et al.，2020；Zhang et al.，2019a）。当大气气溶胶或降水中的 DOM 进入表层海水后，其中的生物可利用 DOC 会对水体微生物的次级生产力产生一定的影响，进而影响水体的碳循环过程（Iavorivska et al.，2017a；Seitzinger and Sanders，1999）。在地中海中部海域，通过大气干湿沉降向水体输入的 DOC 会使表层水体 DOC 的浓度每日增加 0.008～0.079μmol/L，占每日细菌碳需求量的 3%～25%，表明大气沉降可以在一定程度上支持水体的次级生产力（Galletti et al.，2020）。Djaoudi 等（2020）通过培养实验发现，在地中海南部海域，人为污染气溶胶及沙尘气溶胶中 DOC 的活性组分占比约为 25%，由大气沉降向水体输入的活性 DOC 通量与水体中浮游植物光合作用的 DOC 产量相近，体现出大气沉降对于海洋碳循环具有一定影响。此外，大气沉降向海水中输入的 DOM 在耗氧分解的状况下会导致水体中 DO 浓度下降，对水体的缺氧具有一定贡献（Yau et al.，2020；Diaz and Rosenberg，2008）。

养马岛附近海域是北黄海重要的扇贝养殖区之一，在扇贝养殖规模逐渐扩大以及全球变暖的影响下，该近海区域的生态环境逐渐恶化，夏季水体低氧和酸化的现象频繁出现，对海水养殖业产生不利的影响（Yang et al.，2021a，2021c，2018）。之前的研究表明，大气沉降是该区域 N 元素的重要来源，大气向水体输入的 N 元素可以在一定程度上支持初级生产力，此外，由于大气干湿沉降过程中 DIN 与 DIP 的分子量之比显著高于水体中二者之比及 Redfield 比值，因此大气沉降可能会引发或加剧近海水体 N 与 P

元素失衡的状态（Xie et al.，2022b，2021）。然而，通过大气干湿沉降过程向该区域输入的水溶性有机质的通量及相应的生态效应仍不明确，有必要进一步深入研究。

10.1　材料与方法

10.1.1　采样站位和采样过程

研究区域同 9.1.1 小节。采样站位和大气湿沉降样品的采样过程同 9.1.2 小节。对于大气气溶胶样品的采集工作，在采集 TSP 样品期间的一半时间内，于 TSP 采样装置上配备了 PM2.5 的切割头以同时进行 PM2.5 样品的采集。2019 年 12 月至 2020 年 11 月，共采集到了 29 对 TSP 样品和 PM2.5 样品以及单独的 29 个 TSP 样品。

10.1.2　理化性质分析

TSP 的浓度分析、TSP 提取液及降水中营养盐和主要离子浓度的分析方法同 9.1.3 小节。此外，本章对于 TSP 样品和 PM2.5 样品的提取液以及降水中 DOC 的浓度进行了分析。向 TSP 样品和 PM2.5 样品的提取液以及降水样品中加入浓磷酸将样品酸化至 pH≤2 以提取去除其中的无机碳组分（Galletti et al.，2020；Yang and Gao，2019），之后利用 Elementar Vario EL cube 总有机碳（TOC）分析仪测定 TSP 样品和 PM2.5 样品的提取液以及降水中的 DOC 浓度。在 DOC 的测定过程中，每个样品进行三次平行测定，三次测定值的标准偏差小于 5%，最终呈现的 DOC 浓度为三次测定值的平均值。此外，在样品分析的过程中，每隔 10 个样品添加一个 TOC 标准样品（GSB07-1967-2005）进行质量控制，回收率为 97.5%～106.5%。空白膜提取液中 DOC 浓度低于检出限 0.06mg/L，因此 TSP 样品及 PM2.5 样品的 DOC 浓度无须进行空白校正，而降水的空白样品 DOC 浓度高于检出限，因此降水样品 DOC 浓度需要进行空白校正。在获得 TSP 样品和 PM2.5 样品的提取液中 DOC 的浓度（mg/L）后，需要根据提取液的体积以及滤膜面积所包含的采气体积换算出 TSP 和 PM2.5 中 DOC 的实际浓度（$\mu g/m^3$），换算方式同 9.1.3 小节中营养盐浓度的换算方式。

10.1.3　光谱分析

10.1.3.1　紫外-可见吸收光谱分析

将 TSP 提取液及降水样品经过 0.2μm 聚碳酸酯滤膜后转移至棕色玻璃瓶中，恒温至室温（25℃）后进行吸收和荧光光谱分析，采用 PGENERAL TU-1810 紫外-可见分光光度计对 TSP 提取液及降水的 CDOM 吸收光谱进行表征，光谱波长范围为 200～800nm，扫描间隔为 1nm，石英比色皿的长度为 10cm，在测定样品的 CDOM 光谱之前，首先对超纯水 CDOM 光谱扫描以进行基线校正。TSP 在不同波长下的吸收光谱系数（Abs_λ）采用以下公式进行计算：

$$\text{Abs}_{\lambda}=2.303\times(A_{\lambda}-A_{700})\times\frac{V_{提取液}}{V_{大气}\times l} \tag{10-1}$$

式中，A_{λ}和A_{700}分别表示波长为λ和700nm的吸光度；$V_{提取液}$和$V_{大气}$分别是TSP提取液的体积（40ml）和TSP采集过程中经过滤膜有效面积（18.72cm^2）的大气体积（242.31m^3）；l是比色皿长度（0.1m）；2.303是单位转化系数。波长λ下的质量吸收效率（MAE$_{\lambda}$，m^2/g）可以用来表示在某一波长下大气TSP的吸光能力，其计算方式如下（Wu et al.，2019）：

$$\text{MAE}_{\lambda}=\text{Abs}_{\lambda}/C_{\text{TSP}} \tag{10-2}$$

式中，C_{TSP}和Abs$_{\lambda}$分别表示TSP的浓度（g/m^3）以及在不同波长λ下TSP的吸收光谱系数（m^{-1}）。由于TSP中无机组分在365nm波长下的吸光能力极弱，且为了便于与其他研究进行对比，本书选取在365nm波长下的Abs$_{365}$以及MAE$_{365}$来表征TSP中CDOM的吸光能力（Wu et al.，2019；Wen et al.，2021）。此外，Ångstrom吸收指数（AAE）可以用来推断未知波长下CDOM的性质，以表明TSP中CDOM的吸光能力对于波长的依赖性，其计算方式如下：

$$\text{AAE}=\left(\frac{\text{Abs}_{\lambda_1}}{\text{Abs}_{\lambda_2}}\right)/\ln\left(\frac{\lambda_2}{\lambda_1}\right) \tag{10-3}$$

式中，λ_1和λ_2分别为300nm和400nm（Wen et al.，2021；Wu et al.，2019）。光谱斜率比值（S_{R}）与TSP中CDOM组分的平均分子量及来源有关，较高的S_{R}表示CDOM分子量较低且与海源有机质有关，而较低的S_{R}表示CDOM分子量较高且与陆源有机质有关（Helms et al.，2008），S_{R}为$S_{275\sim295}$（275～295nm的光谱斜率）与$S_{350\sim400}$（350～400nm的光谱斜率）的比值（Iavorivska et al.，2016；Helms et al.，2008）。

降水在不同波长下的吸收光谱系数（a_{λ}）采用以下公式进行计算：

$$a_{\lambda}=2.303\times(A_{\lambda}-A_{700})/l \tag{10-4}$$

式中，A_{λ}和A_{700}分别表示波长为λ和700nm的吸光度；l是比色皿长度（0.1m）；2.303是单位转化系数。据报道，由于CDOM含量与254nm、280nm和350nm波长下的吸收光谱系数均呈现显著的线性相关性，这些波长下的吸收光谱系数均可以用来表征水生态系统中CDOM的含量（Yang et al.，2022；Xu and Guo，2017；Zhang et al.，2009b）。为了便于与研究区域之前所报道的数据进行对比，选取波长 350nm 处的吸收光谱系数a_{350}来代表降水中CDOM的含量（Yang et al.，2022）。SUVA$_{254}$表示波长254nm下的吸收光谱系数a_{254}与DOC浓度之比，与DOM的芳香性具有显著的线性相关性，可以用来表征CDOM的芳香性（Weishaar et al.，2003）。此外，275～295nm的光谱斜率$S_{275\sim295}$用来表征降水中CDOM的分子量大小及来源（Helms et al.，2008）。

10.1.3.2 荧光光谱分析

TSP提取液及降水样品的三维荧光光谱（EEMs）采用Hitachi F-7000荧光分光光度计进行分析，激发波长（Ex）和发射波长（Em）范围均为200～500nm，激发波长和发射波长的扫描间隔分别为5nm和2nm，扫描速度为2400nm/min（Yang and Gao，2019）。为了避免内滤效应的影响，TSP提取液及降水在250nm处的吸光度大于0.5时，需进行稀释处理（Wen et al.，2021；Li et al.，2020b）。此外，对于每个样品的三维荧光光谱，需减去超纯水的三维荧光光谱以去除超纯水的拉曼散射（Stedmon et al.，2003）。

利用 MATLAB R2008a 软件的平行因子分析法（PARAFAC）对 TSP 提取液及降水中的荧光组分进行解析（Stedmon and Bro，2008），为了便于与其他相关文献的比较，TSP 提取液和降水中各荧光组分的最大荧光强度分别以拉曼单位（RU）和硫酸奎宁单位（QSU）的形式表示（Murphy et al.，2013，2010）。对于 TSP 而言，各荧光组分的实际最大荧光强度（F_f）需进一步转化成 RU ml/m^3 单位，其换算方式如下：

$$F_f=F_{max}\times V_{提取液}/V_{大气} \tag{10-5}$$

式中，$V_{提取液}$和 $V_{大气}$分别表示 TSP 提取液的体积（40ml）和 TSP 采集过程中经过滤膜有效面积（18.72cm^2）的大气体积（242.31m^3）。

10.1.4　数据处理与统计学分析

TSP 可以分为细颗粒物（PM2.5）及粗颗粒物（TSP-PM2.5），之前的报道基于动力学模型计算出了粗细颗粒物的大气干沉降速率分别为 2cm/s 和 0.1cm/s（Chen et al.，2021a；Theodosi et al.，2018；Duce et al.，1991）。TSP 中 DOC 的干沉降速率按照以下方式进行计算（Wang et al.，2019b）：

$$V_d=V_{细颗粒物}\times\left(\frac{C_{DOC\text{-}细颗粒物}}{C_{DOC}}\right)+V_{粗颗粒物}\times\left(\frac{C_{DOC\text{-}粗颗粒物}}{C_{DOC}}\right) \tag{10-6}$$

式中，$V_{细颗粒物}$和 $V_{粗颗粒物}$分别表示细颗粒物（PM2.5）及粗颗粒物（TSP-PM2.5）的干沉降速率，即 0.1cm/s 和 2cm/s；C_{DOC} 和 $C_{DOC\text{-}细颗粒物}$分别表示 TSP 和 PM2.5 中 DOC 的浓度；$C_{DOC\text{-}粗颗粒物}$表示 TSP-PM2.5 中 DOC 的浓度，即 TSP 和 PM2.5 中 DOC 的浓度的差值。DOC 的干沉降通量仍通过干沉降模型进行计算，计算方式与 9.1.5 小节中各营养盐的干沉降通量计算方式一致。

降水中不同 DOM 组分（DOC、CDOM 和 FDOM）的雨量加权平均浓度及 DOC 湿沉降通量的计算方式与 9.1.5 小节中各营养盐的雨量加权平均浓度及湿沉降通量的计算方式一致。此外，相关的统计学分析方法与 9.1.5 小节中一致。

10.2　TSP 与降水中 DOM 浓度的变化特征

10.2.1　TSP 中 DOM 浓度变化特征

如图 10-1a 所示，采样期间 TSP 的月平均浓度为（34.03±13.76）～（109.85±24.16）μg/m^3，冬季和春季较高，夏季和秋季较低。58 个 TSP 样品中 DOC 的浓度为 0.73～12.68μg/m^3，年平均值为（2.61±1.56）μg/m^3。DOC 浓度具有明显的月变化规律，最高值和最低值分别出现在 2019 年 12 月[（5.00±3.48）μg/m^3]和 2020 年 8 月[（1.81±0.19）μg/m^3]（图 10-1a）。2019 年 12 月 DOC 浓度显著高于其他 11 个月份，而其他 11 个月份的 DOC 平均浓度差异较小，可能与 12 月中国北方地区大气污染较为严重且气象条件较为静止所引发的雾霾天气有关（Ding et al.，2019）。雾霾在广义上是指日平均 PM2.5 浓度高于 75μg/m^3，且水平能见度小于 10km 时的天气现象（Wang et al.，2019c；Zhang et al.，2019a）。据中国环境监测总站的记录，2019 年 12 月烟台市有 7 天经历了雾霾天气，略大于 2020 年 1 月的 6 天，且显著大于 TSP 采样期间的其他月份，此外，2019 年 12 月 9～10 日，烟台市经历了严重的雾霾天气，AQI 高于 200（http://www.tianqihoubao.com/lishi/yantai/month/201912.html），相应地，在该雾霾天气期间所采集的 TSP 样品中 DOC 浓度为全年最高值 12.68μg/m^3。

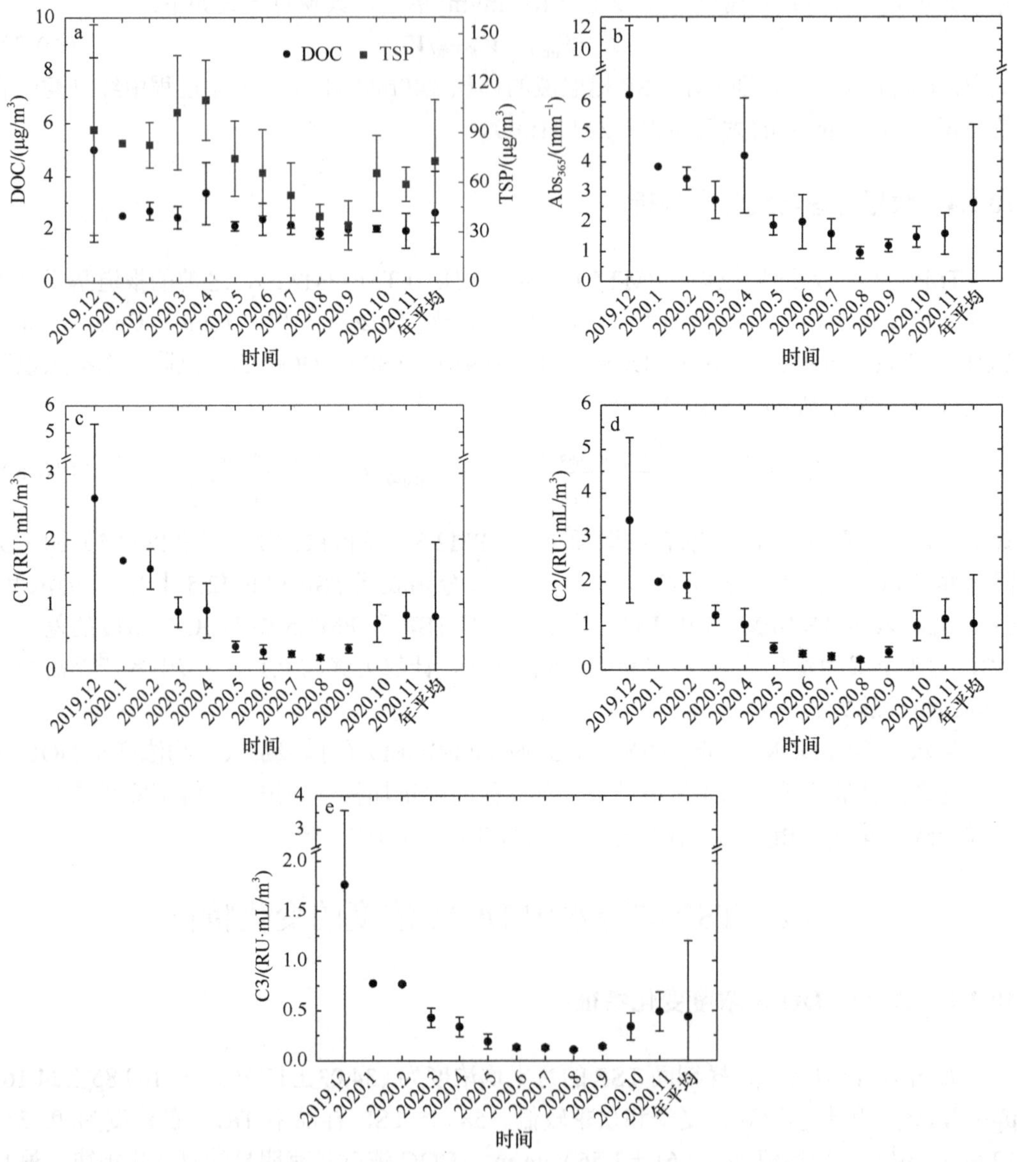

图 10-1　TSP 浓度及 DOM 各参数的月变化特征

虽然 12 月雾霾较为严重且 DOC 月平均浓度最高，但该月 TSP 的平均浓度为 92.1μg/m^3，仅排名全年第三位，低于 2020 年 3 月和 4 月（图 10-1a）。此外，虽然 2020 年 3 月和 4 月 TSP 的污染程度要高于 2019 年 12 月，但根据中国环境监测总站的数据，3 月和 4 月大气 PM2.5 浓度与 PM10 浓度之比分别为 0.36±0.07 和 0.43±0.13，显著小于 2019 年 12 月的 0.62±0.13（图 10-2b）。据报道，PM2.5 浓度与 PM10 浓度之比可以指示大气颗粒物的不同来源特征，较大的比值表明颗粒物与燃烧源及二次反应有关，而较小的比值表明颗粒物中沙尘源的贡献较大（Xue et al.，2019）。因此，研究区域 2019 年 12 月较大的 PM2.5/PM10 表明该月份大气以细颗粒物污染为主，12 月 PM2.5 的平均浓度为全年最高（61.17±53.56）μg/m^3，比 2020 年 1～4 月分别高 47.4%、52.3%、122.4% 和 86.9%（图 10-2b）。此外，12 月大气 SO_2 和 CO 的浓度均为全年最高值（图 10-2c、e），表明细颗粒物的污染可能与该月份大量的煤燃烧有关（Kharol et al.，2020）。相关研究报道，TSP 中的 DOC 主要存在于细颗粒物 PM2.5 中（Wang et al.，2015；Kirillova et al.，2014），因此 12 月 TSP 中最高的 DOC 浓度主要与该月份 PM2.5 污染严重有关。

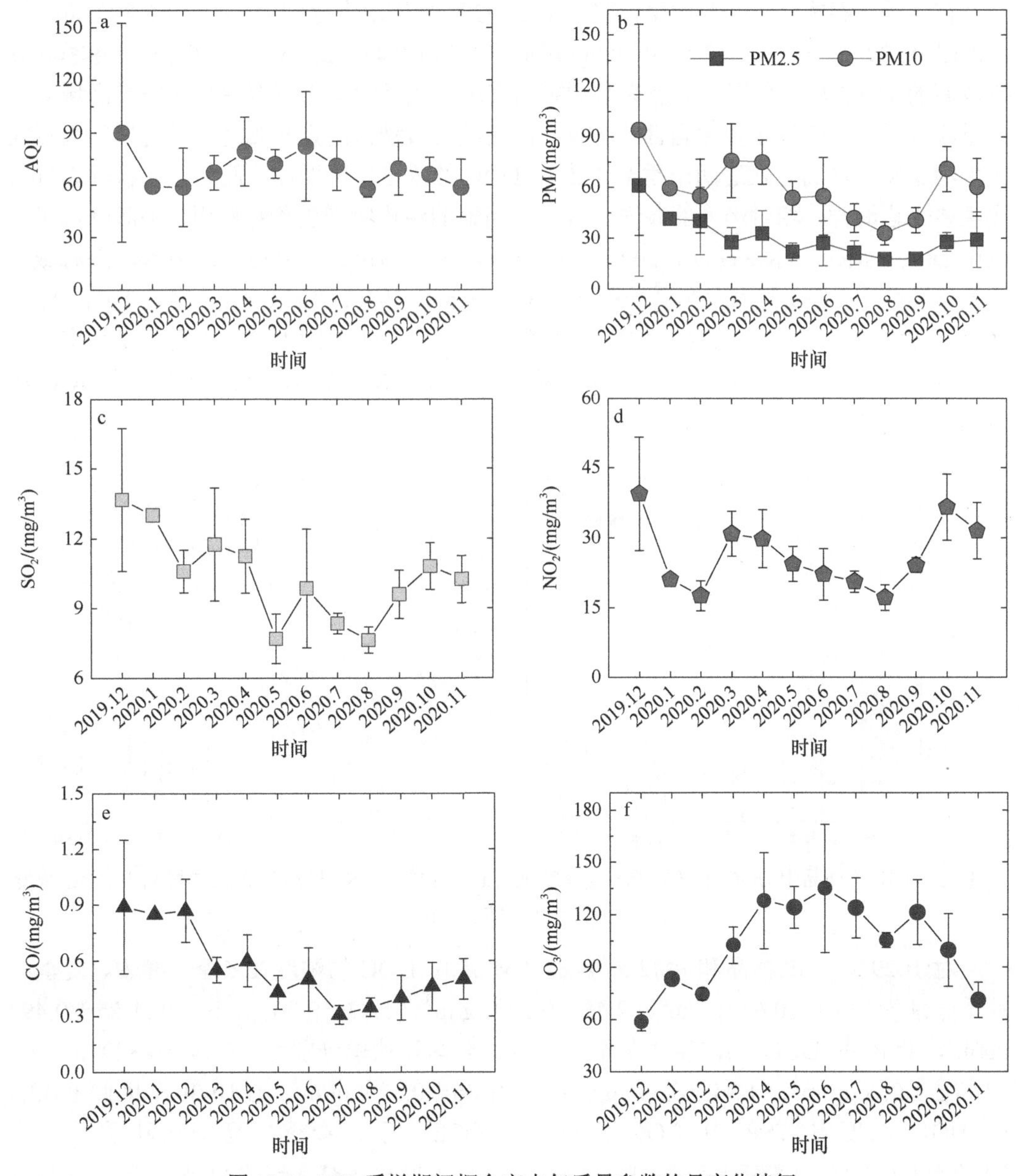

图 10-2　TSP 采样期间烟台市大气质量参数的月变化特征

如图 10-1a 所示，2020 年 4 月 DOC 的浓度为（3.35±1.18）μg/m^3，仅次于 2019 年 12 月，可能与 4 月频繁的沙尘事件有关（Wen et al.，2021；Galletti et al.，2020；Bao et al.，2017）。2020 年 4 月 TSP 平均浓度为全年最高（109.85±24.16）μg/m^3，且 PM2.5/PM10 为 0.43±0.13，显著小于大部分月份，进一步证明了该月频繁出现的沙尘天气对较高的 DOC 浓度具有一定的影响（Xue et al.，2019）。根据中国环境监测总站的记录，2020 年 4 月 13～15 日研究区域经历了严重的沙尘天气事件，在此期间收集到的 TSP 样品中 DOC 浓度为 5.53μg/m^3，为全年第二高值，据报道，沙尘颗粒物中富含葡萄糖、海藻糖以及腐殖酸等水溶性有机质组分，因此沙尘是 TSP 中 DOC 的重要来源之一（Alexander et al.，2015）。

在冬季、春季、夏季和秋季，TSP 中 DOC 的平均浓度分别为（4.23±2.89）μg/m^3、（2.66±0.92）μg/m^3、（2.13±0.49）μg/m^3 和（1.96±0.42）μg/m^3（图 10-3a），冬季和春季较高的 DOC 浓度分别与对应季节频繁的雾霾天气及沙尘天气有关。在研究区域内，冬季和春季大气气团主要来自西北方向，在途经人口稠密的京津冀区域时会携带大量的人为污染物，从而导致这两个季节 TSP 中 DOC 的浓度有所增加；此外，夏秋季大气气团主要来自海洋，相对洁净的海洋大气会对当地的污染物产生稀释作用，进而降低了大气中 DOC 的浓度（Xie et al.，2021）。据报道，在青岛市、南京市以及中国南海海域，大气气溶胶中 DOC 的浓度在夏季最低（Geng et al.，2020；Xie et al.，2020；Ding et al.，2019）。然而，在研究区域内，秋季 DOC 的浓度最低，主要因为该区域夏季受东南季风的影响，季风途经山东半岛南部区域会携带较多的陆源污染物，从而导致夏季 DOC 浓度相对高于秋季（Chen，2009）。

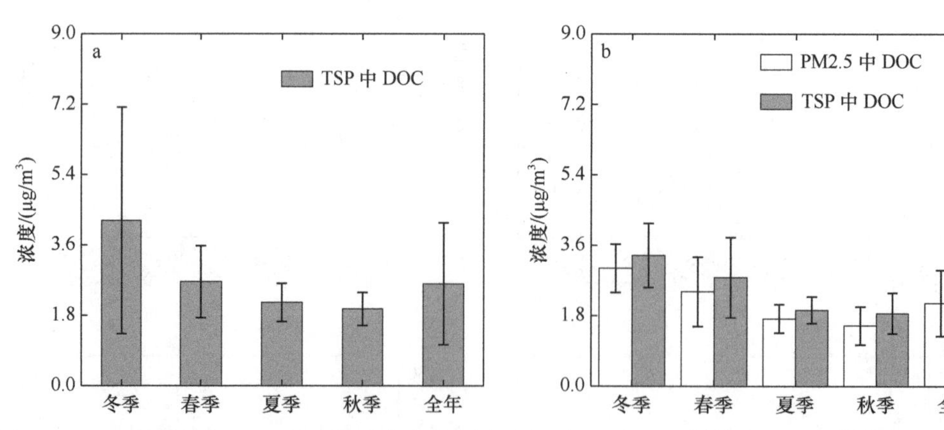

图 10-3　TSP 总样品中 DOC 浓度的季节变化特征（a）及 29 对 TSP 样品和 PM2.5 样品中 DOC 浓度的季节变化特征（b）

对于 29 对 TSP 样品和 PM2.5 样品，PM2.5 中 DOC 的浓度在冬季、春季、夏季和秋季分别为（3.01±0.62）μg/m^3、（2.41±0.89）μg/m^3、（1.72±0.36）μg/m^3 和（1.55±0.49）μg/m^3，TSP 中 DOC 的浓度在冬季、春季、夏季和秋季分别为（3.34±0.82）μg/m^3、（2.77±1.03）μg/m^3、（1.94±0.34）μg/m^3 和（1.86±0.52）μg/m^3（图 10-3b），因此 PM2.5 中 DOC 浓度占 TSP 中 DOC 浓度的比例在冬季、春季、夏季和秋季分别为（91.2±4.77）%、（87.5±5.62）%、（88.5±5.57）%和（81.9±7.39）%，与东海和济

州岛之前的报道结果相近（Wang et al.，2015；Kirillova et al.，2014）。此外，29 对 TSP 样品和 PM2.5 样品中 DOC 浓度的季节变化趋势与 TSP 总样品中 DOC 浓度的季节变化趋势相似（图 10-3）。

与中国其他边缘海相比，研究区域 TSP 中 DOC 的浓度[（2.61±1.56）$\mu g/m^3$]要略高于南海海域[（2.11±1.53）$\mu g/m^3$]（Geng et al.，2020），且高于渤海海域[（1.82±0.54）$\mu g/m^3$]和黄海海域[（1.27±0.74）$\mu g/m^3$]（Ding et al.，2019），主要原因是研究区域的采样站位为岸基站位，受人为活动污染的影响较大，而上述三个海域的采样站位为离岸站位，大气环境受海洋气团的影响较大，受人为活动的影响较小。此外，研究区域大气中 DOC 浓度要高于边远地区和背景区域，如西北太平洋（Bao et al.，2017）和加拿大附近的北极地区（Fu et al.，2015），但要显著低于一些城市区域，如青岛市、济南市以及南京市（Wen et al.，2021；Xie et al.，2020；Ding et al.，2019；Bao et al.，2017），表明研究区域相对于城市区域而言大气质量相对较好。在人口稠密的城市区域，生物质燃烧、化石燃料燃烧、汽车尾气排放以及工业排放均会向大气中释放大量的有机污染物（Wen et al.，2021；Wu et al.，2019）。此外，大气中的 DOM 组分会与其他人为污染物发生二次反应产生二次有机气溶胶，进而导致城市大气中的 DOM 浓度进一步提高（Ding et al.，2019）。

TSP 中 Abs_{365} 为 0.63～19.08mm^{-1}，年平均值为（2.61±2.63）mm^{-1}，低于南海海域[（3.34±2.63）mm^{-1}]（Geng et al.，2020）以及一些城市区域，如济南市[（8.35±2.77）mm^{-1}]（Wen et al.，2021）、南京市[（4.84±2.97）mm^{-1}]（Xie et al.，2020）和西安市（8.9mm^{-1}）（Li et al.，2020b）。研究区域内 Abs_{365} 显著高于一些偏远区域，如印度洋中的马尔代夫（0.1～0.5mm^{-1}）（Bosch et al.，2014）以及青藏高原（0.25～1.57mm^{-1}）（Zhu et al.，2018），表明研究区域相对背景区域会受到更多的人为污染影响。与 DOC 的季节变化规律相似，Abs_{365} 在冬季最高，为（5.30±4.82）mm^{-1}，在秋季最低，为（1.42±0.50）mm^{-1}（图 10-1b），表明大气中 CDOM 的浓度具有较强的季节变异性。

如图 10-4 所示，利用平行因子分析法共识别出了 TSP 中的 3 种荧光组分 C1～C3，组分 C1（Ex/Em=245nm/410nm）、C2（Ex/Em=225nm/390nm）和 C3（Ex/Em=270nm/340nm）分别与两种类腐殖质组分（HULIS-1 和 HULIS-2）和类蛋白质组分相似，这些组分均为之前报道的气溶胶中常见的荧光组分（Wen et al.，2021；Wu et al.，2019；Chen et al.，2016）。与组分 C2 相比，C1 的激发和发射光谱波长均较大，表明 C1 组分芳香性更强且分子量较大，主要由缩合反应产生的氧化性较强的结构组成（Wu et al.，2019；Pöhlker et al.，2012）。相反，C2 组分中的结构氧化程度较低，主要来自陆源的人为活动和生物活动排放，并且与大分子组分的降解过程有关（Xie et al.，2020；Chen et al.，2016）。C3 是一种类色氨酸组分，在之前的报道中主要来自海洋气溶胶，且与海洋生物活动释放的小分子量物质有关（Chen et al.，2016；Fu et al.，2015），然而最近的一些研究表明，主要来自化石燃料燃烧及汽车排放的萘和其他的多环芳香烃也会释放出与 C3 组分类似的荧光信号（Wu et al.，2021；Mladenov et al.，2011）。

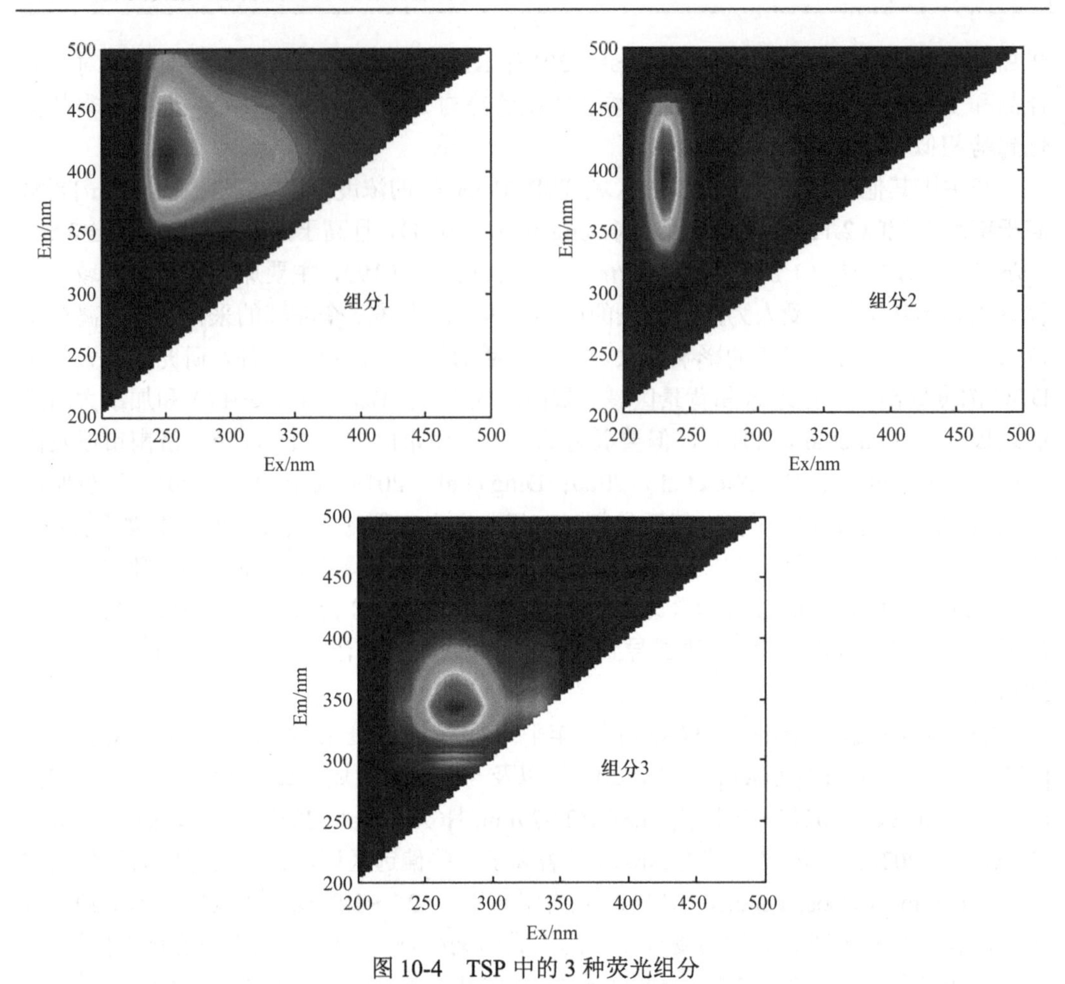

图 10-4 TSP 中的 3 种荧光组分

如图 10-1c～e 所示，3 种荧光组分荧光强度的月变化规律与 DOC 及 CDOM 的月变化规律相似，从冬季到夏季荧光强度逐渐降低，之后从夏季晚期到秋季逐渐增加。然而，3 种荧光组分荧光强度最低值均出现在夏季，而不是出现在 DOC 和 CDOM 的浓度最低的秋季，表明夏季 FDOM 占 DOM 的比例要低于秋季，可能与夏季较高的温度及较强的太阳辐射导致 FDOM 的光降解效应增强有关（Kirillova et al.，2013）。从全年来看，组分 C1、C2 和 C3 对于总荧光强度的贡献分别为（35.06±3.09）%、（47.19±2.15）%和（17.75±3.36）%，3 种荧光组分较为稳定的分布趋势表明，采样期间 FDOM 的组成变化较小（Yan and Kim，2017）。在本研究中，两种类腐殖质组分的占比高达 82.25%，表明类腐殖质组分是 TSP 中主要的荧光组分。

10.2.2 降水中 DOM 浓度变化特征

降水中 DOC 浓度为 0.37～7.18mg C/L，年雨量加权平均浓度为（1.52±1.52）mg C/L（图 10-5b）。如表 10-1 所示，研究区域降水中 DOC 浓度的年平均值显著低于受化石燃料燃烧影响较大的胶州湾（3.63mg C/L）（Xing et al.，2019）以及受生物质燃烧影响较大的巴西一处典型的农业区域（3.46mg C/L）（Godoy-Silva et al.，2017），表明大规模的人为活动对于大气中的 DOC 污染具有明显的影响。然而，研究区域降水中 DOC 浓度显著高于一些背景区域，如青藏高原珠峰地区（0.86mg C/L）（Li et al.，2017）和开阔海洋区域（0.28mg C/L）（Willey et al.，2000）。根据在研究区域内的最近一次调查，海水中 DOC 的平均浓度为（1.58±0.18）mg C/L（Yang et al.，2022），比降水中 DOC 的平均浓度高 3.9%，表明从全年尺度来看，湿沉降输入的 DOC 可能会对表层海水中原有的 DOC 产生稀释作用。

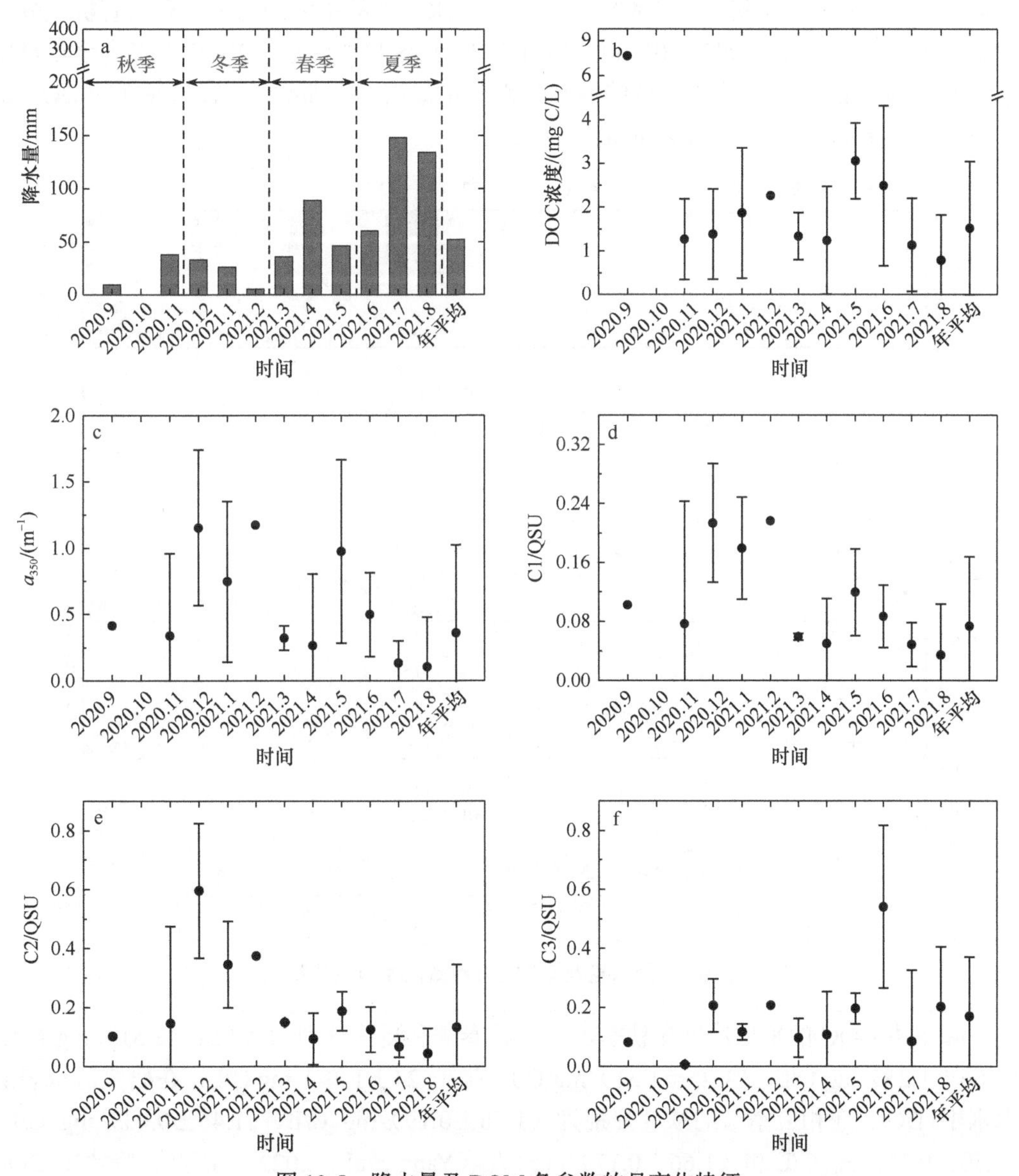

图 10-5　降水量及 DOM 各参数的月变化特征

如图 10-5b 所示，DOC 的月平均浓度最高值和最低值分别出现在 2020 年 9 月和 2021 年 8 月，最高值（7.72mg C/L）约为最低值（0.79mg C/L）的 9.8 倍。2020 年 9 月仅出现了一次中等强度的降水事件，降水量为 10.1mm（图 10-5a，图 10-6a），在该降水样品中典型生物质燃烧来源的 nss-K^+浓度为 374.4μmol/L，远超过其他降水样品的 nss-K^+浓度，表明该样品中最高的 DOC 浓度可能与生物质燃烧的贡献有关，与之前的报道一致（Pantelaki et al.，2018；Godoy-Silva et al.，2017）。此外，虽然该降水事件的降水量并不高，但降水时间持续了 60h，显著长于其他降水事件（大部分不足 12h），因此该降水最高的 DOC 浓度可能与降水过程中大气中持续产生的水溶性有机质进入雨水中有关（Iavorivska et al.，2017a；Balla et al.，2014）。据报道，在美国的一处森林区域内，降水末期 DOC 的浓度相比初期有所增加，主要与降水短暂的中断期间生物有关有机组分的排放有关（Iavorivska et al.，2017a）。2021 年 8 月 28 日的降水中 DOC 浓度为全年最低值（0.37mg C/L），而该降水事件的降水量为全年最高（78.6mm），表明最低的 DOC 浓度与降水的稀释作用有关（Bao et al.，2018）。

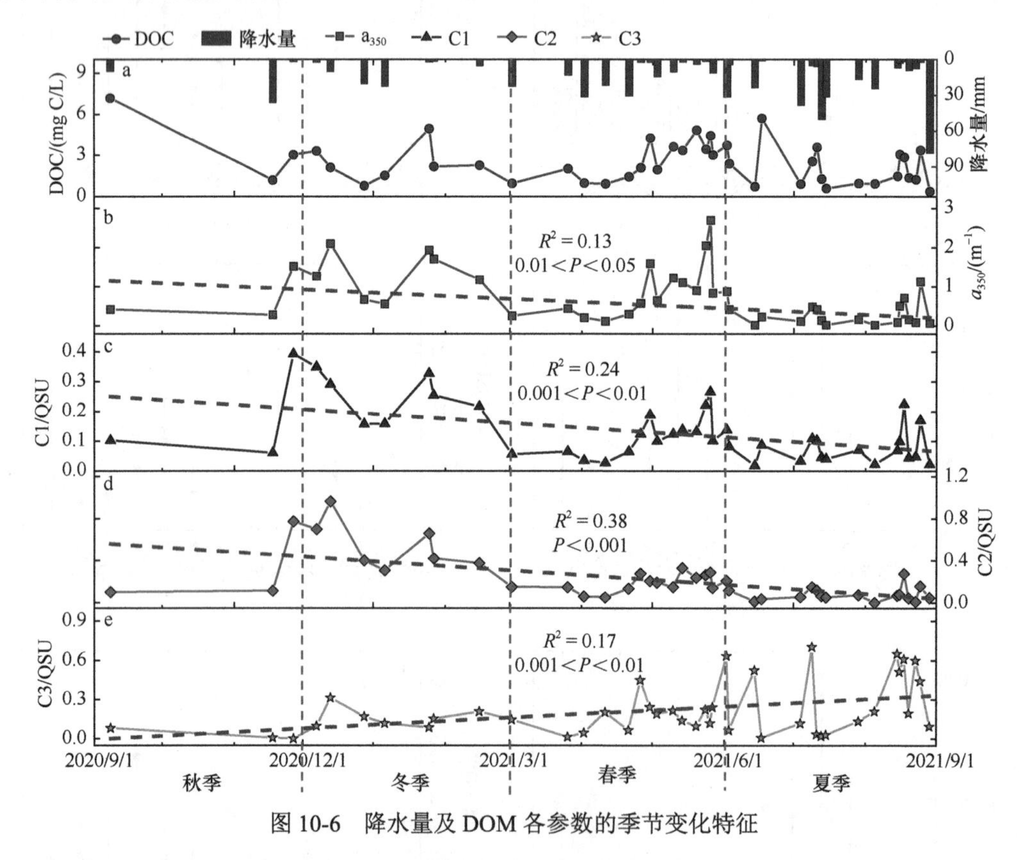

图 10-6 降水量及 DOM 各参数的季节变化特征

降水中 DOC 的平均浓度在秋季、冬季、春季和夏季分别为（2.51±2.51）mg C/L、（1.66±1.25）mg C/L、（1.75±1.31）mg C/L 和（1.24±1.39）mg C/L，在研究区域表层海水中 DOC 在相应季节的浓度分别为（1.76±0.19）mg C/L、（1.46±0.03）mg C/L、（1.50±0.11）mg C/L 和（1.66±0.17）mg C/L（Yang et al.，2022）。因此，降水中 DOC 的浓度在秋季、冬季和春季分别比表层海水中 DOC 浓度高 42.6%、13.7%和 16.7%，表明这三个季节的降水过程会对表层海水中 DOC 的浓度产生富集作用，与胶州湾之前的报道相近（Xing et al.，2019）。然而，夏季降水中 DOC 的平均浓度比表层海水中 DOC 的平均浓度低 25.3%，表明夏季大量的降水可能会在一定程度上对表层海水中的 DOC

产生稀释作用。

表 10-1　养马岛附近海域降水中 DOC 浓度和湿沉降通量与其他区域的比较

区域	采样年份	年降水量/mm	DOC 浓度/（mg C/L）		DOC 湿沉降通量/[g C/（m^2·a）]	参考文献
			范围	加权平均值		
养马岛附近海域	2020～2021	626.9	0.37～7.18	1.52	0.95	本书
胶州湾	2015～2016	866	1.58～20.40	3.63	3.15	Xing et al.，2019
山东省	2014	710	0.34～7.39	2.57	2.38	Wang et al.，2016b
南京市	2018～2019	836	1.21～6.32	2.01	1.68	Li et al.，2020a
厦门市	2011～2012	1350	0.10～11.18	1.54	2.08	Bao et al.，2018
福州市	2017～2018	1393.4	0.42～5.48	1.42	1.98	Yang et al.，2019
后寨河流域	2016～2017	1064	0.11～8.18	0.63	0.67	Zeng et al.，2020
青藏高原北部	2019～2020	454.8	0.23～4.81	1.41	0.64	Gao et al.，2021
青藏高原珠峰地区	2014～2015	190		0.86	0.16	Li et al.，2017
日本甲府市	2014～2019	1120		1.14	1.28	Matsumoto et al.，2022
韩国首尔市	2009～2010	1451	0.18～9.36	1.13	1.90	Yan and Kim，2012
美国宾夕法尼亚州	2010～2015	1113	0.11～4.98	0.71	0.79	Iavorivska et al.，2017b
巴西圣保罗州	2004～2016	1416	0.18～59.9	3.46	4.9	Godoy-Silva et al.，2017
希腊塞萨洛尼基州	2014～2016	947	0.33～24.5	1.90	1.80	Pantelaki et al.，2018

研究海域 a_{350} 的范围为 0.023～2.70m^{-1}，在采样期间呈现逐渐降低的趋势（R^2=0.13，0.01＜P＜0.05）（图 10-6b）。a_{350} 的雨量加权平均值为（0.36±0.66）m^{-1}，小于表层海水的 a_{350} 值[（0.62±0.05）m^{-1}]（Yang et al.，2022）。9 月降水中 a_{350} 月平均值为 0.42m^{-1}，从全年来看处于中等水平，而该月份降水中 DOC 浓度为全年最高值，表明该月份降水中 CDOM 占 DOM 的比例要低于全年平均值。Yin 等（2021）在最近的一项研究中发现，将河水样品暴露在阳光下 7d，河水中 CDOM 浓度降低的比例（46.2%）要高于 DOC 浓度降低的比例（22.6%），这表明光照引发的 DOM 的光转化程度要强于光矿化程度。然而，在研究海域，2020 年 9 月的降水样品所经历的太阳辐射强度（持续时间）均显著小（短）于 Yin 等（2021）所报道的太阳辐射强度（持续时间），因此光降解对于 9 月降水中较低 CDOM 浓度的影响是微不足道的。根据当前已获得的数据尚不能确定导致 9 月降水中 CDOM 浓度较低的确切原因。

从季节上来看，降水中 a_{350} 在冬季最大，在夏季最小，分别为（0.99±0.56）m^{-1} 和（0.19±0.31）m^{-1}（图 10-5c）。基于中国环境监测总站所记录的数据，降水样品采样期间 O_3 的浓度在夏季最高，为（94.2±22.9）μg/m^3，高于秋季[（69.9±24.7）μg/m^3]、冬季[（50.9±17.4）μg/m^3]和春季[（89.1±23.9）μg/m^3]（http://www.tianqihoubao.com/aqi/yantai.html），表明夏季的光化学作用较强。据报道，在长时间的太阳辐射作用下，

大气中 CDOM 的浓度会迅速降低，主要与含共轭 π 键的高分子光降解过程有关，进而生成无色的 DOM 组分或无机碳组分（Lee et al.，2014；Zhang et al.，2009b）。因此，夏季降水中较低的 CDOM 浓度可能与光漂白作用以及降水的稀释作用有关（Li et al.，2022a）。研究区域表层海水的 a_{350} 在秋季、冬季、春季和夏季分别为（0.67±0.07）m^{-1}、（0.64±0.11）m^{-1}、（0.58±0.02）m^{-1} 和（0.62±0.08）m^{-1}，分别为相应季节降水中 a_{350} 值的 1.9 倍、60%、1.2 倍和 3.3 倍。因此，除冬季以外，其他季节的湿沉降过程会对表层海水的 CDOM 产生稀释作用，而由于 CDOM 具有较高的光反应活性，海水中 CDOM 浓度的变化可能会影响海洋生态系统的初级生产力以及有机碳循环过程（Belzile et al.，2002）。

如图 10-7 所示，利用平行因子分析法在降水 DOM 中同样识别出了 3 种独立的荧光组分，这 3 种荧光组分与 TSP 中的 3 种荧光组分相似。通过与之前研究的比较，组分 C1（Ex/Em=245nm/405nm）和 C2（Ex/Em=230nm/395nm）分别为氧化程度较高和氧化程度较低的类腐殖质组分，而组分 C3（Ex/Em=230/350nm）属于类色氨酸组分（Chen et al.，2022；Li et al.，2022a）。

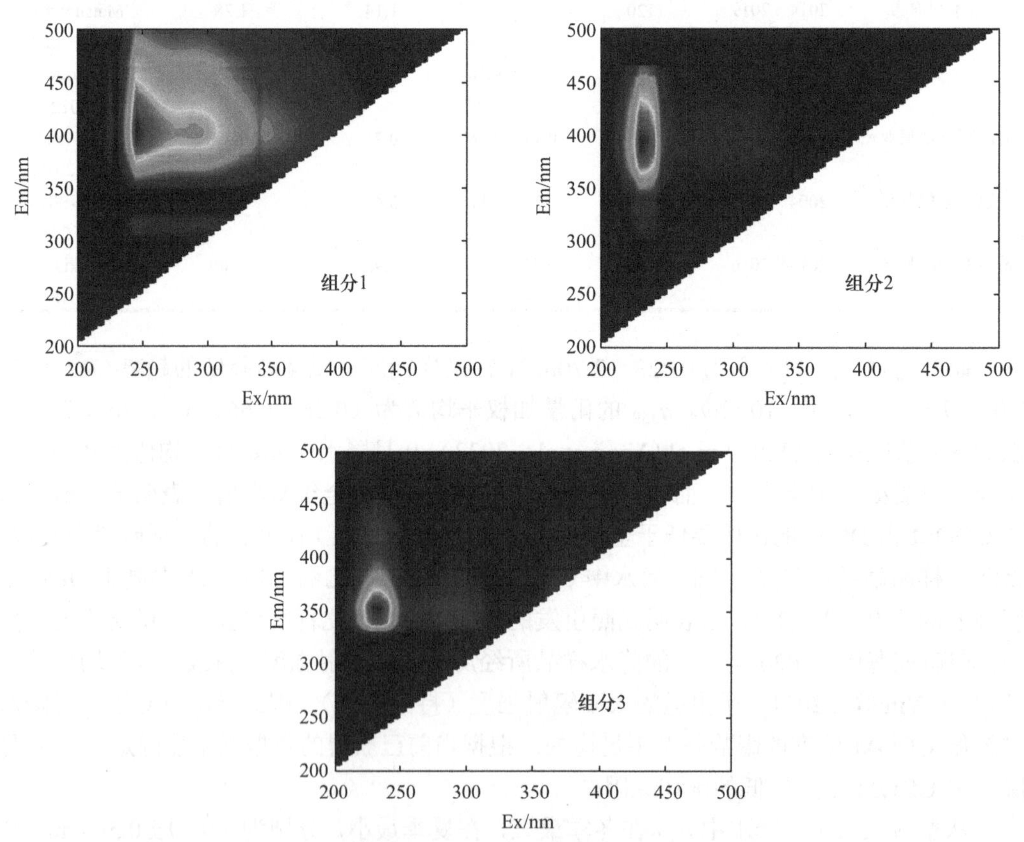

图 10-7　降水中 3 种荧光组分

降水中组分 C1、C2 和 C3 的荧光强度分别为 0.019～0.39QSU、0.0015～0.96QSU 和 0.0013～0.71QSU，年平均值分别为（0.074±0.095）QSU、（0.13±0.21）QSU 和（0.17±0.20）QSU（图 10-5d～f）。降水中 FDOM 总荧光强度为（0.38±0.35）QSU，显著低于研究区

域表层海水的 FDOM 总荧光强度[（2.25±0.27）QSU]（Yang et al.，2022）。与 CDOM 浓度的时间变化规律相似，C1 和 C2 的荧光强度在采样期间也呈现逐渐降低的趋势（R^2=0.24，0.001＜P＜0.01；R^2=0.38，P＜0.001）（图 10-6c、d），该变化规律可能与降水量的分布规律有关，夏季大量的降雨会对 C1 和 C2 组分产生稀释作用（Yan and Kim，2017）。与 C1 和 C2 的荧光强度的时间变化规律相反，C3 的荧光强度在采样期间呈现逐渐增加的趋势（R^2=0.17，0.001＜P＜0.01）（图 10-6e），与降水量的变化规律相似，表明云内雨除过程（即碳质气溶胶进入云滴后会转变成雨滴或雪花沉降至地表或水体表面）可能是影响降水中 C3 浓度变化的重要因素（Godoy-Silva et al.，2017；Iavorivska et al.，2017a）。

从全年尺度来看，组分 C1、C2 和 C3 的荧光强度对 FDOM 总荧光强度的贡献分别为（21.5±11.3）%、（36.2±18.1）%和（42.3±26.0）%，表明类腐殖质组分是荧光组分的主要组成部分，与其他区域降水中荧光组分的相对组成规律相似，如南京市（Li et al.，2020a）、福州市（Yang et al.，2019）和首尔市（Yan and Kim，2017）。此外，降水中不同组分的荧光强度占总荧光强度的贡献波动幅度较大，表明不同季节降水中 FDOM 的组成变化较大，与 TSP 中 FDOM 较为稳定的组成状态具有一定的差异。如图 10-8 所示，在秋季和冬季，降水中 FDOM 以类腐殖质组分 C1 和 C2 为主，类腐殖组分对于总荧光强度的贡献分别为（91.1±12.6）%和（79.5±6.5）%，而该比例在春季和夏季分别降低至（62.6±16.2）%和（46.4±27.4）%。类色氨酸组分 C3 在大部分夏季降水样品中是主要的荧光组分，夏季 C3 对总荧光强度的贡献为（53.6±27.4）%，较高的贡献可能与以下两个原因有关，第一，类色氨酸组分主要与生物活动以及人为有机质的微生物降解过程有关，这两种活动在夏季高温的影响下均会有所加强（Fu et al.，2015；Raisi et al.，2013）；第二，与类腐殖质组分相比，类色氨酸组分水溶性更强，夏季较多的降水有利于大气中类色氨酸组分溶解，进而导致 C3 组分的占比增加（Zhou et al.，2017b；Cottrell et al.，2013）。

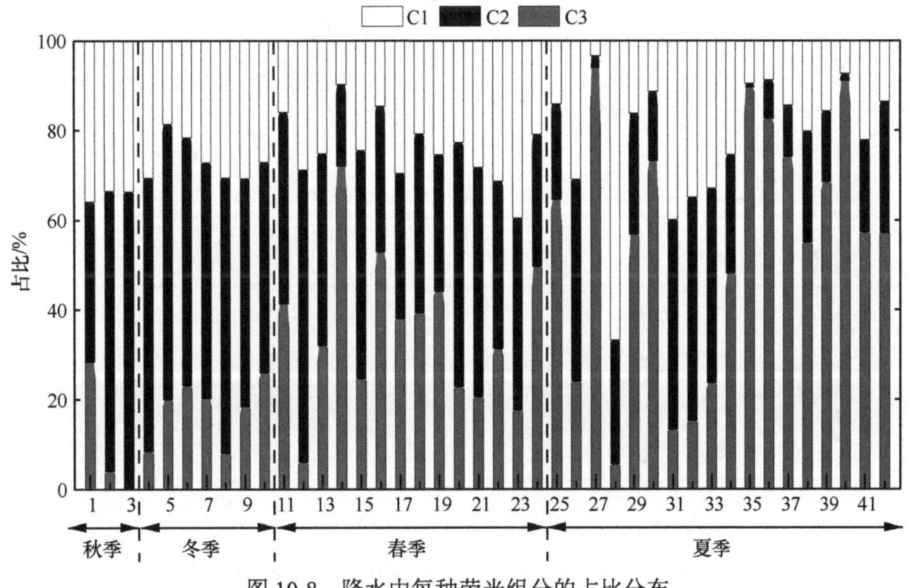

图 10-8　降水中每种荧光组分的占比分布

如图 10-9 所示，大部分 DOM 参数与降水量之间呈现显著的负相关性，尤其是 DOC 浓度、a_{350} 以及 C1 荧光强度（R^2=0.39～0.42，P＜0.001）（图 10-9a～c），证明了较多的降水会对 DOM 产生一定的稀释作用（Xing et al.，2019；Iavorivska et al.，2016）。然而，C3 荧光强度与降水量之间没有显著的负相关性（P＞0.05）（图 10-9e），可能与以下两个因素有关。一方面，C3 作为一种类色氨酸组分，主要与生物活动有关且在降水中的溶解度较高，陆地植物或海洋浮游植物所释放的挥发性有机组分以及颗粒有机质不断溶于降水中，会导致降水中 C3 组分的浓度增加（Iavorivska et al.，2017b）；另一方面，大气颗粒物及降水中的微生物会通过释放其代谢产物影响降水中 FDOM 的组成，代谢产物包括微生物来源的类腐殖质组分（C2）以及氨基酸等（C3），因此降水末

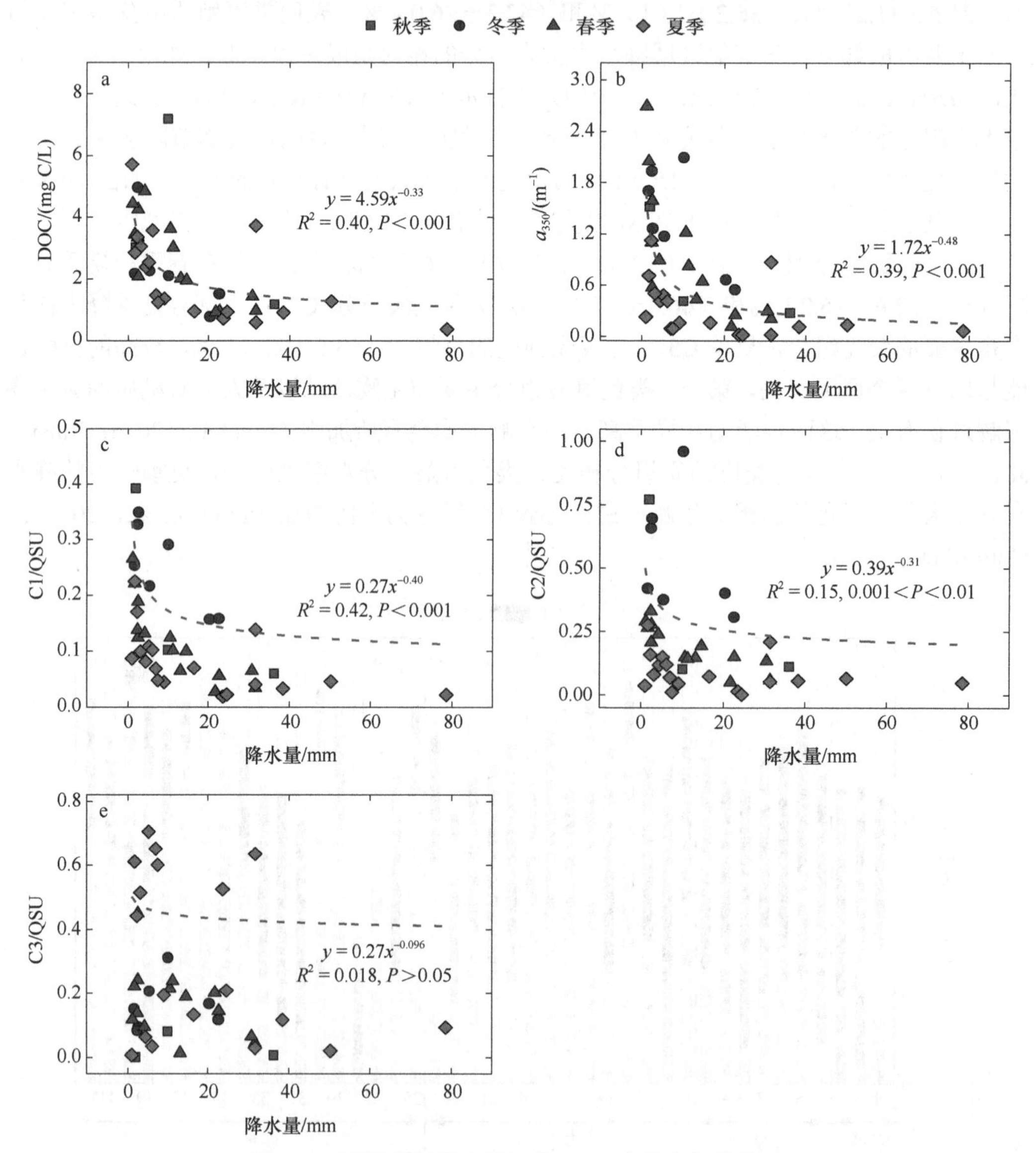

图 10-9 采样期间降水量与各 DOM 参数之间的关系

期 C2 和 C3 组分的浓度会有所增加，在一定程度上抵消了降水对于这两种荧光组分的稀释作用（Raisi et al.，2013）。综上所述，降水的稀释作用对于 C1 的影响（R^2=0.42，P＜0.001）要大于对于 C2（R^2=0.15，0.001＜P＜0.01）和 FDOM-C3 的影响（R^2=0.018，P＞0.05）（图 10-9c～e）。

大气中的 DOM 组分可以通过两种机制（云内雨除和云下冲刷）进入降水中，云内雨除过程是指大气中的 DOM 首先溶于云滴中，云滴之后会转化成雨滴或雪花并沉降至地面或水体表面，因此降水中 DOM 浓度会与降水量呈现正相关关系；云下冲刷过程是指云层下方大气中的 DOM 被降水冲刷的过程，进而会出现一定的稀释效应，即降水中 DOM 浓度与降水量呈现负相关关系（Gioda et al.，2011；Xing and Chameides，1990）。因此，降水对组分 C3 的稀释效应较弱，表明云内雨除对于该组分的影响要大于云下冲刷的影响（Zeng et al.，2020）。如图 10-9a 所示，当降水量大于 10mm 时，降水对于 DOC 的稀释效应不再显著，表明大气中的 DOC 可以在中等强度的降水下被有效冲刷。为了探究降水量对于不同 DOM 参数的稀释效应的阈值，对不同降水量范围内降水样品的 DOM 参数与降水量之间进行了相关性分析（表 10-2），结果显示，当降水量分别超过 10.2mm、10.7mm、10.2mm 和 2.4mm 时，降水量与 DOC、a_{350}、C1 和 C2 的浓度之间不再具有统计学意义上的显著相关性（P＞0.05）。据报道，降水对于不同 DOM 参数的稀释效应的影响程度会受到多种因素的影响，如不同 DOM 组分的水溶性、降水类型及强度、风速等（Zhou et al.，2017b；Yan and Kim，2012）。

表 10-2　不同降水量范围内各 DOM 参数与降水量之间的皮尔逊相关性分析

降水量范围/mm	样本数量	DOC	a_{350}	C1	C2	C3	C1+C2+C3
≥1.0	42	−0.57**	−0.51**	−0.54**	−0.36*	−0.23	−0.50**
≥1.2	41	−0.56**	−0.53**	−0.56**	−0.39*	−0.26	−0.55**
≥1.6	40	−0.55**	−0.53**	−0.54**	−0.38*	−0.27	−0.55**
≥1.7	39	−0.56**	−0.52**	−0.53**	−0.37*	−0.29	−0.54**
≥1.9	37	−0.55**	−0.51**	−0.51**	−0.37*	−0.26	−0.52**
≥2.3	36	−0.54**	−0.49**	−0.50**	−0.34*	−0.29	−0.50**
≥2.4	35	−0.54**	−0.48**	−0.49**	−0.35*	−0.27	−0.49**
≥2.5	33	−0.51**	−0.44*	−0.47**	−0.30	−0.32	−0.47**
≥2.6	31	−0.49**	−0.41*	−0.45*	−0.29	−0.29	−0.45*
≥3.1	30	−0.48**	−0.38*	−0.42*	−0.22	−0.32	−0.41*
≥4.2	29	−0.46*	−0.38*	−0.43*	−0.25	−0.29	−0.40*
≥4.4	28	−0.43*	−0.36	−0.41*	−0.23	−0.31	−0.40*
≥5.2	27	−0.42*	−0.37	−0.42*	−0.25	−0.35	−0.44*
≥5.4	26	−0.41*	−0.37	−0.42*	−0.25	−0.30	−0.40*
≥6.1	25	−0.41*	−0.33	−0.37	−0.21	−0.30	−0.38
≥7.0	24	−0.37	−0.33	−0.36	−0.23	−0.36	−0.41*
≥7.5	23	−0.39	−0.38	−0.38	−0.25	−0.29	−0.38
≥9.1	22	−0.42	−0.43*	−0.42	−0.30	−0.21	−0.36

续表

降水量范围/mm	样本数量	DOC	a_{350}	C1	C2	C3	C1+C2+C3
≥10.1	21	-0.45*	-0.47*	-0.46*	-0.34	-0.21	-0.39
≥10.2	20	-0.45*	-0.49*	-0.46*	-0.37	-0.24	-0.42
≥10.7	19	-0.43	-0.48*	-0.43	-0.33	-0.20	-0.37
≥11.4	18	-0.35	-0.41	-0.38	-0.32	-0.19	-0.35
≥13.3	17	-0.26	-0.38	-0.35	-0.32	-0.17	-0.33
≥14.7	16	-0.20	-0.31	-0.36	-0.32	-0.24	-0.38
≥16.6	15	-0.14	-0.23	-0.32	-0.28	-0.25	-0.36
≥20.4	14	-0.17	-0.27	-0.33	-0.33	-0.27	-0.40
≥21.8	13	-0.21	-0.19	-0.25	-0.23	-0.28	-0.34
≥22.6	12	-0.24	-0.23	-0.31	-0.28	-0.28	-0.36
≥22.7	11	-0.22	-0.15	-0.19	-0.15	-0.31	-0.31
≥23.6	10	-0.26	-0.14	-0.18	-0.06	-0.33	-0.31

注：**表示 $P<0.01$；*表示 $0.01<P<0.05$

10.3 TSP 与降水中 DOM 的光学性质变化特征

10.3.1 TSP 中 DOM 的光学性质变化特征

TSP 中 DOM 对光线的吸收能力可以用 MAE_{365} 来表示，研究区域 TSP 中 DOM 的 MAE_{365} 在冬季、春季、夏季和秋季分别为（1.16±0.33）m^2/g、（1.07±0.23）m^2/g、（0.70±0.18）m^2/g 和（0.73±0.20）m^2/g（图 10-10a）。据报道，煤炭以及生物质燃烧过程中向大气释放出大量的多环芳香烃，这些物质具有较多的电子共轭体系，会导致 DOM 具有较高的 MAE_{365}（Wu et al.，2019；Zhan et al.，1997），因此秋冬季较高的 MAE_{365} 可能与大规模的煤炭燃烧以及生物质燃烧有关。MAE_{365} 月平均最高值和最低值分别出现在 2020 年 1 月（1.54m^2/g）和 8 月[（0.53±0.06）m^2/g]，8 月出现最低值主要与该月份燃烧排放污染物减少以及较高的降水量对于大气多环芳香烃等物质的大量冲刷有关（Zhu et al.，2018）。

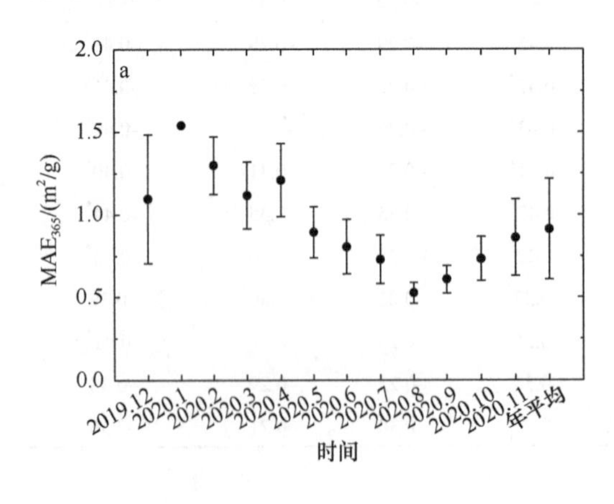

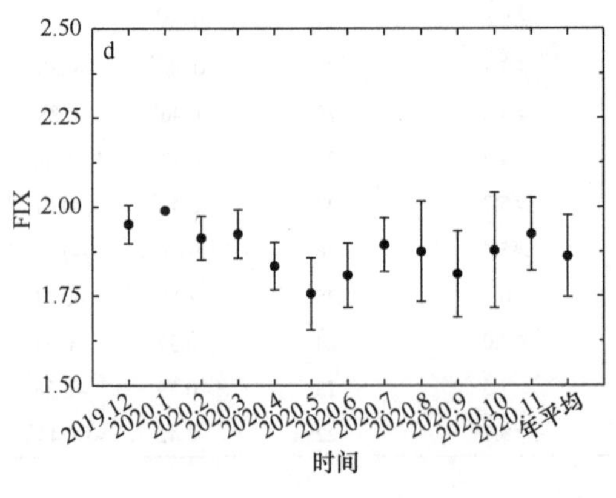

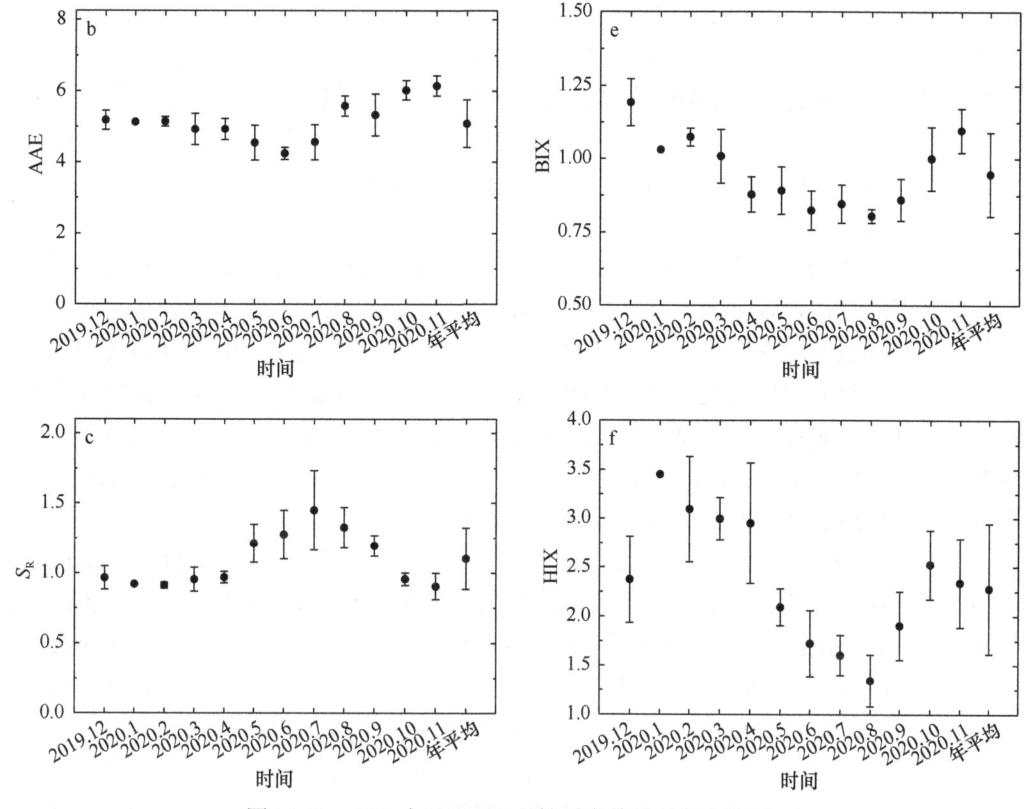

图 10-10　TSP 中 DOM 光学性质参数的月变化特征

与其他海洋区域相比，研究区域内 MAE_{365} 的年平均值[（0.91±0.31）m^2/g]略高于黄海[（0.7±0.2）m^2/g]（Kirillova et al.，2014），且约为印度洋[（0.5±0.2）m^2/g]的 1.8 倍（Bosch et al.，2014），但显著低于南海北部海域[（1.67±0.78）m^2/g]（Geng et al.，2020）。在黄海海域和印度洋海域，大气颗粒物的采样站位远离陆地，在大气颗粒物由陆地向采样站位输送的过程中，其中一些具有吸光能力的 DOM 组分会被氧化进而失去吸光能力，从而导致这两个区域的 MAE_{365} 相对较低（Forrister et al.，2015）。南海北部海域周围分布着较多的发展中国家，如中国、越南、菲律宾和印度尼西亚，大量的人为污染物会被输送至该海域，从而导致该区域的大气质量较差，MAE_{365} 相对较高（Geng et al.，2020；Xiao et al.，2020）。此外，研究区域内 MAE_{365} 要显著低于一些大城市，如北京（1.79m^2/g）（Cheng et al.，2011）和新德里（1.6m^2/g）（Kirillova et al.，2014）。

如图 10-10b 所示，AAE 月平均值为（4.24±0.17）～（6.15±0.28），年平均值为 5.08±0.68，与南海北部海域（4.83±0.62）和中国北方城市二连浩特（5.04±0.35）相近（Wen et al.，2021；Geng et al.，2020）。AAE 季节平均值的最高值和最低值分别出现在秋季和夏季，分别为 5.82±0.56 和 4.74±0.65（图 10-10b）。

AAE 可用来识别 TSP 中 DOM 的来源及形成过程（Wen et al.，2021；Wu et al.，2019），之前的研究表明，来自燃烧活动的气溶胶中 AAE 较高，木材燃烧、烟煤燃烧、无烟煤燃烧及生物质燃烧产生颗粒物的 AAE 分别为 8.6～17.8、11～13、7.5～11 和 6～9（Li et al.，2019；Park and Yu，2016；Kirchstetter et al.，2004）。在研究区域内，2020 年 10 月

和 11 月的 AAE 分别为 6.03±0.27 和 6.15±0.28（图 10-10b），处于生物质燃烧产生颗粒物的 AAE 值范围内，表明生物质燃烧是这两个月份中 DOM 的重要来源（Wen et al.，2021）。此外，Bones 等（2010）发现，新鲜产生的二次有机气溶胶以及老化的二次有机气溶胶的 AAE 分别为 7 和 4.7，表明老化过程会导致 AAE 降低。因此，2020 年 3～6 月较低的 AAE 可能与大气的老化过程有关（Barrett and Sheesley，2017；Bones et al.，2010）。

如表 10-3 所示，对不同季节 TSP 中 DOM 参数（DOC、CDOM 和 FDOM）以及其他参数（营养盐、常量金属元素含量以及大气中 SO_2 和 O_3 的浓度）进行了皮尔逊相关性分析。结果表明，在春季、夏季和秋季，各 DOM 参数均与 nss-K^+呈现显著的正相关性，证明了生物质燃烧是这些季节 DOM 的重要来源（Wu et al.，2019）。此外，在春季和夏季，各 DOM 参数与 DON 大多也呈现显著的正相关性，表明生物活动是 DOM 的重要来源，而生物源 DOM 的 AAE 相对较低，因此生物活动是导致春夏季 AAE 较低的原因之一（Wen et al.，2021；Geng and Mu，2006）。

S_R 可用来表征 TSP 及降水中 DOM 的分子量大小及来源（Li et al.，2020a；Iavorivska et al.，2017a），如图 10-10c 所示，S_R 季节平均值的最高值（1.35±0.23）和最低值（0.95±0.07）分别出现在夏季和冬季，表明冬季 DOM 的分子量要高于夏季（Helms et al.，2008；Keene et al.，1986）。普遍而言，大气颗粒物中的 Na^+和 Mg^{2+}主要来自海洋源（Kunwar and Kawamura，2014），冬季各 DOM 参数与 Na^+和 Mg^{2+}呈现负相关性，表明冬季 DOM 受陆源的影响更为明显，因此冬季较低的 S_R 可能与陆源大分子量的 DOM 有关，而夏季较高的 S_R 可能与海洋生物活动释放的低分子量有机质有关（Li et al.，2020a；Fu et al.，2015）。此外，大气中的 DOM 在夏季会受到光漂白作用的影响，DOM 分子量的降低导致该季节 S_R 较高（Kieber et al.，2012）。如表 10-3 所示，夏季各 DOM 参数与 O_3 之间均具有显著的正相关性，表明通过光化学反应生成的二次有机气溶胶可能是夏季大气 DOM 的重要来源之一（Chen et al.，2020a；Bosch et al.，2014）。

如图 10-10d 所示，FIX 为 1.61～2.14，年平均值为 1.86±0.12，且没有明显的季节变化规律。据报道，FIX 小于 1.4 时表明 DOM 主要与芳香性较高的陆源有机质有关，FIX 大于 1.9 时表明 DOM 主要与微生物降解产生的低芳香性有机质有关（McKnight et al.，2001）。因此，研究区域的 FIX（1.86±0.12）表明微生物来源的有机质是 DOM 的主要来源。此外，据报道，FIX 与大气中 DOM 的光漂白程度呈现负相关关系（Wen et al.，2021；Xie et al.，2016）。

BIX 与大气中有机质的新鲜程度有关，较高的 BIX 表明 DOM 主要来自生物活动新鲜释放的有机质且活性较强，较低的 BIX 表明 DOM 的老化程度较高（Huguet et al.，2009）。据报道，二次有机气溶胶的 BIX 在 0.6 左右，而人为污染和生物活动新鲜释放的有机质的 BIX 高于 1（Lee et al.，2013）。在研究区域，BIX 为 0.76～1.32，年平均值为 0.95±0.14（图 10-10e），与济南市（0.95±0.09）、南京市（0.88±0.08）、兰州市（1.02±0.30）和西太平洋（0.88±0.18）相近（Wen et al.，2021；Xie et al.，2020；Yang et al.，2020b；Miyazaki et al.，2018）。与其他季节相比，冬季的 BIX 相对较高，为 1.15±0.08，表明该季节 DOM 主要来自新鲜释放的有机质且生物可利用性较高。

表 10-3　不同季节 TSP 中 DOM 参数与其他参数的皮尔逊相关性分析

季节		nss-K^+	nss-Ca^{2+}	Na^+	Mg^{2+}	SO_2	O_3	DON	FIX	HIX	BIX	MAE_{365}	AAE	S_R	TSP	DOC	Abs_{365}	C1	C2
冬季	DOC	0.17	0.53	−0.62	−0.76*	0.63	−0.59	−0.27	−0.15	0.19	−0.03	0.12	−0.09	0.29	0.16				
	Abs_{365}	0.62	0.48	−0.50	−0.56	0.88**	−0.21	0.23	−0.33	0.54	−0.18	0.81*	−0.59	−0.19	0.59	0.66			
	C1	0.79*	0.30	−0.54	−0.60	0.76*	−0.01	0.29	−0.47	0.76*	−0.57	0.79*	−0.37	−0.31	0.72*	0.63	0.95**		
	C2	0.24	0.63	−0.52	−0.61	0.72*	−0.53	−0.08	0.05	0.20	0.01	0.17	−0.16	0.39	0.16	0.97**	0.67	0.62	
	C3	0.29	0.73*	−0.51	−0.58	0.93**	−0.58	0.01	−0.15	0.16	−0.02	0.56	−0.63	0.17	0.34	0.78*	0.90**	0.75*	0.79*
春季	DOC	0.85**	0.40	−0.23	−0.18	0.50*	0.49*	0.59**	−0.06	0.80**	−0.28	0.56**	0.25	−0.47*	0.29				
	Abs_{365}	0.84**	0.40	−0.30	−0.25	0.59**	0.44*	0.59**	−0.07	0.85**	−0.29	0.77**	0.11	−0.45*	0.23	0.96**			
	C1	0.85**	0.62**	−0.10	−0.02	0.79**	0.15	0.66**	0.16	0.91**	0.08	0.64**	0.41	−0.67**	0.54*	0.82**	0.84**		
	C2	0.70**	0.56**	−0.01	0.06	0.80**	−0.06	0.59**	0.30	0.89**	0.32	0.58**	0.43	−0.70**	0.56*	0.65**	0.68**	0.95**	
	C3	0.55*	0.65**	0.13	0.22	0.80**	−0.20	0.41	0.38	0.71**	0.55*	0.41	0.55*	−0.70**	0.73**	0.41	0.44*	0.82**	0.92**
夏季	DOC	0.93**	0.36	−0.12	−0.11	0.76**	0.90**	0.77**	−0.10	0.74**	0.31	0.77**	−0.38	−0.70**	0.93**				
	Abs_{365}	0.92**	0.40	−0.14	−0.17	0.80**	0.84**	0.83**	−0.16	0.77**	0.42	0.92**	−0.54*	−0.64*	0.86**	0.95**			
	C1	0.91**	0.48	−0.33	−0.34	0.76**	0.80**	0.82**	−0.12	0.89**	0.45	0.86**	−0.43	−0.68**	0.76**	0.92**	0.95**		
	C2	0.76**	0.29	−0.25	−0.32	0.55*	0.57*	0.67**	−0.23	0.87**	0.60*	0.92**	−0.73**	−0.63*	0.62*	0.77**	0.88**	0.88**	
	C3	0.77**	0.26	−0.32	−0.44	0.55*	0.58*	0.65*	−0.05	0.73**	0.63*	0.93**	−0.60*	−0.56*	0.61*	0.76**	0.87**	0.87**	0.88**
秋季	DOC	0.85**	0.43	−0.49	−0.29	−0.06	0.31	0.58	0.13	0.52	−0.14	−0.25	0.24	−0.14	0.23				
	Abs_{365}	0.73**	0.80**	−0.09	0.03	0.28	−0.09	0.43	0.42	0.49	0.49	0.60*	0.14	−0.51	0.29	0.61*			
	C1	0.62*	0.67**	−0.02	0.10	0.37	−0.50	0.45	0.57*	0.69**	0.77**	0.66**	0.44	−0.69**	0.35	0.41	0.86**		
	C2	0.54*	0.68**	0.07	0.16	0.40	−0.56*	0.45	0.52	0.66**	0.82**	0.70**	0.48	−0.75**	0.39	0.33	0.82**	0.99**	
	C3	0.33	0.72**	0.29	0.28	0.40	−0.64*	0.40	0.45	0.42	0.86**	0.84**	0.44	−0.78**	0.35	0.13	0.77**	0.92**	0.95**

注：**表示 $P<0.01$；*表示 $0.01<P<0.05$

如表 10-3 所示，主要来自化石燃料燃烧的 SO_2 在冬季与 CDOM 和 FDOM 具有显著的正相关性，表明该季节 CDOM 和 FDOM 主要来自化石燃料燃烧，尤其是大规模的煤炭燃烧（Kharol et al.，2020）。在冬季，C3 与 SO_2 的相关性最为显著（r=0.93，P<0.01），因此冬季煤炭燃烧产生的苯酚类物质可能是 C3 的主要组成部分，而类色氨酸组分占该组分的比例会相对较低，之前的研究可能高估了类色氨酸组分对于 C3 这种荧光组分的贡献（Chen et al.，2020a，2016）。此外，在春季和夏季，DOM 各参数与 SO_2 之间的相关性也较为显著（表 10-3），表明燃烧源同样是这两个季节 DOM 的重要来源。在夏季，DOM 参数与 O_3 之间具有显著的正相关性（表 10-3），因此夏季较低的 BIX（0.83±0.06）可能与 DOM 受到较多的光化学氧化过程的影响有关（Wu et al.，2021；Lee et al.，2013）。

HIX 可用来反映水生态系统及陆源生态系统有机质的腐殖化程度，该值大于 10 表明有机质具有较强的腐殖化程度及芳香性，且主要来自陆源，该值小于 4 表明有机质主要来自自生源或微生物源（McKnight et al.，2001；Zsolnay et al.，1999）。然而，大气中 DOM 的 HIX 要低于水体中 DOM 的 HIX，主要与大气和水体中 FDOM 的化学特征差异有关（Wu et al.，2021；Graber and Rudich，2006）。据报道，经历长距离运输的沙尘中 DOM 的 HIX 要显著高于当地污染物释放的 DOM 的 HIX（Mladenov et al.，2011）。此外，Wen 等（2021）发现，沙漠地区大气中 DOM 的老化程度较高，且 HIX 也较高。在研究区域，矿质沙尘来源的典型指示物 nss-Ca^{2+}和 DIP 在春季均与 FDOM 的三种组分呈现显著正相关关系（表 10-3），表明长距离的沙尘运输是春季 FDOM 的重要来源，并且也是春季 HIX（2.63±0.58）在全年最高的原因（Wen et al.，2021）。HIX 季节平均值的最低值出现在夏季，为 1.57±0.31，表明夏季 DOM 主要来自微生物源（Yang et al.，2020b；Ohno et al.，2007）。在夏季，各 DOM 参数与 HIX 呈现显著正相关关系，而与 AAE 呈现显著负相关关系，表明大气老化可能在该季节大气 DOM 形成的过程中起到了重要作用（Wen et al.，2021；Barrett and Sheesley，2017）。

10.3.2 降水中 DOM 的光学性质变化特征

$SUVA_{254}$ 是 DOM 芳香性的代表参数，研究区域 $SUVA_{254}$ 的范围为 0.48～5.08L/（mg C·m），年平均值为（1.78±0.97）L/（mg C·m）（图 10-11a，图 10-12a），低于南京市[（2.52±0.91）L/（mg C·m）]（Li et al.，2020a）以及美国的宾夕法尼亚州[2.12L/（mg C·m）]（Iavorivska et al.，2016），但要高于青藏高原北部区域[0.93L/（mg C·m）]（Gao et al.，2021）。因此，城市区域和近海区域降水中 DOM 的芳香性要高于一些受人为活动影响较小的区域。从季节上来看，较高的 $SUVA_{254}$ 出现在冬季[（3.67±1.13）L/（mg C·m）]（图 10-11a），与青藏高原北部区域以及美国的宾夕法尼亚州等地的 $SUVA_{254}$ 季节分布规律一致（Gao et al.，2021；Iavorivska et al.，2016），主要与冬季较多的人为活动污染物的释放有关，尤其是大规模的煤炭燃烧活动（Xie et al.，2022a；Zhou et al.，2020）。此外，研究区域降水中 DOM 的 $SUVA_{254}$[（1.78±0.97）L/（mg C·m）]要高于研究区域海水中 DOM 的 $SUVA_{254}$[（1.50±0.13）L/（mg C·m）]（Yang et al.，2022），表明降水中 DOM 的芳香性要高于海水（Weishaar et al.，2003）。

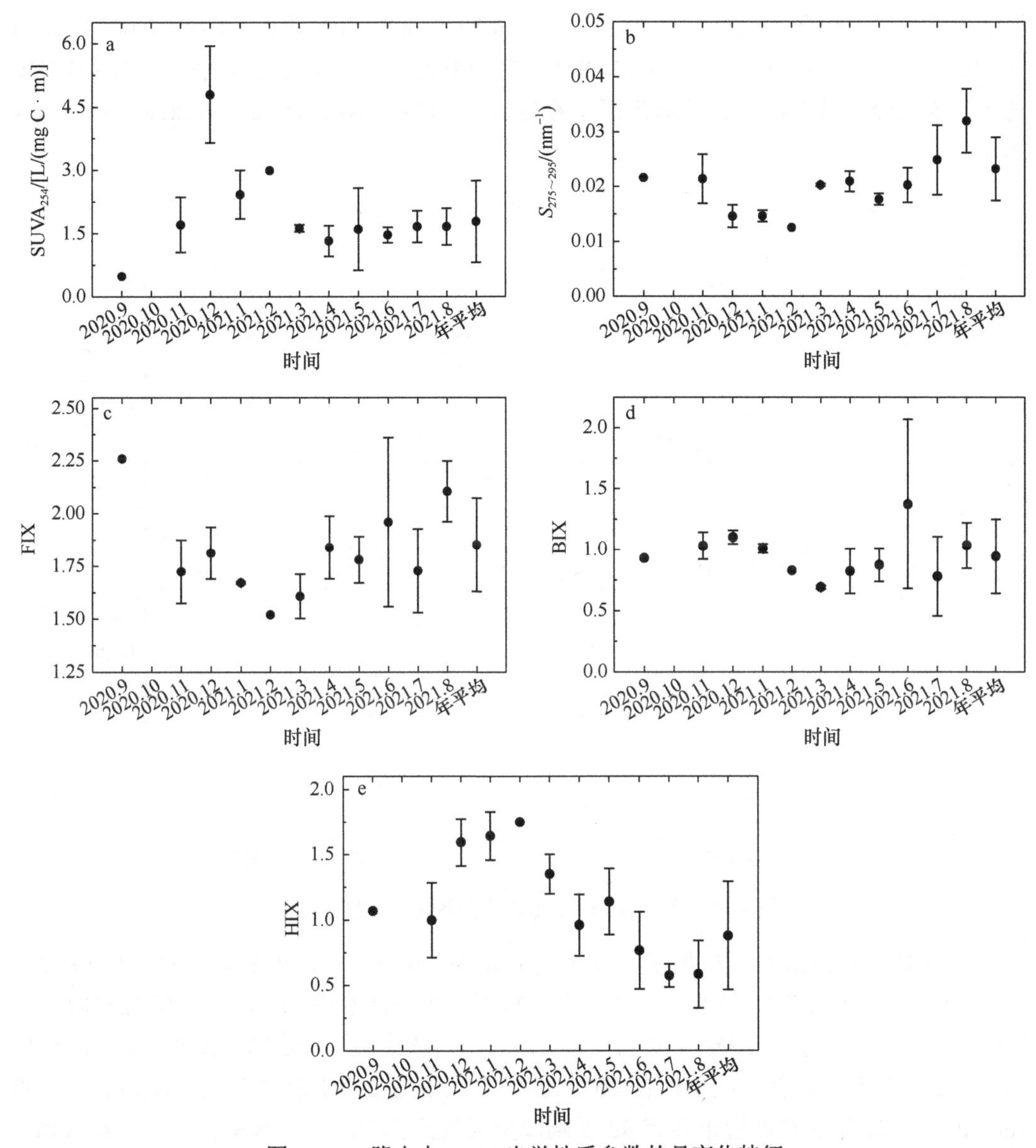

图 10-11 降水中 DOM 光学性质参数的月变化特征

在秋冬季，DOC 与 $SUVA_{254}$ 之间呈现显著的负相关关系（n=10，R^2=0.43，0.01＜P＜0.05）(表 10-4)，表明具有较高 DOC 浓度的降水样品中 DOM 的芳香性较弱(Iavorivska et al.，2016)。然而，这两个季节 DOC 与 $SUVA_{254}$ 之间的负相关性主要与 2020 年 9 月的降水样品有关，在这次降水中 DOC 为全年最高值 7.18mg C/L，而 $SUVA_{254}$ 相对较低，为 0.48L/(mg C·m)，不考虑该样品时，DOC 与 $SUVA_{254}$ 之间没有显著的负相关性(n=9，R^2=0.14，P＞0.05)。

降水的 $S_{275\sim295}$ 为 0.012～0.037nm^{-1}，年平均值为（0.023±0.006）nm^{-1}（图 10-11b），略低于研究区域海水的 $S_{275\sim295}$[（0.028±0.001）nm^{-1}]（Yang et al.，2022)，表明研究区域降水中 DOM 的分子量要高于海水中 DOM 的分子量(Helms et al.，2008)。与 $SUVA_{254}$ 不同的是，$S_{275\sim295}$ 在采样期间呈现逐渐增长的趋势（R^2=0.34，P＜0.001)，季节平均值

的最高值和最低值分别出现在夏季[（0.027±0.006）nm^{-1}]和冬季[（0.014±0.002）nm^{-1}]（图 10-12b），表明夏季降水中 DOM 的分子量相对较低，可能与夏季高温及光辐射强度增加导致大分子量有机质的光降解程度的提高有关（Iavorivska et al.，2017a；Kieber et al.，2012）。

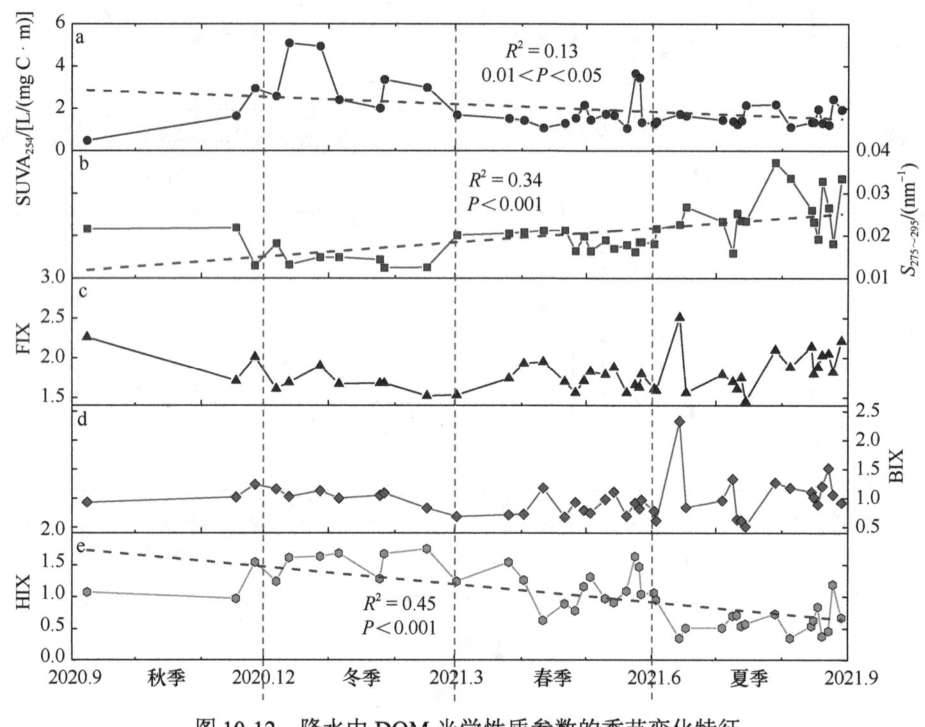

图 10-12 降水中 DOM 光学性质参数的季节变化特征

如图 10-11c 和图 10-12c 所示，降水的 FIX 为 1.45～2.51，年平均值为 1.85±0.22，与研究区域 TSP 的 FIX（1.86±0.12）非常接近，表明降水中 DOM 来自陆源和微生物源的混合来源。降水的 BIX 为 0.51～2.33，年平均值为 0.95±0.30（图 10-12d），月平均值的最高值和最低值分别出现在 2021 年 6 月（1.37±0.69）和 3 月（0.69±0.02）（图 10-11d）。2021 年 3 月烟台市共有 9d 受到沙尘天气的影响，为降水采样期间的最高值，与此相对应的是该月份大气中 PM10 的浓度[（121.13±81.35）$\mu g/m^3$]为全年最高值（图 10-13）（http://www.tianqihoubao.com/lishi/yantai/month/202103.html）。因此，3 月最低的 BIX 可能与沙尘来源的有机质老化程度较高有关（Wen et al.，2021）。

如表 10-4 所示，夏季降水中 C3 与 BIX 之间具有中等显著相关性，表明 6 月较高的 BIX（1.37±0.69）可能与生物活动的影响有关（Wu et al.，2021）。在 2021 年 6 月 14 日的一次强降雨事件中，BIX 高达 2.33，是 42 次降水事件中的最高值（图 10-12d），反映出生物活动新释放出的有机质对于此次降水中 DOM 的贡献程度较高（McKnight et al.，2001），与此同时，在该次降水中 C3 荧光强度占 FDOM 总荧光强度的 94.0%（图 10-8）。在研究区域，HIX 为 0.35～1.75，平均值为 0.88±0.42（图 10-11e），显著低于南京市（4.54±1.15）、福州市（2.4±1.4）和西安市（1.5±0.8）（Li et al.，2022a，2020a；Yang et al.，2019），表明研究区域降水的腐殖化程度偏低（Xu and Guo，2017）。从季节

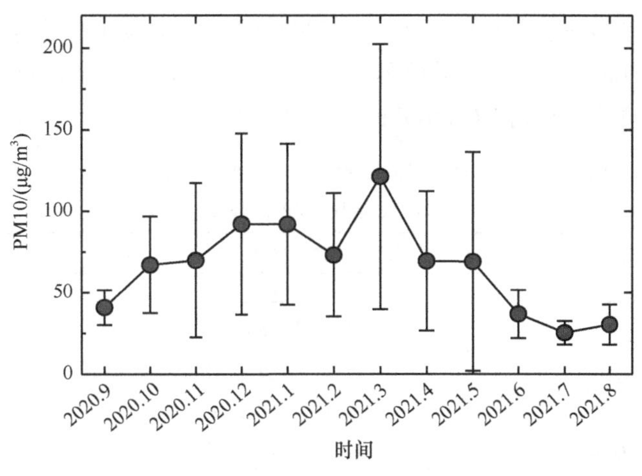

图 10-13　降水采样期间烟台市大气 PM10 浓度的月变化特征

表 10-4　不同季节降水中 DOM 参数与其他参数的皮尔逊相关性分析

季节		$nss-K^+$	$nss-Ca^{2+}$	Na^+	Mg^{2+}	HIX	BIX	FIX	$S_{275\sim295}$	$SUVA_{254}$	降水量	DOC	Abs_{365}	C1	C2
秋冬季	DOC	0.83**	0.04	–0.44	–0.43	–0.49	–0.18	0.55	0.34	–0.65*	–0.47				
	a_{350}	–0.34	0.70*	0.28	0.29	0.38	0.27	–0.34	–0.74*	0.46	–0.73*	0.07			
	C1	–0.33	0.54	0.07	0.09	0.30	0.56	–0.21	–0.63	0.31	–0.80**	0.11	0.83**		
	C2	–0.42	0.59	0.39	0.40	0.35	0.50	–0.26	–0.62	0.59	–0.57	–0.07	0.86**	0.88**	
	C3	–0.20	0.65*	0.88**	0.88**	0.60	–0.36	–0.36	–0.49	0.69*	–0.18	–0.24	0.42	0.07	0.37
春季	DOC	0.46	0.68**	–0.01	0.13	0.23	0.06	–0.32	–0.42	0.45	–0.82**				
	a_{350}	0.67**	0.89**	0.13	0.29	0.48	0.12	–0.27	–0.46	0.87**	–0.74**	0.80**			
	C1	0.63*	0.86**	0.09	0.25	0.43	0.07	–0.40	–0.58*	0.84**	–0.82**	0.82**	0.97**		
	C2	0.47	0.40	0.07	0.14	0.20	0.11	–0.47	–0.78**	0.52	–0.84**	0.66*	0.66*	0.78**	
	C3	–0.21	0.16	–0.30	–0.24	–0.39	0.47	–0.21	–0.55*	0.09	–0.46	0.11	0.13	0.25	0.31
夏季	DOC	0.76**	0.45	0.23	0.33	0.45	–0.31	–0.54*	–0.43	–0.07	–0.55*				
	a_{350}	0.16	0.87**	0.49*	0.68**	0.87**	–0.23	–0.36	–0.64**	0.24	–0.38	0.64**			
	C1	0.27	0.70**	0.68**	0.75**	0.75**	–0.26	–0.33	–0.59**	0.28	–0.51*	0.65**	0.88**		
	C2	0.00	0.56*	0.62**	0.66**	0.79**	–0.34	–0.34	–0.64**	0.22	–0.27	0.47*	0.83**	0.92**	
	C3	–0.18	0.29	0.11	0.17	0.18	0.50*	0.31	–0.48*	–0.13	–0.36	0.10	0.40	0.44	0.40

注：**表示 $P<0.01$；*表示 $0.01<P<0.05$

上来看，HIX 从冬季（1.63±0.19）到夏季（0.61±0.23）呈现逐渐降低的趋势（图 10-12e），与 $SUVA_{254}$ 的时间变化趋势相似（图 10-12a）。

为了明确降雨和降雪两种降水形式中 DOM 的差异，对 34 个降雨样品与 8 个降雪样品之间各 DOM 组分的浓度及光学性质参数进行了显著性差异的比较（表 10-5）。结果表明，降雨样品与降雪样品中 DOC 的浓度以及 C3 荧光强度之间没有统计学上的显著性差异（$P>0.05$），而降雨样品与降雪样品中 CDOM、C1 和 C2 之间具有显著性差异（$P<0.05$），降雪中 CDOM、C1 和 C2 的加权平均值分别为降雨中的 2.7 倍、2.7 倍和 4.3 倍，表明降雪中含有更多的类腐殖质组分。与雨滴相比，雪花的比表面积更大，有利于吸附大气中的有机污染物并从大气中将其清除（Su et al.，2021）。此外，相对于降雨而

言，降雪可以更有效地移除大气中分子量和极性较大且水溶性较低的有机组分（Lei and Wania，2004），因此由于类腐殖质组分分子量较大且水溶性较低，降雪是一种更有效地清除大气中类腐殖质的机制（Cottrell et al.，2013）。

表 10-5　降雨样品（n=34）与降雪样品（n=8）之间各 DOM 组分的浓度及光学性质参数加权平均值对比

降水形式	降雨样品（n=34）	降雪样品（n=8）
DOC/（mg C/L）	1.54±1.65	1.41±0.85
a_{350}/（m^{-1}）*	0.29±0.65	0.78±0.59
C1/QSU*	0.059±0.074	0.16±0.10
C2/QSU*	0.091±0.13	0.39±0.25
C3/QSU	0.17±0.22	0.16±0.084
C1/FDOM-总/%	21.36±12.37	22.26±5.92
C2/FDOM-总/%*	33.70±17.53	51.90±7.42
C3/FDOM-总/%*	44.95±26.81	25.83±11.38
$SUVA_{254}$/[L/（mg C·m）]*	1.55±0.62	3.19±1.12
$S_{275\sim295}$/（nm^{-1}）*	0.024±0.006	0.016±0.003
FIX	1.88±0.23	1.69±0.16
BIX	0.94±0.33	0.95±0.17
HIX*	0.77±0.35	1.53±0.19

注：*表示 P<0.05

对于不同降水形式中 DOM 的光学性质参数而言，降雪的 $SUVA_{254}$ 及 HIX 加权平均值显著高于降雨（P<0.05），而降雪的 $S_{275\sim295}$ 加权平均值显著低于降雨（P<0.05）（表 10-5），表明降雪中的 DOM 分子量更大、芳香性较强、腐殖化程度较高（Helms et al.，2008；Zsolnay et al.，1999）。研究区域降雪事件均出现在集中供暖期间（2020 年 11 月 16 日至 2021 年 4 月 10 日），在此期间大规模的煤燃烧活动释放的大量多环芳香烃组分可能是导致降雪中 DOM 芳香性和腐殖化程度较高的重要原因（Chen et al.，2022）。此外，降雪主要发生在冬季和春季初期，温度较低且太阳辐射强度较弱，进而导致降雪中 DOM 的光降解速率和微生物降解速率均低于降雨，因此降雪中 DOM 降解程度较低、分子量较高（Iavorivska et al.，2017a，2016）。

10.4　大气 DOC 干湿沉降通量特征

如 10.2.1 小节所述，在 29 对 TSP 样品和 PM2.5 样品中，PM2.5 中 DOC 含量占 TSP 中 DOC 含量的比例在冬季、春季、夏季和秋季分别为 91.2%、87.5%、88.5%和 81.9%。根据之前的报道，细颗粒物（PM2.5）和粗颗粒物（TSP-PM2.5）的干沉降速率分别为 0.1cm/s 和 2cm/s（Theodosi et al.，2018；Duce et al.，1991），通过计算获得冬季、春季、夏季和秋季大气 DOC 的干沉降速率分别为 0.27cm/s、0.34cm/s、0.32cm/s 和 0.45cm/s。

如图 10-14 所示，DOC 干沉降通量的月变化趋势与 DOC 浓度的月变化趋势相似，最高和最低的干沉降通量分别出现在 2019 年 12 月[（1.17±0.81）mg C/（m^2·d）]和 2020

年 8 月[（0.50±0.05）mg C/（m^2·d）]，表明 TSP 中 DOC 的浓度是 DOC 干沉降通量的重要影响因素。DOC 的干沉降通量在冬季、春季、夏季和秋季分别为（0.99±0.67）mg C/（m^2·d）、（0.78±0.27）mg C/（m^2·d）、（0.59±0.14）mg C/（m^2·d）和（0.76±0.16）mg C/（m^2·d），虽然秋季 DOC 浓度低于夏季（图 10-3a），但秋季 DOC 的干沉降通量要高于夏季，这主要与两个季节 DOC 的干沉降速率存在差异有关，秋季和夏季 DOC 的干沉降速率分别为 0.45cm/s 和 0.32cm/s，从而导致秋季 DOC 干沉降通量偏高。

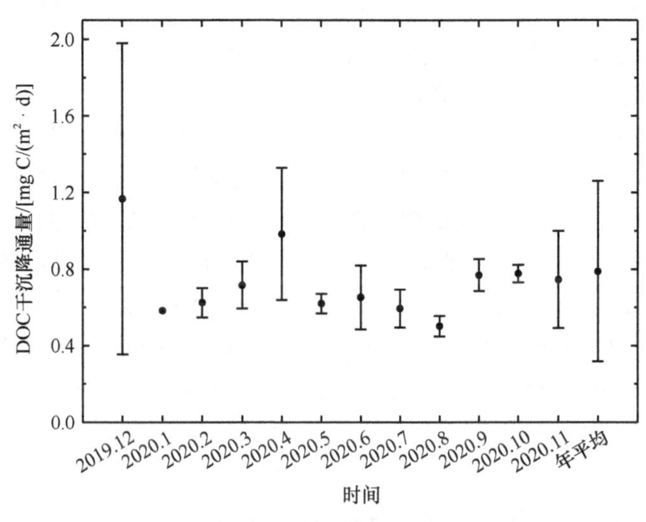

图 10-14　DOC 干沉降通量的月变化特征

研究区域 DOC 的年平均干沉降通量为（0.79±0.47）mg C/（m^2·d），显著低于黄海海域[（1.5±1.18）mg C/（m^2·d）]及沙尘暴发期间的东海海域[（3.57±1.54）mg C/（m^2·d）]（Bao et al.，2017）。然而，Wang 等（2019b）获得的东海海域 DOC 的干沉降通量约为 0.23mg C/（m^2·d），比 Bao 等（2017）之前在同一海域获得的 DOC 干沉降通量低一个数量级，这主要与研究中选取的 DOC 干沉降速率之间存在显著差异有关。此外，地中海东部海域 DOC 的年平均干沉降通量为 0.48mg C/（m^2·d）（Theodosi et al.，2018），约为研究区域 DOC 干沉降通量的 61%。综上所述，DOC 的干沉降通量存在明显的时空差异性，主要与不同区域不同季节大气有机污染程度存在显著差异以及在计算干沉降通量时选取的干沉降速率存在较大的不确定性有关。

基于养马岛附近海域的面积（664km^2）以及 DOC 的年干沉降通量[（0.79±0.47）mg C/(m^2·d)]，计算获得大气干沉降每年向研究区域输入的 DOC 通量为 1.91×10^8g C/a，冬季、春季、夏季和秋季的通量分别为 6.04×10^7g C、4.78×10^7g C、3.61×10^7g C 和 4.67×10^7g C。研究区域主要河流（包括辛安河、鱼鸟河、沁水河以及汉河）输入的 DOC 通量约为 4.63×10^8g C/a，因此 DOC 干沉降通量约为河流 DOC 输入通量的 41.3%，表明大气干沉降过程是研究区域 DOC 的重要来源之一。

需要注意的是，干沉降速率对于计算干沉降通量而言是一个极为重要的参数，但很难获得该参数的准确值，主要因为该参数会受到多种因素的影响，包括空气动力学阻力及分子扩散阻力、气象条件（温度、湿度、风速及风向）以及大气颗粒物的粒径分布（Qi et al.，2020；Wang et al.，2019b）。Zhang 等（2001）发现，对于小粒径颗粒物而言，干沉降速率主要受到布朗运动及空气动力学阻力的影响，对于大粒径颗粒物而言，干沉降速率受碰撞及拦截作用的影响较为明显。此外，对于所有粒径范围内的大气颗粒物而言，较快的风速下干沉降速率较高，主要因为高风速下空气动力学阻力较小（Zhang et al.，2001）。在高湿度的条件下，大气颗粒物的粒径会有所增加，因此在估算干沉降速率时会进一步产生不确定性（Duce et al.，1991）。由于干沉降速率是粗略的估算值，在计算 DOC 的干沉降通量时会存在一定的不确定性，因此未来需要开展更多的工作来获得更为精确的 DOC 干沉降速率，如直接测定海-气界面的 DOC 干沉降通量，或间接根据实际的气象条件及动力学模型来计算精确的 DOC 干沉降速率。

对于 42 次降水事件而言，单次降水中 DOC 湿沉降通量为 3.5～117.5mg C/m^2，平均值为（22.7±21.3）mg C/m^2。DOC 的月湿沉降通量为 0～0.17g C/（m^2·month），较高值出现在 2021 年 5～7 月，最低值出现在 2020 年 10 月（图 10-15a）。从季节上来看，DOC 的湿沉降通量最高值和最低值分别出现在夏季和冬季，与降水量的季节变化趋势相似（图 10-15b）。从全年来看，DOC 湿沉降通量为 0.95g C/（m^2·a），低于大部分城市区域，如厦门市（Bao et al.，2018）、南京市（Li et al.，2020a）和首尔市（Yan and Kim，2012），但高于青藏高原珠峰地区（Li et al.，2017）及美国宾夕法尼亚州（Iavorivska et al.，2017b）（表 10-1），DOC 湿沉降通量的时空分布差异主要与大气有机污染程度及降水量的差异有关（Xing et al.，2019）。如图 10-15b 所示，春季、夏季、秋季、冬季和全年的 DOC 湿沉降通量分别为干沉降通量的 4.2 倍、8.0 倍、1.7 倍、1.2 倍和 3.3 倍，表明相对于干沉降而言，湿沉降对于大气中的 DOC 清除更有效，与之前报道的结论一致（Matsumoto et al.，2022；Galletti et al.，2020）。

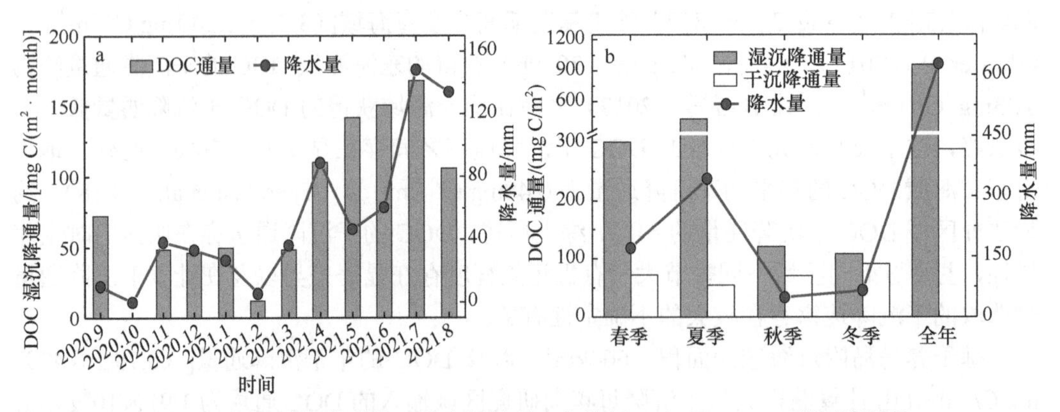

图 10-15 DOC 湿沉降通量、降水量的月变化特征（a）及 DOC 干湿沉降通量、降水量的季节变化特征（b）

基于研究区域面积及 DOC 年湿沉降通量，计算获得大气湿沉降向研究区域海水中输入的 DOC 通量为 6.31×10^{8}g C/a，分别为 DOC 干沉降通量（1.91×10^{8}g C/a）及河流 DOC 输入通量（4.63×10^{8}g C/a）的 3.3 倍和 1.4 倍。此外，研究区域是中国北部重要的扇贝养殖区，在扇贝的一个完整生长周期内（6～11 月），研究区域内扇贝排泄释放的 DOC 通量为 1.56×10^{9}g C/a，可以使扇贝养殖区海水中 DOC 浓度提高 19.7μmol/L，反映出大规模的扇贝养殖活动对于水体中 DOM 动力学的影响（Yang et al.，2022）。因此，DOC 的湿沉降通量占扇贝排泄释放 DOC 通量的比例为 40.4%，表明大气湿沉降过程同样是研究区域内重要的 DOC 来源之一。

10.5　大气 DOM 沉降对近海水体的生态效应

10.5.1　大气沉降对于水体 DOM 储量的贡献

基于研究区域内水体 DOC 的平均浓度[（1.58±0.18）mg C/L]、研究区域面积（664km^2）以及平均水深（15m），计算获得整个研究区域海水中 DOC 储量约为 1.57×10^{10}g C（Yang et al.，2022）。因此，每年通过湿沉降进入研究区域水体的 DOC 量（6.31×10^{8}g C）占水体 DOC 储量的比例约为 4.0%，结合 DOC 干沉降通量，每年通过大气沉降输入的 DOC 量（8.22×10^{8}g C）占 DOC 储量的比例为 5.2%，该比例要高于河流 DOC 输入的贡献（2.9%），但低于扇贝排泄的贡献（9.9%）（Yang et al.，2022）。此外，大气湿沉降过程是河流径流的主要贡献者，河流输入对水体中 DOC 储量的贡献有一部分来自大气湿沉降过程，因此大气湿沉降过程对于水体中 DOC 储量的贡献可能被低估，所以需要进一步研究来明确大气湿沉降对于水体中 DOC 储量的真实贡献。

基于降水的 a_{350} 平均值[（0.36±0.66）m^{-1}]、FDOM 平均荧光强度[（0.38±0.35）QSU]、年降水量（626.9mm）以及研究区域面积（664km^2），计算获得研究区域内 CDOM 和 FDOM 的湿沉降通量分别为 0.15km^3/（m a）和 0.16QSU km^3/a。此外，基于研究区域水体中 DOC 储量的计算方法，计算获得研究区域内水体中 CDOM 和 FDOM 的储量分别为 6.18km^3/m 和 22.41QSU km^3（Yang et al.，2022）。因此，湿沉降对于研究区域内海水中 CDOM 储量的贡献仅为 2.4%，远低于太湖（11.7%）（Zhang et al.，2014）。对于 FDOM 而言，湿沉降对于研究区域内海水中 FDOM 储量的贡献更低（0.71%），几乎可以忽略不计。虽然大气干湿沉降过程对于海水中 DOM 储量的贡献较低，但本研究首次揭示了大气沉降对于近海水体碳收支的影响。此外，在全球变暖的影响下，近年来极端降水事件的频率及强度在逐渐增加，这将会导致更多的营养盐及 DOM 由大气进入水生态系统，进而对水体产生一系列的生态效应（Chen et al.，2019；Knutson et al.，2010）。

10.5.2　大气沉降对于水体次级生产力的影响

许多研究发现，大气沉降向近海水体输送的 DOM 生物可利用性较高，进而可以提升水体的次级生产力（Galletti et al.，2020；Avery et al.，2003）。在海洋生态系统中，异养细菌可以通过对于有机质的耗氧分解降低水体中 DO 的含量，其主要过程表示为（Cai et al.，2011）：$(CH_2O)_{106}(NH_3)_{16}H_3PO_4+138O_2 \rightarrow 106CO_2+122H_2O+16HNO_3+H_3PO_4$。在研究区域内，水体的耗氧速率（微生物呼吸速率）为（10.44±2.75）μmol/（L·d）（Yang et al.，2021c），根据上述方程式计算获得水体异养细菌呼吸作用的碳需求量为（4.01±1.06）μmol/（L·d）。异养细菌的生长效率可用来反映细菌生物质产量占总有机碳消耗量（细菌生物质产量与呼吸作用碳需求量）的比例，在海洋生态系统中该值范围为 10%～25%（Del Giorgio et al.，1997）。因此，本研究中将细菌的生长效率设定为 15%，与地中海和马尾藻海一致（Santinelli et al.，2012；Carlson and Ducklow，1996），计算获得研究区域异养细菌次级生产所需的有机碳量为（4.72±1.25）μmol/（L·d）。

在本研究中，假设大气沉降输入的 DOC 对于水体的影响仅限定于表层 2m 深度范围内（Xing et al.，2019，2018），一年内由大气干沉降向水体累计输入的 DOC（1.91×10^{8}g C）会使得表层 2m 水体中 DOC 浓度升高 10.2μmol/L，占表层水体 DOC 浓度（131.7μmol/L）的比例为 7.7%（Yang et al.，2022），冬季、春季、夏季和秋季导致表层 2m 水体中 DOC 浓度分别升高 3.2μmol/L、2.6μmol/L、1.9μmol/L 和 2.5μmol/L。据报道，在地中海海域撒哈拉沙尘气溶胶及人为污染气溶胶中生物可利用DOC占总DOC的比例分别为 25%±4%和 24%（Djaoudi et al.，2020）。由于本研究并未进行培养实验来探究 TSP 中 DOC 的生物可利用性组分占比，因此将 BDOC 占 DOC 的比例设定为 24%，与地中海人为污染气溶胶一致。一年内大气干沉降过程向水体累计输入的 BDOC 会使表层 2m 水体中 BDOC 浓度提高 2.4μmol/L，冬季、春季、夏季和秋季 BDOC 每日增加的浓度分别为 0.0065μmol/（L·d）、0.0049μmol/（L·d）、0.0066μmol/（L·d）和 0.0082μmol/（L·d），占水体细菌次级生产所需有机碳量的比例分别为 0.14%、0.10%、0.14%和 0.17%，表明大气干沉降过程对于水体次级生产力的影响程度较低。

根据之前的报道，降水中 BDOC 占 DOC 的比例为 46%～75%（Yang et al.，2019；Bao et al.，2018；Godoy-Silva et al.，2017；Avery et al.，2003），因此本研究选取 46%和 75%的平均值 60.5%作为研究区域内降水中 BDOC 占 DOC 的比例。据 Avery 等（2003）报道，在长湾（Long Bay）海域，雨水中 BDOC 占 DOC 的比例（约 60%）显著高于海水（约 20%），假如研究区域内降水中 BDOC 占 DOC 的比例同样为海水中 BDOC 占 DOC 比例的 3 倍，则大气湿沉降向水体输入的 BDOC 会给海水中 BDOC 带来一定的富集效应（Xing et al.，2019）。在单次降水事件的影响下，表层 2m 水体中 BDOC 的浓度会增加 0.088～2.96μmol/L，平均值为（0.57±0.54）μmol/L，占水体细菌次级生产所需有机碳量的比例为 1.9%～62.7%，平均比例为（12.1±11.4）%。从季节上来看，春季、夏季、秋季和冬季单次降水事件会导致表层 2m 水体中 BDOC 浓度分别增加（0.54±0.32）μmol/L、（0.60±0.67）μmol/L、（1.02±0.69）μmol/L 和（0.39±0.23）μmol/L，占水体细菌碳需求量的比例分别为（11.4±6.7）%、（12.7±14.2）%、（21.6±14.6）%和（8.3±4.9）%。与干沉降相比，湿沉降过程对水体次级生产力的影响更显著，因此湿沉降可以在短期内对近海水体的碳循环起到重要作用（Kim et al.，2017）。

10.5.3 大气沉降对于水体缺氧的影响

海水缺氧对水生生物的影响是多方面的，包括抗氧化失衡、免疫力受损、能量代谢受到干扰以及其他的一些不利影响，这些影响均可能导致水生动物产量的严重损失（Wang et al.，2022）。近海水体缺氧往往会伴随着酸化的现象（Yang et al.，2021c；Cai et al.，2011），这将对带壳软体动物的生存产生极大的威胁，并给近海养殖带来巨大损失（Yang et al.，2021a，2021d）。此外，在全球变暖的影响下，极端降水事件发生的频率及强度均在逐渐增加，因此通过大气沉降进入近海水体的营养盐及 DOM 通量会显著升高，进而会加剧近海水体缺氧的程度，从而引发一系列经济和生态的不良后果（Xie et al.，2022a；Knutson et al.，2010）。

如 10.5.2 小节所述，单次降水事件会导致表层 2m 水体中 BDOC 浓度升高 0.088～2.96μmol/L，假设 BDOC 可以被完全耗氧分解，则表层 2m 水体中 DO 浓度下降 0.18～5.92μmol/L，春季、夏季、秋季和冬季单次降水分别会导致表层 2m 水体中 DO 浓度下降（1.08±0.64）μmol/L、（1.20±1.34）μmol/L、（2.04±1.38）μmol/L 和（0.78±0.46）μmol/L。据报道，通过降水进入表层海水的 BDOC 并非在短时间内就可以完全降解，而是需要一个月甚至更长的时间才会完全降解（Chen et al.，2020b）。因此，有必要讨论不同月份和不同季节所有降水事件对表层海水中 BDOC 和 DO 浓度变化的整体影响。春季、夏季、秋季和冬季所有降水事件会导致相应季节表层海水中 BDOC 浓度分别提高 7.6μmol/L、10.7μmol/L、3.0μmol/L 和 2.7μmol/L，BDOC 在完全耗氧分解的情况下会使表层 2m 水体中 DO 浓度分别降低 15.2μmol/L、21.4μmol/L、6.0μmol/L 和 5.4μmol/L，全年 DO 浓度累计下降 48μmol/L。

对于干沉降而言，一年内通过大气干沉降过程向水体累计输入的 BDOC 会使表层 2m 水体中 BDOC 浓度提高 2.4μmol/L，假设这些 BDOC 可以被完全耗氧分解，表层海水中 DO 浓度会降低 4.8μmol/L，春季、夏季、秋季和冬季 DO 浓度分别降低 1.2μmol/L、0.9μmol/L、1.2μmol/L 和 1.5μmol/L，占对应季节湿沉降导致 DO 降低浓度的比例分别为 7.9%、4.2%、20.0%和 27.8%，表明大气干沉降对于海水脱氧的贡献较小，尤其是春季和夏季。据报道，5～8 月研究区域内海水出现了较为强烈的脱氧现象，表层水体耗氧速率为（299.4±41.5）μmol/（L·month）（Yang et al.，2021c）。湿沉降向表层海水输入 BDOC 的耗氧分解过程会导致水体的 DO 浓度在 5～8 月分别降低 7.1μmol/(L·month)、7.6μmol/（L·month）、8.5μmol/（L·month）和 5.3μmol/（L·month），占水体耗氧速率的比例分别为 2.4%、2.5%、2.8%和 1.8%，表明湿沉降对于春末到夏季（5～8 月）水体的脱氧具有一定的贡献，然而干沉降输入的 BDOC 对于该阶段水体脱氧的贡献可以忽略不计。

之前的研究显示，大气干湿沉降过程是研究区域内重要的 N 源之一，从而可以提高水体的初级生产力及新生产力，与此同时，大气颗粒物及降水富氮贫磷的特征可能会对海水中营养盐的比例产生影响，进而可能引发或加剧水体氮磷失衡，从而在一定程度上对浮游植物群落组成产生影响，并可能引发有害藻类暴发的现象（Xie et al.，2022b，2021）。大量繁殖的藻类在死亡后其残骸会逐渐沉降至底层水体，在微生物的降解作用下可能会消耗水体中大量的 DO，进而对于底层的缺氧现象存在一定的贡献（Xie et al.，2022b）。此外，通过干湿沉降过程向水体输入的活性 DOM 可能会促进或抑制海水中原有 DOM 的降解过程，进而在激发效应的影响下对海水碳储存过程及海水中 DO 的消耗产生影响（Djaoudi et al.，2020），因此需要开展深入研究来进一步阐明大气 DOM 沉降对于水体碳循环及缺氧的内在影响机制。

10.6　本 章 小 结

本章通过对 2019 年 12 月至 2020 年 11 月采集的 TSP 样品以及 2020 年 9 月至 2021

年8月采集的降水样品中DOC浓度及DOM光谱特征进行分析，明确了气溶胶及降水中DOM浓度的季节变化规律及其影响因素，通过估算DOM的干湿沉降通量，量化了大气沉降对于研究区域内水体DOM循环的影响以及对于水体脱氧的贡献，主要结论如下。

（1）TSP中DOC、CDOM和FDOM的浓度具有明显的季节差异性，较高的DOM浓度出现在冬季，尤其是在2019年12月，主要与人为活动导致的大气有机污染有关。由DOM的光谱指数变化及相关性分析结果可知，在冬季和秋季，TSP中DOM主要来自化石燃料燃烧和生物质燃烧，而在春季和夏季，DOM的来源较为复杂，既包括化石燃料燃烧、生物质燃烧、生物活动释放及沙尘再悬浮等初级排放来源，又包括与光化学作用有关的二次有机气溶胶。

（2）湿沉降中DOM浓度同样具有明显的季节性差异，秋季降水中DOC浓度显著高于其他季节，冬季降水中CDOM、C1和C2的浓度最高，这些DOM组分浓度的季节变异性主要与DOM的来源变化及降水的稀释效应有关，而C3浓度在夏季较高，主要与夏季生物活动增强以及该组分在水中的溶解度较高有关。就DOM组成成分而言，冬季降雪中富含高分子的芳香性DOM组分，主要与大规模的煤炭燃烧有关，而夏季降雨中DOM的分子量较低，可能与光漂白作用有关。

（3）研究区域DOC的干湿沉降通量分别为1.91×10^{8}g C/a和6.31×10^{8}g C/a，表明湿沉降是DOC的主要沉降形式，大气沉降过程每年向水体输入的DOC量占水体DOC储量的比例为5.2%，该比例要高于河流DOC输入的贡献（2.9%），但低于扇贝排泄的贡献（9.9%）。此外，CDOM的湿沉降通量为0.15km^{3}/（m·a），占水体CDOM储量的比例为2.4%，表明湿沉降是海水中DOM的来源之一。

（4）在研究区域内，单次降水事件可以使表层2m水体中BDOC浓度提高（0.57 ± 0.54）μmol/L，占异养细菌每日次级生产所需有机碳量[（4.72 ± 1.25）μmol/（L·d）]的比例为（12.1 ± 11.4）%，表明湿沉降过程对维持水体次级生产力具有较为重要的贡献，进而可以有效影响区域内的碳循环过程。相比之下，大气干沉降过程对于水体次级生产力的影响程度较低。5～8月，在大量降水的影响下，每月通过湿沉降过程向水体输入的BDOC耗氧分解可以使表层2m水体中DO浓度降低5.3～8.5μmol/L，表明湿沉降对于研究区域内水体的脱氧具有一定的贡献，然而干沉降输入的BDOC对于水体脱氧的贡献可以忽略不计。

第 11 章　大气颗粒有机质沉降特征及生态效应

大气中 TSP 的来源包括初级排放过程，如生物质燃烧、化石燃料燃烧、沙尘再悬浮及海浪喷雾（Bikkina et al.，2022），也包括由气体向颗粒物转化而生成的二次有机气溶胶（SOA）和二次无机气溶胶（SIA）（Lim et al.，2020；Zheng et al.，2018b）。从全球尺度来看，化石燃料燃烧对于有机气溶胶的贡献为 13%～41%，在工业发达、人口稠密的地区贡献更高（Wozniak et al.，2011）。据报道，在赤道附近的东太平洋海域，海洋源对于气溶胶中有机碳的贡献高达 90%，表明开阔大洋水体中的 DOC 对大气中的颗粒物具有重要的影响（Miyazaki et al.，2016）。最近的研究发现，随着中国经济的快速发展，人为活动对于含 C 和含 N 气溶胶的形成具有显著的贡献，尤其是在农业发达且冬季供暖需求较高的中国北方地区（Wu et al.，2022；Zong et al.，2022）。在北京，煤炭燃烧对于黑炭气溶胶的贡献高达 66%，而在上海和广州，汽车尾气排放是黑炭气溶胶的主要来源（Andersson et al.，2015）。在中国南海海域，Xiao 等（2018）发现气溶胶中的总碳（TC）主要来源于生物质燃烧，而海洋生物活动是气溶胶中总氮（TN）的主要来源。

碳氮稳定同位素（$\delta^{13}C$ 和 $\delta^{15}N$）的测定被广泛用于探究大气气溶胶的来源及转化过程，包括 TSP（Bikkina et al.，2022；Xiao et al.，2018；Kundu et al.，2010）、可吸入颗粒物 PM10（Rastogi et al.，2020；Widory，2007）以及细颗粒物 PM2.5 和 PM1（Lim et al.，2020；Vodička et al.，2019；Park et al.，2018）。Andersson 等（2015）总结了碳质气溶胶主要来源的 $\delta^{13}C$，包括 C3 植物燃烧、煤炭燃烧和液体化石燃料燃烧，三者的 $\delta^{13}C$ 分别为（-26.7 ± 1.8）‰、（-23.4 ± 1.3）‰和（-25.5 ± 1.3）‰。Widory（2007）测定了不同来源 PM10 中 TN 的 $\delta^{15}N$，结果表明液体化石燃料燃烧产生 TN 的 $\delta^{15}N$[（4.6 ± 0.5）‰]要高于煤炭燃烧的 $\delta^{15}N$（-5.3‰），然而该研究中煤炭燃烧的 $\delta^{15}N$ 是基于单一样品获得的，可能并不具有代表性。在西太平洋海域，海洋气溶胶的 $\delta^{15}N$ 为（4.9 ± 2.8）‰，与液体化石燃料燃烧的 $\delta^{15}N$[（4.6 ± 0.5）‰]相近（Miyazaki et al.，2011；Widory，2007）。此外，据 Vodička 等（2022）报道，气溶胶中有机组分的老化过程可能会导致 $\delta^{13}C$ 增加，而二次有机气溶胶的形成可能会导致 $\delta^{13}C$ 降低。

有机质（OM）作为大气气溶胶中的重要组成成分之一，其对于 TSP 的贡献为 20%～90%（Ren et al.，2022；Jimenez et al.，2009）。大气 OM 的组成较为复杂，其成分包括碳水化合物等脂肪烃，也包括苯系物及其衍生物等芳香烃（Cerqueira et al.，2010）。为了简化大气中 OM 的测定方式，研究人员往往通过测定有机碳（OC）的含量来近似代替大气气溶胶及降水中 OM 的含量（Xie et al.，2022a，2022c）。大气沉降作为清除大气中 OC 的主要形式，可以将大量的 OC 输送至近海水体中，从而成为大气碳库和海洋碳库的重要输送通道（Coward et al.，2022；Iavorivska et al.，2016）。

根据 OC 的存在形式，气溶胶及降水中的 OC 又可以分为 DOC 和 POC，由于大气中 DOC 的生物可利用性较高，关于大气 DOC 干湿沉降过程对于近海碳循环影响的研究较为广泛（Xie et al.，2022a，2022c；Galletti et al.，2020；Xing et al.，2019），然而虽然 POC 也是 OC 的重要组分，但关于大气 POC 沉降过程对近海碳循环及生态系统影响的研究相对较少（Matsumoto et al.，2022）。最近的一项对青藏高原的研究发现，大气中的 POC 主要以干沉降的形式被清除，POC 的干沉降通量高达 2729.6mg C/（m^2·a），远高于 DOC 的干沉降通量（Yan et al.，2020）。在日本中部地区，DOC 是湿沉降中 OC 的主要组分，其贡献为 67%，而对于干沉降来说，POC 却是 OC 的主要形式，贡献高达 70%（Matsumoto et al.，2022）。以上两个研究均开展于陆地生态系统，海洋生态系统中 POC 大气沉降的相关研究十分罕见，尤其是在近海海域，这制约了全面评估大气沉降过程对于近海有机碳循环的影响。

在海洋生态系统中，表层海水是大气 TSP 中 C 或 N 等生源要素重要的汇（Wozniak et al.，2011）。据报道，大量的大气颗粒物会进入近海海域或远海开阔海域，从而在海水中以悬浮颗粒物（SPM）的形式存在（Liu et al.，2020）。在东海海域，研究人员从海葵中检测出了大气中的细颗粒物 PM1 以及黑炭，放射性同位素（^{14}C）结果表明，化石燃料燃烧对于 PM1 的贡献为 8%～24%，表明人为活动会对海洋生物产生一定的影响（Liu et al.，2020）。在南海的东沙群岛附近海域，研究人员发现 1970～2010 年珊瑚骨架中有机质的 $\delta^{15}N$ 呈现降低的趋势，主要与 $\delta^{15}N$ 相对较低的人为含 N 污染物的输入量逐年增加有关，进而导致海水中浮游植物和珊瑚的 $\delta^{15}N$ 降低（Ren et al.，2017）。DOC 和 POC 通过大气沉降进入近海水体后会参与到食物网的循环中，提高次级生产力的同时影响近海水体的碳循环过程（St. Pierre et al.，2020）。此外，大气中的 OM 具有较高的生物可利用性，进入水体后会被海洋细菌所降解并消耗水体中的 DO，可能对近海水体季节性缺氧存在一定的贡献（Xie et al.，2022a，2022c）。

养马岛附近海域作为重要的海湾扇贝养殖区，受人为活动的影响较为明显且经历了一系列的环境问题，如低氧和酸化等现象，不利于研究区域扇贝的养殖，且给海洋渔业带来了巨大的经济损失（Yang et al.，2021a，2020a，2018）。之前的研究发现，近海海域的富营养化、低氧和酸化现象与大气沉降向水体输入过多的 C 和 N 有关（Wang et al.，2021；Yau et al.，2020），因此对养马岛附近海域 TSP 及降水中 DOC 和 TDN 的生物地球化学特征以及大气沉降对于该区域的生态效应影响进行了研究（Xie et al.，2022a，2022b，2022c，2021）。研究结果表明，在研究区域内每年由大气干湿沉降过程向水体输入的 DOC 通量占区域内 DOC 储量的比例为 5.2%，因此大气沉降过程对于维持水体中细菌的次级生产力具有一定的贡献，并且会影响区域内的碳循环（Xie et al.，2022a，2022c）。此外，研究发现大气沉降是研究区域表层海水重要的外来 N 源，从而在一定程度上影响水体的初级生产力（Xie et al.，2022b，2021）。然而，在养马岛附近海域，对 TSP 及其组分的来源分布情况并未进行量化分析，大气沉降过程对于水体颗粒碳循环的影响状况也尚不明确，因此有必要针对这些科学问题开展相关研究。

11.1　材料与方法

11.1.1　采样站位和采样过程

研究区域同 9.1.1 小节，TSP 样品和 PM2.5 样品的采样站位和采样过程同 9.1.2 小节和 10.1.1 小节，湿沉降样品的采样站位和采样过程同 9.1.2 小节。每次降水事件过后，将一定体积（0.5～2L）的降水样品混合均匀后利用预先灼烧（550℃灼烧 6h）的 Whatman GF/F 滤膜（25mm 直径）进行过滤，从而获得降水 SPM 样品（Gao et al.，2015）。为了评估大气沉降对于表层海水 SPM 的贡献，于 2019 年 11 月（秋季）、2020 年 5 月（春季）和 8 月（夏季）在养马岛近岸海域开展了 3 个航次的调查，共布设了 22 个站位采集表层海水，站位具体经纬度见表 2-1，其中未包含 S5 站位。使用 Niskin 采水器采集表层（1m）海水样品，表层海水 SPM 样品获得方式与湿沉降样品一致。此外，2020 年 5 月在辛安河、鱼鸟河、沁水河和汉河河口利用酸洗过的聚乙烯瓶收集表层（0.2m）的河水样品，河水中 SPM 样品的获取方式与湿沉降样品及海水样品一致，降水、海水和河水 SPM 样品以及空白滤膜样品均于–20℃条件下冷冻保存等待进一步的分析。

11.1.2　理化性质及稳定同位素特征分析

对于大气 TSP 样品和 PM2.5 样品、海水和河水 SPM 样品，均取一小部分滤膜（约 $2cm^2$）利用浓盐酸进行熏蒸 24h，以除去其中的无机碳组分，在 60℃条件下烘干，之后用于 TOC 及 $\delta^{13}C$ 的测定（Kundu and Kawamura，2014）。对于 TSP 样品、海水和河水 SPM 样品，另外取一小部分滤膜（约 $2cm^2$）在 60℃条件下烘干（不经过酸熏过程），之后直接用于 TN 和 $\delta^{15}N$ 的测定。为了与 TSP 中的 TOC 和 TN 进行区分，按照惯例，分别用 POC 和 PTN 来代指海水和河水 SPM 中的 TOC 和 TN。此外，对于降水 SPM 样品，按海水和河水 SPM 样品一样的酸熏方式进行处理，之后仅测定了其中 POC 的含量，并未进行 PTN 和 C、N 稳定同位素的测定。TOC（POC）、TN（PTN）、$\delta^{13}C$ 和 $\delta^{15}N$ 使用配备质谱分析系统（MAT253 Plus）的元素分析仪（Flash EA 2000）进行测定，首先将待测的 TSP 及 SPM 滤膜称重，利用锡纸进行包样后转移至元素分析仪中，在 980℃条件下对样品进行高温燃烧，将其中所有含 C 和含 N 物质转化成 CO_2 和一氧化氮（NO）气体，从而可以计算出样品中 C 元素和 N 元素的质量占比；产生的 NO 气体经过还原柱后被还原为氮气（N_2），之后将 CO_2 和 N_2 气体通入质谱分析仪中进行碳氮稳定同位素的测定，同位素样品的分析结果以 $\delta^{13}C$ 和 $\delta^{15}N$ 表示，其中 $\delta^{13}C$(‰)以拟箭石化石（PDB）为标准物质，$\delta^{15}N$（‰）以大气中的 N_2 为标准物质，$\delta^{13}C$ 和 $\delta^{15}N$ 的计算方式如下：

$$\delta^{13}C(‰)=[(^{13}C/^{12}C)_{样品}/(^{13}C/^{12}C)_{标准}-1]\times 1000 \tag{11-1}$$

$$\delta^{15}N(‰)=[(^{15}N/^{14}N)_{样品}/(^{15}N/^{14}N)_{标准}-1]\times 1000 \tag{11-2}$$

在测定 TSP 及 SPM 滤膜 TOC（POC）和 TN（PTN）含量的同时，还对 TSP 和 SPM 空白滤膜的 TOC（POC）和 TN（PTN）含量进行了测定，其中 TSP 空白滤膜（n=4）中 TOC 的含量占 TSP 滤膜中 TOC 含量的比例为 1.2%～7.5%，因此 TSP 样品中 TOC 的含

量及 $\delta^{13}C$ 需进行空白校正（Wozniak et al.，2011）。然而，TSP 空白滤膜（n=4）中 TN 的含量以及 SPM 空白滤膜（n=3）中 POC 和 PTN 的含量均低于仪器的检出限，可以忽略不计，因此 TSP 样品中 TN 含量和 $\delta^{15}N$ 以及 SPM 样品中 $\delta^{13}C$ 和 $\delta^{15}N$ 无须进行空白校正。在测定过程中，利用特定的 TSP 样品（n=5）进行了重复性测定（n=3），其中 TOC 和 TN 测定结果的精度均小于 5%，$\delta^{13}C$ 和 $\delta^{15}N$ 测定结果的精度分别小于 0.2‰和 0.3‰。

11.1.3 数据处理与统计学分析

TSP 样品中 POC 的含量是通过本章测定的 TOC 含量减去第 10 章中相应 TSP 样品的 DOC 含量获得的，由于测定 TOC 含量的样品数量（n=39）与测定 DOC 含量的样品数量（n=58）存在差异，本章并未计算每个 TSP 样品的 POC 含量，仅计算了 TSP 的月度、季度、年度 POC 平均含量。TSP 中 TOC 干沉降速率的计算方式同 10.1.6 小节，其计算公式如下：

$$V_{\mathrm{d}} = V_{\text{细颗粒物}} \times \left(\frac{C_{\text{TOC-细颗粒物}}}{C_{\mathrm{TOC}}}\right) + V_{\text{粗颗粒物}} \times \left(\frac{C_{\text{TOC-粗颗粒物}}}{C_{\mathrm{TOC}}}\right) \tag{11-3}$$

式中，$V_{\text{细颗粒物}}$和 $V_{\text{粗颗粒物}}$分别表示细颗粒物（PM2.5）及粗颗粒物（TSP-PM2.5）的干沉降速率，即 0.1cm/s 和 2cm/s；C_{TOC} 和 $C_{\text{TOC-细颗粒物}}$分别表示 TSP 和 PM2.5 中 TOC 的浓度；$C_{\text{TOC-粗颗粒物}}$表示 TSP 中粗颗粒物中 TOC 的浓度，即 TSP 和 PM2.5 中 TOC 浓度的差值。TOC 干沉降通量的计算方式如下：

$$F_{\text{TOC-dry}}=C_{\mathrm{TOC}}\times V_{\mathrm{d}} \tag{11-4}$$

之后，POC 干沉降通量（$F_{\text{POC-dry}}$）[mg/（m^2·month）]通过式（10-4）计算出的 TOC 干沉降通量减去 10.4 节中的 DOC 干沉降通量（$F_{\text{DOC-dry}}$）获得，公式如下：

$$F_{\text{POC-dry}}=F_{\text{TOC-dry}}-F_{\text{DOC-dry}} \tag{11-5}$$

降水中 POC 的雨量加权平均浓度及湿沉降通量的计算方式与 9.1.5 小节中各营养盐的雨量加权平均浓度及湿沉降通量的计算方式一致。

Parnell 等在 R 语言中开发的稳定同位素混合模型通常称为贝叶斯同位素混合模型或贝叶斯模型（https://cran.r-project.org/web/packages/simmr/index.html），该模型利用不同来源及混合物的同位素特征，来确定每个来源对于混合物的贡献，在此过程中可以充分考虑到不同来源同位素特征的不确定性（Tian et al.，2021；Parnell et al.，2013，2010）。此外，贝叶斯模型输出的结果是以概率分布的形式呈现，而并非输出单独的平均值和中位数，因此输出的结果包含了样品分析及处理过程中的不确定性（Li et al.，2022b）。基于不同 TSP 和 SPM 样品的 $\delta^{13}C$ 和 $\delta^{15}N$，结合贝叶斯模型可以量化不同来源对于大气中 TSP、TOC 和 TN 的贡献，以及大气沉降过程对于区域内表层海水 SPM、POC 和 PTN 的贡献。

在本研究中，根据之前的文献报道以及研究区域的实际情况，大气沉降、河流输入、浮游植物初级生产以及扇贝排泄被认为是表层海水 SPM 的四个主要来源（Yang et al.，2022；Xie et al.，2022a，2021）；煤炭燃烧、液体化石燃料燃烧、C3 植物释放及燃烧、C4 植物释放及燃烧以及海洋生物活动释放被认为是大气中 TSP 的五个主要来源（Lim et al.，2020；Andersson et al.，2015）。SPM 的大气沉降以及河流输入源的 $\delta^{13}C$ 和 $\delta^{15}N$ 是通过实际测定获得的，浮游植物初级生产及扇贝排泄源的 $\delta^{13}C$ 和 $\delta^{15}N$ 引自其他文献（Zhang et al.，2019b；Miyazaki et al.，2011），TSP 五个主要来源的 $\delta^{13}C$ 和 $\delta^{15}N$ 均引自之前的报道（表 11-1）。通过贝叶斯模型计算出不同来源对于大气中 TSP 的贡献以及对于表层海水中 SPM 的贡献的不确定度为 3.8%～25.2%。

表 11-1　文献报道的 TSP 主要排放源的 $\delta^{13}C$-TOC 和 $\delta^{15}N$-TN（平均值±标准偏差）

来源	$\delta^{13}C$/‰	参考文献
煤炭燃烧	−23.4±1.3	Lim et al.，2020；Andersson et al.，2015；Widory，2006
液体化石燃料燃烧	−25.5±1.3	Lim et al.，2020；Andersson et al.，2015；Widory，2006
C3 植物释放及燃烧	−26.7±1.8	Bikkina et al.，2022；Andersson et al.，2015；Agnihotri et al.，2011
C4 植物释放及燃烧	−12.8±0.6	Liu and Han，2021；Lim et al.，2020；Das et al.，2010
海洋生物活动释放	−21.0±1.9	Xiao et al.，2018；Miyazaki et al.，2016，2011
来源	$\delta^{15}N$/‰	参考文献
煤炭燃烧	7.9±0.8	Bikkina et al.，2022；Agnihotri et al.，2011
液体化石燃料燃烧	4.6±0.5	Zhou et al.，2021b；Widory，2007
C3 植物释放及燃烧	9.8±6.9	Zhou et al.，2021b；Turekian et al.，1998
C4 植物释放及燃烧	15.7±4.0	Zhou et al.，2021b；Turekian et al.，1998
海洋生物活动释放	4.9 ± 2.8	Bikkina et al.，2022；Xiao et al.，2018；Miyazaki et al.，2011

此外，本章还利用克鲁斯卡尔-沃利斯（Kruskal-Wallis）检验分析了不同季节 TSP 中 TOC、TN 的浓度和 $\delta^{13}C$ 和 $\delta^{15}N$ 的显著性差异。

11.2　TOC 和 TN 浓度的时间变化规律

在研究区域，大气 TSP 中 TOC 浓度为 1.80～30.48μg/m^3，平均值为（5.36±4.74）μg/m^3（表 11-2）。如图 11-1a 所示，TOC 月平均浓度的最低值和最高值分别为（2.65±0.85）μg/m^3 和（9.52±9.70）μg/m^3，分别出现在 2020 年 8 月和 2019 年 12 月，与 DOC 浓度的月变化规律相似（Xie et al.，2022a）。TOC 与 DOC 之间具有显著性线性相关性（r=0.86，

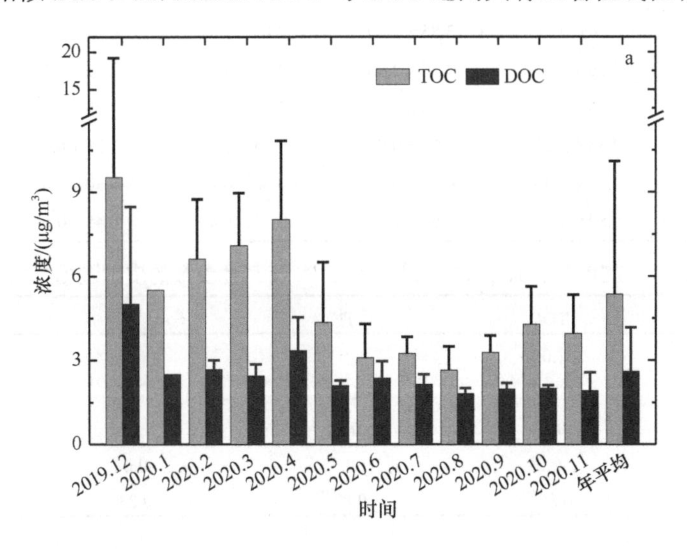

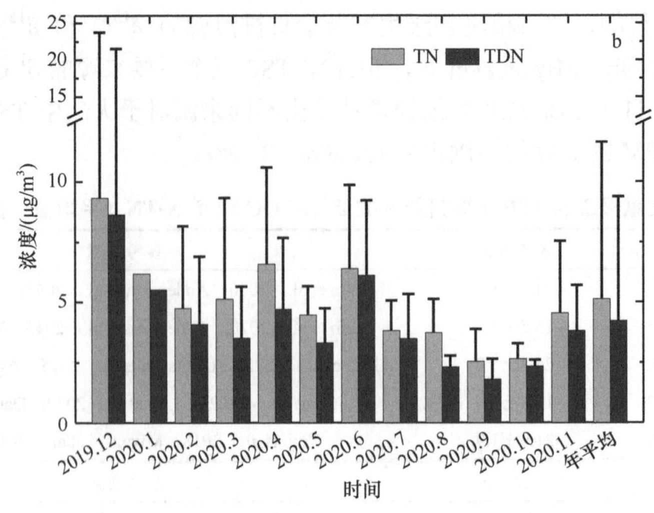

图 11-1 TSP 中 TOC、DOC 浓度的月变化规律（a）及 TN、TDN 浓度的月变化规律（b）

P<0.01)(表 11-3)，表明 TSP 中 DOC 是 TOC 的重要组分，二者之间具有相同的来源。从季节上来看，TOC 浓度在冬季和春季相对较高，平均值分别为（8.43±8.13）μg/m³和（6.37±2.92）μg/m³，高于夏季[（3.06±0.95）μg/m³]和秋季[（3.88±1.27）μg/m³]（0.01<P<0.05，克鲁斯卡尔-沃利斯检验）。在研究区域内，春季和冬季大气中较多的碳质气溶胶可能与两个季节频繁的沙尘天气以及雾霾事件有关（Xie et al.，2022a）。

表 11-2 TSP 中各参数不同季节及年度值（平均值±标准偏差）

参数	冬季	春季	夏季	秋季	全年
TSP/（μg/m³）	89.1±52.6	102.6±33.5	50.8±18.2	54.8±22.5	74.0±40.5
TOC/（μg/m³）	8.43±8.13	6.37±2.92	3.06±0.95	3.88±1.27	5.36±4.74
TN/（μg/m³）	7.96±12.05	5.44±3.38	4.43±2.60	2.94±2.10	5.12±6.52
$\delta^{13}C$/‰	–23.4±0.6	–23.7±1.6	–24.2±0.5	–24.5±0.3	–24.0±1.0
$\delta^{15}N$/‰	11.7±2.0	11.5±1.9	14.3±3.3	12.3±3.1	12.5±2.9
DOC/（μg/m³）	4.23±2.89	2.66±0.92	2.13±0.49	1.96±0.42	2.61±1.56
TDN/（μg/m³）	7.27±10.85	3.85±2.40	4.08±3.63	2.49±1.41	4.23±5.15
DIN/（μg/m³）	6.50±9.49	3.38±2.08	3.74±3.21	2.19±1.32	3.78±4.52
NH_4^+/（μg/m³）	4.15±7.28	1.66±1.17	2.20±2.07	0.88±0.74	2.06±3.36
NO_3^-/（μg/m³）	2.35±2.21	1.72±0.92	1.54±1.14	1.31±0.58	1.72±1.27
DON/（μg/m³）	0.77±1.36	0.47±0.32	0.35±0.41	0.30±0.08	0.45±0.63
PON/（μg/m³）	0.69±1.19	1.59±0.97	0.34±0.43	0.45±0.69	0.89±1.37

表 11-3 TSP 中 TOC、TN、$\delta^{13}C$ 和 $\delta^{15}N$ 与其他参数的皮尔逊相关性分析

参数	TOC	TN	$\delta^{13}C$	$\delta^{15}N$
TOC	1.00			
TN	0.89**	1.00		
$\delta^{13}C$	0.12	0.10	1.00	
$\delta^{15}N$	–0.24	–0.07	–0.03	1.00
DOC	0.86**	0.87**	0.23	–0.17

续表

参数	TOC	TN	$\delta^{13}C$	$\delta^{15}N$
NH_4^+	0.91**	0.97**	0.09	−0.12
NO_3^-	0.92**	0.93**	0.15	−0.21
DON	0.91**	0.92**	0.02	−0.17
Na^+	0.20	0.05	0.20	−0.27
Mg^{2+}	0.23	0.07	0.11	−0.37*
nss-K^+	0.95**	0.88**	0.11	−0.20
nss-Ca^{2+}	0.51**	0.36*	−0.20	−0.28
SO_2	0.69**	0.50**	0.14	−0.21
NO_2	0.71**	0.57**	−0.03	−0.24

注：**表示 P<0.01；*表示 0.01<P<0.05

本章对 TSP 中 TOC、TN、$\delta^{13}C$ 和 $\delta^{15}N$ 和第 9 章中其他参数（营养盐及常量离子），以及中国环境监测总站所报道的烟台市的 SO_2 和 NO_2 浓度（http://www.tianqihoubao.com/aqi/yantai.html）进行了皮尔逊线性分析。如表 11-3 所示，TOC 与 nss-K^+、nss-Ca^{2+}、SO_2 和 NO_2 之间均具有显著的正相关性（r=0.51～0.95，P<0.01），这几个参数分别是生物质燃烧、矿质沙尘来源、煤炭燃烧和汽车尾气排放的主要示踪剂（Kharol et al.，2020；Matthaios et al.，2019；Yadav et al.，2016；Mace et al.，2003），表明研究区域大气中 TOC 具有多种不同的来源。因此，TOC 显著的季节性差异可能与不同季节不同来源排放强度存在差异有关（Xiao et al.，2018）。例如，冬季大气中 nss-K^+、SO_2 和 NO_2 的平均浓度分别为（0.52±0.43）μg/m³、（12.80±2.86）μg/m³ 和（32.54±10.41）μg/m³，高于其他季节，表明包括生物质燃烧和化石燃料燃烧在内的人为活动是导致冬季 TOC 浓度最高的主要原因（Kharol et al.，2020；Yadav et al.，2016）。在春季，TSP 中 nss-Ca^{2+}的平均浓度为（0.47±0.33）μg/m³，显著高于冬季、夏季和秋季，表明春季较高的 TOC 浓度可能受到沙尘事件的影响（Mace et al.，2003）。

与山东半岛其他近海海域相比，研究区域内大气 TSP 中 TOC 年均浓度[(5.36±4.74) μg/m³]与黄河口附近[（5.48±3.65）μg/m³]（Zong et al.，2016）相近，但显著低于青岛市近岸海域[（19.28±5.33）μg/m³]，主要与青岛市大规模的化石燃料燃烧有关（Ding et al.，2019）。在更大的地理尺度范围内，研究区域的 TOC 年均浓度要高于东海近岸海域（Kunwar et al.，2016；Kundu and Kawamura，2014）以及南海近岸海域（Wu et al.，2020；Xiao et al.，2018）。此外，研究区域内冬季大气 TSP 中 TOC 的平均浓度为（8.43±8.13）μg/m³，要高于受生物质燃烧较为明显的阿拉伯海（Bikkina et al.，2022）和孟加拉湾（Bikkina et al.，2016）（表 11-4）。

采样期间 DOC 占 TOC 比例的年平均值为（52.5±12.2）%，表明研究区域内 DOC 是 TOC 的主要组分（图 11-1a），其贡献略高于 POC[（47.5±12.2）%]。DOC 占 TOC 的比例在夏季最高，为（70.4±4.2）%，冬季、春季和秋季分别为[（46.1±5.0）%]、[（41.5±5.8）%]和[（51.9±6.0）%]。据报道，大气 TSP 中较高的 DOC/TOC 与二次有机气溶胶的形成有关（Ding et al.，2019；Ram et al.，2010），因此夏季最高的 DOC/TOC 可能受到该季节最高的温度及辐射强度所导致的光化学作用增强有关，从而有利于氧化程度和水溶性更高的二次有机气溶胶的形成（Vodička et al.，2022）。在关于研究区域之前的报道中发现，夏季 TSP 中 DOC 的浓度与大气中 O_3 的浓度呈现显著正相关性，证明了夏季光化学反应有利于部分碳质气溶胶的形成（Xie et al.，2022a）。

表 11-4　养马岛附近海域 TSP 中 TOC 和 TN 的浓度以及 $\delta^{13}C$ 和 $\delta^{15}N$ 与其他区域的比较

区域	类型	采样时间	TOC/（μg/m³）	TN/（μg/m³）	$\delta^{13}C$/‰	$\delta^{15}N$/‰	参考文献
养马岛附近海域	TSP	2019～2020	5.36±4.74	5.12±6.52	–24.0±1.0	12.5±2.9	本书
南海[a]	TSP	2014～2015	4.20±2.38	0.77±0.47	–22.7±2.1	1.1±4.3	Xiao et al.，2018
广州市[a]	TSP	2014	19.27±10.11	6.44±4.34	–25.8±0.4	13.2±0.9	Xiao et al.，2018
大亚湾[b]	TSP	2015～2017	3.64±2.81	0.91±0.70	–29.4～–24.4	–15.8～11.2	Wu et al.，2020
北京市	PM2.5	2016 年夏季	8.61±3.94	6.28±4.74	–25.1±0.3	10.6±1.8	Lim et al.，2020
长岛县	PM2.5	2016 年夏季	4.22±1.60	8.46±4.23	–24.5±0.4	5.0±3.1	Lim et al.，2020
合肥市	PM2.5	2018～2019		7.97±6.79		6.08±4.22	Zhou et al.，2021b
贵阳市	PM2.5	2017～2018		3.6±2.7		11.8±4.7	Tian et al.，2021
喜马拉雅山	TSP	2013～2014		0.54±0.25		3.99±2.91	Bhattarai et al.，2019
冲绳岛[a]	TSP	2009～2010	2.3±1.0	0.72±0.54	–22.5±0.6	12.2±2.2	Kunwar et al.，2016
济州岛	TSP	2003～2004	2.0～7.6	2.5±1.4	–24.4～–22.5	15.1±3.4	Kundu et al.，2010
白翎岛[a]	PM2.5	2014～2016			–23.0±1.6	3.9±5.4	Park et al.，2018
韩国首尔市[a]	PM2.5	2014～2016			–24.6±1.0	12.4±3.5	Park et al.，2018
阿拉伯海[a]	TSP	2018 年冬季	7.2±3.4	2.8±1.2	–24.0±0.7	19.5±2.1	Bikkina et al.，2022
孟加拉湾[a]	PM2.5	2008 年冬季	6.0±3.1	2.6±1.7	–24.6±0.8	19.9±5.8	Bikkina et al.，2016
西太平洋	TSP	2008 年夏季			–21.0±1.9	4.9±2.8	Miyazaki et al.，2011
斯洛伐克科希策[a]	PM1	2013～2014	3.81±2.03	1.56±1.22	–27.1±0.6	17.8±5.5	Vodička et al.，2019
捷克布拉格市	PM2.5	2016～2017	6.00±7.74		–26.1±0.7		Vodička et al.，2022

注：a 表示这些区域的碳质气溶胶以 TC 的形式表示；b 表示该区域的氮质气溶胶以总有机氮（TON）的形式表示

TSP 中 TN 浓度为 0.63～41.4μg/m³，年平均值为（5.12±6.52）μg/m³（表 11-2），显著高于其他的边缘海海域及大洋海域，表明研究区域内大气中 TN 的污染状况受人为活动的影响较为显著（Kunwar et al.，2016；Miyazaki et al.，2011；Kawamura et al.，1996）。例如，研究区域 TN 的平均浓度[（5.12±6.52）μg/m³]分别为东海冲绳岛[（0.72±0.54）μg/m³]（Kunwar et al.，2016）和南海永兴岛[（0.77±0.47）μg/m³]（Xiao et al.，2018）的 7.1 倍和 6.6 倍。此外，研究区域 TSP 中 TN 浓度比偏远地区，如西北太平洋海域（0.20μg/m³）和南极地区（0.056μg/m³）高 1～2 个数量级（Miyazaki et al.，2011；Kawamura et al.，1996）。研究区域内 TN 浓度与一些城市区域相近，如北京市（Lim et al.，2020）、合肥市（Zhou et al.，2021b）和广州市（Xiao et al.，2018）（表 11-4），但要低于位于渤海海域且毗邻山东半岛的砣矶岛[（8.64±4.23）μg/m³]（Lim et al.，2020），表明山东半岛地区大气 N 污染的情况较为严重，主要与大量的人为污染及能源消耗有关（Xie et al.，2021；Xing et al.，2017）。从季节上来看，TN 浓度季节平均值的最高值和最低值分别出

现在冬季[（7.96±12.05）μg/m^3]和秋季[（2.94±2.10）μg/m^3]，春季和夏季 TN 浓度季节平均值分别为（5.44±3.38）μg/m^3 和（4.43±2.60）μg/m^3，然而不同季节 TN 浓度不存在显著性差异（P=0.54）。

如图 11-1b 所示，TDN 是 TN 的主要组成成分，二者的比例为（74.8±18.6）%，略低于中国的秦皇岛近岸海域（91.7%）以及日本的北海道（87.5%）（Yu et al.，2020；Pavuluri et al.，2015），但显著高于北太平洋海域[（45±16）%]，主要因为太平洋海域海洋生物活动会向大气中释放大量的颗粒有机氮组分（PON）（Miyazaki et al.，2011）。根据表 11-2，NH_4^+、NO_3^-、PON 和 DON 占 TN 的比例分别为（34.6±11.7）%、（33.9±11.7）%、（25.2±18.6）%和（6.2±4.5）%，表明 NH_4^+是 TN 的主要组分。就有机氮（ON）的组成而言，PON 是 ON 的主要组分，其占比高达（74.1±19.4）%，约为 DON 贡献的 3 倍。如表 11-3 所示，TN 与 nss-K^+之间呈现显著的正相关性（r=0.88，P<0.01），表明生物质燃烧对于 TN 具有重要的影响（Xing et al.，2017）。此外，TN 与 nss-Ca^{2+}之间也具有中等显著的正相关性（r=0.36，0.01<P<0.05），表明矿物沙尘来源对研究区域内的含 N 气溶胶具有一定的贡献（Kunwar et al.，2016）。

11.3　TOC 和 TN 的稳定同位素特征

在本研究中，$\delta^{13}C$ 为–25.1‰～–19.2‰，平均值为（–24.0±1.0）‰（表 11-2，图 11-2a），$\delta^{13}C$ 的最高值出现在 2020 年 4 月 16～19 日采集的样品中，除此样品外，其他样品的 $\delta^{13}C$ 均低于–22‰。据报道，2020 年 4 月 13～15 日，烟台市出现了严重的沙尘暴事件，4 月 15 日大气中 PM10 浓度高达 104.5μg/m^3，为采样期间的第二高值（http://www.tianqihoubao.com/aqi/yantai.html）。此外，4 月 16～19 日采集的 TSP 样品中 DIP 浓度为 2.14nmol/m^3，显著高于其他样品，表明悬浮在大气中的沙尘颗粒可能是该样品的重要组分（Xie et al.，2021）。许多研究发现，沙尘中的碳酸盐组分具有较高的 $\delta^{13}C$（–19.8‰～–2.1‰）（Bikkina et al.，2022；Liu and Han，2021；Chen et al.，2015），此外，

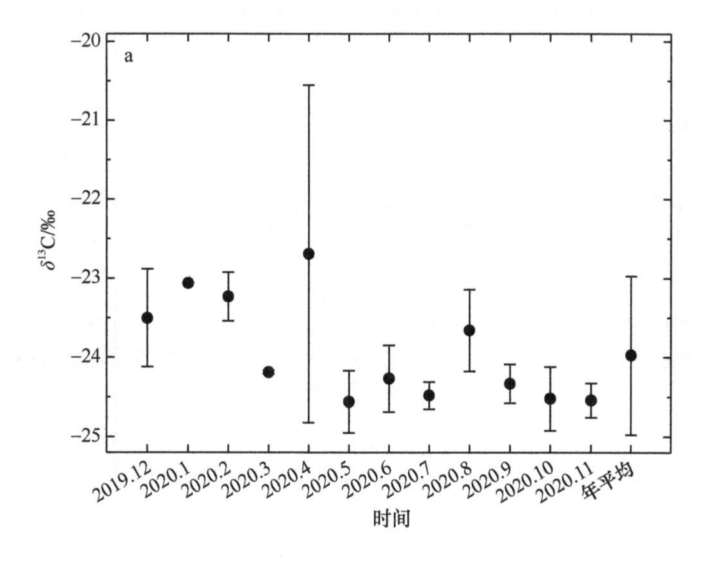

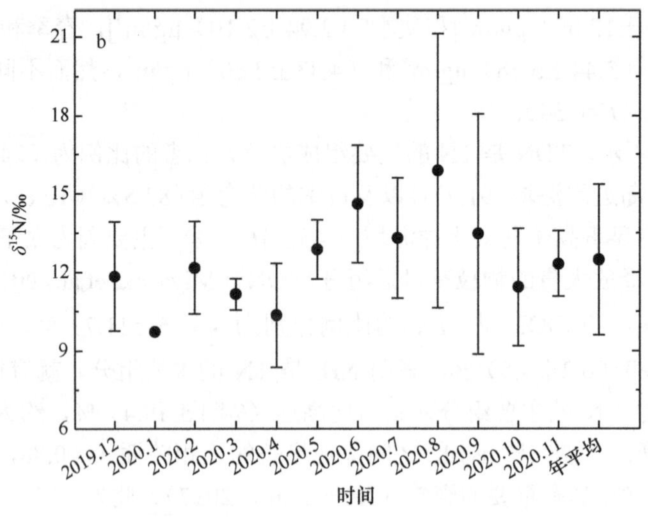

图 11-2 TSP 的 δ^{13}C-TOC 和 δ^{15}N-TN 的月变化规律

近年来的研究发现，沙尘和土壤中的有机质也具有较高的 δ^{13}C，其平均值为（-12.45 ± 0.28）‰（Wu et al.，2020），因此 2020 年 4 月 16～19 日采集的 TSP 样品具有较高的 δ^{13}C 主要与沙尘有关。

如表 11-4 所示，研究区域内 δ^{13}C 要显著高于一些城市区域，包括中国的广州市[（-25.8 ± 0.4）‰]（Xiao et al.，2018）和北京市[（-25.1 ± 0.3）‰]（Lim et al.，2020）以及捷克的布拉格市[（-26.1 ± 0.7）‰]（Vodička et al.，2022），这些城市区域的大气状况受人为活动的影响十分显著，尤其是液体化石燃料燃烧和生物质燃烧，这两种人为活动释放出有机质的 δ^{13}C 相对较低，分别为（-25.5 ± 1.3）‰和（-26.7 ± 1.8）‰（图 11-3a）（Andersson et al.，2015）。相比之下，研究区域内 TSP 的 δ^{13}C 要低于部分沿海城市、边缘海以及大洋区域，如冲绳岛[（-22.5 ± 0.6）‰]（Kunwar et al.，2016）、南海[（-22.7 ± 2.1）‰]（Xiao et al.，2018）以及西北太平洋[（-21.0 ± 1.9）‰]（Miyazaki et

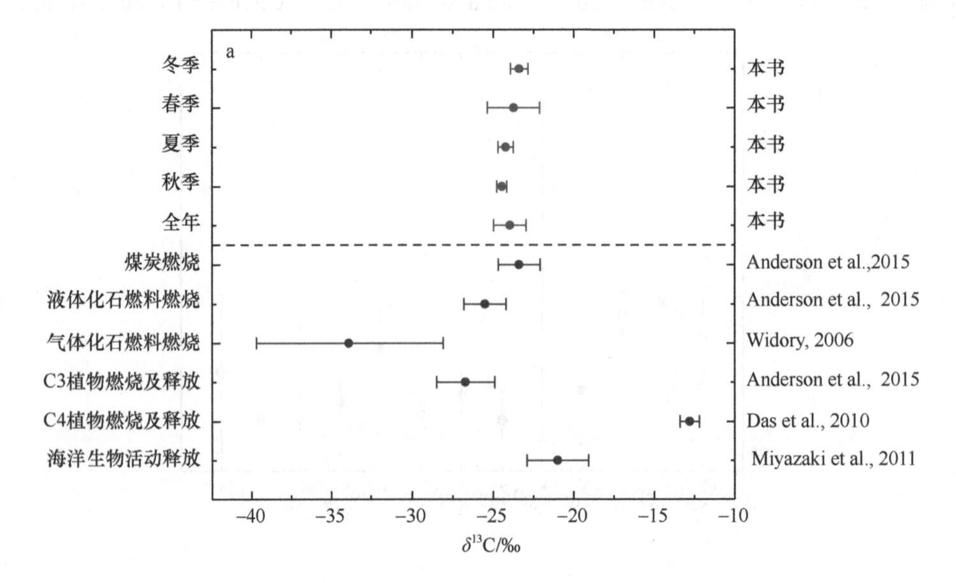

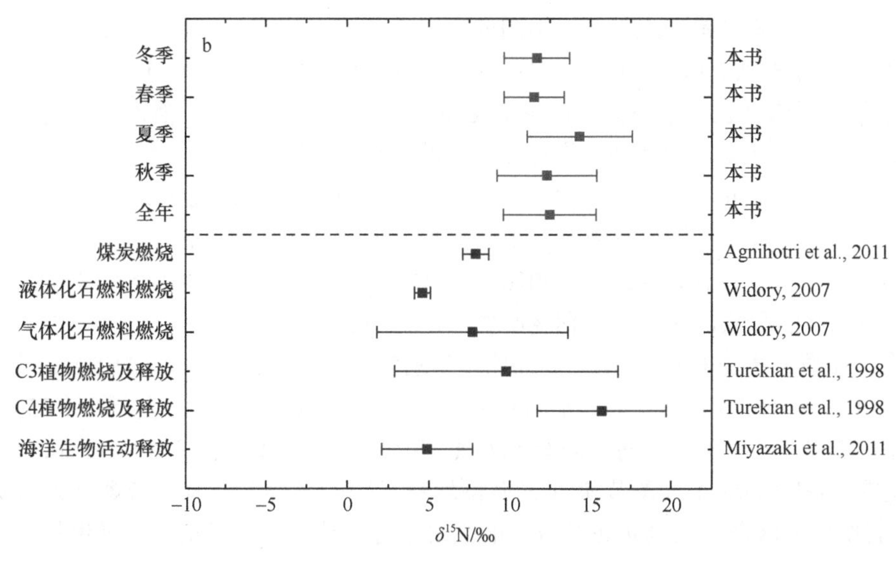

图 11-3　养马岛附近海域 TSP 的 δ^{13}C-TOC 和 δ^{15}N-TN 的季节变化规律以及气溶胶和不同排放源的 δ^{13}C 和 δ^{15}N 的比较

al.，2011）。之前的报道发现，海洋气溶胶具有较高的 δ^{13}C[（−21.0±1.9）‰]（Ceburnis et al.，2011；Miyazaki et al.，2011），因此研究区域相对较低的 δ^{13}C[（−24.0±1.0）‰]表明，与上述沿海区域、边缘海及大洋海域相比，研究区域内大气 TOC 受海洋源的影响较小，受陆源输入的影响较大。

如图 11-2a 所示，冬季和春季的 δ^{13}C 分别为（−23.4±0.6）‰和（−23.7±1.6）‰，显著高于夏季[（−24.2±0.5）‰]和秋季[（−24.5±0.3）‰]（$P<0.05$）。冬季样品的 δ^{13}C 与煤炭燃烧的 δ^{13}C[（−23.4±1.3）‰]相近，表明煤炭燃烧可能是冬季大气 TOC 的重要来源之一（图 11-3a）（Andersson et al.，2015）。在中国，煤炭是最主要的化石燃料，2020 年全国煤炭消耗量为 2.83×10^9t，其中 25%用于冬季取暖（http://www.stats.gov.cn/tjsj/ndsj/2021/indexch.htm）。毗邻研究区域的烟台市的集中供暖期为 11 月 16 日至次年 3 月 31 日，因此冬季较高的 δ^{13}C 可能与该季节大规模的煤炭燃烧活动有关，这一观点已经被多项研究证明（Park et al.，2018；Kunwar et al.，2016）。

春季较高的 δ^{13}C 主要与 2020 年 4 月 16～19 日采集的 TSP 样品有关，该样品富含沙尘颗粒，从而具有较高的 δ^{13}C。在不考虑上述样品的情况下，春季的 δ^{13}C 降低至（−24.3±0.6）‰，与夏季和秋季的 δ^{13}C 相近。如图 11-3a 所示，夏季和秋季的 δ^{13}C 处于煤炭燃烧源[（−23.4±1.3）‰]和液体化石燃料燃烧源[（−25.5±1.3）‰]的 δ^{13}C 范围内，表明这些季节 TSP 的 TOC 受化石燃料燃烧的影响较为明显（Rastogi et al.，2020；Andersson et al.，2015）。此外，由于 C3 植物释放产物及燃烧产物的 δ^{13}C 较低[（−26.7±1.8）‰]（Andersson et al.，2015），因此春季、夏季和秋季相对较低的 δ^{13}C 可能与 C3 植物释放或燃烧有关。此外，据报道有机气溶胶的二次形成过程可能会导致 δ^{13}C 降低，因此夏季较低的 δ^{13}C 可能与二次有机气溶胶的占比较高有关（Vodička et al.，2022；Kundu and Kawamura，2014）。

在研究区域，δ^{15}N 为 7.0‰～21.1‰，年平均值为（12.5±2.9）‰（表 11-2，图 11-2b），

该值与部分城市区域的 $\delta^{15}N$ 相近，如中国的广州市[（13.2±0.9）‰]（Xiao et al.，2018）、北京市[（10.6±1.8）‰]（Lim et al.，2020）和贵阳市[（11.8±4.7）‰]（Tian et al.，2021）以及韩国的首尔市[（12.4±3.5）‰]（Park et al.，2018）（表 11-4）。然而，研究区域内 $\delta^{15}N$ 要显著高于一些受人为活动污染程度较低的区域，如中国南海[（1.1±4.3）‰]（Xiao et al.，2018）和白翎岛[（3.9±5.4）‰]（Park et al.，2018），但研究区域内 $\delta^{15}N$ 显著低于南亚的边缘海海域，包括阿拉伯海[（19.5±2.1）‰]（Bikkina et al.，2022）和孟加拉湾[（19.9±5.8）‰]（Bikkina et al.，2016），主要因为这两个海域气溶胶受到印度-恒河平原生物质燃烧的影响，而生物质燃烧产生颗粒物的 $\delta^{15}N$ 明显较高。

冬季、春季、夏季和秋季 TN 的 $\delta^{15}N$ 分别为（11.7±2.0）‰、（11.5±1.9）‰、（14.3±3.3）‰和（12.3±3.1）‰，不同季节之间的 $\delta^{15}N$ 没有显著性差异（P=0.23）（表 11-2，图 11-2b），表明采样期间不同季节大气 TSP 中 TN 的来源组成相似（Park et al.，2018）。如图 11-3b 所示，不同季节 $\delta^{15}N$ 的范围均在 C3 和 C4 植物的释放及燃烧源的 $\delta^{15}N$ 范围内，表明研究区域内大气 TSP 中 TN 的主要来源为植物生命活动释放及生物质燃烧（Turekian et al.，1998）。对于 TN 的不同潜在来源，煤炭燃烧[（7.9±0.8）‰]和液体化石燃料（汽油和柴油）燃烧[（4.6±0.5）‰]具有相对较低的 $\delta^{15}N$（Agnihotri et al.，2011；Widory，2007），而 C3 植物释放及燃烧[（9.8±6.9）‰]和 C4 植物释放及燃烧[（15.7±4.0）‰]具有相对较高的 $\delta^{15}N$（Turekian et al.，1998）。如前所述，大规模的煤炭燃烧活动是导致冬季 $\delta^{13}C$ 较高的原因之一，与此同时，冬季较低的 $\delta^{15}N$ 可能也与煤炭燃烧活动有关（Park et al.，2018；Kundu et al.，2010）。根据中国环境监测总站的数据可知，在采样期间，烟台市 SO_2 浓度在冬季最高，为（12.8±2.9）μg/m^3（图 11-4），证明了该季节 TSP 的形成会受到大规模煤炭燃烧活动的影响（Xie et al.，2022a；Kharol et al.，2020）。

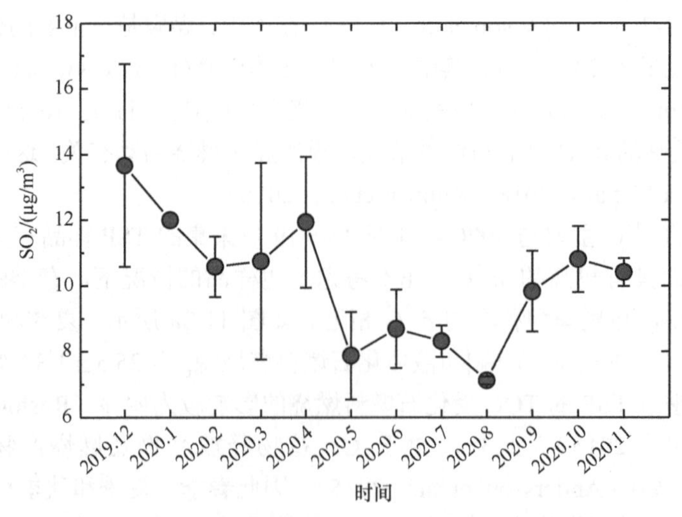

图 11-4　TSP 采样期间烟台市大气 SO_2 浓度的月变化特征

除了排放源这一影响因素，动力学或平衡反应所引发的同位素分馏效应同样会对 $\delta^{15}N$ 产生一定的影响（Lim et al.，2020；Rastogi et al.，2020）。在动力学分馏的影响下，含 N 气体（NH_3 和 NO_x）的 $\delta^{15}N$ 较低，从而导致颗粒态中 $\delta^{15}N$ 较高（Rastogi et al.，2020；Turekian et al.，1998）。如表 11-2 所示，TN 主要以 DIN 的形式存在，DIN 占 TN 的比例在冬季、春季、夏季和秋季分别为（74.8±10.1）%、（73.0±9.5）%、（59.6±24.8）%和（67.7±10.8）%，因此，一些会影响 DIN 丰度及组成的大气过程很大程度上会对 TN 的 $\delta^{15}N$ 产生影响。如之前的研究报道，夏季 TSP 中较高的 $\delta^{15}N$ 可能是该季节温度较高所导致的 NH_4NO_3 的解离（Vodička et al.，2019；Park et al.，2018）。在气溶胶中 NH_4NO_3 的解离过程中，^{14}N 会优先进入气态 NH_3，进而释放到大气，而 ^{15}N 会保留在颗粒物中，从而导致 TSP 中 $\delta^{15}N$ 增加（Lim et al.，2020；Xiao et al.，2018）。

如图 11-5b 所示，$\delta^{15}N$ 会随着 NO_3^--N 占 TN 的比例的增加而降低（R^2=0.27，P<0.01），而 $\delta^{15}N$ 与其他含氮组分（NH_4^+-N、DON 和 PON）占 TN 的比例之间没有显著的相关性（P>0.05）（图 11-5a、c、d），表明 TN 的 $\delta^{15}N$ 主要受到 NO_3^--N 的比重以及 $\delta^{15}N$ 的影响。在研究区域，NO_3^--N 占 TN 的比例在冬季、春季、夏季和秋季分别为（36.8±10.7）%、（36.3±8.9）%、（24.4±9.6）%和（38.2±11.6）%，因此研究区域内夏季相对较高的 $\delta^{15}N$[（14.3±3.3）‰]可能与夏季 NO_3^--N 占 TN 的比例相对较低有关，与欧洲中部一背景区域 $\delta^{15}N$ 的季节变化特征相似（Vodička et al.，2019）。之前的研究发现，NO_3^--N 的 $\delta^{15}N$ 存在显著的季节性差异，可能会受到多因素的影响，如不同季节 NO_x 排放源的变化、

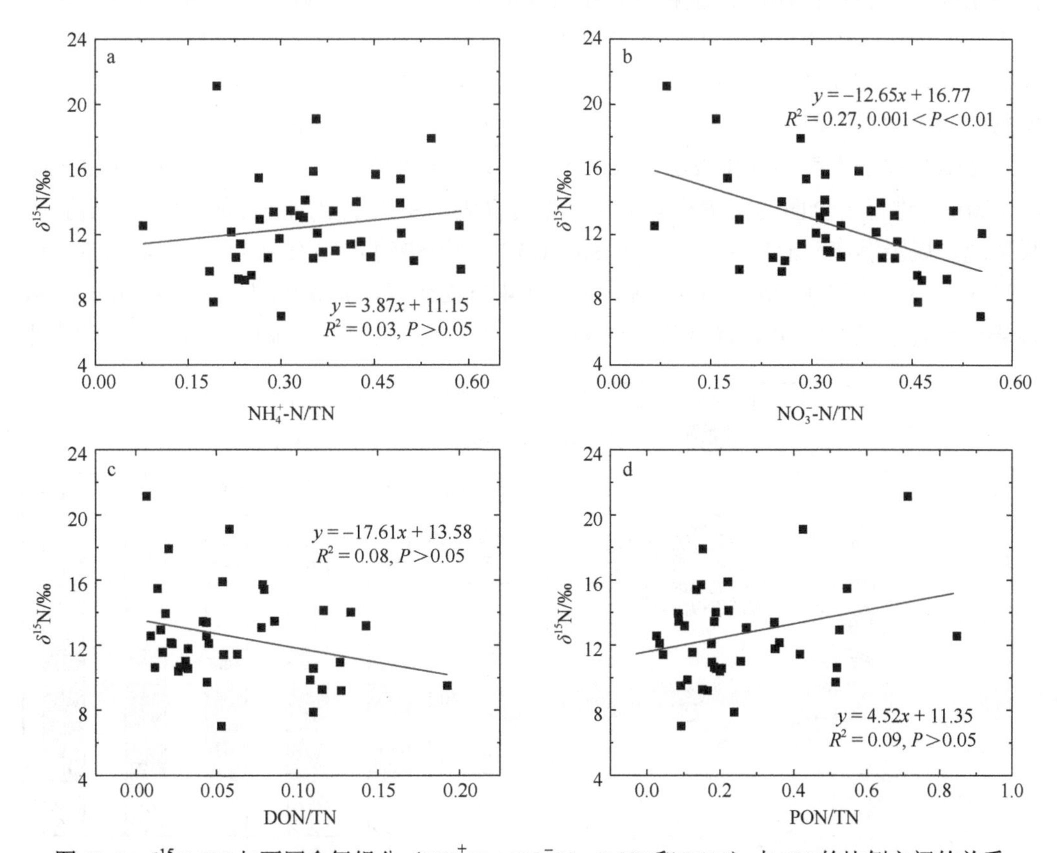

图 11-5　$\delta^{15}N$-TN 与不同含氮组分（NH_4^+-N、NO_3^--N、DON 和 PON）占 TN 的比例之间的关系

风速和风向的影响，以及温度变化对于同位素分馏效应的影响（Vodička et al.，2019；Savard et al.，2017；Kundu et al.，2010）。然而，由于本研究并未涉及单独含氮组分（如 NO_3^--N）δ^{15}N 的测定，在一定程度上制约了对 δ^{15}N-TN 季节变化规律的内在影响机制的深入理解，因此，在未来的研究中有必要对不同含氮组分的同位素组成及分馏效应进行深入研究。

11.4 大气 TSP、TOC 和 TN 的来源特征分析

通过查阅相关文献报道并结合研究区域的实际情况可知，研究区域内大气 TSP 的主要来源包括化石燃料燃烧、陆源生物活动释放、生物质燃烧以及海洋生物活动释放（Bikkina et al.，2022；Li et al.，2022b；Liu and Han，2021；Lim et al.，2020；Andersson et al.，2015）。其中，化石燃料主要包括固态化石燃料（煤炭）、液态化石燃料（石油）和气态化石燃料（天然气）；陆源植物主要包括 C3 植物和 C4 植物（Liu and Han，2021）。在中国，煤炭燃烧、石油燃烧和天然气燃烧是最主要的能量来源，2020 年三者占总能量消耗的比例分别为 56.8%、18.9%和 8.4%（http://www.stats.gov.cn/tjsj/ndsj/2021/indexch.htm）。然而，因为天然气燃烧产生的颗粒物的 δ^{13}C 较低（–40‰～–28‰），且天然气燃烧产生的颗粒物含 N 量相对较低（Niu et al.，2022；Widory，2006），在本研究中未考虑天然气燃烧过程对于大气 TSP 的贡献，因此选取了五端元（煤炭燃烧、液体化石燃料燃烧、C3 植物释放及燃烧、C4 植物释放及燃烧和海洋生物活动释放）贝叶斯模型来评估不同来源对于大气 TSP、TOC 和 TN 的贡献（图 11-6a）。

文献中关于大气不同排放源 δ^{13}C 和 δ^{15}N 端元值的信息十分丰富，因此 Andersson 等（2015）进行了全面的文献检索来获取相对准确的中国主要燃烧源的 δ^{13}C 端元值，结果发现，煤炭燃烧、液体化石燃料燃烧和 C3 植物燃烧的 δ^{13}C 分别为（–23.4±1.3）‰、（–25.5±1.3）‰和（–26.7±1.8）‰。对于 C4 植物而言，其 δ^{13}C 为（–12.8±0.6）‰，显著高于其他来源的 δ^{13}C 端元值（Das et al.，2010）。此外，据报道，偏远的西北太平

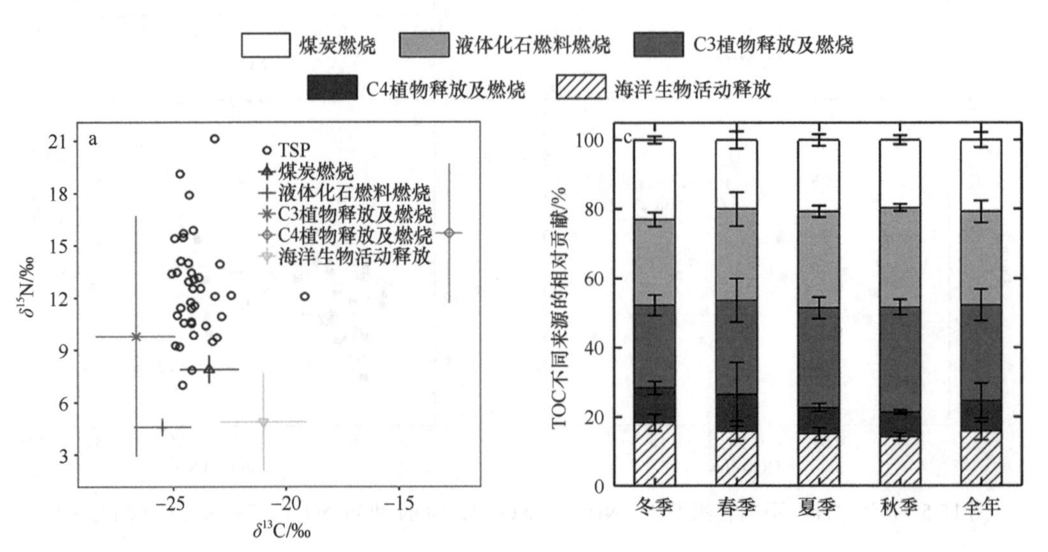

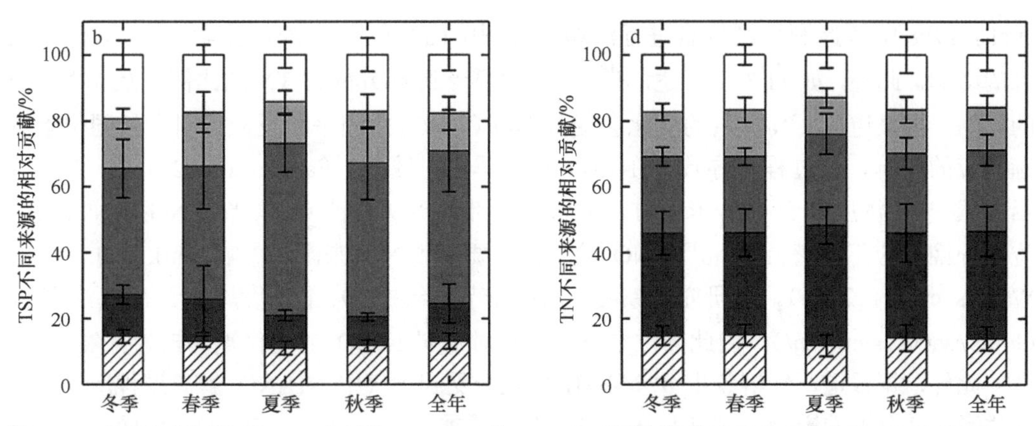

图 11-6　养马岛附近海域 TSP 中 δ^{13}C-TOC 和 δ^{15}N-TN 和不同来源的端元值（平均值±标准偏差）(a) 以及 TSP、TOC 和 TN 不同来源的相对贡献（b～d）

洋气溶胶中 δ^{13}C 和 δ^{15}N 分别为（−21.0±1.9）‰和（4.9±2.8）‰（Miyazaki et al.，2011），因此本研究将这两个值设为研究区域内海洋生物活动释放源的端元值。对于 δ^{15}N 而言，不同来源的端元值范围分布较为分散，煤炭燃烧和液体化石燃料燃烧产生颗粒物中 TN 的 δ^{15}N 相对较低，分别为（7.9±0.8）‰和（4.6±0.5）‰（Agnihotri et al.，2011；Widory，2007），而 C3 植物和 C4 植物燃烧产生颗粒物中 TN 的 δ^{15}N 相对较高，分别为(9.8±6.9)‰和（15.7±4.0）‰（Turekian et al.，1998）。C3 植物和 C4 植物的燃烧产物具有较高的 δ^{15}N 主要与不同的植物种类以及复杂的同位素分馏效应有关，而同位素分馏效应主要受到不同的燃烧条件及气象条件的影响（Liu and Han，2021；Tian et al.，2021；Rastogi et al.，2020）。

光化学氧化作用及气溶胶二次形成过程所引发的同位素分馏现象会显著影响大气 TSP、TOC 和 TN 的溯源结果（Bikkina et al.，2022；Liu and Han，2021；Widory，2007）。普遍而言，气溶胶的老化过程会导致 δ^{13}C 的升高，而气溶胶的二次形成过程会导致 δ^{13}C 的降低（Bikkina et al.，2022；Vodička et al.，2022）。此外，据报道，气溶胶的老化过程及二次形成过程均会导致气溶胶中有机质的溶解度有所增加，进而使气溶胶中 DOC 占 TOC 的比例有所增大，因此根据 DOC 占 TOC 的比例和 δ^{13}C 之间的正负相关性可以判断气溶胶的老化过程和二次形成过程对于同位素分离效应的相对影响程度（Bikkina et al.，2022）。然而在本研究中，DOC/TOC 与 δ^{13}C 之间没有显著的相关性（R^2=0.10，P=0.31），可能与以下两个原因有关。一方面，气溶胶的老化过程和二次形成过程对于同位素分馏效应的影响程度相似，两种作用互相抵消；另一方面，根据之前文献中的发现，δ^{13}C 的变化主要受到大气颗粒物来源的影响，大气过程对于同位素分馏的影响较弱，可以忽略不计（Liu and Han，2021；Rastogi et al.，2020；Park et al.，2018；Bikkina et al.，2016；Das et al.，2010）。

同位素分馏效应对于 δ^{15}N 的影响要大于对于 δ^{13}C 的影响（Bikkina et al.，2022，2016；Kundu et al.，2010；Turekian et al.，1998）。然而在本研究中，引自其他文献中的 δ^{15}N 端元值均为不同来源（煤炭、液体化石燃料、C3 植物和 C4 植物）燃烧产物的 δ^{15}N，而并非不同来源原材料的 δ^{15}N（Agnihotri et al.，2011；Widory，2007；Turekian et al.，1998），因此利用同位素进行溯源的过程中已经包含了燃烧过程中同位素分馏效应的影响。此外，如 11.3 节所述，δ^{15}N-TN 主要受到 NO_3^--N 占 TN 的比例以及 δ^{15}N-NO_3^-的影响，据报道，δ^{15}N-NO_3^-的变化会受到 NO 和 NO_2之间平衡反应所引发的同位素分馏效应的影响，该过程会导致 δ^{15}N-NO_x 在冬季相对较低（Park et al.，2018）。然而，当大气中 O_3浓度高于 NO_x浓度时，大气中大部分 NO 会被 O_3氧化成 NO_2，NO_x的同位素分馏效应不显著，此时 δ^{15}N-NO_3^-的变化主要受到 NO_x来源的影响（Park et al.，2018；Walters et al.，2016）。在研究区域内，所有季节大气中 O_3 的浓度均高于 NO_x 的浓度（http://www.cnemc.cn/），因此同位素分馏效应对于 δ^{15}N-NO_3^-的变化影响较为有限。

此外，据报道，气溶胶中 δ^{15}N-NH_4^+可能会受到大气中 NH_4NO_3 解离过程所导致的同位素平衡分馏的影响，尤其是在温度较高的夏季（Park et al.，2018）。然而，由于本研究并未对单独 N 组分的同位素进行测定，因此很难评估 δ^{15}N-NH_4^+的变化对于 δ^{15}N-TN 的影响。此外，大气过程（老化过程和二次形成过程）对于 δ^{15}N-TN 的影响会受到多因素的影响，如季节变化、气象条件变化以及大气颗粒物粒径组成的变化（Park et al.，2018；Kundu et al.，2010），将不同季节 δ^{15}N-TN 的分馏值设定为固定值，可能并不利于精确评估区域内 TSP 及 TN 的来源分布状况，所以本研究并未考虑同位素分馏效应对于 δ^{15}N-TN 的影响。

如图 11-6b 所示，从全年来看，C3 植物释放及燃烧是研究区域内大气 TSP 的主要来源，其贡献为（44.5±11.9）%，其次为煤炭燃烧[（16.9±4.5）%]、液体化石燃料燃烧[（15.0±4.9）%]、海洋生物活动释放[（12.6±2.3）%]和 C4 植物释放及燃烧[（11.0±5.7）%]，因此陆源植物（C3 植物和 C4 植物）释放及燃烧对于 TSP 的贡献为（55.5±10.8）%，要高于化石燃料（煤炭和液体化石燃料）燃烧的贡献[（31.9±9.0）%]。在中国南海的大亚湾海域，化石燃料燃烧对于大气气溶胶的贡献高于 60%，该贡献约为研究区域的 2 倍，表明研究区域受工业化和城市化的影响要小于大亚湾（Wu et al.，2020）。然而，在阿拉伯海海域，煤炭燃烧和汽车尾气排放对于大气 TSP 的贡献相对较低，分别为（10±6）%和（8±5）%，而生物质燃烧对于 TSP 的贡献为（69±5）%，要高于研究区域（Bikkina et al.，2022）。

从季节上来看，煤炭燃烧对于大气 TSP 的贡献在冬季为（19.3±4.5）%，要高于其他季节，与该季节集中供暖消耗大量的煤炭的事实相符（Xie et al.，2022a）。C3 植物释放及燃烧对于大气 TSP 的贡献在夏季最高，为（52.2±8.7）%，显著高于冬季、春季和秋季[（38.2±9.0）%、（40.3±12.8）%和（46.7±11.2）%]（图 11-6b），可能与夏季温度较高促进陆源植物释放有关（Kieber et al.，2012）。此外，C3 植物释放及燃烧对于大气 TSP 的贡献在夏季最高还可能与华北平原夏季种植玉米、冬季种植小麦的轮作种植方式有关（Cui et al.，2022）。最近，Niu 等（2022）发现，在西安市夏季降水中，陆源植物的释放对于现代生物源 POC 的贡献高达（74.3±9.3）%，证明了生物活动释放（如孢子和花粉的释放及传播）对夏季大气颗粒物的组成具有重要影响。在 9.3.1 节和 10.3.1 节中，利用线性相关性分析证明了生物质燃烧是大气 TSP 中 TDN 和 DOC 的重要来源，此外，玉米秸秆等农作物是中国部分农村区域重要的燃料，尤其是在收获季节（Xiao et al.，2018；Kundu and Kawamura，2014），因此 C3 植物和 C4 植物对于大气 TSP 的贡献中很大一部分来自生物质的燃烧过程，尤其是在秋季和冬季。

如图 11-6c、d 所示，单独利用 δ^{13}C 和 δ^{15}N 对大气 TSP 中 TOC 和 TN 的来源分布进行了分析，结果表明，C3 植物释放及燃烧和液体化石燃料燃烧是 TOC 的主要来源，二者的贡献分别为(27.7±4.6)%和(26.9±3.2)%，其次为煤炭燃烧[(20.8±2.2)%]、海洋生物活动释放[（15.8±2.7）%]和 C4 植物释放及燃烧[（8.9±5.0）%]。因此，对于大气中的 TOC 而言，化石燃料燃烧的贡献[（47.7±3.4）%]要高于陆源植物释放及燃烧的贡献[（36.5±3.2）%]，这与大气 TSP 来源的贡献分布有所差异（图 11-6b、c）。冬季除了煤炭燃烧对于 TOC 的贡献[（23.0±1.1）%]高于其他季节，海洋生物活动释放在冬季对于 TOC 的贡献[（18.4±2.4）%]也为全年最高（图 11-6c），这可能是因为研究区域处于东亚季风区，冬季盛行西北季风，从而会将大量富含有机质的海洋浪花气溶胶携带至研究区域内的 TSP 中（Xie et al.，2021；Crocker et al.，2020；Chen，2009）。

如图 11-6d 所示，C4 植物释放及燃烧、C3 植物释放及燃烧、煤炭燃烧、海洋生物活动释放和液体化石燃料燃烧对于大气中 TN 的贡献分别为（32.7±7.5）%、（24.5±4.8）%、（15.9±4.6）%、（13.9±3.6）%和（13.0±3.6）%。在大多数的文献报道中，C4 植物释放及燃烧对于大气 TSP 的贡献被忽略不计，主要因为自然环境中 C4 植物的生物量较少，且 C4 植物释放及燃烧产物的 δ^{13}C 相对其他来源显著较低[（−12.8±0.6）‰]（Bikkina et al.，2022；Li et al.，2022c；Lim et al.，2020；Andersson et al.，2015），而本研究利用同位素分析结合贝叶斯定理发现 C4 植物是大气 TN 的主要来源，该结论与之前文献的结论差异较大。然而，2020 年中国典型 C4 植物玉米的产量为 2.61×10^{8}t，显著高于其他两种重要的 C3 植物水稻（2.12×10^{8}t）和小麦（1.34×10^{8}t）（http://www.stats.gov.cn/tjsj/ndsj/2021/indexch.htm）。在研究区域邻近的山东省，2020 年玉米产量（2.60×10^{7}t）同样高于水稻（9.88×10^{5}t）和小麦（2.57×10^{7}t）（http://tjj.shandong.gov.cn/tjnj/nj2021/zk/indexch.htm）。作为一种获取方便且价格低廉的燃料，玉米秸秆和玉米芯在农村地区被广泛使用（Kundu and Kawamura，2014），所以 C4 植物燃烧对于 TN 的贡献较高是合理的。

11.5 POC 的干湿沉降特征

11.5.1 POC 的干沉降特征

如图 11-7a 所示，TSP 中 POC 的月平均浓度为 0.74μg/m^3（2020 年 6 月）至 4.68μg/m^3（2020 年 4 月），年平均值为（2.75±1.45）μg/m^3，与 DOC 的年平均浓度[（2.61±1.56）μg/m^3]相近（Xie et al.，2022a）。从季节上来看，POC 浓度在冬季[（4.20±0.62）μg/m^3]和春季[（3.71±0.14）μg/m^3]要高于夏季[（0.93±0.15）μg/m^3]和秋季[（1.92±0.42）μg/m^3]（图 11-7a），与 DOC 浓度的季节变化相似，表明研究区域内大气中 POC 和 DOC 可能具有相似的来源及形成过程（Xie et al.，2022a）。

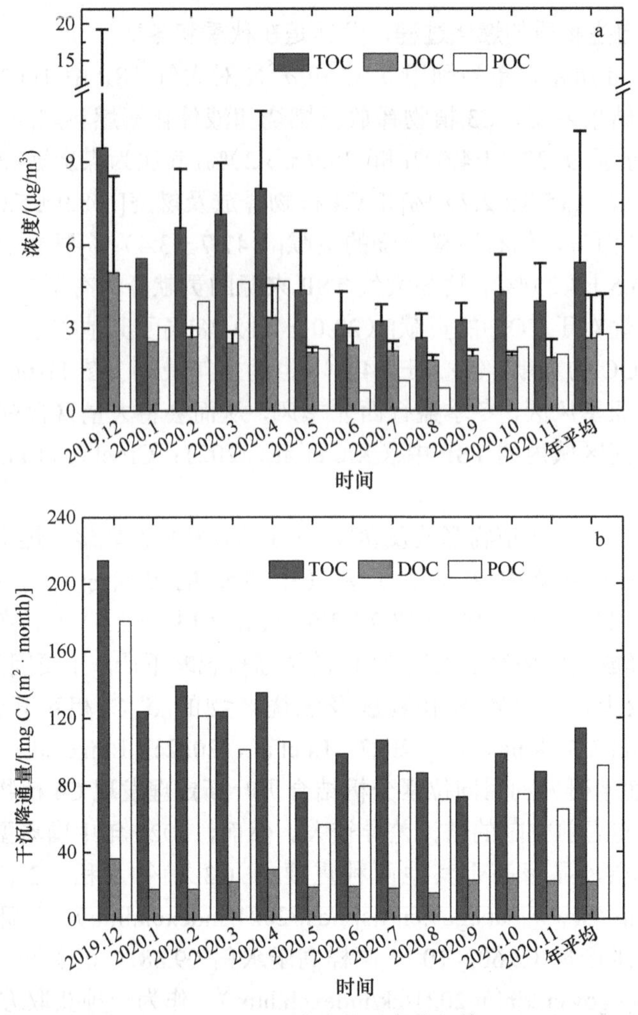

图 11-7 TSP 中 TOC、DOC 和 POC 浓度的月变化规律（a）及 TOC、DOC 和 POC 干沉降通量的月变化规律（b）

与其他月份相比，TSP 中 POC 浓度在 2019 年 12 月至 2020 年 4 月显著较高，平均值为（4.16±0.63）μg/m^3，在此期间，每个月份 TSP 浓度均位居全年前五位（Xie et al., 2022a）。研究发现，POC 的月平均浓度与 TSP 的月平均浓度之间呈现显著的正相关性（n=12，R^2=0.81，P<0.001），表明大气颗粒物的含量是影响大气中 POC 浓度变化的重要因素。此外，POC 占 TOC 的比例在冬季、春季、夏季和秋季分别为（53.9±5.0）%、（58.5±5.8）%、（29.6±4.2）%和（48.1±6.0）%，年平均值为（47.5±12.2）%，证明了 POC 是 TSP 中 TOC 的重要组成成分。

与其他地区相比，研究区域内 TSP 中 POC 的平均浓度[（2.75±1.45）μg/m^3]约为日本中部地区（0.9μg/m^3）的 3.1 倍。据报道，在集中供暖期间（11 月至次年 3 月），天津市 PM2.5 中 POC 的浓度高达 7.7μg/m^3，显著高于研究区域同一时间段内 POC 的浓度[（3.63±0.99）μg/m^3]，然而非供暖期间（4～10 月），天津市 PM2.5 中 POC 的浓度仅为 2.5μg/m^3，约比研究区域内相应时间段内的 POC 浓度[（1.88±1.28）μg/m^3]高 33%（Wen et al.，2018）。与其他近海区域相比，研究区域内 TSP 中 POC 的平均浓度要低于波罗的海 PM2.5 中 POC 的平均浓度（5.4μg/m^3）（Witkowska and Lewandowska，2016；Witkowska et al.，2016），表明研究区域内大气 POC 的污染程度要低于波罗的海。

如图 11-8a 所示，对于测定了 TOC 浓度的全部 TSP 样品而言（n=39），TSP 中 TOC 浓度在冬季、春季、夏季和秋季分别为（8.43±8.13）μg/m^3、（6.37±2.92）μg/m^3、（3.06±0.95）μg/m^3 和（3.88±1.27）μg/m^3，年平均值为（5.36±4.74）μg/m^3。对于 19 对 TSP 样品及 PM2.5 样品而言，PM2.5 中 TOC 浓度占对应 TSP 中 TOC 浓度的比例在冬季、春季、夏季和秋季分别为（60.9±5.7）%、（71.1±4.9）%、（40.6±8.1）%和（60.2±8.5）%，年平均值为（58.1±13.4）%（图 11-8b）。在本研究中，细颗粒物和粗颗粒物的干沉降速率分别为 0.1cm/s 和 2cm/s（Xie et al.，2022a；Yeatman et al.，2001；Duce et al.，1991），因此通过计算可知研究区域内 TOC 的干沉降速率在春季到冬季分别为 0.65cm/s、1.23cm/s、0.86cm/s 和 0.84cm/s。TOC 的年平均沉降速率（0.90cm/s）要显著高于 DOC 的年平均沉降速率（0.35cm/s）（Xie et al.，2022a），主要因为粗颗粒物中 TOC 的占比[（41.9±13.4）%]要高于粗颗粒物中 DOC 的占比[（12.7±5.8）%]，而粗颗粒物的干沉降速率相对较高（Xie et al.，2022a）。

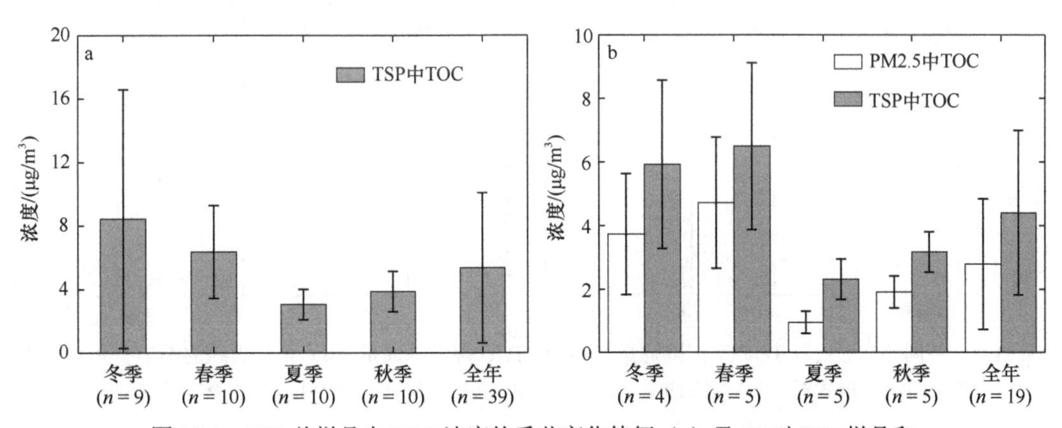

图 11-8　TSP 总样品中 TOC 浓度的季节变化特征（a）及 19 对 TSP 样品和 PM2.5 样品中 TOC 浓度的变化特征（b）

如图 11-7b 所示，TOC 的月干沉降通量为 73.0～214.2mg C/（m^2·month），相应地，POC 的月干沉降通量为 49.9～177.9mg C/（m^2·month）。TOC 和 POC 的月干沉降通量最高值均出现在 2019 年 12 月，最低值均出现在 2020 年 9 月，而对于 DOC 的月干沉降通量而言，最高值和最低值分别出现在 2019 年 12 月和 2020 年 8 月（图 11-7b）。从季节上来看，POC 的干沉降通量在冬季为 405.3mg C/m^2，显著高于春季（263.6mg C/m^2）、夏季（239.2mg C/m^2）和秋季（189.8mg C/m^2），与 DOC 和 TOC 干沉降通量的季节变化规律相似（图 11-7b）。POC 的年干沉降通量为 1097.9mg C/（m^2·a），约为 DOC 年干沉降通量[266.2mg C/（m^2·a）]的 4.1 倍（Xie et al.，2022a）。

如图 11-9a 所示，POC 的干沉降通量占 TOC 干沉降通量的比例在春季、夏季、秋季和冬季分别为 78.8%、81.8%、73.1%和 84.9%，年平均值为 80.5%，表明 TOC 的干沉降过程以 POC 的干沉降为主，此结论与日本中部地区及青藏高原地区 TOC 的干沉降通量组成特征一致（Matsumoto et al.，2022；Yan et al.，2019）。与其他区域相比，研究区域内 POC 的年干沉降通量[1097.9mg C/（m^2·a）]显著高于日本中部地区[300.0mg C/（m^2·a）]（Matsumoto et al.，2022）以及青藏高原的纳木错站[269mg C/（m^2·a）]（Yan et al.，2019），但显著低于青藏高原地区第二大城市拉萨市[2563.9mg C/（m^2·a）]（Yan et al.，2020），反映出研究区域内大气存在中等程度的有机污染。

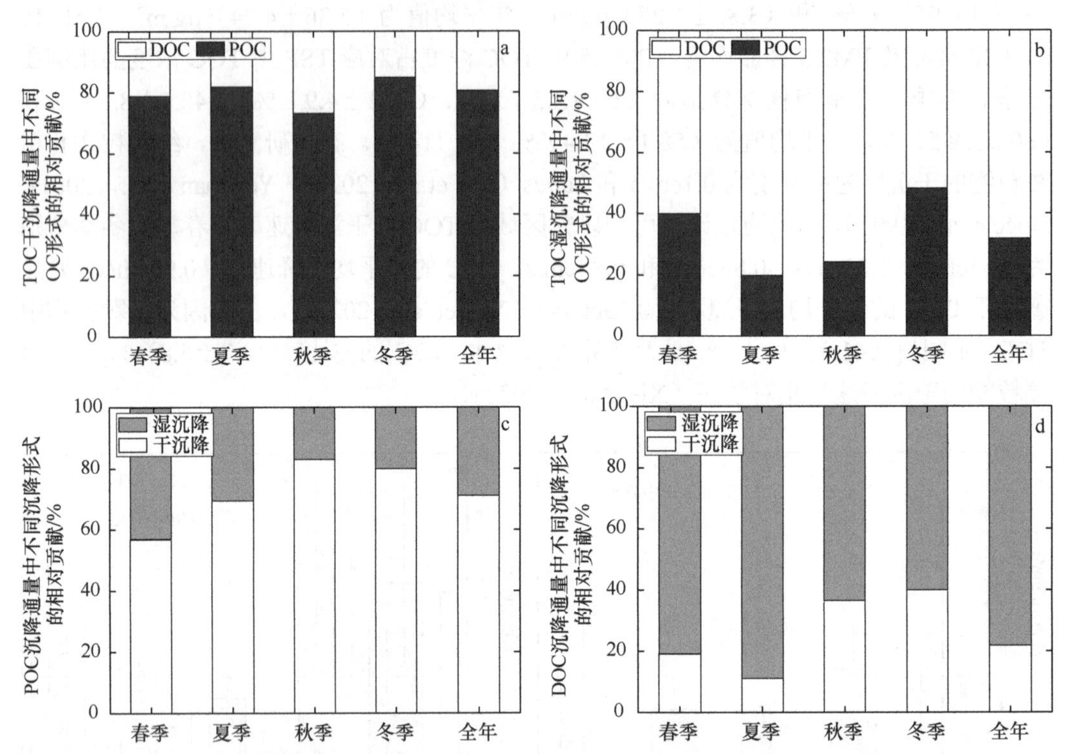

图 11-9 不同 OC 形式对 TOC 干沉降通量（a）及 TOC 湿沉降通量（b）相对贡献的季节变化规律以及不同沉降形式对 POC 沉降通量（c）及 DOC 沉降通量（d）相对贡献的季节变化规律

11.5.2 POC 的湿沉降特征

降水中 POC 的浓度范围为 0.14～6.93mg/L，年平均值为（0.71±1.78）mg/L。如图 11-10a 所示，降水中 POC 月平均浓度的最低值和最高值分别出现在 2021 年 8 月[（0.27±0.43）mg/L]和 2020 年 9 月（2.80mg/L），与研究区域内降水中 DOC 浓度的月变化规律相似（Xie et al.，2022c）。降水中 POC 季节平均浓度在冬季最高[（1.55±1.60）mg/L]，在此期间降水量仅为 65.2mm，而夏季的 POC 浓度最低，为（0.31±0.32）mg/L，降水量高达 342.3mm，表明降水中 POC 的浓度可能会受到稀释效应的影响（Xie et al.，2022c）。如图 11-11a、b 所示，POC、DOC 的浓度与降水量之间均呈现显著的负相关性（R^2=0.37，P<0.001；R^2=0.40，P<0.001），表明降水的稀释效应会导致 OC 浓度降低，该结论已被其他区域的研究证实（Yan et al.，2020，2019；Custódio et al.，2014）。

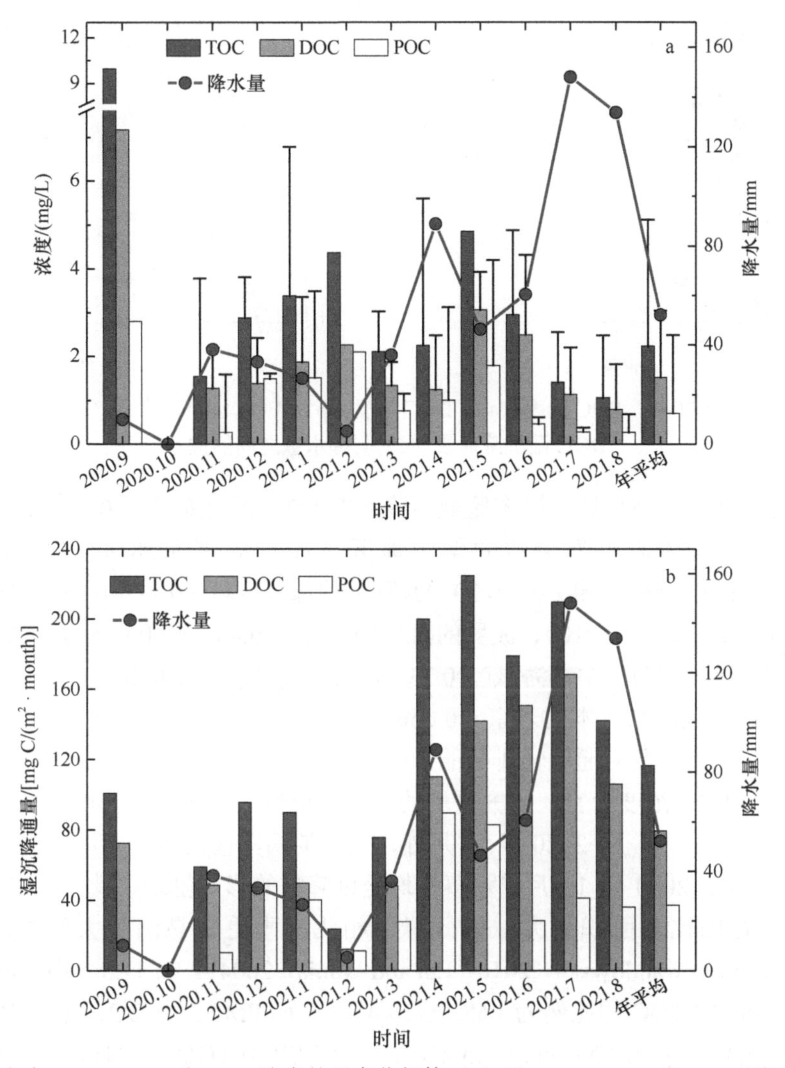

图 11-10　降水中 TOC、DOC 和 POC 浓度的月变化规律（a）及 TOC、DOC 和 POC 湿沉降通量的月变化规律（b）

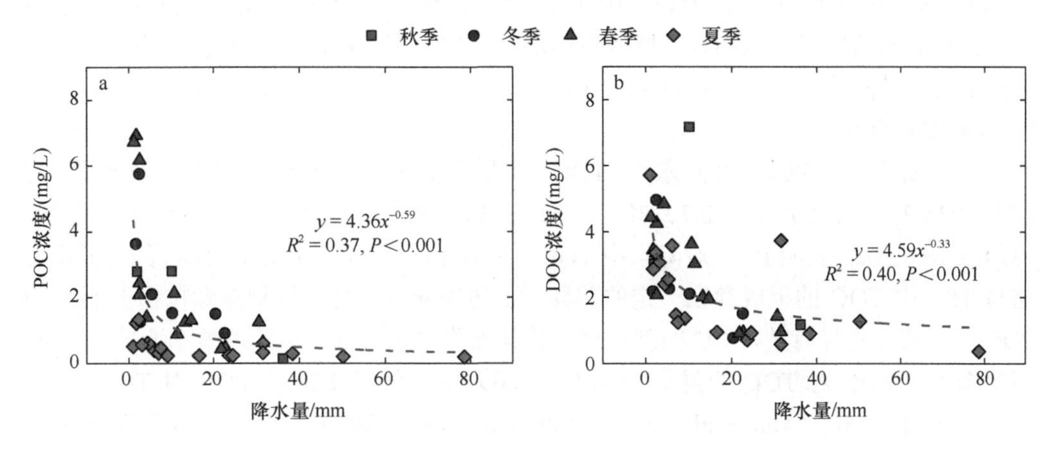

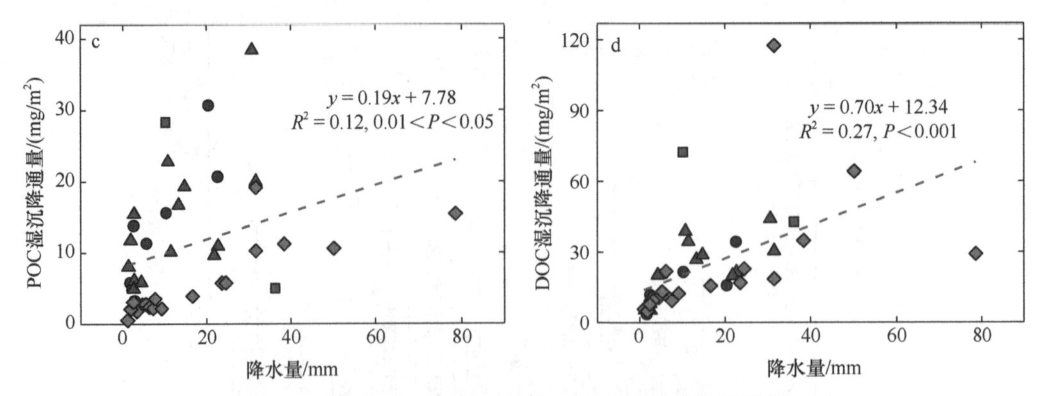

图 11-11 POC 浓度（a）、DOC 浓度（b）、POC 湿沉降通量（c）、DOC 湿沉降通量（d）与降水量之间的关系

与世界上其他区域相比，研究区域内降水的 POC 年均浓度[（0.71±1.78）mg/L]显著高于一些大气环境较为清洁的偏远地区，如青藏高原地区[（0.19±0.23）～（0.33±0.26)mg/L](Yan et al.，2020，2019)、欧洲的部分区域[(0.11±0.08)～(0.36±0.19) mg/L]（Cerqueira et al.，2010）、波罗的海南部海域[（0.43±0.30）mg/L]（Witkowska et al.，2016）以及北大西洋中部海域[（0.13±0.02）mg/L]（Custódio et al.，2014），但与一些城市区域相近，如日本的东京（0.66mg/L）和法国的巴黎（0.85mg/L），这些城市区域均受到工业活动及交通运输排放的影响(Huo et al.，2016; Ducret and Cachier，1992)，因此就降水的 POC 浓度而言，研究区域的大气环境受人为污染的影响较为显著。

如图 11-10a 所示，除 2020 年 12 月外，采样期间其他月份降水中 POC 的浓度均低于 DOC 的浓度。2020 年 12 月降水事件均是以降雪的形式呈现，此外，之前的报道显示，由于雪花的比表面积更大，因此降雪相比降雨更容易清除大气中的粗颗粒物(Witkowska and Lewandowska，2016；Lei and Wania，2004)。如 11.5.1 小节所述，PM2.5 中 TOC 占 TSP 中 TOC 的比例为（58.1±13.4）%，而 PM2.5 中 DOC 占 TSP 中 DOC 的比例高达（87.3±7.4）%（Xie et al.，2022a)。结合 TSP 中 TOC 的年均浓度[（5.36±4.74）$\mu g/m^3$]、DOC 的年均浓度[（2.61±1.56）$\mu g/m^3$]和 POC 的年均浓度[（2.75±1.45）$\mu g/m^3$]，计算出 TSP 中 POC 存在于 PM2.5 中的比例约为 30.4%。由于 DOC 主要存在于细颗粒物中，更容易溶解于雨水中而被降雨所清除，相比之下，POC 主要存在于粗颗粒物中，因此更容易被降雪所去除（Su et al.，2021），因此 2020 年 12 月降雪中 POC 的浓度高于 DOC 浓度是合理的。

在本研究中，POC 对降水中 TOC 的贡献在秋季、冬季、春季和夏季分别为（24.2±15.3）%、（48.4±12.7）%、（40.0±13.0）%和（19.9±7.8）%，年平均值为（31.8±16.0）%，表明 POC 对降水中 TOC 的贡献相对较低，DOC 是 TOC 的主要组分，这与 TSP 中 TOC 的组成存在一定的差异。上述差异可能与大气悬浮颗粒物中 DOC 和 POC 的水溶性差异有关，POC 的疏水性导致其被降水从大气中清除的效率要低于 DOC，因此降水中 POC 对 TOC 的贡献[（31.8±16.0）%]要低于 TSP 中 POC 对 TOC 的贡献[（47.5±12.2）%]（Yan et al.，2019；Cerqueira et al.，2010）。此外，由于冬季的降水形式以降雪为主，该季节降水中 POC 对 TOC 的贡献是全年最高，主要与 POC 倾向于被雪花从大气中清除有关（Su et al.，2021）。

此外，研究还发现降水中 POC 对 TOC 的贡献在沙尘事件较为频繁的春季也较高。2021 年春季（3～5 月）烟台市共有 13d 经历了沙尘天气，排在四个季节的首位（Xie et al.，2022b，2022c）。作为矿物沙尘来源的典型示踪剂，降水中 nss-Ca^{2+}的浓度在春季为（62.6±83.0）μmol/L，要高于秋季[（28.7±18.4）μmol/L]、冬季[（41.9±17.3）μmol/L]和夏季[（15.3±20.8）μmol/L]，证明了研究区域在春季会明显受到沙尘事件的影响（Xie et al.，2022c）。如图 11-12a、b 所示，降水中 nss-Ca^{2+}的浓度与 POC 和 DOC 之间均存在显著的正相关性（R^2=0.66，P<0.001；R^2=0.17，0.01<P<0.05），表明矿物沙尘是降水中 OC 的重要来源之一，尤其是对于 POC 而言。相应地，降水中 nss-Ca^{2+}的浓度与 POC/TOC 之间也存在显著相关性（R^2=0.28，P<0.01）（图 11-12c），表明沙尘事件可能是导致春季降水中 POC 对 TOC 贡献较高的重要因素。

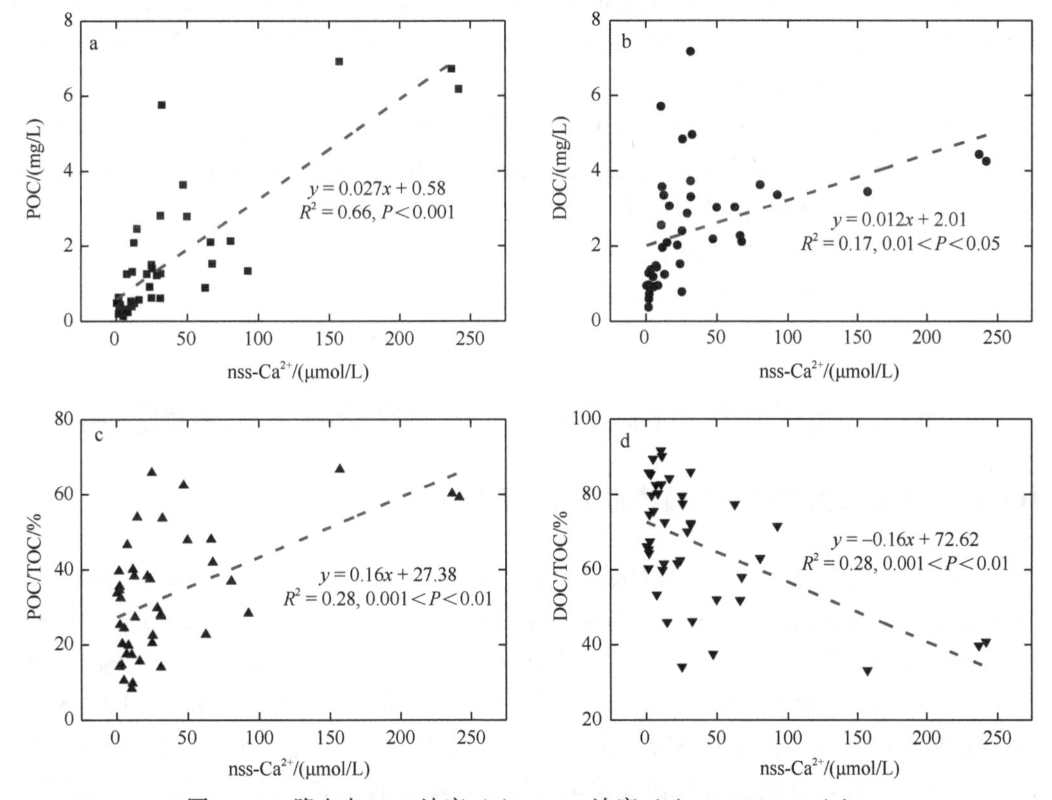

图 11-12　降水中 POC 浓度（a）、DOC 浓度（b）、POC/TOC（c）、DOC/TOC（d）与 nss-Ca^{2+}浓度之间的关系

如图 11-10b 所示，研究区域 POC 的月湿沉降通量范围为 0mg C/(m^2·month)(2020 年 10 月）至 89.7mg C/（m^2·month）(2021 年 4 月)。POC 的季节湿沉降通量最高值和最低值分别出现在春季（200.2mg C/m^2）和秋季（38.6mg C/m^2），相比之下，DOC 的季节湿沉降通量最高值和最低值分别出现在夏季（425.2mg C/m^2）和冬季（108.0mg C/m^2）(Xie et al.，2022c)。虽然夏季降水量为全年最高（342.3mm），但此季节 POC 的湿沉降通量仅排名全年第二位（105.3mg C/m^2），为春季 POC 湿沉降通量的 52.6%，

而春季的降水量为 171.2mm，远低于夏季降水量。此外，POC 和 DOC 的湿沉降通量均与降水量存在显著的正相关性，且 DOC 湿沉降通量与降水量之间的相关性（R^2=0.27，P＜0.001）要强于 POC 湿沉降通量与降水量之间的相关性（R^2=0.12，0.01＜P＜0.05）（图 11-11c、d），表明降水量对于 POC 湿沉降通量的影响要弱于对 DOC 湿沉降通量的影响。

研究区域 POC 的年湿沉降通量为 445.4mg C/（m^2·a），与中国的西安市[484.8mg C/（m^2·a）]相近（Niu et al.，2022），但显著低于日本的一些城市区域，如东京[676mg C/（m^2·a）]和甲府[4627.4mg C/（m^2·a）]（Matsumoto et al.，2022；Huo et al.，2016）。日本城市区域相对较高的 POC 年湿沉降通量主要归因于较高的降水量，据报道，东京和甲府的年降水量分别为 1444mm 和 1283mm（Matsumoto et al.，2022；Huo et al.，2016），显著高于研究区域的年降水量（626.9mm）。此外，研究区域 POC 的年湿沉降通量要高于一些偏远地区，如青藏高原的珠峰站[47.0mg C/（m^2·a）]、纳木错站[60.2mg C/（m^2·a）]和拉萨市[169.6mg C/（m^2·a）]（Yan et al.，2020，2019）以及北大西洋中部海域[130.2mg C/（m^2·a）]（Custódio et al.，2014）。

与大气干沉降相比，湿沉降对于 POC 总沉降通量的贡献相对较低，在春季、夏季、秋季、冬季和全年的贡献分别为 43.2%、30.6%、16.9%、20.0%和 28.9%（图 11-9c），表明大气干沉降对 POC 沉降过程的贡献更大，尤其是在秋季和冬季。相比之下，湿沉降是 DOC 沉降过程的主要贡献者，其对于 DOC 总沉降通量的贡献在春季、夏季、秋季、冬季和全年分别为 80.9%、88.9%、63.4%、59.9%和 78.2%（图 11-9d）（Xie et al.，2022a，2022c）。

11.6 大气沉降对近海有机碳循环及夏季海水缺氧的影响

11.6.1 大气沉降对表层海水颗粒碳循环的影响

如图 11-13a～c 所示，研究区域内表层海水中 SPM 的 δ^{13}C 为–25.7‰～–19.0‰，平均值为（–22.8±1.6）‰，秋季、春季和夏季的 δ^{13}C 平均值分别为（–23.5±1.8）‰、（–23.1±1.1）‰和（–21.5±1.2）‰。表层海水中 SPM 的 δ^{15}N 为 0.8‰～11.5‰，平均值为（4.9±1.8）‰，秋季、春季和夏季的 δ^{15}N 平均值分别为（5.8±2.0）‰、（4.1±1.5）‰和（4.8±1.2）‰。对于河水中 SPM 而言，δ^{13}C 和 δ^{15}N 的平均值分别为（–27.3±1.9）‰和（4.2±1.5）‰，这两个值分别被设定为研究区域内河流输入来源 δ^{13}C 和 δ^{15}N 的端元值。研究区域内对浮游植物初级生产 δ^{13}C 和 δ^{15}N 的端元值分别设定为（–21.0±1.9）‰和（4.9±2.8）‰，与大气 TSP 溯源过程中所选用的海洋生物活动释放的端元值相同（Miyazaki et al.，2011）。此外，由于大气干湿沉降过程主要涉及大气 TSP 的沉降过程（Winchester et al.，1995；Duce et al.，1991），本研究中所测定的不同季节 TSP 的 δ^{13}C 和 δ^{15}N 平均值被认为是研究区域内不同季节大气沉降的 δ^{13}C 和 δ^{15}N 的端元值（表 11-2）。

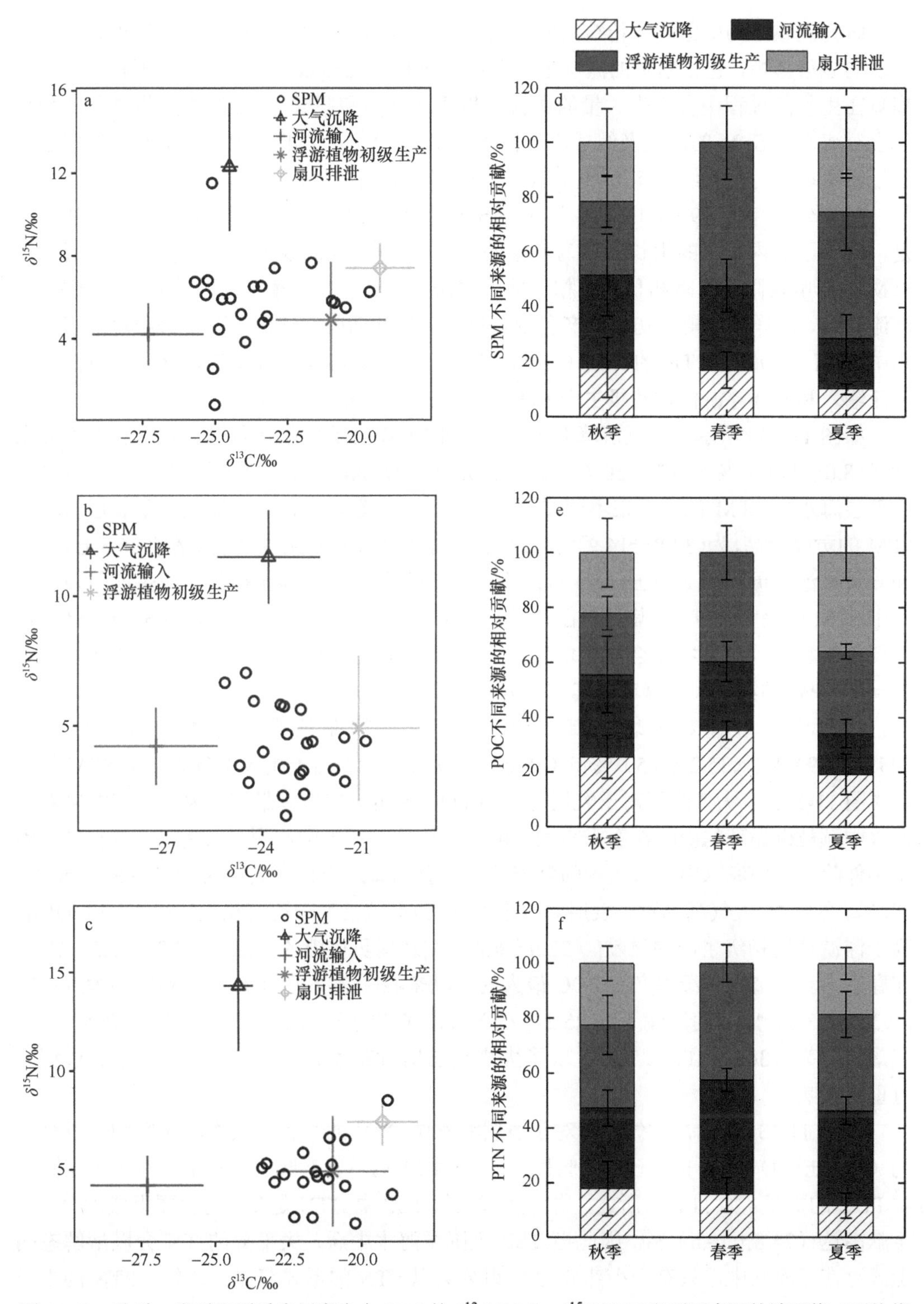

图 11-13　秋季、春季和夏季表层海水中 SPM 的 δ^{13}C-POC、δ^{15}N-PTN 和不同来源的端元值（平均值±标准偏差）（a～c）以及不同季节表层海水中 SPM、POC 和 PTN 不同来源的相对贡献（d～f）

研究区域作为中国北方传统的海湾扇贝养殖区，海水生态环境会受到扇贝新陈代谢活动的显著影响，包括扇贝的滤食过程及排泄过程（Yang et al.，2021a）。据报道，海湾扇贝在生长的过程中会产生大量的颗粒有机质（真粪和假粪），在生物沉降过程的影响下会对海水中 SPM 的浓度及组成产生巨大的影响（Yuan et al.，2010）。本研究选取了中国近海海域海湾扇贝组织 δ^{13}C 和 δ^{15}N 作为研究区域内扇贝排泄过程 δ^{13}C 和 δ^{15}N 的端元值，二者分别为（–19.3±1.2）‰和（7.4±1.2）‰（Zhang et al.，2019b）。需要注意的是，研究区域内扇贝的生长周期为每年的 6～11 月，因此扇贝排泄过程对于表层海水 SPM 的影响仅限于夏季和秋季。相应地，本研究在秋季和夏季采用四端元（大气沉降、河流输入、海洋浮游植物初级生产和扇贝排泄）贝叶斯模型评估了不同来源对于表层海水中 SPM、POC 和 PTN 的贡献（图 11-13a、c），而在春季采样了三端元（大气沉降、河流输入和海洋浮游植物初级生产）模型进行评估（图 11-13b）。

如图 11-13d 所示，大气沉降对于表层海水中 SPM 的贡献在秋季、春季和夏季分别为（18.0±11.0）%、（17.2±6.7）%和（10.2±2.0）%，与其他来源相比，大气沉降对于表层海水中 SPM 的贡献在不同季节均相对较低。在秋季，河流输入对于表层海水中 SPM 的贡献最高，为(33.8±14.9)%，要高于海洋浮游植物初级生产的贡献[(26.8±9.5)%]和扇贝排泄的贡献[（21.4±12.4）%]。然而，在其他季节，浮游植物初级生产是表层海水中 SPM 的最大贡献者，其贡献在春季和夏季分别为(52.2±13.4)%和(46.1±14.0)%，主要与春夏季浮游植物光合作用增强有关（Canuel，2001）。此外，扇贝排泄在夏季是海水中 SPM 的第二大贡献者，其贡献为（25.2±12.8）%。

大气沉降过程对于表层海水中 POC 的贡献在秋季、春季和夏季分别为（25.5±7.9）%、（35.2±3.5）%和（19.2±7.4）%，显著高于相应季节其对于 SPM 的贡献（图 11-13e）。大气沉降对于表层海水中 POC 的贡献在春季最高，表明大气沉降对于海水中颗粒碳循环的影响在春季最大，可能与该季节频繁的沙尘天气有关。据报道，沙尘事件除了会向海水中输入大量的营养盐，还会向海水中输入大量的 POC（Kim et al.，2021)。在秋季，大气沉降对于表层海水中 POC 的贡献仅次于河流输入[(30.0±13.9)%]，高于浮游植物初级生产的贡献[（22.5±6.2）%]及扇贝排泄的贡献[（22.0±12.5）%]。在春季，浮游植物初级生产是 POC 最大的贡献来源[（39.6±9.8）%]，其次为大气沉降[（35.2±3.5）%]和河流输入[（25.2±7.3）%]。在夏季，扇贝排泄过程对于 POC 的贡献最高，为（36.0±10.0）%，证实了大规模的扇贝养殖对于研究区域的碳收支过程具有重要影响。

如图 11-13f 所示，大气沉降对于表层海水中 PTN 的贡献在秋季、春季和夏季分别为（17.9±9.9）%、（15.8±6.3）%和（11.7±4.7）%，显著低于相应季节对于表层海水中 POC 的贡献。如 11.2 节所述，研究区域大气 TSP 中 DTN 是 TN 的主要组成部分，其贡献高达（74.8±18.6）%，因此当 TSP 沉降至海水中后，大部分的 TN 会以溶解态的形式存在于海水中，只有一小部分含 N 组分会以 PTN 的形式存在。此外，PTN 的主要来源为浮游植物初级生产和河流输入，二者对于 PTN 的贡献在每个季节均十分相近，秋季浮游植物初级生产和河流输入对于 PTN 的贡献分别为（30.3±10.8）%和（29.4±6.7）%，春季二者的贡献分别为（42.4±6.8）%和（41.8±4.2）%，夏季二者的贡献分别为（35.1±8.4）%和（34.6±5.0）%。

11.6.2　大气沉降对研究区域碳循环及夏季缺氧的贡献

在研究区域内，大气 POC 总沉降通量在春季到冬季分别为 463.8mg C/m^2、344.5mg C/m^2、228.4mg C/m^2 和 506.5mg C/m^2，年沉降通量为 1.54g C/（m^2·a），比 DOC 的年总沉降通量[1.22g C/（m^2·a）]高 26%（表 11-5）（Xie et al.，2022a，2022c）。因此，大气沉降向研究区域海水中输入的 OC（POC+DOC）总通量为 2.76g C/（m^2·a）。大气 OC 总沉降通量在春季到冬季分别为 834.9mg C/m^2、823.0mg C/m^2、419.1mg C/m^2 和 686.7mg C/m^2（表 11-5）。就 OC 沉降形式而言，春季到冬季 POC 沉降通量分别为相应季节 DOC 沉降通量的 1.25 倍、72%、1.20 倍和 2.81 倍，表明除夏季外，POC 对 OC 沉降的贡献均高于 DOC。

表 11-5　养马岛附近海域不同季节及全年大气干湿沉降输入的 POC 和 DOC 通量以及输入的活性氮所支持的新生产力

季节/全年	大气沉降直接输入的 OC 通量				大气沉降输入的活性氮所支持的新生产力/（mg C/m^2）	
	POC 通量/（mg C/m^2）		DOC 通量/（mg C/m^2）			
	干沉降	湿沉降	干沉降	湿沉降	干沉降	湿沉降
春季	263.6	200.2	70.9	300.2	356.0	2304.6
夏季	239.2	105.3	53.3	425.2	442.5	3018.5
秋季	189.8	38.6	69.8	120.9	525.1	947.3
冬季	405.3	101.2	72.2	108.0	831.7	765.9
全年	1097.9	445.4	266.2	954.3	2155.3	7036.3

大气沉降可以将大量的 OC 输运至近海水体中直接影响水体的碳循环过程，与此同时，大气沉降还会向近海水体输送大量的营养盐，尤其是含 N 营养盐，这些营养盐可以被近海中的浮游植物所吸收，通过光合作用被转化成有机质并释放到周围水体中（Yau et al.，2020）。因此，大气沉降可以通过支持近海水体的初级生产力或新生产力来间接影响近海的碳循环过程（Umezawa et al.，2021；Xiao et al.，2020）。如 9.5.3 小节所述，通过大气沉降向水体输送的活性 N 组分可支持的新生产力在春季到冬季分别为 29.0mg C/（m^2·d）、37.6mg C/（m^2·d）、16.2mg C/（m^2·d）和 17.6mg C/（m^2·d），相应地，大气沉降间接输送的 OC 通量在春季到冬季分别为 2.66g C/m^2、3.46g C/m^2、1.47g C/m^2 和 1.60g C/m^2，年通量为 9.19g C/（m^2·a），约为大气沉降直接输入 OC 通量[2.76g C/（m^2·a）]的 3.3 倍（表 11-5）。

从季节上来看，大气沉降向研究区域间接输入的 OC 通量（大气沉降输入的活性氮所支持的新生产力）对总体输入的 OC 通量（直接输入和间接输入 OC 通量之和）的贡献在春季到冬季分别为 76.2%、80.8%、77.8%和 69.9%（表 11-5）。由此可见，与直接输入 OC 相比，大气沉降对近海水体碳循环的影响主要通过输入大量营养盐来支持水体的初级生产力，从而间接影响近海水体的碳循环过程。总结来看，大气沉降直接输入和间接输入的 OC 通量在春季到冬季分别为 3.49g C/m^2、4.28g C/m^2、1.89g C/m^2 和 2.29g

C/m^2，年通量高达 11.95g C/（m^2·a）。

之前的研究发现，研究区域内在夏季频繁出现海水低氧和酸化的现象，这些问题毋庸置疑对扇贝的养殖产生了影响，并妨碍了近海养殖业的发展（Yang et al.，2021a，2021b，2021c）。据报道，夏季海水缺氧现象与异养细菌对于海水中 OC 的降解过程高度相关（Yang et al.，2022，2021c）。作为近海水体中 OC 和营养盐的重要来源之一，大气沉降向水体直接和间接输入的 OC 通量十分可观，因此有必要对大气沉降对研究区域海水缺氧的贡献进行相应的评估。如表 11-5 所示，大气沉降在夏季直接和间接向水体输入的 OC 通量之和为 4.28g C/m^2，也就是 46.5mg C/（m^2·d），假设这部分 OC 可以平均分布在整个水层（15m），则大气沉降会导致整个水层的 OC 浓度提高 0.26μmol/（L·d），这部分 OC 在完全耗氧分解的情况下会导致水体 DO 浓度下降 0.52μmol/（L·d）。

据 Yang 等（2021c）报道，研究区域内夏季水体由于微生物对 OC 的降解所导致水体 DO 浓度下降的速率为（9.98±1.38）μmol/（L·d），因此夏季大气沉降对水体中由于微生物对 OC 降解引发 DO 浓度下降的最大贡献为 5.2%。由于大气沉降直接和间接向海水输入的 OC 有一部分并不具有生物可利用性，且会长时间地保存在海水或沉积物中，这部分 OC 并不会被海洋异养细菌降解（Djaoudi et al.，2020），因此水体中由于大气沉降所引发的 DO 浓度下降的速率小于 0.52μmol/（L·d），这也意味着大气沉降对水体 DO 亏损的贡献低于 5.2%，表明大气沉降对研究区域内海水缺氧的贡献相对较低。然而，在全球变暖的大背景下，极端降水事件在过去 50 年内呈现逐渐增加的趋势，在未来也会进一步增加（Sun et al.，2023；Zeng et al.，2022），因此需要进一步研究在短期内（尤其是数天到数周之内）极端降水事件对于近海海域有机碳循环及海水缺氧的影响。

在之前的研究中，为了准确评估大气 DOC 沉降过程对于夏季表层水体脱氧的影响，通过查阅相关文献，TSP 和降水中 DOC 的生物可利用性分别被认为是 24%和 60.5%（Xie et al.，2022a，2022c），然而截至目前，却没有关于 TSP 和降水中 POC 生物可利用性的研究，这也限制了准确评估大气沉降对研究区域内夏季水体缺氧的总体贡献。所以，在未来需要开展相关的调查和培养实验来明确 TSP 和降水中 POC 的生物可利用性，以及浮游植物通过初级生产过程释放的 OC 的生物可利用性，从而来精确量化大气沉降过程对于研究区域乃至近海海域碳循环的贡献，以及对于夏季海水缺氧等其他环境问题的影响程度。此外，作为河流径流的重要影响因素，大气湿沉降过程还可以通过促进陆源 OC 和营养盐向近海的输送来间接影响近海水体的碳循环过程，因此在未来还应该关注大气沉降在河流输入对近海碳循环影响方面的研究。

11.7 本章小结

本章对 TSP 样品中 TOC、的 TN 浓度以及 δ^{13}C 和 δ^{15}N 进行了测定，明确了研究区域大气中 TSP、TOC 和 TN 的来源分布特征；通过分析与测定 TSP 及湿沉降中 POC 的浓度，估算了研究区域内 POC 的干湿沉降通量，并结合碳氮稳定同位素分析法，量化了大气沉降对研究区域颗粒碳循环的影响；此外，结合之前大气营养盐及水溶性有机质沉降的研究，全面评估了大气沉降过程对研究区域碳循环的影响以及对于夏季海水缺氧的贡献，主要结论如下。

（1）研究区域内 TSP 中 TOC 浓度在冬季和春季显著高于夏季和秋季（$P<0.05$），而不同季节的 TN 浓度之间没有显著差异（$P=0.54$）；DOC 占 TOC 和 DTN 占 TN 的比例分别为（52.5±12.2）%和（74.8±18.6）%，表明 TSP 中 TN 的水溶性较高；$\delta^{13}C$ 具有显著的季节性差异（$P<0.05$），在冬季相对较高，在秋季相对较低，证明不同季节 TOC 来源分布具有显著差异；而 $\delta^{15}N$ 没有显著的季节性差异（$P=0.23$），证明 TN 在不同季节具有相似的来源组成。

（2）通过碳氮稳定同位素分析结合贝叶斯模型量化了研究区域内大气 TSP 中 TOC 和 TN 的来源组成，结果表明 C3 植物释放及燃烧和液体化石燃料燃烧是 TOC 的主要来源，其次为煤炭燃烧、海洋生物活动释放和 C4 植物释放及燃烧，在冬季集中供暖的影响下，煤炭燃烧对 TOC 的贡献有所增加；对于 TN 而言，C4 植物的释放及燃烧是其最主要的来源，可能与农村地区玉米秸秆和玉米芯的燃烧有关。

（3）TOC 的干沉降以 POC 干沉降为主，POC 干沉降通量为 TOC 干沉降通量的（80.5±5.2）%，相反，POC 湿沉降对于 TOC 湿沉降的贡献相对较低，其湿沉降通量仅为 TOC 湿沉降通量的（31.8±16.0）%；大气 POC 的年总沉降通量为 1.54g C/（m^2·a），干沉降是其主要的沉降形式，贡献高达 71.1%。

（4）碳氮稳定同位素分析及贝叶斯模型的结果表明，秋季、春季和夏季大气沉降对于表层海水中 SPM 的贡献分别为（18.0±11.0）%、（17.2±6.7）%和（10.2±2.0）%，表明大气 TSP 是表层海水中 SPM 的重要来源之一；对于表层海水中的 POC 而言，秋季、春季和夏季大气沉降的贡献分别为（25.5±7.9）%、（35.2±3.5）%和（19.2±7.4）%，证明大气沉降过程对于近海颗粒碳循环具有重要的影响。

（5）结合之前的研究可知，研究区域内大气沉降直接和间接输入的 OC 通量在春季到冬季分别为 3.49g C/m^2、4.28g C/m^2、1.89g C/m^2 和 2.29g C/m^2，表明尤其是在春季和夏季，大气沉降对近海有机碳循环过程具有重要影响；此外，研究发现大气沉降对夏季区域内微生物耗氧所引发的 DO 浓度下降的贡献小于 5.2%，证明大气沉降对夏季水体缺氧的贡献相对较小。

参 考 文 献

安敏, 文威, 孙淑娟, 等. 2009. pH 和盐度对海河干流表层沉积物吸附解吸磷(P)的影响. 环境科学学报, 29(12): 2616-2622.

安明梅, 王益鸣, 郑爱榕. 2012. 浙江近岸海域表层沉积物中磷的存在形态及其分布特征. 厦门大学学报(自然科学版), 51(1): 77-83.

白洁, 陈春涛, 赵阳国, 等. 2010. 辽河口湿地沉积物硝化细菌及硝化作用研究. 环境科学, 31(12): 3011-3017.

毕言锋. 2006. 中国东部沿海的大气营养盐干、湿沉降及其对海洋初级生产力的影响. 青岛: 中国海洋大学.

蔡真珍, 郑盛华, 王宪. 2015. 温度、光照强度和盐度对近海养殖水体硝化作用的影响. 集美大学学报(自然科学版), 20(6): 407-413.

陈法锦, 陈淳青, 周凤霞, 等. 2017. 湛江湾大气湿沉降中营养盐的研究. 中国环境科学, 37(6): 2055-2063.

陈敏. 2009. 化学海洋学. 北京: 海洋出版社.

迟杰, 赵旭光, 董林林. 2011. 有机质和低相对分子质量有机酸对沉积物中磷吸附/解吸行为的影响. 天津大学学报, 44(11): 968-972.

崔彦萍, 王保栋, 陈求稳, 等. 2013. 三峡水库三期蓄水前后长江口硅酸盐分布及其比值变化. 环境科学学报, 33(7): 1974-1979.

崔毅, 陈碧鹃, 陈聚法. 2005. 黄渤海海水养殖自身污染的评估. 应用生态学报, 16(1): 180-185.

邓可. 2011. 我国典型近岸海域沉积物-水界面营养盐交换通量及生物扰动的影响. 青岛: 中国海洋大学.

董冰冰, 黄荣莲, 王庆恒, 等. 2015. 海洋酸化对马氏珠母贝珍珠层形成的影响. 海洋科学, 39(8): 39-46.

董慧, 郑西来, 张健. 2012. 污染河口区沉积物-水界面营养盐交换通量的实验研究. 海洋环境科学, 31(3): 423-428.

高春梅, 郑伊汝, 张硕. 2016. 海州湾海洋牧场沉积物-水界面营养盐交换通量的研究. 大连海洋大学学报, 31(1): 95-102.

高春梅, 朱珠, 王功芹, 等. 2015. 海州湾海洋牧场海域表层沉积物磷的形态与环境意义. 中国环境科学, 35(11): 3437-3444.

高爽. 2009. 北黄海叶绿素和初级生产力的时空变化特征及其影响因素. 青岛: 中国海洋大学.

高天赐. 2019. 牟平海洋牧场及其邻近海域沉积物-水界面营养盐交换通量. 北京: 中国科学院研究生院.

古小治, 张雷, 柏祥, 等. 2011. 湿地沉积物-水界面营养盐交换的定量估算. 水科学进展, 22(1): 75-83.

郭卫东, 章小明, 杨逸萍, 等. 1998. 中国近岸海域潜在性富营养化程度的评价. 台湾海峡, 17(1): 64-70.

韩丽君, 朱玉梅, 刘素美, 等. 2013. 黄海千里岩岛大气湿沉降营养盐的研究. 中国环境科学, 33(7): 1174-1184.

贺仕昌, 张远辉, 陈立奇, 等. 2014. 海洋酸化研究进展. 海洋科学, 38(6): 85-93.

胡博, 谭丽菊, 王江涛. 2017. 昌黎近岸海域扇贝养殖区沉积物-水界面溶解无机氮磷及尿素扩散通量研究. 海洋环境科学, 36(6): 864-870.

黄道建, 郭振仁, 綦世斌, 王雄. 2012. 大亚湾溶解有机碳的时空分布. 生态科学, 31(05): 548-552.

姜霞, 金相灿, 姚扬, 等. 2005. 光照对水环境变化和沉积物吸收磷酸盐的影响. 应用生态学报, 16(11): 2194-2198.

孔宪喻, 苏荣国. 2016. 基于支持向量机的黄东海富营养化快速评价技术. 中国环境科学, 36(1): 143-148.
雷沛, 张洪, 王超, 等. 2018. 沉积物-水界面污染物迁移扩散的研究进展. 湖泊科学, 30(6): 1489-1508.
李超, 张延颇, 郭卫东, 等. 2010. 厦门港国际船舶压舱水交换的 CDOM 示踪研究. 光谱学与光谱分析, 30(9): 2541-2545.
李瑞环. 2014. 生态养殖活动下营养盐动力学研究——以桑沟湾为例. 青岛: 中国海洋大学.
李肖娜. 2004. 河流输送和沉积物-水界面交换对东、黄海营养盐的贡献. 青岛: 中国海洋大学.
李学刚. 2004. 近海环境中无机碳的研究. 北京: 中国科学院研究生院.
李延伟, 胡莹莹, 陈淑梅. 2013. 夏、秋季北黄海营养盐的时空分布特征及其影响机制. 中国环境科学, 33(6): 1060-1067.
刘慧, 姚鹏, 孟佳, 等. 2017. 基于水淘选分级的长江口及邻近海域表层沉积物中磷的形态分布和迁移转化. 海洋学报, 39(8): 115-128.
刘军, 臧家业, 张丽君, 等. 2016. 黄海硅的分布与收支研究. 中国环境科学, 36(1): 157-166.
刘艳芳. 2015. 基于 CDOM 光学参数建立近海富营养化快速评价技术. 青岛: 中国海洋大学.
马兆虎, 王磊, 王东亮, 等. 2012. 烟台市辛安河口邻近海域水质评价及分析. 鲁东大学学报(自然科学版), 28(4): 364-369.
孟佳, 姚庆祯, 陈洪涛, 等. 2012. 北黄海表层沉积物中颗粒态磷的形态分布. 环境科学, 33(10): 3361-3367.
牛亚丽. 2014. 桑沟湾滤食性贝类碳、氮、磷、硅元素收支的季节变化研究. 舟山: 浙江海洋学院.
秦桂海. 2018. 烟台辛安河污水处理厂工程的升级改造. 中国给水排水, 34(12): 95-97, 102.
秦培兵, 卢继武. 2001. 滤食性贝类对浅海养殖系统中营养盐循环的影响. 海洋科学, 25(5): 27-29.
任黎华, 张继红, 方建光, 等. 2014. 钙化作用对养殖长牡蛎及其附着生物呼吸熵的影响. 应用生态学报, 25(6): 1785-1790.
沈志良, 陆家平, 刘兴俊. 1992. 长江口区营养盐的分布特征及三峡工程对其影响. 海洋科学集刊, 33: 107-129.
宋健伟, 张传松, 石晓勇. 2016. 南黄海与长江口海域夏秋季营养盐分布特征及影响因素. 中国海洋大学学报(自然科学版), 46(9): 71-77.
宋娴丽. 2005. 室内受控条件下栉孔扇贝的氮、磷排泄特征及其对养殖环境的污染压力. 青岛: 中国海洋大学.
孙珊, 李佳蕙, 靳洋, 等. 2012. 烟台四十里湾海域营养盐和沉积物-水界面交换通量. 海洋环境科学, 31(2): 195-200.
孙珊, 刘素美, 任景玲, 等. 2010. 桑沟湾养殖海域营养盐和沉积物-水界面扩散通量研究. 海洋学报, 32(6): 108-117.
孙伟, 汤宪春, 徐艳东, 等. 2016. 威海双岛湾海域营养盐特征、限制性分析与评价. 科学技术与工程, 16(25): 168-173.
唐启升. 2011. 碳汇渔业与又好又快发展现代渔业. 江西水产科技, 2: 5-7.
唐晓, 王佳. 2004. 海水 ORP 的影响因素. 装备环境工程, 1(1): 37-39.
唐永, 孙语嫣, 石晓勇, 等. 2017. 黄渤海海域秋季营养盐及有色溶解有机物分布特征. 环境科学, 38(11): 4501-4512.
汪雅露. 2016. 胶州湾沉积物-海水界面营养盐的迁移特征及其影响因素解析. 北京: 中国科学院研究生院.
王海龙, 丁平兴, 沈健. 2010. 河口/近海区域低氧形成的物理机制研究进展. 海洋科学进展, 28(1): 115-125.
王丽莎, 张传松, 王颢, 等. 2015. 夏季黄渤海生源要素的平面分布特征. 海洋环境科学, 34(3): 361-366, 383.

王修林, 辛宇, 石峰, 等. 2007. 溶解无机态营养盐在渤海沉积物-海水界面交换通量研究. 中国海洋大学学报(自然科学版), 37(5): 795-800.

邢红艳, 孙珊, 马元庆, 等. 2013. 四十里湾海域营养盐年际变化及影响因素研究. 海洋通报, 32(1): 53-57.

邢建伟. 2017. 人类活动影响下胶州湾的大气干湿沉降与营养物质收支. 北京: 中国科学院研究生院.

邢建伟, 宋金明, 袁华茂, 等. 2020. 胶州湾大气活性硅酸盐干沉降特征及其生态效应. 生态学报, 40(9): 3096-3104.

徐彬, 刘敏, 侯立军, 等. 2009. 光照对长江口潮滩沉积物-水界面可溶性硅和无机氮通量的影响. 环境科学研究, 22(3): 327-331.

徐亚同. 1994. pH 值、温度对反硝化的影响. 中国环境科学, 14(4): 308-313.

烟台市统计局. 2021. 烟台统计年鉴.

杨红生, 周毅. 1998. 滤食性贝类对养殖海区环境影响的研究进展. 海洋科学, (2): 42-44.

杨旭辉, 冯秀丽, 褚忠信, 等. 2012. 中国东部陆架表层沉积物粒度特征及其沉积环境浅析. 中国海洋大学学报(自然科学版), 42(7-8): 126-134.

叶林安, 王莉波, 江志法, 等. 2017. 2015 年东海区营养盐的分布变化特征. 上海海洋大学学报, 26(3): 432-439.

叶琳琳, 潘成荣, 张之源, 等. 2006. 瓦埠湖沉积物氮的赋存特征以及环境因子对 NH_4^+-N 释放的影响. 农业环境科学学报, 25(5): 1333-1336.

于子洋. 2014. 2011-2013 年南黄海及东海北部海域营养盐分布规律研究. 青岛: 中国海洋大学.

于佐安, 李大成, 王笑月, 等. 2019. 长海县筏养虾夷扇贝大规模死亡原因探讨. 水产科学, 38(3): 420-427.

玉坤宇, 刘素美, 张经, 等. 2001. 海洋沉积物-水界面营养盐交换过程的研究. 环境化学, 20(5): 425-431.

张帆. 2011. 胶州湾贝类增养殖潮滩沉积物-水界面氮、磷交换通量研究. 青岛: 中国海洋大学.

张国森. 2004. 大气的干、湿沉降以及对东、黄海海洋生态系统的影响. 青岛: 中国海洋大学.

张国森, 陈洪涛, 张经, 等. 2003. 长江口地区大气湿沉降中营养盐的初步研究. 应用生态学报, 14(7): 1107-1111.

张洁帆, 李清雪, 陶建华. 2009. 渤海湾沉积物和水界面间营养盐交换通量及影响因素. 海洋环境科学, 28(5): 492-496.

张明亮. 2011. 栉孔扇贝生理活动对近海碳循环的影响. 北京: 中国科学院研究生院.

张硕, 方鑫, 黄宏, 等. 2017. 基于正交试验的沉积物-水界面营养盐交换通量研究——以海州湾海洋牧场为例. 中国环境科学, 37(11): 4266-4276.

张文静, 董志军, 孙西艳, 等. 2020. 2018 年烟台四十里湾及其邻近海域网采浮游植物群落结构的时空变化. 海洋与湖沼, 51(5): 1151-1161.

张运林, 秦伯强. 2007. 梅梁湾、大太湖夏季和冬季 CDOM 特征及可能来源分析. 水科学进展, 18(3): 415-423.

赵晨英. 2017. 乳山湾近海与黄渤海溶解氧、有机碳、氮和磷的循环与收支的关键过程研究. 青岛: 国家海洋局第一海洋研究所.

赵晨英, 臧家业, 刘军, 等. 2016. 黄渤海氮磷营养盐的分布、收支与生态环境效应. 中国环境科学, 36(7): 2115-2127.

赵春宇, 谭烨辉, 柯志新, 等. 2016. 南海东北部间隙水营养盐的空间分布及其交换通量. 海洋环境科学, 35(5): 662-669.

赵倩, 臧路, 张传松, 等. 2012. 北黄海西部海区营养盐季节变化及其影响因素探讨. 海洋科学进展, 30(1): 69-76.

郑静静, 刘桂梅, 高姗. 2016. 海洋缺氧现象的研究进展. 海洋预报, 33(4): 88-97.

郑琦, 李磊, 吕昌伟, 等. 2016. 沉积物中硅释放的影响因素研究. 农业环境科学学报, 35(4): 745-749.

周艳蕾, 张传松, 石晓勇, 等. 2017. 黄渤海海水中叶绿素a的分布特征及其环境影响因素. 中国环境科学, 37(11): 4259-4265.

周毅, 毛玉泽, 杨红生, 等. 2002b. 四十里湾栉孔扇贝清滤率、摄食率和吸收效率的现场研究. 生态学报, 22(9): 1455-1462.

周毅, 杨红生, 何义朝, 等. 2002a. 四十里湾几种双壳贝类及污损动物的氮、磷排泄及其生态效应. 海洋与湖沼, 33(4): 424-431.

朱华刚, 王超, 侯俊, 等. 2018. 氧化还原环境变化对河口沉积物硅影响的模拟. 环境化学, 37(5): 974-983.

朱玉梅. 2011. 东、黄海大气沉降中营养盐的研究. 青岛: 中国海洋大学.

朱玉梅, 刘素美. 2011. 东海大气湿沉降中营养盐的研究. 环境科学, 32(9): 2724-2731.

Adhikari P L, White J R, Maiti K, et al. 2015. Phosphorus speciation and sedimentary phosphorus release from the Gulf of Mexico sediments: implication for hypoxia. Estuarine, Coastal and Shelf Science, 164: 77-85.

Agnihotri R, Mandal T K, Karapurkar S G, et al. 2011. Stable carbon and nitrogen isotopic composition of bulk aerosols over India and northern Indian Ocean. Atmospheric Environment, 45(17): 2828-2835.

Aiona P K, Luek J L, Timko S A, et al. 2018. Effect of photolysis on absorption and fluorescence spectra of light-absorbing secondary organic aerosols. ACS Earth and Space Chemistry, 2(3): 235-245.

Alexander J M, Grassian V H, Young M A, et al. 2015. Optical properties of selected components of mineral dust aerosol processed with organic acids and humic material. Journal of Geophysical Research: Atmospheres, 120(6): 2437-2452.

Almroth E, Tengberg A, Andersson J H, et al. 2009. Effects of resuspension on benthic fluxes of oxygen, nutrients, dissolved inorganic carbon, iron and manganese in the Gulf of Finland, Baltic Sea. Continental Shelf Research, 29(5-6): 807-818.

Alvarez-Borrego S, Guthrie D, Culberson C H, et al. 1975. Test of Redfields model for oxygen-nutrient relationships using regression analysis. Limnology and Oceanography, 20(5): 795-805.

American Society for Test and Materials. 2003. Standard Practice for the Preparation of Substitute Ocean Water (ASTM D1141-98). West Conshohocken, Pennsylvania: ASTM International.

Amon R M W, Budéus G, Meon B. 2003. Dissolved organic carbon distribution and origin in the Nordic Seas: exchanges with the Arctic Ocean and the North Atlantic. Journal of Geophysical Research: Oceans, 108(C7): 3221.

Andersson A, Deng J, Du K, et al. 2015. Regionally-varying combustion sources of the January 2013 severe haze events over eastern China. Environmental Science and Technology, 49(4): 2038-2043.

Andrieux F, Aminot A. 1997. A two-year survey of phosphorus speciation in the sediments of the Bay of Seine (France). Continental Shelf Research, 17(10): 1229-1245.

Avery G B, Willey J D, Kieber R J. 2003. Flux and bioavailability of Cape Fear River and rainwater dissolved organic carbon to Long Bay, southeastern United States. Global Biogeochemical Cycles, 17(2): 1042.

Aydin-Onen S, Kocak F, Kucuksezgin F. 2012. Evaluation of spatial and temporal variations of inorganic nutrient species in the eastern Aegean Sea waters. Marine Pollution Bulletin, 64(12): 2849-2856.

Azam F, Fenchel T, Field J G, et al. 1983. The ecological role of water-column microbes in the sea. Marine Ecology Progress Series, 10(3): 257-263.

Babu M A, Hes E M A, van der Steen N P, et al. 2010. Nitrification rates of algal-bacterial biofilms in wastewater stabilization ponds under light and dark conditions. Ecological Engineering, 36(12): 1741-1746.

Baker A R, Weston K, Kelly S D, et al. 2007. Dry and wet deposition of nutrients from the tropical Atlantic atmosphere: links to primary productivity and nitrogen fixation. Deep Sea Research Part I: Oceanographic Research Papers, 54(10): 1704-1720.

Balla D, Papageorgiou A, Vousta D. 2014. Carbonyl compounds and dissolved organic carbon in rainwater of an urban atmosphere. Environmental Science and Pollution Research, 21: 12062-12073.

Bao H, Niggemann J, Luo L, et al. 2017. Aerosols as a source of dissolved black carbon to the ocean. Nature Communication, 8(1): 510.

Bao H, Qiao J, Zhang R, et al. 2022. Multiproxy probing of anthropogenic influences on the different components of dissolved organic matter in coastal rainwater. Science of the Total Environment, 824: 153846.

Bao H, Yi Y, Wang C, et al. 2018. Dissolved organic matter in coastal rainwater: concentration, bioavailability and depositional flux to seawater in southeastern China. Marine Chemistry, 205: 48-55.

Barber B J, Blake N J. 1985. Substrate catabolism related to reproduction in the bay scallop *Argopecten irradians* concentricus, as determined by O/N and RQ physiological indexes. Marine Biology, 87(1): 13-18.

Barik S K, Bramh S, Bastia T K, et al. 2019. Distribution of geochemical fractions of phosphorus and its ecological risk in sediment cores of a largest brackish water lake, South Asia. International Journal of Sediment Research, 34(3): 251-261.

Barrett T E, Sheesley R J. 2017. Year-round optical properties and source characterization of Arctic organic carbon aerosols on the North Slope Alaska. Journal of Geophysical Research: Atmospheres, 122(17): 9319-9331.

Bartoli G, Migon C, Losno R. 2005. Atmospheric input of dissolved inorganic phosphorus and silicon to the coastal Northwestern Mediterranean Sea: fluxes, variability and possible impact on phytoplankton dynamics. Deep Sea Research Part I: Oceanographic Research Papers, 52(11): 2005-2016.

Bates N R, Michaels A F, Knap A H. 1996. Alkalinity changes in the Sargasso Sea: geochemical evidence of calcification?. Marine Chemistry, 51(4): 347-358.

Belley R, Snelgrove P V R, Archambault P, et al. 2016. Environmental drivers of benthic flux variation and ecosystem functioning in Salish Sea and Northeast Pacific Sediments. PLoS One, 11(3): e0151110.

Belzile C, Vincent W F, Kumagai M. 2002. Contribution of absorption and scattering to the attenuation of UV and photosynthetically available radiation in Lake Biwa. Limnology and Oceanography, 47(1): 95-107.

Bendtsen J, Hansen J L S. 2013. Effects of global warming on hypoxia in the Baltic Sea-North Sea transition zone. Ecological Modelling, 264: 17-26.

Benson B B, Krause D. 1984. The concentration and isotopic fractionation of oxygen dissolved in fresh water and seawater in equilibrium with the atmosphere. Limnology and Oceanography, 29(3): 620-632.

Berbel G B B, Braga E S. 2014. Phosphorus in Antarctic surface marine sediments-chemical speciation in Admiralty Bay. Antarctic Science, 26(3): 281-289.

Bhattarai H, Zhang Y L, Pavuluri C M, et al. 2019. Nitrogen speciation and isotopic composition of aerosols collected at Himalayan forest (3326 m a. s. l.): seasonality, sources, and implications. Environmental Science and Technology, 53(21): 12247-12256.

Bianchi T S, Baskaran M, DeLord J, et al. 1997. Carbon cycling in a shallow turbid estuary of southeast Texas: the use of plant pigment biomarkers and water quality parameters. Estuaries, 20(2): 404-415.

Bikkina P, Bikkina S, Kawamura K, et al. 2022. Unraveling the sources of atmospheric organic aerosols over the Arabian Sea: insights from the stable carbon and nitrogen isotopic composition. Science of the Total Environment, 827: 154260.

Bikkina P, Kawamura K, Sarin M. 2016. Stable carbon and nitrogen isotopic composition of fine mode aerosols ($PM_{2.5}$) over the Bay of Bengal: impact of continental sources. Tellus B: Chemical and Physical Meteorology, 68(1): 31518.

Birdwell J E, Engel A S. 2010. Characterization of dissolved organic matter in cave and spring waters using UV-Vis absorbance and fluorescence spectroscopy. Organic Geochemistry, 41(3): 270-280.

Björkman K, Karl D M. 1994. Bioavailability of inorganic and organic phosphorus compounds to natural assemblages of microorganisms in Hawaiian coastal waters. Marine Ecology Progress Series, 111(3): 265-273.

Boehme J, Coble P, Conmy R, et al. 2004. Examining CDOM fluorescence variability using principal component analysis: seasonal and regional modeling of three-dimensional fluorescence in the Gulf of Mexico. Marine Chemistry, 89(1-4): 3-14.

Bones D L, Henricksen D K, Mang S A, et al. 2010. Appearance of strong absorbers and fluorophores in limonene-O_3 secondary organic aerosol due to NH_4^+-mediated chemical aging over long time scales. Journal of Geophysical Research: Atmospheres, 115(D5): D05203.

Bongiorni L, Mirto S, Pusceddu A, et al. 2005. Response of benthic protozoa and thraustochytrid protists to fish farm impact in seagrass (*Posidonia oceanica*) and soft-bottom sediments. Microbial Ecology, 50(2): 268-276.

Bonometto A, Feola A, Rampazzo F, et al. 2019. Factors controlling sediment and nutrient fluxes in a small microtidal salt marsh within the Venice Lagoon. Science of the Total Environment, 650: 1832-1845.

Boreddy S K R, Kawamura K. 2015. A 12-year observation of water-soluble ions in TSP aerosols collected at a remote marine location in the western North Pacific: an outflow region of Asian dust. Atmospheric Chemistry and Physics, 15(11): 6437-6453.

Borisover M, Laor Y, Parparov A, et al. 2009. Spatial and seasonal patterns of fluorescent organic matter in Lake Kinneret (Sea of Galilee) and its catchment basin. Water Research, 43(12): 3104-3116.

Bosch C, Andersson A, Kirillova E N, et al. 2014. Source-diagnostic dual-isotope composition and optical properties of water-soluble organic carbon and elemental carbon in the South Asian outflow intercepted over the Indian Ocean. Journal of Geophysical Research: Atmospheres, 119(20): 11743-11759.

Boynton W R, Ceballos M A C, Bailey E M, et al. 2017. Oxygen and nutrient exchanges at the sediment-water interface: a global synthesis and critique of estuarine and coastal data. Estuaries and Coasts, 41(2): 301-333.

Boynton W R, Garber J H, Summers R, et al. 1995. Inputs, transformations, and transport of nitrogen and phosphorus in Chesapeake Bay and selected tributaries. Estuaries, 18(1): 285-314.

Boynton W R, Kemp W M, Osborne C G. 1980. Nutrient fluxes across the sediment-water interface in the turbid zone of a coastal plain estuary//Kennedy V S. Estuarine perspectives. Salt Lake City: Academic Press: 93-109.

Bralower T J, Thierstein H R. 1984. Low productivity and slow deep-water circulation in mid-Cretaceous oceans. Geology, 12(10): 614-618.

Brandes J A, Devol A H. 2002. A global marine-fixed nitrogen isotopic budget: implications for Holocene nitrogen cycling. Global Biogeochemical Cycles, 16(4): 67-1-67-14.

Bratkovich A, Dinnel S P, Goolsby D A. 1994. Variability and prediction of freshwater and nitrate fluxes for the Louisiana-Texas shelf: Mississippi and Atchafalaya River source functions. Estuaries, 17(4): 766-778.

Breitburg D, Levin L A, Oschlies A, et al. 2018. Declining oxygen in the global ocean and coastal waters. Science, 359(6371): eaam7240.

Bricker S B, Longstaff B, Dennison W, et al. 2008. Effects of nutrient enrichment in the nation's estuaries: a decade of change. Harmful Algae, 8(1): 21-32.

Broecker W S, Peng T H. 1982. Tracers in the Sea. Palisades, New York: Lamont-Doherty Geological Observatory, Columbia University.

Bronk D A, See J H, Bradley P, et al. 2007. DON as a source of bioavailable nitrogen for phytoplankton. Biogeosciences, 4(3): 283-296.

Burnett W C, Aggarwal P K, Aureli A, et al. 2006. Quantifying submarine groundwater discharge in the coastal zone via multiple methods. Science of the Total Environment, 367(2-3): 498-543.

Burnett W C, Bokuniewicz H, Huettel M, et al. 2003. Groundwater and pore water inputs to the coastal zone. Biogeochemistry, 66(1-2): 3-33.

Caballero-Alfonso A M, Carstensen J, Conley D J. 2015. Biogeochemical and environmental drivers of coastal hypoxia. Journal of Marine Systems, 141: 190-199.

Cai D, Hong X G, Mao X H, et al. 2000. A preliminary study on benthos food web structure of tidal zone in the Laoshan Bay by using stable carbon isotopes. Acta Oceanologica Sinica, 19(4): 81-89.

Cai W J, Dai M, Wang Y, et al. 2004. The biogeochemistry of inorganic carbon and nutrients in the Pearl River estuary and the adjacent Northern South China Sea. Continental Shelf Research, 24(12): 1301-1319.

Cai W J, Hu X P, Huang W J, et al. 2010. Alkalinity distribution in the western North Atlantic Ocean margins. Journal of Geophysical Research: Oceans, 115(C8): C08014.

Cai W J, Hu X P, Huang W J, et al. 2011. Acidification of subsurface coastal waters enhanced by eutrophication. Nature Geoscience, 4(11): 766-770.

Calder J A, Parker P L. 1968. Stable carbon isotope ratios as indexes of petrochemical pollution of aquatic systems. Environmental Science and Technology, 2(7): 535-539.

Cantoni C, Luchetta A, Celio M, et al. 2012. Carbonate system variability in the gulf of Trieste (North Adriatic Sea). Estuarine, Coastal and Shelf Science, 115: 51-62.

Canuel E A. 2001. Relations between river flow, primary production and fatty acid composition of particulate organic matter in San Francisco and Chesapeake Bays: a multivariate approach. Organic Geochemistry, 32(4): 563-583.

Cao Z, Dai M, Zheng N, et al. 2011. Dynamics of the carbonate system in a large continental shelf system under the influence of both a river plume and coastal upwelling. Journal of Geophysical Research: Biogeosciences, 116(G2): G02010.

Carlson C A, Ducklow H W. 1996. Growth of bacterioplankton and consumption of dissolved organic carbon in the Sargasso Sea. Aquatic Microbial Ecology, 10(1): 69-85.

Carrillo C J, Smith R C, Karl D M. 2004. Processes regulating oxygen and carbon dioxide in surface waters west of the Antarctic Peninsula. Marine Chemistry, 84(3-4): 161-179.

Ceburnis D, Garbaras A, Szidat S, et al. 2011. Quantification of the carbonaceous matter origin in submicron marine aerosol by ^{13}C and ^{14}C isotope analysis. Atmospheric Chemistry and Physics, 11(16): 8593-8606.

Cerqueira M, Pio C, Legrand M, et al. 2010. Particulate carbon in precipitation at European background sites. Journal of Aerosol Science, 41(1): 51-61.

Chai F, Liu G, Xue H, et al. 2009. Seasonal and interannual variability of carbon cycle in South China Sea: a three-dimensional physical-biogeochemical modeling study. Journal of Oceanography, 65(5): 703-720.

Chauvaud L, Thompson J K, Cloern J E, et al. 2003. Clams as CO_2 generators: the *Potamocorbula amurensis* example in San Francisco Bay. Limnology and Oceanography, 48(6): 2086-2092.

Chen B, Jie D, Shi M, et al. 2015. Characteristics of ^{14}C and ^{13}C of carbonate aerosols in dust storm events in China. Atmospheric Research, 164-165: 297-303.

Chen C T A. 2009. Chemical and physical fronts in the Bohai, Yellow and East China seas. Journal of Marine Systems, 78(3): 394-410.

Chen H Y, Chen L D. 2008. Importance of anthropogenic inputs and continental-derived dust for the distribution and flux of water-soluble nitrogen and phosphorus species in aerosol within the atmosphere over the East China Sea. Journal of Geophysical Research: Atmospheres, 113: D11303.

Chen H Y, Huang L M, Ho T Y, et al. 2021a. A study of the nitrogen and phosphorus imbalance in East Asia based on the distribution patterns of and stoichiometric variation in global atmospheric nitrogen and phosphorus. Atmospheric Environment, 266: 118691.

Chen H Y, Huang S Z. 2018. Effects of atmospheric dry deposition on external nitrogen supply and new production in the northern South China Sea. Atmosphere, 2018, 9(10): 386.

Chen H, Zheng B H. 2013. Sources of fluorescent dissolved organic matter in high salinity seawater (Bohai Bay, China). Environmental Science and Pollution Research, 20(3): 1762-1771.

Chen J, Hu H, Wang F, et al. 2021b. Air quality characteristics in Wuhan (China) during the 2020 COVID-19 pandemic. Environmental Research, 195: 110879.

Chen J, Li H, Zhang Z, et al. 2020b. DOC dynamics and bacterial community succession during long-term degradation of *Ulva prolifera* and their implications for the legacy effect of green tides on refractory DOC pool in seawater. Water Research, 185: 116268.

Chen Q, Li J, Hua X, et al. 2020a. Identification of species and sources of atmospheric chromophores by fluorescence excitation-emission matrix with parallel factor analysis. Science of the Total Environment,

718: 137322.

Chen Q, Miyazaki Y, Kawamura K, et al. 2016. Characterization of chromophoric water-soluble organic matter in urban, forest, and marine aerosols by HR-ToF-AMS analysis and excitation-emission matrix spectroscopy. Environmental Science and Technology, 50(19): 10351-10360.

Chen R F, Bada J L. 1992. The fluorescence of dissolved organic matter in seawater. Marine Chemistry, 37(3-4): 191-221.

Chen R F, Zhang Y, Vlahos P, et al. 2002. The fluorescence of dissolved organic matter in the Mid-Atlantic Bight. Deep Sea Research Part II: Topical Studies in Oceanography, 49(20): 4439-4459.

Chen S, Lu Y H, Dash P, et al. 2019. Hurricane pulses: small watershed exports of dissolved nutrients and organic matter during large storms in the Southeastern USA. Science of the Total Environment, 689: 232-244.

Chen S, Xie Q, Su S, et al. 2022. Source and formation process impact the chemodiversity of rainwater dissolved organic matter along the Yangtze River Basin in summer. Water Research, 211: 118024.

Chen Y W, Zhao Y Y, Liu J Y, et al. 1982. Distribution characteristics of ^{226}Ra in sediments of the East China Sea and determination of sedimentation rate in near-shore region. Oceanologia et Limnologia Sinica, 13(4): 381-387.

Cheng Y, He K B, Zheng M, et al. 2011. Mass absorption efficiency of elemental carbon and water-soluble organic carbon in Beijing, China. Atmospheric Chemistry and Physics, 11(22): 11497-11510.

Cho H M, Kim G, Kwon E Y, et al. 2018. Radium tracing nutrient inputs through submarine groundwater discharge in the global ocean. Scientific reports, 8(1): 2439.

Chua H, Yu P H F, Cheung M W L. 1998. Sediment oxygen demand and nutrient release in an eutrophic estuarine embayment in Hong Kong. Journal of Lake Sciences, 10(S1): 275-282.

Chung C S. 1998. Shore based observation on wet deposition of inorganic nutrients in the Korean Yellow Sea coast. The Yellow Sea Research, 4: 30-39.

Cividanes S, Incera M, Lopez J. 2002. Temporal variability in the biochemical composition of sedimentary organic matter in an intertidal flat of the Galician coast (NW Spain). Oceanologica Acta, 25(1): 1-12.

Cloern J E. 2001. Our evolving conceptual model of the coastal eutrophication problem. Marine Ecology Progress Series, 210: 223-253.

Clough L M, Renaud P E, Ambrose Jr W G. 2005. Impacts of water depth, sediment pigment concentration, and benthic macrofaunal biomass on sediment oxygen demand in the western Arctic Ocean. Canadian Journal of Fisheries and Aquatic Sciences, 62(8): 1756-1765.

Coble P G, Del Castillo C, Avril B. 1998. Distribution and optical properties of CDOM in the Arabian Sea during the 1995 Southwest Monsoon. Deep Sea Research Part II: Topical Studies in Oceanography, 45(10-11): 2195-2223.

Coble P G. 1996. Characterization of marine and terrestrial DOM in seawater using excitation-emission matrix spectroscopy. Marine chemistry, 51(4): 325-346.

Conley D J, Bj̈orck S, Bonsdorff E, et al. 2009. Hypoxia-related processes in the Baltic Sea. Environmental Science and Technology, 43(10): 3412-3420.

Conley D J, Stockenberg A, Carman R, et al. 1997. Sediment-water nutrient fluxes in the Gulf of Finland, Baltic Sea. Estuarine Coastal and Shelf Science, 45(5): 591-598.

Copin-Montégut C, Bégovic M. 2002. Distributions of carbonate properties and oxygen along the water column (0-2000 m) in the central part of the NW Mediterranean Sea (Dyfamed site): influence of winter vertical mixing on air-sea CO_2 and O_2 exchanges. Deep Sea Research Part II: Topical Studies in Oceanography, 49(11): 2049-2066.

Cory R M, McKnight D M. 2005. Fluorescence spectroscopy reveals ubiquitous presence of oxidized and reduced quinones in dissolved organic matter. Environmental Science and Technology, 39(21): 8142-8149.

Cottrell B A, Gonsior M, Isabelle L M, et al. 2013. A regional study of the seasonal variation in the molecular composition of rainwater. Atmospheric Environment, 77: 588-597.

Couceiro F, Fones G R, Thompson C E L, et al. 2013. Impact of resuspension of cohesive sediments at the

Oyster Grounds (North Sea) on nutrient exchange across the sediment–water interface. Biogeochemistry, 113(1-3): 37-52.
Couturier M, Nozais C, Chaillou G. 2016. Microtidal subterranean estuaries as a source of fresh terrestrial dissolved organic matter to the coastal ocean. Marine Chemistry, 186: 46-57.
Coward E K, Seech K, Carter M L, et al. 2022. Of sea and smoke: evidence of marine dissolved organic matter deposition from 2020 western United States wildfires. Environmental Science and Technology Letters, 9(10): 869-876.
Crocker D R, Hernandez R E, Huang H D, et al. 2020. Biological influence on $\delta^{13}C$ and organic composition of nascent sea spray aerosol. ACS Earth and Space Chemistry, 4(9): 1686-1699.
Cui H, Luo Y, Chen J, et al. 2022. Straw return strategies to improve soil properties and crop productivity in a winter wheat-summer maize cropping system. European Journal of Agronomy, 133: 126436.
Custódio D, Cerqueira M, Fialho P, et al. 2014. Wet deposition of particulate carbon to the Central North Atlantic Ocean. Science of the Total Environment, 496: 92-99.
Da Costa F, Lubes G, Rodríguez M, et al. 2011. Study of the ternary complex formation between vanadium (III), dipicolinic acid and small blood serum bioligands. Journal of Solution Chemistry, 40(1): 106-117.
Dai J, Song J, Li X, et al. 2007. Environmental changes reflected by sedimentary geochemistry in recent hundred years of Jiaozhou Bay, North China. Environmental Pollution, 145(3): 656-667.
Dai J, Sun M Y. 2007. Organic matter sources and their use by bacteria in the sediments of the Altamaha estuary during high and low discharge periods. Organic Geochemistry, 38(1): 1-15.
Dai M, Guo X, Zhai W, et al. 2006. Oxygen depletion in the upper reach of the Pearl River Estuary during a winter drought. Marine Chemistry, 102(1-2): 159-169.
Dainard P G, Guéguen C. 2013. Distribution of PARAFAC modeled CDOM components in the North Pacific Ocean, Bering, Chukchi and Beaufort seas. Marine Chemistry, 157: 216-223.
Dalu T, Cuthbert R N, Chavalala T L, et al. 2020. Assessing sediment particle-size effects on benthic algal colonisation and total carbohydrate production. Science of the Total Environment, 710: 136348.
Danovaro R, Corinaldesi C, la Rosa T, et al. 2003. Aquaculture impact on benthic microbes and organic matter cycling in coastal Mediterranean sediments: a synthesis. Chemistry and Ecology, 19(1): 59-65.
Das O, Wang Y, Hsieh Y P. 2010. Chemical and carbon isotopic characteristics of ash and smoke derived from burning of C3 and C4 grasses. Organic Geochemistry, 41(3): 263-269.
Defforey D, Paytan A. 2018. Phosphorus cycling in marine sediments: advances and challenges. Chemical Geology, 477: 1-11.
DeGrandpre M D, Hammar T R, Wallace D W R, et al. 1997. Simultaneous mooring-based measurements of seawater CO_2 and O_2 off Cape Hatteras, North Carolina. Limnology and Oceanography, 42(1): 21-28.
Del Castillo C E, Coble P G, Morell J M, et al. 1999. Analysis of the optical properties of the Orinoco River plume by absorption and fluorescence spectroscopy. Marine Chemistry, 66(1-2): 35-51.
Del Giorgio P A, Cole J J, Cimbleris A. 1997. Respiration rates in bacteria exceed phytoplankton production in unproductive aquatic systems. Nature, 385(6612): 148-151.
Del Vecchio R, Blough N V. 2004. Spatial and seasonal distribution of chromophoric dissolved organic matter and dissolved organic carbon in the Middle Atlantic Bight. Marine Chemistry, 89(1-4): 169-187.
DePinto J V, Verhoff F H. 1977. Nutrient regeneration from aerobic decomposition of green algae. Environmental Science and Technology, 11(4): 371-377.
Determann S, Lobbes J M, Reuter R, et al. 1998. Ultraviolet fluorescence excitation and emission spectroscopy of marine algae and bacteria. Marine Chemistry, 62(1-2): 137-156.
DeVilbiss S E, Guo L. 2017. Excretion of organic matter and nutrients from invasive quagga mussels and potential impact on carbon dynamics in Lake Michigan. Journal of Great Lakes Research, 43(3): 79-89.
DeVilbiss S E, Zhou Z, Klump J V, et al. 2016. Spatiotemporal variations in the abundance and composition of bulk and chromophoric dissolved organic matter in seasonally hypoxia-influenced Green Bay, Lake Michigan, USA. Science of the Total Environment, 565: 742-757.
Diaz R J, Rosenberg R. 2008. Spreading dead zones and consequences for marine ecosystems. Science, 321(5891): 926-929.

Dickson A G. Sabine C L.Christian J R.2007. Guide To Best Practices for Ocean CO_2 Measurements. pices special publication.

Ding X, Guo X, Gao H, et al. 2021. Seasonal variations of nutrient concentrations and their ratios in the central Bohai Sea. Science of the Total Environment, 799(9): 149416.

Ding X, Qi J, Meng X. 2019. Characteristics and sources of organic carbon in coastal and marine atmospheric particulates over East China. Atmospheric Research, 228: 281-291.

Djakovac T, Supić N, Aubry F B, et al. 2015. Mechanisms of hypoxia frequency changes in the northern Adriatic Sea during the period 1972-2012. Journal of Marine Systems, 141: 179-189.

Djaoudi K, van Wambeke F, Barani A, et al. 2020. Potential bioavailability of organic matter from atmospheric particles to marine heterotrophic bacteria. Biogeosciences, 17: 6271-6285.

Doney S C, Fabry V J, Feely R A, et al. 2009. Ocean acidification: the other CO_2 problem. Annual Review of Marine Science, 1: 169-192.

Dortch Q, Whitledge T E. 1992. Does nitrogen or silicon limit phytoplankton production in the Mississippi River plume and nearby regions? Continental Shelf Research, 12(11): 1293-1309.

Duan L Q, Song J M, Yuan H M, et al. 2016. Distribution, partitioning and sources of dissolved and particulate nitrogen and phosphorus in the north Yellow Sea. Estuarine Coastal and Shelf Science, 181: 182-195.

Duarte C M, Cebrián J. 1996. The fate of marine autotrophic production. Limnology and Oceanography, 41(8): 1758-1766.

Duce R A, LaRoche J, Altieri K, et al. 2008. Impacts of atmospheric anthropogenic nitrogen on the open ocean. Science, 320(5878): 893-897.

Duce R A, Liss P S, Merrill J T, et al. 1991. The atmospheric input of trace species to the world ocean. Global Biogeochemical Cycles, 5(3): 193-259.

Ducret J, Cachier H. 1992. Particulate carbon content in rain at various temperate and tropical locations. Journal of Atmospheric Chemistry, 15: 55-67.

Egger M, Jilbert T, Behrends T, et al. 2015. Vivianite is a major sink for phosphorus in methanogenic coastal surface sediments. Geochimica et Cosmochimica Acta, 169: 217-235.

Egleston E, Sabine C, Morel F. 2010. Revelle revisited: buffer factors that quantify the response of ocean chemistry to changes in DIC and alkalinity. Global Biogeochemical Cycles, 24: GB1002.

Ekeroth N, Kononets M, Walve J, et al. 2016. Effects of oxygen on recycling of biogenic elements from sediments of a stratified coastal Baltic Sea basin. Journal of Marine Systems, 154: 206-219.

Elser J J, Andersen T, Baron J S, et al. 2009. Shifts in lake N：P stoichiometry and nutrient limitation driven by atmospheric nitrogen deposition. Science, 326(5954): 835-837.

Emerson S, Hedges J I. 1988. Processes controlling the organic carbon content of open ocean sediments. Paleoceanography and Paleoclimatology, 3(5): 621-634.

Estrada N, Rodríguez-Jaramillo C, Contreras G, et al. 2010. Effects of induced paralysis on hemocytes and tissues of the giant lions-paw scallop by paralyzing shellfish poison. Marine Biology, 157: 1401-1415.

Etheridge S M, Roesler C S. 2004. Temporal variations in phytoplankton, particulates, and colored dissolved organic material based on optical properties during a Long Island brown tide compared to an adjacent embayment. Harmful Algae, 3(4): 331-342.

Falcão M, Caetano M, Serpa D, et al. 2006. Effects of infauna harvesting on tidal flats of a coastal lagoon: implications on phosphorus dynamics. Marine Environmental Research, 61(2): 136-148.

Fan X, Xu D, Wang Y T, et al. 2014. The effect of nutrient concentrations, nutrient ratios and temperature on photosynthesis and nutrient uptake by *Ulva prolifera*: implications for the explosion in green tides. Journal of Applied Phycology, 26(1): 537-544.

Fang T H, Chen J L, Huh C A. 2007. Sedimentary phosphorus species and sedimentation flux in the East China Sea. Continental Shelf Research, 27(10-11): 1465-1476.

FAO. 2018. Fishery and Aquaculture Statistics//FAO Fisheries and Aquaculture Department, Rome. Global aquaculture production 1950-2016 (FishstatJ). www.fao.org/fishery/statistics/software/fishstatj/en[2020-10-2].

Fassbender A J, Sabine C L, Feifel K M. 2016. Consideration of coastal carbonate chemistry in understanding biological calcification. Geophysical Research Letters, 43(9): 4467-4476.

Feely R A, Sabine C L, Byrne R H, et al. 2012. Decadal changes in the aragonite and calcite saturation state of the Pacific Ocean. Global Biogeochemical Cycles, 26(3): GB3001.

Fellman J B, Petrone K C, Grierson P F. 2011. Source, biogeochemical cycling, and fluorescence characteristics of dissolved organic matter in an agro-urban estuary. Limnology and Oceanography, 56(1): 243-256.

Feng Y, Fennel K, Jackson G A, et al. 2014. A model study of the response of hypoxia to upwelling-favorable wind on the northern Gulf of Mexico Shelf. Journal of Marine Systems, 131: 63-73.

Ferrari G M. 2000. The relationship between chromophoric dissolved organic matter and dissolved organic carbon in the European Atlantic coastal area and in the West Mediterranean Sea (Gulf of Lions). Marine Chemistry, 70(4): 339-357.

Forrister H, Liu J, Scheuer E, et al. 2015. Evolution of brown carbon in wildfire plumes. Geophysical Research Letters, 42(11): 4623-4630.

Foster S Q, Fulweiler R W. 2019. Estuarine sediments exhibit dynamic and variable biogeochemical responses to hypoxia. Journal of Geophysical Research: Biogeosciences, 124(4): 737-758.

Frigstad H, Henson S A, Hartman S E, et al. 2015. Links between surface productivity and deep ocean particle flux at the Porcupine Abyssal Plain (PAP) sustained observatory. Biogeosciences, 12(19): 5885-5897.

Fry B, Sherr E B. 1989. $\delta^{13}C$ measurements as indicators of carbon flow in marine and freshwater ecosystems//Rundel P W, Ehleringer J R, Nagy K A. Stable Isotopes in Ecological Research. New York: Springer: 196-229.

Fu P Q, Kawamura K, Chen J, et al. 2015. Fluorescent water-soluble organic aerosols in the High Arctic atmosphere. Scientific Reports, 5: 9845.

Galletti Y, Becagli S, Sarra A D, et al. 2020. Atmospheric deposition of organic matter at a remote site in the central Mediterranean Sea: implications for marine ecosystem. Biogeosciences, 17(13): 3669-3684.

Gao T, Kang S, Chen R, et al. 2021. Characteristics of dissolved organic carbon and nitrogen in precipitation in the northern Tibetan Plateau. Science of the Total Environment, 776: 145911.

Gao X, Song J. 2008. Dissolved oxygen and O_2 flux across the water-air interface of the Changjiang Estuary in May 2003. Journal of Marine Systems, 74(1-2): 343-350.

Gao X, Yang Y, Wang C. 2012. Geochemistry of organic carbon and nitrogen in surface sediments of coastal Bohai Bay inferred from their ratios and stable isotopic signatures. Marine Pollution Bulletin, 64(6): 1148-1155.

Gao X, Zhou F, Chen C T A, et al. 2015. Trace metals in the suspended particulate matter of the Yellow River (Huanghe) Estuary: concentrations, potential mobility, contamination assessment and the fluxes into the Bohai Sea. Continental Shelf Research, 104: 25-36.

Gao Y, Wang L, Guo X, et al. 2020. Atmospheric wet and dry deposition of dissolved inorganic nitrogen to the South China Sea. Science China Earth Sciences, 63(9): 1339-1352.

García H E, Gordon L I. 1992. Oxygen solubility in seawater: better fitting equations. Limnology and Oceanography, 37(6): 1307-1312.

Gearing J N, Gearing P J, Rudnick D T, et al. 1984. Isotopic variability of organic carbon in a phytoplankton-based, temperate estuary. Geochimica et Cosmochimica Acta, 48(5): 1089-1098.

Gearing J N. 1988. The use of stable isotope ratios for tracing the nearshore-offshore exchange of organic matter//Jansson, B O. Coastal-Offshore Ecosystem Interactions. Berlin, Heidelberg: Springer: 69-101.

Geng C, Mu Y. 2006. Carbonyl sulfide and dimethyl sulfide exchange between trees and the atmosphere. Atmospheric Environment, 40(7): 1373-1383.

Geng X, Mo Y, Li J, et al. 2020. Source apportionment of water-soluble brown carbon in aerosols over the northern South China Sea: influence from land outflow, SOA formation and marine emission. Atmospheric Environment, 229: 117484.

Ghaisas N A, Maiti K, White J R. 2019. Coupled iron and phosphorus release from seasonally hypoxic Louisiana shelf sediment. Estuarine, Coastal and Shelf Science, 219: 81-89.

Giles H, Pilditch C A. 2006. Effects of mussel (*Perna canaliculus*) biodeposit decomposition on benthic respiration and nutrient fluxes. Marine Biology, 150: 261-271.

Gioda A, Reyes-Rodríguez G J, Santos-Figueroa G, et al. 2011. Speciation of water-soluble inorganic, organic, and total nitrogen in a background marine environment: cloud water, rainwater, and aerosol particles. Journal of Geophysical Research: Atmospheres, 116: D05203.

Giovanardi F, Vollenweider R A. 2004. Trophic conditions of marine coastal waters: experience in applying the trophic index TRIX to two areas of the Adriatic and Tyrrhenian seas. Journal of Limnology, 63(2): 199-218.

Gireeshkumar T R, Deepulal P M, Chandramohanakumar N. 2013. Distribution and sources of sedimentary organic matter in a tropical estuary, south west coast of India (Cochin Estuary): a baseline study. Marine Pollution Bulletin, 66(1-2): 239-245.

Glenn S, Arnone R, Bergmann T, et al. 2004. Biogeochemical impact of summertime coastal upwelling on the New Jersey Shelf. Journal of Geophysical Research: Oceans, 109(C12): C12S02.

Godoy-Silva D, Nogueira R F P, Campos M L A M. 2017. A 13-year study of dissolved organic carbon in rainwater of an agro-industrial region of São Paulo state (Brazil) heavily impacted by biomass burning. Science of the Total Environment, 609: 476-483.

Goñi M A, Ruttenberg K C, Eglinton T I. 1997. Sources and contribution of terrigenous organic carbon to surface sediments in the Gulf of Mexico. Nature, 389(6648): 275-278.

Goñi M A, Teixeira M J, Perkey D W. 2003. Sources and distribution of organic matter in a river-dominated estuary (Winyah Bay, SC, USA). Estuarine, Coastal and Shelf Science, 57(5-6): 1023-1048.

Gordon D C, Boudreau P R, Mann K H, et al. 1996. LOICZ biogeochemical modelling guidelines. Yerseke: LOICZ Core Project, Netherlands Institute for Sea Research.

Gordon E S, Goñi M A. 2003. Sources and distribution of terrigenous organic matter delivered by the Atchafalaya River to sediments in the northern Gulf of Mexico. Geochimica et Cosmochimica Acta, 67(13): 2359-2375.

Graber E R, Rudich Y. 2006. Atmospheric HULIS: how humic-like are they? A comprehensive and critical review. Atmospheric Chemistry and Physics, 6(3): 729-753.

Grasshoff K, Kremling K, Ehrhardt M. 1999. Methods of seawater analysis (third edition). Weinheim: Wiley-VCH: 632.

Guéguen C, Burns D C, McDonald A, et al. 2012. Structural and optical characterization of dissolved organic matter from the lower Athabasca River, Canada. Chemosphere, 87(8): 932-937.

Guo W, Yang L, Hong H, et al. 2011. Assessing the dynamics of chromophoric dissolved organic matter in a subtropical estuary using parallel factor analysis. Marine Chemistry, 124(1-4): 125-133.

Guo Z, Li J, Feng J, et al. 2006. Compound-specific carbon isotope compositions of individual long-chain n-alkanes in severe Asian dust episodes in the North China coast in 2002. Chinese Science Bulletin, 51(17): 2133-2140.

Hammond D E, Giordani P, Berelson W M, et al. 1999. Diagenesis of carbon and nutrients and benthic exchange in sediments of the Northern Adriatic Sea. Marine Chemistry, 66(1-2): 53-79.

Hanamachi Y, Hama T, Yanai T. 2008. Decomposition process of organic matter derived from freshwater phytoplankton. Limnology, 9(1): 57-69.

Hao Y, Tang D, Yu L, et al. 2011. Nutrient and chlorophyll a anomaly in red-tide periods of 2003-2008 in Sishili Bay, China. Chinese Journal of Oceanology and Limnology, 29(3): 664-673.

Hayase K, Shinozuka N. 1995. Vertical distribution of fluorescent organic matter along with AOU and nutrients in the equatorial Central Pacific. Marine Chemistry, 48(3-4): 283-290.

He J, Balasubramanian R, Burger D F, et al. 2011. Dry and wet atmospheric deposition of nitrogen and phosphorus in Singapore. Atmospheric Environment, 45(16): 2760-2768.

He T, Xie J, Yu H S, et al. 2010. Distribution characteristics of phosphorus forms in surface sediments in the Daya Bay. Acta Scientiarum Naturalium Universitatis Sunyatseni, 49(6): 126-131.

Hedges J I, Keil R G. 1995. Sedimentary organic matter preservation: an assessment and speculative synthesis. Marine Chemistry, 49(2-3): 81-115.

Helms J R, Stubbins A, Ritchie J D, et al. 2008. Absorption spectral slopes and slope ratios as indicators of molecular weight, source, and photobleaching of chromophoric dissolved organic matter. Limnology and Oceanography, 53(3): 955-969.

Herrera-Silveira J A, Morales-Ojeda S M. 2009. Evaluation of the health status of a coastal ecosystem in southeast Mexico: assessment of water quality, phytoplankton and submerged aquatic vegetation. Marine Pollution Bulletin, 59(1-3): 72-86.

Hong H S, Wu J Y, Shang S L, et al. 2005. Absorption and fluorescence of chromophoric dissolved organic matter in the Pearl River Estuary, South China. Marine Chemistry, 97(1-2): 78-89.

Hong H S. 2012. China Regional Oceanography-Chemical Oceanography. Beijing: Ocean Press.

Hou L J, Liu M, Yang Y, et al. 2009. Phosphorus speciation and availability in intertidal sediments of the Yangtze Estuary, China. Applied Geochemistry, 24(1): 120-128.

Hu J, Peng P, Jia G, et al. 2006. Distribution and sources of organic carbon, nitrogen and their isotopes in sediments of the subtropical Pearl River estuary and adjacent shelf, Southern China. Marine Chemistry, 98(2-4): 274-285.

Hu J, Zou L, Wang J, et al. 2020. Factors regulating the compositions and distributions of dissolved organic matter in the estuaries of Jiaozhou Bay in North China. Oceanologia, 62(1): 101-110.

Hu L, Guo Z, Feng J, et al. 2009. Distributions and sources of bulk organic matter and aliphatic hydrocarbons in surface sediments of the Bohai Sea, China. Marine Chemistry, 113(3-4): 197-211.

Hu L, Shi X, Guo Z, et al. 2013. Sources, dispersal and preservation of sedimentary organic matter in the Yellow Sea: the importance of depositional hydrodynamic forcing. Marine Geology, 335(1): 52-63.

Hu M H, Yang Y P. 1990. Phosphate limitation of phytoplankton growth in the Changjiang Estuary. Acta Oceanologia Sinica, 9(3): 105-111.

Hu X, Li Q, Huang W J, et al. 2017. Effects of eutrophication and benthic respiration on water column carbonate chemistry in a traditional hypoxic zone in the Northern Gulf of Mexico. Marine Chemistry, 194: 33-42.

Huguet A, Vacher L, Relexans S, et al. 2009. Properties of fluorescent dissolved organic matter in the Gironde Estuary. Organic Geochemistry, 40(6): 706-719.

Huo M Q, Sato K, Ohizumi T, et al. 2016. Characteristics of carbonaceous components in precipitation and atmospheric particle at Japanese sites. Atmospheric Environment, 146: 164-173.

Huon S, Grousset F E, Burdloff D, et al. 2002. Sources of fine-sized organic matter in North Atlantic Heinrich Layers: δ^{13}C and δ^{15}N tracers. Geochimica et Cosmochimica Acta, 66(2): 223-239.

Iavorivska L, Boyer E W, DeWalle D R. 2016. Atmospheric deposition of organic carbon via precipitation. Atmospheric Environment, 146: 153-163.

Iavorivska L, Boyer E W, Grimm J W, et al. 2017a. Variability of dissolved organic carbon in precipitation during storms at the Shale Hills critical zone observatory. Hydrological Processess, 31(16): 2935-2950.

Iavorivska L, Boyer E W, Grimm J W. 2017b. Wet atmospheric deposition of organic carbon: an underreported source of carbon to watersheds in the northeastern United States. Journal of Geophysical Research: Atmospheres, 122(5): 3104-3115.

Ingall E, Jahnke R. 1994. Evidence for enhanced phosphorus regeneration from marine sediments overlain by oxygen depleted waters. Geochimica et Cosmochimica Acta, 58(11): 2571-2575.

Ingrosso G, Giani M, Comici C, et al. 2016. Drivers of the carbonate system seasonal variations in a Mediterranean Gulf. Estuarine, Coastal and Shelf Science, 168: 58-70.

Jacobs P, Riegman R, van M J. 2015. Impact of the blue mussel *Mytilus edulis* on the microbial food web in the western Wadden Sea, The Netherlands. Marine Ecology Progress Series, 527: 119-131.

Ji X, Liu G, Gao S, et al. 2017. Comparison of air-sea CO_2 flux and biological productivity in the South China Sea, East China Sea, and Yellow Sea: a three-dimensional physical-biogeochemical modeling study. Acta Oceanologica Sinica, 36(12): 1-10.

Jia J, Bai J, Gao H, et al. 2019. Effects of salinity and moisture on sediment net nitrogen mineralization in salt marshes of a Chinese estuary. Chemosphere, 228: 174-182.

Jiang S, Jin J, Jiang S, et al. 2021. Nitrogen in atmospheric wet deposition over the East Indian Ocean and

West Pacific Ocean: spatial variability, source identification, and potential influences. Frontiers in Marine Science, 7: 600843.

Jiang T, Chen F, Yu Z, et al. 2016. Size-dependent depletion and community disturbance of phytoplankton under intensive oyster mariculture based on HPLC pigment analysis in Daya Bay, South China Sea. Environmental Pollution, 219: 804-814.

Jiang T, Skyllberg U, Bjorn E, et al. 2017. Characteristics of dissolved organic matter (DOM) and relationship with dissolved mercury in Xiaoqing river-Laizhou Bay estuary, Bohai Sea, China. Environmental Pollution, 223: 19-30.

Jiang Z B, Du P, Liao Y B, et al. 2019. Oyster farming control on phytoplankton bloom promoted by thermal discharge from a power plant in a eutrophic, semi-enclosed bay. Water Research, 159: 1-9.

Jiang Z P, Tyrrell T, Hydes D J, et al. 2014. Variability of alkalinity and the alkalinity-salinity relationship in the tropical and subtropical surface ocean. Global Biogeochemical Cycles, 28(7): 729-742.

Jimenez J L, Canagaratna M R, Donahue N M, et al. 2009. Evolution of organic aerosols in the atmosphere. Science, 326(5959): 1525-1529.

Jørgensen L, Stedmon C A, Kragh T, et al. 2011. Global trends in the fluorescence characteristics and distribution of marine dissolved organic matter. Marine Chemistry, 126(1-4): 139-148.

Justić D, Rabalais N N, Turner R E. 1995. Stoichiometric nutrient balance and origin of coastal eutrophication. Marine Pollution Bulletin, 30(1): 41-46.

Justić D, Wang L. 2014. Assessing temporal and spatial variability of hypoxia over the inner Louisiana-upper Texas shelf: application of an unstructured-grid three-dimensional coupled hydrodynamic-water quality model. Continental Shelf Research, 72: 163-179.

Kameyama K, Sugiura N, Isoda H, et al. 2002. Effect of nitrate and phosphate concentration on production of microcystins by *Microcystis viridis* NIES 102. Aquatic Ecosystem Health and Management, 5(4): 443-449.

Kang X M, Song J M, Yuan H M, et al. 2017. Phosphorus speciation and its bioavailability in sediments of the Jiaozhou Bay. Estuarine Coastal and Shelf Science, 188: 127-136.

Kao S J, Liu K K. 2000. Stable carbon and nitrogen isotope systematics in a human-disturbed watershed (Lanyang-Hsi) in Taiwan and the estimation of biogenic particulate organic carbon and nitrogen fluxes. Global Biogeochemical Cycles, 14(1): 189-198.

Karl D M, Björkman K M. 2015. Dynamics of dissolved organic phosphorus. Biogeochemistry of marine dissolved organic matter. Salt Lake City: Academic Press: 233-334.

Kawamura K, Seméré R, Imai Y, et al. 1996. Water soluble dicarboxylic acids and related compounds in Antarctic aerosols. Journal of Geophysical Research: Atmospheres, 101(D13): 18721-18728.

Keeling R F, Körtzinger A, Gruber N. 2010. Ocean deoxygenation in a warming world. Annual Review of Marine Science, 2(1): 199-229.

Keene W C, Pszenny A A, Galloway J N, et al. 1986. Sea-salt corrections and interpretation of constituent ratios in marine precipitation. Journal of Geophysical Research: Atmospheres, 91(D6): 6647-6658.

Keil R G, Tsamakis E, Fuh C B, et al. 1994. Mineralogical and textural controls on the organic composition of coastal marine sediments: hydrodynamic separation using SPLITT-fractionation. Geochimica et Cosmochimica Acta, 58(2): 879-893.

Keil R G, Tsamakis E, Giddings J C, et al. 1998. Biochemical distributions (amino acids, neutral sugars, and lignin phenols) among size-classes of modern marine sediments from the Washington coast. Geochimica et Cosmochimica Acta, 62(8): 1347-1364.

Kendall C. 1998. Tracing nitrogen sources and cycling in catchments//Kendall C, McDonnell J J. Isotope Tracers in Catchment Hydrology. Amsterdam: Elsevier: 519-576.

Kharol S K, Fioletov V, Mclinden C A, et al. 2020. Ceramic industry at Morbi as a large source of SO_2 emissions in India. Atmospheric Environment, 223: 117243.

Kieber R J, Adams M B, Willey J D, et al. 2012. Short term temporal variability in the photochemically mediated alteration of chromophoric dissolved organic matter (CDOM) in rainwater. Atmospheric Environment, 50: 112-119.

Kim B, Kim S H, Kwak J H, et al. 2017. Heterotrophic bacterial production, respiration, and growth efficiency associated with upwelling intensity in the Ulleung Basin, East Sea. Deep Sea Research Part II: Topical Studies in Oceanography, 143: 24-35.

Kim D, Park G H, Baek S H, et al. 2018. Physical and biological control of aragonite saturation in the coastal waters of southern Korea under the influence of freshwater. Marine pollution bulletin, 129(1): 318-328.

Kim H K, Kim D, Yoo C M, et al. 2021. Biological carbon pump efficiency enhanced by atmospheric dust deposition in the North Pacific Subtropical Gyre. Journal of Marine Systems, 224: 103634.

Kim T H, Kim G, Lee S A, et al. 2015. Extraordinary slow degradation of dissolved organic carbon (DOC) in a cold marginal sea. Scientific Reports, 5: 13808.

Kirchstetter T W, Novakov T, Hobbs P V. 2004. Evidence that the spectral dependence of light absorption by aerosols is affected by organic carbon. Journal of Geophysical Research: Atmospheres, 109: D21208.

Kirillova E N, Andersson A, Han J, et al. 2014. Sources and light absorption of water-soluble organic carbon aerosols in the outflow from northern China. Atmospheric Chemistry and Physics, 14(3): 1413-1422.

Kirillova E N, Andersson A, Sheesley R J, et al. 2013. ^{13}C- and ^{14}C-based study of sources and atmospheric processing of water-soluble organic carbon (WSOC) in South Asian aerosols. Journal of Geophysical Research: Atmospheres, 118(2): 614-626.

Knutson T R, McBride J L, Chan J, et al. 2010. Tropical cyclones and climate change. Nature Geoscience, 3(3): 157-163.

Koomklang J, Yamaguchi H, Ichimi K, et al. 2018. A role for a superficial sediment layer in upward nutrient fluxes across the overlying water-sediment interface. Journal of Oceanography, 74(1): 13-21.

Körtzinger A, Send U, Lampitt R S, et al. 2008. The seasonal pCO_2 cycle at 49°N/16. 5°W in the northeastern Atlantic Ocean and what it tells us about biological productivity. Journal of Geophysical Research: Oceans, 113(C4): C04020.

Kowalczuk P, Cooper W J, Durako M J, et al. 2010a. Characterization of dissolved organic matter fluorescence in the South Atlantic Bight with use of PARAFAC model: relationships between fluorescence and its components, absorption coefficients and organic carbon concentrations. Marine Chemistry, 118(1-2): 22-36.

Kowalczuk P, Durako M J, Young H, et al. 2009. Characterization of dissolved organic matter fluorescence in the South Atlantic Bight with use of PARAFAC model: interannual variability. Marine Chemistry, 113(3-4): 182-196.

Kowalczuk P, Tilstone G H, Zabłocka M, et al. 2013. Composition of dissolved organic matter along an Atlantic Meridional Transect from fluorescence spectroscopy and Parallel Factor Analysis. Marine Chemistry, 157: 170-184.

Kowalczuk P, Zablocka M, Sagan S, et al. 2010b. Fluorescence measured in situ as a proxy of CDOM absorption and DOC concentration in the Baltic Sea. Oceanologia, 52(3): 431-471.

Kraal P, Slomp C P, Reed D C, et al. 2012. Sedimentary phosphorus and iron cycling in and below the oxygen minimum zone of the northern Arabian Sea. Biogeosciences, 9(7): 2603-2624.

Kundu S, Kawamura K, Lee M. 2010. Seasonal variation of the concentrations of nitrogenous species and their nitrogen isotopic ratios in aerosols at Gosan, Jeju Island: implications for atmospheric processing and source changes of aerosols. Journal of Geophysical Research: Atmospheres, 115: D20305.

Kundu S, Kawamura K. 2014. Seasonal variations of stable carbon isotopic composition of bulk aerosol carbon from Gosan site, Jeju Island in the East China Sea. Atmospheric Environment, 94: 316-322.

Kunwar B, Kawamura K, Zhu C. 2016. Stable carbon and nitrogen isotopic compositions of ambient aerosols collected from Okinawa Island in the western North Pacific Rim, an outflow region of Asian dusts and pollutants. Atmospheric Environment, 131: 243-253.

Kunwar B, Kawamura K. 2014. One-year observations of carbonaceous and nitrogenous components and major ions in the aerosols from subtropical Okinawa Island, an outflow region of Asian dusts. Atmospheric Chemistry and Physics, 14(4): 1819-1836.

Küster-Heins K, Steinmetz E, Lange G J, et al. 2010. Phosphorus cycling in marine sediments from the continental margin off Namibia. Marine Geology, 274(1-4): 95-106.

Kuwae M, Yamaguchi H, Tsugeki N K, et al. 2007. Spatial distribution of organic and sulfur geochemical parameters of oxic to anoxic surface sediments in Beppu Bay in southwest Japan. Estuarine, Coastal and Shelf Science, 72(1-2): 348-358.

Lamb A L, Wilson G P, Leng M J. 2006. A review of coastal palaeoclimate and relative sea-level reconstructions using δ^{13}C and C/N ratios in organic material. Earth-Science Reviews, 75(1-4): 29-57.

Laurent A, Fennel K, Cai W J, et al. 2017. Eutrophication-induced acidification of coastal waters in the northern Gulf of Mexico: insights into origin and processes from a coupled physical-biogeochemical model. Geophysical Research Letters, 44(2): 946-956.

Laurent A, Fennel K, Ko D S, et al. 2018. Climate change projected to exacerbate impacts of coastal eutrophication in the northern Gulf of Mexico. Journal of Geophysical Research: Oceans, 123(5): 3408-3426.

Laviale M, Barnett A, Ezequiel J, et al. 2015. Response of intertidal benthic microalgal biofilms to a coupled light-temperature stress: evidence for latitudinal adaptation along the Atlantic coast of Southern Europe. Environmental Microbiology, 17(10): 3662-3677.

Lawaetz A J, Stedmon C A. 2009. Fluorescence intensity calibration using the raman scatter peak of water. Applied Spectroscopy, 63(8): 936-940.

Lechtenfeld O J, Kattner G, Flerus R, et al. 2014. Molecular transformation and degradation of refractory dissolved organic matter in the Atlantic and Southern Ocean. Geochimica et Cosmochimica Acta, 126: 321-337.

Lee H J, Aiona P K, Laskin A, et al. 2014. Effect of solar radiation on the optical properties and molecular composition of laboratory proxies of atmospheric Brown carbon. Environmental Science and Technology, 48(17): 10217-10226.

Lee H J, Laskin A, Laskin J, et al. 2013. Excitation-emission spectra and fluorescence quantum yields for fresh and aged biogenic secondary organic aerosols. Environmental Science and Technology, 47(11): 5763-5770.

Lee J, Kim S, An S. 2017. Dynamics of the physical and biogeochemical processes during hypoxia in Jinhae Bay, Korea. Journal of Coastal Research, 33(4): 854-863.

Lee K, Tong L T, Millero F J, et al. 2006. Global relationships of total alkalinity with salinity and temperature in surface waters of the world's oceans. Geophysical Research Letters, 33(19): L19605.

Lee Y W, Hwang D W, Kim G, et al. 2009. Nutrient inputs from submarine groundwater discharge (SGD) in Masan Bay, an embayment surrounded by heavily industrialized cities, Korea. Science of the Total Environment, 407(9): 3181-3188.

Lei Y D, Wania F. 2004. Is rain or snow a more efficient scavenger of organic chemicals? Atmospheric Environment, 38(22): 3557-3571.

Li C L, Yan F P, Kang S C, et al. 2017. Deposition and light absorption characteristics of precipitation dissolved organic carbon (DOC) at three remote stations in the Himalayas and Tibetan Plateau, China. Science of the Total Environment, 605-606: 1039-1046.

Li C X, Yang G P, Wang B D. 2015. Biological production and spatial variation of dimethylated sulfur compounds and their relation with plankton in the North Yellow Sea. Continental Shelf Research, 102: 19-32.

Li G, Liu J, Ma Y, et al. 2014. Distribution and spectral characteristics of chromophoric dissolved organic matter in a coastal bay in northern China. Journal of Environmental Sciences, 26(8): 1585-1595.

Li G, Qiao L, Dong P, et al. 2016. Hydrodynamic condition and suspended sediment diffusion in the Yellow Sea and East China Sea. Journal of Geophysical Research: Oceans, 121(8): 6204-6222.

Li H, Chen Y, Zhou S, et al. 2021b. Change of dominant phytoplankton groups in the eutrophic coastal sea due to atmospheric deposition. Science of the Total Environment, 753: 141961.

Li H, Zhang Y, Liang Y, et al. 2018. Impacts of maricultural activities on characteristics of dissolved organic carbon and nutrients in a typical raft-culture area of the Yellow Sea, North China. Marine Pollution Bulletin, 137: 456-464.

Li J Q, Zhang W W, Ding J K, et al. 2021a. Effect of large-scale kelp and bivalve farming on seawater carbonate system variations in the semi-enclosed Sanggou Bay. Science of the Total Environment, 753: 142065.

Li J W, Chen Q C, Hua X Y, et al. 2020b. Occurrence and sources of chromophoric organic carbon in fine particulate matter over Xi'an, China. Science of the Total Environment, 725: 138290.

Li M, Fan X, Zhu M, et al. 2019. Abundance and light absorption properties of brown carbon emitted from residential coal combustion in China. Environmental Science and Technology, 53(2): 595-603.

Li M, Hu M, Walker J, et al. 2022c. Source apportionment of carbonaceous aerosols in diverse atmospheric environments of China by dual-carbon isotope method. Science of the Total Environment, 806: 150654.

Li S, Fan R, Luo D, et al. 2020a. Variation in quantity and quality of rainwater dissolved organic matter (DOM) in a peri-urban region: implications for the effect of seasonal patterns on DOM fates. Atmospheric Environment, 239: 117769.

Li W, Wu F, Liu C, et al. 2008. Temporal and spatial distributions of dissolved organic carbon and nitrogen in two small lakes on the Southwestern China Plateau. Limnology, 9(2): 163-171.

Li X, Song J, Niu L, et al. 2007. Role of the Jiaozhou Bay as a source/sink of CO_2 over a seasonal cycle. Scientia Marina, 71(3): 441-450.

Li X, Yu F, Cao J, et al. 2022a. Chromophoric dissolved organic carbon cycle and its molecular compositions and optical properties in precipitation in the Guanzhong basin, China. Science of the Total Environment, 814: 152775.

Li Z Y, Bai J, Shi J H, et al. 2003. Distributions of inorganic nutrients in the Bohai Sea of China. Journal of Ocean University of Qingdao, 2(1): 112-116.

Li Z, Wang S, Nie X, et al. 2022b. The application and potential non-conservatism of stable isotopes in organic matter source tracing. Science of the Total Environment, 838: 155946.

Lim S, Yang X, Lee M, et al. 2020. Fossil-driven secondary inorganic $PM_{2.5}$ enhancement in the North China Plain: evidence from carbon and nitrogen isotopes. Environmental Pollution, 266: 115163.

Lin P, Klump J V, Guo L. 2016. Dynamics of dissolved and particulate phosphorus influenced by seasonal hypoxia in Green Bay, Lake Michigan. Science of the Total Environment, 541: 1070-1082.

Lin P, Liu J M, Shilling J E, et al. 2015. Molecular characterization of brown carbon (BrC) chromophores in secondary organic aerosol generated from photo-oxidation of toluene. Physical Chemistry Chemical Physics, 17(36): 23312-23325.

Linsy P, Nath B N, Mascarenhas-Pereira M B L, et al. 2018. Distribution and diagenesis of phosphorus in the deep-sea sediments of the Central Indian Basin. Journal of Geophysical Research: Oceans, 123(11): 7963-7982.

Liu D Y, Li X, Emeis K C, et al. 2015a. Distribution and sources of organic matter in surface sediments of Bohai Sea near the Yellow River Estuary, China. Estuarine, Coastal and Shelf Science, 165: 128-136.

Liu D Y, Shen X H, Wang Y J, et al. 2012b. Tracking the sources of organic matter in the surface sediments of Sishili Bay, northern Yellow Sea and the environmental implication. Acta Oceanologica Sinaca, 34(5): 205-212.

Liu J, Han G, et al. 2021. Tracing riverine particulate black carbon sources in Xijiang River Basin: Insight from stable isotopic composition and Bayesian mixing model. Water Research, 194: 116932.

Liu J, Krom M D, Ran X, et al. 2020. Sedimentary phosphorus cycling and budget in the seasonally hypoxic coastal area of Changjiang Estuary. Science of the Total Environment, 713: 136389.

Liu J, Song J, Yuan H, et al. 2019. Biogenic matter characteristics, deposition flux correction, and internal phosphorus transformation in Jiaozhou Bay, North China. Journal of Marine Systems, 196: 1-13.

Liu J, Zang J, Zhao C, et al. 2016. Phosphorus speciation, transformation, and preservation in the coastal area of Rushan Bay. Science of the Total Environment, 565: 258-270.

Liu Q, Pan D, Bai Y, et al. 2014. Estimating dissolved organic carbon inventories in the East China Sea using remote-sensing data. Journal of Geophysical Research: Oceans, 119(10): 6557-6574.

Liu S M, Hong G H, Zhang J, et al. 2009. Nutrient budgets for large Chinese Estuaries. Biogeosciences, 6(10): 2245-2263.

Liu S M, Li L W, Zhang G L, et al. 2012a. Impacts of human activities on nutrient transports in the Huanghe

(Yellow River) Estuary. Journal of Hydrology, 430: 103-110.
Liu S M, Zhang J, Chen H T, et al. 2005. Factors influencing nutrient dynamics in the eutrophic Jiaozhou Bay, North China. Progress in Oceanography, 66(1): 66-85.
Liu S M, Zhang J, Chen S Z, et al. 2003. Inventory of nutrient compounds in the Yellow Sea. Continental Shelf Research, 23(11-13): 1161-1174.
Liu S M, Zhang J, Li D J. 2004. Phosphorus cycling in sediments of the Bohai and Yellow Seas. Estuarine, Coastal and Shelf Science, 59(2): 209-218.
Liu W, Xu Y, Liu W, et al. 2018. Oxidative potential of ambient $PM_{2.5}$ in the coastal cities of the Bohai Sea, northern China: seasonal variation and source apportionment. Environmental Pollution, 236: 514-528.
Liu X, Li Z, Li P, et al. 2015b. Changes in carbon and nitrogen with particle size in bottom sediments in the Dan River, China. Quaternary International, 380: 305-313.
Loh A N, Bauer J E, Druffel E R M. 2004. Variable ageing and storage of dissolved organic components in the open ocean. Nature, 430(7002): 877-881.
López-García P, Gelado-Caballero M D, Patey M D, et al. 2021. Atmospheric fluxes of soluble nutrients and Fe: more than three years of wet and dry deposition measurements at Gran Canaria (Canary Islands). Atmospheric Environment, 246: 118090.
Lu F, Chang C H, Lee D J, et al. 2009. Dissolved organic matter with multi-peak fluorophores in landfill leachate. Chemosphere, 74(4): 575-582.
Łukawska-Matuszewska K, Burska D. 2011. Phosphate exchange across the sediment-water interface under oxic and hypoxic/anoxic conditions in the southern Baltic Sea. Oceanological and Hydrobiological Studies, 40(2): 57-71.
Mace K A, Kubilay N, Duce R A. 2003. Organic nitrogen in rain and aerosol in the eastern Mediterranean atmosphere: an association with atmospheric dust. Journal of Geophysical Research: Atmospheres, 108(D10): 4320.
Maciejewska A, Pempkowiak J. 2014. DOC and POC in the water column of the southern Baltic. Part I. Evaluation of factors influencing sources, distribution and concentration dynamics of organic matter. Oceanologia, 56(3): 523-548.
Mahmood T, Fang J, Jiang Z, et al. 2017. Seasonal distribution, sources and sink of dissolved organic carbon in integrated aquaculture system in coastal waters. Aquaculture international, 25(1): 71-85.
Mahowald N, Jickells T D, Baker A R, et al. 2008. The global distribution of atmospheric phosphorus deposition and anthropogenic impacts. Global Biogeochemical Cycles, 22(4): GB4026.
Maksymowska D, Richard P, Piekarek-Jankowska H, et al. 2000. Chemical and isotopic composition of the organic matter sources in the Gulf of Gdansk (Southern Baltic Sea). Estuarine, Coastal and Shelf Science, 51(5): 585-598.
Mann U, Zweigel J. 2008. Modelling source-rock distribution and quality variations: the organic facies modelling approach: international association of sedimentologists//de Boer P, Postma G, van der Zwan K, et al. Analogue and Numerical Modelling of Sedimentary Systems: from Understanding to Prediction. Oxford: Wiley-Blackwells: 239-274.
Manna V, De Vittor C, Giani M, et al. 2021. Long-term patterns and drivers of microbial organic matter utilization in the northernmost basin of the Mediterranean Sea. Marine Environmental Research, 164: 105245.
Mannino A, Russ M E, Hooker S B. 2008. Algorithm development and validation for satellite-derived distributions of DOC and CDOM in the US Middle Atlantic Bight. Journal of Geophysical Research: Oceans, 113(C7): C07051.
Markaki Z, Loÿe-Pilot M D, Violaki K, et al. 2010. Variability of atmospheric deposition of dissolved nitrogen and phosphorus in the Mediterranean and possible link to the anomalous seawater N/P ratio. Marine Chemistry, 120(1-4): 187-194.
März C, Poulton S W, Wagner T, et al. 2014. Phosphorus burial and diagenesis in the central Bering Sea (Bowers Ridge, IODP Site U1341): perspectives on the marine P cycle. Chemical Geology, 363: 270-282.

Matsumoto K, Kodama S, Sakata K, et al. 2022. Atmospheric deposition fluxes and processes of the water-soluble and water-insoluble organic carbon in central Japan. Atmospheric Environment, 271: 118913.

Matthaios V N, Kramer L J, Sommariva R, et al. 2019. Investigation of vehicle cold start primary NO_2 emissions inferred from ambient monitoring data in the UK and their implications for urban air quality. Atmospheric Environment, 199: 402-414.

Mayer L M. 1994. Surface area control of organic carbon accumulation in continental shelf sediments. Geochimica et Cosmochimica Acta, 58(4): 1271-1284.

McCarthy M J.. Carini S A. Liu Z. et al. 2013. Oxygen consumption in the water column and sediments of the northern Gulf of Mexico hypoxic zone. Estuarine, Coastal and Shelf Science, 123: 46-53.

McGrath T, McGovern E, Gregory C, et al. 2019. Local drivers of the seasonal carbonate cycle across four contrasting coastal systems. Regional Studies in Marine Science, 30: 100733.

McIntyre A M, Guéguen C. 2013. Binding interactions of algal-derived dissolved organic matter with metal ions. Chemosphere, 90(2): 620-626.

McKinney R A, Nelson W G, Charpentier M A, et al. 2001. Ribbed mussel nitrogen isotope signatures reflect nitrogen sources in coastal salt marshes. Ecological Applications, 11(1): 203-214.

McKnight D M, Boyer E W, Westerhoff P K, et al. 2001. Spectrofluorometric characterization of dissolved organic matter for indication of precursor organic material and aromaticity. Limnology and Oceanography, 46(1): 38-48.

Mei Z P, Saucier F J, le Fouest V, et al. 2010. Modeling the timing of spring phytoplankton bloom and biological production of the Gulf of St. Lawrence (Canada): effects of colored dissolved organic matter and temperature. Continental Shelf Research, 30(19): 2027-2042.

Meng J, Yao P, Bianchi T S, et al. 2015. Detrital phosphorus as a proxy of flooding events in the Changjiang River Basin. Science of the Total Environment, 517: 22-30.

Meng J, Yao P, Yu Z, et al. 2014. Speciation, bioavailability and preservation of phosphorus in surface sediments of the Changjiang Estuary and adjacent East China Sea inner shelf. Estuarine, Coastal and Shelf Science, 144: 27-38.

Meyers P A. 1994. Preservation of elemental and isotopic source identification of sedimentary organic matter. Chemical Geology, 144(3-4): 289-302.

Meyers P A. 1997. Organic geochemical proxies of paleoceanographic, paleolimnologic, and paleoclimatic processes. Organic Geochemistry, 27(5-6): 213-250.

Meyers P A. 2003. Applications of organic geochemistry to paleolimnological reconstructions: a summary of examples from the Laurentian Great Lakes. Organic geochemistry, 34(2): 261-289.

Michalopoulos P, Aller R C. 2004. Early diagenesis of biogenic silica in the Amazon delta: alteration, authigenic clay formation, and storage. Geochimica et Cosmochimica Acta, 68(5): 1061-1085.

Min S K, Zhang X B, Zwiers F W, et al. 2011. Human contribution to more-intense precipitation extremes. Nature, 470(7334): 378-381.

Miyazaki Y, Coburn S, Ono K, et al. 2016. Contribution of dissolved organic matter to submicron water-soluble organic aerosols in the marine boundary layer over the eastern equatorial Pacific. Atmospheric Chemistry and Physics, 16(12): 7695-7707.

Miyazaki Y, Kawamura K, Jung J, et al. 2011. Latitudinal distributions of organic nitrogen and organic carbon in marine aerosols over the western North Pacific. Atmospheric Chemistry and Physics, 11(7): 3037-3049.

Miyazaki Y, Yamashita Y, Kawana K, et al. 2018. Chemical transfer of dissolved organic matter from surface seawater to sea spray water-soluble organic aerosol in the marine atmosphere. Scientific Reports, 8: 14861.

Mladenov N, Alados-Arboledas L, Olmo F J, et al. 2011. Applications of optical spectroscopy and stable isotope analyses to organic aerosol source discrimination in an urban area. Atmospheric Environment, 45(11): 1960-1969.

Monbet P, Brunskill G J, Zagorskis I, et al. 2007. Phosphorus speciation in the sediment and mass balance for the central region of the Great Barrier Reef continental shelf (Australia). Geochimica et Cosmochimica Acta, 71(11): 2762-2779.

Moncheva S, Gotsis-Skretas O, Pagou K, et al. 2001. Phytoplankton blooms in Black Sea and Mediterranean coastal ecosystems subjected to anthropogenic eutrophication: similarities and differences. Estuarine Coastal and Shelf Science, 53(3): 281-295.

Monsallier J M, Scherbaum F J, Buckau G, et al. 2001. Influence of photochemical reactions on the complexation of humic acid with europium (III). Journal of Photochemistry and Photobiology A: Chemistry, 138(1): 55-63.

Moon J Y, Lee K, Lim W A, et al. 2021. Anthropogenic nitrogen is changing the East China and Yellow seas from being N deficient to being P deficient. Limnology and Oceanography, 66(3): 914-924.

Mort H P, Slomp C P, Gustafsson B G, et al. 2010. Phosphorus recycling and burial in Baltic Sea sediments with contrasting redox conditions. Geochimica et Cosmochimica Acta, 74(4): 1350-1362.

Mudroch A, Azcue J M. 1995. Manual of aquatic sediment sampling. Boca Raton: CRC Press: 194-200.

Murphy K R, Butler K D, Spencer R G M, et al. 2010. Measurement of dissolved organic matter fluorescence in aquatic environments: an interlaboratory comparison. Environmental Science and Technology, 44(24): 9405-9412.

Murphy K R, Hambly A, Singh S, et al. 2011. Organic matter fluorescence in municipal water recycling schemes: toward a unified PARAFAC model. Environmental Science and Technology, 45(7): 2909-2916.

Murphy K R, Stedmon C A, Graeber D, et al. 2013. Fluorescence spectroscopy and multi-way techniques. PARAFAC. Analytical Methods, 5(23): 6557-6566.

Murphy K R, Stedmon C A, Waite T D, et al. 2008. Distinguishing between terrestrial and autochthonous organic matter sources in marine environments using fluorescence spectroscopy. Marine Chemistry, 108(1-2): 40-58.

Murrell M C, Lehrter J C. 2011. Sediment and lower water column oxygen consumption in the seasonally hypoxic region of the Louisiana continental shelf. Estuaries and coasts, 34: 912-924.

Nakamura Y, Kerciku F. 2000. Effects of filter-feeding bivalves on the distribution of water quality and nutrient cycling in a eutrophic coastal lagoon. Journal of Marine Systems, 26(2): 209-221.

Nelson D, Brzezinski M. 1990. Kinetics of silicic acid uptake by natural diatom assemblages in two Gulf Stream warm-core rings. Marine Ecology Progress Series, 62(3): 283-292.

Nenes A, Krom M D, Mihalopoulos N, et al. 2011. Atmospheric acidification of mineral aerosols: a source of bioavailable phosphorus for the oceans. Atmospheric Chemistry and Physics, 11(13): 6265-6272.

Neubacher E C, Parker R E, Trimmer M. 2011. Short-term hypoxia alters the balance of the nitrogen cycle in coastal sediments. Limnology and Oceanography, 56(2): 651-665.

Nielsen L P, Risgaard-Petersen N, Fossing H, et al. 2010. Electric currents couple spatially separated biogeochemical processes in marine sediment. Nature, 463(7284): 1071-1074.

Niu Z, Huang Z, Wang S, et al. 2022. Characteristics and source apportionment of particulate carbon in precipitation based on dual-carbon isotopes (^{13}C and ^{14}C) in Xi'an, China. Environmental Pollution, 299: 118908.

Norrman B, Zwelfel U L, Hopkinson C S, et al. 1995. Production and utilization of dissolved organic carbon during an experimental diatom bloom. Limnology and Oceanography, 40(5): 898-907.

Ohno T, Chorover J, Omoike A, et al. 2007. Molecular weight and humification index as predictors of adsorption for plant-and manure-derived dissolved organic matter to goethite. European Journal of Soil Science, 58(1): 125-132.

Onitsuka O, Uno I, Yanagi T, et al. 2009. Modeling the effects of atmospheric nitrogen input on biological production in the Japan Sea. Journal of Oceanogrphy, 65: 433-438.

Osburn C L, Wigdahl C R, Fritz S C, et al. 2011. Dissolved organic matter composition and photoreactivity in prairie lakes of the US Great Plains. Limnology and Oceanography, 56(6): 2371-2390.

Ospina-Alvarez N, Caetano M, Vale C, et al. 2014. Exchange of nutrients across the sediment-water interface in intertidal ria systems (SW Europe). Journal of Sea Research, 85: 349-358.

Ounissi M, Laskri H, Ziouch O R, et al. 2021. Riverine and wet atmospheric nutrient inputs to the southwestern mediterranean region of north africa. Marine Chemistry, 228: 103915.

Paerl H W. 1997. Coastal eutrophication and harmful algal blooms: importance of atmospheric deposition and groundwater as new nitrogen and other nutrient sources. Limnology and Oceanography, 42(5, part2): 1154-1165.

Pan Y P, Wang Y S, Tang G Q, et al. 2012. Wet and dry deposition of atmospheric nitrogen at ten sites in Northern China. Atmospheric Chemistry and Physics, 12(14): 6515-6535.

Pan Z, Tan Y M, Gao Q F. 2021. A 120-year record of burial fluxes and source apportionment of sedimentary organic carbon in alian bay, China: implication for the influence of mariculture activities, and regional environment changes. Aquaculture, 535: 736421.

Pancost R D, Boot C S. 2004. The palaeoclimatic utility of terrestrial biomarkers in marine sediments. Marine Chemistry, 92(1-4): 239-261.

Pantelaki I, Papatzelou A, Balla D, et al. 2018. Characterization of dissolved organic carbon in rainwater of an urban/coastal site in mediterranean area. Science of the Total Environment, 627: 1433-1441.

Para J, Charriere B, Matsuoka A, et al. 2013. UV/PAR radiation and DOM properties in surface coastal waters of the Canadian shelf of the beaufort sea during summer 2009. Biogeosciences, 10(4): 2761-2774.

Park G H, Lee S E, Kim Y I, et al. 2019. Atmospheric deposition of anthropogenic inorganic nitrogen in airborne particles and precipitation in the East Sea in the northwestern pacific ocean. Science of the Total Environment, 681: 400-412.

Park S S, Yu J. 2016. Chemical and light absorption properties of humic-like substances from biomass burning emissions under controlled combustion experiments. Atmospheric Environment, 136: 114-122.

Park Y M, Park K S, Kim H, et al. 2018. Characterizing isotopic compositions of TC-C, NO_3^--N, and NH_4^+-N in $PM_{2.5}$ in Korea: impact of China's winter heating. Environmental Pollution, 233: 735-744.

Parnell A C, Inger R, Bearhop S, et al. 2010. Source partitioning using stable isotopes: coping with too much variation. PloS One, 5(3): e9672.

Parnell A C, Phillips D L, Bearhop S, et al. 2013. Bayesian stable isotope mixing models. Environmetrics, 24(6): 387-399.

Paropkari A L, Babu C P, Mascarenhas A. 1992. A critical evaluation of depositional parameters controlling the variability of organic carbon in arabian sea sediments. Marine Geology, 107(3): 213-226.

Paropkari A L, Babu C P, Mascarenhas A. 1993. New evidence for enhanced preservation of organic carbon in contact with oxygen minimum zone on the western continental slope of India. Marine Geology, 111(1-2): 7-13.

Pavuluri C, Kawamura K, Fu P. 2015. Atmospheric chemistry of nitrogenous aerosols in northeastern asia: biological sources and secondary formation. Atmospheric Chemistry and Physics, 15(17): 9883-9896.

Pearce I, Handlinger J H, Hallegraeff G M. 2005. Histopathology in pacific oyster (*Crassostrea gigas*) spat caused by the dinoflagellate *Prorocentrum rhathymum*. Harmful Algae, 4(1): 61-74.

Peierls B L, Paerl H W. 1997. Bioavailability of atmospheric organic nitrogen deposition to coastal phytoplankton. Limnology and Oceanography, 42(8): 1819-1823.

Pelletier G J, Lewis E, Wallace D W R. 2015. CO2SYS. XLS: a calculator for the CO_2 system in seawater for microsoft Excel/VBA. Version 24. Olympia, Washington: Washington State Department of Ecology.

Pettine M, Casentini B, Fazi S, et al. 2007. A revisitation of trix for trophic status assessment in the light of the european water framework directive: application to italian coastal waters. Marine Pollution Bulletin, 54(9): 1413-1426.

Picard A, Gartman A, Cosmidis J, et al. 2019. Authigenic metastable iron sulfide minerals preserve microbial organic carbon in anoxic environments. Chemical Geology, 530: 119343.

Pietros J M, Rice M A. 2003. The impacts of aquacultured oysters, *Crassostrea virginica* (Gmelin, 1791) on water quality and sedimentation: results of a mesocosm study. Aquaculture, 220(1-4): 407-422.

Pitta E, Zeri C, Tzortziou M, et al. 2019. Transformations of dissolved organic matter in the marmara sea traced by its optical signature. Journal of Marine Systems, 189: 1-11.

Pöhlker C, Huffman J A, Pöschl U. 2012. Autofluorescence of atmospheric bioaerosols-fluorescent biomolecules and potential interferences. Atmospheric Measurement Techniques, 5(1): 37-71.

Prahl F G, Small L F, Eversmeyer B. 1997. Biogeochemical characterization of suspended particulate matter in the columbia river estuary. Marine Ecology Progress Series, 160: 173-184.

Prasad M B K, Ramanathan A L. 2010. Characterization of phosphorus fractions in the sediments of a tropical intertidal mangrove ecosystem. Wetlands Ecology and Management, 18: 165-175.

Primpas I, Karydis M. 2011. Scaling the trophic index (TRIX) in oligotrophic marine environments. Environmental Monitoring and Assessment, 178(1-4): 257-269.

Qi J, Yang Y, Yao X, et al. 2020. Dry deposition fluxes of inorganic nitrogen and phosphorus in atmospheric aerosols over the marginal seas and northwest pacific. Atmospheric Research, 245: 105076.

Qi X, Liu S, Zhang J, et al. 2011. Cycling of phosphorus in the jiaozhou bay. Acta Oceanologica Sinica, 30(2): 65-77.

Qian J, Wang S, Xue B, et al. 1997. A method of quantitatively calculating amount of allochthonous organic carbon in lake sediments. Chinese Science Bulletin, 42(21): 1821-1823.

Qiao S Q. Shi X F. Wang,G Q. et al. 2010. Discussion on grain-size characteristics of seafloor sediment and transport pattern in the Bohai Sea. Acta Oceanologica Sinica 32(4): 139-147.

Qiu Z, Yang C Z, Zhao Y L. 2011. The release and oxidation of ammonia at the sediment-water interface of Jiulong river estuary wetland under different oxygen conditions. Ecology and Environmental Sciences, 20(12): 1902-1908.

Rabouille C, Conley D J, Dai M H, et al. 2008. Comparison of hypoxia among four river-dominated ocean margins: the Changjiang (Yangtze), Mississippi, Pearl, and Rhone Rivers. Continental Shelf Research, 28(12): 1527-1537.

Raisi L, Aleksandropoulou V, Lazaridis M, et al. 2013. Size distribution of viable, cultivable, airborne microbes and their relationship to particulate matter concentrations and meteorological conditions in a mediterranean site. Aerobiologia, 29: 233-248.

Ram K, Sarin M M, Tripathi S N. 2010. A 1 year record of carbonaceous aerosols from an urban site in the indo-gangetic plain: characterization, sources, and temporal variability. Journal of Geophysical Research: Atmospheres, 115: D24313.

Ramaswamy V, Gaye B, Shirodkar P V, et al. 2008. Distribution and sources of organic carbon, nitrogen and their isotopic signatures in sediments from the ayeyarwady (Irrawaddy) continental shelf, northern andaman sea. Marine Chemistry, 111(3-4): 137-150.

Ransom B, Kim D, Kastner M, et al. 1998. Organic matter preservation on continental slopes: importance of mineralogy and surface area. Geochimica et Cosmochimica Acta, 62(8): 1329-1345.

Rao P S P, Tiwari S, Matwale J L, et al. 2016. Sources of chemical species in rainwater during monsoon and non-monsoonal periods over two mega cities in India and dominant source region of secondary aerosols. Atmospheric Environment, 146: 90-99.

Rastogi N, Agnihotri R, Sawlani R, et al. 2020. Chemical and isotopic characteristics of PM_{10} over the bay of bengal: effects of continental outflow on a marine environment. Science of the Total Environment, 726: 138438.

Raymond P A, Bauer J E. 2001. DOC cycling in a temperate estuary: a mass balance approach using natural ^{14}C and ^{13}C isotopes. Limnology and Oceanography, 46(3): 655-667.

Reddy K R, Jessup R E, Rao P S C. 1988. Nitrogen dynamics in a eutrophic lake sediment. Hydrobiologia, 159(2): 177-188.

Redfield A C, Ketchum B H, Richards F A. 1963. The influence of organisms on the composition of seawater. The Sea, 2: 26-77.

Redfield A C. 1958. The biological control of chemical factors in the environment. American Scientist, 46(3): 205-221.

Reimers C E, Özkan-Haller H, Berg P, et al. 2012. Benthic oxygen consumption rates during hypoxic conditions on the oregon continental shelf: evaluation of the eddy correlation method. Journal of Geophysical Research: Oceans, 117: C02021.

Ren H J, Chen Y C, Wang X T, et al. 2017. 21St-century rise in anthropogenic nitrogen deposition on a remote coral reef. Science, 356(6639): 749-752.
Ren P, Luo C, Zhang H, et al. 2022. Atmospheric particles are major sources of aged anthropogenic organic carbon in marginal seas. Environmental Science and Technology, 56(19): 14198-14207.
Ribas-Ribas M, Gómez-Parra A, Forja J M. 2011. Air-sea CO_2 fluxes in the north-eastern shelf of the gulf of cádiz (southwest iberian peninsula). Marine Chemistry, 123(1-4): 56-66.
Richardson K. 1997. Harmful or exceptional phytoplankton blooms in the marine ecosystem//Blaxter J H S, Southward A J. Advances in Marine Biology. Salt Lake City: Academic Press: 301-385.
Rivett M O, Buss S R, Morgan P, et al. 2008. Nitrate attenuation in groundwater: a review of biogeochemical controlling processes. Water Research, 42(16): 4215-4232.
Rochelle-Newall E J, Fisher T R. 2002a. Chromophoric dissolved organic matter and dissolved organic carbon in chesapeake bay. Marine Chemistry, 77(1): 23-41.
Rochelle-Newall E J, Fisher T R. 2002b. Production of chromophoric dissolved organic matter fluorescence in marine and estuarine environments: an investigation into the role of phytoplankton. Marine Chemistry, 77(1): 7-21.
Rodellas V, Garcia-Orellana J, Masqué P, et al. 2015. Submarine groundwater discharge as a major source of nutrients to the mediterranean sea. Proceedings of the National Academy of Sciences, 112(13): 3926-3930.
Rucinski D K, DePinto J V, Beletsky D, et al. 2016. Modeling hypoxia in the central basin of lake erie under potential phosphorus load reduction scenarios. Journal of Great Lakes Research, 42(6): 1206-1211.
Ruttenberg K C, Berner R A. 1993. Authigenic apatite formation and burial in sediments from non-upwelling, continental margin environments. Geochimica et Cosmochimica Acta, 57(5): 991-1007.
Ruttenberg K C. 1992. Development of a sequential extraction method for different forms of phosphorus in marine sediments. Limnology and Oceanography, 37(7): 1460-1482.
Rydin E, Malmaeus J M, Karlsson O M, et al. 2011. Phosphorus release from coastal Baltic Sea sediments as estimated from sediment profiles. Estuarine, Coastal and Shelf Science, 92(1): 111-117.
Rydin E. 2000. Potentially mobile phosphorus in lake erken sediment. Water Research, 34(7): 2037-2042.
Rysgaard S, Glud R N, Risgaard-Petersen N, et al. 2004. Denitrification and anammox activity in arctic marine sediments. Limnology and Oceanography, 49(5): 1493-1502.
Santinelli C, Hansell D A, d'Alcalà M R. 2013. Influence of stratification on marine dissolved organic carbon (DOC) dynamics: the mediterranean sea case. Progress in Oceanography, 119: 68-77.
Santinelli C, Nannicini L, Seritti A. 2010. DOC dynamics in the meso and bathypelagic layers of the mediterranean sea. Deep Sea Research Part II: Topical Studies in Oceanography, 57(16): 1446-1459.
Santinelli C, Sempéré R, van Wambeke F, et al. 2012. Organic carbon dynamics in the mediterranean sea: an integrated study. Global Biogeochemical Cycles, 26(4): GB4004.
Santos I R, de Weys J, Tait D R, et al. 2013a. The contribution of groundwater discharge to nutrient exports from a coastal catchment: post-flood seepage increases estuarine N/P ratios. Estuaries and Coasts, 36(1): 56-73.
Santos P S M, Santos E B H, Duarte A C. 2013b. Seasonal and air mass trajectory effects on dissolved organic matter of bulk deposition at a coastal town in south-western Europe. Environmental Science and Pollution Research, 20(1): 227-237.
Savard M M, Cole A, Smirnoff A, et al. 2017. δ^{15}N values of atmospheric N species simultaneously collected using sector-based samplers distant from sources-Isotopic inheritance and fractionation. Atmospheric Environment, 162: 11-22.
Schubert C J, Calvert S E. 2001. Nitrogen and carbon isotopic composition of marine and terrestrial organic matter in arctic ocean sediments: implications for nutrient utilization and organic matter composition. Deep Sea Research Part I: Oceanographic Research Papers, 48(3): 789-810.
Schultz P, Urban N R. 2008. Effects of bacterial dynamics on organic matter decomposition and nutrient release from sediments: a modeling study. Ecological Modelling, 210(1-2): 1-14.
Seitzinger S P, Sanders R W. 1999. Atmospheric inputs of dissolved organic nitrogen stimulate estuarine

bacteria and phytoplankton. Limnology and Oceanography, 44(3): 721-730.

Seok M W, Kim D, Park G H, et al. 2021. Atmospheric deposition of inorganic nutrients to the western north pacific ocean. Science of the Total Environment, 793: 148401.

Shadwick E H, Thomas H, Azetsu-Scott K, et al. 2011. Seasonal variability of dissolved inorganic carbon and surface water pCO_2 in the scotian shelf region of the northwestern atlantic. Marine Chemistry, 124(1-4): 23-37.

Shahrban M, Etemadshahidi A. 2010. Classification of the caspian sea coastal waters based on trophic index and numerical analysis. Environmental Monitoring and Assessment, 164(1-4): 349-356.

Silina A V, Zhukova N V. 2007. Growth variability and feeding of scallop *Patinopecten yessoensis* on different bottom sediments: evidence from fatty acid analysis. Journal of Experimental Marine Biology and Ecology, 348(1-2): 46-59.

Sinkko H, Lukkari K, Sihvonen L M, et al. 2013. Bacteria contribute to sediment nutrient release and reflect progressed eutrophication-driven hypoxia in an organic-rich continental sea. PloS One, 8(6): e67061.

Slomp C P, van Cappellen P. 2004. Nutrient inputs to the coastal ocean through submarine groundwater discharge: controls and potential impact. Journal of Hydrology, 295(1-4): 64-86.

Smil V. 2000. Phosphorus in the environment: natural flows and human interferences. Annual Review of Energy and the Environment, 25(1): 53-88.

Smith S V, Kinsey D W. 1978. Calcification and organic carbon metabolism as indicated by carbon dioxide//Stoddart D R, Johannes R E. Coral Reefs: Research Methods. Paris: UNESCO: 469-484.

Sommariva R, Haggerstone A L, Carpenter L J, et al. 2004. OH and HO_2 chemistry in clean marine air during SOAPEX-2. Atmospheric Chemistry and Physics, 4(3): 839-856.

Song G, Liu S, Zhu Z, et al. 2016. Sediment oxygen consumption and benthic organic carbon mineralization on the continental shelves of the east china sea and the yellow sea. Deep Sea Research Part II: Topical Studies in Oceanography, 124: 53-63.

Song G, Zhao L, Chai F, et al. 2020. Summertime oxygen depletion and acidification in bohai sea, China. Frontiers in Marine Science, 7: 252.

Song J, Zhao Y, Zhang Y, et al. 2018. Influence of biomass burning on atmospheric aerosols over the western south China sea: insights from ions, carbonaceous fractions and stable carbon isotope ratios. Environmental Pollution, 242: 1800-1809.

Song J. 2009. Biogeochemical Processes of Biogenic Elements In China Marginal Seas. Hangzhou: Zhejiang University Press; Heidelberg, Dordrecht, London, New York: Springer: 662.

Song J. 2010. Biogeochemical Processes of Biogenic Elements in China Marginal Seas. Springer Science and Business Media.

Spokes L J, Jickells T D. 2005. Is the atmosphere really an important source of reactive nitrogen to coastal waters?. Continental Shelf Research, 25(16): 2022-2035.

Srinivas B, Sarin M M. 2013. Atmospheric deposition of N, P and Fe to the northern indian ocean: implications to C- and N-fixation. Science of the Total Environment, 456: 104-114.

Srithongouthai S, Tada K. 2015. Diffusive fluxes across sediment-water interface in the Seto Inland Sea, Japan. International Advanced Research Journal in Science, Engineering and Technology, 2(11): 71-75.

St. Pierre K A, Oliver A A, Tank S E, et al. 2020. Terrestrial exports of dissolved and particulate organic carbon affect nearshore ecosystems of the Pacific coastal temperate rainforest. Limnology and Oceanography, 65(11): 2657-2675.

Stedmon C A, Bro R. 2008. Characterizing dissolved organic matter fluorescence with parallel factor analysis: a tutorial. Limnology and Oceanography: Methods, 6(11): 572-579.

Stedmon C A, Markager S, Bro R. 2003. Tracing dissolved organic matter in aquatic environments using a new approach to fluorescence spectroscopy. Marine Chemistry, 82(3-4): 239-254.

Stedmon C A, Markager S. 2005a. Resolving the variability in dissolved organic matter fluorescence in a temperate estuary and its catchment using PARAFAC analysis. Limnology and Oceanography, 50(2): 686-697.

Stedmon C A, Markager S. 2005b. Tracing the production and degradation of autochthonous fractions of dissolved organic matter by fluorescence analysis. Limnology and Oceanography, 50(5): 1415-1426.

Stevenson F J, Cheng C N. 1972. Organic geochemistry of the Argentine Basin sediments: carbon-nitrogen relationships and quaternary correlations. Geochimica et Cosmochimica Acta, 36(6): 653-671.

Su S, Xie Q, Lang Y, et al. 2021. High molecular diversity of organic nitrogen in urban snow in North China. Environmental Science and Technology, 55(8): 4344-4356.

Sun Q, Wang C, Wang P, et al. 2014. Absorption and fluorescence characteristics of chromophoric dissolved organic matter in the yangtze estuary. Environmental Science and Pollution Research, 21(5): 3460-3473.

Sun W, Tang X C, Xu Y D, et al. 2016. Characteristics of nutrients, restrictive analysis and eutrophication assessment in the shuangdao bay, weihai. Science Technology and Engineering, 16(25): 168-172.

Sun Y, Liu C, Zhao M, et al. 2023. Influence of extreme rainfall events on soil carbon release in the Loess Hilly Region, China. CATENA, 220: 106652.

Sweeney C, Gloor E, Jacobson A R, et al. 2007. Constraining global air-sea gas exchange for CO_2 with recent bomb ^{14}C measurements. Global Biogeochemical Cycles, 21: GB2015.

Takahashi T, Sutherland S, Sweeney C, et al. 2002. Global sea-air CO_2 flux based on climatological surface ocean pCO_2, and seasonal biological and temperature effects. Deep-Sea Research Part II: Topical Studies in Oceanography, 49(9-10): 1601-1622.

Tang K, Huang Z W, Huang J P, et al. 2018. Characterization of atmospheric bioaerosols along the transport pathway of Asian dust during the Dust-Bioaerosol 2016 Campaign. Atmospheric Chemistry and Physics, 18(10): 7131-7148.

Theodosi C, Panagiotopoulos C, Nouara A, et al. 2018. Sugars in atmospheric aerosols over the Eastern Mediterranean. Progress in Oceanography, 163: 70-81.

Tian J, Guan H, Zhou Y, et al. 2021. Isotopic source analysis of nitrogen-containing aerosol: a study of $PM_{2.5}$ in Guiyang (SW, China). Science of the Total Environment, 760: 143935.

Torres I C, Inglett P W, Brenner M, et al. 2012. Stable isotope ($\delta^{13}C$ and $\delta^{15}N$) values of sediment organic matter in subtropical lakes of different trophic status. Journal of Paleolimnology, 47(4): 693-706.

Tripathee L, Kang S, Chen P, et al. 2021. Water-soluble organic and inorganic nitrogen in ambient aerosols over the himalayan middle hills: seasonality, sources, and transport pathways. Atmospheric Research, 250: 105376.

Trottet A, Roy S, Lovejoy T C. 2007. Importance of heterotrophic planktonic communities in a mussel culture environment: the Grande Entrée lagoon, Magdalen Islands (Québec, Canada). Marine Biology, 151: 377-392.

Tsagkaraki M, Theodosi C, Grivas G, et al. 2021. Spatiotemporal variability and sources of aerosol water-soluble organic nitrogen (WSON), in the Eastern Mediterranean. Atmospheric Environment, 246: 118144.

Turekian V C, Macko S, Ballentine D, et al. 1998. Causes of bulk carbon and nitrogen isotopic fractionations in the products of vegetation burns: laboratory studies. Chemical Geology, 152(1-2): 181-192.

Umezawa Y, Toyoshima K, Saitoh Y, et al. 2021. Evaluation of origin-depended nitrogen input through atmospheric deposition and its effect on primary production in coastal areas of western Kyusyu, Japan. Environment Pollution, 291: 118034.

Val H S, David W S. 2009. Eutrophication science: where do we go from here?. Trends in Ecology and Evolution, 24(4): 201-207.

van der Weijden C H, Reichart G J, Visser H J. 1999. Enhanced preservation of organic matter in sediments deposited within the oxygen minimum zone in the northeastern Arabian Sea. Deep Sea Research Part I: Oceanographic Research Papers, 46(5): 807-830.

van der Zee C, Slomp C P, van Raaphorst W. 2002. Authigenic P formation and reactive P burial in sediments of the Nazaré canyon on the Iberian margin (NE Atlantic). Marine Geology, 185(3-4): 379-392.

Vet R, Artz R S, Carou S, et al. 2014. A global assessment of precipitation chemistry and deposition of sulfur, nitrogen, sea salt, base cations, organic acids, acidity and pH, and phosphorus. Atmospheric Environment, 93: 3-100.

Viktorsson L, Almroth-Rosell E, Tengberg A, et al. 2012. Benthic phosphorus dynamics in the Gulf of Finland, Baltic Sea. Aquatic Geochemistry, 18(6): 543-564.

Violaki K, Bourrin F, Aubert D, et al. 2018. Organic phosphorus in atmospheric deposition over the Mediterranean Sea: an important missing piece of the phosphorus cycle. Progress in Oceanography, 163: 50-58.

Vittor C D, Relitti F, Kralj M, et al. 2016. Oxygen, carbon, and nutrient exchanges at the sediment–water interface in the Mar Piccolo of Taranto (Ionian Sea, southern Italy). Environmental Science and Pollution Research, 23(13): 12566-12581.

Vizzini S, Mazzola A. 2006. Sources and transfer of organic matter in food webs of a mediterranean coastal environment: evidence for spatial variability. Estuarine, Coastal and Shelf Science, 66(3-4): 459-467.

Vodička P, Kawamura K, Schwarz J, et al. 2019. Seasonal study of stable carbon and nitrogen isotopic composition in fine aerosols at a Central European rural background station. Atmospheric Chemistry and Physics, 19: 3463-3479.

Vodička P, Kawamura K, Schwarz J, et al. 2022. Seasonal changes in stable carbon isotopic composition in the bulk aerosol and gas phases at a suburban site in Prague. Science of the Total Environment, 803: 149767.

Vollenweider R A, Giovanardi F, Montanari G, et al. 1998. Characterization of the trophic conditions of marine coastal waters with special reference to the NW Adriatic Sea: proposal for a trophic scale, turbidity and generalized water quality index. Environmetrics, 9(3): 329-357.

Voss M, Deutsch B, Elmgren R, et al. 2006. River biogeochemistry and source identification of nitrate by means of isotopic tracers in the Baltic Sea catchments. Biogeosciences, 3(3): 475-511.

Walsh J J, Weisberg R H, Dieterle D A, et al. 2003. Phytoplankton response to intrusions of slope water on the West Florida Shelf: models and observations. Journal of Geophysical Research: Oceans, 108(C6): 3190.

Walters W W, Simonini D S, Michalski G. 2016. Nitrogen isotope exchange between NO and NO_2 and its implications for $\delta^{15}N$ variations in tropospheric NO_x and atmospheric nitrate. Geophysical Research Letters, 43: 440-448.

Wang B D, Liu F, Wang G Y. 1999. Horizontal distributions and seasonal variations of dissolved oxygen in the southern Huanghai Sea. Acta Oceanologica Sinica, 21(4): 47-53.

Wang B D, Wang X L, Zhan R. 2003. Nutrient conditions in the Yellow Sea and the East China Sea. Estuarine, Coastal and Shelf Science, 58(1): 127-136.

Wang B, Chen Y, Zhou S Q, et al. 2019c. The influence of terrestrial transport on visibility and aerosol properties over the coastal East China Sea. Science of the Total Environment, 649: 652-660.

Wang F, Feng T, Guo Z, et al. 2019b. Sources and dry deposition of carbonaceous aerosols over the coastal East China Sea: implications for anthropogenic pollutant pathways and deposition. Environmental Pollution, 245: 771-779.

Wang F, Guo Z, Lin T, et al. 2015. Characterization of carbonaceous aerosols over the East China Sea: the impact of the East Asian continental outflow. Atmospheric Environment, 110: 163-173.

Wang F, Wang B, Liu C Q, et al. 2014. Changes in nutrient ratios and phytoplankton community structure caused by hydropower development in the Maotiao River, China. Environmental Geochemistry and Health, 36(3): 595-603.

Wang H, Dai M, Liu J, et al. 2016a. Eutrophication-driven hypoxia in the East China Sea off the Changjiang Estuary. Environmental Science and Technology, 50(5): 2255-2263.

Wang J, Bouwman A F, Liu X, et al. 2021. Harmful algal blooms in Chinese coastal waters will persist due to perturbed nutrient ratios. Environmental Science and Technology Letters, 8(3): 276-284.

Wang L, Qi J H, Shi J H, et al. 2013. Source apportionment of particulate pollutants in the atmosphere over the northern Yellow Sea. Atmospheric Environment, 70(4): 425-434.

Wang S L, Chen C T A, Huang T H, et al. 2018. Submarine groundwater discharge helps making nearshore waters heterotrophic. Scientific Reports, 8: 11650.

Wang W, Xu W, Wen Z, et al. 2019a. Characteristics of atmospheric reactive nitrogen deposition in Nyingchi

City. Scientific Reports, 9: 4645.
Wang X, Ge T, Xu C, et al. 2016b. Carbon isotopic (^{14}C and ^{13}C) characterization of fossil-fuel derived dissolved organic carbon in wet precipitation in Shandong Province, China. Journal of Atmospheric Chemistry, 73: 207-221.
Wang X, Wang L, Zhang H, et al. 2012. Immune response and energy metabolism of *Chlamys farreri* under *Vibrio anguillarum* challenge and high temperature exposure. Fish Shellfish Immunology, 33: 1016-1026.
Wang X, Zhang T, Zhang Q, et al. 2022. Different patterns of hypoxia aggravate the toxicity of polystyrene nanoplastics in the mussels *Mytilus galloprovincialis*: environmental risk assessment of plastics under global climate change. Science of the Total Environment, 818: 151818.
Wang Y, Shen Z, Niu J, et al. 2009. Adsorption of phosphorus on sediments from the Three-Gorges Reservoir (China) and the relation with sediment compositions. Journal of Hazardous Materials, 162(1): 92-98.
Wanninkhof R. 1992. Relationship between wind speed and gas exchange over the ocean. Journal of Geophysical Research: Oceans, 97(C5): 7373-7382.
Watanabe K, Kuwae T. 2015. How organic carbon derived from multiple sources contributes to carbon sequestration processes in a shallow coastal system?. Global Change Biology, 21(7): 2612-2623.
Weishaar J L, Aiken G R, Bergamaschi B A, et al. 2003. Evaluation of specific ultraviolet absorbance as an indicator of the chemical composition and reactivity of dissolved organic carbon. Environmental Science and Technology, 37(20): 4702-4708.
Weiss R F. 1970. The solubility of nitrogen, oxygen and argon in water and seawater. Deep-Sea Research Part I 17, 721-735.
Weiss R F. 1974. Carbon dioxide in water and seawater: the solubility of a non-ideal gas. Marine Chemistry, 2(3): 203-215.
Wen H, Zhou Y, Xu X, et al. 2021. Water-soluble brown carbon in atmospheric aerosols along the transport pathway of Asian dust: optical properties, chemical compositions, and potential sources. Science of the Total Environment, 789: 147971.
Wen J, Shi G, Tian Y, et al. 2018. Source contributions to water-soluble organic carbon and water-insoluble organic carbon in $PM_{2.5}$ during Spring Festival, heating and non-heating seasons. Ecotoxicology and Environmental Safety, 164: 172-180.
Wengrove M E, Foster D L, Kalnejais L H, et al. 2015. Field and laboratory observations of bed stress and associated nutrient release in a tidal estuary. Estuarine, Coastal and Shelf Science, 161: 11-24.
Wentworth G R, Murphy J G, Gregoire P K, et al. 2014. Soil-atmosphere exchange of ammonia in a non-fertilized grassland: measured emission potentials and inferred fluxes. Biogeosciences, 11(20): 5675-5686.
Wheat E, Ruesink J L. 2013. Commercially-cultured oysters (*Crassostrea gigas*) exert top-down control on intertidal pelagic resources in Willapa Bay, Washington, USA. Journal of Sea Research, 81: 33-39.
Widory D. 2006. Combustibles, fuels and their combustion products: a view through carbon isotopes. Combustion Theory and Modelling, 10(5): 831-841.
Widory D. 2007. Nitrogen isotopes: tracers of origin and processes affecting PM_{10} in the atmosphere of Paris. Atmospheric Environment, 41(11): 2382-2390.
Willey J D, Kieber R J, Eyman M S, et al. 2000. Rainwater dissolved organic carbon: concentrations and global flux. Global Biogeochemical Cycles, 14(1): 139-148.
William M B, James M M, Silke S, et al. 2019. Benthic fluxes from hypoxia-influenced Gulf of Mexico sediments: impact on bottom water acidification. Marine Chemistry, 209: 94-106.
Williams C J, Yamashita Y, Wilson H F, et al. 2010. Unraveling the role of land use and microbial activity in shaping dissolved organic matter characteristics in stream ecosystems. Limnology and Oceanography, 55(3): 1159-1171.
Winchester J W, Escalona L, Fu J M, et al. 1995. Atmospheric deposition and hydrogeologic flow of nitrogen in northern Florida watersheds. Geochimica et. Cosmochimica Acta, 59(11): 2215-2222.
Witkowska A, Lewandowska A U, Falkowska L M. 2016. Parallel measurements of organic and elemental

carbon dry (PM_1, $PM_{2.5}$) and wet (rain, snow, mixed) deposition into the Baltic Sea. Marine Pollution Bulletin, 104(1-2): 303-312.

Witkowska A, Lewandowska A U. 2016. Water soluble organic carbon in aerosols (PM_1, $PM_{2.5}$, PM_{10}) and various precipitation forms (rain, snow, mixed) over the southern Baltic Sea station. Science of the Total Environment, 573: 337-346.

Wozniak A S, Bauer J E, Dickhut R M. 2011. Fossil and contemporary aerosol particulate organic carbon in the eastern United States: implications for deposition and inputs to watersheds. Global Biogeochemical Cycles, 25(2): GB2013.

Wu D, Zheng H, Li Q, et al. 2022. Toxic potency-adjusted control of air pollution for solid fuel combustion. Nature Energy, 7(2): 194-202.

Wu G, Fu P, Ram K, et al. 2021. Fluorescence characteristics of water-soluble organic carbon in atmospheric aerosol. Environmental Pollution, 268: 115906.

Wu G, Ram K, Fu P, et al. 2019. Water-soluble brown carbon in atmospheric aerosols from Godavari (Nepal), a regional representative of South Asia. Environmental Science and Technology, 53(7): 3471-3479.

Wu Y, Huang X, Jiang Z, et al. 2020. Composition and sources of aerosol organic matter in a highly anthropogenic influenced semi-enclosed bay: insights from excitation-emission matrix spectroscopy and isotopic evidence. Atmospheric Research, 241: 104958.

Wu Y, Zhang J, Li D J, et al. 2003. Isotope variability of particulate organic matter at the PN section in the East China Sea. Biogeochemistry, 65(1): 31-49.

Wu Y, Zhang J, Liu S, et al. 2018. Aerosol concentrations and atmospheric dry deposition fluxes of nutrients over Daya Bay, South China Sea. Marine Pollution Bulletin, 128: 106-114.

Xiao H W, Luo L, Zhu R G, et al. 2020. Enhanced primary production in the oligotrophic South China Sea related to Southeast Asian forest fires. Journal of Geophysical Research: Oceans, 125(2): e2019JC015663.

Xiao H W, Xiao H Y, Luo L, et al. 2018. Stable carbon and nitrogen isotope compositions of bulk aerosol samples over the South China Sea. Atmospheric Environment, 193: 1-10.

Xiao H W, Xie L H, Long A M, et al. 2015. Use of isotopic compositions of nitrate in TSP to identify sources and chemistry in South China Sea. Atmospheric Environment, 109: 70-78.

Xie L, Gao X, Liu Y, et al. 2021. Perpetual atmospheric dry deposition exacerbates the unbalance of dissolved inorganic nitrogen and phosphorus in coastal waters: a case study on a mariculture site in North China. Marine Pollution Bulletin, 172: 112866.

Xie L, Gao X, Liu Y, et al. 2022a. Atmospheric dry deposition of water-soluble organic matter: an underestimated carbon source to the coastal waters in North China. Science of the Total Environment, 818: 151772.

Xie L, Gao X, Liu Y, et al. 2022b. Atmospheric wet deposition serves as an important nutrient supply for coastal ecosystems and fishery resources: insights from a mariculture area in North China. Marine Pollution Bulletin, 182: 114036.

Xie L, Gao X, Liu Y, et al. 2022c. Biogeochemical properties and fate of dissolved organic matter in wet deposition: insights from a mariculture area in North Yellow Sea. Science of the Total Environment, 844: 157130.

Xie M, Mladenov N, Willianms M W, et al. 2016. Water soluble organic aerosols in the Colorado Rocky Mountains, USA: composition, sources and optical properties. Scientific Reports, 6: 39339.

Xie X, Chen Y, Nie D, et al. 2020. Light-absorbing and fluorescent properties of atmospheric brown carbon: a case study in Nanjing, China. Chemosphere, 251: 126350.

Xing J, Song J, Yuan H, et al. 2017. Fluxes, seasonal patterns and sources of various nutrient species (nitrogen, phosphorus and silicon) in atmospheric wet deposition and their ecological effects on Jiaozhou Bay, North China. Science of the Total Environment, 576: 617-627.

Xing J, Song J, Yuan H, et al. 2018. Water-soluble nitrogen and phosphorus in aerosols and dry deposition in Jiaozhou Bay, North China: deposition velocities, origins and biogeochemical implications. Atmospheric Research, 207: 90-99.

Xing J, Song J, Yuan H, et al. 2019. Atmospheric wet deposition of dissolved organic carbon to a typical anthropogenic-influenced semi-enclosed bay in the western Yellow Sea, China: flux, sources and potential ecological environmental effects. Ecotoxicology and Environmental Safety, 182: 109371.

Xing L, Chameides W L. 1990. Model simulations of rainout and washout from a warm stratiform cloud. Journal of Atmospheric Chemistry, 10(1): 1-26.

Xu H, Cai H, Yu G, et al. 2013. Insights into extracellular polymeric substances of cyanobacterium microcystis aeruginosa using fractionation procedure and parallel factor analysis. Water Research, 47(6): 2005-2014.

Xu H, Guo L. 2017. Molecular size-dependent abundance and composition of dissolved organic matter in river, lake and sea waters. Water Research, 117: 115-126.

Xu H, Guo L. 2018. Intriguing changes in molecular size and composition of dissolved organic matter induced by microbial degradation and self-assembly. Water Research, 135: 187-194.

Xu Z, Han G. 2009. Chemical and strontium isotope characterization of rainwater in Beijing, China. Atmospheric Environment, 43(12): 1954-1961.

Xue H, Liu G, Zhang H, et al. 2019. Similarities and differences in PM_{10} and $PM_{2.5}$ concentrations, chemical compositions and sources in Hefei City, China. Chemosphere, 220: 760-765.

Xue L, Cai W J, Hu X, et al. 2016. Sea surface carbon dioxide at the Georgia time series site (2006-2007): air-sea flux and controlling processes. Progress in Oceanography, 140: 14-26.

Xue L, Cai W J, Sutton A J, et al. 2017. Sea surface aragonite saturation state variations and control mechanisms at the Gray's Reef time-series site off Georgia, USA (2006-2007). Marine Chemistry, 195: 27-40.

Yadav K, Sarma V V S S, Rao D B, et al. 2016. Influence of atmospheric dry deposition of inorganic nutrients on phytoplankton biomass in the coastal Bay of Bengal. Marine Chemistry, 187: 25-34.

Yamashita Y, Boyer J N, Jaffe R. 2013. Evaluating the distribution of terrestrial dissolved organic matter in a complex coastal ecosystem using fluorescence spectroscopy. Continental Shelf Research, 66(9): 136-144.

Yamashita Y, Jaffé R, Maie N, et al. 2008. Assessing the dynamics of dissolved organic matter (DOM) in coastal environments by excitation emission matrix fluorescence and parallel factor analysis (EEM-PARAFAC). Limnology and Oceanography, 53(5): 1900-1908.

Yamashita Y, Panton A, Mahaffey C, et al. 2011. Assessing the spatial and temporal variability of dissolved organic matter in liverpool bay using excitation-emission matrix fluorescence and parallel factor analysis. Ocean Dynamics, 61(5): 569-579.

Yamashita Y, Tanoue E. 2004. In situ production of chromophoric dissolved organic matter in coastal environments. Geophysical Research Letters, 31: L14302.

Yan F, He C, Kang S, et al. 2019. Deposition of organic and black carbon: direct measurements at three remote stations in the Himalayas and Tibetan Plateau. Journal of Geophysical Research: Atmospheres, 124(16): 9702-9715.

Yan F, Wang P, Kang S, et al. 2020. High particulate carbon deposition in Lhasa-a typical city in the Himalayan–Tibetan Plateau due to local contributions. Chemosphere, 247: 125843.

Yan G, Kim G. 2012. Dissolved organic carbon in the precipitation of Seoul, Korea: implications for global wet depositional flux of fossil-fuel derived organic carbon. Atmospheric Environment, 59: 117-124.

Yan G, Kim G. 2015. Sources and fluxes of organic nitrogen in precipitation over the southern East Sea/Sea of Japan. Atmospheric Chemistry and Physics, 15(5): 2761-2774.

Yan G, Kim G. 2017. Speciation and sources of brown carbon in precipitation at Seoul, Korea: insights from excitation-emission matrix spectroscopy and carbon isotopic analysis. Environmental Science and Technology, 51(20): 11580-11587.

Yang B, Cao L, Liu S M, et al. 2015b. Biogeochemistry of bulk organic matter and biogenic elements in surface sediments of the Yangtze River Estuary and adjacent sea. Marine Pollution Bulletin, 96(1-2): 471-484.

Yang B, Gao X, Xing Q. 2018. Geochemistry of organic carbon in surface sediments of a summer hypoxic region in the coastal waters near the Yangma Island. Continental Shelf Research, 171: 113-125.

Yang B, Gao X, Zhao J, et al. 2020a. Biogeochemistry of dissolved inorganic nutrients in an oligotrophic coastal mariculture region of the northern Shandong Peninsula, north Yellow Sea. Marine Pollution Bulletin, 150: 110693.

Yang B, Gao X, Zhao J, et al. 2021a. Massive shellfish farming might accelerate coastal acidification: a case study on carbonate system dynamics in a bay scallop (*Argopecten irradians*) farming area, North Yellow Sea. Science of the Total Environment, 798: 149214.

Yang B, Gao X, Zhao J, et al. 2021b. The influence of summer hypoxia on sedimentary phosphorus biogeochemistry in a coastal scallop farming area, North Yellow Sea. Science of the Total Environment, 759: 143486.

Yang B, Gao X, Zhao J, et al. 2021c. Summer deoxygenation in a bay scallop (Argopecten irradians) farming area: the decisive role of water temperature, stratification and beyond. Marine Pollution Bulletin, 173: 113092.

Yang B, Gao X, Zhao J, et al. 2021d. Potential linkage between sedimentary oxygen consumption and benthic flux of biogenic elements in a coastal scallop farming area, North Yellow Sea. Chemosphere, 273: 129641.

Yang B, Gao X, Zhao J, et al. 2022. The impacts of intensive scallop farming on dissolved organic matter in the coastal waters adjacent to the Yangma Island, North Yellow Sea. Science of the Total Environment, 807: 150989.

Yang B, Gao X. 2019. Chromophoric dissolved organic matter in summer in a coastal mariculture region of northern Shandong Peninsula, North Yellow Sea. Continental Shelf Research, 176: 19-35.

Yang B, Liu S M, Wu Y, et al. 2016b. Phosphorus speciation and availability in sediments off the eastern coast of Hainan Island, South China Sea. Continental Shelf Research, 118: 111-127.

Yang B, Song G D, Liu S M, et al. 2017a. Phosphorus recycling and burial in core sediments of the East China Sea. Marine Chemistry, 192: 59-72.

Yang J R, Lv H, Isabwe A, et al. 2017b. Disturbance-induced phytoplankton regime shifts and recovery of cyanobacteria dominance in two subtropical reservoirs. Water Research, 120: 52-63.

Yang L, Chen C T A, Hong H, et al. 2015a. Mixing behavior and bioavailability of dissolved organic matter in two contrasting subterranean estuaries as revealed by fluorescence spectroscopy and parallel factor analysis. Estuarine, Coastal and Shelf Science, 166: 161-169.

Yang L, Chen C T A, Lui H K, et al. 2016a. Effects of microbial transformation on dissolved organic matter in the east Taiwan Strait and implications for carbon and nutrient cycling. Estuarine, Coastal and Shelf Science, 180: 59-68.

Yang L, Chen W, Zhuang W E, et al. 2019. Characterization and bioavailability of rainwater dissolved organic matter at the southeast coast of China using absorption spectroscopy and fluorescence EEM-PARAFAC. Estuarine Coastal and Shelf Science, 217: 45-55.

Yang L, Guo W, Chen N, et al. 2013. Influence of a summer storm event on the flux and composition of dissolved organic matter in a subtropical river, China. Applied Geochemistry, 28: 164-171.

Yang Y, Qin J, Qi T, et al. 2020b. Fluorescence characteristics of particulate water-soluble organic compounds emitted from coal-fired boilers. Atmospheric Environment, 223: 117297.

Yao X H, Lau A P S, Fang M, et al. 2003. Size distributions and formation of ionic species in atmospheric particulate pollutants in Beijing, China: 1-inorganic ions. Atmospheric Environment, 37(21): 2991-3000.

Yao X, Zhang Y, Zhu G, et al. 2011. Resolving the variability of CDOM fluorescence to differentiate the sources and fate of DOM in Lake Taihu and its tributaries. Chemosphere, 82(2): 145-155.

Yau Y Y, Baker D M, Thibodeau B. 2020. Quantifying the impact of anthropogenic atmospheric nitrogen deposition on the generation of hypoxia under future emission scenarios in Chinese coastal waters. Environmental Science and Technology, 54(7): 3920-3928.

Ye F, Huang X P, Liu Q X. 2012. Characteristics of dissolved oxygen and O_2 flux across the water-air interface of the Pearl River Estuary during summer 2010. Marine Environmental Science, 31(3): 346-351.

Yeatman S G, Spokes L J, Jickells T D. 2001. Comparisons of coarse-mode aerosol nitrate and ammonium at two polluted coastal sites. Atmospheric Environment, 35(7): 1321-1335.

Yin H, Wang Y, Huang J. 2021. Photodegradation-induced biological degradation of treated wastewater effluent organic matter in receiving waters. Water Research, 204: 117567.

Yin K D, Lin Z F, Ke Z Y. 2004. Temporal and spatial distribution of dissolved oxygen in the Pearl River Estuary and adjacent coastal waters. Continental Shelf Research, 24(16): 1935-1948.

Yu G, Jia Y, He N, et al. 2019a. Stabilization of atmospheric nitrogen deposition in China over the past decade. Nature Geoscience, 12(6): 424-429.

Yu L, Ma X, Gao H, et al. 2020. Distribution and source identification of nitrogen and phosphorus in aerosols in the Qinhuangdao coast, North China. Atmospheric Environment, 234: 117475.

Yu Z, Liu C, Wang F, et al. 2019b. Diversity and annual variation of phytoplankton community in Yesso scallop (*Patinopecten yessoensis*) farming waters of North Yellow Sea of China. Aquaculture, 51: 734266.

Yuan X, Zhang M, Liang Y, et al. 2010. Self-pollutant loading from a suspension aquaculture system of Japanese scallop (*Patinopecten yessoensis*) in the Changhai Sea area, Northern Yellow Sea of China. Aquaculture, 304(1-4): 79-87.

Zang H, Li Y, Xue L, et al. 2018. The contribution of low temperature and biological activities to the CO_2 sink in Jiaozhou Bay during winter. Journal of Marine Systems, 186: 37-46.

Zeng J, Han G, Zhang S, et al. 2022. Rainwater chemical evolution driven by extreme rainfall in megacity: implication for the urban air pollution source identification. Journal of Cleaner Production, 372: 133732.

Zeng J, Yue F J, Xiao M, et al. 2020. Dissolved organic carbon in rainwater from a karst agricultural area of Southwest China: variations, sources, and wet deposition fluxes. Atmospheric Research, 245: 105140.

Zeri C, Beşiktepe Ş, Giannakourou A, et al. 2014. Chemical properties and fluorescence of DOM in relation to biodegradation in the interconnected Marmara-North Aegean Seas during August 2008. Journal of Marine Systems, 135: 124-136.

Zhai W D, Chen J F, Jin H Y, et al. 2014a. Spring carbonate chemistry dynamics of surface waters in the northern East China Sea: water mixing, biological uptake of CO_2, and chemical buffering capacity. Journal of Geophysical Research: Oceans, 119(9): 5638-5653.

Zhai W D, Dai M H. 2009. On the seasonal variation of air-sea CO_2 fluxes in the outer Changjiang (Yangtze River) Estuary, East China Sea. Marine Chemistry, 117(1-4): 2-10.

Zhai W D, Zang K P, Huo C, et al. 2015. Occurrence of aragonite corrosive water in the North Yellow Sea, near the Yalu River estuary, during a summer flood. Estuarine, Coastal and Shelf Science, 166: 199-208.

Zhai W D, Zhao H D, Su J L, et al. 2019. Emergence of summertime hypoxia and concurrent carbonate mineral suppression in the central Bohai Sea, China. Journal of Geophysical Research: Biogeosciences, 124(9): 2768-2785.

Zhai W D, Zheng N, Huo C, et al. 2014b. Subsurface pH and carbonate saturation state of aragonite on the Chinese side of the North Yellow Sea: seasonal variations and controls. Biogeosciences, 11(4): 1103-1123.

Zhan Q, Zenobi R, Buseck P R, et al. 1997. Analysis of polycyclic aromatic hydrocarbons in kerogens using two-step laser mass spectrometry. Energy Fuels, 11(1): 144-149.

Zhan X, Bo Y, Zhou F, et al. 2017. Evidence for the importance of atmospheric nitrogen deposition to eutrophic Lake Dianchi, China. Environmental Science and Technology, 51(12): 6699-6708.

Zhang C, Ito A, Shi Z, et al. 2019a. Fertilization of the Northwest Pacific Ocean by East Asia air pollutants. Global Biogeochemical Cycles, 33: 690-702.

Zhang J, Huang W W, Shi M C. 1990. Huanghe (Yellow River) and its estuary: sediment origin, transport and deposition. Journal of Hydrology, 120(1-4): 203-223.

Zhang J, Zhang G S, Bi Y F, et al. 2011c. Nitrogen species in rainwater and aerosols of the Yellow and East China seas: effects of the east Asian monsoon and anthropogenic emissions and relevance for the NW Pacific Ocean. Global Biogeochemical Cycles, 25: GB3020.

Zhang J. 1994. Atmospheric wet deposition of nutrient elements: Correlation with harmful biological blooms in northwest Pacific coastal zones.. Ambio, 23(8): 464-468.

Zhang L M, Gong S L, Padro J, et al. 2001. A size-segregated particle dry deposition scheme for an atmospheric aerosol module. Atmospheric Environment, 35(3): 549-560.

Zhang L, Wang L, Yin K D, et al. 2013a. Pore water nutrient characteristics and the fluxes across the sediment in the Pearl River estuary and adjacent waters, China. Estuarine, Coastal and Shelf Science, 133: 182-192.

Zhang M L, Fang J G, Zhang J, et al. 2011a. Effect of marine acidification on calcification and respiration of *Chlamys farreri*. Journal of Shellfish Research, 30(2): 267-271.

Zhang R, Wu F, Liu C, et al. 2008. Characteristics of organic phosphorus fractions in different trophic sediments of lakes from the middle and lower reaches of Yangtze River region and Southwestern Plateau, China. Environmental Pollution, 152(2): 366-372.

Zhang X Y, Yang Q, Sun Y. 2013b. The distribution of phosphorus forms and bioavailability in sediments from Huang Dong Hai continental shelf. Acta Ecologica Sinica, 33(11): 3509-3519.

Zhang X, Cheng J, Han D, et al. 2019b. Geographical origin traceability and species identification of three scallops (*Patinopecten yessoensis*, *Chlamys farreri*, and *Argopecten irradians*) using stable isotope analysis. Food Chemistry, 299: 125107.

Zhang X, Zhu M, Chen S. 2006. Study on sediment oxygen consumption rate in the Sanggou Bay and Jiaozhou Bay. Advances in Marine Science, 24(1): 91-96.

Zhang Y, Gao G, Shi K, et al. 2014. Absorption and fluorescence characteristics of rainwater CDOM and contribution to Lake Taihu, China. Atmospheric Environment, 98: 483-491.

Zhang Y, Huang L, Zhang Z, et al. 2016. Phosphorus fractions and phosphorus adsorption characteristics of soils from the water-level fluctuating zone of Nansi Lake, China. Polish Journal of Environmental Studies, 25(2): 865-872.

Zhang Y, Liu M, Qin B, et al. 2009b. Photochemical degradation of chromophoric-dissolved organic matter exposed to simulated UV-B and natural solar radiation. Hydrobiologia, 627(1): 159-168.

Zhang Y, van Dijk M A, Liu M, et al. 2009a. The contribution of phytoplankton degradation to chromophoric dissolved organic matter (CDOM) in eutrophic shallow lakes: field and experimental evidence. Water Research, 43(18): 4685-4697.

Zhang Y, Yin Y, Feng L, et al. 2011b. Characterizing chromophoric dissolved organic matter in Lake Tianmuhu and its catchment basin using excitation-emission matrix fluorescence and parallel factor analysis. Water Research, 45(16): 5110-5122.

Zhang Y, Zhang E, Yin Y, et al. 2010. Characteristics and sources of chromophoric dissolved organic matter in lakes of the Yungui Plateau, China, differing in trophic state and altitude. Limnology and Oceanography, 55(6): 2645-2659.

Zhao Y, Song K, Li S, et al. 2016. Characterization of CDOM from urban waters in Northern-Northeastern China using excitation-emission matrix fluorescence and parallel factor analysis. Environmental Science and Pollution Research, 23(15): 15381-15394.

Zheng H, Yan Z, Chen J, et al. 2018a. Seasonal variations of dissolved organic matter in the East China Sea using EEM-PARAFAC and implications for carbon and nutrient cycling. Sustainability, 10(5): 1444.

Zheng L, Yang X, Lai S, et al. 2018b. Impacts of springtime biomass burning in the northern Southeast Asia on marine organic aerosols over the Gulf of Tonkin, China. Environmental Pollution, 237: 285-297.

Zhou F, Gao X, Song J, et al. 2018a. Absorption properties of chromophoric dissolved organic matter (CDOM) in the East China Sea and the waters off eastern Taiwan. Continental Shelf Research, 159: 12-23.

Zhou F, Gao X, Yuan H, et al. 2016. Geochemical forms and seasonal variations of phosphorus in surface sediments of the East China Sea shelf. Journal of Marine Systems, 159: 41-54.

Zhou F, Gao X, Yuan H, et al. 2018b. The distribution and seasonal variations of sedimentary organic matter in the East China Sea shelf. Marine Pollution Bulletin, 129(1): 163-171.

Zhou F, Gao X, Zhang Y, et al. 2017a. Potential mobility of inorganic nutrients and its controls at the sediment-water interface in the main path of Kuroshio Current off eastern Taiwan. Marine Pollution

Bulletin, 119(1): 270-276.

Zhou J, Liu G, Zhang H, et al. 2021b. Pollution characterization and source identification of nitrogen-containing species in fine particulates: a case study in Hefei city, East China. Chemosphere, 285: 131316.

Zhou W, Li Q P, Wu Z. 2021a. Coastal phytoplankton responses to atmospheric deposition during summer. Limnology and Oceanography, 66(4): 1298-1315.

Zhou X, Hou Z, Song J, et al. 2020. Spectrum evolution of dissolved aromatic organic matters (DAOMs) during electro-peroxi-coagulation pretreatment of coking wastewater. Separation and Purification Technology, 235: 116125.

Zhou Y, Yang H, Tao Z, et al. 2006. Density-dependent effects on seston dynamics and rates of filtering and biodeposition of the suspension-cultured scallop *chlamys farreri* in a eutrophic bay (northern China): an experimental study in semi-in situ flow-through systems. Journal of Marine Systems, 59(1-2): 143-158.

Zhou Y, Yao X, Zhang Y, et al. 2017b. Potential rainfall-intensity and pH-driven shifts in the apparent fluorescent composition of dissolved organic matter in rainwater. Environmental Pollution, 224: 638-648.

Zhu C S, Cao J J, Huang R J, et al. 2018. Light absorption properties of brown carbon over the southeastern Tibetan Plateau. Science of the Total Environment, 625: 246-251.

Zhu C, Kawamura K, Kunwar B. 2015. Effect of biomass burning over the western North Pacific Rim: wintertime maxima of anhydrosugars in ambient aerosols from Okinawa. Atmospheric Chemistry and Physics, 15(4): 1959-1973.

Zhu W Z, Yang G P, Zhang H H. 2017. Photochemical behavior of dissolved and colloidal organic matter in estuarine and oceanic waters. Science of the Total Environment, 607: 214-224.

Zhuang W, Gao X, Zhang Y, et al. 2014. Geochemical characteristics of phosphorus in surface sediments of two major Chinese mariculture areas: the Laizhou Bay and the coastal waters of the Zhangzi Island. Marine Pollution Bulletin, 83(1): 343-351.

Zilius M, Giordani G, Petkuviene J, et al. 2015. Phosphorus mobility under short-term anoxic conditions in two shallow eutrophic coastal systems (Curonian and Sacca di Goro lagoons). Estuarine, Coastal and Shelf Science, 164: 134-146.

Zong Z, Shi X, Sun Z, et al. 2022. Nitrogen isotopic composition of NO_x from residential biomass burning and coal combustion in North China. Environmental Pollution, 304: 119238.

Zong Z, Wang X, Tian C, et al. 2016. Source and formation characteristics of water-soluble organic carbon in the anthropogenic-influenced Yellow River Delta, North China. Atmospheric Research, 144: 124-132.

Zsolnay A, Baigar E, Jimenez M, et al. 1999. Differentiating with fluorescence spectroscopy the sources of dissolved organic matter in soils subjected to Drying. Chemosphere, 38(1): 45-50.